电路分析基础

主编　常青美

编著　王雪明　刘海成　李京清　阎新芳　王明坤

国防工业出版社

·北京·

内容简介

全书内容共分 9 章：电路的基本概念和基本定律、电路的等效变换、电路的一般分析方法、电路定理、动态电路、正弦稳态电路、耦合电感和理想变压器、双口网络和电路分析的计算机仿真，各章均有适量的典型例题和一定数量的练习题。另外附有法定单位及部分习题答案。

本书对电路的基本理论、基本定律、基本概念及基本分析方法作了系统、详尽的阐述，力求内容完整、重点突出、表述精确、通俗易懂。在例题的选择上，力争题型全面，结合多年的教学经验，对学生不易理解的内容，给出必要的解题思路，对于较难的例题，给出多种解法，以帮助学生掌握理论知识，提高实际应用能力。

本书可作为高等学校电子、通信、自动控制、计算机、信息类相关专业的本科“电路”或“电路分析基础”课程的教材，也可供从事上述专业的科研和工程技术人员参考。

图书在版编目（CIP）数据

电路分析基础 / 常青美主编. —北京：国防工业出版社，2021.7 重印
ISBN 978-7-118-11337-2

Ⅰ. ①电… Ⅱ. ①常… Ⅲ. ①电路分析－高等学校－教材 Ⅳ. ①TM133

中国版本图书馆 CIP 数据核字（2017）第 145370 号

※

国防工業出版社 出版发行
（北京市海淀区紫竹院南路 23 号 邮政编码 100048）
北京天颖印刷有限公司印刷
新华书店经售
*
开本 787×1092 1/16 **印张** 21¾ **字数** 500 千字
2021 年 7 月第 1 版第 2 次印刷 **印数** 3001—4500 册 **定价** 68.00 元

（本书如有印装错误，我社负责调换）

国防书店：（010）88540777 书店传真：（010）88540776
发行业务：（010）88540717 发行传真：（010）88540762

前　　言

电路理论是电工和电子技术的重要理论基础。电路分析基础课程主要介绍电路的基本理论（电路的基本概念、基本性质、基本定律和定理）和电路的常用分析方法，是电气信息类专业学生的专业基础课。通过本课程的学习，要求学生掌握电路的基本理论和基本分析方法，培养科学思维能力、分析计算能力和理论联系实际的工程观念，为后续课程学习打好必要的基础。

本书在李京清主编的《电路基础》（清华大学出版社）和常青美主编的《电路分析》（北方交通大学和清华大学出版社）的基础上改编而成。全书共分 9 章。第 1 章电路的基本概念和基本定律，作为电路分析的理论基础，介绍了电路模型等基本概念、电路基本元件和基尔霍夫定律及简单电路的计算。第 2 章电路的等效变换，介绍了等效电路的概念以及简单常用网络的等效规律。第 3 章电路的一般分析方法，主要介绍支路电流法、网孔分析法、节点分析法和回路分析法。第 4 章电路定理，重点介绍了线性电路性质在电路分析中的应用。第 5 章动态电路，介绍了一阶和二阶动态电路的时域分析方法。第 6 章正弦稳态电路，介绍了正弦稳态电路的相量分析法、正弦稳态电路的功率、电路的频率响应和谐振现象以及三相电路的计算。第 7 章耦合电感和理想变压器，讲述了含有耦合电感和理想变压器电路的分析方法。第 8 章双口网络，介绍了双口网络的基本内容。第 9 章电路分析的计算机仿真，重点介绍了 Multisim 的使用方法和仿真应用。最后附录给出了法定单位，书末给出了部分习题答案。

本书在内容上有以下变化：把等效电路内容作为第 2 章内容独立设置；在第 3 章电路的一般分析方法中增加了回路分析法；将非线性电路分析作为戴维南定理的应用放在第 4 章里面；在第 5 章里增加了微分、积分电路的内容，以突出理论与实践的融合；增加了第 9 章电路分析的计算机仿真。全书丰富了例题和习题，另外在对应的章节后面增加了必要的工程应用实例分析。对于打“*”的选讲内容，教师在讲授时视专业的需要、学时的多少灵活掌握。本书在每章后面增加了思考讨论题目，内容涉及对基本概念的理解和工程实际的应用，仅供参考。

本书由常青美担任主编，负责编写提纲的制定、各章初稿的修改和统稿，并编写了第 1 章和第 7 章，王雪明编写了第 2 章和第 4 章，王明坤编写了第 3 章，李京清编写了第 5 章，刘海成编写了第 6 章和第 9 章，郑州大学信息工程学院的阎新芳教授编写了第 8 章。

信息工程大学信息系统工程学院和郑州大学信息工程学院对本书的编写和出版提供了有力支持，得到了教研室同仁的全力帮助，在此，一并表示感谢。

由于时间仓促及作者水平有限，书中难免有欠妥之处，恳请读者批评指正。

编　者

目　录

第 1 章　电路的基本概念和基本定律

电路理论是研究电路的基本规律及其计算方法的学科，是电工和电子科学技术的重要理论基础之一，是现代电气和电子工程师知识结构中不可缺少的重要组成部分。电路理论作为一门独立的学科是在 20 世纪 30 年代建立起来的，在此之前，它是物理学中电磁学的一个分支。在经历了一个世纪的漫长道路以后，电路理论已经发展成为一门具有完整体系的学科，并且在生产实践中获得了极其广泛的应用。

近几十年以来，电气化、自动化和智能化技术水平的迅猛发展是现代科学技术进步的重要标志，而电路理论则是电气化、自动化和智能化技术共同的理论渊源。现代控制和通信技术的进展、计算机科学和技术的进展、大规模集成电路和超大规模集成电路技术的进展等都对电路理论提出了一系列新的课题，同时这些也促进了电路理论的发展。

1.1　电路和电路模型

1.1.1　电路模型

为实现某种预期的功能，把一些电气设备或器件按一定方式连接起来构成电流的通路称为电路。实际电路有的十分复杂，例如通信系统、计算机网络等；有的非常简单，例如手电筒电路；有的延伸到千里之外，例如电力系统；有的集中于方寸之间，例如集成电路。尽管电路形式多样，功能各异，但通常都是由电源、负载和中间环节三部分组成。

电源是提供电能或产生电信号的设备，负载是将电能转换为其他形式能量的设备，中间环节是将电源和负载连成通路的导线或控制、测量电路工作状态的开关、仪表等辅助设备。图 1-1(a) 是按实物做出的手电筒电路的示意图，这是最简单的典型实际电路。它是由电源（干电池）、负载（小电珠）、中间环节（连接导线和开关）三部分组成的。

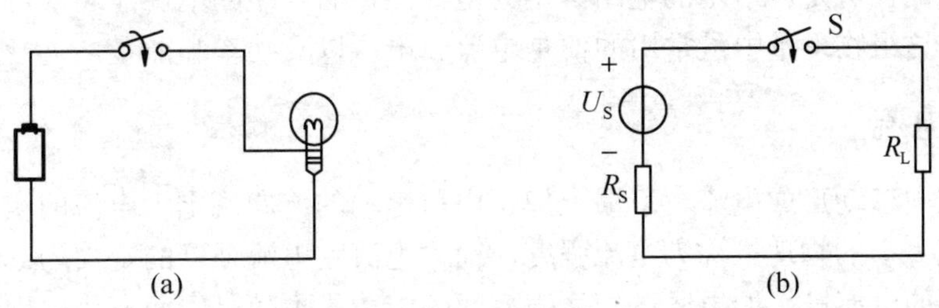

图 1-1　手电筒电路及其电路模型

电路的功能大致可概括为两个方面：一是完成电能的传输和转换，例如上述的手电筒电路就是干电池中的电能通过导线传输给小电珠转换为光能；二是实现信号的传递和处理，例如电话线路、计算机的存储电路等。

实际电路中的每种电气设备或器件工作时发生的电磁现象和能量转换关系一般都比较复杂。例如一个电阻器，当有电流流过时可将电能转换成热能而消耗，电流产生磁场，因而伴随着能量存储。一个实际的电源总有内阻，因而使用时在提供电能的同时还伴随着能量的消耗，这样就往往对电路的分析带来困难，因此，我们在分析和计算实际电路时必须用理想电路元件或其组合来代替实际的电气设备和器件组成的实际电路。这种由理想元件组成的与实际电路器件相对应的电路就是实际电路的模型，或称模型电路。图 1-1(b)就是手电筒电路的电路模型。

所谓理想电路元件就是在一定条件下忽略实际器件的次要性能，突出其主要性能，将实际器件抽象成具有确定电磁性质，并有精确数学定义的理想元件。

一个实际的器件可用理想电路元件或它们的组合近似模拟。例如一个线圈，它在直流情况下可用一个电阻元件作为它的模型；在低频情况下，就要用电阻元件和电感元件的串联组合模拟；在高频时还需考虑电容效应，所以，其模型还应包含电容元件。可见，同一器件在不同情况下应采用不同的模型。

本书讨论的是电路模型而不是实际电路，同时把理想电路元件简称电路元件。

1.1.2　集总参数电路

电路工作时存在着三种能量转换过程，即电能消耗、电场储能和磁场储能。电阻元件是反映电能消耗的电路参数，而电容元件和电感元件是分别反映电场储能和磁场储能的电路参数。严格说来，电路的任何部分都存在这三种参数，但是在电路中电压、电流频率不太高的情况下，也就是说当电路尺寸与电路中电压、电流的波长相比可忽略不计时，可近似认为电能消耗、电场储能和磁场储能这三种过程是分别集中在电阻元件、电容元件和电感元件中进行的。这种假定一个元件中只存在一种能量转换关系的元件称为集总参数元件，由集总参数元件组成的电路称为集总参数电路。本书以后所述的电路基本定律均是在集总参数电路中才成立的。

1.2　电流、电压、功率与能量

电路分析的任务是对给定的电路确定其电性能，而电路的电性能通常可以通过一组物理量来描述，这组物理量中最常用的便是电流、电压以及功率和能量。

1.2.1　电流

电荷的定向运动形成电流。习惯上把正电荷运动的方向规定为电流的实际方向。

衡量电流大小的物理量称为电流强度，简称电流。电流强度的定义为：单位时间内通过导体横截面的电荷量。如果通过导体横截面的电荷量不随时间而变化，则电流强度为

$$I=\frac{Q}{T} \tag{1-1}$$

式（1-1）中 Q 为时间 T 内通过导体横截面的电荷量。一般情况下，不随时间变化的

恒定物理量用大写字母表示，随时间变化的物理量用小写字母表示。因此，式（1-1）中直流 I 是恒定电流。

随时间变化的电流简称时变电流，其表达式为

$$i = \frac{\mathrm{d}q}{\mathrm{d}t} \tag{1-2}$$

式（1-2）中 q 为通过导体横截面的时变电荷量，i 即为时变电流。

在国际单位制（SI）（参看附录）中，电荷量的单位为库仑，简称库（C），时间的单位为秒（s），电流的单位为安培，简称安（A）。

大型电力系统中的电流可达数百到上千安培，而电子电路中的电流往往只有千分之几安培。对于很小的电流可用毫安（mA）、微安（μA）或纳安（nA）作单位，它们的关系是

$$1\mathrm{A} = 10^3\mathrm{mA} = 10^6\mu\mathrm{A} = 10^9\mathrm{nA}$$

上面提到将正电荷运动的方向规定为电流的实际方向，但在对电路进行分析计算时，或因电路较复杂，预先往往难以判断电流的实际方向，或因电流随时间不停地变化，其实际方向无法在电路图中标出，故而引出参考方向的概念。参考方向是在电路图中用箭头任意标定的电流方向，当然它不一定是电流的实际方向。图 1-2(a)是电路中的一个二端元件，流过该元件的电流为i，其参考方向如箭头所示，而其实际方向或由 a 到 b，或由 b 到 a。如果电流i的实际方向是由 a 到 b，如图 1-2(a)中虚线箭头所示，它与参考方向一致，则电流为正值，即$i > 0$；如果参考方向如图 1-2(b)中那样标定为由 b 到 a，则电流参考方向与实际方向不一致，故电流为负值，即$i < 0$。这样，在标定参考方向后，根据电流值的正负就可以确定电流的实际方向。显然，在未标定参考方向的情况下，电流值的正或负是没有意义的。

图 1-2 电流的参考方向

电流的参考方向又称为电流的正方向。在集总电路中，任何时刻流入二端元件一个端子的电流一定等于从另一端子流出的电流。

1.2.2 电压

电路中电场力将单位正电荷从某点移到另一点所做的功定义为该两点间的电压，电压也称电位差。电压的实际方向是由高电位端指向低电位端的。不随时间变化的电压称为直流电压，其表达式为

$$U = \frac{W}{Q} \tag{1-3}$$

随时间变化的电压，其表达式为

$$u = \frac{\mathrm{d}w}{\mathrm{d}q} \tag{1-4}$$

式中，功 w 的单位是焦（J）；电压 u 的单位是伏（V），常用电压单位还有 mV 和 μV，它们之间的关系为

$$1\text{V}=10^3\text{mV}=10^6\mu\text{V}$$

如同为电流标定参考方向一样，在进行电路分析时也需对电压标定参考方向（也称参考极性）。图 1-3(a)是电路中的一个二端元件，其电压 u 的参考方向可用“+”“-”标注。“+”表示高电位端，“-”表示低电位端。由“+”端指向“-”端的方向就是电压 u 的参考方向。如果参考方向与实际方向一致，则 $u>0$；反之，则 $u<0$。在标定电压参考方向后，根据电压值的正或负就可确定电压的实际方向。在未标定参考方向的情况下，电压值的正或负是没有意义的。

图 1-3　电压的参考方向

电压的参考方向也可如图 1-3(b)所示用箭头表示，还可用双下标表示，如 u_{ab} 表示电压的参考方向为从 a 点指向 b 点。

在集总电路中，任何时刻，两点间的电压是一个确定的量值，即电压具有单值性。一个二端元件或一段电路上的电流、电压的参考方向可以分别独立地任意标定，但为了方便，往往采用关联参考方向，即电流的参考方向和电压的参考方向一致，如图 1-4(a)所示。在关联参考方向下，在电路图上只需标明电流或电压参考方向中的一种即可。如果电流、电压的参考方向相反，则为非关联参考方向，如图 1-4(b)所示。

图 1-4　关联参考方向和非关联参考方向

例 1-1　图 1-5(a)中，标出了 5 个二端元件电流、电压的参考方向。已知 $I_1=-2\text{A}$，$I_2=1\text{A}$，$I_3=3\text{A}$，$U_1=20\text{V}$，$U_2=-14\text{V}$，$U_3=12\text{V}$，$U_4=-8\text{V}$，$U_5=2\text{V}$，试标出各电流、电压的实际方向。

解： 因为 I_2、I_3、U_1、U_3、U_5 为正值，所以其实际方向与参考方向一致，而 I_1、U_2、U_4 为负值，表明其实际方向与参考方向相反。各电流、电压的实际方向如图 1-5(b)所示。

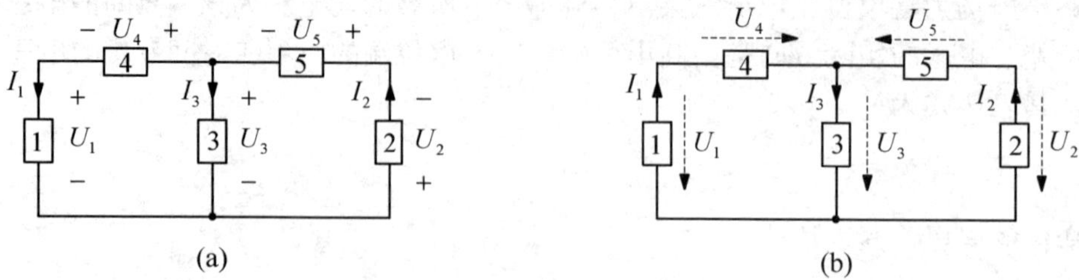

图 1-5　例 1-1 图

1.2.3 功率与能量

电路在工作过程中总伴随着电能与其他形式能量间的相互转换。比如，当正电荷从元件的高电位端运动到元件的低电位端时，电场力对电荷做了功，此时元件吸收电能；反之，正电荷从元件的低电位端运动到元件的高电位端时，是外力克服电场力对电荷做了功，也可以说是电场力做了负功，此时元件释放电能。

电功率以后简称功率，是衡量能量转换速率的物理量。元件吸收的功率定义为单位时间内电场力所做的功。直流功率的表达式为

$$P=\frac{W}{t} \tag{1-5}$$

瞬时功率表达式为

$$p=\frac{\mathrm{d}w}{\mathrm{d}t} \tag{1-6}$$

式（1-6）中，$\mathrm{d}w$ 为 $\mathrm{d}t$ 时间内电场力所做的功。功率的单位是瓦（W），电场力每秒做功 1 焦，则功率为 $1\mathrm{W}$，即 $1\mathrm{W}=1\mathrm{J/s}$。

在电路分析中，我们更关注的是功率与电压、电流的关系。根据电压、电流的定义不难得出其关系为

$$p=\frac{\mathrm{d}w}{\mathrm{d}t}=\frac{\mathrm{d}w}{\mathrm{d}t}\frac{\mathrm{d}q}{\mathrm{d}q}=\frac{\mathrm{d}w}{\mathrm{d}q}\frac{\mathrm{d}q}{\mathrm{d}t}=ui \tag{1-7}$$

式（1-7）说明元件吸收的功率等于其电压与电流的乘积。需要指出的是：上述功率与电压、电流的关系是在电压、电流取关联参考方向下得出的。若元件的电压、电流为非关联参考方向时，元件吸收功率为

$$p=-ui \tag{1-8}$$

这样，由于式（1-7）和式（1-8）计算的都是吸收功率，所以，当 $p>0$ 时，表明元件确实吸收功率；当 $p<0$ 时，表明元件实际发出功率。

从 t_0 到 t 的时间内，元件吸收的电能就是功率对时间的积分，即

$$W=\int_{t_0}^{t} p\mathrm{d}\xi \tag{1-9}$$

一个二端元件（或一段电路），如果对所有的时刻 t 都有 $W=\int_{t_0}^{t} p\mathrm{d}\xi\geqslant 0$，则称该元件（或该段电路）是无源的，否则称其为有源的。

例 1-2 计算图 1-5(a)中各元件的功率，并验证是否满足功率平衡。

解：

$$P_1=U_1I_1=20\times(-2)=-40\mathrm{W}$$
$$P_2=U_2I_2=-14\times 1=-14\mathrm{W}$$
$$P_3=U_3I_3=12\times 3=36\mathrm{W}$$
$$P_4=U_4I_1=-8\times(-2)=16\mathrm{W}$$
$$P_5=U_5I_2=2\times 1=2\mathrm{W}$$
$$P_1+P_2+P_3+P_4+P_5=0$$

在一个完整的电路中，各部分功率的代数和等于零，即在任何时刻产生的功率与吸收的功率总是相等的，这称为功率平衡。这是能量守恒的必然结果。

1.3 基尔霍夫定律

集总电路是由集总元件通过理想导线相互连接而成。电路中的一个二端元件称为一条支路，但通常我们把若干二端元件相串联的一段电路视为一条支路。支路的连接点称为节点。由若干支路构成的闭合路径称为回路。平面电路中，内部不含其他支路的回路称为网孔。

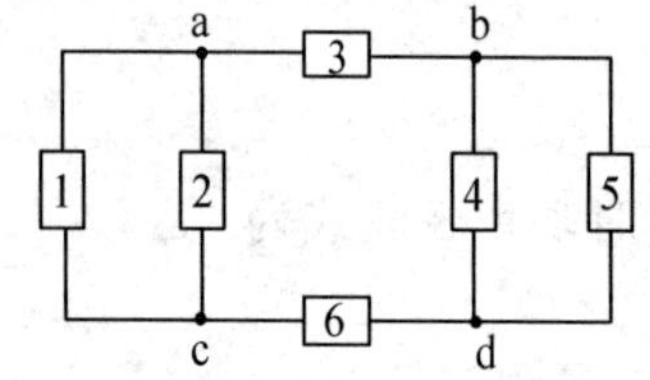

图 1-6 支路、节点、回路和网孔

图 1-6 是由 6 条支路组成的电路。该电路共有 4 个节点（a、b、c、d），由支路（1、2），（2、3、4、6），（4、5），（1、3、4、6），（2、3、5、6），（1、3、5、6）构成 6 个回路，其中由支路（1、2），（2、3、4、6），（4、5）构成的 3 个回路称为网孔。

电路分析的基本任务是对于给定的电路确定各元件的电压和电流。而各元件的电压、电流无一不遵循两类约束：一类是由元件的连接关系带来的约束，称为拓扑约束，这类约束由基尔霍夫定律体现；另一类是由元件的电压、电流关系（VCR），或简称伏安关系形成的约束，称为元件约束。这里先讨论拓扑约束。

1.3.1 基尔霍夫电流定律（KCL）

基尔霍夫电流定律可表述为：在集总电路中，任何时刻，对任一节点，流出该节点的各支路电流的代数和恒等于零。记作

$$\sum i = 0 \tag{1-10}$$

这里，所谓电流的“代数和”是指：流出节点的电流取“+”，流入节点的电流取“−”。电流是流出还是流入节点均根据电流的参考方向判定。

例如，图 1-7 是某电路图中的一个节点 p，据 KCL 有

$$i_1 - i_2 + i_3 + i_4 - i_5 = 0$$

上式可改写为

$$i_1 + i_3 + i_4 = i_2 + i_5$$

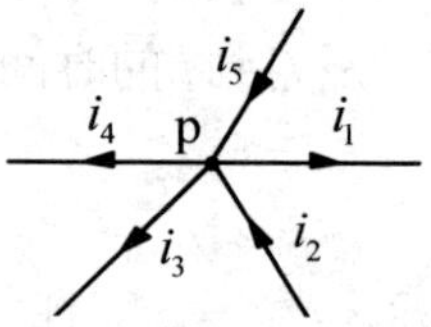

图 1-7 KCL 用于节点

此式表明，流出节点 p 的支路电流之和等于流入该节点的支路电流之和。所以，KCL 也可表述为：在任何时刻，流出任一节点的支路电流之和等于流入该节点的支路电流之和。

KCL 通常用于节点，但对包围几个节点的封闭面（又称广义节点）也是适用的。

例如图 1-8(a)所示电路，对封闭面 S，有

$$-i_1 + i_2 + i_3 = 0$$

若两部分电路只有一条支路相连，如图 1-8(b)所示，对封闭面 S，据广义节点概念可知：$i = 0$。流出封闭面的电流必等于流入同一封闭面的电流。这是电流连续性的体现。

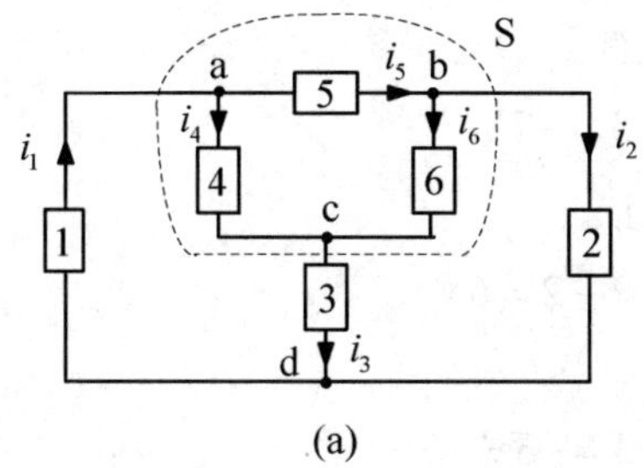

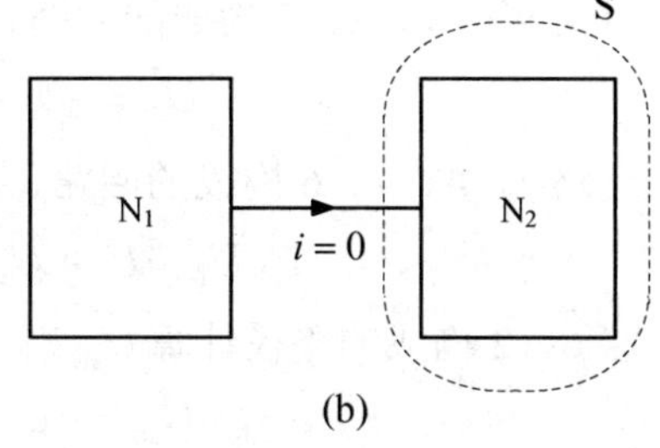

图 1-8　基尔霍夫电流定律

例 1-3　图 1-8(a)所示电路中，已知$i_1=5\text{A}$，$i_2=1\text{A}$，$i_6=2\text{A}$，求i_3。

解：对节点 b，据 KCL 有

$$i_5=i_2+i_6=1+2=3\text{A}$$

对节点 a，据 KCL 有

$$i_4=i_1-i_5=5-3=2\text{A}$$

对节点 c，据 KCL 有

$$i_3=i_4+i_6=2+2=4\text{A}$$

或者，对封闭面 S，据 KCL 有

$$i_3=i_1-i_2=5-1=4\text{A}$$

1.3.2　基尔霍夫电压定律（KVL）

基尔霍夫电压定律可表述为：在集总电路中，任何时刻，沿任一回路，所有支路电压的代数和恒等于零。记作

$$\sum u=0 \tag{1-11}$$

这里，所谓支路电压的代数和是指：凡支路电压的参考方向与任意指定的回路绕行方向一致者，该电压取“+”，反之取“-”。

图 1-9 是某电路中的一个回路。对该回路据 KVL 有

$$u_1+u_2-u_3-u_4+u_5=0$$

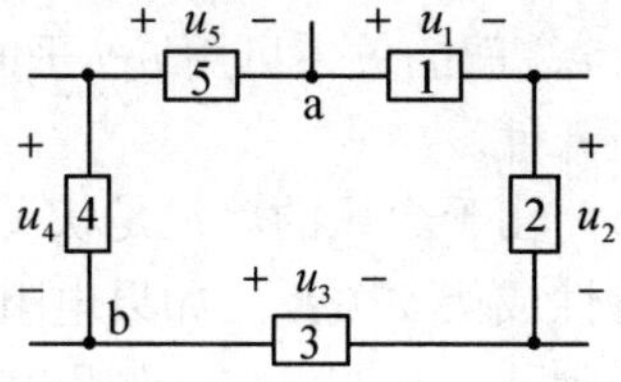

图 1-9　KVL 用于回路

电路分析中，经常需要计算两节点间的电压，如图 1-9 中节点 a、b 间的电压u_{ab}。由上式移项可得

$$u_1+u_2-u_3=-u_5+u_4$$

上式等号左端是按支路 1、2、3 构成的路径计算所得 a、b 两节点间的电压，即$u_{ab}=u_1+u_2-u_3$。等号右端是按支路 5、4 构成的路径计算所得 a、b 间的电压，即$u_{ab}=-u_5+u_4$。这说明电路中两节点间电压与路径无关。KVL 是电压单值性的反映。

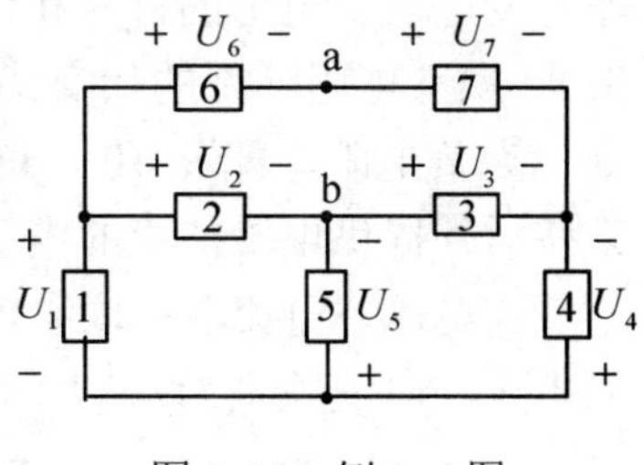

图 1-10　例 1-4 图

例 1-4　图 1-10 所示电路，已知$U_1=10\text{V}$，$U_2=3\text{V}$，$U_4=-2\text{V}$，$U_7=2\text{V}$，求U_5、U_6及U_{ab}。

解：对由支路 1、2、5 构成的回路，应用 KVL 有

$$U_5 = -U_1 + U_2 = -10 + 3 = -7\text{V}$$

对由支路 1、4、7、6 构成的回路，应用 KVL 有

$$U_6 = U_1 + U_4 - U_7 = 10 - 2 - 2 = 6\text{V}$$

按支路 6、2 构成的路径计算 U_{ab} 有

$$U_{ab} = -U_6 + U_2 = -6 + 3 = -3\text{V}$$

或按支路 7、4、5 构成的路径计算 U_{ab} 有

$$U_{ab} = U_7 - U_4 + U_5 = 2 + 2 - 7 = -3\text{V}$$

KCL 和 KVL 是集总电路的基本定律。KCL 是对集总电路中与任一节点相关联的各支路电流间建立的线性约束关系；KVL 是对与任一回路相关联的各支路电压间建立的线性约束关系。这类约束称为拓扑约束，因为它只与元件的连接关系有关，而与元件特性无关。正因为此，KCL 和 KVL 适用于任何线性、非线性、时变、非时变的集总电路。

1.4 电 阻 元 件

电路元件是构成电路的基本单元。按元件的引出端子数目可分为二端、三端、四端元件等。对集总参数元件通常只关心其端子上的特性，而不涉及其内部情况。电路元件还可分为无源元件和有源元件、线性元件和非线性元件、非时变元件和时变元件、耗能元件和储能元件等。本节讨论电阻元件。

1.4.1 二端电阻元件

二端电阻元件是耗能型元件。电阻器、灯泡、电炉等在一定条件下可用二端电阻元件作为其模型。

二端电阻元件定义为：一个二端元件，如果在任一时刻，其两端电压 u 与流经它的电流 i 之间的关系可用 u-i 平面上的一条曲线来确定，则该元件就称为二端电阻元件，简称电阻元件。

由于电压的单位是伏（V），电流的单位是安（A），因此电阻元件的特性也称为伏安特性或伏安关系。如果电阻元件的电压、电流关系不随时间变化，则称其为非时变电阻，否则称为时变电阻；如果其电压、电流关系是通过原点的一条直线，则称其为线性电阻，否则称为非线性电阻。今后所说电阻，如不加说明均指伏安特性位于一、三象限的线性、非时变电阻。电阻的符号和伏安特性分别如图 1-11(a)、(b)所示。（电阻元件的伏安特性如果位于第二、四象限，则称为负电阻，即 $R<0$。负电阻是供能元件，实际是某些对外提供电磁能量的电子器件的理想化模型。）

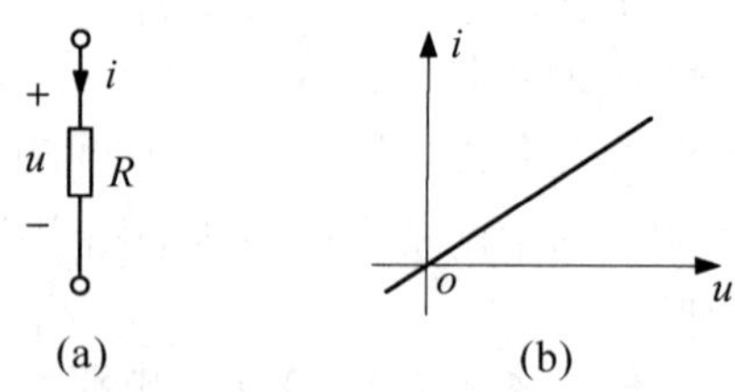

图 1-11 电阻元件及其伏安特性

在电压、电流取关联参考方向的条件下，电阻元件的电压、电流关系为

$$u = Ri \tag{1-12}$$

这就是大家熟悉的欧姆定律。式中的 R 称为元件的电阻。当电压单位为伏（V），电流单位为安（A）时，电阻的单位为欧（Ω）。

令 $G=\frac{1}{R}$，式（1-12）可写为

$$i=Gu \tag{1-13}$$

式中，G 称为元件的电导，单位为西门子，简称西（S）。R 和 G 都是电阻元件的参数。

需要特别指出的是，上述欧姆定律的表达形式是在 u 与 i 取关联参考方向的前提下得出的。如果 u 与 i 取非关联参考方向，如图 1-12 所示，则其电压、电流关系应为

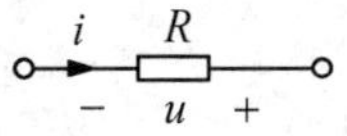

图 1-12　u、i 的非关联参考方向

$$u=-Ri \tag{1-14}$$

$$i=-Gu \tag{1-15}$$

欧姆定律仅适用于线性电阻。

由式（1-12）、式（1-13）或式（1-14）、式（1-15）可知，当电阻元件的参数值不为零、不为无穷大时，电阻元件上的电压和电流是同时存在、同时消失的。或者说，t 时刻的电压（电流）只取决于 t 时刻的电流（电压）。这说明电阻元件是无记忆性元件，或称即时元件。

1.4.2　电阻元件的功率和能量

当电压 u 和电流 i 取关联参考方向时，电阻元件吸收的功率为

$$p=ui=Ri^2=\frac{u^2}{R}=Gu^2=\frac{i^2}{G} \tag{1-16}$$

电阻元件从 t_0 到 t 时刻吸收的电能为

$$W=\int_{t_0}^{t}p\mathrm{d}\xi=R\int_{t_0}^{t}i^2\mathrm{d}\xi=G\int_{t_0}^{t}u^2\mathrm{d}\xi \tag{1-17}$$

由于线性电阻元件的 R 和 G 为正实常数，故其功率 p 以及吸收的电能 W 均恒为非负值。这说明电阻元件是无源元件和耗能元件。

例 1-5　2Ω 电阻上电压、电流取关联参考方向，已知 $u=4\cos(t)\,(\mathrm{V})$，求电流 i、功率 p 以及从 0 到 t 期间吸收的电能 w。

解：因 u、i 关联，所以电流 i 为

$$i=Gu=\frac{1}{2}u=\frac{4\cos(t)}{2}=2\cos(t)\,(\mathrm{A})$$

功率为

$$p=Gu^2=Ri^2=8\cos^2(t)\,(\mathrm{W})$$

从 0 到 t 时间内吸收的电能 w 为

$$w=\int_0^t p\mathrm{d}\xi=\int_0^t 8\cos^2(\xi)\mathrm{d}\xi=8\left[\frac{1}{2}\xi+\frac{1}{4}\sin(2\xi)\right]\Bigg|_0^t=4t+2\sin(2t)\,(\mathrm{J})$$

由此例可见，电阻元件的功率和吸收能量均为非负值。

例 1-6 求一只标有“220V、100W”的灯泡在正常使用时的电流及电阻值。

解： 实际电气设备为保证其正常使用，厂家都给出电压、电流或功率的限制数值，称为电气设备的额定值。标明“220V、100W”的灯泡的含义是：这只灯泡接220V电压时，其功率为100W。电压高于220V，可能造成灯泡损坏；低于220V，灯泡亮度不够。灯泡可用线性电阻作为其模型。因为

$$P = UI = \frac{U^2}{R}$$

所以

$$I = \frac{P}{U} = \frac{100}{220} = 0.455\text{A}$$

$$R = \frac{U^2}{P} = \frac{220^2}{100} = 484\Omega$$

1.4.3 开路和短路

当一个二端元件（或电路）的端电压不论为何值，流过它的电流恒为零值时，就称其为开路，如图 1-13(a)所示。开路的伏安特性在 u–i 平面上与电压轴重合，它相当于 $R=\infty$ 或 $G=0$，如图 1-13(c)所示。

当流过一个二端元件（或电路）的电流不论为何值，它的端电压恒为零值时，就称其为短路，如图 1-13(b)所示；短路的伏安特性在 u–i 平面上与电流轴重合，它相当于 $R=0$ 或 $G=\infty$，如图 1-13(d)所示。

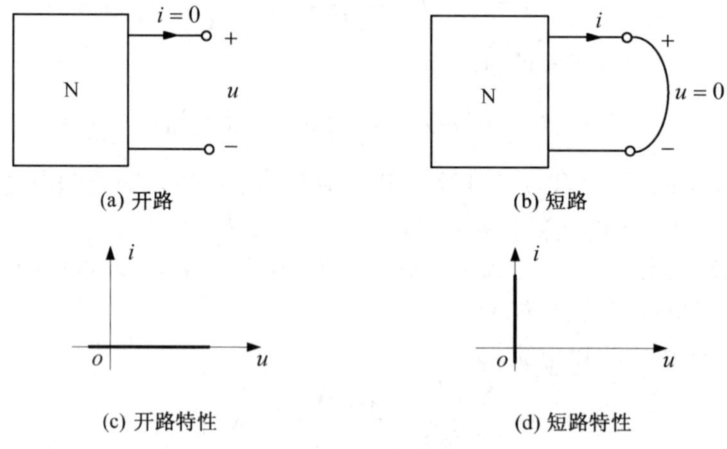

图 1-13 开路和短路

1.5 电压源和电流源

实际电源有干电池、发电机、光电池及电子电路中的各种信号源等。电源是从实际电源抽象得到的理想化模型，是有源电路元件。电源可分为独立电源和非独立电源（受控源）

两类。独立电源有电压源和电流源两种。

1.5.1 电压源

电压源的定义为：一个二端元件，如其端口电压总能保持恒定或为指定的时间函数 $u_S(t)$，而与通过它的电流无关，则称其为理想电压源，简称电压源。电压源的图形符号如图 1-14(a) 所示。当 $u_S(t)$ 为恒定值时，则称为恒定电压源或直流电压源。直流电压源有时采用图 1-14(b)所示图形符号，其中长线段端为"+"极，短线段端为"−"极，电压值用 U_S 表示。

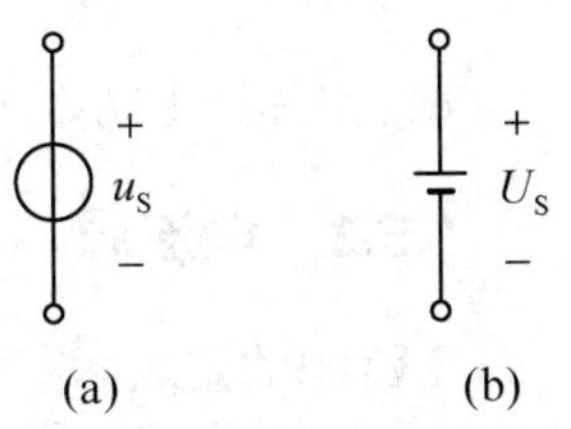

图 1-14　电压源符号

由定义可知，电压源具有两个基本性质：

（1）将电压源接上外电路 N，如图 1-15(a)所示。图中 i 不论为何值，电压源的端口电压 u 总等于 u_S，不受外电路影响。如果 u_S 为直流电压源 U_S，则电压源端口电压 u 与流过它的电流 i 的关系是一条平行于 i 轴，其值为 $u=U_S$ 的直线，如图 1-15(b)所示。如果 u_S 是随时间变化的，则平行于 i 轴的直线也随时间变化而改变位置，如图 1-15(c)所示。电压源的伏安特性可表示为

$$\begin{cases} u=u_S(t) \\ i=任意值 \end{cases} \tag{1-18}$$

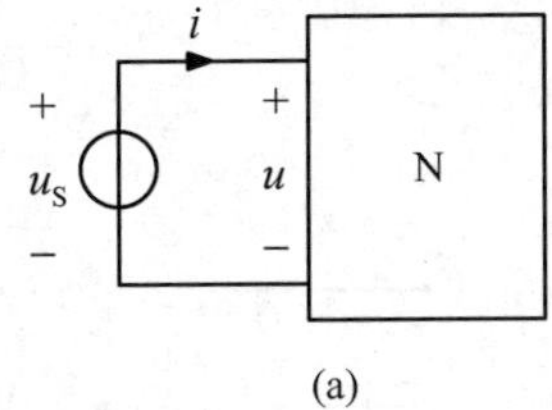

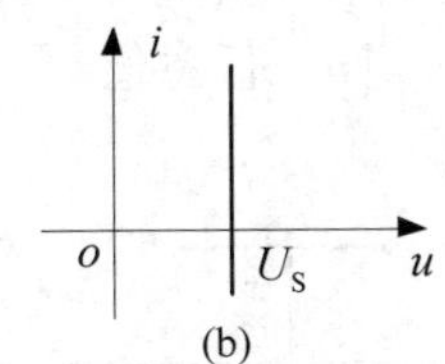

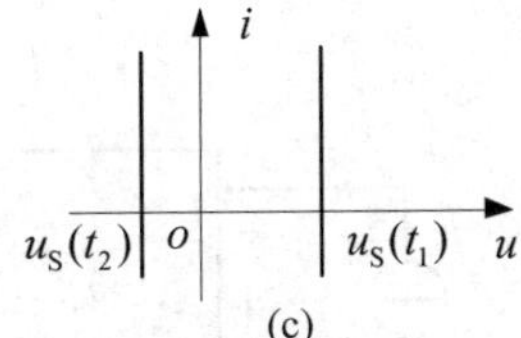

图 1-15　电压源的伏安特性

（2）流经电压源的电流由电压源及外电路共同决定，或者说随所接外电路不同而变化。电流可以从不同的方向流经电压源，因此电压源可对外电路提供能量，也可以从外电路吸收能量，这要由流经电压源电流的实际方向而定。

习惯上电压源的端电压与电流常取非关联参考方向。此时电压源发出的功率为 $p=u_S i$，这也是外电路吸收的功率。

如果电压源 $U_S=0$，则其伏安特性与电流轴重合，该电压源相当于短路。

例 1-7　图 1-16 所示电路中 $U_{S1}=3\text{V}$，$U_{S2}=6\text{V}$，$R=1\Omega$，求电压源 U_{S1} 和 U_{S2} 产生的功率 P_1 和 P_2。

解：根据 KVL，有

$$RI+U_{S2}-U_{S1}=0$$

$$I=\frac{U_{S1}-U_{S2}}{R}=\frac{3-6}{1}=-3\text{A}$$

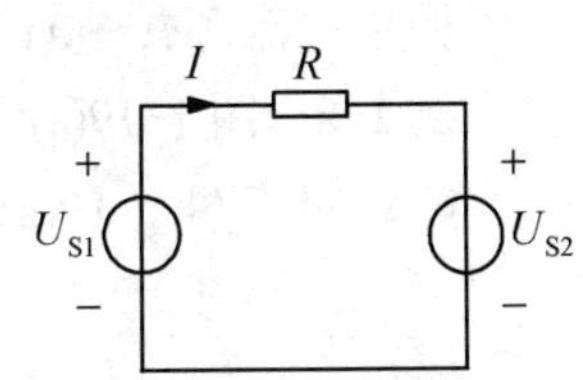

图 1-16　例 1-7 图

因为 U_{S1} 与 I 的参考方向非关联，U_{S1} 的功率为

$$P_1 = -U_{S1}I = -3 \times (-3) = 9\text{W}$$

U_{S1} 实际吸收功率 9W。

U_{S2} 与 I 参考方向关联，U_{S2} 的功率为

$$P_2 = U_{S2}I = 6 \times (-3) = -18\text{W}$$

U_{S2} 实际产生功率 18W。

1.5.2 电流源

电流源的定义为：一个二端元件，如其端口电流总能保持恒定或为指定的时间函数 $i_S(t)$，而与其端口电压无关，则称此二端元件为理想电流源，简称电流源。电流源的图形符号如图 1-17 所示。当 $i_S(t)$ 为恒定值时，则称为恒定电流源或直流电流源，直流电流源用 I_S 表示。

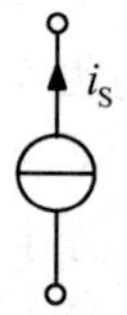

图 1-17 电流源符号

电流源具有两个基本性质：

（1）将电流源接外电路 N，如图 1-18(a)所示。图中 u 不论为何值，电流源的端口电流 i 总等于 i_S，不受外电路影响。如果 i_S 为直流电流源 I_S，则直流电流源的端口伏安特性是一条平行于 u 轴，其值为 $i = I_S$ 的直线，如图 1-18(b)所示。如果 i_S 是随时间变化的，则平行 u 轴的直线也随之改变位置，如图 1-18(c)所示。电流源的伏安特性可表示为

$$\begin{cases} i = i_S(t) \\ u = \text{任意值} \end{cases} \tag{1-19}$$

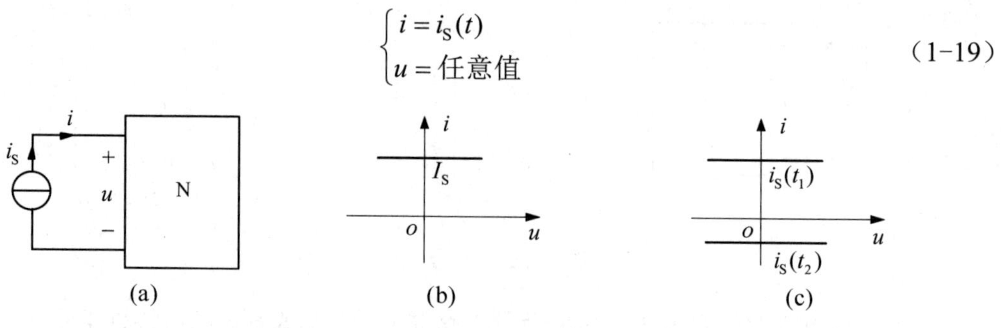

图 1-18 电流源的伏安特性

（2）电流源的端口电压由电流源与外电路共同决定，或者说随所接外电路不同而变化。电流源的端口电压可以有不同的极性，因此，和电压源一样，它可对外电路提供能量，也可从外电路吸收能量，这要由电流源端口电压的实际极性而定。

电流源的端口电压与电流也常取非关联参考方向。此时电流源发出的功率为 $p = ui_S$，这也是外电路吸收的功率。

如果电流源 $i_S = 0$，则其伏安特性与电压轴重合，该电流源相当于开路。

例 1-8 图 1-19(a)、(b)所示两电路中 $I_S = 1\text{A}$，$U_S = 1\text{V}$，$R = 1\Omega$。求各元件吸收的功率。

解：对于图 1-19(a)，因为

$$I = I_S = 1\text{A}$$

所以

$$P_R = I^2 R = 1\text{W}$$

因为I与U_S关联，所以

$$P_{U_S}=U_S I=1\text{W}$$

因为I_S与U非关联，所以

$$P_{I_S}=-UI_S=-(RI+U_S)I_S=-(1\times1+1)\times1=-2\text{W}$$

对于图 1-19(b)，因为

$$U=U_S=1\text{V}$$

所以

$$P_R=\frac{U^2}{R}=1\text{W}$$

因为U与I_S关联，所以

$$P_{I_S}=UI_S=1\text{W}$$

因为U_S与I非关联，所以

$$P_{U_S}=-U_S I=-U_S(I_R+I_S)=-2\text{W}$$

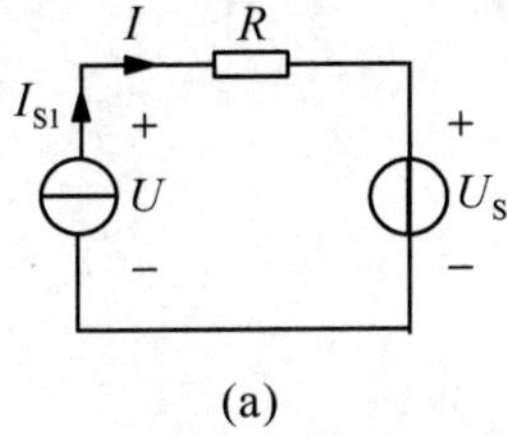

(a)

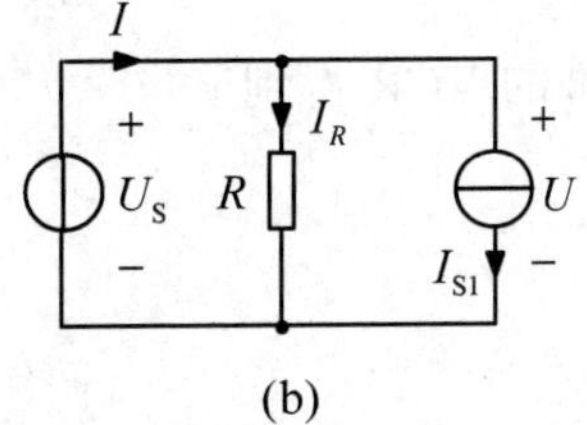

(b)

图 1-19　例 1-8 图

1.5.3　电路中的参考点和电位

在电路分析或电路测量中，常常以电路中的某一节点为参考点，计算或测量其他各节点到参考点的电压，称为节点电压，或称为节点电位。而电路中任意两节点间的电压等于该两节点电位之差。

如图 1-20(a)所示电路，选节点 d 为参考点，即令节点 d 的电位为零，$u_d=0$（参考点常用接地符“⊥”表示，此时参考点也称为接地点）。其他节点 a、b、c 到参考点的电位分别记为u_a、u_b、u_c，则

$$u_a=u_{ad}=u_{S1}$$

$$u_b=u_{bd}=R_3 i_3$$

$$u_c=u_{cd}=-u_{S2}$$

$$u_{ab}=u_a-u_b$$

$$u_{bc}=u_b-u_c$$

显而易见，电路中某点的电位随参考点的选取不同而不同，不指明参考点而谈某点的电位是没有意义的。电压是两点间电位之差，与参考点的选取无关。

在电子电路中，为使电路图简洁明了，对于有一端接地的电压源不再画出电源符号，而只在其非接地一端标明电压源的数值和极性，称为电位标注法。对图 1-20(a)所示电路采用电位标注法可画成图 1-20(b)。

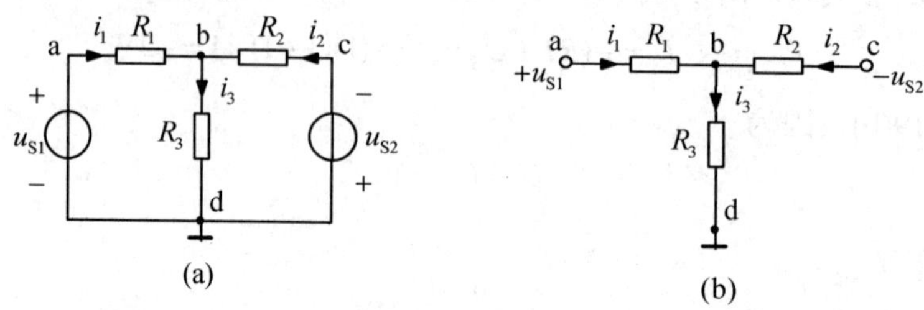

图 1-20　参考点

例 1-9　图 1-20(b)所示电路，已知$u_{S1}=6V$，$u_{S2}=3V$，$R_1=2\Omega$，$R_2=6\Omega$，$R_3=6\Omega$。求u_b。

解：各支路电流参考方向如图示，根据 KVL 得到

$$u_{ab}=u_a-u_b=6-u_b$$

$$u_{cb}=u_c-u_b=-3-u_b$$

由电阻元件的 VCR 得到

$$i_1=\frac{u_{ab}}{R_1}=\frac{6-u_b}{2}$$

$$i_2=\frac{u_{cb}}{R_2}=\frac{-3-u_b}{6}$$

$$i_3=\frac{u_b}{R_3}=\frac{u_b}{6}$$

对节点 b，据 KCL 有$-i_1-i_2+i_3=0$，将i_1、i_2、i_3代入得

$$-\frac{6-u_b}{2}+\frac{u_b+3}{6}+\frac{u_b}{6}=0$$

于是可解得

$$u_b=3V$$

例 1-10　用电位标注法重画图 1-21(a)所示电路，并求U_a。

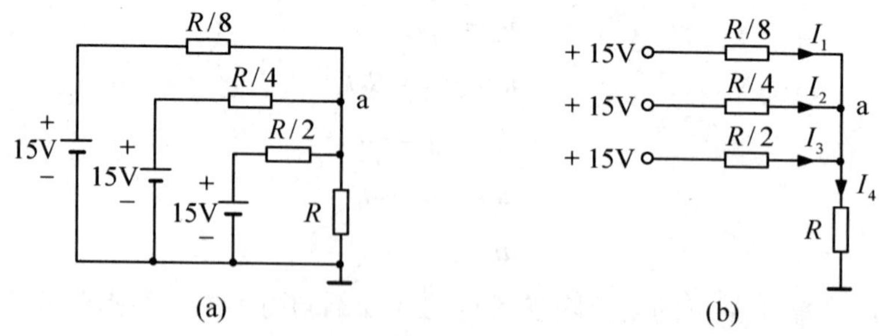

图 1-21　例 1-10 图

解：将图 1-21(a)所示电路用电位标注法重画后如图 1-21(b)所示，为求U_a，同时在图 1-21(b)中标出了各支路电流的参考方向。由图可知

$$I_1=\frac{15-U_a}{R/8}=\frac{120-8U_a}{R}$$

$$I_2=\frac{15-U_a}{R/4}=\frac{60-4U_a}{R}$$

$$I_3=\frac{15-U_a}{R/2}=\frac{30-2U_a}{R}$$

$$I_4=\frac{U_a}{R}$$

据 KCL 有

$$I_1+I_2+I_3-I_4=0$$

即

$$\frac{120-8U_a}{R}+\frac{60-4U_a}{R}+\frac{30-2U_a}{R}-\frac{U_a}{R}=0$$

亦即

$$120-8U_a+60-4U_a+30-2U_a-U_a=0$$

于是解得

$$U_a=14\text{V}$$

1.6 受 控 源

前述的电压源和电流源都是独立源，独立源的端口电压或端口电流不受电路中其他支路电压、电流的影响。受控源则不同。受控电压源的电压和受控电流源的电流受电路中某支路电压或电流的控制，因而是非独立源。

受控源是一种有源二端口（双口）元件，它含有两个端口：一个端口是受控电压源或受控电流源；另一个端口则为控制端口，该端口或为开路、或为短路，分别对应控制端口的端口电压或支路电流。

受控电压源或受控电流源根据控制量是电压还是电流共分为四种基本形式：电压控制电压源（VCVS）、电流控制电压源（CCVS）、电压控制电流源（VCCS）和电流控制电流源（CCCS）。这四种受控源的图形符号如图 1-22 所示。为了区别于独立源，用菱形符号表示其电源部分。图中u_1和i_1分别表示控制电压和控制电流，μ、r、g和β分别是相关的控制系数，其中μ和β无量纲，r和g分别具有电阻和电导的量纲。当这些系数为常数时，被控制量与控制量成正比，这种受控源称为线性受控源。本书只涉及线性受控源。

线性受控源可用两个方程来描述：

VCVS： $$i_1=0 \quad u_2=\mu u_1 \tag{1-20}$$

CCVS： $$u_1=0 \quad u_2=r i_1 \tag{1-21}$$

VCCS：　　$i_1 = 0 \quad i_2 = g u_1$　　(1-22)

CCCS：　　$u_1 = 0 \quad i_2 = \beta i_1$　　(1-23)

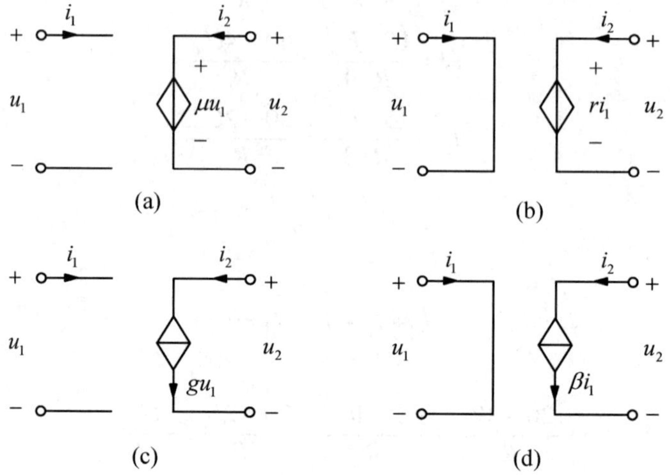

图 1-22　四种受控源

独立源可作为电路的激励独立作用于电路，从而产生电压、电流响应，而受控源只是用来反映电路中某处电压或电流受控于另一处电压或电流这一现象，它一般不能独立作用于电路。

受控源一般出现在电子器件的等效模型中。例如，图 1-23(a)所示晶体管三极管的集电极电流 i_c 受基极电流 i_b 的控制，图 1-23(b)所示运算放大器的输出电压 u_o 受输入电压 u_i 的控制，图 1-23(c)所示场效应管 NMOS 的漏极电流 i_D 受栅极电压 u_T 的控制，分别用图 1-23(d)、(e)、(f)所示相应的受控源来表示其等效电路。

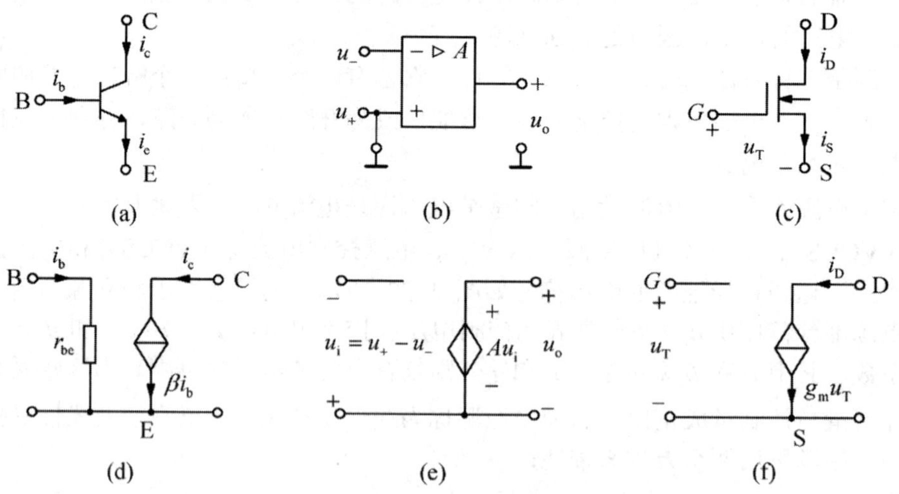

图 1-23　三种电子器件及其受控源电路模型

例 1-11　求图 1-24 电路中的 I 。

解：先求控制电压 U_1，由左边电路可得

$$U_1 = 2\times 2 = 4\text{V}$$

在右边电路中，利用 KVL 得到

$$2I - 5U_1 = 0$$

所以

$$I = \frac{5U_1}{2} = \frac{5\times 4}{2} = 10\text{A}$$

图 1-24　例 1-11 图

例 1-12　图 1-25(a)中，已知 $R_1 = R_3 = 2\Omega$，$R_2 = 20\Omega$，$\beta = 8$，输入电压 $u_\text{i} = 2\cos(t)\text{V}$。求输出电压 u_o。

解：受控源虽是二端口元件，但控制端口非开路即短路，故为使电路简明，通常不专门画出控制量所在端口，如图 1-25(a)所示电路常简绘如图 1-25(b)所示。据 KCL，有

$$i_3 = i_1 + \beta i_1 = (1+\beta)i_1 = 9i_1$$

根据 KVL，有

$$u_i = R_1 i_1 + R_3 i_3 = R_1 i_1 + 9R_3 i_1 = 10R_1 i_1 = 20i_1$$

$$i_1 = \frac{u_\text{i}}{20} = \frac{2\cos(t)}{20} = 0.1\cos(t)\quad \text{(A)}$$

$$u_0 = -R_2 i_2 = -20\times 8i_1 = -160i_1 = -16\cos(t)\quad \text{(V)}$$

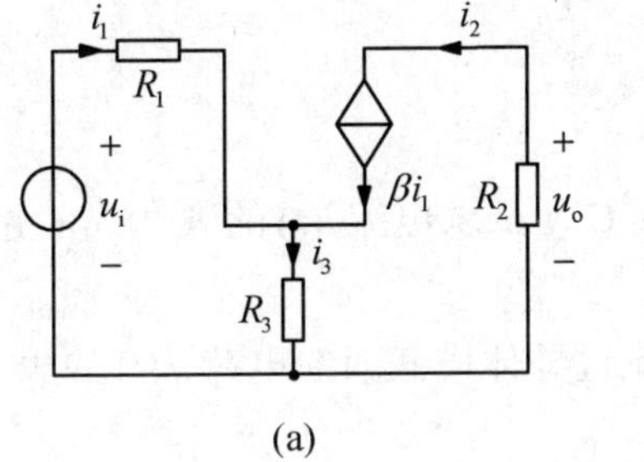

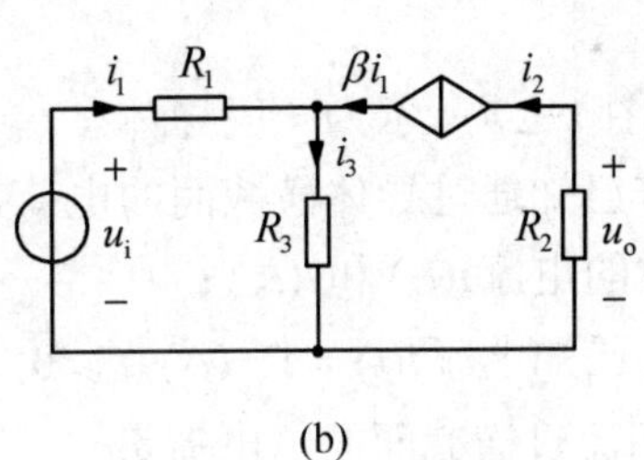

图 1-25　例 1-12 图

思考与讨论 1

1-1　电路的基本功能有二：①能量形式转换及电能的传输与分配；②信号的传递与处理。你是如何理解的，试举例说明。

1-2　怎样理解电路和元器件的“正常工作”与“非正常工作”？如果一台电子或电气设备工作不正常，可能是哪几方面的问题？

1-3　实际电压与电流有正负之分吗？怎样看待电路模型与实际电路的关系？请举例说明之。

1-4 为了测量某直流电机励磁线圈的电阻 R，采用了图 1-26 所示的"伏安法"。电压表读数为 220V，电流表读数为 0.7A，试求线圈的电阻 R。如果在实验时有人误将电流表当作电压表并联在电源上，其后果如何？已知电流表的量程为 1A，内阻 R_0 为 0.4Ω。

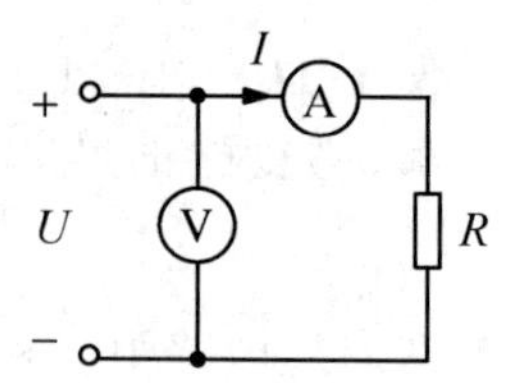

图 1-26 思考与讨论 1-4 图

1-5 经过实验得到，人体躯干电阻为 50Ω，臂电阻为 400Ω，腿电阻为 200Ω。经过对事故原因分析得到了人体在不同电流下的生理反应，如表 1-1 所示：

表 1-1 人体在不同电流下的生理反应

电 流	生 理 反 应
3~5mA	仅仅能感觉
35~50mA	极端痛苦
50~70mA	肌肉麻痹
500mA	心跳停止

要求：

（1）假设一人双手触电源正端，双脚处于电源负端，请画出电流通过该人体的电路模型。

（2）请给出安全电压范围。当空气潮湿时，安全电压是否更低？

（3）如果某人遭 220V 市电电击时未出现明显的触电生理反应，可能的原因有哪些？

（4）请根据上述分析制定一套解救触电人员的安全措施。

习 题 1

1-1 图 1-27 所示为一段导体。

（1）若已知通过导体横截面的电荷 $q(t)=5t^2\text{C}$，试求电流 $i(t)$ 的表达式，并求 $t_1=-1\text{s}$ 和 $t_2=1\text{s}$ 时的电流 $i(t_1)$ 和 $i(t_2)$；

（2）若已知电流 $i(t)=\text{e}^{-t}\ (\text{A})\ (t\geqslant 0)$，试求流过导体横截面的电荷 $q(t)$ 的表达式，并求 0 到 1s 期间流过横截面的总电荷量。

1-2 图 1-28 中 A 与 B 为两个二端元件。

（1）u、i 的参考方向对 A 和对 B 是否关联？

（2）如果 $u>0$、$i<0$，A 和 B 元件实际吸收还是发出功率？

1-3 计算图 1-29 所示电路中各元件的功率，并验证是否满足功率平衡。

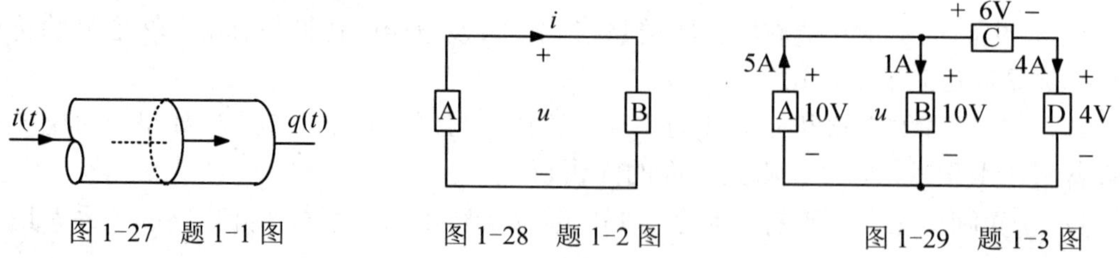

图 1-27 题 1-1 图　　图 1-28 题 1-2 图　　图 1-29 题 1-3 图

1-4　某二端元件的电压、电流取关联参考方向，试求下列两种情况下该二端元件的功率。

（1）$u = 220\cos(100\pi t)(\mathrm{V})$，$i = 2\cos(100\pi t)(\mathrm{A})$；

（2）$u = 220\cos(100\pi t)(\mathrm{V})$，$i = 2\sin(100\pi t)(\mathrm{A})$。

1-5　某元件的电压、电流在关联参考方向下的波形如图 1-30(a)和(b)所示，试绘出该元件功率 p 的波形，并分别计算 0 到 1s 和 1s 到 2s 期间该元件吸收的能量。

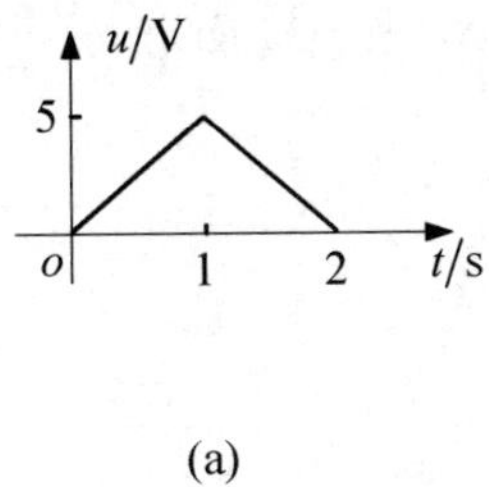

(a)

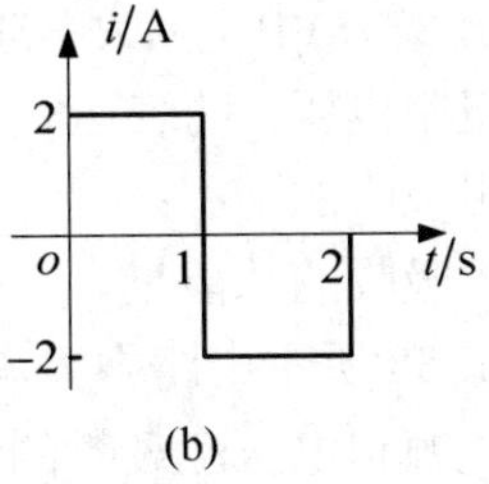

(b)

图 1-30　题 1-5 图

1-6　已知图 1-31 所示电路中元件 A 发出的功率为36W，试求元件 B、C 吸收的功率。

1-7　已知图 1-32 所示电路中元件 A 发出的功率为36W，试求元件 B、C 吸收的功率。

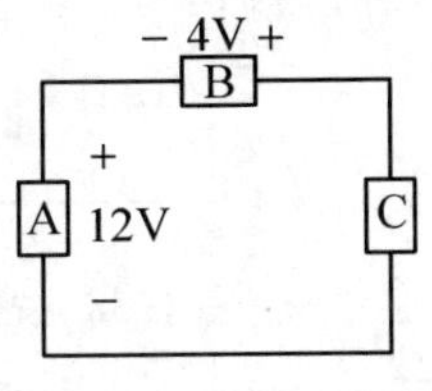

图 1-31　题 1-6 图

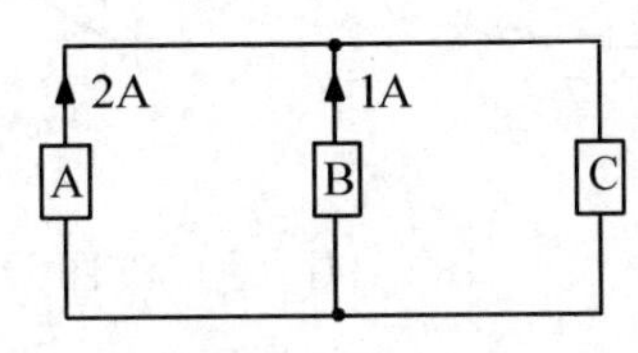

图 1-32　题 1-7 图

1-8　试求图 1-33 所示电路中的 I_1，I_2，I_3。

1-9　试求图 1-34 所示电路中的 U_1，U_2，U_3。

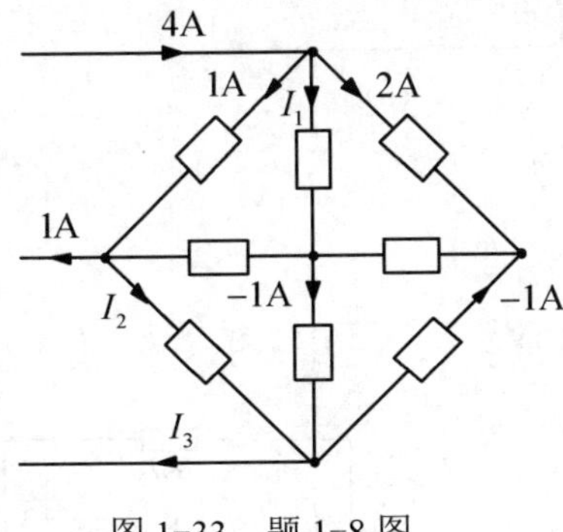

图 1-33　题 1-8 图

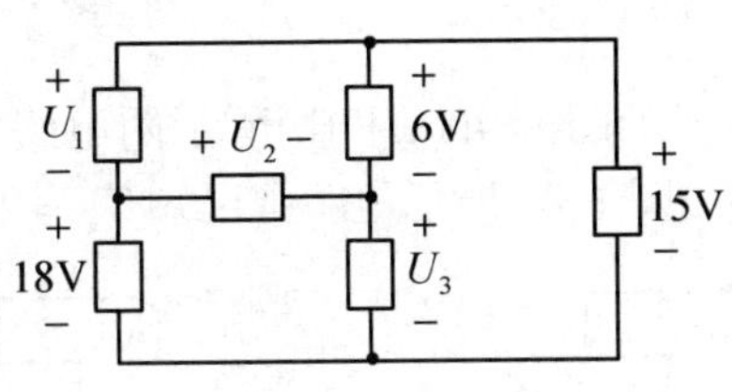

图 1-34　题 1-9 图

1-10　求图 1-35 所示电路中的 I，I_1，I_2，I_3。

1-11　求图 1-36 所示电路中的 I，U_S 及 R。

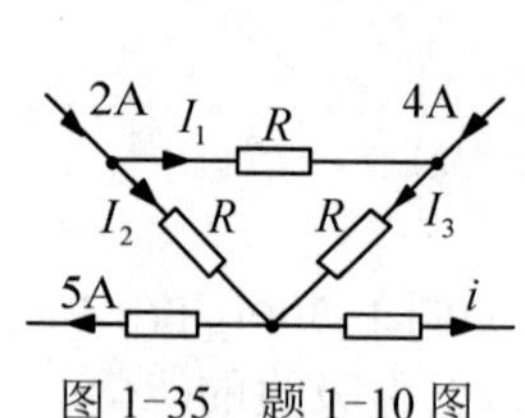

图 1-35　题 1-10 图

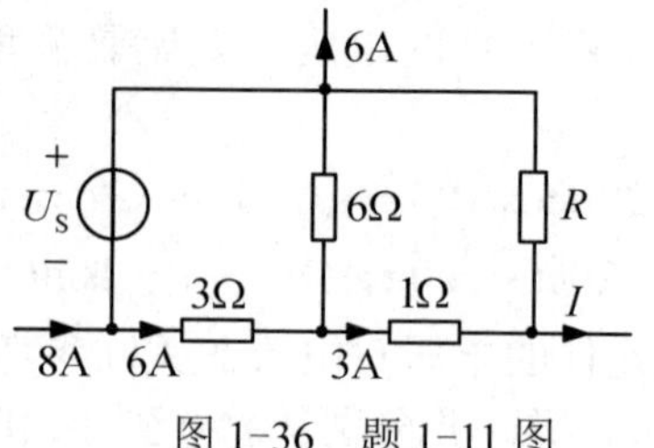

图 1-36　题 1-11 图

1-12　图 1-37 (a)中电阻 $R = 5\text{k}\Omega$ ，其电流 i 的波形如图 1-37 (b)所示。

（1）写出电阻电压 u 的表达式；

（2）求电阻吸收的功率；

（3）求电阻吸收的总能量。

1-13　图 1-38 所示电路中 $I_S = 2\text{A}$ ， $U_S = 10\text{V}$ 。

（1）求电流源和电压源吸收的功率；

（2）欲使2A 电流源功率为零，在 a、b 之间应插入何种元件？此时各元件的功率如何？

（3）欲使10V 电压源的功率为零，在 b、c 间并入何种元件？此时各元件的功率又如何？

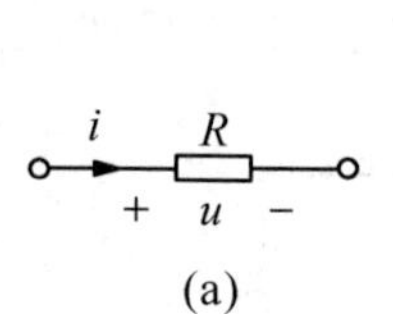

(a)

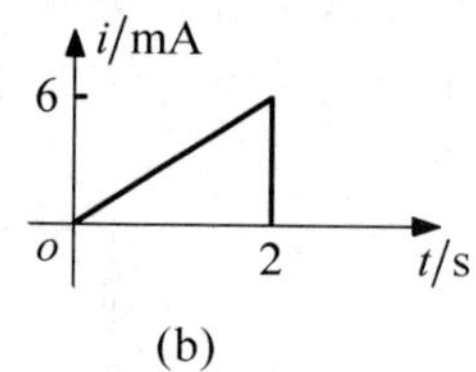

(b)

图 1-37　题 1-12 图

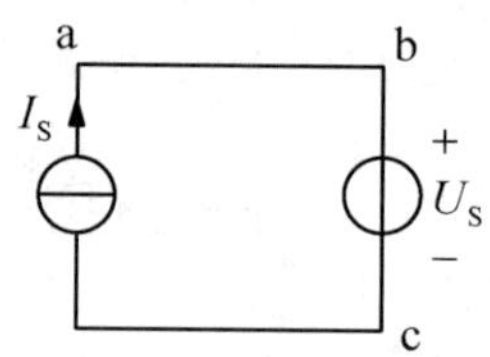

图 1-38　题 1-13 图

1-14　求图 1-39(a)和(b)所示两电路中各元件吸收的功率。

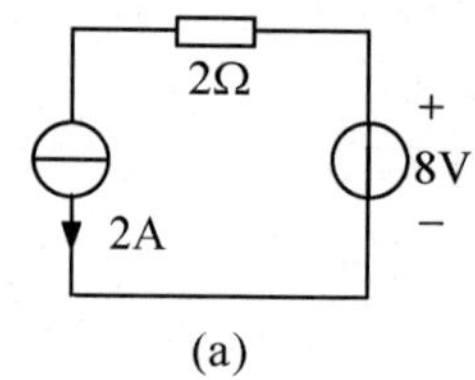

(a)

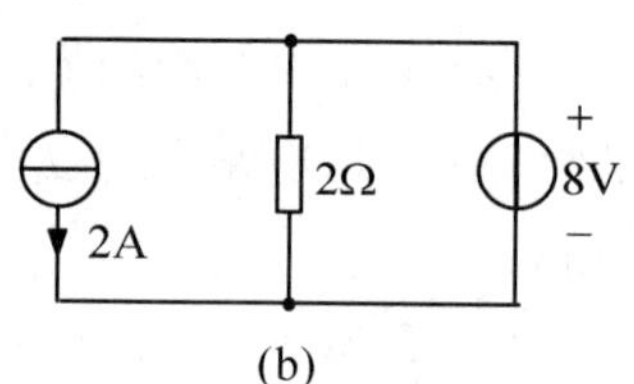

(b)

图 1-39　题 1-14 图

1-15　求图 1-40(a)和(b)所示两电路中的 U 。

1-16　图 1-41 所示电路中已知 $U_a = 28\text{V}$ ， $U_b = 16\text{V}$ ， $U_c = 36\text{V}$ ，试求 I_1 、 I_2 、 R_1 和 R_2 。

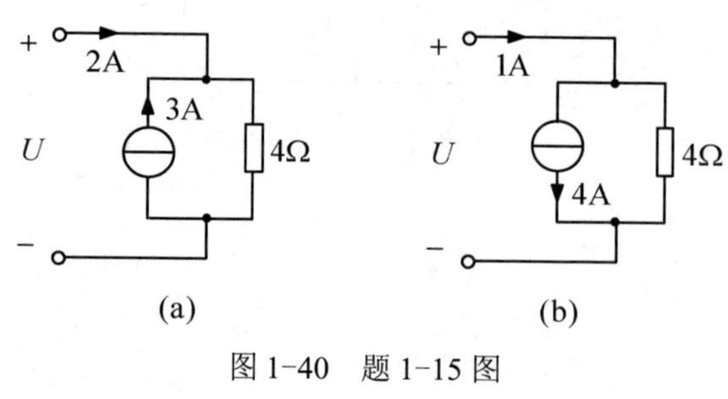

图 1-40　题 1-15 图

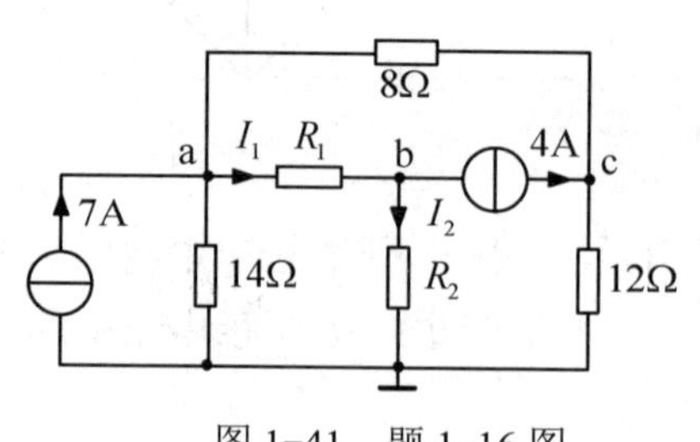

图 1-41　题 1-16 图

1-17　求图 1-42 所示各电路中 a 点的电位 U_a。

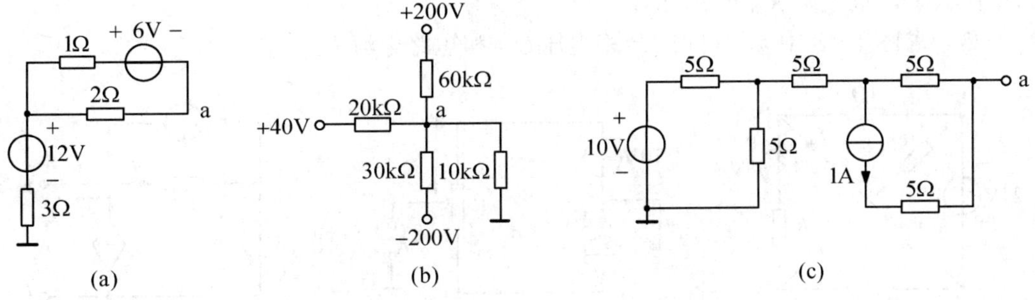

图 1-42　题 1-17 图

1-18　求图 1-43(a)和(b)所示两电路中的电流 I。

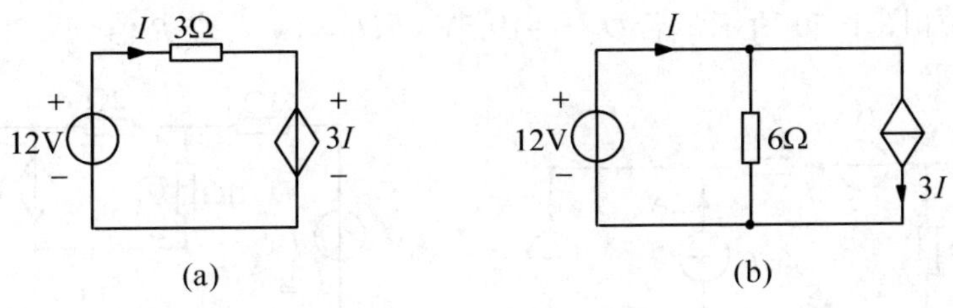

图 1-43　题 1-18 图

1-19　求图 1-44 (a)中的 I 及 U_S 和图 1-44 (b)中的 U_{ab}。

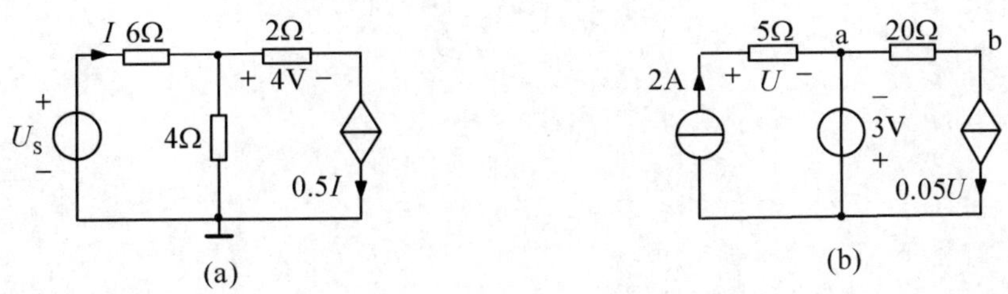

图 1-44　题 1-19 图

1-20　（1）求图 1-45(a)所示电路中的 I 及 U_S；

（2）求图 1-45 (b) 所示电路中的 I。

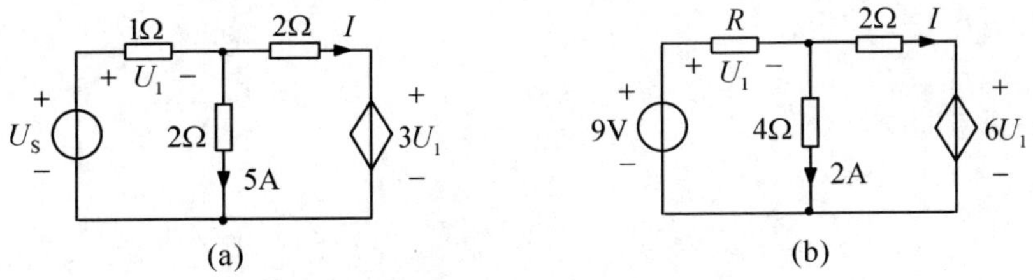

图 1-45　题 1-20 图

1-21　电路如图 1-46 所示，已知 $I = 2\text{A}$，$U_{AB} = 6\text{V}$，求电阻 R_1。

1-22　图 1-47 所示电路，已知电位器 $R=40\Omega$，若要求开关 S 闭合与断开都不改变电路的工作状态，求电阻 R_{ab} 和 R_{bc} 的值。

1-23　求图 1-48 中 a、b 间的开路电压 U_{oc} 和短路电流 I_{sc}。

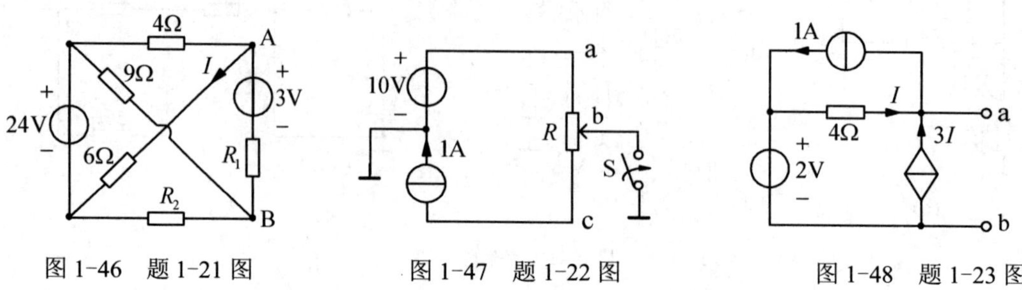

图 1-46　题 1-21 图　　图 1-47　题 1-22 图　　图 1-48　题 1-23 图

1-24　求图 1-49 所示电路中电流 I 和电压 U。

1-25　电路如图 1-50 所示，若 $U_S=-19.5\text{V}$，$U_1=1\text{V}$，求 R 值。

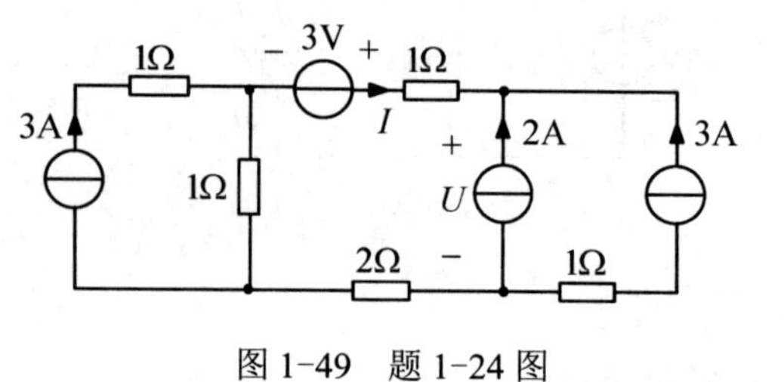

图 1-49　题 1-24 图

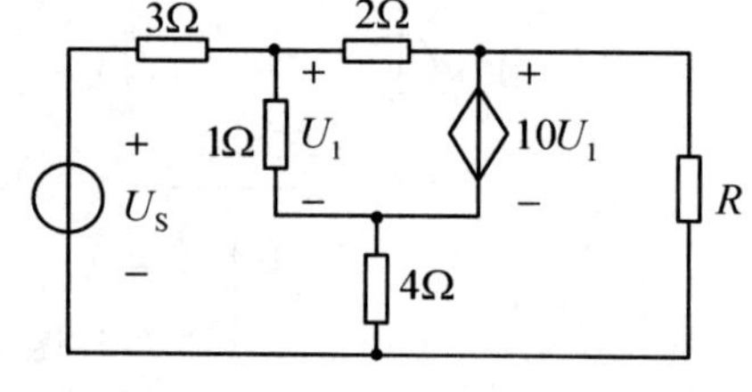

图 1-50　题 1-25 图

第 2 章　电路的等效变换

对外只有两个端钮的网络，满足从一个端子流入的电流总等于从另一端子流出的电流，则该两端子称为一个端口，该网络称为二端网络或单口网络。具有两个端口的网络称为二端口网络，或双口网络。

在第 1 章中已经指明，对元件的描述可用其端口的 VCR，同样，对单口网络而言，也可以用其端口 VCR 来描述。当两个单口网络的 VCR 完全相同时，它们对外电路的作用是相同的，此时，这两个单口网络互为等效。因此，可以根据单口网络的 VCR 得到它的等效电路。

“等效”在电路理论中是很重要的概念，电路等效变换方法是电路分析中经常使用的分析方法和手段。利用等效的概念对电路中的某一部分进行化简，即用一个与原电路等效但较为简单的电路代替原来较为复杂的电路，以便对电路进行分析计算。主要优势体现在以下几个方面：

（1）当一个二端网络 N 的内部结构未知时，可以通过测量其参数得到等效电路；

（2）对于含有动态元件或者非线性元件的电路，通常将动态元件或者非线性元件之外的线性电阻网络化简，而后再进行电路分析；

（3）电路的等效变换为电路理论研究提供方便。

2.1　单口网络的伏安关系

单口网络一般用以下几种方法来描述：①详尽的电路模型；②端口电压与电流的约束关系（VCR），即单口网络的伏安关系，表示为方程或曲线的形式；③等效电路。其中以②最具表征意义，相当于元件的约束关系，当单口网络内部情况不明时，可以用实验手段测得。

单口网络的 VCR 只取决于网络内部的参数和结构，与外电路无关，是网络本身固有特性的反映。如同电阻元件、独立电压源及独立电流源等元件的 VCR，都是由元件本身的性质来决定的。因此，在求单口网络的 VCR 时，可以采取在端口外接电路的方法来解。通常采用外加电源法求 VCR，即外加电压源求端口电流或外加电流源求端口电压，从而得到端口电压、电流的关系。

例 2-1　试求图 2-1(a)所示单口网络的 VCR。

解：（1）用外加电压源的方法，如图 2-1(b)所示，由 KVL 得到

$$5i_1 + u = 10$$

$$u = 20(i + i_1)$$

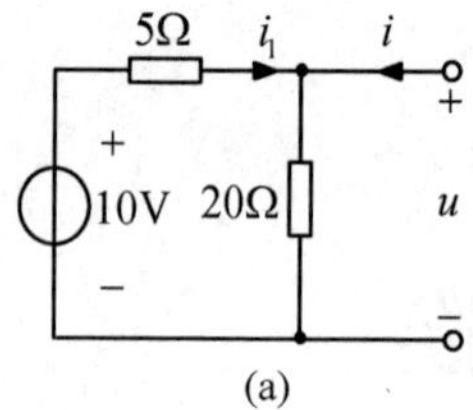

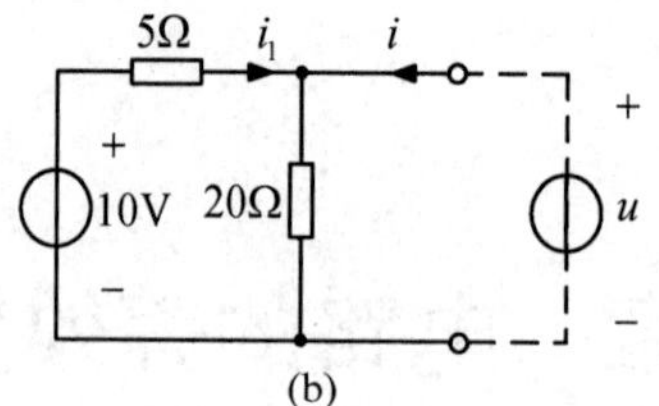

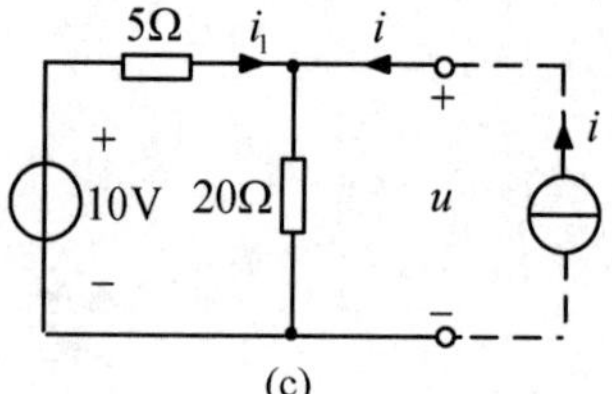

图 2-1　例 2-1 图

所以得端口 VCR 为

$$u = 4i + 8$$

（2）采用外加电流源的方法，如图 2-1 (c)所示，列节点 KCL 方程

$$\frac{u}{20} + \frac{u-10}{5} = i$$

得端口 VCR 为

$$u = 4i + 8$$

可见，外加电压源求电流与外加电流源求电压，两种方法结果一样。

例 2-2　求图 2-2 所示单口网络的 VCR。

解：设想电路两端施加电压源u，端口电流i的参考方向如图 2-2 所示，由 KVL 可得

$$u = 5i + u_1$$

由 KCL 得到

$$i = \frac{u_1}{10} + \frac{u_1}{15} = \frac{3u_1 + 2u_1}{30} = \frac{u_1}{6}$$

所以得到

$$u = 5i + 6i = 11i$$

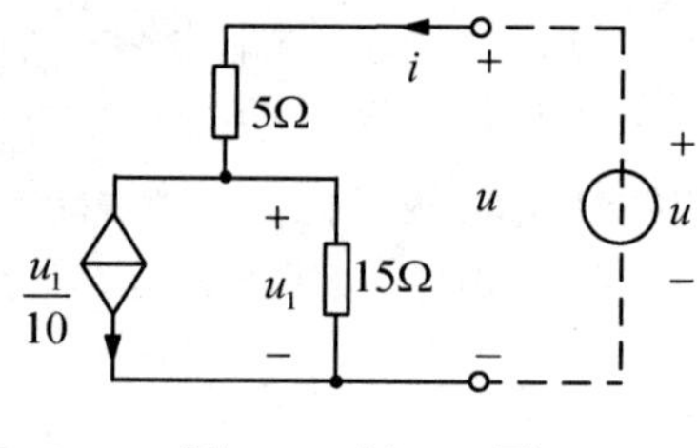

图 2-2　例 2-2 图

例 2-3　求图 2-3 所示单口网络的 VCR。

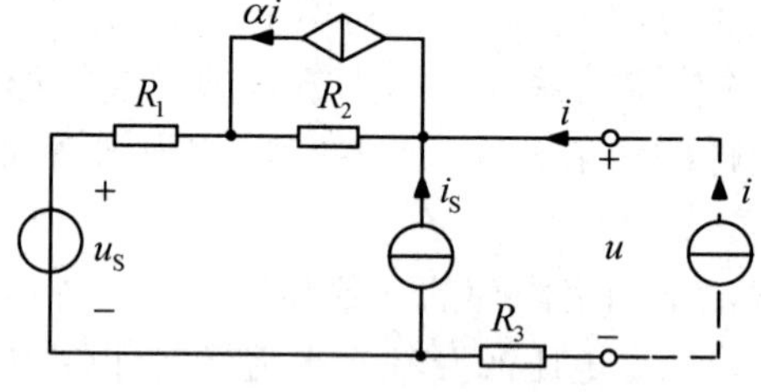

图 2-3　例 2-3 图

解：在端口加电流源i，端口电压设为u，则

$$\begin{aligned} u &= R_2(i + i_S - \alpha i) + R_1(i + i_S) + u_S + R_3 i \\ &= [u_S + (R_1 + R_2)i_S] + [R_1 + R_3 + R_2(1-\alpha)]i \end{aligned}$$

由上面几个例子可知：含独立电源的单口网络，其 VCR 总可以表示为$u = R_0 i + u_{oc}$的形式，不含独立源的单口网络（内部可含电阻、受控源），其 VCR 总可以表示为$u = R_0 i$的

形式。其中 u_{oc} 和 R_0 的含义见 2.2 节和 4.3 节。

2.2 单口网络的等效

如果一个单口网络 N 和另一个单口网络 N′的伏安关系完全相同，则这两个单口网络便是等效的。尽管这两个单口网络可以具有完全不同的结构，但对任一外电路 M 来说，它们具有完全相同的影响，没有丝毫区别，即等效是对外电路而言，网络内部不等效。

单口网络等效电路可以根据单口网络的 VCR 得到。例如，一个含有独立源的单口网络 N，其 VCR 为 $u = R_0 i + u_{oc}$，则可得它的等效电路如图 2-4 所示，即含源单口网络可用电压源 u_{oc} 和电阻 R_0 串联电路来等效。而对一个不含独立源的单口网络，端口 VCR 为 $u = R_0 i$，其等效电路如图 2-5 所示，即无源单口网络可以等效为一个电阻，电阻值为端口电压与端口电流的比值，即 $R_0 = \dfrac{u}{i}$，该电阻称为二端网络的等效电阻或输入（输出）电阻，当含受控源时，等效电阻可能为负值。

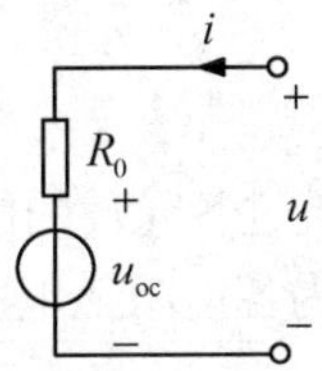

图 2-4　含有独立源的单口网络的等效电路

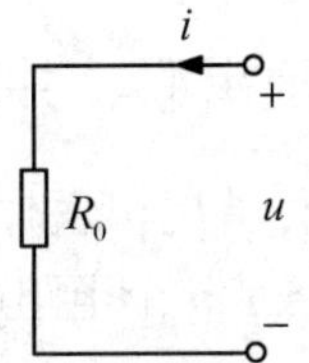

图 2-5　不含独立源的单口网络的等效电路

例 2-4　试化简图 2-6 所示的单口网络。

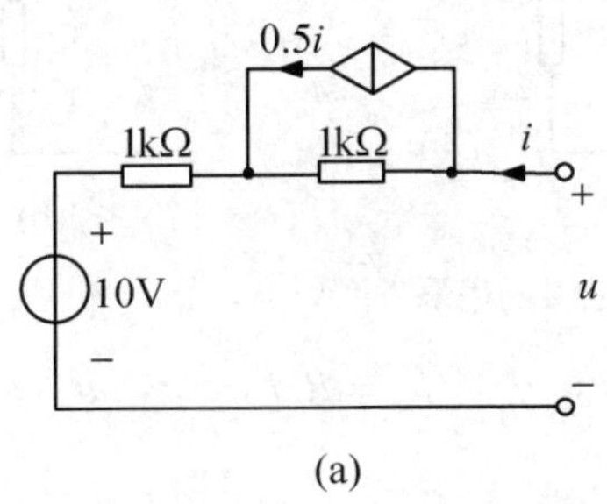

(a)

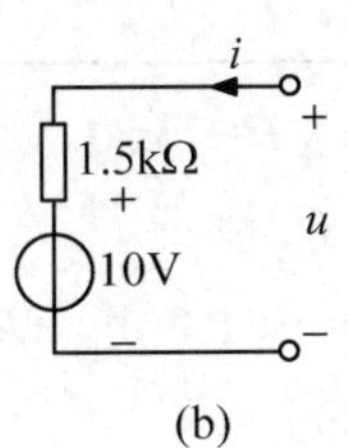

(b)

图 2-6　例 2-4 图

解：化简电路问题也就是要寻求形式最简单的等效电路的问题，首先求网络的 VCR。设端口电压电流方向如图 2-6(a)所示，则根据 KVL 得到

$$\begin{aligned} u &= 1000(i - 0.5i) + 1000i + 10 \\ &= 1500i + 10 \end{aligned}$$

由此得到图 2-6（b）所示最简的等效电路。

例 2-5　二端网络如图 2-7 所示，求该网络的等效电阻 R_i。

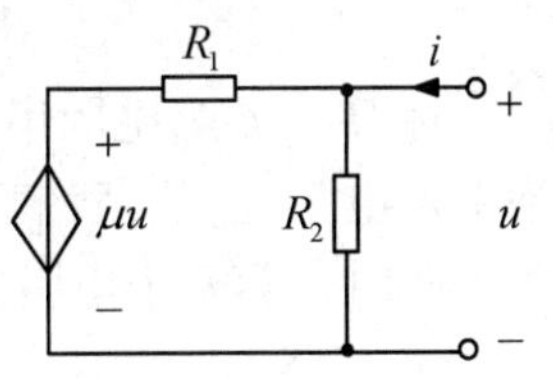

图 2-7　例 2-5 图

解：根据前面提到的等效电阻的概念，我们可用外加电源法

求等效电阻。设外施电压 u，u 及端口电流 i 参考方向如图 2-7 中所示，得

$$u = R_1\left(i - \frac{u}{R_2}\right) + \mu u$$

整理得

$$u = \frac{R_1 R_2}{R_1 + R_2 - R_2\mu} i$$

则等效电阻

$$R_{\mathrm{i}} = \frac{u}{i} = \frac{R_1 R_2}{R_1 + (1-\mu)R_2}$$

上式看出，当 $\mu > 1$ 时，R_{i} 为负值，可见，当单口网络含有受控源时，其等效电阻可能为负。

2.3 常用网络的等效

2.3.1 电阻串联、并联

当元件与元件首尾相联时称其为串联，串联电路的特点是流过各元件的电流为同一电流。图 2-8(a)所示电路是 n 个电阻串联的电路，根据 KVL，总电压为各电阻上电压之和，即

$$u = u_1 + u_2 + \cdots + u_k + \cdots + u_n \tag{2-1}$$

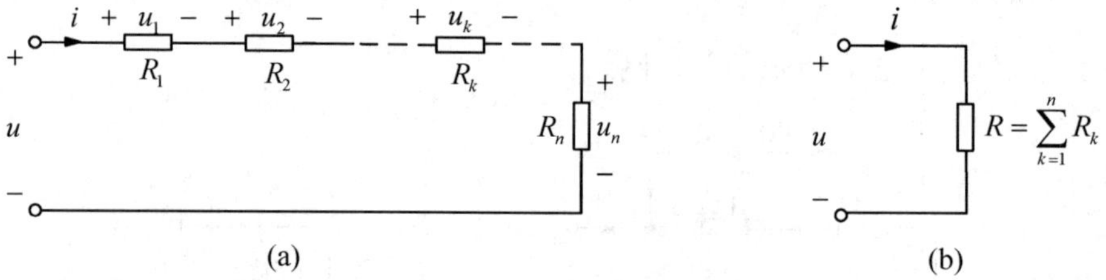

图 2-8 电阻的串联

根据电阻元件 VCR，$u_1 = R_1 i$，$u_2 = R_2 i$，…，$u_k = R_k i$，…，$u_n = R_n i$，代入上式可得其端口伏安关系为

$$u = (R_1 + R_2 + \cdots + R_k + \cdots + R_n)i = Ri$$

其中

$$R = R_1 + R_2 + \cdots + R_n = \sum_{k=1}^{n} R_k \tag{2-2}$$

称 R 为 n 个电阻串联时的等效电阻，也称为端口的输入电阻。此等效电阻等于串联电路中各电阻之和。我们可将图 2-8(a)等效为图 2-8(b)。

此时，第 k 个电阻上的电压 u_k 为

$$u_k = R_k i = \frac{R_k}{R} u \tag{2-3}$$

式（2-3）为串联电阻电路的分压公式，即，已知串联电阻总电压，就可求得各电阻上的电压，串联电路中各电阻上电压的大小与其电阻值的大小成正比。当两个电阻串联时，每个电阻上的电压分别为

$$\begin{cases} u_1 = \dfrac{R_1}{R_1 + R_2} u \\ u_2 = \dfrac{R_2}{R_1 + R_2} u \end{cases}$$

电路吸收的总功率为

$$\begin{aligned} p &= ui = (u_1 + u_2 + \cdots + u_n)i \\ &= p_1 + p_2 + \cdots + p_n = \sum_{k=1}^{n} p_k \end{aligned}$$

即电阻串联电路消耗的总功率等于各电阻消耗功率的总和。

当 n 个电阻并联时，其电路如图 2-9(a)所示。并联电路的特点是各元件连接在相同的两个节点之间，各元件上的电压相等，均为 u。图中 G_1，G_2，…，G_k，…，G_n 表示各电阻的电导。

根据 KCL 知，总电流为各电阻上的电流之和，所以有

$$i = i_1 + i_2 + \cdots + i_k + \cdots + i_n \tag{2-4}$$

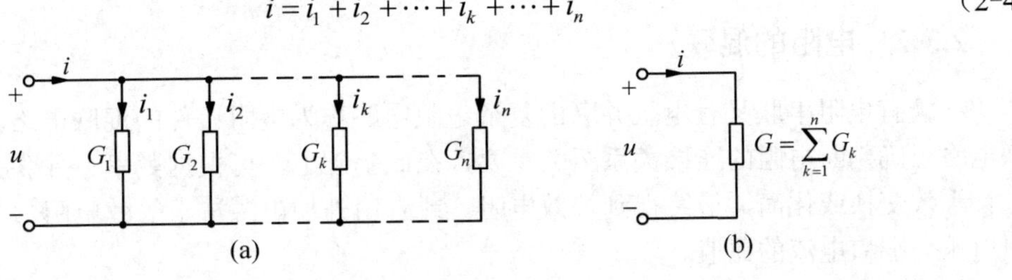

图 2-9　电阻的并联

根据电阻元件 VCR，$i_k = G_k u$，有

$$\begin{aligned} i &= G_1 u + G_2 u + \cdots + G_k u + \cdots + G_n u \\ &= (G_1 + G_2 + \cdots + G_k + \cdots + G_n)u \\ &= Gu \end{aligned}$$

其中

$$G = G_1 + G_2 + \cdots + G_n = \sum_{k=1}^{n} G_k \tag{2-5}$$

即

$$\frac{1}{R} = \frac{1}{R_1} + \frac{1}{R_2} + \cdots + \frac{1}{R_n} \tag{2-6}$$

称 G 为 n 个电导并联时的等效电导，或称为端口的输入电导。等效电导等于并联电路中各支路电导之和。图 2-9(a)所示电路可以等效为图 2-9(b)所示电路。

第 k 个电阻上的电流为

$$i_k = G_k u = \frac{G_k}{G} i \tag{2-7}$$

式（2-7）说明，并联电路中各电阻上的电流与其电导值的大小成正比。

电路吸收的总功率为

$$\begin{aligned} p &= ui = (i_1 + i_2 + \cdots + i_n)u \\ &= p_1 + p_2 + \cdots + p_n = \sum_{k=1}^{n} p_k \end{aligned}$$

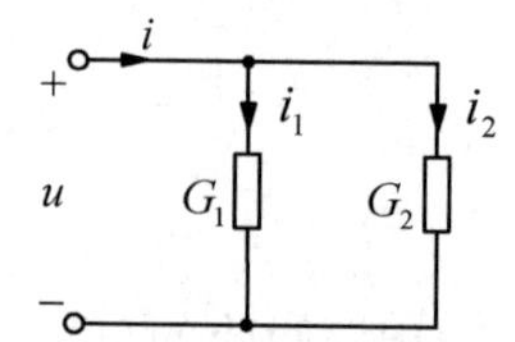

图 2-10　两个电阻的并联

即电阻并联电路消耗的总功率等于各电阻消耗功率的总和。

电路中常见的两个电阻并联的情况如图 2-10 所示，其等效电阻为

$$R = \frac{1}{G_{eq}} = \frac{1}{G_1 + G_2} = \frac{1}{1/R_1 + 1/R_2} = \frac{R_1 R_2}{R_1 + R_2} \tag{2-8}$$

并联电阻电路的分流公式为

$$\begin{cases} i_1 = \dfrac{G_1}{G_{eq}} i = \dfrac{R_2}{R_1 + R_2} i \\ i_2 = \dfrac{G_2}{G_{eq}} i = \dfrac{R_1}{R_1 + R_2} i \end{cases} \tag{2-9}$$

2.3.2　电阻的混联

既有电阻串联又有电阻并联的复杂电阻电路称为电阻元件的混联电路。对于电阻混联电路正确判断电阻的连接关系至关重要，在此基础上，可根据其串、并联关系依次对它进行等效变换或化简，最终得到等效电阻。或者用外加电源法求等效电阻，等效电阻为端口电压与端口电流的比值。

例 2-6　求图 2-11(a)所示电路的输入电阻 R_{ab}。

解：首先从 a、b 端看进去，判断有无串并联，必要时用字母标注节点，对串、并联电阻进行化简合并，形成新的电路，再重复上面的步骤。在图 2-11(a)中，除 a、b 两个节点外，标注两个节点 c、d，将图改画成图 2-11(b)所示。由此得

$$R_{ab} = (6 // 12) + [(10 // 15) // (10 // 40 + 4)] = 8\Omega$$

上式中“//”表示电阻并联，“＋”表示电阻串联。

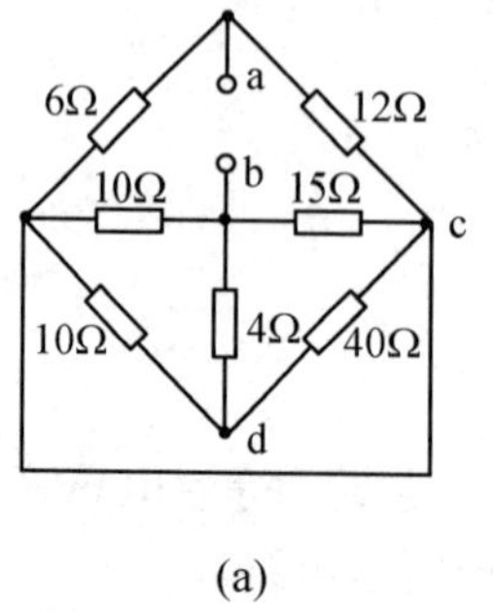

(a)

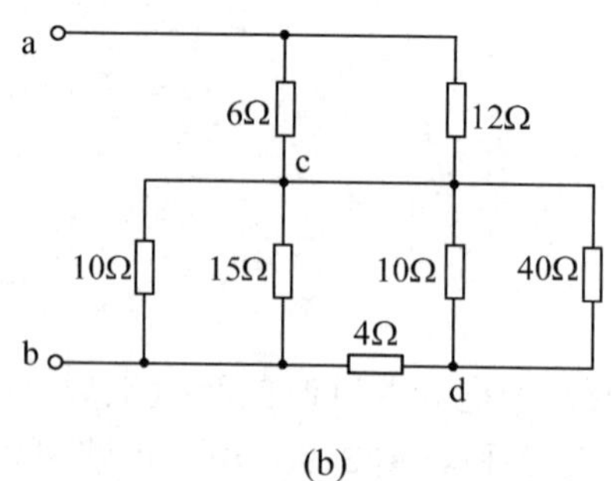

(b)

图 2-11　例 2-6 图

例 2-7 桥式电路如图 2-12(a)所示，如果满足 $R_2R_4 = R_1R_3$，则称此电路为平衡电桥。容易证明，当电桥平衡时，R_5 支路两端的节点 c、d 是等电位的，支路中电流为零，则 R_5 支路既可用开路置换也可用短路置换，置换后再求 a、b 两端的等效电阻就简单得多。若 $R_2R_4 \neq R_1R_3$，则可用外加电源法求等效电阻，也可用下节介绍的 T-Π 转换的方法求等效电阻。

下面我们来求图 2-12(b)所示电路的等效电阻 R_{ab}。

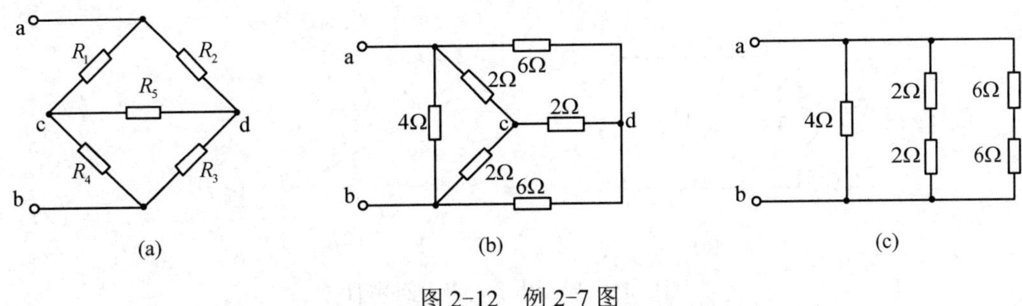

图 2-12 例 2-7 图

解：图 2-12(b)所示电路是一个平衡电桥，cd 支路可开路也可短路，现在我们把 cd 支路断开，得图 2-12(c)所示，则容易求得等效电阻为

$$R_{ab} = 4 // 4 // 12 = \frac{12}{7}\Omega$$

将 cd 支路短路，也可得同样的结果。

例 2-8 求图 2-13 所示电路中的 U、I、I_1、I_2。

解：由图可看出，$U = -60\text{V}$，三个电阻是并联的，每个电阻上的电压都为 60V，但要注意方向。所以 a、b 端等效电阻为 $R = 10\Omega$。则

$$I = \frac{60}{10} = 6\text{A}$$

$$I_1 = \frac{60}{30} = 2\text{A}$$

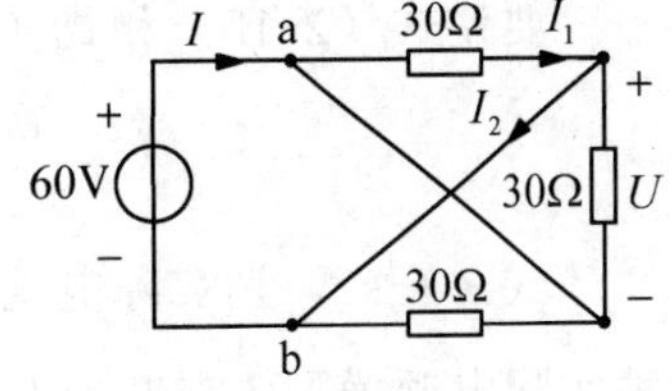

图 2-13 例 2-8 图

由 KCL 得

$$I_2 = I_1 - \frac{U}{30} = 2 - \frac{-60}{30} = 4\text{ A}$$

2.3.3 两种实际电源模型的等效变换

前面讲述的电源都是理想独立电压源或理想独立电流源，而实际电路中的电源，其伏安特性与理想电源并不相同，它们是有损耗的，损耗由电源内阻 R_S 来表示。实际电压源如图 2-14(a)所示，其外特性如图 2-14(b)所示。实际电流源如图 2-15(a)所示，其外特性如图 2-15(b)所示。

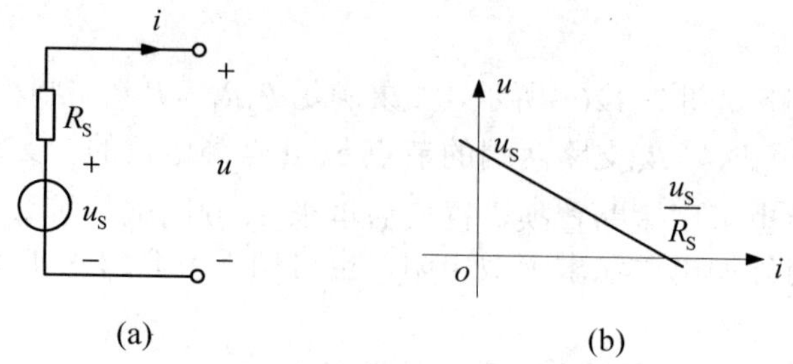

图 2-14　实际电压源及其外特性

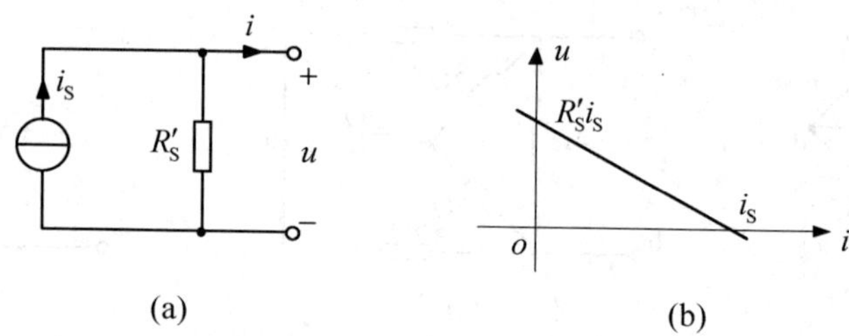

图 2-15　实际电流源及其外特性

为了分析和计算上的方便，常常需要将实际电压源模型变换为实际电流源模型，或者相反，称为两种实际电源模型的等效变换（两种理想独立电源模型之间不能等效变换，因为不可能得到相同的 VCR）。

当两个单口网络的 VCR 完全相同时，它们是相互等效的。图 2-14(a)所示实际电压源电路的 VCR 为

$$u = u_S - R_S i \tag{2-10}$$

图 2-15(a)所示实际电流源的 VCR 为

$$u = R'_S i_S - R'_S i \tag{2-11}$$

要使式（2-10）和式（2-11）所表示的 VCR 完全相同，则有

$$\begin{cases} u_S = R'_S i_S \\ R'_S = R_S \end{cases} \tag{2-12}$$

式（2-12）为实际电压源模型与实际电流源模型等效变换的关系式。即相互等效的两种实际电源模型，它们的内阻相等，且 $u_S = R_S i_S$ 或者 $i_S = \dfrac{u_S}{R_S}$。因此，图 2-16(a)所示的实际电压源可以转换为图 2-16(b)所示的实际电流源。一定要注意两种电路模型中电压源和电流源的方向，相对于端口而言，电流源的方向与电压源电动势的方向一致。同理，可以将实际电流源转换为实际电压源。

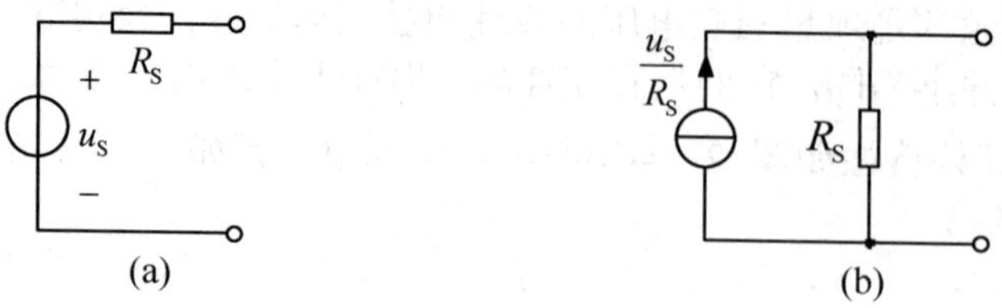

图 2-16　实际电压源转换为实际电流源

由受控电压源、电阻组成的电路模型和由受控电流源、电阻组成的电路模型也可以相互转换。

2.3.4 其他一些简单的等效规律及公式

1. 两电压源串联等效

两电压源串联时，如图 2-17(a)所示，可等效为图 2-17(b)所示电路，其中

$$u_S = u_{S1} + u_{S2} \tag{2-13}$$

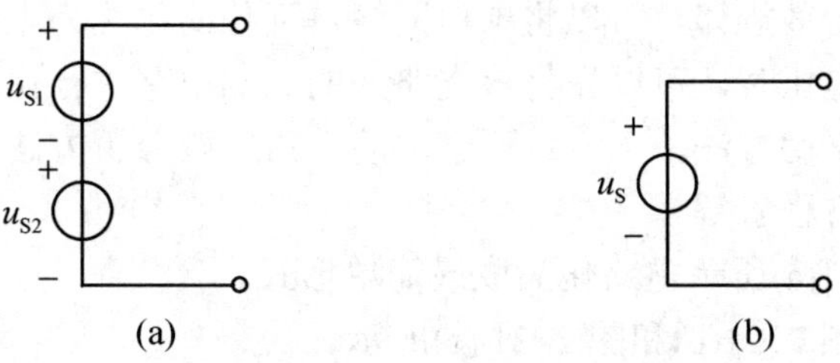

图 2-17 电压源串联等效

2. 两电流源并联等效

两电流源并联时，如图 2-18(a)所示，可等效为图 2-18(b)，其中

$$i_S = i_{S1} + i_{S2} \tag{2-14}$$

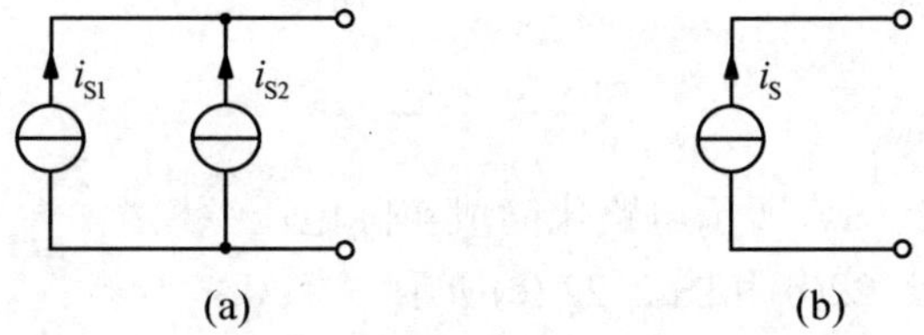

(a) (b)

图 2-18 电流源并联等效

3. 任一元件（或二端网络）N 与理想电压源 u_S 并联

如图 2-19(a)所示，任一元件（或二端网络）N 与理想电压源 u_S 并联，等效为该理想电压源 u_S，如图 2-19(b)所示。

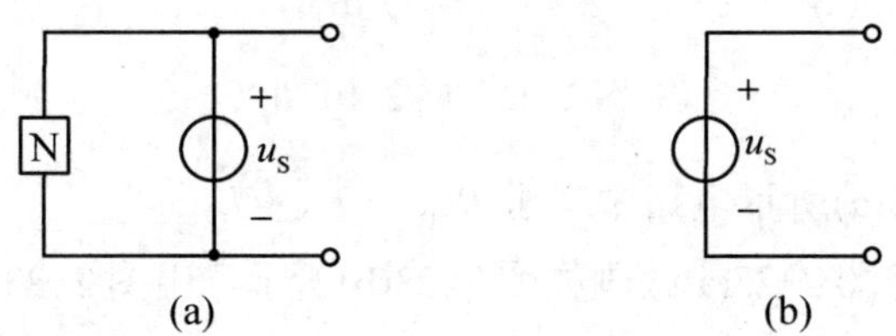

图 2-19 任一元件与理想电压源并联等效

4. 任一元件（或二端网络）N 与理想电流源 i_S 串联

如图 2-20(a)所示，任一元件（或二端网络）N 与理想电流源 i_S 串联，等效为该理想电流源 i_S，如图 2-20(b)所示。

图 2-20　任一元件与理想电流源串联等效

显然，利用以上等效规律，可以将单口网络进行化简，称为电路的等效变换。在求解电路中某支路电流或电压时，可以先将该支路外的二端电路进行化简然后计算。等效变换法是电路分析的一种常用方法，下一章要学习的电路一般分析方法，也常常需要将电路适当化简后再列写电路方程求解。

例 2-9　将图 2-21(a)所示电路化简成最简单形式。

解：化简过程如图 2-21(b)和图 2-21 (c)所示。

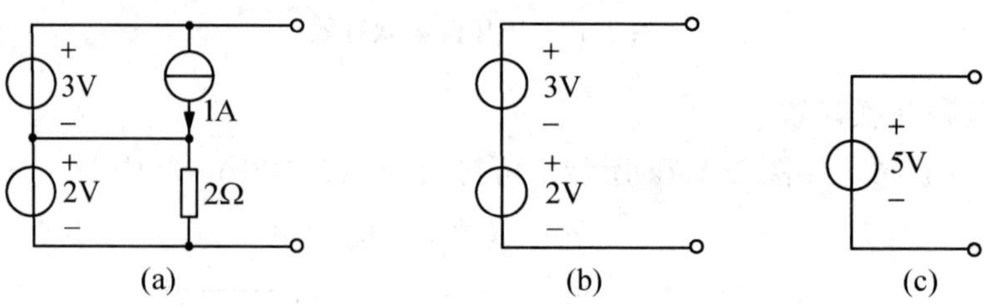

图 2-21　例 2-9 图

例 2-10　将图 2-22（a）所示电路化简成实际电压源模型。

解：化简过程如图 2-22(b)和图 2-22 (c)所示。

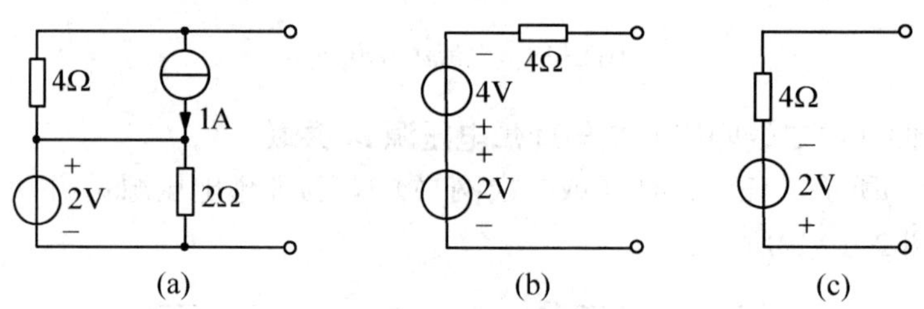

图 2-22　例 2-10 图

例 2-11　在图 2-23(a)所示电路中，求 R_{AB}、I、U_0。

解：首先求 R_{AB}，将图 2-23(a)改画如图 2-23(b)所示，由图 2-23(b)可得等效电阻 R_{AB} 为

$$R_{AB}=\{[(3//6)+6]//8+5\}//9=4.5\Omega$$

然后求解 I、U_0，在图 2-23 (b)中，9Ω 电阻和 9V 电压源并联，对求解 I、U_0 没有影响，两者并联等效为 9V 电压源，如图 2-13(c)所示，则可得

$$I=\frac{9}{5+4}=1\text{A}$$

以及

$$U_0 = \frac{8}{8+8} \times 1 \times 8 = 4\text{V}$$

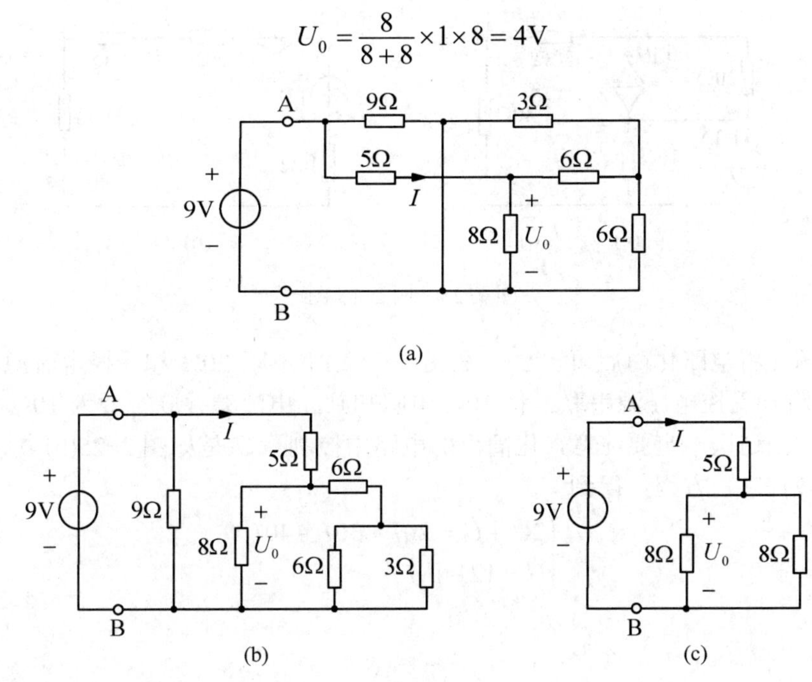

图 2-23　例 2-11 图

例 2-12　如图 2-24(a)所示电路，求点 b 的电位 U_b。

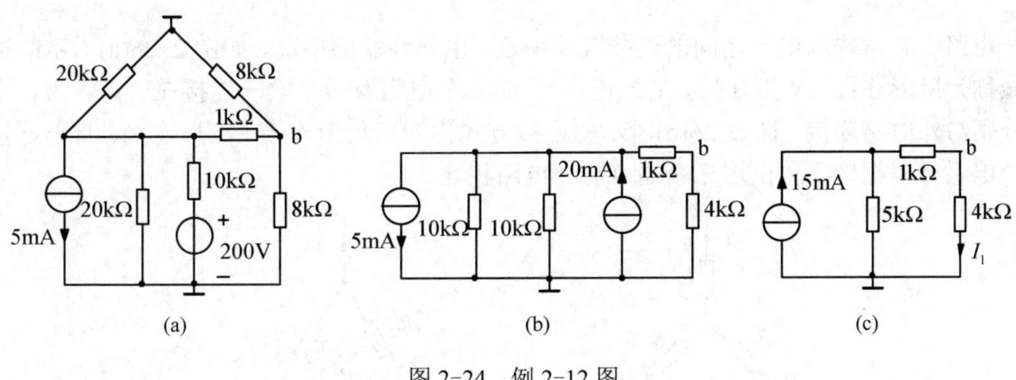

图 2-24　例 2-12 图

解：本电路有两处接地，可以将这两点用短路线连在一起，连接以后的电路与原电路是等效的。应用电阻并联等效、电压源串联电阻等效为电流源并联电阻，将图 2-24(a)等效为图 2-24(b)，再进一步化简得到图 2-24(c)，并设通过 4kΩ 电阻的电流为 I_1，应用分流公式得

$$I_1 = \frac{5}{5+4+1} \times 15 = 7.5\text{mA}$$

所以得 b 点电位

$$U_b = 4I_1 = 30\text{V}$$

例 2-13 在图 2-25(a)所示电路中，求控制量U。

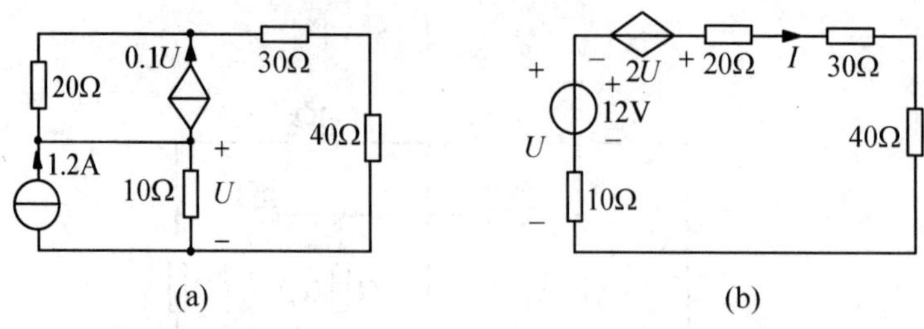

图 2-25 例 2-13 图

解：本题先将电路化简后再求U，在图 2-25(a)中电阻 20Ω 和受控电流源并联可以等效为 20Ω 电阻和受控电压源串联；将 10Ω 电阻和独立电流源并联等效为 10Ω 电阻和独立电压源串联，在这里一定要注意，化简后的电路中控制量U是如图 2-25(b)中标出的电压，由图 2-25(b)列 KVL 方程，得到

$$\begin{cases}2U+U=20I+30I+40I\\U=12-10I\end{cases}$$

得到

$$U=9\text{V}$$

*2.4 电阻星形连接和三角形连接的等效变换

电路中时常碰到电阻之间的连接既非串联，也非并联的情况，如图 2-26(a)所示的连接方式称为星形连接（Y 形连接、T 形连接），即三个电阻有一个端子连接在一起，另一个端子分别与外电路连接；图 2-26(b)所示的连接方式称为三角形连接（Δ 形连接、Π 形连接），三个电阻首尾相接，再由这三个端点与外电路相连。

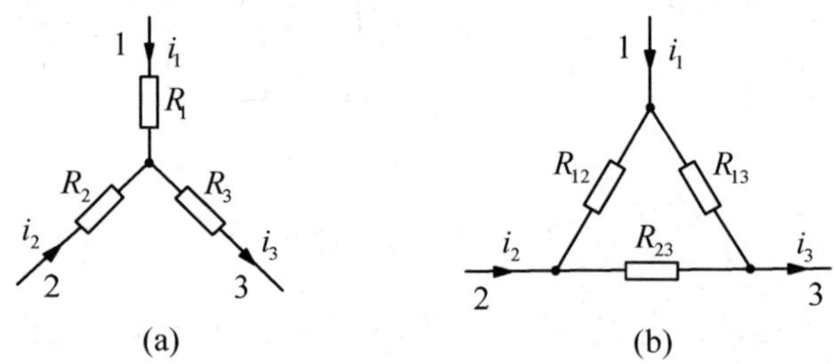

图 2-26 电阻的 Y 形连接和 Δ 形连接

对于 Y 形连接与 Δ 形连接电路，可以先进行等效变换，再利用电阻的串、并联对其进行等效化简。

2.4.1 Δ 形电路等效变换为 Y 形电路

Δ 形连接电路和 Y 形连接电路的等效变换是两个三端网络等效的问题。对于三端网络，根据 KVL，若给定任意两对端钮间的电压，则其余一对端钮的电压便可确定。如图 2-26 所示，给定u_{13}和u_{23}，由 KVL 便可确定u_{12}；同理，根据广义 KCL，给定任意两个端钮的电流，则另一个端钮的电流便可确定。因此，若两网络的u_{13}、u_{23}、i_1、i_2的关系完全相同，则这两个三端网络是等效的。下面讨论 Δ 形连接电路和 Y 形连接电路的等效变换的条件。

所谓 Δ 形电路等效变换为 Y 形电路，就是已知 Δ 形电路中三个电阻R_{12}、R_{13}、R_{23}，通过变换公式求出 Y 形电路中的三个电阻R_1、R_2、R_3。

在图 2-26(a) (b)中，设三个端子上的电流i_1、i_2、i_3如图中所示，由 KVL、KCL 可知

$$i_3 = i_1 + i_2 \tag{2-15}$$

$$u_{12} = u_{13} - u_{23} \tag{2-16}$$

在图 2-26 (a)中，可得

$$\begin{cases} u_{13} = R_1 i_1 + R_3 i_3 \\ u_{23} = R_2 i_2 + R_3 i_3 \end{cases} \tag{2-17}$$

将式（2-15）代入式（2-17）可得

$$\begin{cases} u_{13} = (R_1 + R_3) i_1 + R_3 i_2 \\ u_{23} = R_3 i_1 + (R_2 + R_3) i_2 \end{cases} \tag{2-18}$$

在图 2-26(b)中

$$\begin{cases} i_1 = \dfrac{u_{13}}{R_{13}} + \dfrac{u_{12}}{R_{12}} \\ i_2 = \dfrac{u_{23}}{R_{23}} - \dfrac{u_{12}}{R_{12}} \end{cases} \tag{2-19}$$

将式（2-16）代入式（2-19）得

$$\begin{cases} i_1 = \left(\dfrac{1}{R_{13}} + \dfrac{1}{R_{12}}\right) u_{13} - \dfrac{1}{R_{12}} u_{23} = \dfrac{R_{13} + R_{12}}{R_{13} R_{12}} u_{13} - \dfrac{1}{R_{12}} u_{23} \\ i_2 = -\dfrac{1}{R_{12}} u_{13} + \left(\dfrac{1}{R_{23}} + \dfrac{1}{R_{12}}\right) u_{23} = -\dfrac{1}{R_{12}} u_{13} + \dfrac{R_{23} + R_{12}}{R_{23} R_{12}} u_{23} \end{cases} \tag{2-20}$$

解式（2-20）得

$$\begin{cases} u_{13} = \dfrac{R_{13}(R_{12} + R_{23})}{R_{12} + R_{23} + R_{13}} i_1 + \dfrac{R_{23} R_{13}}{R_{12} + R_{23} + R_{13}} i_2 \\ u_{23} = \dfrac{R_{23} R_{13}}{R_{12} + R_{23} + R_{13}} i_1 + \dfrac{R_{23}(R_{12} + R_{13})}{R_{12} + R_{23} + R_{13}} i_2 \end{cases} \tag{2-21}$$

要让图 2-26(a)和(b)互为等效，则式（2-18）与式（2-21）分别相等，比较等式两端，得到

$$\begin{cases} R_1 + R_3 = \dfrac{R_{13}(R_{12} + R_{23})}{R_{12} + R_{23} + R_{13}} \\ R_3 = \dfrac{R_{23} R_{13}}{R_{12} + R_{23} + R_{13}} \\ R_2 + R_3 = \dfrac{R_{23}(R_{12} + R_{13})}{R_{12} + R_{23} + R_{13}} \end{cases} \tag{2-22}$$

则由式(2-22)容易解得

$$\begin{cases} R_1 = \dfrac{R_{12}R_{13}}{R_{12}+R_{23}+R_{13}} \\ R_2 = \dfrac{R_{12}R_{23}}{R_{12}+R_{23}+R_{13}} \\ R_3 = \dfrac{R_{13}R_{23}}{R_{12}+R_{23}+R_{13}} \end{cases} \tag{2-23}$$

式（2-23）即为Δ形连接等效为Y形连接的变换公式。式（2-23）说明：Y形电路中与端钮k（k=1，2，3)相连的电阻R_k等于Δ形电路中与端钮k相连的两电阻乘积除以Δ形电路中三个电阻之和。特殊情况下，若Δ形电路中三个电阻相等，即$R_{12}=R_{23}=R_{13}=R_\Delta$，则等效互换的Y形电路中三个电阻也相等，即$R_1=R_2=R_3=\dfrac{R_\Delta}{3}$。

2.4.2 Y形电路等效变换为Δ形电路

在将Y形电路等效变换为Δ形电路时，只需将式（2-22）中R_1、R_2、R_3看作已知，R_{12}、R_{13}、R_{23}看作未知，整理得到

$$\begin{cases} R_{12} = \dfrac{R_1R_2+R_2R_3+R_1R_3}{R_3} \\ R_{23} = \dfrac{R_1R_2+R_2R_3+R_1R_3}{R_1} \\ R_{13} = \dfrac{R_1R_2+R_2R_3+R_1R_3}{R_2} \end{cases} \tag{2-24}$$

式（2-24）说明：Δ形电路中连接某两端钮的电阻等于Y形电路中三个电阻两两乘积之和除以与第三个端钮相连的电阻。特殊情况，若Y形电路中三个电阻相等，即$R_1=R_2=R_3=R_Y$，则等效互换的Δ形电路中三个电阻也相等，即$R_{12}=R_{23}=R_{13}=3R_\Delta$。

接在电路中的Y形或Δ形网络部分，可以运用式（2-23）和式（2-24）进行等效互换，并不影响网络其余未经变换部分的电压、电流、功率。这种等效变换可以简化电路的计算。

例2-14 在图2-27(a)所示的电路中，求电压U_1。

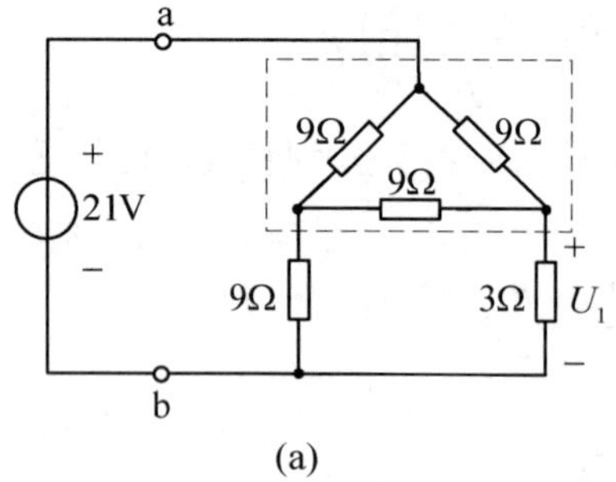

(a)

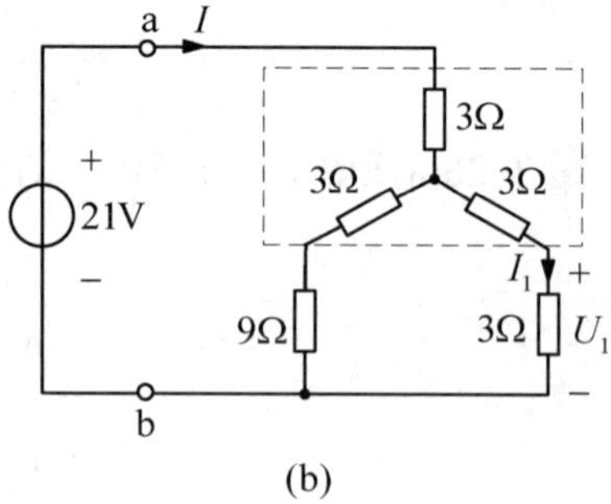

(b)

图2-27 例2-14图

解：应用式（2-23），将图 2-27 (a)中虚线框内的Δ形连接等效为图 2-27 (b)所示的 Y 形连接，则 a、b 端等效电阻为

$$R_{ab}=3+\frac{12\times 6}{12+6}=7\Omega$$

所以，得电流

$$I=\frac{U_S}{R_{ab}}=\frac{21}{7}=3A$$

由分流公式得

$$I_1=\frac{12}{12+6}\times I=\frac{2}{3}\times 3=2\,A$$

于是电压

$$U_1=3I_1=3\times 2\ =6V$$

例 2-15 图 2-28(a)所示桥式电路，已知 $R_1R_4\neq R_2R_3$，试求该电路的总电流 I。

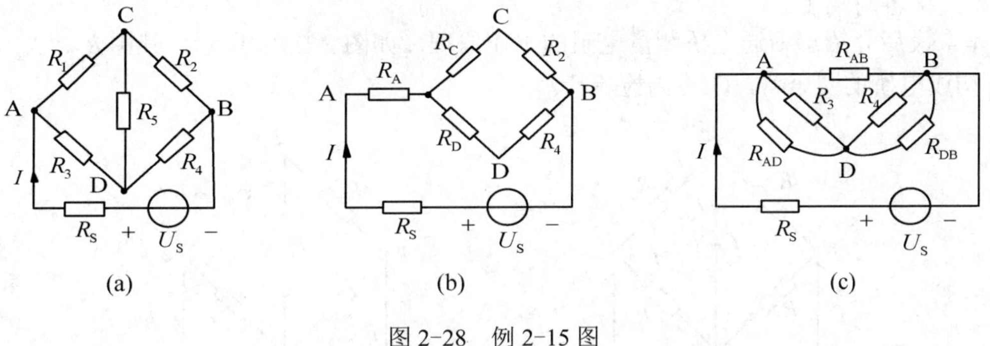

图 2-28　例 2-15 图

解：由于 $R_1R_4\neq R_2R_3$，所以该电桥不是平衡电桥，R_5 支路既不能短路也不能开路，现在采用Δ-Y 变换来求解。

（1）把 R_1、R_3、R_5 构成的三角形网络 ACD 等效成 Y 形网络，A、C、D 是对外连接的三个端子要保留，则等效电路如图 2-28(b)所示，在图(b)中，由式（2-23）可知

$$R_A=\frac{R_1R_3}{R_1+R_3+R_5}\qquad R_C=\frac{R_1R_5}{R_1+R_3+R_5}\qquad R_D=\frac{R_3R_5}{R_1+R_3+R_5}$$

该电路总电阻为

$$R=R_S+R_A+(R_C+R_2)//(R_D+R_4)$$

所以总电流为

$$I=\frac{U_S}{R}$$

（2）也可以把 R_1、R_2、R_5 三个电阻所构成的 Y 形网络等效变换成Δ形网络（注意 Y 形网络化成Δ形网络后少一个公共点），对外连接的三个端子是 A、D、B，即由 A、D、B 构成Δ形网络的三个端点，则等效电路如图 2-28(c)所示，由式（2-24）可得

$$
\begin{cases}
R_{AB} = \dfrac{R_1R_2 + R_2R_5 + R_1R_5}{R_5} \\
R_{AD} = \dfrac{R_1R_2 + R_2R_5 + R_1R_5}{R_2} \\
R_{DB} = \dfrac{R_1R_2 + R_2R_5 + R_1R_5}{R_1}
\end{cases}
$$

此时，电桥总电阻为

$$R = R_S + R_{AB} // [(R_3 // R_{AD}) + (R_4 // R_{DB})]$$

电桥总电流为

$$I = \frac{U_S}{R}$$

从上面的例子看出，Δ-Y 等效变换在电路分析和计算时带来一定的方便，但等效公式的计算比较复杂，另外，Δ-Y 等效变换属多端子电路等效，在使用这种等效变换时，务必正确连接各对端子。

本章最后介绍惠斯通电桥测量电阻的工作原理。如图 2-29(a)所示，其中 R_1、R_2、R_3 和 R_4 构成电桥的四个臂，G 称为检流计。

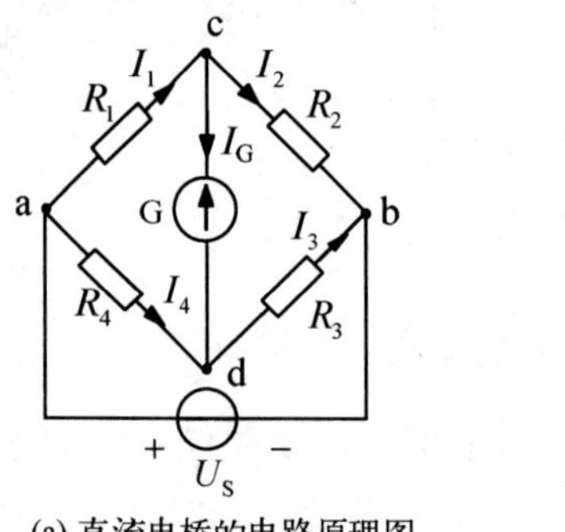

(a) 直流电桥的电路原理图

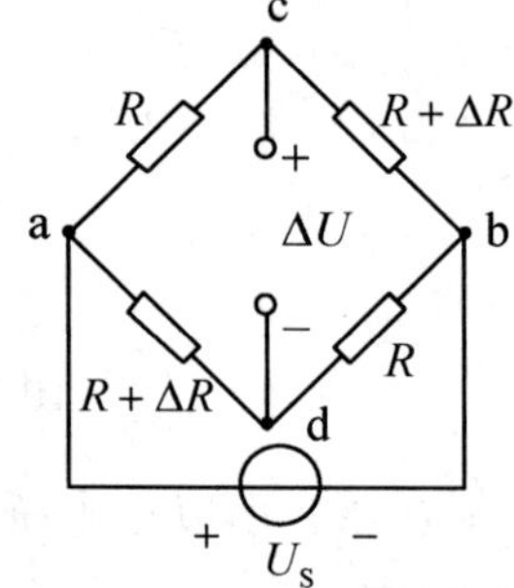

(b) 热敏电阻测温电路

图 2-29　惠斯通电桥测量电阻

当调节某个桥臂电阻，使检流计 G 指示为零时，必然有 $U_{cd}=0$。这时称电桥平衡。此时满足 $U_{ac}=U_{ad}, U_{cb}=U_{db}$，即 $R_1I_1=R_4I_4$，$R_2I_2=R_3I_3$。

又因为电桥平衡时，$I_G=0$，$I_1=I_2$，$I_3=I_4$，从而可得

$$\frac{R_1}{R_2} = \frac{R_4}{R_3}$$

或者

$$R_1R_3 = R_2R_4$$

这就是前文所述的平衡电桥满足的条件。

若 R_1 为被测电阻 R_x，则被测电阻为

$$R_x = \frac{R_2R_4}{R_3}$$

实际电桥中，比值$\frac{R_2}{R_3}$一般根据被测电阻的估值选择一定的比例。R_4称为比较臂，通常选用精度较高的标准电阻作R_4。调节比较电阻R_4，可使电桥平衡，从而可确定被测电阻R_x。用惠斯通电桥测量电阻的范围为1Ω～1MΩ，精度可达±1%。

根据电桥平衡原理，工程上常把测量温度、压力等物理量的传感器接入电桥电路。以测量温度为例，如图2-29(b)所示。在图2-29(b)中，与图2-29(a)对应的电阻R_2和R_4是热敏电阻传感器，它们分别固定在受热物件上。当热敏电阻不工作时，其阻值为R，当它们受到外部温度变化时，其阻值变为$R+\Delta R$，此时电桥失去平衡，产生的电压变化量ΔU（桥中臂输出ΔU为开路输出口电压），即

$$
\begin{aligned}
\Delta U &= \frac{R+\Delta R}{2R+\Delta R}U_{\mathrm{S}} - \frac{R}{2R+\Delta R}U_{\mathrm{S}} \\
&= \frac{\Delta R}{2R+\Delta R}U_{\mathrm{S}} = \frac{\frac{\Delta R}{R}}{2+\frac{\Delta R}{R}}U_{\mathrm{S}} \\
&= \frac{x}{2+x}U_{\mathrm{S}}
\end{aligned}
$$

式中，$x=\frac{\Delta R}{R}$。根据$\Delta U-x$的关系，可以从电阻的变化确定温度的变化。

思考与讨论2

2-1　何为电路等效？请说明“电路等效”的物理意义和应用。两电路等效要满足什么样的条件？

2-2　若二端网络N与N′对某一外电路M是等效的，能不能保证N与N′对其他任一外电路也等效？

2-3　图2-30(a)、(b)所示两个电路是否等效？

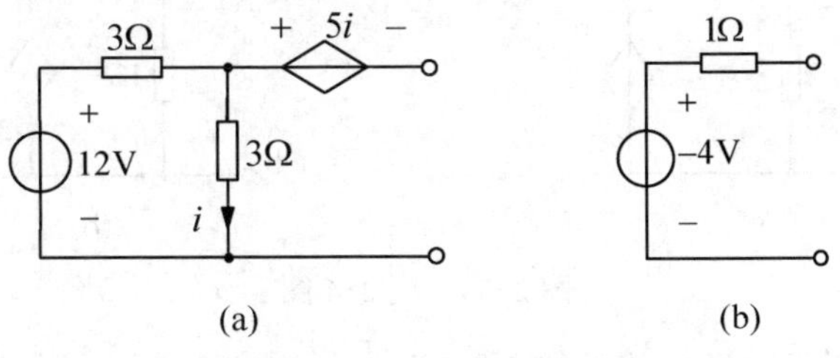

图2-30　思考与讨论2-3图

2-4　两个二端网络是否等效与端口电压和端口电流参考方向的选择有关吗？

2-5　分别将两个互为等效的二端网络N与N′接到同一个外电路M上，这两个二端网络消耗的功率是否一样？这两个二端网络中独立源提供的功率是否一样？

2-6　理想独立电压源和理想独立电流源能够相互等效变换吗？为什么？

2-7　对于多端口网络，如何求等效电路？

2-8　有人说“实际电源的外特性与外电路无关，与端子上电压、电流的参考方向也

无关”。这种说法正确吗？为什么？

2-9　实际电源的内阻可以直接用电阻表测定吗？试设计一种测电源内阻的方法。

习　题　2

2-1　求图 2-31(a)、(b)所示电路的 VCR。

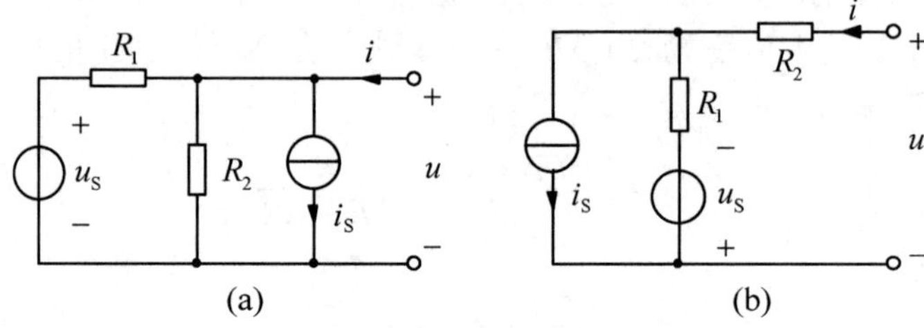

图 2-31　题 2-1 图

2-2　求图 2-32 所示电路的 VCR。

2-3　求图 2-33(a)、(b)所示电路的 VCR。

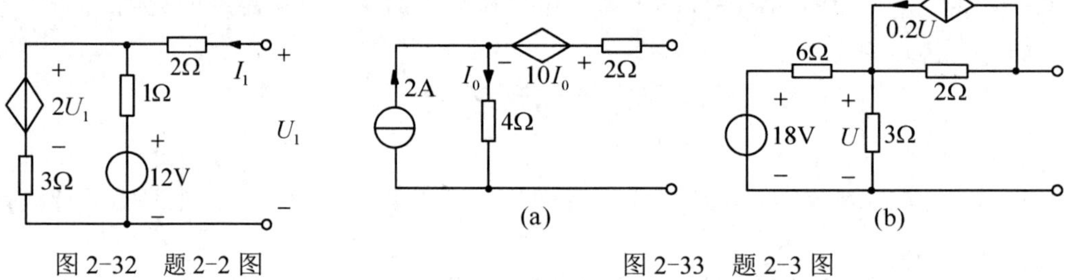

图 2-32　题 2-2 图　　　　图 2-33　题 2-3 图

2-4　求图 2-34 所示两个单口网络的输入电阻。

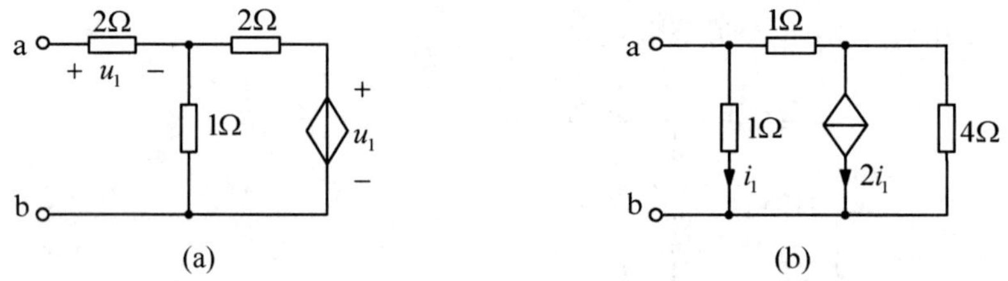

图 2-34　题 2-4 图

2-5　求图 2-35 所示二端电路的输入电阻。

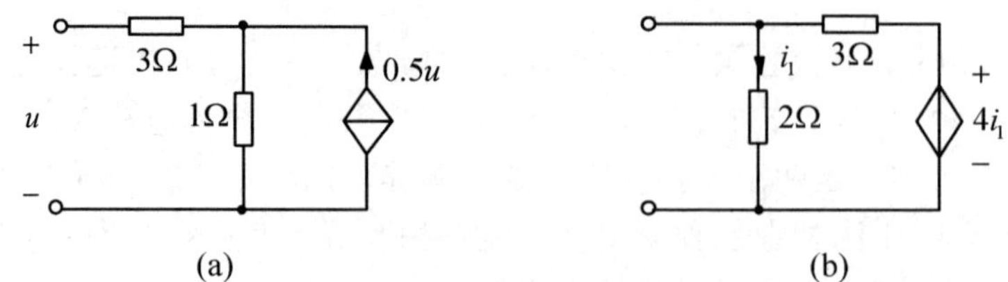

图 2-35　题 2-5 图

2-6　求图 2-36 所示二端电路的输入电阻。

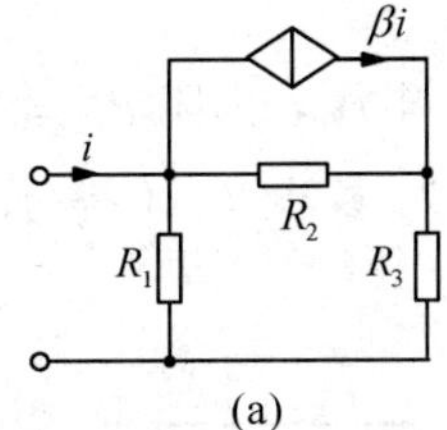

(a)

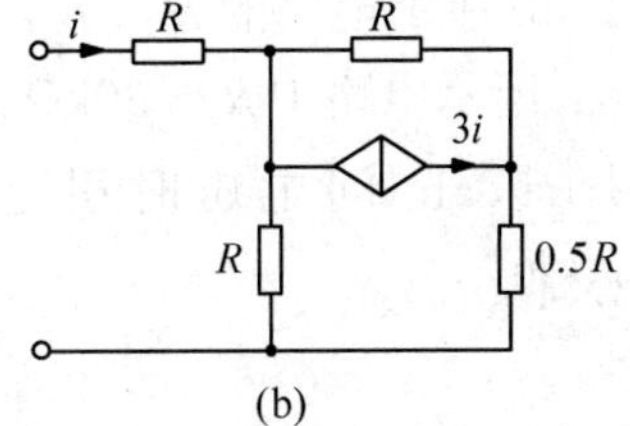

(b)

图 2-36　题 2-6 图

2-7　求图 2-37 所示二端电路的输入电阻。

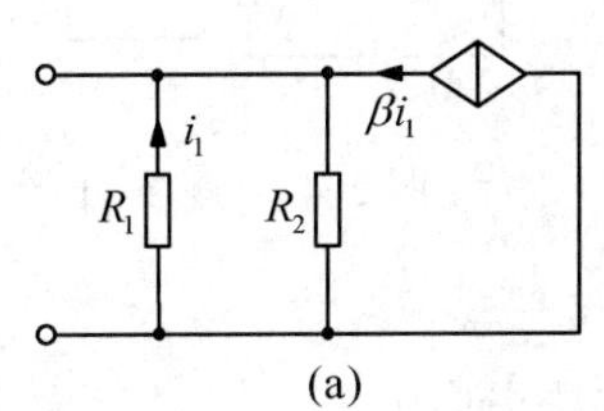

(a)

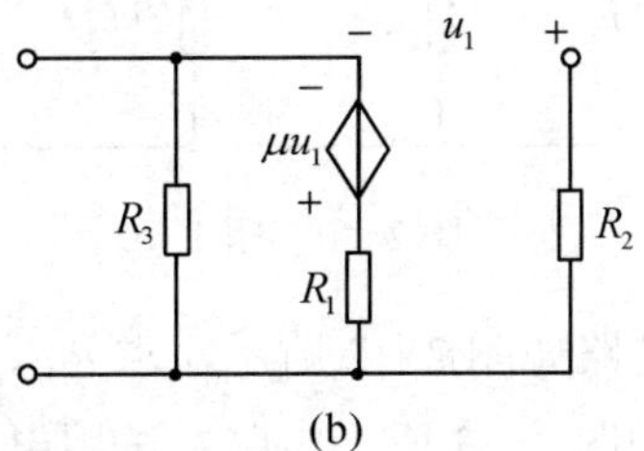

(b)

图 2-37　题 2-7 图

2-8　求图 2-38 所示电路 ab 端的等效电阻 R_{eq}。

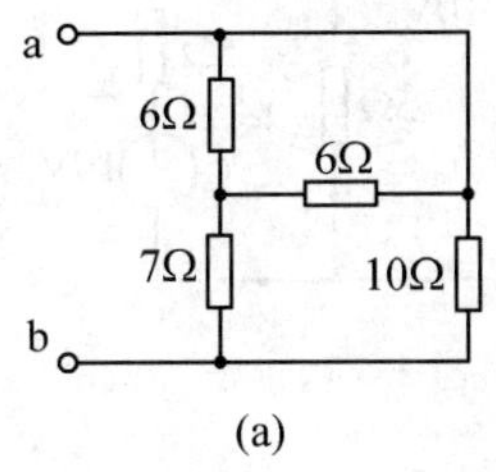

(a)

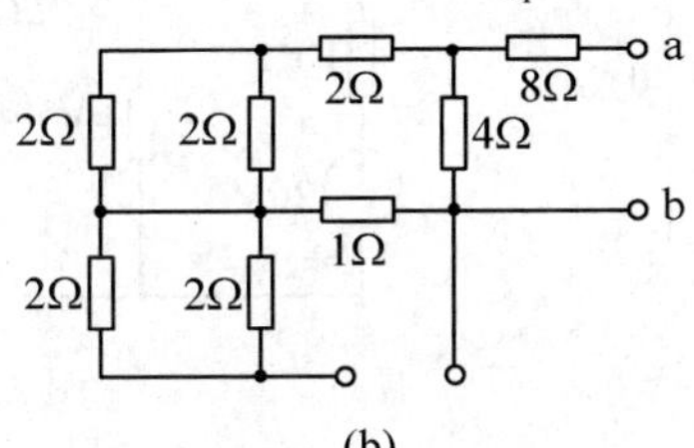

(b)

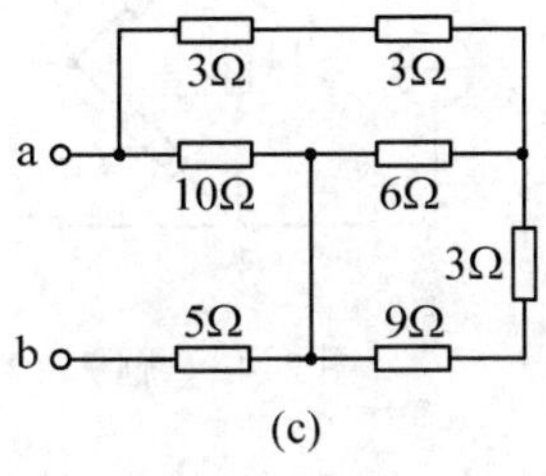

(c)

图 2-38　题 2-8 图

2-9　求图 2-39 所示各电路的等效电阻 R_{eq}。

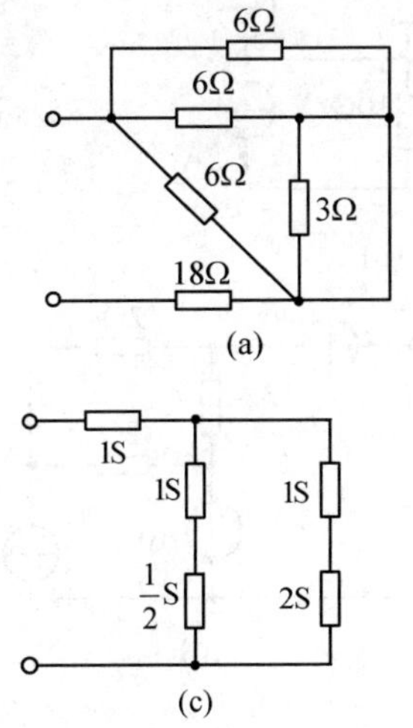

(a)

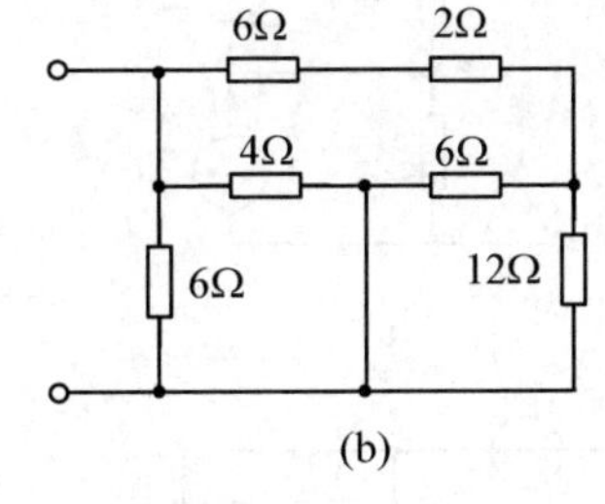

(b)

(c)

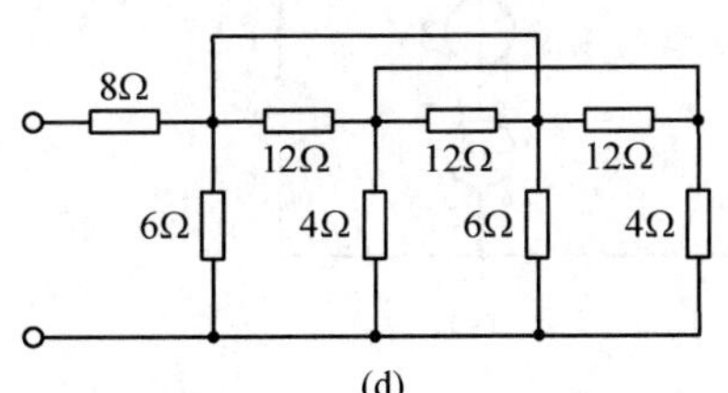

(d)

图 2-39　题 2-9 图

2-10　求图 2-40 所示电路的 I_1，I_2。

2-11　图 2-41 所示电路中 $R_1 = 30\text{k}\Omega$，$R_2 = 60\text{k}\Omega$，电压表内阻 $R_V = 980\text{k}\Omega$，求用此电压表测量图中 a、b 间电压时引起的相对误差为多少？（提示：相对误差=$\dfrac{\text{测量值}-\text{真实值}}{\text{真实值}}\times100\%$）。

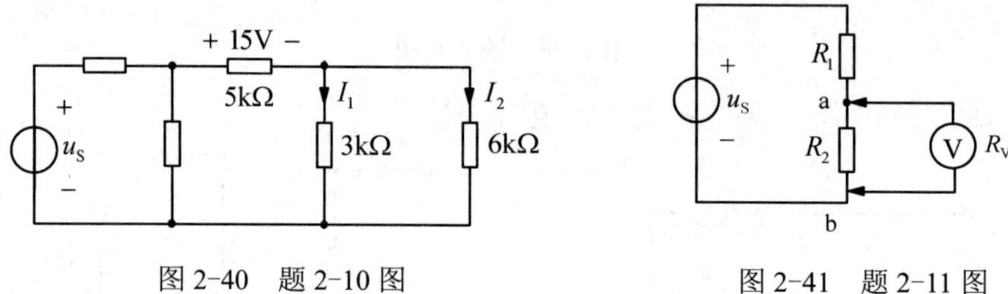

图 2-40　题 2-10 图　　图 2-41　题 2-11 图

2-12　电路如图 2-42 所示，求 R_{ab}、U_{ab}、U_{ad}、U_{ac}。

2-13　如图 2-43 所示电路，试用电路等效变换方法求电流 i。

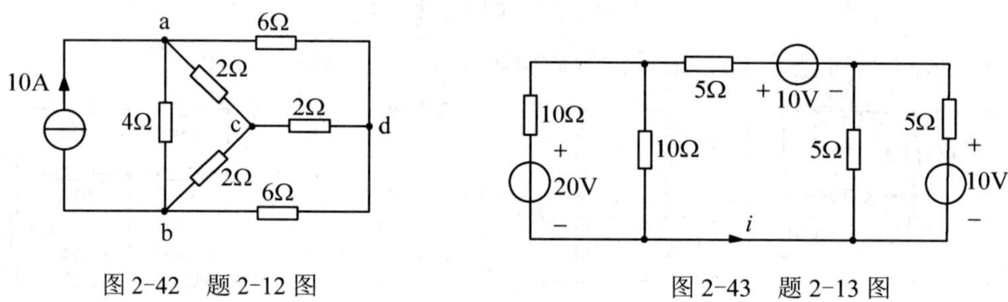

图 2-42　题 2-12 图　　图 2-43　题 2-13 图

2-14　将图 2-44 所示各电路等效为最简单形式。

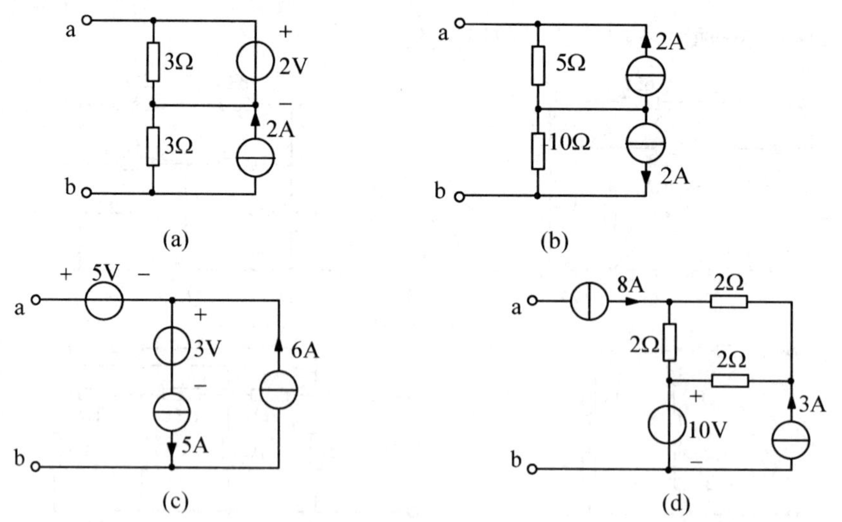

图 2-44　题 2-14 图

2-15　如图 2-45 所示电路，试求电流 i。

2-16　如图 2-46 所示电路，若（1）$R=0$，（2）$R=5\Omega$，分别求电流 I。

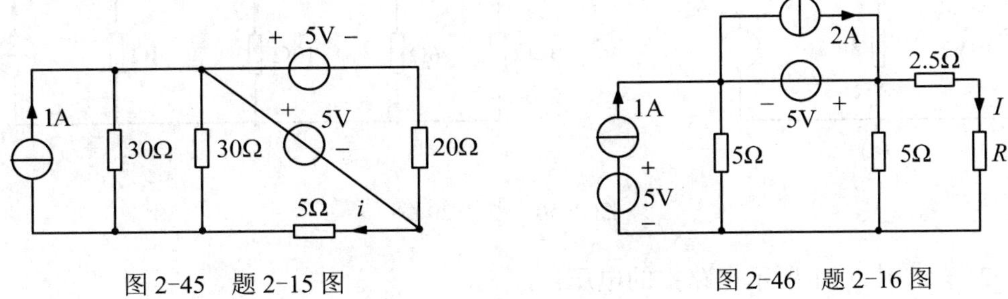

图 2-45　题 2-15 图　　　　图 2-46　题 2-16 图

2-17　求图 2-47 所示电路的电压 U_{ab}。

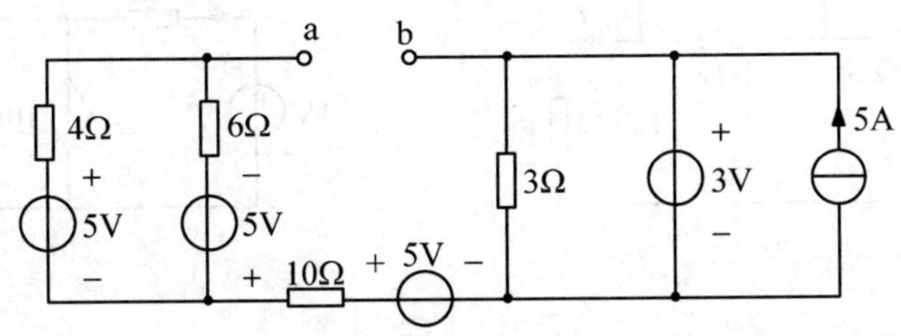

图 2-47　题 2-17 图

2-18　写出图 2-48 所示电路端口上的伏安关系，并根据伏安关系画出电压源与电阻的串联组合和电流源与电阻的并联组合的等效电路。

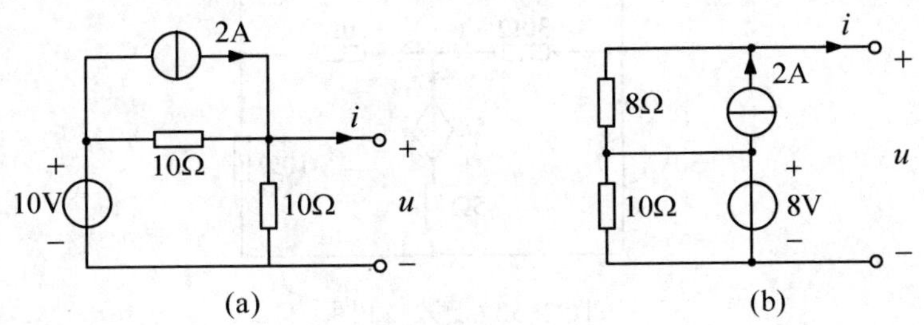

图 2-48　题 2-18 图

2-19　写出图 2-49 所示电路的端口伏安关系，并画出其等效电路。

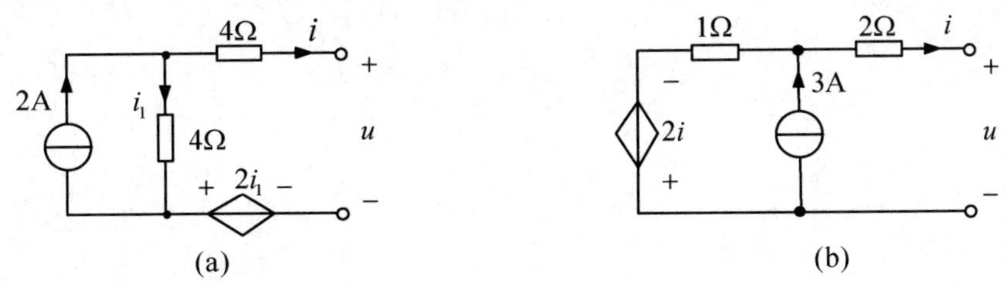

图 2-49　题 2-19 图

2-20　求图 2-50 所示电路中的电流 I 。

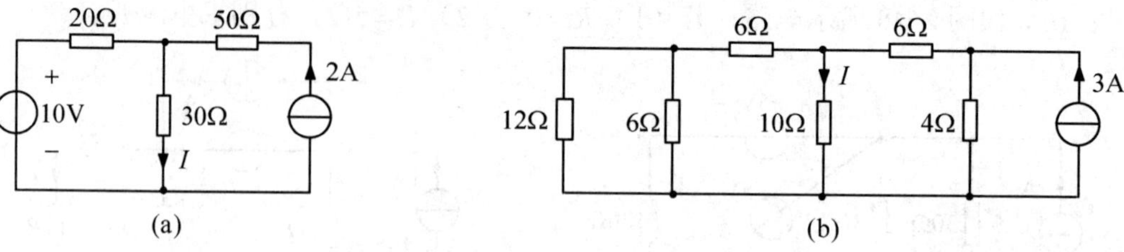

图 2-50　题 2-20 图

2-21　求图 2-51 所示电路中的电压 u 。

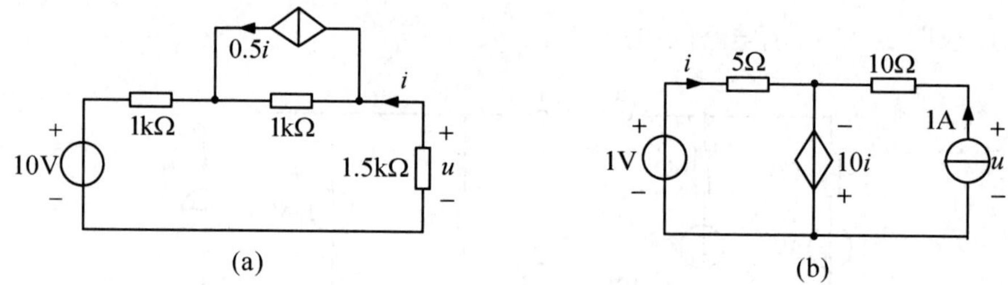

图 2-51　题 2-21 图

2-22　求图 2-52 所示电路中的 i 及 i_S 。

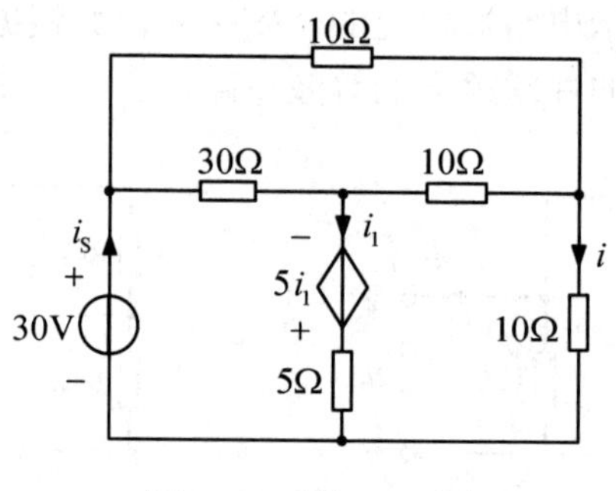

图 2-52　题 2-22 图

第 3 章　电路的一般分析方法

前一章介绍的运用等效概念分析电路的方法通常需对电路进行等效变换，本章介绍电路的一般分析方法。它不要求改变电路结构，一般无需对电路进行变换，这种方法是：首先选择一组合适的电路变量（电压和/或电流），根据 KCL 和 KVL 及元件的伏安关系（VCR）建立该组变量的独立方程组，即电路方程，然后解方程求出这组变量，根据这组变量进而求出电路中的其他变量。对线性电阻电路，其电路方程是一组线性代数方程。本章只讨论线性电阻电路，一方面其分析、计算简单，并且很多实际电路可用线性电阻电路作为其模型，同时也是研究动态电路、非线性电路及计算机辅助分析的基础。

本章主要介绍支路电流法、网孔分析法、回路分析法和节点分析法，最后介绍运算放大器及含运算放大器电路的分析方法。

3.1　图与电路方程

本节介绍一些有关图论的初步知识，主要目的是研究电路的连接性质并讨论应用图的方法选择电路方程的独立变量。

3.1.1　电路的图

在图论中，图是节点和支路的集合，每条支路的两端都连到相应的节点上。电路的“图”是指把电路中每一条支路画成抽象的线段，形成的一个节点和支路的集合，显然，线段就是图的支路。

“图”可以表示电路的连接关系或拓扑结构。约束电路中电流、电压关系的 KCL、KVL 只与电路的连接形式有关，而与支路中的元件类型无关。所以，用线段表示支路，用点表示节点，就可以得到描述电路网络性质的图。如图 3-1(a)所示电路对应的“图”如图 3-1(b)所示，其中各支路没有方向，称为无向图，若图中的支路规定了方向，称为有向图，支路的方向即为电路中支路电压和支路电流的参考方向，如图 3-1(c)所示。

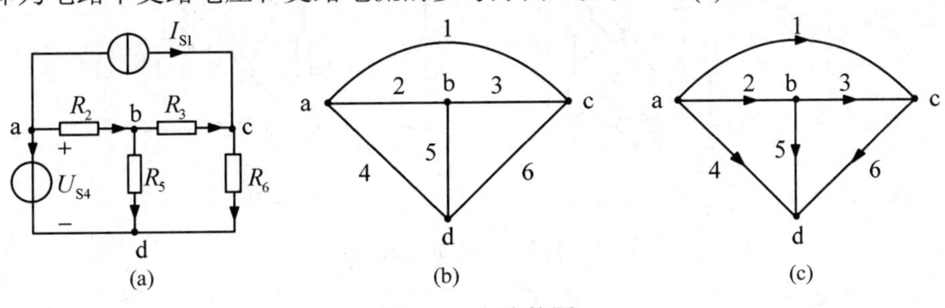

图 3-1　电路的图

当用图表示电路拓扑结构时，图中的任意两个节点之间至少存在一条路径时，称为连通图，否则称为非连通图。树在图中是一个非常重要的概念，利用树的概念有助于寻找一个图的独立回路组，从而得到独立的 KVL 方程组。树的定义可叙述为：对于一个连通图 G，包含图中所有节点，但不包含回路的连通子图，称为图 G 的树。一个连通图有多个树，图 3-2 中(a)、(b)均为图 3-1 的树，图 3-2(c)则不是树。

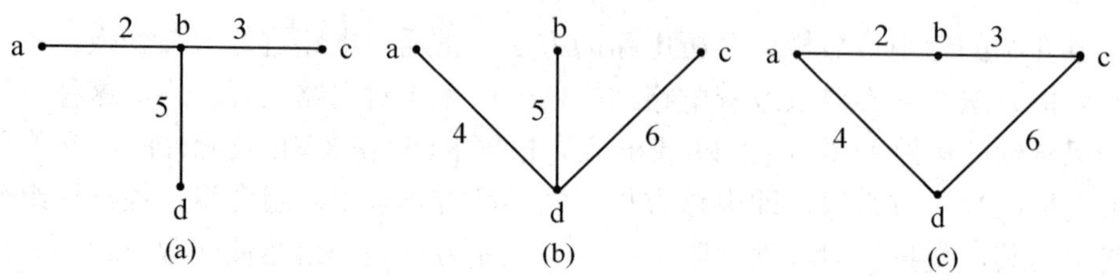

图 3-2　图和树

组成树的支路称为树支，其他的称为连支。图 3-2(a)中，支路 2、3、5 为树支，支路 1、4、6 为连支，对应的树可以表示为 $T(2,3,5)$。

一个有 n 个节点，b 条支路的连通图 G，其任何树的树支数一定为 $T=n-1$，连支数为 $L=b-n+1$。这里不进行理论上的证明，只给出说明：若把图 G 的 n 个节点连接成一个树，则第一条支路连接两个节点，此后每增加一条新的支路就连接上一个新的节点，直到把 n 个节点连接成树，所以树支数比节点数少一个。而所有的支路数减去树支数就是连支数。

平面电路和非平面电路也是一个重要的概念。迄今为止，所遇到的电路都是平面电路，即电路可以画在一个平面上，它的各支路除了在节点处交叉外不再交叉。一个有交叉支路的电路，如果能重新画成没有交叉支路的电路，仍可以认为是平面电路。例如，图 3-3(a)所示电路可以重新画为图 3-3(b)的形式，两个电路是等效的，因为所有节点连接都维持不变。因此，图 3-3(a)所示电路是平面电路。图 3-4 展示了一个非平面电路，如果要保持所有节点连接维持不变，则无法画出没有交叉支路的电路。本章将要介绍的网孔分析法只适用于平面电路，而回路分析法和节点分析法可以应用于平面和非平面电路。

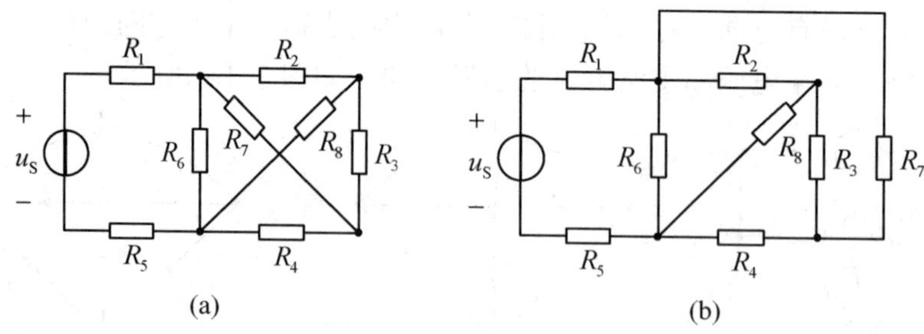

图 3-3　平面电路

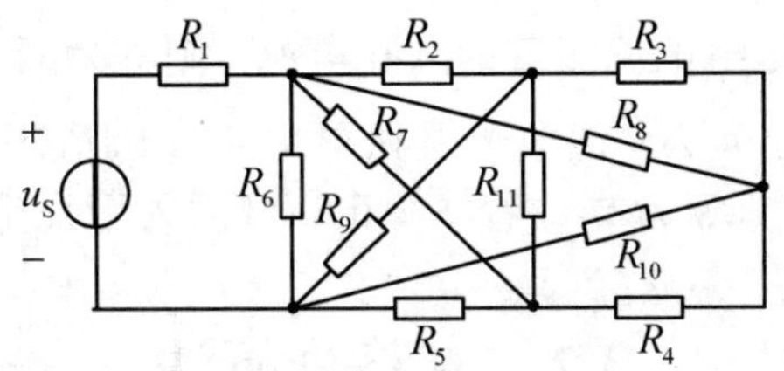

图 3-4　非平面电路

3.1.2　KCL 和 KVL 的独立方程

电路的“图”如图 3-1(c)所示，对节点 a、b、c、d 分别列写 KCL 方程，得到

$$\begin{cases} i_1 + i_2 + i_4 = 0 \\ -i_2 + i_3 + i_5 = 0 \\ -i_1 - i_3 + i_6 = 0 \\ -i_4 - i_5 - i_6 = 0 \end{cases} \tag{3-1}$$

式（3-1）各方程相加之和为 0，所以方程是非独立的。这是由于所有节点都列写了 KCL 方程，而每条支路都和两个节点连接，支路电流必然从一个节点流出，流入另一节点。方程中每个支路电流出现两次，且一次为正，一次为负，所以方程之和必然为 0。也就是说，这 4 个方程不是相互独立的，但其中任意 3 个是独立的。

同样，对图 3-1(c)的所有回路列写相对应的 KVL 方程，这些回路方程也是非独立的。而按网孔列出的回路 KVL 方程则是独立的，这是因为每个回路中都含有新的变量，需要注意的是网孔 KVL 方程并不是独立回路唯一的选择。

可以证明，对于一个具有 n 个节点，b 个支路的电路，可以列写出 $(n-1)$ 个独立的 KCL 方程和 $b-(n-1)$ 个独立的 KVL 方程。

3.1.3　电路分析方法介绍

电路分析的基本依据是两类约束，即基尔霍夫定律和元件的伏安关系。对一个具有 b 条支路和 n 个节点的电路，当以支路电压和支路电流为电路变量列写方程时，总计有 $2b$ 个未知量。根据 KCL 可以对任意一组 $(n-1)$ 个节点列出 $(n-1)$ 个独立方程，根据 KVL 可以对 $b-(n-1)$ 个网孔或回路列出 $b-(n-1)$ 个独立方程，根据元件的 VCR 可以列出 b 个方程，总计方程数为 $2b$，与未知量相等。因此，可由 $2b$ 个方程解出 $2b$ 个支路电压和支路电流。这种方法称为 $2b$ 法。

为了减少求解的方程数，可以利用元件的 VCR 将各支路电压以支路电流表示，就得到以 b 个支路电流为未知量的 b 个 KCL 和 KVL 方程。方程数由 $2b$ 减少到 b。同理，也可以利用元件的 VCR 将各支路电流以支路电压表示，就得到以 b 个支路电压为未知量的 b 个 KCL 和 KVL 方程。方程数同样由 $2b$ 减少到 b。这两种方法就是支路电流法和支路电压法，统称为支路分析法。

选取一组独立完备的电流变量，根据 KVL 可以对 $b-(n-1)$ 个网孔或回路列出

$b-(n-1)$个独立方程，若这组电流变量为网孔电流，则称为网孔分析法，若这组电流变量为回路电流，则称为回路分析法。选取一组独立完备的电压变量，根据 KCL 可以对任意$(n-1)$个节点列出$(n-1)$个独立方程，若这组电压变量为节点电压，则称为节点分析法。

3.2 支路分析法

如前文所述，支路分析法包含支路电流分析法和支路电压分析法。支路电流分析法就是以b个支路电流为变量，列写$(n-1)$个独立 KCL 方程和$b-(n-1)$个独立 KVL 方程，解方程得到b个支路电流的分析方法。下面以图 3-5 所示电路说明支路电流分析法。

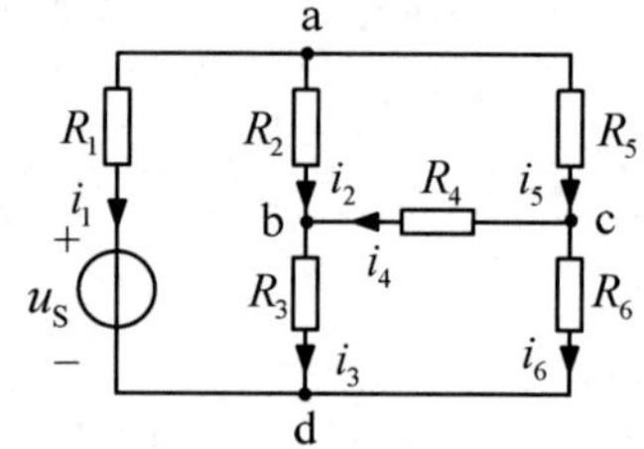

图 3-5 支路电流法

该电路有 4 个节点，6 条支路，以 6 个支路电流为变量。首先任选 3 个节点列写 KCL 方程，这里由节点 a、b、c 可以列出 3 个 KCL 方程，分别为

$$\begin{cases} i_1+i_2+i_5=0 \\ -i_2+i_3-i_4=0 \\ i_4-i_5+i_6=0 \end{cases} \tag{3-2}$$

由于需要 6 个方程才能解出 6 个支路电流，所以，还需要建立 3 个独立的 KVL 方程，也就是需要选择 3 个独立的回路。独立回路的选取有多种方式。对平面电路一般选取网孔作为独立回路，这里选取 3 个网孔为独立回路，并按顺时针方向列写相应的 KVL 方程，有

$$\begin{cases} -i_1R_1+i_2R_2+i_3R_3=u_S \\ -i_2R_2+i_5R_5+i_4R_4=0 \\ -i_3R_3-i_4R_4+i_6R_6=0 \end{cases} \tag{3-3}$$

式（3-2）和式（3-3）联立，就是求解 6 个支路电流变量所需的方程。

对一个含有b条支路n个节点的电路，其支路电流法求解步骤如下：

（1）选定各支路电流的参考方向，并在电路图中标出；

（2）列写出$(n-1)$个节点的 KCL 方程；

（3）选取$b-(n-1)$个独立回路，列写独立回路的 KVL 方程（平面电路一般选取网孔作为独立回路）；

（4）联立方程求解出各支路电流，进而求出其他各待求量。

可见，支路分析法需要建立b个方程，方程数目比 $2b$ 法减少了一半。引入合适的变量还可以继续减少所需的方程数，简化电路的计算问题。网孔电流、回路电流和节点电压就是几组合适的变量，下面将会看到，利用网孔电流分析法和回路电流分析法，只需列写$b-(n-1)$个 KVL 方程描述电路；利用节点电压分析法，只需用$(n-1)$个 KCL 方程描述电路。

例 3-1 图 3-6 所示电路中，已知$R_1=1\Omega$、$R_2=R_3=3\Omega$、$u_{S1}=9\text{V}$、$u_{S2}=3\text{V}$，求i_1、i_2、i_3。

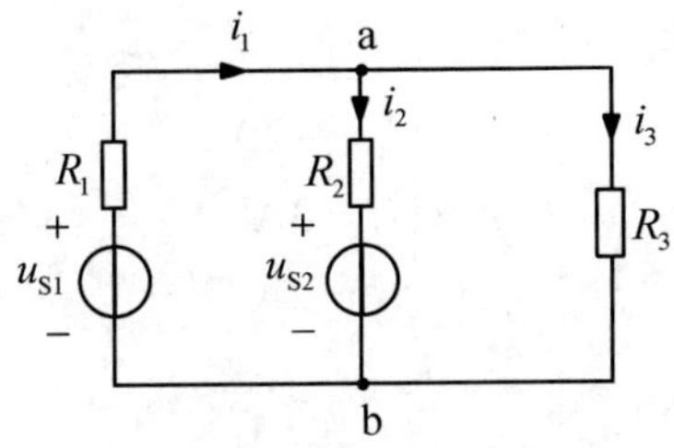

图 3-6　例 2-1 图

解：各支路电流参考方向已标注在图中，对节点 a 列 KCL 方程；选网孔作为独立回路，按图中所示绕行方向列 KVL 方程如下

$$-i_1 + i_2 + i_3 = 0$$

$$R_1 i_1 + R_2 i_2 = u_{S1} - u_{S2}$$

$$-R_2 i_2 + R_3 i_3 = u_{S2}$$

代入数据得

$$-i_1 + i_2 + i_3 = 0$$

$$i_1 + 3i_2 = 6$$

$$-3i_2 + 3i_3 = 3$$

解此方程组可得 $i_1 = 3\text{A}$ 、 $i_2 = 1\text{A}$ 、 $i_3 = 2\text{A}$ 。

例 3-2　求图 3-7 所示电路各支路电流及 u_{ac} 、 u_{bc} 。

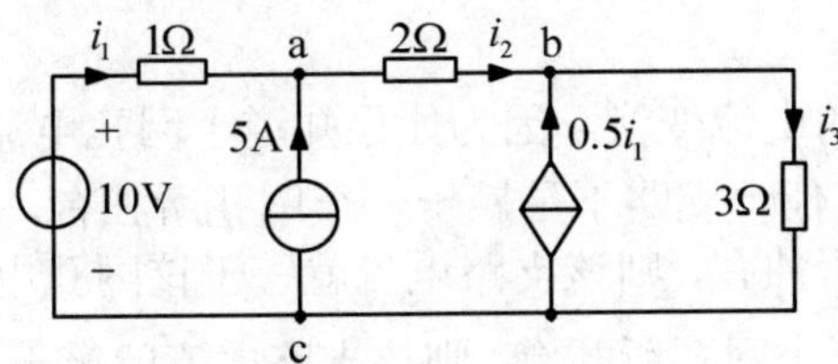

图 3-7　例 3-2 图

解：图 3-7 所示电路的支路数 $b = 5$ ，节点数 $n = 3$ ，据 KCL 可列出两个独立方程，据 KVL 可列出 3 个独立方程，共 5 个电路方程。但因电路中存在电流源（独立源或受控源）支路，其电压无法用支路电流表示，所以当构成回路的路径中含有电流源支路时，需经处理才能应用支路电流法（见 2.2 节网孔分析法）。

本题实际待求的未知电流只有 3 个，即 i_1 、 i_2 、 i_3 ，所以只需列出 3 个相互独立的电路方程即可。选节点 a、b 列 KCL 方程为

$$\begin{cases} -i_1 + i_2 = 5 \\ -i_2 - 0.5i_1 + i_3 = 0 \end{cases}$$

选由电阻和电压源组成的回路（绕开电流源支路）列 KVL 方程为

$$i_1 + 2i_2 + 3i_3 = 10$$

联立以上三个方程可解得

$$\begin{cases} i_1 = -2\text{A} \\ i_2 = 3\text{A} \\ i_3 = 2\text{A} \end{cases}$$

由 KVL 得到

$$u_{\text{ac}} = -i_1 + 10 = 12\text{V}$$

$$u_{\text{bc}} = 3i_3 = 6\text{V}$$

3.3 网孔分析法

上一节介绍的支路电流法选择的电路变量为支路电流。支路电流不是一组独立的电流变量，因为与一个节点相连接的各支路，其电流受到 KCL 的约束。也就是说，与一个节点相连接的各支路电流，其中任一电流可由其余电流的线性组合所确定。前边我们已经讨论过，一个具有 b 条支路 n 个节点的电路，有 $n-1$ 个独立节点，也就是说有 $n-1$ 个电流可由其余的 $b-(n-1)$ 个独立电流变量的线性组合所确定。平面电路中的网孔电流就是这样一组独立而完备的电流变量。

3.3.1 网孔电流

网孔电流是一组假想的沿着电路中的每个网孔边界循环流动的电流，如图 3-8 中的 i_{m1}、i_{m2}、i_{m3}。

网孔电流是一组完备的电流变量。因为如果知道了网孔电流就可以确定电路中任一支路的电流。由图 3-8 可见，任一支路不是属于一个网孔所独有，就是属于两个网孔所共有。如果某支路属于一个网孔所独有，则该支路电流就等于该网孔电流，例如 $i_1 = i_{\text{m1}}$、$i_2 = i_{\text{m2}}$、$i_6 = i_{\text{m3}}$；如果某支路属于两个网孔所共有，则该支路电流就等于该两个网孔电流的代数和，例如 $i_3 = i_{\text{m2}} - i_{\text{m1}}$、$i_4 = i_{\text{m2}} - i_{\text{m3}}$、$i_5 = i_{\text{m3}} - i_{\text{m1}}$。

网孔电流是一组独立的电流变量。因为每个网孔电流在流入某节点的同时又流出该节点，它自动满足了 KCL，所以不能通过 KCL 建立各网孔电流间的关系，即任一网孔电流都不能由其他网孔电流的线性组合所确定。

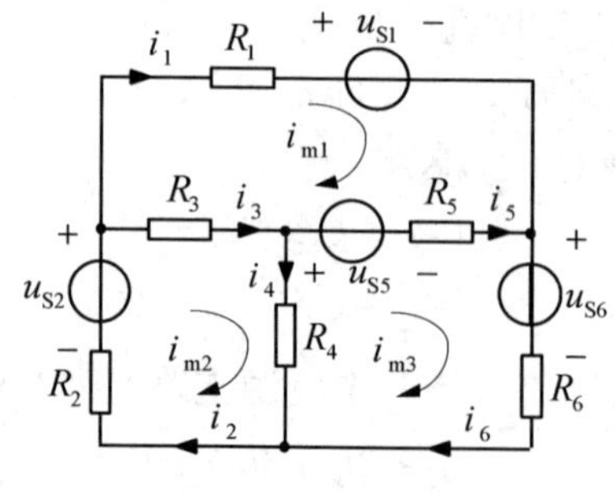

图 3-8　网孔分析法

3.3.2 网孔分析法

如前所述，支路电流可作为网孔电流的代数和，而网孔电流自动满足 KCL，所以选择网孔电流作为电路变量时，只需按 KVL 列出方程即可。

以网孔电流作为未知变量，据 KVL 列出全部网孔的电压方程进而求解电路的方法称为网孔电流法，或称网孔分析法。

现以图 3-8 所示电路为例说明建立网孔 KVL 方程的方法。

图中网孔电流为 i_{m1}、i_{m2} 和 i_{m3}，其参考方向即作为列写 KVL 方程时的绕行方向，各支路电压与电流取关联参考方向，有

$$\begin{cases} u_1 - u_3 - u_5 = 0 \\ u_2 + u_3 + u_4 = 0 \\ -u_4 + u_5 + u_6 = 0 \end{cases} \tag{3-4}$$

据 VCR 有

$$\begin{cases} u_1 = R_1 i_1 + u_{S1} = R_1 i_{m1} + u_{S1} \\ u_2 = R_2 i_2 - u_{S2} = R_2 i_{m2} - u_{S2} \\ u_3 = R_3 i_3 = R_3 (i_{m2} - i_{m1}) \\ u_4 = R_4 i_4 = R_4 (i_{m2} - i_{m3}) \\ u_5 = R_5 i_5 + u_{S5} = R_5 (i_{m3} - i_{m1}) + u_{S5} \\ u_6 = R_6 i_6 + u_{S6} = R_6 i_{m3} + u_{S6} \end{cases} \tag{3-5}$$

将式（3-5）代入式（3-4）并整理得

$$\begin{cases} (R_1 + R_3 + R_5) i_{m1} - R_3 i_{m2} - R_5 i_{m3} = u_{S5} - u_{S1} \\ -R_3 i_{m1} + (R_2 + R_3 + R_4) i_{m2} - R_4 i_{m3} = u_{S2} \\ -R_5 i_{m1} - R_4 i_{m2} + (R_4 + R_5 + R_6) i_{m3} = -u_{S5} - u_{S6} \end{cases} \tag{3-6}$$

式（3-6）即是网孔分析法方程，简称网孔方程。实际上，网孔方程可凭直观由电路直接写出，而不必经过以上步骤。为此，将式（3-6）写成如下标准形式

$$\begin{cases} R_{11} i_{m1} + R_{12} i_{m2} + R_{13} i_{m3} = u_{S11} \\ R_{21} i_{m1} + R_{22} i_{m2} + R_{23} i_{m3} = u_{S22} \\ R_{31} i_{m1} + R_{32} i_{m2} + R_{33} i_{m3} = u_{S33} \end{cases} \tag{3-7}$$

式（3-7）中，$R_{11} = R_1 + R_3 + R_5$、$R_{22} = R_2 + R_3 + R_4$、$R_{33} = R_4 + R_5 + R_6$ 分别是网孔 1、2、3 的所有电阻之和，称为各自网孔的自阻，自阻恒为正值。$R_{12} = R_{21} = -R_3$、$R_{13} = R_{31} = -R_5$、$R_{23} = R_{32} = -R_4$ 分别是相关两网孔的共有电阻，称为两网孔的互阻，当网孔电流均取顺时针（或逆时针）绕行方向时，互阻为负值。一般而言，两网孔电流通过互阻时，若方向一致互阻为正，反之为负。u_{S11}、u_{S22}、u_{S33} 分别是网孔 1、2、3 中所有电压源电压之代数和，其中电压与网孔电流绕行方向一致的取“-”号，不一致的取“+”号，即在网孔电流绕行方向上电压升为正，电压降为负。

需要指出，网孔法仅适用于平面电路。网孔方程是一组独立的 KVL 方程，等式左端是各网孔电流在电阻上产生的电压降之代数和，等式右端是电压源的电压升之代数和。

综上所述，网孔分析法的解题步骤如下：

（1）对网孔进行编号，并标出各网孔电流的参考方向；

（2）确定各网孔的自阻、互阻和电源电压升，按式（3-7）列出网孔方程；

（3）求解网孔方程，解出网孔电流，进而求出其他各待求量。

例 3-3 用网孔分析法重做例 3-1 题，将电路重画为图 3-9，已知 $R_1 = 1\Omega$、$R_2 = R_3 = 3\Omega$、$u_{S1} = 9V$、$u_{S2} = 3V$，求 i_1、i_2、i_3。

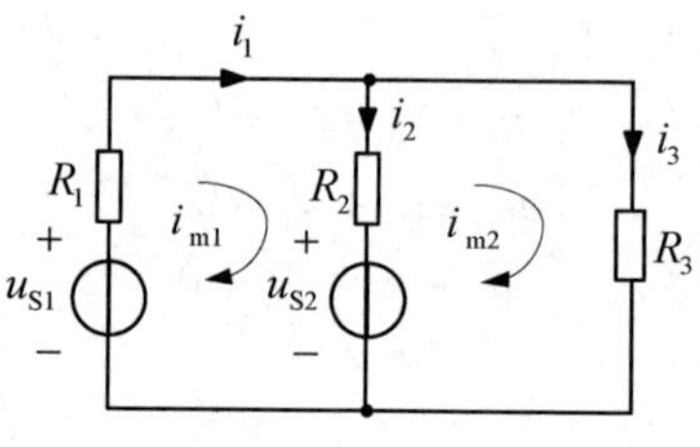

图 3-9 例 3-3 图

解：（1）网孔电流编号及参考方向如图 3-9 所示。

（2）列网孔方程

因为

$$R_{11} = R_1 + R_2 = 1 + 3 = 4\Omega$$

$$R_{22} = R_2 + R_3 = 3 + 3 = 6\Omega$$

$$R_{12} = R_{21} = -R_2 = -3\Omega$$

$$u_{S11} = u_{S1} - u_{S2} = 6V$$

$$u_{S22} = u_{S2} = 3V$$

所以网孔方程为

$$\begin{cases} 4i_{m1} - 3i_{m2} = 6 \\ -3i_{m1} + 6i_{m2} = 3 \end{cases}$$

（3）求解网孔电流

$$\begin{cases} i_{m1} = 3A \\ i_{m2} = 2A \end{cases}$$

（4）求解各支路电流

$$i_1 = i_{m1} = 3A$$

$$i_3 = i_{m2} = 2A$$

$$i_2 = i_{m1} - i_{m2} = 3 - 2 = 1A$$

用网孔分析法时，不能用 KCL 校核计算结果正确与否，因为各支路电流就是由各网孔电流加、减后得到的，它们自动满足 KCL。应取一个未用过的回路，例如，取由 R_1、R_3

和 u_{S1} 组成的回路用 KVL 校核。按顺时针方向计算该回路电压为

$$\sum u = R_1 i_1 + R_3 i_3 - u_{S1} = 3\times 1 + 3\times 2 - 9 = 0$$

故答案正确。

与例 3-1 支路分析法相比，网孔分析法只需列写 2 个网孔方程，方程个数减少了 1 个。

当电路中含有电流源时，运用网孔分析法，对电流源可按以下三种情况处理：

（1）若存在实际电流源，则利用电源等效变换将实际电流源转换为实际电压源，可以减少一个网孔；

（2）若电流源位于边缘支路，则选取电流源的电流为网孔电流；若电流源在电路内部，如果可以先将电流源移到边缘支路，这样可以减少一个网孔电流变量；

（3）若电流源处于网孔公共支路，则两端设一个未知电压，由于多出一个未知量，故需要增加方程的个数。

例 3-4 求图 3-10 所示电路中的各网孔电流 I_{m1}、I_{m2} 和 I_{m3}。

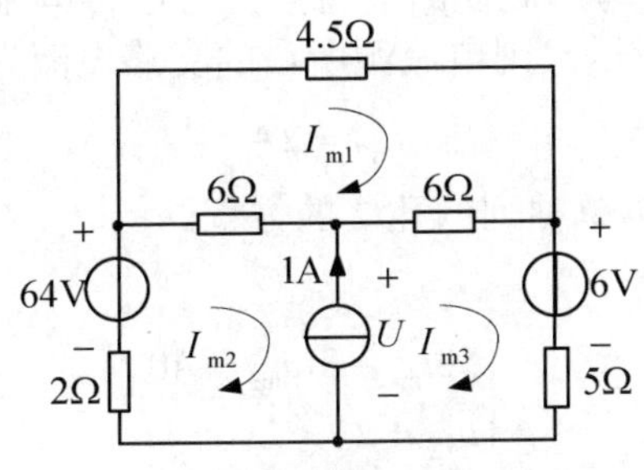

图 3-10 例 3-4 图

解： 电路中含有理想电流源，电流源处于网孔公共支路，需要把电流源的端电压设为 U 作为附加变量。按网孔列 KVL 方程

$$\begin{cases}(4.5+6+6)I_{m1} - 6I_{m2} - 6I_{m3} = 0\\ -6I_{m1} + (2+6)I_{m2} + U = 64\\ -6I_{m1} + (6+5)I_{m3} - U = -6\end{cases}$$

因为流经电流源的两网孔电流不再独立，其关系为

$$I_{m3} - I_{m2} = 1$$

此关系作为补充方程使方程数与变量数相等。

整理上列方程

$$\begin{cases}16.5I_{m1} - 6I_{m2} - 6I_{m3} = 0\\ -6I_{m1} + 8I_{m2} + U = 64\\ -6I_{m1} + 11I_{m3} - U = -6\\ I_{m3} - I_{m2} = 1\end{cases}$$

解此方程得

$$\begin{cases} I_{m1} = 4A \\ I_{m2} = 5A \\ I_{m3} = 6A \end{cases}$$

例 3-5 电路如图 3-11(a)所示，试求流经 30Ω 电阻的电流 i。

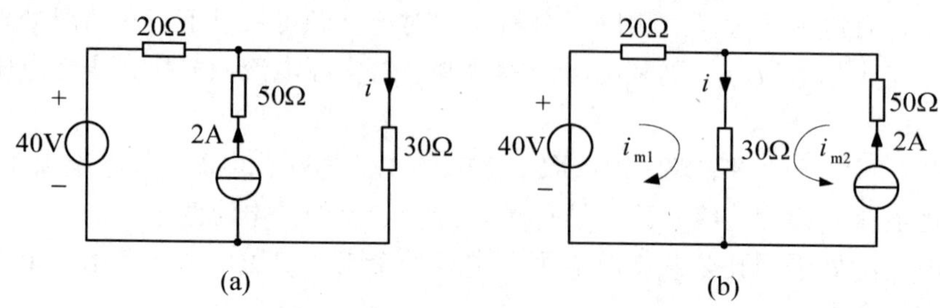

图 3-11 例 3-5 图

解：电路中含有电流源，考虑此电路的特点，可以将电流源移到边缘支路，并选网孔电流 i_{m1}、i_{m2}，如图 3-11(b)所示，则电流源所在的支路电流为电流源的电流，并且

$$i_{m2} = 2A$$

即网孔电流 i_{m2} 值已知，不用再单独列网孔 2 的方程。

网孔电流方程为

$$\begin{cases} 50i_{m1} + 30i_{m2} = 40 \\ i_{m2} = 2 \end{cases}$$

解得 $i_{m1} = -0.4\text{ A}$，则流经 30Ω 电阻的电流为

$$i = i_{m1} + i_{m2} = -0.4 + 2 = 1.6A$$

例 3-6 列出图 3-12 所示电路的网孔方程。

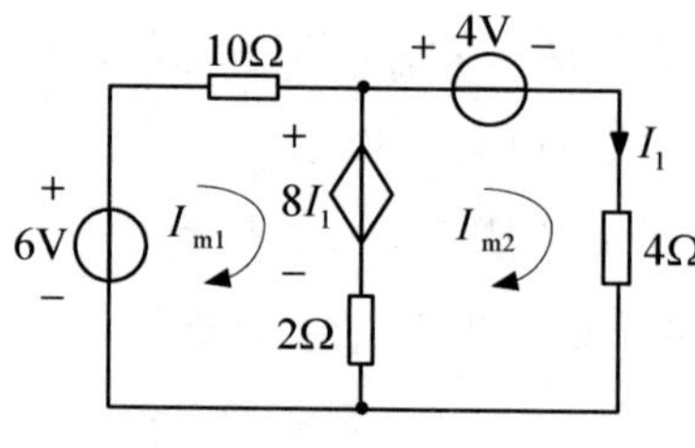

图 3-12 例 3-5 图

解：电路中含有一个受控电压源，可以先将受控源电压源暂时当作独立电压源，按网孔方程的标准形式列出方程，然后再用网孔电流表示出受控源的控制量。整理后即可获得含受控源电路的网孔方程：

$$\begin{cases} 12I_{m1} - 2I_{m2} = 6 - 8I_1 \\ -2I_{m1} + 6I_{m2} = -4 + 8I_1 \\ I_1 = I_{m2} \end{cases}$$

整理得

$$\begin{cases}12I_{m1}+6I_{m2}=6\\-2I_{m1}-2I_{m2}=-4\end{cases}$$

如果电路中含有受控电流源，可以先将受控源电流源暂时当作独立电流源，然后按照前述含电流源的情况处理。最后用网孔电流表示出受控源的控制量。

例 3-7　求图 3-13 所示电路中的电流 I 。

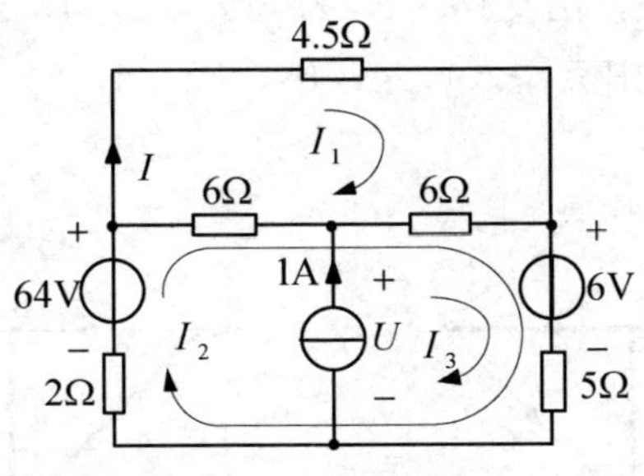

图 3-13　例 3-7 图

解： 本题是例 3-4 的另一解法。在例 3-4 中需设电流源端压为U，因为增加了一个变量，还要补充一个方程。若设想电流按图示独立回路（每一回路都包含一条其他回路所没有的新支路）流动，则电流源只属于回路 3，该回路电流为已知，即

$$I_3=3\text{A}$$

这样只需列出其他两个回路的 KVL 方程即可。据此，有

$$\begin{cases}(6+6+4.5)I_1-(6+6)I_2-6I_3=0\\-(6+6)I_1+(6+6+5+2)I_2+(6+5)I_3=64-6\\I_3=1\end{cases}$$

整理得

$$\begin{cases}16.5I_1-12I_2=6\\-12I_1+19I_2=47\end{cases}$$

解此方程组可得 $I_1=4\text{A}$ ， $I_2=5\text{A}$ 。于是得

$$I=I_1=4\text{A}$$

这种以回路电流为求解变量，选取独立回路列出 KVL 方程求解电路的方法称为回路分析法。回路分析法应用灵活且适用于任何平面和非平面电路，但互阻的正负需由流经它的两回路电流方向而定。关于回路分析法更加详细的内容，将在 3.4 节中讨论。

3.4　回路分析法

网孔分析法只适用于平面电路，而回路分析法则适用于任何平面和非平面电路。回路分析法是以基本回路电流为变量的电路分析方法，网孔分析法可以看成回路分析法的一种特例。

3.4.1 基本回路

在连通图 G 中，任意选定一个树，由于树连接了图 G 的全部节点（但不包含回路），因而在树上增加一条连支，此连支与其他树支就构成一个回路。这种由一条连支及其他有关的树支组成的回路称为基本回路。如图 3-14 中，分别选定了两种树 T（2，3，5）和 T（4，5，6），在图 3-14(a)中，由支路（1，2，3）、（2，4，5）、（3，5，6）组成的回路为基本回路；在图 3-14(b)中，由支路（1，4，6）、（2，4，5）、（3，5，6）组成的回路为基本回路。

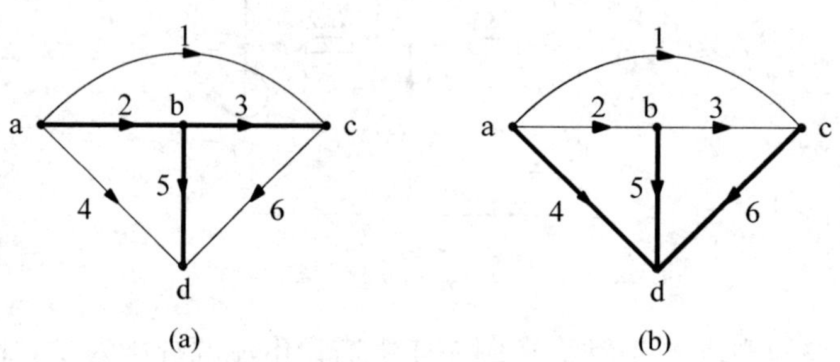

图 3-14　连支电流的独立性和完备性

3.4.2 连支电流的独立性和完备性

如同网孔电流是在网孔中连续流动的假想电流一样，回路电流是在回路中连续流动的假想电流。回路分析法选择一组独立完备的回路电流作为电路变量，通常情况下选择基本回路作为独立回路，此时，基本回路电流为相应的连支电流。一个电路对应的连通图，选择不同的树，对应有不同的连支电流组合，且这些组合是独立完备的电流变量。

连支电流是相互独立的变量。由树的定义可知，与连通图中的任何一个节点相连的所有支路中一定有至少一条树支，不可能全部为连支。所以，连支电流不能由节点的 KCL 方程约束，说明了连支电流是相互独立的电流变量。

连支电流是完备的变量。在图 3-14 中，分别选定了两个树 T（2，3，5）和 T（4，5，6）。在不同的选择中，若已知所有的连支电流，其他的树支电流可以根据 KCL 方程对节点电流的约束获得，进而可以由支路的 VCR 求得各支路电压及支路中任何元件的功率。所以连支电流是完备的电流变量。

3.4.3 回路分析法

以连支电流作为电路变量，列写出基本回路的 KVL 方程，求解出所需的电流、电压及功率，这种方法称为回路分析法。对于 b 个支路，n 个节点的电路，基本回路数等于连支数，对平面电路而言也是网孔个数，故基本回路数为 $b-(n-1)$。

列写回路电流方程首先要确定树，选定树之后可以确定一组基本回路，而且连支方向为该支路所在回路的绕行方向。选择不同的树，列出的回路电流方程就不同，选择恰当的树可以使列写的方程简单，易于求解。通常选择含电压源支路为树支，含电流源支路、待求电流所在支路、控制电流支路为连支。

回路电流用下标 l 表示，以 3 个基本回路为例，回路电流方程的一般形式为

$$\begin{cases} R_{11}i_{l1}+R_{12}i_{l2}+R_{13}i_{l3}=u_{S11} \\ R_{21}i_{l1}+R_{22}i_{l2}+R_{23}i_{l3}=u_{S22} \\ R_{31}i_{l1}+R_{32}i_{l2}+R_{33}i_{l3}=u_{S33} \end{cases} \tag{3-8}$$

与网孔分析法类似，式（3-8）中，R_{ii} 等为回路 i 的自阻，R_{ij} 为回路 i 与回路 j 的互阻，自阻总是正的，互阻取正还是取负，由回路公共支路上回路电流方向决定，方向相同时取正，相反时取负。方程右端 u_{Sii} 为回路 i 中所有电压源电压升的代数和。

例 3-8 用回路分析法求解图 3-15 所示电路中各支路电流。

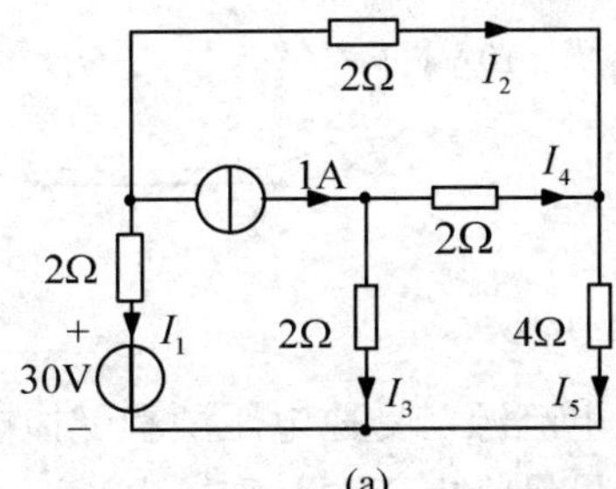

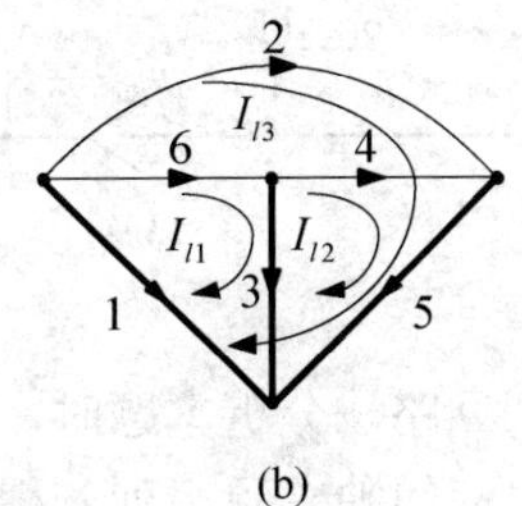

图 3-15 例 3-8 图

解： 本题使用回路分析法，首先要选择树，确定树支、连支及基本回路，并设连支电流即独立回路电流的参考方向。按照前述原则选择树，选择支路 1，3，5 为树支，则 2、4、6 为连支，如图 3-15(b)所示，基本回路为 I_{l1}、I_{l2}、I_{l3}。电流源在连支上，基本回路 1 的电流为电流源电流，即 $I_{l1}=1\text{A}$。

$$\begin{cases} I_{l1}=1 \\ -2I_{l1}+8I_{l2}+4I_{l3}=0 \\ 2I_{l1}+4I_{l2}+8I_{l3}=30 \end{cases}$$

可求得

$$\begin{cases} I_{l1}=1\text{A} \\ I_{l2}=-2\text{A} \\ I_{l3}=4.5\text{A} \end{cases}$$

进而可求出各支路电流

$$\begin{aligned} I_1&=-(I_{l1}+I_{l3})=-5.5\text{A} \\ I_2&=I_{l3}=4.5\text{A} \\ I_3&=I_{l1}-I_{l2}=3\text{A} \\ I_4&=I_{l2}=-2\text{A} \\ I_5&=I_{l2}+I_{l3}=2.5\text{A} \end{aligned}$$

综上所述，回路分析法的解题步骤如下：

（1）根据给定的电路，选择一个树确定一组基本回路，并指定各回路电流（即连支电

流）的参考方向，一般将电流源支路、受控电流源支路、受控源的控制电流支路及被求电流支路作为连支；

（2）若含有受控源，先假设为对应的独立源；

（3）确定各回路的自阻、互阻和电压源电压升代数和，按式列写回路方程；

（4）观察是否需要补加方程，若需要，用回路电流表示控制量；

（5）求解回路方程，解出回路电流，进而求出其他待求量。

例 3-9 求如图 3-16(a)所示电路中各独立源提供的功率。已知 $u_{S6}=5u_5$，$i_{S5}=5i_2$。

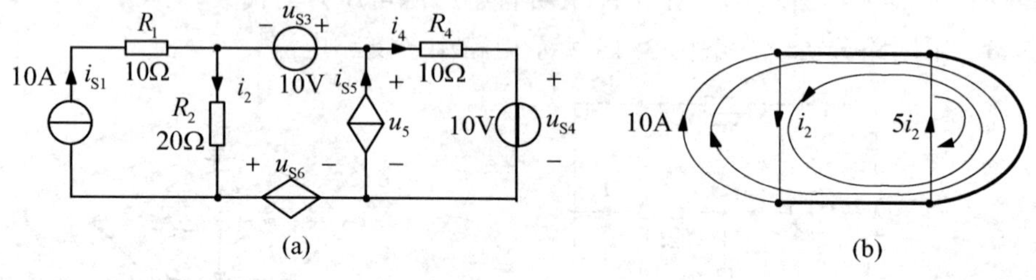

图 3-16 例 3-9 图

解：利用回路法分析本题时，由于含有独立电流源、受控电压源和受控电流源，现将受控源看成对应的独立源，列方程后补加方程；尽量将电流源、受控电流源、控制电流支路选为连支，由于连支电流为电流源电流，只需对连支电流未知的回路列方程，因此进一步减少了方程的个数。

（1）选择支路 3、4、6 为树支，支路 1、2、5 为连支，基本回路电流分别为 10A、i_2 和 $5i_2$，如图 3-16(b)所示。

（2）由连支 1、5 组成的回路其回路电流为已知（受控源先当成独立源），只需对连支 2 组成的回路列方程，回路方程为

$$-10\times5i_2+30i_2-10\times10=10-10-5u_5$$

将控制量 u_5 用连支电流表示，即

$$u_5=10+10\times(10+5i_2-i_2)$$

其中，通过电阻 R_4 上的电流 i_4 为

$$i_4=i_{S1}+i_{S5}-i_2=10+5i_2-i_2$$

这样得到 $i_2=-2.5\text{A}$，$u_5=10\text{V}$。

（3）计算各独立源的功率，分别为

$$p_{u_{S3}}=u_{S3}(i_2-i_{S1})=10\times(-2.5-10)=-125\text{W}$$

$$p_{u_{S4}}=u_{S4}(i_{S1}-i_2+5i_2)=10\times[10+2.5+5(-2.5)]=0\text{W}$$

$$p_{i_{S1}}=-i_{S1}(R_1i_{S1}+R_2i_2)=-10\times[10\times10+20\times(-2.5)]=-500\text{W}$$

3.5 节点分析法

节点分析法是以节点电压为电路变量对电路进行分析，列写方程并求解的一种电路分

析方法，其适用性非常广泛。

3.5.1 节点电压

与网孔分析法、回路分析法相类似，也可以选择一组完备的独立电压变量作为电路分析的对象，这样的一组电压变量也必须满足独立性和完备性。节点电压就是这样的一组完备的独立电压变量。

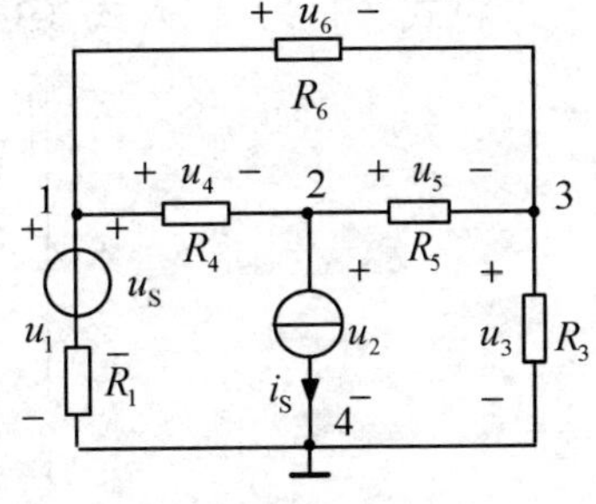

图 3-17 节点分析法

在电路中任意选择某一节点作为参考节点，其他节点与此节点之间的电压称为节点电压。显然，一个具有n个节点的电路有$(n-1)$个节点电压。在图 3-17 所示电路中，共有4个节点，选择节点4作为参考节点，节点电压表示为u_{n1}、u_{n2}、u_{n3}，各支路电压参考方向如图所示，各支路电流与支路电压取关联参考方向。

节点电压是一组完备的电压变量。因为如果知道了节点电压就可以确定电路中任一支路的电压，任一支路无一例外地与两个节点相连接，任一支路的电压等于相连两节点的电压之差。如图 3-17 所示电路中，则各支路电压可用节点电压表示为$u_1 = u_{n1}$，$u_2 = u_{n2}$，$u_3 = u_{n3}$，$u_4 = u_{n1} - u_{n2}$，$u_5 = u_{n2} - u_{n3}$，$u_6 = u_{n1} - u_{n3}$。

节点电压是一组独立的电压变量。因为沿任一回路各支路电压用节点电压表示，其代数和恒等于零。例如沿R_4、R_5和R_6组成的回路各支路电压的代数和为$u_4 + u_5 - u_6 = u_{n1} - u_{n2} + u_{n2} - u_{n3} - u_{n1} + u_{n3}$，不管$u_{n1}$、$u_{n2}$、$u_{n3}$为何值，上式恒为零，也就是说，节点电压自动满足 KVL，不能通过 KVL 建立各节点电压间的关系，即任一节点电压都不能由其他节点电压的线性组合所确定。

3.5.2 节点分析法

如何获得节点电压方程呢？节点电压既然不能用 KVL 相联系，那么只能根据 KCL 和支路 VCR 来获得节点方程。除参考节点之外，对每一个节点列写一个 KCL 方程，方程中的支路电流通过 VCR 用节点电压表示，可以得到一组以节点电压为变量的方程组，其方程数目同变量数相等且相互独立，由此可求出各节点电压。

以图 3-17 所示电路为例，据支路的 VCR 有

$$\begin{cases} i_1 = \dfrac{u_1 - u_S}{R_1} = \dfrac{u_{n1}}{R_1} - \dfrac{u_S}{R_1} \\ i_2 = i_S \\ i_3 = \dfrac{u_3}{R_3} = \dfrac{u_{n3}}{R_3} \\ i_4 = \dfrac{u_4}{R_4} = \dfrac{u_{n1} - u_{n2}}{R_4} \\ i_5 = \dfrac{u_5}{R_5} = \dfrac{u_{n2} - u_{n3}}{R_5} \\ i_6 = \dfrac{u_6}{R_6} = \dfrac{u_{n1} - u_{n3}}{R_6} \end{cases} \tag{3-9}$$

对节点 1、2、3，据 KCL 有

$$\begin{cases} i_1+i_4+i_6=0 \\ i_2-i_4+i_5=0 \\ i_3-i_5-i_6=0 \end{cases} \tag{3-10}$$

将式（3-9）代入式（3-10），并经整理就可得出以节点电压为变量的 KCL 方程

$$\begin{cases} \left(\dfrac{1}{R_1}+\dfrac{1}{R_4}+\dfrac{1}{R_6}\right)u_{n1}-\dfrac{1}{R_4}u_{n2}-\dfrac{1}{R_6}u_{n3}=\dfrac{u_S}{R_1} \\ -\dfrac{1}{R_4}u_{n1}+\left(\dfrac{1}{R_4}+\dfrac{1}{R_5}\right)u_{n2}-\dfrac{1}{R_5}u_{n3}=-i_S \\ -\dfrac{1}{R_6}u_{n1}-\dfrac{1}{R_5}u_{n2}+\left(\dfrac{1}{R_3}+\dfrac{1}{R_5}+\dfrac{1}{R_6}\right)u_{n3}=0 \end{cases} \tag{3-11}$$

若各电阻用电导表示，式（3-11）可写为

$$\begin{cases} (G_1+G_4+G_6)u_{n1}-G_4u_{n2}-G_6u_{n3}=G_1u_S \\ -G_4u_{n1}+(G_4+G_5)u_{n2}-G_5u_{n3}=-i_S \\ -G_6u_{n1}-G_5u_{n2}+(G_3+G_5+G_6)u_{n3}=0 \end{cases} \tag{3-12}$$

式（3-11）或式（3-12）即是节点分析法方程，简称节点方程。

实际上，节点方程可凭直观由电路直接写出，而不必经过以上步骤。为此，将式（3-12）写成如下标准形式

$$\begin{cases} G_{11}u_{n1}+G_{12}u_{n2}+G_{13}u_{n3}=i_{S11} \\ G_{21}u_{n1}+G_{22}u_{n2}+G_{23}u_{n3}=i_{S22} \\ G_{31}u_{n1}+G_{32}u_{n2}+G_{33}u_{n3}=i_{S33} \end{cases} \tag{3-13}$$

式中，$G_{11}=G_1+G_4+G_6$，$G_{22}=G_4+G_5$，$G_{33}=G_3+G_5+G_6$ 是分别与节点 1、2、3 相连的所有电导之和，称为各节点的自导，自导恒为正值。$G_{12}=G_{21}=-G_4$，$G_{13}=G_{31}=-G_6$，$G_{23}=G_{32}=-G_5$ 分别是连接到相关两节点间的电导，称为两节点的互导，互导恒为负值。i_{S11}、i_{S22}、i_{S33} 分别是流入节点 1、2、3 的电流源电流之代数和，即流入节点者取“+”号，流出节点者取“-”号。流入节点的电流源还应包括电压源与电阻的串联组合经等效变换后形成的电流源，如本例中的 $i_{S11}=G_1u_S$。

需要指出，节点法适用于任何平面和非平面的电路。节点方程是一组独立的 KCL 方程，等式左端是流出节点电流之代数和，等式右端是流入节点电流之代数和。

综上所述，节点分析法的解题步骤如下：

（1）标出参考节点，并对其余各独立节点编号；

（2）确定各独立节点的自导、互导和电流源流入电流的代数和，按式（3-13）列出节点方程；

（3）求解节点方程，解出节点电压，进而求出其他各待求量。

例 3-10 列出图 3-18 所示电路的节点方程。

解：该电路共有 5 个节点，选其中的一个作为参考节点，标以接地符号，设其余 4 个

节点的电压分别为u_{n1}、u_{n2}、u_{n3}、u_{n4}。

节点 1 的自电导为$G_{11}=0.1+1+0.1=1.2S$，节点 1 和其他节点之间的互电导为$G_{12}=-1S$，$G_{14}=-0.1S$，而$G_{13}=0$是因为节点 1、3 之间没有公共电导。流入节点 1 电流源电流为 1A，则对节点 1 有

$$1.2u_{n1}-u_{n2}-0.1u_{n4}=1$$

对节点 2、3、4 同理可得，则节点方程为

$$\begin{cases}1.2u_{n1}-u_{n2}-0.1u_{n4}=1\\ -u_{n1}+2.5u_{n2}-0.5u_{n3}=-0.5\\ -0.5u_{n2}+1.25u_{n3}-0.25u_{n4}=0.5\\ -0.1u_{n1}-0.25u_{n3}+0.6u_{n4}=0\end{cases}$$

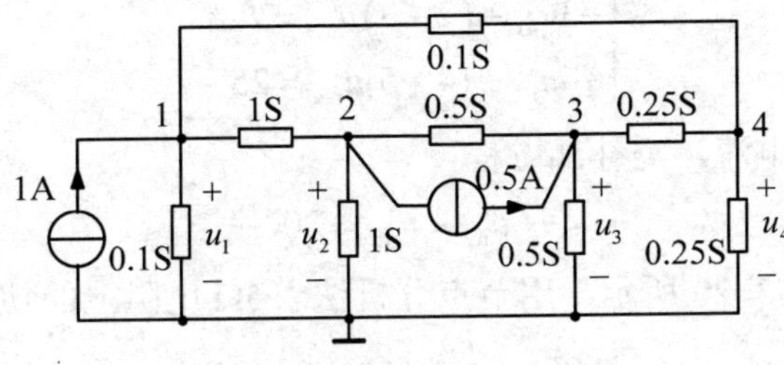

图 3-18　例 3-10 图

上面给出的是电路中只含有电流源的情况，若电路中含有电压源和受控源，则有以下几种处理方法：

（1）尽可能选择电压源的一端为参考节点；

（2）进行电源等效变换，将电压源串联电阻转换为电流源并联电阻；

（3）在电压源支路设电流，则增加一个未知量，需要补充一个辅助方程；

（4）若含受控源，先假设为对应的独立源，列出方程后，视情补加方程。

例 3-11　列出图 3-19(a)所示电路的节点电压方程。

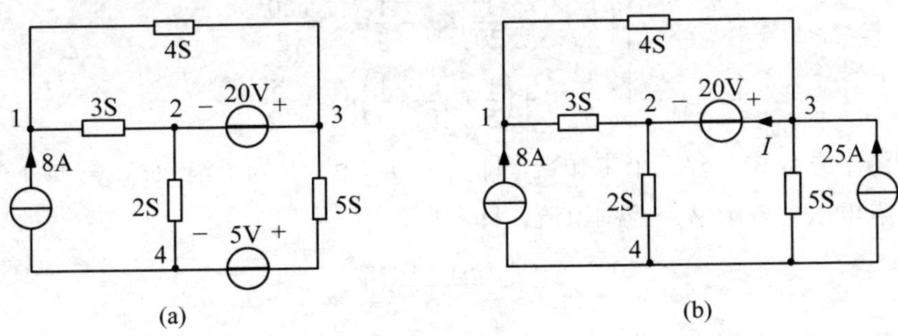

图 3-19　例 3-11 图

解：电路中有两个电压源，5V 电压源有一个电导与之串联，可以利用电源的等效变换，将其转换为电流源并联电导，20V 电压源是一个无伴的理想独立电压源，不能进行等效变换，只能用其他两种方法处理。

方法一：选择电压源的一端为参考节点。这里选择节点 3 为参考节点，则节点 2 电压为-20V。并对 5V 电压源进行等效变换，如图 3-19(b)所示，则有方程

$$\begin{cases}(3+4)u_{\text{n1}}-3u_{\text{n2}}=8\\u_{\text{n2}}=-20\\-2u_{\text{n2}}+(2+5)u_{\text{n4}}=-25-8\end{cases}$$

由于参考节点选在电压源的一端，则电压源另外一端的节点电压成为已知，给解题带来了方便，也不用增加方程数。

方法二：选择节点 4 为参考节点，则 20V 电压源支路上的电流未知，需在该支路设一电流 I，如图 3-19(b)所示，列节点方程：

$$\begin{cases}(3+4)u_{\text{n1}}-3u_{\text{n2}}-4u_{\text{n3}}=8\\-3u_{\text{n1}}+(2+3)u_{\text{n2}}=I\\-4u_{\text{n1}}+(4+5)u_{\text{n3}}=25-I\end{cases}$$

为消除电压源支路电流，需补加方程

$$u_{\text{n3}}-u_{\text{n2}}=20$$

例 3-12 电路如图 3-20 所示，用节点分析法求 5Ω 电阻上的功率。

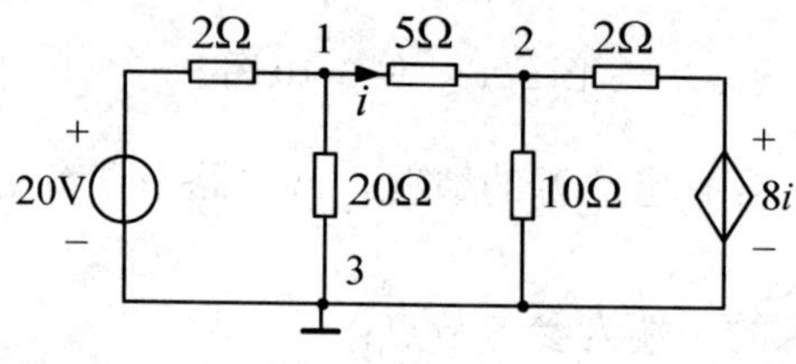

图 3-20 例 3-12 图

解： 选择节点 3 作为参考节点。两个节点电压为u_{n1}、u_{n2}，对受控源先按独立源处理，可以得到两个节点方程

$$\begin{cases}\left(\dfrac{1}{2}+\dfrac{1}{5}+\dfrac{1}{20}\right)u_{\text{n1}}-\dfrac{1}{5}u_{\text{n2}}=\dfrac{20}{2}\\-\dfrac{1}{5}u_{\text{n1}}+\left(\dfrac{1}{5}+\dfrac{1}{10}+\dfrac{1}{2}\right)u_{\text{n2}}=\dfrac{8i}{2}\end{cases}$$

所列的两个方程式包含三个未知数，即u_{n1}、u_{n2}和i，为了消除i，需要补充一个辅助方程，用节点电压来表示这个控制电流，即

$$i=\frac{u_{\text{n1}}-u_{\text{n2}}}{5}$$

将上式代入节点方程式，化简可得

$$\begin{cases}0.75u_{\text{n1}}-0.2u_{\text{n2}}=10\\-u_{\text{n1}}+1.6u_{\text{n2}}=0\end{cases}$$

可解得

$$u_{n1}=16\text{V} \quad u_{n2}=10\text{V}$$

然后有

$$i=\frac{16-10}{5}=1.2\text{A}$$

5Ω 电阻上的功率为

$$P_{5\Omega}=i^2R=1.44\times5=7.2\text{W}$$

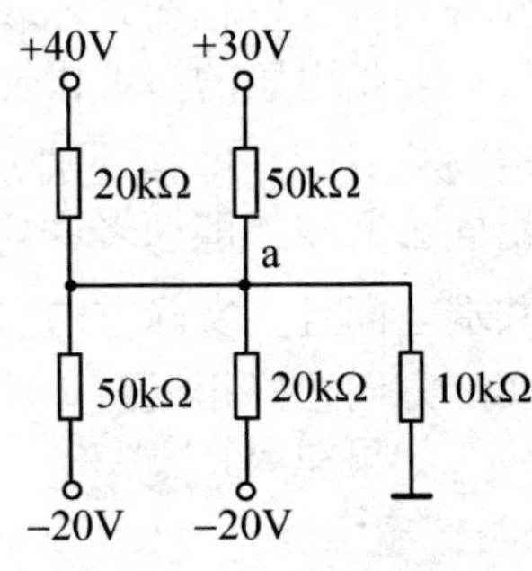

图 3-21　例 3-13 图

例 3-13　求图 3-21 所示电路中 a 点的电压 U_a。

解： 图 3-21 所示电路为采用电位标注法的简单画法，非常适合采用节点分析法。除节点 a 电压未知，其他节点电压都为已知，可以得到两个节点方程为

$$\left(\frac{1}{20}+\frac{1}{50}+\frac{1}{50}+\frac{1}{20}+\frac{1}{10}\right)u_a-\frac{40}{20}-\frac{30}{50}-\frac{-20}{50}-\frac{-20}{20}=0$$

解得 $u_a=5\text{V}$。

本章主要介绍了线性电阻电路的支路电流法、网孔分析法、回路分析法和节点分析法。对于一个具有 b 条支路 n 个节点的电路，支路法的方程数为支路数 b，网孔法和回路法的方程数为 $b-(n-1)$，节点分析法的方程数为 $n-1$。支路电流法还要求每个支路电压能用支路电流表示，而对于电流源支路就需另作处理，网孔法和回路法也存在类似问题。节点法要求支路电流能用支路电压表示，对于电压源支路也需另作处理。

网孔法选取独立回路简便，但仅适用于平面电路。回路分析法是从选择已知图形的树入手，而一个图形的树常有多种选择，因而更具灵活性，而且适用于任何平面和非平面电路。节点法选择独立节点容易且适用于任何平面和非平面电路，故节点法应用更普遍些。

对线性电阻电路，无论用上述哪一种方法，都可以获得一组未知变量和方程数相等的线性代数方程。从数学上说，只要方程的系数行列式不等于零，方程有解且有唯一解。线性电阻电路一般总是有解的，但在特殊情况下也可能无解或有多解。

3.6　含运算放大器电阻电路分析

运算放大器是电路分析中一个重要的多端器件，它的应用十分广泛。本节将介绍运算放大器的电路模型，理想运算放大器的外部特性，以及含运算放大器的电阻电路分析。

3.6.1　理想运算放大器

运算放大器是由具有高放大倍数的直接耦合放大电路组成的半导体多端器件。它是一种高增益（几万倍甚至更高）、高输入电阻、低输出电阻的放大器。由于能完成加法、积分、微分等数学运算而被称为运算放大器。现在，运算放大器的应用已远远超出上述范围，而成为许多电子设备中不可缺少的元件。

这里不讨论运算放大器的具体电路构成和内部关系，只关注其外部特性。运算放大器的符号如图 3-22 所示，这里仅标出三个主要端钮。图中两个输入端用“-”“+”号标注，

并分别称为反相输入端和正相输入端，另一个为输出端。需要注意的是，这里的“+”“-”号并非指电压的参考极性，只是用以区分不同性质输入端的标志。当输入电压u_+施加在“+”端与公共端（即接地端）之间且实际方向自“+”端指向公共端时，输出电压则从输出端指向公共端，即两者的实际方向相同，都指向公共端。当输入电压u_-施加在“-”端与公共端之间且其实际方向自“-”端指向公共端时，输出电压从公共端指向输出端，即两者的实际方向正好相反。

如果在“+”端和“-”端同时加输入电压u_+和u_-，则输出为

$$u_o = A(u_+ - u_-) = Au_d \tag{3-14}$$

式（3-14）中$u_d = u_+ - u_-$，A为运算放大器的电压放大倍数。运放的这种输入情况称为差动输入，而u_d称为差动输入电压。若把正相输入端与公共端连接起来（接地），而只在反相端加输入电压，则有

$$u_o = -Au_- \tag{3-15}$$

式（3-15）式右边的负号说明输出电压u_o与输入电压u_-相对公共端是反向的；反之，若把反相端与公共端连接起来，而在正相端加输入电压u_+，则有

$$u_o = Au_+ \tag{3-16}$$

图 3-23 给出了运放的电路模型，其中电压控制电压源的电压为$A(u_+ - u_-)$，R_i为运放的输入电阻，R_o为输出电阻。实际运放的放大倍数A值很大，R_i比较高，而R_o较低。它们的具体数值根据运放的制作工艺有所不同，表 3-1 给出了三个参数的典型数值范围。

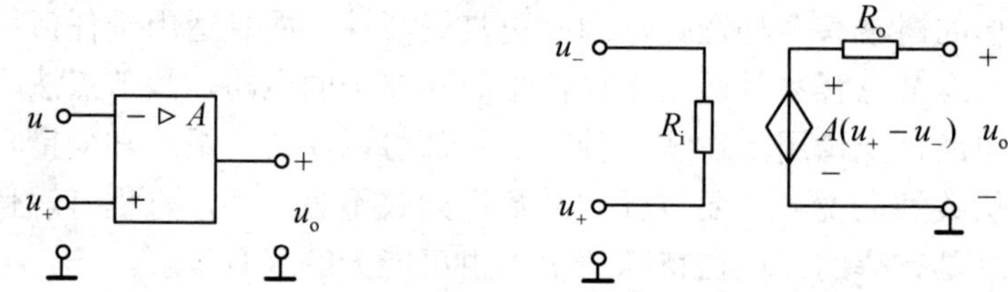

图 3-22　运算放大器的符号　　　图 3-23　运算放大器的模型

表 3-1　运算放大器的典型参数

参　数	名　称	典型数值	理　想　值
A	放大倍数	$10^5 \sim 10^7\Omega$	∞
R_i	输入电阻	$10^6 \sim 10^{13}\Omega$	∞
R_o	输出电阻	$10 \sim 100\Omega$	0

符合理想条件的运放称为理想运放，从表中可以看出，一般运放的数值接近理想情况。本节重点介绍含理想运算放大器电路的分析。对于理想运放来说，由于A为∞，且输出电压u_o为有限值，而$u_o = A(u_+ - u_-) = Au_d$，可见$u_d = u_+ - u_-$趋近为零，所以有

$$u_+ \approx u_- \tag{3-17}$$

即两输入端之间相当于短路状态，称为虚短。

如果不是差分输入，而是反相端（或同相端）接地，则由于$u_- = 0$（或$u_+ = 0$），因而$u_+ = 0$（或$u_- = 0$），即不论是反相端还是同相端接地，都有

$$u_+ = u_- = 0 \tag{3-18}$$

这种情况称为虚地。

又由于输入电阻为∞，因此，不论是反相端还是同相端，输入电流为零，以i_+和i_-分别表示这两个输入端的电流，则有

$$i_+ = i_- = 0 \tag{3-19}$$

即从输入端看进去，元件相当于开路状态，称为虚断。虚短和虚断是对理想运放进行分析时主要的理论依据。

理想运放的符号如图 3-24 所示。

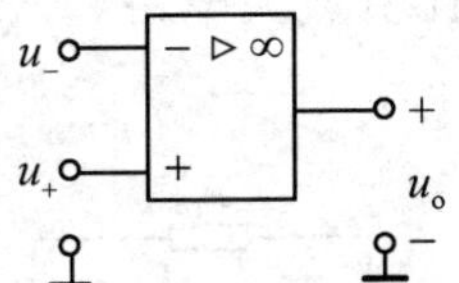

图 3-24 理想运算放大器

3.6.2 含理想运算放大器电路的分析

合理地运用理想运放虚短和虚断的规则，并结合节点分析法，可以使含理想运算放大器电路的分析大为简化。下面举例加以说明。

例 3-14 分析图 3-25 所示的反相加法器的输入、输出关系。

解： 应用虚断条件，可知$i_+ = i_- = 0$，对节点 1 列 KCL 方程，有

$$\frac{u_- - u_o}{R_f} = \frac{u_1 - u_-}{R_1} + \frac{u_2 - u_-}{R_2} + \frac{u_3 - u_-}{R_3}$$

整理得

$$\left(\frac{1}{R_1} + \frac{1}{R_2} + \frac{1}{R_3} + \frac{1}{R_f}\right)u_- - \frac{u_o}{R_f} - \frac{u_1}{R_1} - \frac{u_2}{R_2} - \frac{u_3}{R_3} = 0 \tag{3-20}$$

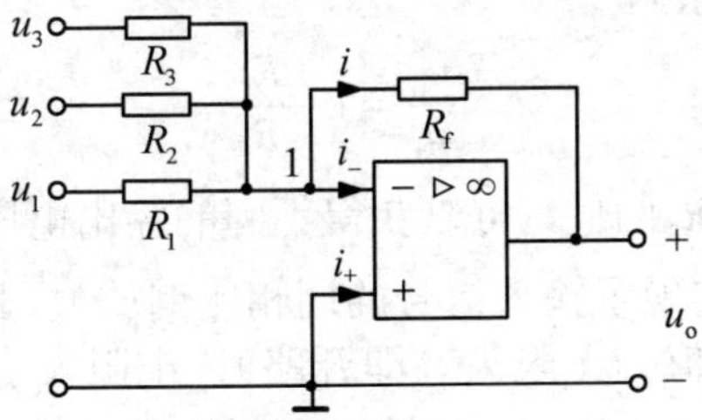

图 3-25 例 3-14 图

也可以由节点分析法的标准形式，直接观察得到式（3-20）。

应用虚短条件，$u_+ = u_- = 0$，得到

$$u_o = -\left(\frac{R_f}{R_1}u_1 + \frac{R_f}{R_2}u_2 + \frac{R_f}{R_3}u_3\right)$$

即输出信号是输入信号的反相比例求和。

令 $R_1 = R_2 = R_3 = R_f$，则

$$u_o = -(u_1 + u_2 + u_3)$$

式中的负号说明输出电压与输入电压反相，而在数值上输出电压等于输入电压之和，这就是反相加法器命名的依据。

需要注意的是，在列含理想运算放大器电路的节点电压方程的过程中，由于运算放大器输出端的电流事先无法确定，所以不能对输出端列节点方程，而是要运用理想运放的特点。

例 3-15 如图 3-26 所示同相比例放大电路。试求输出电压 u_o 和输入电压 u_i 之间的关系。

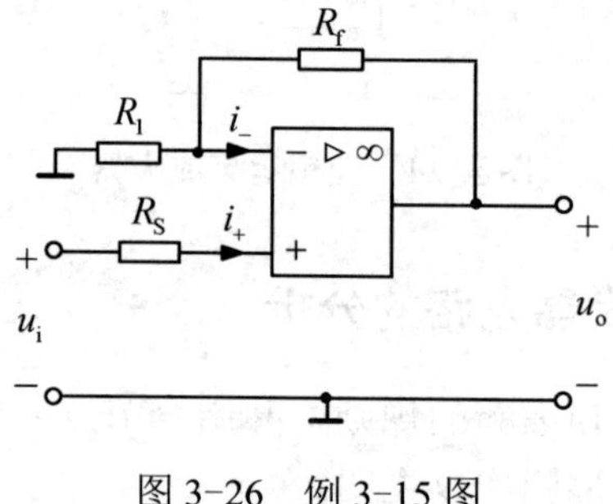

图 3-26 例 3-15 图

解：引用虚短和虚断的规则。由虚断规则，有 $i_- = i_+ = 0$，故有

$$u_- = \frac{R_1}{R_1 + R_f}u_o$$

由虚短规则，有 $u_i = u_+ = u_-$，故有

$$u_i = \frac{R_1}{R_1 + R_f}u_o$$

整理得到输出、输入关系为

$$\frac{u_o}{u_i} = 1 + \frac{R_f}{R_1}$$

可见，选择不同的 R_1 和 R_f 的值，可以获得不同的输出电压、输入电压的比值（即放大倍数），且比值一定大于 1，实现了输入信号的同相比例放大，因此称为同相比例放大电路。

令图 3-26 中电阻 R_1 的值为无限大（即开路），电阻 R_f 的值为 0（即短路），则得到图 3-27(a)所示电路。容易得出 $u_o = u_i$，即输出电压等于输入电压，故称为“电压跟随器”。同时有 $i = 0$，即输入电阻 R_i 为无限大，输出电阻为 0，因此它能够很好地将信号源电路与负载电路隔离，消除了负载效应，所以它可以在电路中起到一种“隔离作用”，而不影响信号电压的传递。

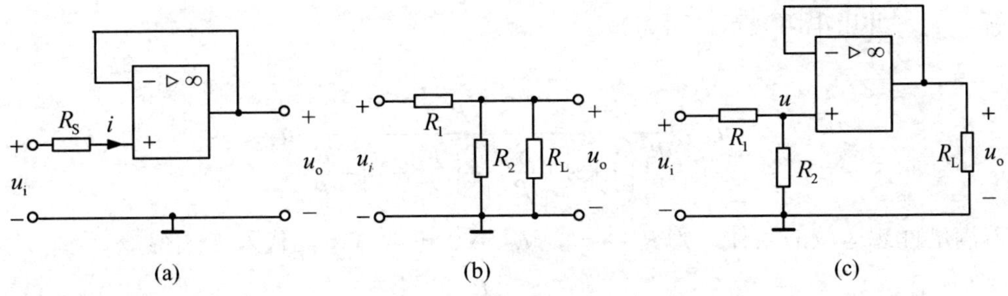

图 3-27　电压跟随器

例如，在图 3-27(b)所示的分压器电路中，输出电压 u_o 与输入电压 u_i 的比例关系为

$$u_o = \frac{R_2}{R_1 + R_2} u_i$$

但是，当输出端接上负载 R_L 后，其比例关系变为

$$u_o = \frac{R_2 // R_L}{R_1 + R_2 // R_L} u_i$$

式中，符号//表示求并联电阻的值。这便是所谓的“负载效应”，负载改变了原有的比例关系。如果在负载 R_L 与分压器之间接入一个电压跟随器，如图 3-27(c)所示，则由于它的输入电流为零，原有的分压比例关系仍然存在，不会随着负载的改变而发生变化。

以上讨论了理想运放的分析，对于一般的运算放大器，要使用运算放大器模型进行分析。

例 3-16　试运用运算放大器模型分析如图 3-28 所示反相放大器电路的输入、输出关系。

解：本题中的运放不满足理想运放的条件，虚框内为运放模型，电路如图 3-28 所示。本题中，有 $u_- = u_a$，$u_+ = 0$，故受控源电压为 $A(u_+ - u_-) = A(-u_a)$。对节点 a、b 列写节点方程，得

$$\begin{cases} -G_1 u_S + \left(G_1 + G_2 + G_i\right) u_a - G_2 u_b = 0 \\ -G_2 u_a + \left(G_2 + G_o\right) u_b = G_o A(-u_a) \end{cases}$$

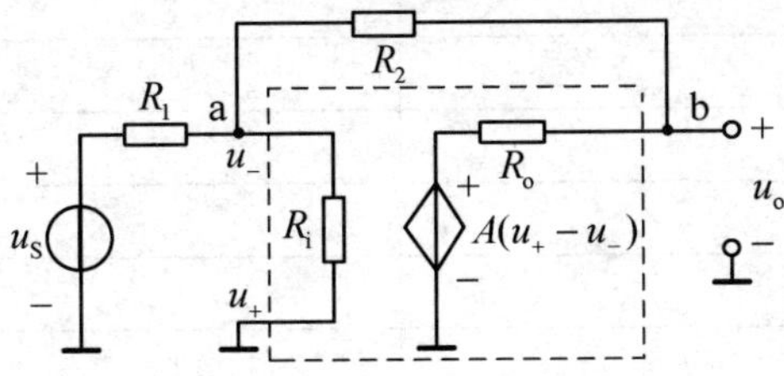

图 3-28　例 3-16 图

其中，$G_1 = \dfrac{1}{R_1}$、$G_2 = \dfrac{1}{R_2}$、$G_i = \dfrac{1}{R_i}$、$G_o = \dfrac{1}{R_o}$，由于 $u_b = u_o$，整理得

$$\begin{cases} \left(G_1 + G_2 + G_i\right) u_a - G_2 u_o = G_1 u_S \\ \left(A G_o - G_2\right) u_a + \left(G_2 + G_o\right) u_o = 0 \end{cases}$$

解得u_o，并用电阻表示，可得

$$u_o=\frac{-A+\dfrac{R_o}{R_2}}{\dfrac{R_1}{R_2}\left(1+A+\dfrac{R_o}{R_i}\right)+\left(\dfrac{R_1}{R_i}+1\right)+\dfrac{R_o}{R_2}}u_S$$

若满足理想运放的条件，则$R_i\to\infty$，$R_o\to 0$和$A\to\infty$，代入上式得

$$u_o=-\frac{R_2}{R_1}u_S$$

即理想运放条件下反相比例放大电路的输出。

3.7 电路的对偶性

通过前面的学习，可以发现，在电路结构上存在串联和并联；电路变量中有电压和电流；电源分电压源和电流源；电路定律有 KCL 和 KVL；电阻元件的参数有电阻和电导。这些成对出现的元素，称为对偶元素。电路中某些元素间的关系用其对偶元素置换后，所得的新关系仍然成立，这就是电路的对偶性。例如，电阻元件的伏安关系为$u=Ri$或$i=Gu$，如果u与i互换，R与G互换，就得到另一表达式。再如网孔方程式和节点方程式，把方程中的所有网孔电流与节点电压互换，所有电阻和电导互换，所有独立电压源和独立电流源互换，就可以由一种方程得到另一种方程。

对偶性不仅限于电阻电路，后续内容中也随处可见。认识到这种对偶性，能更好地掌握电路规律，且往往起到事半功倍之效。表 3-2 列出了部分常用的对偶元素，以备查用。

表 3-2 电路对偶元素

电压	电流
电阻	电导
开路	短路
串联	并联
KVL	KCL
电压源	电流源
CCVS	VCCS
VCVS	CCCS
网孔	节点

思考与讨论 3

3-1 试确定图 3-29 所示各电路中的支路数、节点数和网孔数，独立的 KCL、KVL 方程数。

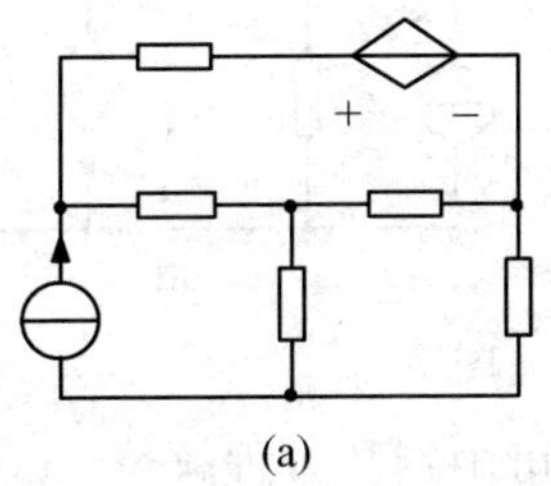

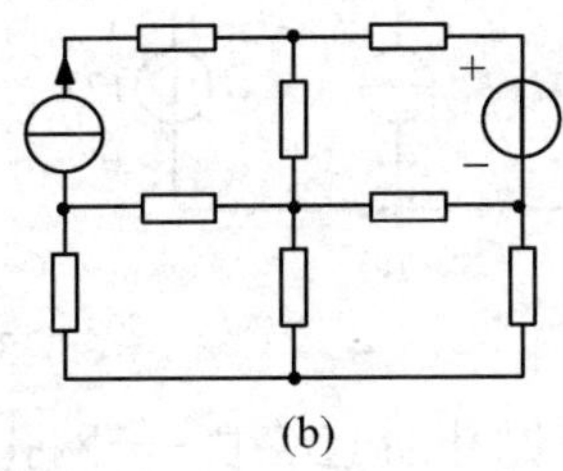

图 3-29　思考与讨论 3-1 图

3-2　怎样理解网孔电流、回路电流和节点电压的完备性和独立性？是否还有其他满足独立完备性的电流变量集和电压变量集，试举例说明。

3-3　对一个实际电路来说，如何选择恰当的分析方法，使得方程数最少？运用网孔分析法时对电流源如何处理？运用节点分析法时对电压源如何处理？请举例说明。

3-4　实际应用中经常利用理想运算放大器的方法，近似分析一般运算放大器，其结果必然存在误差，请选择一个实际运算放大器器件，根据资料查出其主要参数，搭建加法器等功能电路，比较理想运算放大器分析方法所产生的误差大小。

习　题　3

3-1　试画出图 3-30 所示各连通图的 5 个可能的树。

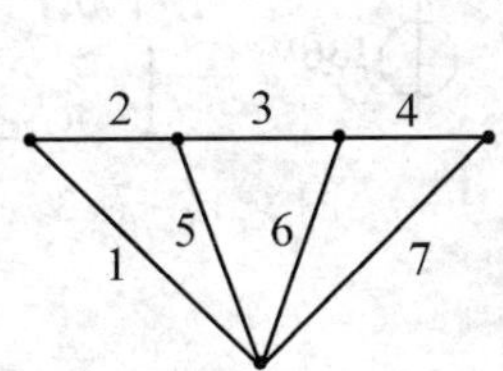

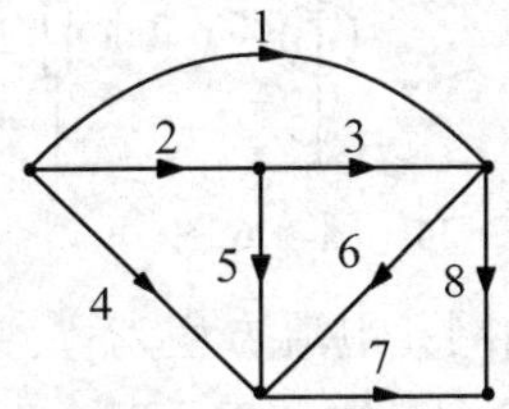

图 3-30　题 3-1 图

3-2　用支路电流法求解图 3-31 所示电路中的 I_1、I_2 和 I_3。

3-3　用支路电流法求图 3-32 所示电路中的 I。

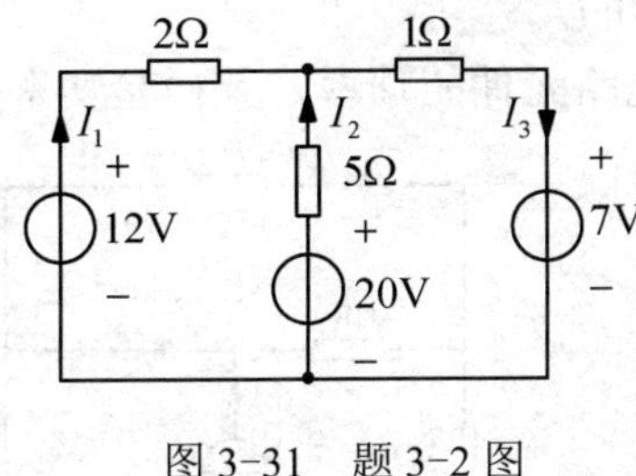

图 3-31　题 3-2 图

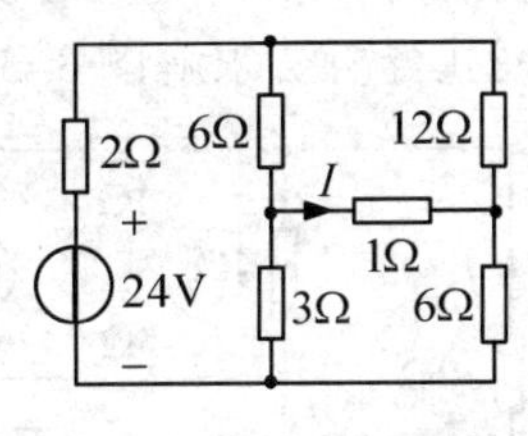

图 3-32　题 3-3 图

3-4　用支路电流法求解图 3-33(a)所示电路中的 I_x，图 3-31(b)所示电路中的 U_x。

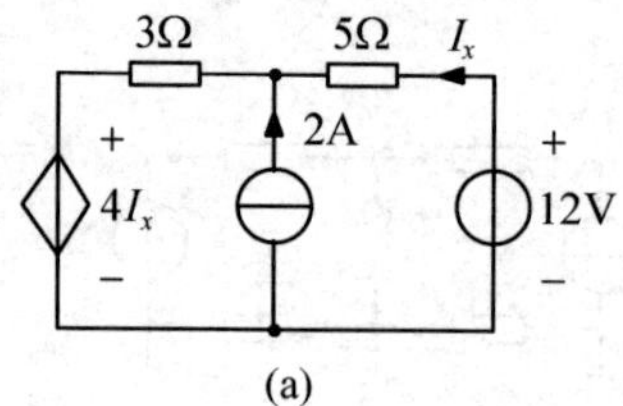

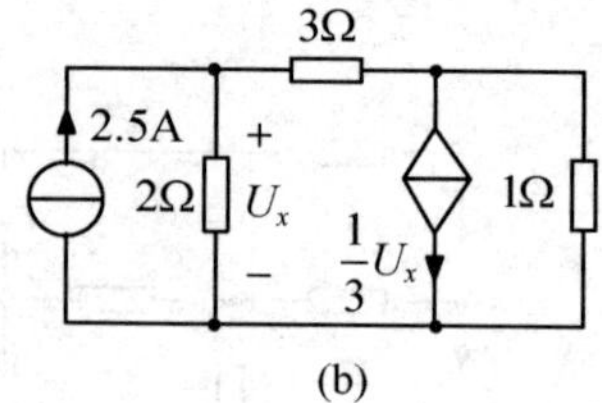

图 3-33　题 3-4 图

3-5　在一个三网孔的电路中，若网孔电流 i_1 可由网孔方程解得。试画出该电路的一种可能的形式。

$$i_1=\frac{\begin{vmatrix}-1 & 0 & -1\\ 1 & 1 & -1\\ 0 & -1 & 3\end{vmatrix}}{\begin{vmatrix}2 & 0 & -1\\ 0 & 1 & -1\\ -1 & -1 & 3\end{vmatrix}}$$

3-6　试用网孔分析法求图 3-34 所示电路中各电压源提供的功率。

3-7　用网孔分析法求图 3-35 所示电路中各支路的电流。

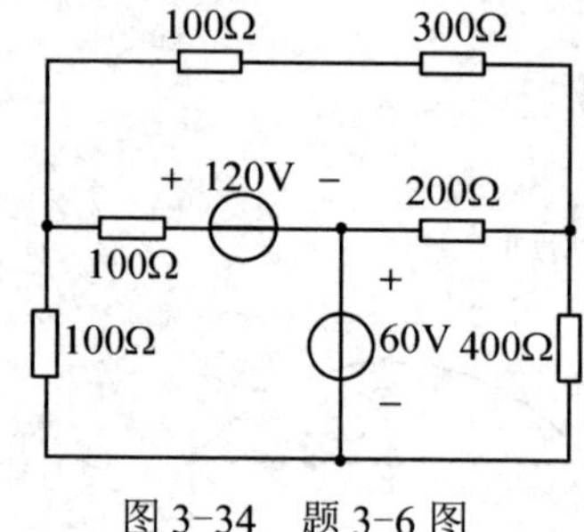

图 3-34　题 3-6 图

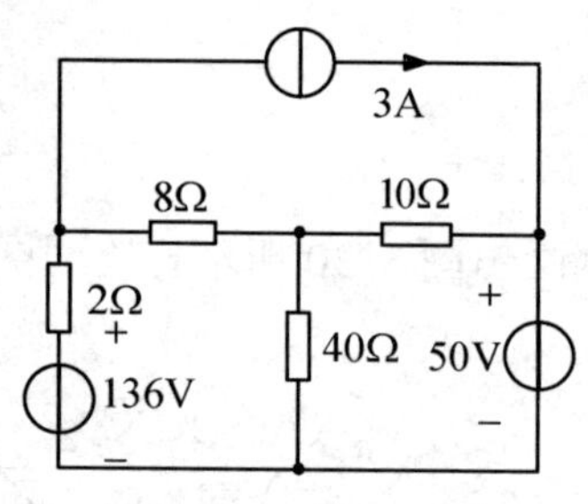

图 3-35　题 3-7 图

3-8　某电路的网孔电流方程为

$$\begin{cases}(R_1+R_2+R_4)I_1-R_2I_2-R_4I_3=0\\ -R_2I_1+(R_2+R_3)I_2-R_3I_3=U_S\\ -R_4I_1-(R_3-r)I_2+(R_3+R_4-r)I_3=0\end{cases}$$

说明该电路中是否含有受控源，试画出该电路。

3-9　用网孔分析法求解图 3-36 中所示电压 U 。

3-10　用网孔分析法求解图 3-37 中每个电路元件的功率，并检验功率是否平衡。

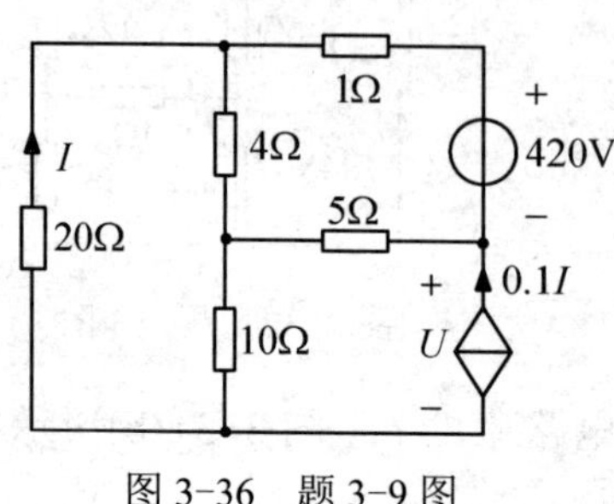

图 3-36　题 3-9 图

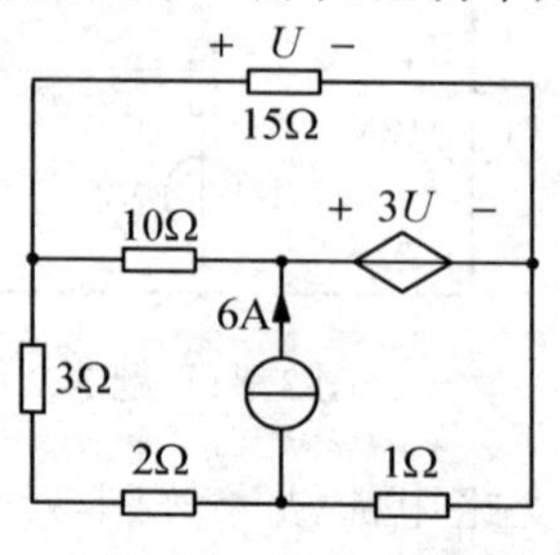

图 3-37　题 3-10 图

3-11　用回路分析法求解图 3-37 中的 U。

3-12　图 3-38 中，适当选取独立回路并写出回路方程。

3-13　图 3-39 所示电路，试选一棵树，使之只用一个回路方程求出 i。

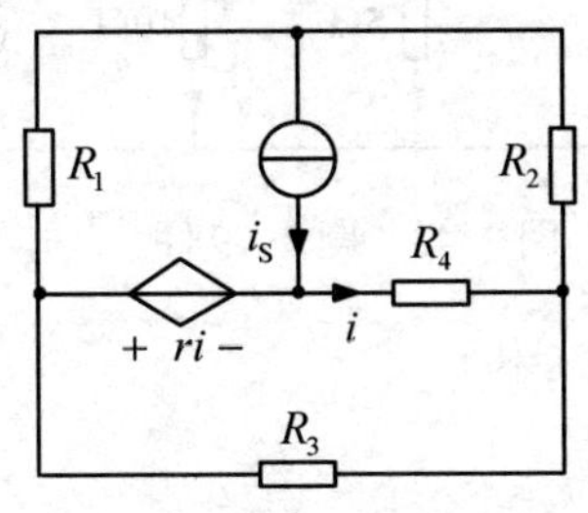

图 3-38　题 3-12 图

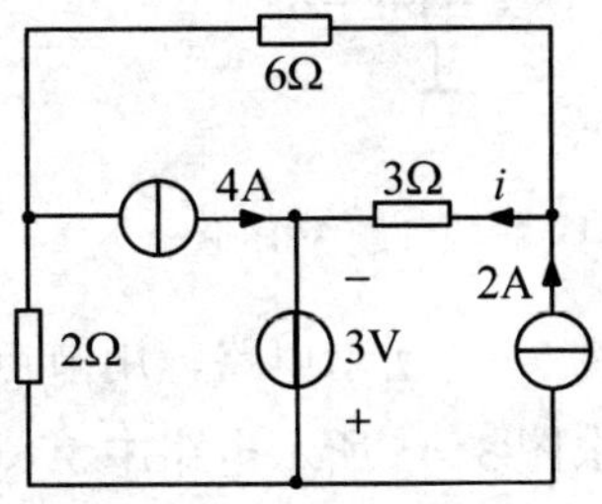

图 3-39　题 3-13 图

3-14　对图 3-40 所示电路，能否分别只用一个方程求解 u_A 和 i_B？若能，则求之。

3-15　对图 3-41 所示电路，试用一个回路方程求出 i。

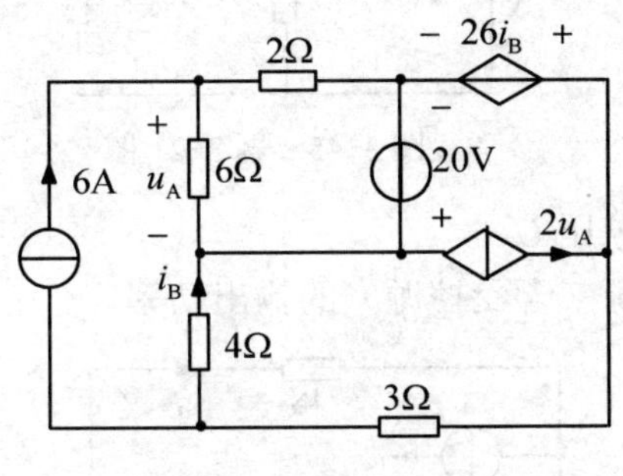

图 3-40　题 3-14 图

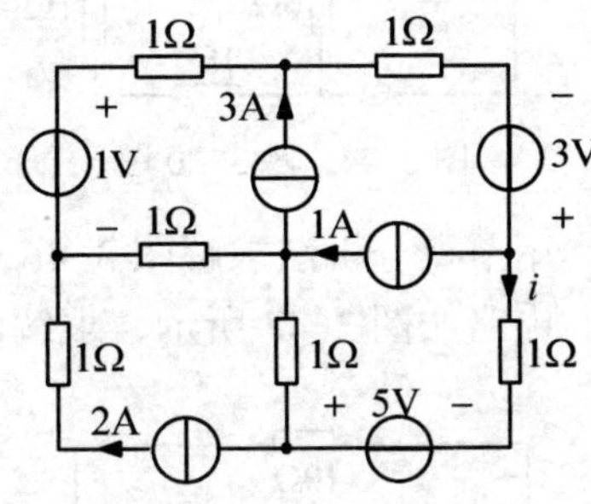

图 3-41　题 3-15 图

3-16　若某节点方程如下，试给出最简单的电路结构。

$$\begin{cases}1.6u_1-0.5u_2-u_3=1\\-0.5u_1+1.6u_2-0.1u_3=0\\-u_1-0.1u_2+3.1u_3=0\end{cases}$$

3-17　若某节点方程如下，试给出一种可能的电路结构。

$$\begin{cases}5u_1-4u_2=-3\\-4u_1+17u_2-8u_4=3+i\\17u_3-10u_4=-i\\-8u_2-10u_3+27u_4=-12\\u_2-u_3=6\end{cases}$$

3-18　求图 3-42 所示电路中的 U。（要求：用节点分析法写出 U 的表达式。）

3-19　试用节点分析法求解图 3-43 所示电路中的各支路电流。

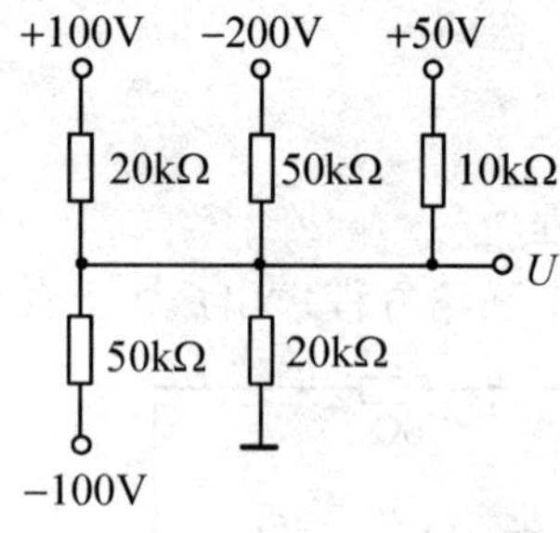

图 3-42　题 3-18 图

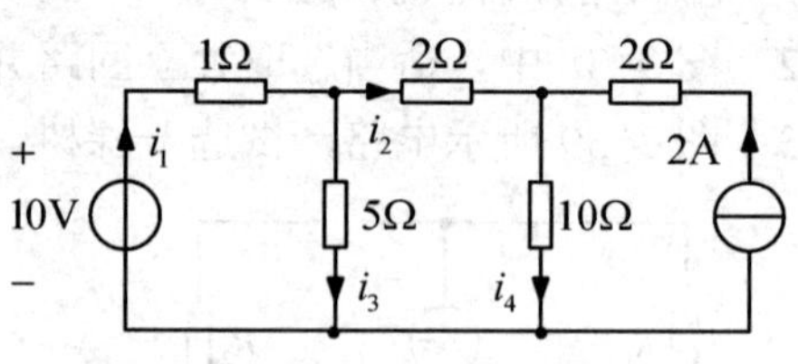

图 3-43　题 3-19 图

3-20　图 3-44 所示电路，用节点分析法求解电流 i_1 和 i_2 。

3-21　求图 3-45 所示电路中 5Ω 电阻吸收的功率。

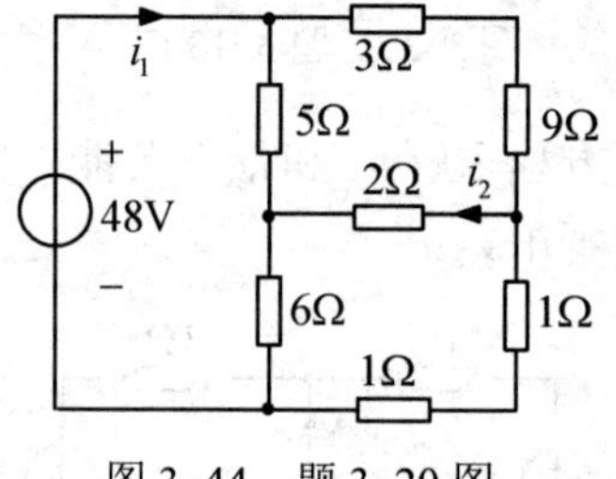

图 3-44　题 3-20 图

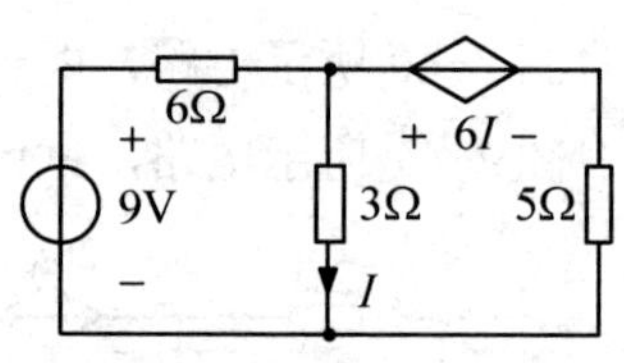

图 3-45　题 3-21 图

3-22　用节点分析法求解图 3-46 电路中的电压 U。

3-23　电路如图 3-47 所示，求解图中各电源（含受控源）的输出功率。

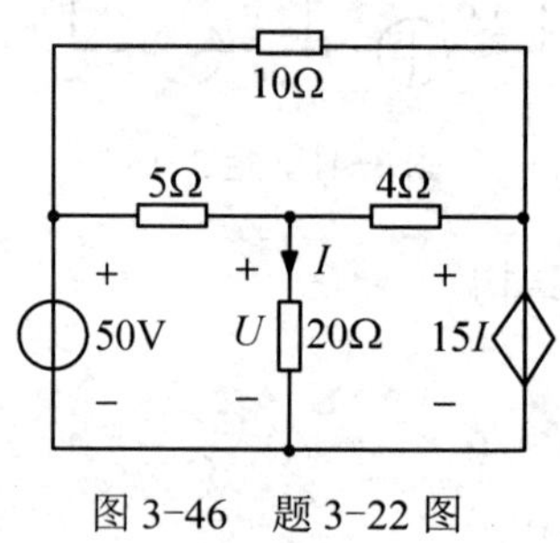

图 3-46　题 3-22 图

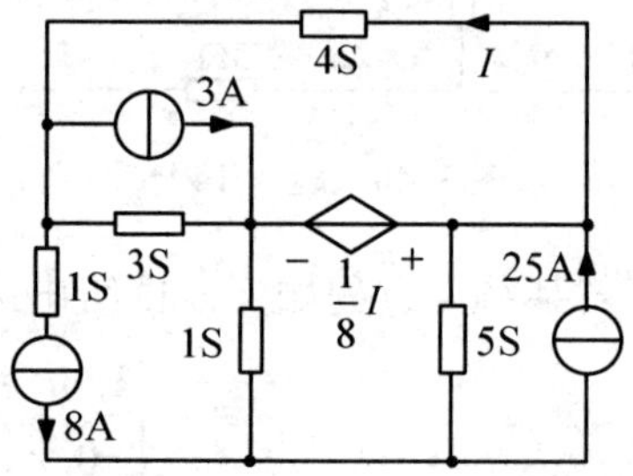

图 3-47　题 3-23 图

3-24　试列出图 3-48(a)、(b)所示非平面电路的节点方程。

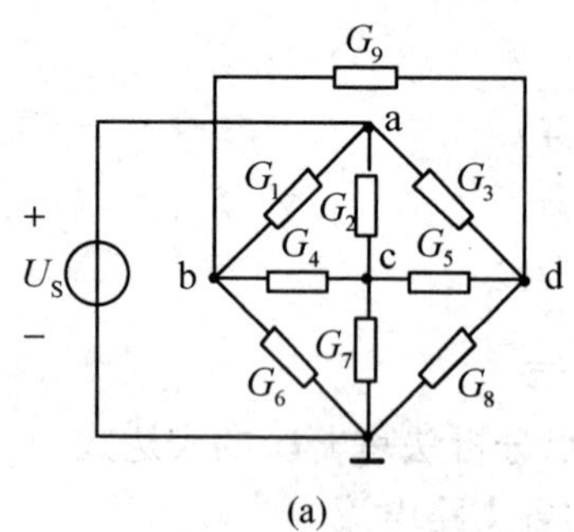

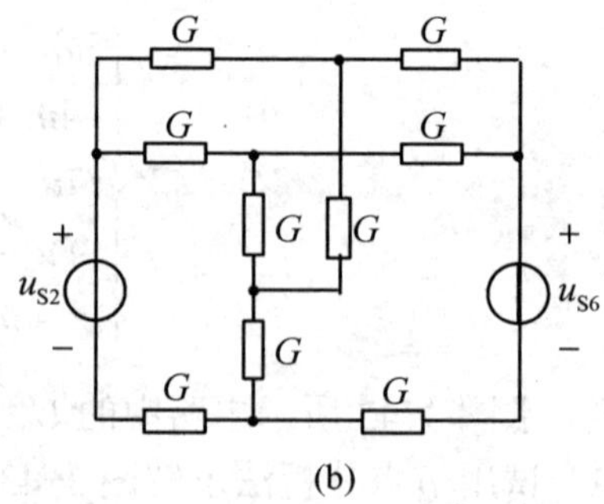

图 3-48　题 3-24 图

3-25　求图 3-49 电路中 I 的值。

3-26　图 3-50 所示为减法电路，求输出电压 u_o 和输入电压 u_1、u_2 之间的关系。

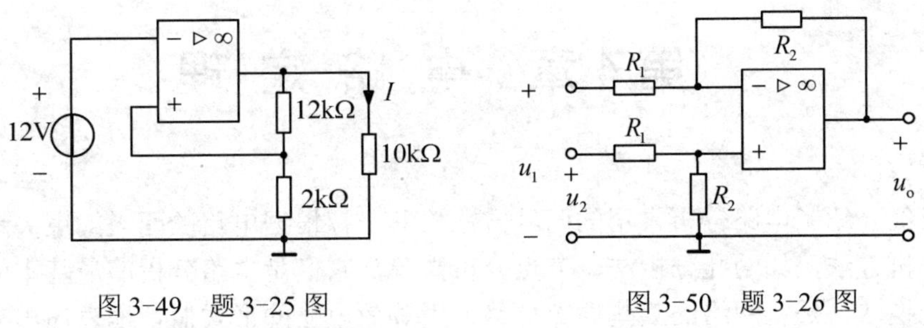

图 3-49　题 3-25 图　　　图 3-50　题 3-26 图

3-27　求图 3-51 所示电路的电压比 $\frac{u_o}{u_S}$。

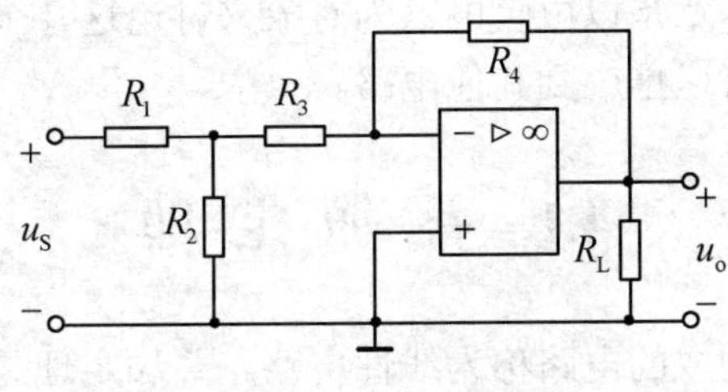

图 3-51　题 3-27 图

3-28　图 3-52 所示电路的运算放大器电路，$R_1 = R_2$，$R_4 = R_5$。试证明

$$u_o = -\frac{R}{R_1}u_S$$

式中

$$\frac{1}{R} = \frac{2R_3}{R_1R_4} + \frac{2}{R_4} + \frac{R_3}{R_4^2}$$

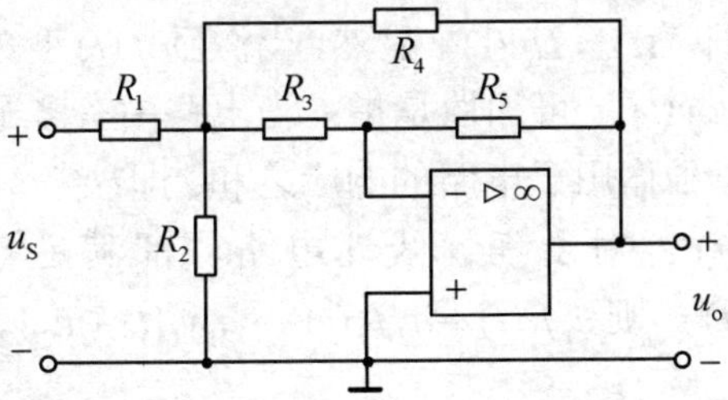

图 3-52　题 3-28 图

第4章 电路定理

前文已经介绍了电路分析常用的两种方法，其一，根据电路的两类约束关系归纳出电路的常用分析方法，如网孔分析法、节点分析法等，它们是电路分析的最基本的方法；其二，等效变换法，是将网络的某些局部电路，用等效电路的形式概括地表述出来，使得问题便于解决。本章将讨论几个重要电路定理：叠加定理、替代定理、戴维南定理、诺顿定理、最大功率传输定理等。这些电路定理不仅为电路分析提供了重要的理论依据，同时也是分析电路的重要方法。本章是以电阻电路为对象来讨论这几个定理，但它们的运用范围并不局限于电阻电路，还可以推广到其他电路。

4.1 叠加定理

由线性元件和独立源构成的电路称为线性电路。叠加定理是线性电路的重要性质，它包括齐次性和可加性，当电路中有多种（或多个）信号激励时，它为研究响应与激励的关系提供了理论根据和方法。在线性电路中，利用线性的基本性质，可将复杂的电路转化为若干个简单电路之和，或将电路中的解变量设为已知，利用电路中的比例关系求出该变量。叠加定理还经常作为建立其他电路定理的基本依据。

4.1.1 线性电路的特性——齐次性和可加性

设电路激励（输入）为 $f(t)$，电路响应（输出）为 $y(t)$，它们的关系可表示为：$f(t)\to y(t)$。齐次性描述了线性电路的响应和激励的比例性：当电路中只有一个激励作用时，其响应与激励成正比，即 $y(t)=Hf(t)$，显然，当激励 $f(t)$ 变为 $af(t)$ 时，响应也为 $ay(t)$，即 $f(t)\to y(t)$，则 $af(t)\to ay(t)$。可加性是指：当电路中有多个激励共同作用于电路时，则电路的响应为每个激励单独作用于电路的响应之和。即：若 $f_1(t)\to y_1(t)$，$f_2(t)\to y_2(t)$，则 $f_1(t)+f_2(t)\to y_1(t)+y_2(t)$。对于任何线性电路，都满足齐次性和可加性，即：若 $f_1(t)\to y_1(t)$，$f_2(t)\to y_2(t)$，则 $a_1f_1(t)+a_2f_2(t)\to a_1y_1(t)+a_2y_2(t)$。满足齐次性和可加性的电路称为线性电路。

例如，在图 4-1 中只有一个激励 u_S 作用于电路，求输出 u_2。用分压公式容易求得

$$u_2=\frac{R_2R_3}{R_1R_2+R_2R_3+R_1R_3}u_S=ku_S$$

其中

$$k=\frac{R_2R_3}{R_1R_2+R_2R_3+R_1R_3}$$

也可以求得电流

$$i_1 = \frac{R_2 + R_3}{R_1R_2 + R_2R_3 + R_1R_3} u_S = hu_S$$

其中

$$h = \frac{R_2 + R_3}{R_1R_2 + R_2R_3 + R_1R_3}$$

k 和 h 由网络内部的结构和参数决定。以上两式反映了线性网络的齐次性，即响应与激励成线性关系，可用 $y(t) = Hf(t)$ 来表示，H 为一实数，由网络内部的结构和参数决定，称为网络函数。从此式看出，当激励改变为原来的 a 倍时，其响应也为原来的 a 倍，这也称为线性电路的齐次定理。

如图 4-2 所示电路中有两个激励源，用节点分析法可求得

$$u_2 = \frac{R_2}{R_1 + R_2} u_S + \frac{R_1R_2}{R_1 + R_2} i_S = k_1u_S + h_1i_S$$

则可求得电流 i_1 为

$$i_1 = \frac{u_S - u_2}{R_1} = \frac{u_S}{R_1 + R_2} - \frac{R_2}{R_1 + R_2} i_S = k_2u_S + h_2i_S$$

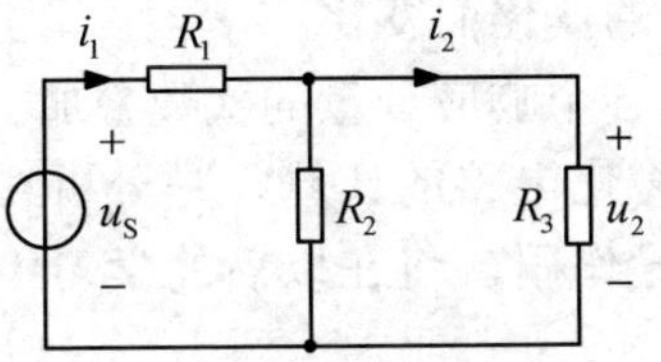

图 4-1　线性电路齐次性

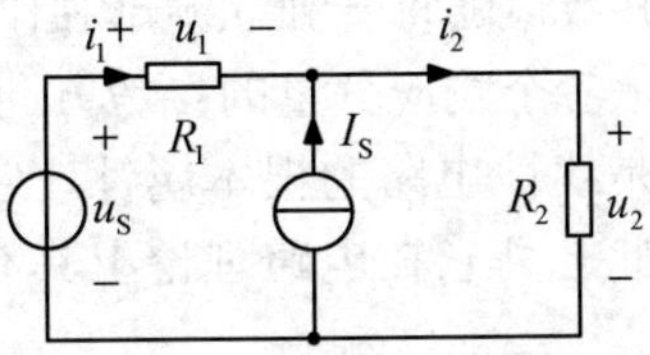

图 4-2　线性电路可加性

从上面两个式子看出：u_2 和 i_1 是由 u_S 和 i_S 线性表出，符合线性网络的齐次性和可加性，当 $i_S = 0$ 时（即电流源不作用），响应由 u_S 单独作用产生，且当 u_S 增大 β 倍时，响应也增大 β 倍；当 $u_S = 0$ 时（即电压源不作用），响应则由 i_S 单独作用产生，且当 i_S 增大 α 倍时，响应也增大 α 倍；当 u_S 和 i_S 同时作用时，响应则为两独立源单独作用所产生的响应的代数和。响应与激励之间关系的这种规律，存在于任何具有唯一解的线性电路中。这种特性总结为叠加定理。

4.1.2　叠加定理

叠加定理：在任何线性电路中，每一条支路的响应（电压或电流）都可以看成是各个独立电源单独作用时，在该支路中产生的响应代数和。即响应 $y(t)$ 可用下式表示：

$$y(t) = k_1u_{S1} + \cdots + k_nu_{Sn} + h_1i_{S1} + \cdots + h_mi_{Sm} \tag{4-1}$$

叠加定理的证明：假定任意一个线性电路有 $n+1$ 个独立节点，则列 n 个节点的节点方程，若有独立电压源支路，将其变换成相应的电流源支路，可知方程如下：

$$\begin{cases} G_{11}u_1 + G_{12}u_2 + \cdots + G_{1n}u_n = i_{S11} \\ G_{21}u_1 + G_{22}u_2 + \cdots + G_{2n}u_n = i_{S22} \\ \quad \vdots \\ G_{n1}u_1 + G_{n2}u_2 + \cdots + G_{nn}u_n = i_{Snn} \end{cases} \tag{4-2}$$

上式由包含 n 个未知变量的 n 个线性方程组成，若系数行列式为 Δ，则第 k 个节点的电压由克莱姆法则得

$$u_k = \frac{\Delta_{1k}}{\Delta} i_{S11} + \frac{\Delta_{2k}}{\Delta} i_{S22} + \cdots + \frac{\Delta_{nk}}{\Delta} i_{Snn} \tag{4-3}$$

式（4-3）中，Δ_{1k}，Δ_{2k}，…，Δ_{nk} 为行列式 Δ 中第 k 列各元素的代数余子式。Δ 及 Δ_{1k}，Δ_{2k}，…，Δ_{nk} 由网络内部结构和参数确定。说明，节点电压 u_k 等于各个独立源单独作用时所产生的响应的叠加，这正是叠加定理。

在应用叠加定理时注意：

（1）叠加定理只适用于线性电路中求解电压和电流响应，不能用来计算功率。因为功率不是电流或电压的一次函数，所以某一元件的功率并不等于各个电源单独作用时在该元件上产生的功率之和。

（2）当一个独立源作用时，其他独立源置零：电压源置零，用短路代替；电流源置零，用开路代替。

（3）电路中含有受控源时，受控源不能单独作用于电路，当独立源作用时，受控源要保留其中，其数值随每一独立源单独作用时控制量的变化而变化。

（4）注意各个响应分量的参考方向，总响应是各个响应分量的代数叠加。

叠加性是线性电路的根本属性，它可以用来简化电路的计算，是分析线性电路的重要基础，除此之外它在电路理论上具有重要的指导作用，将在以后的学习中逐步认识到这一点。

例 4-1　试求图 4-3(a)所示电路中的电流 I。

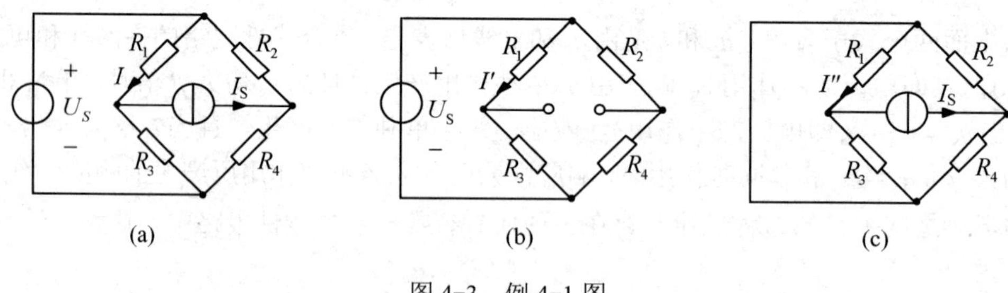

图 4-3　例 4-1 图

解：首先由 U_S 单独作用，此时将独立电流源 I_S 视为开路，如图 4-3(b)所示。可得

$$I' = \frac{U_S}{R_1 + R_3}$$

再令 I_S 单独作用，此时将电压源 U_S 视为短路，电路如图 4-3(c)所示。用分流公式得

$$I'' = \frac{R_3}{R_1 + R_3} I_S$$

当电源U_S和I_S同时作用时，由叠加定理，得到

$$I = I' + I'' = \frac{U_S + R_3 I_S}{R_1 + R_3}$$

例 4-2 如图 4-4(a)所示电路，求电压u_{ab}和电流i_1。

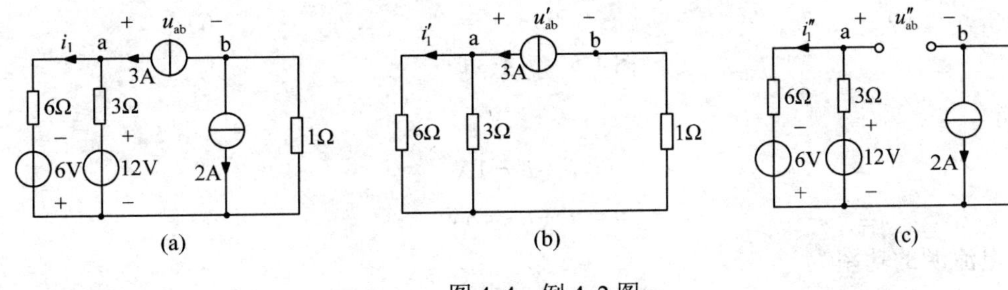

图 4-4 例 4-2 图

解： 本题中独立源数目较多，若每一个独立源单独作用一次，需要 4 个分解图，分别计算 4 次，比较麻烦。这里采用独立源“分组”作用，即 3A 独立电流源单独作用，其余独立源共同作用，作两个分解图，分别如图 4-4(b)和图 4-4(c)所示。由图 4-4(b)可得到

$$i_1' = \frac{3}{3+6} \times 3 = 1\text{A}$$

$$u_{ab}' = \left(\frac{3 \times 6}{3+6} + 1\right) \times 3 = 9\text{V}$$

由图 4-4(c)可得到

$$i_1'' = \frac{12+6}{3+6} = 2\text{A}$$

$$u_{ab}'' = 6i_1'' - 6 + 2 \times 1 = 8\text{V}$$

由叠加定理得

$$i_1 = i_1' + i_1'' = 1 + 2 = 3\text{A}$$

$$u_{ab} = u_{ab}' + u_{ab}' = 9 + 8 = 17\text{V}$$

例 4-3 电路如图 4-5(a)所示，含有一受控源，求电流i和电压u，并求 5A 电流源和 2Ω 电阻的功率。

解： 该电路中含有受控源，独立源单独作用时，受控源要保留。独立电压源和电流源单独作用时的分解图如图 4-5(b)和图 4-5(c)所示。由图 4-5(b)得到

$$2i' + i' + 2i' = 10$$

$$u' = i' + 2i' = 3i'$$

所以$i' = 2\text{A}$，$u' = 6\text{V}$。

由图 4-5 (c)，根据 KVL 得

$$2i'' + 1 \times (5 + i'') + 2i'' = 0$$

解得

$$i'' = -1\text{A}，\quad u'' = -2i'' = 2\text{V}$$

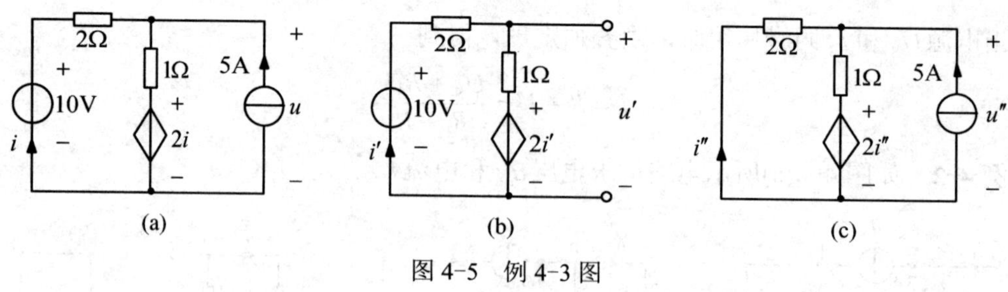

图 4-5　例 4-3 图

故得

$$i = i' + i'' = 1\text{A}$$

$$u = u' + u'' = 8\text{V}$$

5A 电流源的功率为

$$p = -u \times 5 = -8 \times 5 = -40\text{W}\ （提供功率）$$

2Ω 电阻的功率为

$$p = i^2 \times R = 1^2 \times 2 = 2\text{W}$$

$$p \neq (i')^2 \times R + (i'')^2 \times R = 6\text{W}$$

由此看出，功率不能叠加。

例 4-4　在图 4-6 所示电路中，N 为线性电阻网络。已知 $u_S = 4\text{V}$，$i_S = 1\text{A}$ 时，$u = 0$；$u_S = 2\text{V}$，$i_S = 0$ 时，$u = 1\text{V}$。试求当 $u_S = 10\text{V}$，$i_S = 1.5\text{A}$ 时，u 为多少？

解： 由叠加定理，有

$$u = k_1 u_S + k_2 i_S$$

代入已知条件得

$$\begin{cases} 4k_1 + k_2 = 0 \\ 2k_1 + 0 = 1 \end{cases}$$

所以

$$\begin{cases} k_1 = \dfrac{1}{2} \\ k_2 = -2 \end{cases}$$

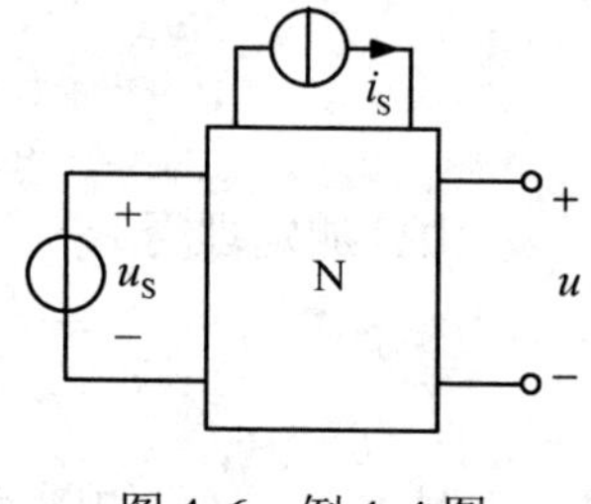

图 4-6　例 4-4 图

最后得

$$u = k_1 u_S + k_2 i_S = \frac{1}{2} \times 10 + (-2) \times 1.5 = 2\text{V}$$

叠加定理反映了线性电路的特性，在线性电路中，各个激励源单独作用所产生的响应是互不影响的，一个激励的存在并不会影响另一个激励所引起的响应。若各激励频率不同，当共同作用于一个线性电路时，所得的响应将含有所有各激励源的频率，而不会产生新的频率成分。

4.2　替 代 定 理

替代定理，也称为置换定理，是集总参数电路理论中一个重要的定理。从理论上讲，无论线性、非线性、时变、时不变电路，替代定理都是成立的。不过在线性时不变电路中，替代定理应用更加普遍，这里着重讨论在这类电路问题分析中的应用。

我们先来看一个例子。图 4-7 为一平衡电桥（在单口网络的等效一节中已经介绍），用节点分析法可知节点 a 和节点 c 是等电位的两个节点，则 u_{ac} 为零，电阻 R 上的电流为零，要得到电压源支路上的电流 i，则要先求等效电阻 R_{bd}。因 R 上电流为零，故可将 R 支路开路；又因 u_{ac} 为零，所以又可将 ac 支路短路。事实上这两种情况下的等效电阻 R_{bd} 是相等的。

ac 支路开路时

$$R_{bd} = \frac{(12+6)\times(6+3)}{(12+6)+(6+3)} = 6\Omega$$

ac 支路短路时

$$R_{bd} = \frac{12\times 6}{12+6} + \frac{6\times 3}{6+3} = 6\Omega$$

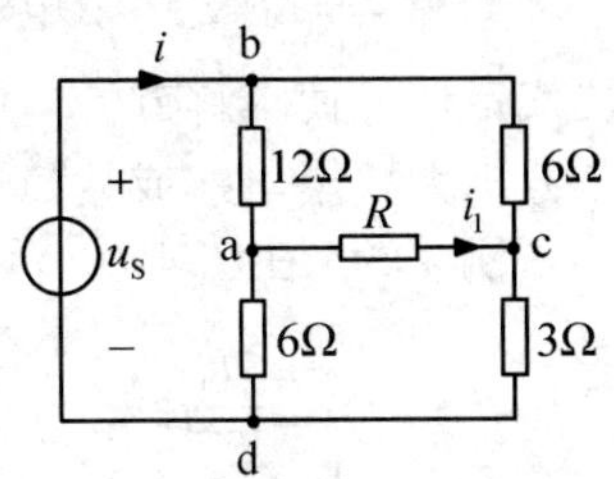

图 4-7　平衡电桥

两种情况求得的等效电阻相同，当然求得的电流 i 也相同。

由此可知，当一条支路中电流为零或者支路两端电压为零时，将这条支路断开或者将支路的两个节点短接，都不影响电路中其他部分的工作状态。表明可以用开路替代电流为零的支路，以及可以用一根导线替代电压为零的支路，替代后对电路中其他部分无影响。事实上，若已知某支路的电压和电流，该支路可用相应的电压源、电流源或电阻替代，而不影响其他部分的工作状态。

替代定理：给定任意一个网络（可以是线性或非线性、时变或非时变），其各支路电压、电流都具有唯一解。考虑某条支路 k，若该支路与网络中其他支路之间无耦合，它的支路电压为 $u_k(t)$，支路电流为 $i_k(t)$，则在任意时刻，该支路可以用一个 $u_S(t)=u_k(t)$ 的独立电压源替代，电压源的极性与原支路电压的极性相同；该支路也可用一个 $i_S(t)=i_k(t)$ 的独立电流源替代，电流源的方向与原支路电流方向相同；该支路还可以用一个 $R=u_k(t)/i_k(t)$ 的电阻替代。无论哪种替代，对网络中其余电压、电流都不产生影响。

注意：定理中所说的耦合作用，是指如受控源支路的情况及以后将要讲到的耦合电感元件，耦合元件所在支路与其控制量所在的支路一般不能应用置换定理；被置换支路的电压、电流具有唯一性，通常在电阻性电路中这一要求均能满足。

替代定理不但可以用于替代某一支路，还可用于替代一个单口网络，如图 4-8(a)所示，替代后如图 4-8(b)、(c)所示，即将单口网络 N_2 用电压源或电流源替代，替代后不影响 N_1 内部的电压、电流的分析。

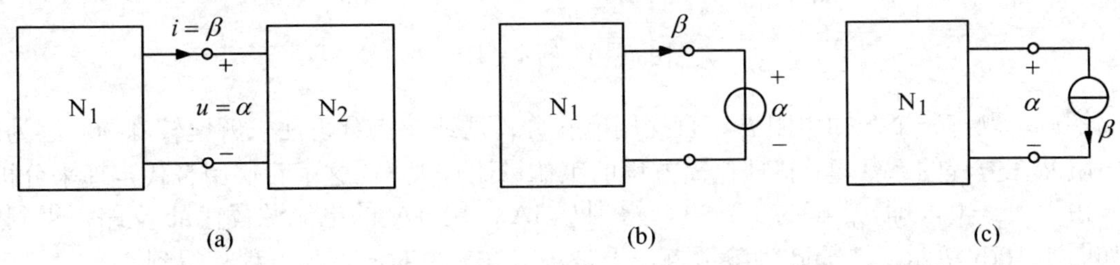

图 4-8　替代定理应用于单口网络

替代定理的一般性证明较繁琐，这里仅给出直观说明。设原电路各支路电流、电压有唯一解，它们满足 KCL、KVL 和各支路的约束关系（伏安关系）。当第 k 条支路用独立电压源 $u_S(t)$ 替代后，其电路拓扑结构与原电路仍完全相同，因而原电路与替代后的电路的 KCL 和 KVL 方程完全相同；除第 k 条支路外，两个电路支路约束也完全相同。替代后的电路中，其第 k 条支路电压 $u_S(t)=u_k(t)$，即等于原电路的第 k 条支路电压，而它的电流是任意的（因电压源的电流可为任意值），因此，上述原电路各支路的电流、电压满足替代后电路的所有约束关系，故它也是替代后电路的唯一的解。

如果第 k 条支路用电流源 $i_S(t)=i_k(t)$ 替代，也可作类似的论证。在电路分析中，应用替代定理可使求解方便，同时，它的基本思想也是导出一些其他定理和方法的依据。而且在分析大规模电路或故障诊断中常用的网络分析法就是替代定理。

例 4-5 在图 4-9(a)所示电路中，$U=1.5\text{V}$，用替代定理求 U_1。

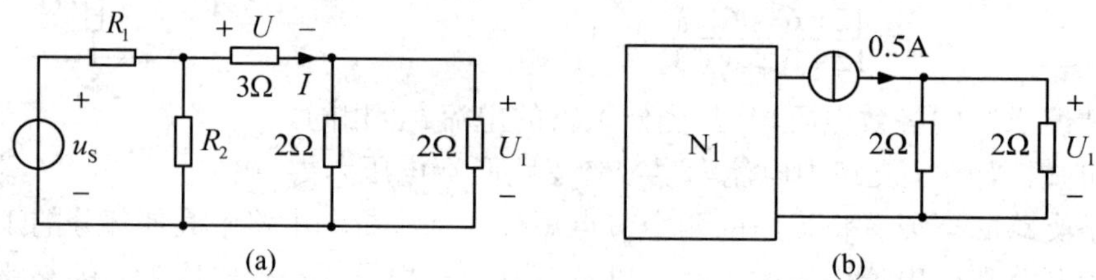

图 4-9 例 4-5 图

解：由于 $U=1.5\text{V}$，且电阻 $R=3\Omega$，则

$$I=\frac{1.5}{3}=0.5\text{A}$$

故 3Ω 支路可用 0.5A 的电流源替代，如图 4-9 (b)所示，可求得

$$U_1=\frac{1}{2}\times0.5\times2=0.5\text{V}$$

例 4-6 如图 4-10(a)所示电路，已知 $u_{ab}=0$，求电阻 R。

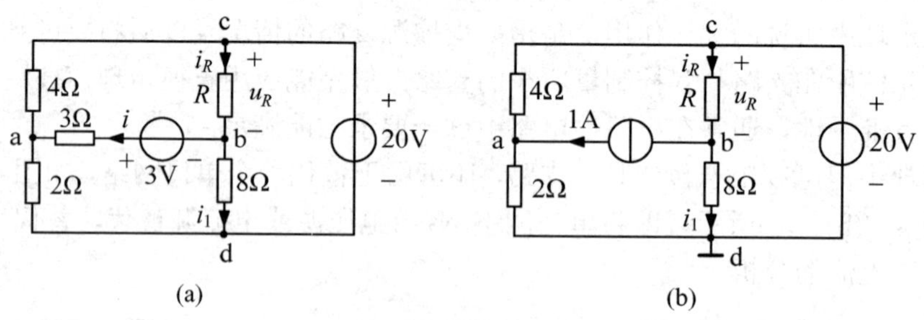

图 4-10 例 4-6 图

解：本题有一个未知电阻 R，直接用网孔分析法或节点分析法求解比较麻烦，因为未知电阻 R 在方程的系数里，整理化简方程的工作量比较大。在这里我们用替代定理来分析。

由于 $u_{ab}=0$，即 $u_{ab}=-3i+3=0$，得到 $i=1\text{A}$。用 1A 的电流源替代 ab 支路，得到电路如图 4-10(b)所示，选择 d 为参考点，于是 $u_c=20\text{V}$。对 a 点列方程，得到

$$\left(\frac{1}{2}+\frac{1}{4}\right)u_a-\frac{1}{4}\times20=1$$

解得$u_a = 8V$，因$u_{ab} = 0$，所以$u_b = u_a = 8V$，则

$$i_1 = \frac{u_b}{8} = 1A$$

于是

$$i_R = i_1 + 1 = 2A$$

$$u_R = u_c - u_b = 12V$$

$$R = \frac{u_R}{i_R} = 6\Omega$$

例 4-7 电路如图 4-11(a)所示，若要使$I_x = \frac{1}{8}I$，试求R_x。

解： 用替代定理将 3Ω 电阻与 10V 电压源串联支路用电流为I的电流源替代，并将R_x支路用电流为I_x的电流源替代，如图 4-11(b)所示。根据叠加定理，U_x可看成是两个独立电流源分别作用下的响应的叠加，如图 4-11(c)和图 4-11(d)所示。

对图 4-11(c)，由分流公式及 KVL 有

$$U'_x = \frac{1.5}{1.5+1} \times I \times 0.5 - \frac{1}{1.5+1} \times I \times 0.5 = 0.1I$$

由于$I_x = \frac{1}{8}I$，所以$U'_x = 0.8I_x$。

对图 4-11 (d)有

$$U''_x = -\frac{1.5 \times 1}{1.5+1} \times I_x = -0.6I_x$$

则

$$U_x = U'_x + U''_x = 0.8I_x - 0.6I_x = 0.2I_x$$

于是

$$R_x = \frac{U_x}{I_x} = 0.2\Omega$$

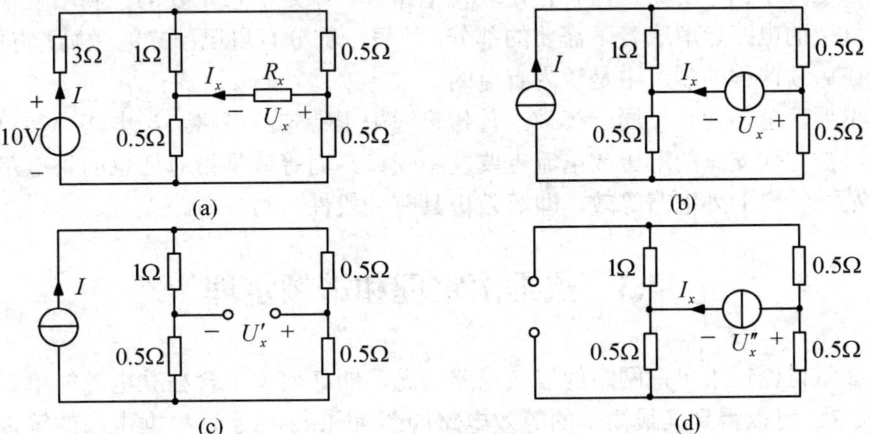

图 4-11 例 4-7 图

例 4-8　图 4-12 中，N 是含有独立源的网络，R 为可变电阻。当 $i_3 = 4\text{A}$ 时，$i_1 = 5\text{A}$；当 $i_3 = 2\text{A}$ 时，$i_1 = 3.5\text{A}$。求当 $i_3 = \frac{4}{3}\text{A}$ 时的 i_1。

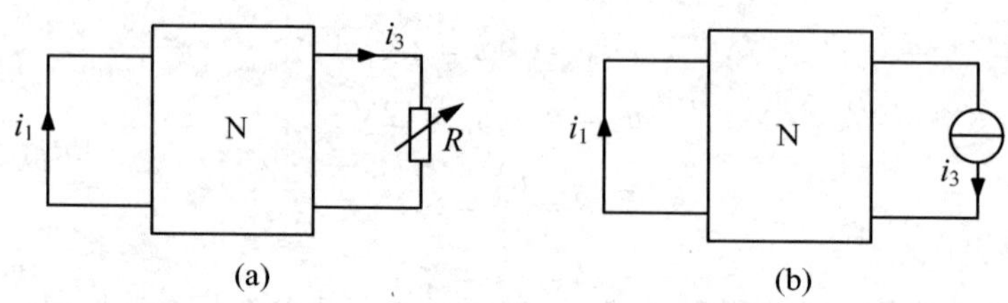

图 4-12　例 4-8 图

解：将可变电阻支路用电流为 i_3 的电流源替代得图 4-12 (b)。根据叠加定理，i_1 是由 N 内部独立源和电流源 i_3 共同作用的结果，它们之间的关系可表示为

$$i_1 = a + bi_3$$

式中，a 是 N 中独立源单独作用所产生的响应，bi_3 是电流源 i_3 单独作用所产生的响应。代入已知条件得

$$\begin{cases} 5 = a + 4b \\ 3.5 = a + 2b \end{cases}$$

解得 $a = 2$，$b = \frac{3}{4}$。于是有

$$i_1 = 2 + \frac{3}{4}i_3$$

所以，当 $i_3 = \frac{4}{3}\text{A}$ 时

$$i_1 = 2 + \frac{3}{4} \times \frac{4}{3} = 3\text{A}$$

通过以上几个例子可看出，替代定理在电路分析中是非常重要的。利用替代定理，可以把一个复杂的电路分解成若干需要的部分，使每一部分有自己独立的激励，将问题简化，这种手段在后续课程的学习中是较为有益的。

在这里要注意，替代不同于等效。替代只适用于特定的电路，当电路中参数或结构发生变换时，被替代支路的电压或电流也要发生变换，而等效是指对任意的外电路等效，而不是指对某一特定的外电路等效，即等效更具有一般性，与外电路无关。

4.3　戴维南定理和诺顿定理

在第 2 章讨论过求单口网络的等效电路问题，即任何一个含独立电源的单口网络，根据端口 VCR，可以得到其最简单的等效电路如图 4-13(a)所示，根据电源的等效变换，也可等效为图 4-13(b)所示的电路。

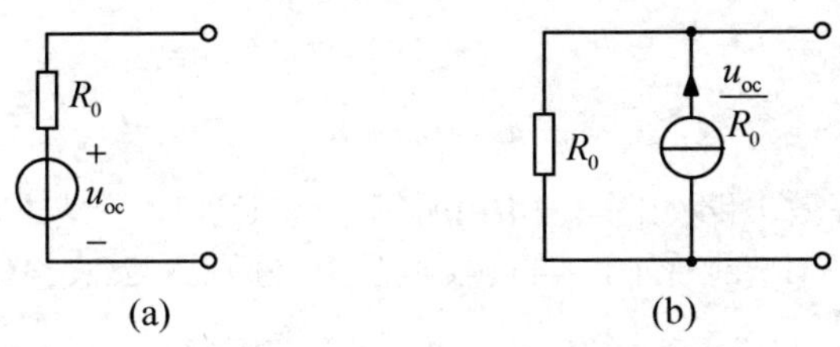

图 4-13　单口网络的等效

图 4-13(a) 所示的电路，称为戴维南（Thevenin）等效电路；图 4-13(b) 所示的电路，称为诺顿（Norton）等效电路。而戴维南定理和诺顿定理则提供了求含源线性单口网络等效电路及 VCR 的另一种方法，对等效电路及 VCR 提出普遍适用的形式。这两个定理不论在理论上还是在应用中，都是电路分析中重要的定理，是本章的学习重点。

4.3.1　戴维南定理

戴维南定理可表述为：一个线性含源单口网络 N，对外电路来说，可以等效为一个理想电压源和电阻串联的电路模型（图 4-13(a)），其中，电压源的电压为该单口网络 N 两个端子间的开路电压 u_{oc}，串联的电阻为 N 内部所有独立源置零时端口的等效电阻 R_0，即除源等效电阻（也可以用 R_{eq} 表示。在电子电路中，R_0 也称为输入电阻或输出电阻）。

戴维南定理的证明：

如图 4-14(a)所示的单口网络 N，通过求网络 N 的 VCR，再得到它的等效电路，从而证明戴维南定理。可用外加电源法求 N 的 VCR，不妨用外加电流源求电压的方法，如图 4-14(b)所示，端口电压 u 由网络 N 内部的独立源和外加电流源 i 共同作用产生，根据叠加定理，当 N 内部独立源单独作用时，响应表示为 u'，此时 $i=0$，如图 4-14(c)所示，所以 $u'=u_{oc}$。

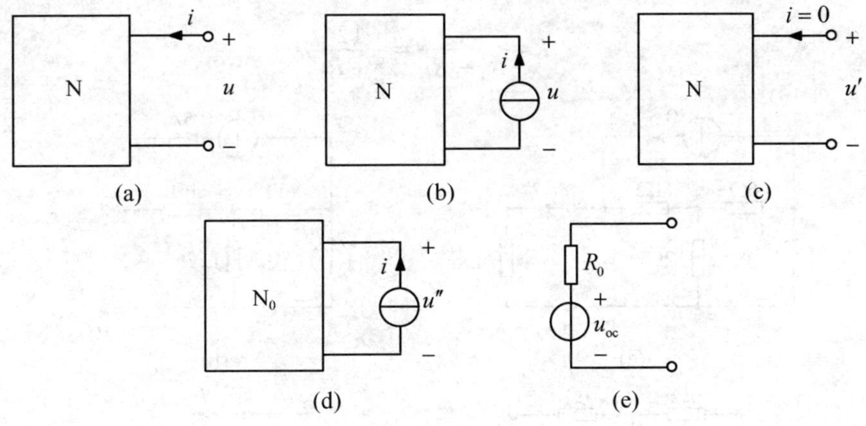

图 4-14　戴维南定理

当外加电流源独立作用时，N 内部独立源置零所得网络为 N_0，此时端口电压为 u''，如图 4-14(d)所示，N_0 为无源单口网络，其等效电阻为 R_0，所以有 $u''=R_0 i$。

最后得

$$u=u'+u''$$

即

$$u = R_0 i + u_{oc} \tag{4-4}$$

由式（4-4）可得等效电路如图 4-14(e)所示。这就证明了戴维南定理。

例 4-9 电路如图 4-15(a)所示，当负载电阻 R_L 分别为 2Ω、4Ω 及 16Ω 时，求该电路中的电流 I。

解：在图 4-15 (a)中，除负载电阻 R_L 之外，其他部分电路构成有源二端网络，可以化简为戴维南等效电路。为求戴维南等效电路的开路电压 U_{oc}，则将该二端网络从 ab 两端断开，如图 4-15(b)所示，U_{oc} 即为 ab 两点间的电压。求 U_{oc} 可用以前所学的网络分析的任何一种方法，如网孔法、节点法，在这里我们用叠加定理来求解。

当电流源单独作用时，电压源短路，此时，6Ω 电阻和 12Ω 电阻并联，由 KVL 得

$$U'_{oc} = 0.5 \times 4 + \frac{6}{12+6} \times 0.5 \times 12 = 4\text{V}$$

当电压源单独作用时，电流源开路，由 KVL 得

$$U''_{oc} = \frac{12}{12+6} \times 12 = 8\text{V}$$

所以

$$U_{oc} = U'_{oc} + U''_{oc} = 4 + 8 = 12\text{V}$$

求等效电阻 R_0，首先将二端网络内部所有独立源置零，电流源开路，电压源短路，等效电路如图 4-15(c) 所示。则

$$R_0 = \frac{6 \times 12}{6+12} + 4 = 8\Omega$$

最后得等效电路如图 4-15(d)所示，则电流为

$$I = \frac{U_{oc}}{R_0 + R_L} = \frac{12}{8 + R_L}$$

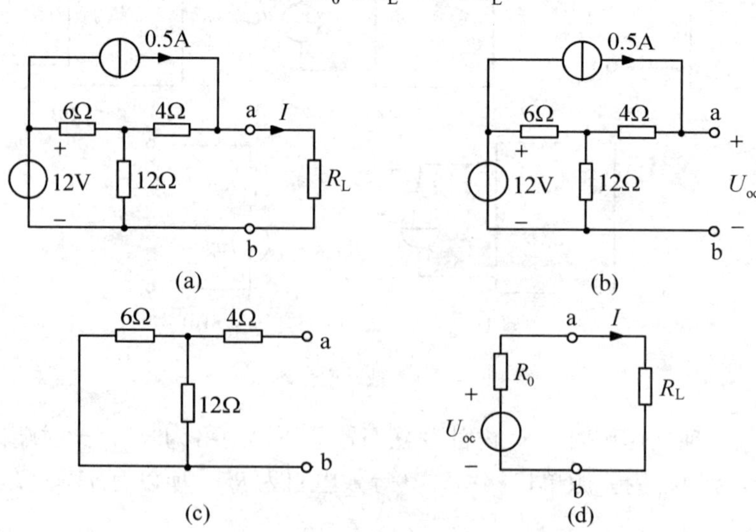

图 4-15 例 4-9 图

当 R_L 分别为 2Ω、4Ω 及 16Ω 时，电流 I 分别为 1.2A、1A、0.5A。

由此例看出，若不用戴维南等效电路求解，那么当电路中某条支路参数发生变化时，就要重新列出方程组求解，这样的计算工作量要比使用戴维南等效电路大得多。因此，在分析电路中某一支路的电压、电流及功率时，常用戴维南定理。

用戴维南定理分析问题时，要分以下三步：

（1）断开所要求解的支路或局部网络，求出其余有源单口网络的开路电压 u_{oc}；

（2）令单口网络内部独立源为零，求等效电阻 R_0；

（3）将待求支路或网络接入戴维南等效电路，求出解答。

应用戴维南定理的关键是求出有源单口网络的开路电压和等效电阻。计算开路电压 u_{oc}，可用前面讲过的任何一种方法，如等效变换法、节点法、网孔法、回路法等。这里要注意，戴维南等效电路中电压源的方向必须与计算开路电压 u_{oc} 时的方向相同。对于等效电阻 R_0 的求解，这里主要介绍三种方法。

1．简单电路用电阻串、并联等效

对不含有受控源的单口网络，将网络 N 中所有独立源置零，即电压源换成短路，电流源换成开路，这时的网络用 N_0 来表示，然后用电阻串、并联化简电路，最后求得等效电阻 R_0。这种等效电阻的求法只适用于简单的电阻串并联电路。

2．外加电源法求等效电阻

将单口网络 N 内部所有独立源置零，得到网络 N_0，若网络中含有受控源，则受控源要保留。在 N_0 两端外加电源，求出 N_0 的端口 VCR，等效电阻 R_0 为

$$R_0=\frac{\text{端口电压}}{\text{端口电流}}=\frac{u}{i}$$

3．利用开路电压 u_{oc}、短路电流 i_{sc} 求等效电阻（简称开路－短路法）

对含源单口网络 N，先求其开路电压 u_{oc}，如图 4-16(a)所示，再将二端网络 N 的两个端子 a、b 短路，如图 4-16 (b)所示，求得短路电流为 i_{sc}，根据戴维南定理，网络 N 可用一个电压为 u_{oc} 的电压源串联电阻 R_0 来等效，则图 4-16 (b)的等效电路如图 4-16 (c)所示，由 KVL 得到 u_{oc}、i_{sc}、R_0 之间的关系为

$$u_{oc}=R_0 i_{sc} \tag{4-5a}$$

则

$$R_0=\frac{u_{oc}}{i_{sc}} \tag{4-5b}$$

注意，若 i_{sc} 的参考方向与图 4-16(c)所示相反，则 $R_0=-\frac{u_{oc}}{i_{sc}}$。

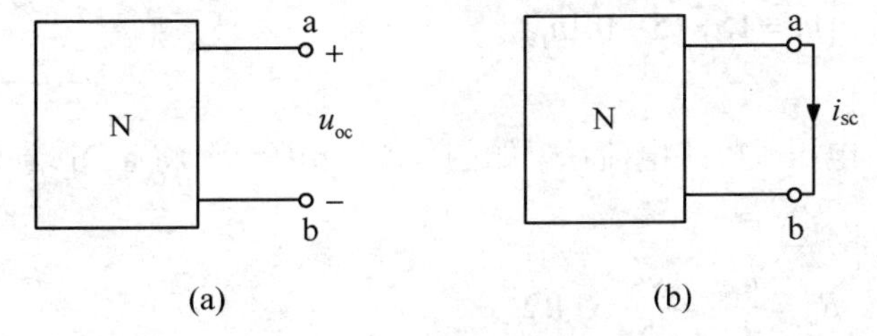

图 4-16　利用开路-短路法求等效电阻

例 4-10 图 4-17(a)所示电路中，求 ab 两端的输入电阻 R_i。

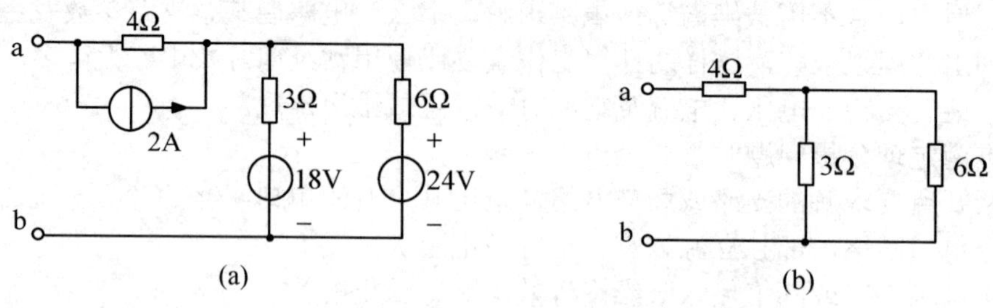

图 4-17 例 4-10 图

解：先将图 4-17 (a)中所有独立源置零，得其除源网络如图 4-17 (b)所示，由电阻的串、并联等效关系得输入电阻 R_i 为

$$R_i = 4 + \frac{3 \times 6}{3+6} = 4 + 2 = 6\Omega$$

例 4-11 求图 4-18(a)所示电路的输出电阻 R_0。

解：将图 4-18(a)所示二端网络内独立源置零，受控源要保留，如图 4-18 (b)所示。用外加电源法求等效电阻，在端口加电压 U'，端口电流为 I'，则由 KVL 可得

$$U' = 3I' - 5I' - 2I' = -4I'$$

此时端口电压 U'、电流 I' 的参考方向对该二端网络来说是非关联的，所以

$$R_0 = -\frac{U'}{I'} = 4\Omega$$

其等效电阻可用图 4-18(c)来表示，明显看出 $U' = -4I'$。

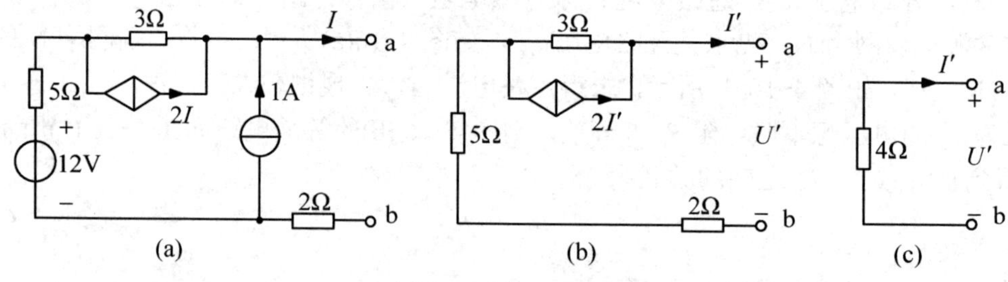

图 4-18 例 4-11 图

例 4-12 电路如图 4-19(a)所示，求其戴维南等效电路。

解：如图 4-19 (a)中所示，先求开路电压 u_{oc}，则

$$\begin{cases} u_{oc} = 5 \times 5 + u_1 \\ u_1 = 15 \times (5 - 0.1u_1) \end{cases}$$

得到 $u_1 = 30\text{V}$，$u_{oc} = 55\text{V}$。

求等效电阻 R_0，我们采用开路电压、短路电流法。如图 4-19 (b)所示，将 a、b 端短路，显然 $i_{sc} = 5\text{A}$。所以等效电阻为

$$R_0 = \frac{u_{oc}}{i_{sc}} = \frac{55}{5} = 11\Omega$$

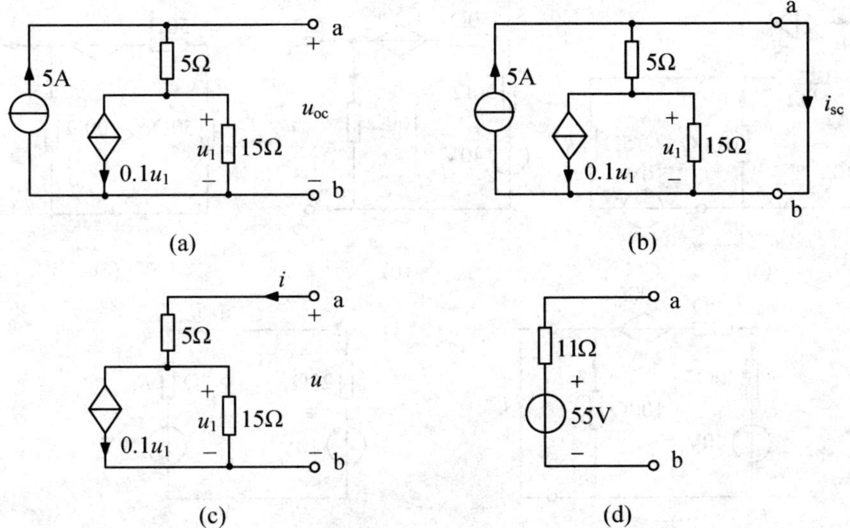

图 4-19　例 4-12 图

也可用外加电源法求等效电阻 R_0。将电路中 5A 电流源置零，如图 4-19(c)所示，则可得

$$\begin{cases} i = 0.1u_1 + \dfrac{u_1}{15} \\ u = 5i + u_1 \end{cases}$$

整理得

$$u = 11i$$

所以等效电阻为

$$R_0 = \frac{u}{i} = 11\Omega$$

最后得如图 4-19(d)所示的戴维南等效电路。

例 4-13　电路如图 4-20(a)所示，求负载电阻 R_L 的功率。

解：利用戴维南定理求解该题，将 4-20 (a)图中 a、b 两端断开，求其左端的戴维南等效电路。将受控电流源与相并的 50Ω 电阻等效为受控电压源串联 50Ω 电阻，如图 4-20(b)所示，其端口开路电压为 u_{oc}。由 KVL 得到

$$50i_1 + 50i_1 + 200i_1 + 100i_1 = 40$$

得 $i_1 = 0.1\text{A}$，于是

$$u_{oc} = 100i_1 = 100 \times 0.1 = 10\text{V}$$

求等效电阻 R_0。将图 4-20 (b)中独立电压源短路，受控源保留，如图 4-20 (c)所示，用外加电源法求端口电压、电流的关系，由图可知

$$i_1 = \frac{u}{100}$$

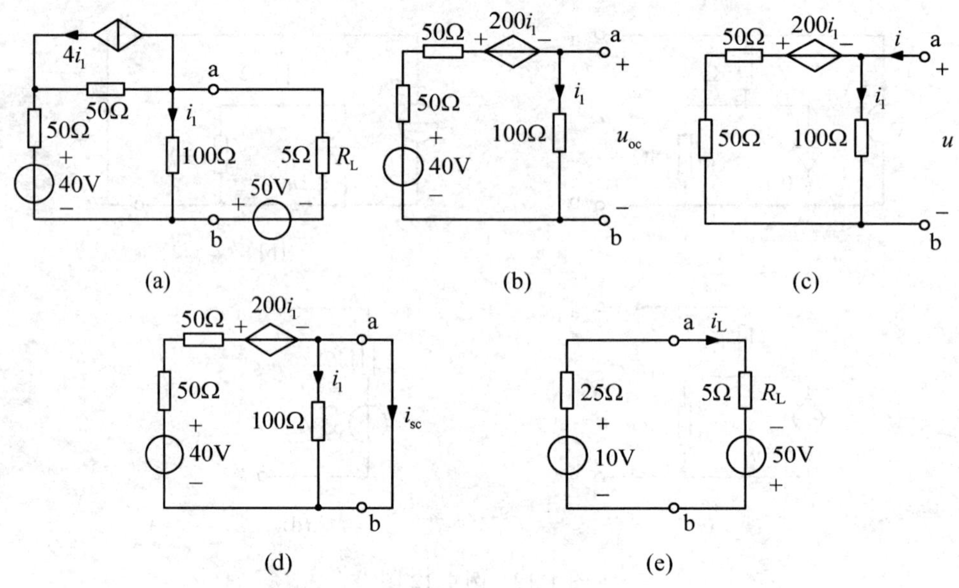

图 4-20　例 4-13 图

由 KVL 得

$$200i_1 + 100i_1 + 100(i_1 - i) = 0$$

$$400 \times \frac{u}{100} = 100i$$

即 $u = 25i$，则等效电阻为

$$R_0 = 25\Omega$$

也可用开路电压、短路电流法求等效电阻。将图 4-20 (b) a、b 两端短路，并设短路电流 i_{sc} 的参考方向如图 4-20 (d)所示。由图可知 $i_1 = 0$，100Ω 电阻相当于开路，且受控源电压为 $200i_1 = 0$，所以

$$i_{sc} = \frac{40}{100} = 0.4\text{A}$$

则

$$R_0 = \frac{u_{oc}}{i_{sc}} = \frac{10}{0.4} = 25\Omega$$

最后得到等效电路如图 4-20(e)所示，由图可知

$$i_L = \frac{10+50}{25+5} = 2\text{A}$$

负载电阻的功率为

$$P_L = i_L^2 R_L = 4 \times 5 = 20\text{W}$$

对于含受控源的二端网络，在求其戴维南等效电路时，受控源及其控制量必须在同一个网络内，控制量可以是二端网络端口上的电压或电流。但不能含有控制量在外电路部分的受控源。

4.3.2 诺顿定理

根据戴维南定理，一个线性含源二端网络可等效为电压源和电阻串联的支路，如图 4-13(a)所示。根据实际电源模型的等效变换，电压源和电阻的串联可以等效为电流源和电阻并联，如图 4-13(b)所示，称为诺顿等效电路，且 $\dfrac{u_{\text{oc}}}{R_0}=i_{\text{sc}}$，这就得到了诺顿定理。

诺顿定理：任何一个线性含源单口网络 N，就其端口来看，都可以用一个电流源与电阻并联的支路来等效，电流源的电流等于该网络 N 端口的短路电流 i_{sc}，并联电阻 R_0 为单口网络 N 的除源等效电阻。

表述诺顿定理的示意图如图 4-21 所示。此定理的证明，可仿戴维南定理的证明过程。

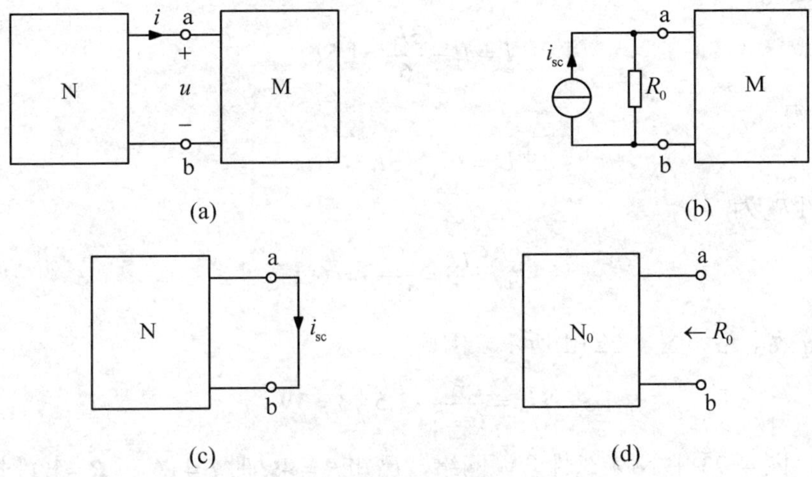

图 4-21 诺顿定理

例 4-14 用诺顿定理求如图 4-22(a)所示电路中的电压 U_0 。

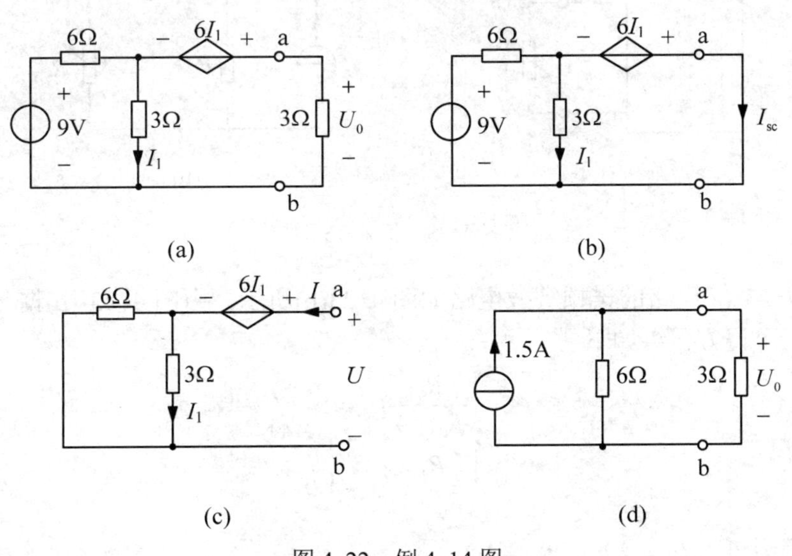

图 4-22 例 4-14 图

解： 在图 4-22 (a)中，求 ab 左端二端网络的诺顿等效电路。根据诺顿定理，先求短路电流 I_{sc}，如图 4-22 (b)所示，对此电路列 KVL 方程，有

$$6I_1 + 3I_1 = 0$$

得到

$$I_1 = 0$$

则 I_{sc} 是电阻 6Ω 上的电流，所以有

$$I_{sc} = \frac{9}{6} = 1.5\text{A}$$

为求等效电阻 R_0，将 9V 电压源短路，用外加电源法，设端口电压、电流如图 4-22 (c)所示，由 KCL 得

$$I = I_1 + \frac{3I_1}{6} = 1.5I_1$$

由 KVL 得

$$U = 6I_1 + 3I_1 = 9I_1$$

等效电阻 R_0 为

$$R_0 = \frac{U}{I} = \frac{9I_1}{1.5I_1} = 6\Omega$$

最后得等效电路如图 4-22 (d)所示，因此

$$U_0 = \frac{6}{6+3} \times 1.5 \times 3 = 3\text{V}$$

例 4-15 图 4-23 中 N 为线性含源网络，已知 $R = 4\Omega$ 时 $I = 1\text{A}$；$R = 1\Omega$ 时 $I = 1.6\text{A}$。求 $R = 6\Omega$ 时 I 为多少？

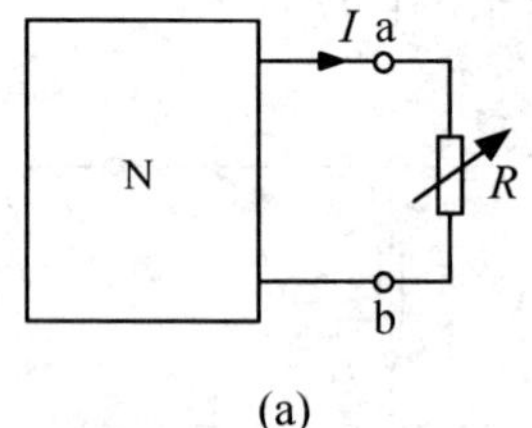

(a)

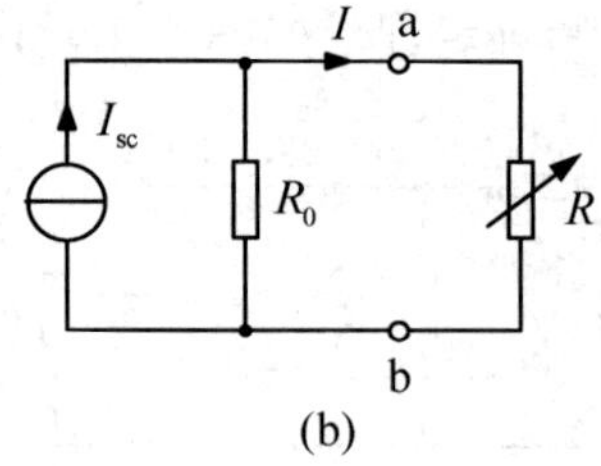

(b)

图 4-23 例 4-15 图

解： 图 4-23 (a)电路的诺顿等效电路如图 4-23(b)所示。由图 4-23 (b)据分流公式，代入已知条件，可得方程组如下

$$\begin{cases} \dfrac{R_0}{R_0 + 4} I_{sc} = 1 \\ \dfrac{R_0}{R_0 + 1} I_{sc} = 1.6 \end{cases}$$

解此方程组可得 $I_{sc} = 2\text{A}$，$R_0 = 4\Omega$。

于是解得 $R=6\Omega$ 时的电流为

$$I=\frac{R_0}{R_0+R}I_{\mathrm{sc}}=\frac{4}{6+4}\times 2=0.8\mathrm{A}$$

诺顿定理和戴维南定理统称为等效电源定理。诺顿等效电路和戴维南等效电路通常也可以通过两种电源模型间的等效变换求得。一般而言，有源线性单口网络 N 的戴维南等效电路和诺顿等效电路都存在。但当有源单口网络内部含受控源时，其等效电阻 R_0 有可能为零，这时戴维南等效电路成为理想电压源，而等效电导 $G_0=\dfrac{1}{R_0}=\infty$，其诺顿等效电路是不存在的。同理，如果等效电导 $G_0=0$，其诺顿等效电路成为理想电流源，而由于此时 $R_0=\infty$，其戴维南等效电路就不存在。

4.4　最大功率传输定理

实际中许多电子设备所用的电源，无论是直流稳压源，还是各种波形的信号发生器，其内部电路都是相当复杂的，但它们在向外供电时都引出两个端子接到负载。可以说它们就是一个有源单口电路，当所接负载不同时，单口电路传输给负载的功率也就不同，那么，对给定的有源单口电路，当负载为何值时网络传输给负载的功率最大呢？负载所能得到的最大功率又是多少？

为了回答这两个问题，将给定的有源单口电路等效成戴维南等效电路，如图 4-24 所示。下面分析负载获得最大功率的条件和获得的最大功率。

在图 4-24 中 u_{oc} 和 R_0 是定值，R_{L} 是可变负载，由图可知

$$i=\frac{u_{\mathrm{oc}}}{R_0+R_{\mathrm{L}}}$$

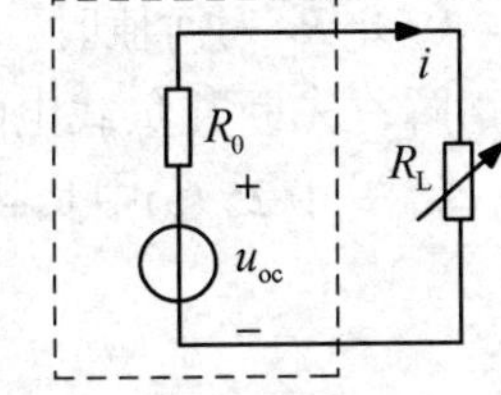

图 4-24　最大功率传输定理

则负载电阻上的功率为

$$p_{\mathrm{L}}=i^2R_{\mathrm{L}}=\left(\frac{u_{\mathrm{oc}}}{R_0+R_{\mathrm{L}}}\right)^2R_{\mathrm{L}}$$

由上式可知，当负载变化时，负载的电压、电流将随之变化，所以负载的功率也会跟着变化。若负载 R_{L} 为零，则其功率 p_{L} 也为零；当负载 $R_{\mathrm{L}}\to\infty$时，由于负载上的电流 $i=0$，所以 p_{L} 仍为零。这样，必存在某个数值，使 R_{L} 为该值时，R_{L} 可获得最大功率。

令 $\dfrac{\mathrm{d}p_{\mathrm{L}}}{\mathrm{d}R_{\mathrm{L}}}=0$，由此可解得 p_{L} 为最大时的 R_{L} 值，即

$$\frac{\mathrm{d}p_{\mathrm{L}}}{\mathrm{d}R_{\mathrm{L}}}=u_{\mathrm{oc}}^2\left[\frac{(R_0+R_{\mathrm{L}})^2-2(R_0+R_{\mathrm{L}})R_{\mathrm{L}}}{(R_0+R_{\mathrm{L}})^4}\right]=0$$

由上式得

$$R_{\mathrm{L}}=R_0 \tag{4-6}$$

由于

$$\left.\frac{\mathrm{d}^2 p_L}{\mathrm{d}R_L{}^2}\right|_{R_L=R_0} = -\frac{u_{oc}{}^2}{8R_0{}^3} < 0$$

所以，当 $R_L = R_0$ 时为 p_L 的极大值点。

因此，线性有源单口网络传递给可变负载 R_L 的最大功率条件是：负载电阻 R_L 等于单口网络的戴维南等效电阻 R_0。此即为最大功率传输定理。当 $R_L = R_0$ 时，称为最大功率匹配，此时，负载所获得的最大功率为

$$p_{max} = \frac{u_{oc}{}^2}{4R_0} \tag{4-7}$$

若使用诺顿等效电路，则

$$p_{max} = \frac{i_{sc}{}^2 R_0}{4} \tag{4-8}$$

最大功率传输定理是指：当电源电压和内阻一定时，负载获取最大功率的条件是 $R_L = R_0$。如果电源内阻 R_0 可变而 R_L 固定，则只有当 $R_0 = 0$ 时方能使负载 R_L 获得最大功率。也不能把 R_0 上消耗的功率当作单口网络内部消耗的功率。因为单口网络和它的等效电路——戴维南等效电路（或诺顿等效电路）就内部功率而言不一定是等效的，它们相互代换只是对外部电路的电流、电压、功率等效。

例 4-16 如图 4-25 (a)所示，R_L 为可变电阻，求：

（1）$R_L = 0.5\Omega$ 时，求 R_L 的功率；

（2）$R_L = 2\Omega$ 时，求 R_L 的功率；

（3）R_L 为何值时，R_L 可获得最大功率？最大功率是多少？

解：先断开负载电阻 R_L，求 R_L 以外的单口网络的戴维南等效电路。

将图 4-25 (a)中负载电阻 R_L 断开，求 a、b 端开路电压为

$$U_{oc} = \frac{15-13}{1+1}\times 1 + 13 - 0.5\times 4 = 12\text{V}$$

a、b 两端看进去的等效电阻为

$$R_0 = \frac{1\times 1}{1+1} + 0.5 = 1\Omega$$

得到 a、b 端等效电阻如图 4-25(b)所示。

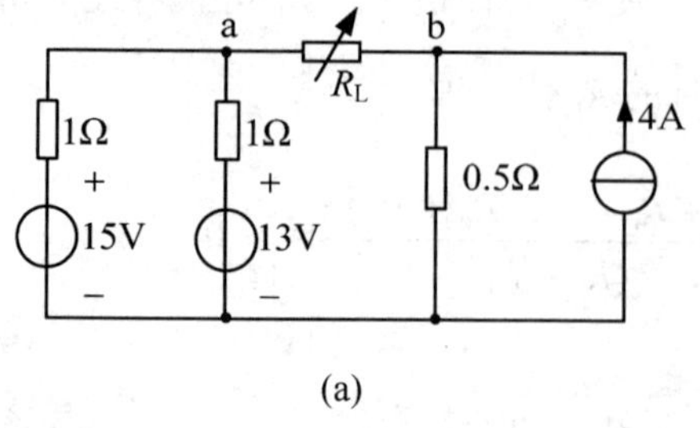

(a)

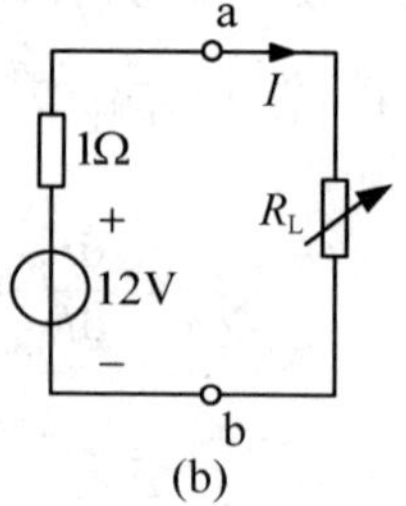

(b)

图 4-25 例 4-16 图

（1）$R_L = 0.5\Omega$ 时， R_L 功率为

$$P = I^2 R_L = \left(\frac{12}{1+0.5}\right)^2 \times 0.5 = 32\text{W}$$

（2）$R_L = 2\Omega$ 时，R_L 功率为

$$P = I^2 R_L = \left(\frac{12}{1+2}\right)^2 \times 2 = 32\text{W}$$

（3）根据最大功率传输定理，当 $R_L = R_0 = 1\Omega$ 时，R_L 可获得最大功率，其最大功率为

$$P_{max} = \frac{{U_{oc}}^2}{4R_0} = \frac{12^2}{4\times 1} = 36\text{W}$$

由此可见，无论 $R_L > R_0$ 还是 $R_L < R_0$，其上的功率都比 $R_L = R_0$ 时小，这就是最大功率传输的含义。

例 4-17 电路如图 4-26(a)所示，负载电阻 R_L 可变，问 R_L 等于多少时可获得最大功率？最大功率是多少？

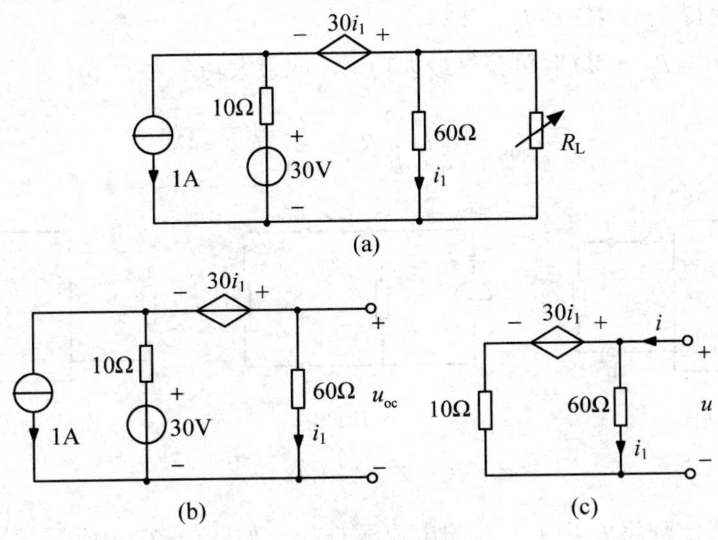

图 4-26 例 4-17 图

解：将负载电阻 R_L 断开，求左端二端网络的戴维南等效电路，如图 4-26(b)所示，则根据 KVL 得

$$10(1+i_1) - 30i_1 + 60i_1 = 30$$

解得

$$i_1 = 0.5\text{A}$$

则

$$u_{oc} = 60i_1 = 60\times 0.5 = 30\text{V}$$

用外加电源法求等效电阻，如图 4-26(c)所示，则

$$\begin{cases} u = 60i_1 \\ 30i_1 + 10(i - i_1) - 60i_1 = 0 \end{cases}$$

解得$u=15i$，所以戴维南等效电阻为$R_0=15\Omega$。

根据最大功率传输定理可知，当$R_L=R_0=15\Omega$时，其上可获得最大功率，此时，最大功率为

$$p_{\max}=\frac{{u_{oc}}^2}{4R_0}=\frac{30^2}{4\times 15}=15\text{W}$$

例 4-18　图 4-27(a)中，N 为线性含源网络。已知当$R_2=12\Omega$时，$I_1=1.75\text{A}$、$I_2=0.5\text{A}$；当$R_2=36\Omega$时，$I_1=1.9\text{A}$、$I_2=0.2\text{A}$。求：（1）R_2等于多少时可获得最大功率，最大功率为多少？（2）获得最大功率时，I_1为多少？

解：（1）图 4-27 (a)的诺顿等效电路如图 4-27(b)所示，由已知条件，据分流公式可得

$$\begin{cases}\dfrac{R_{eq}}{R_{eq}+12}I_{sc}=0.5\\[2ex]\dfrac{R_{eq}}{R_{eq}+36}I_{sc}=0.2\end{cases}$$

解此方程组得$R_{eq}=4\Omega$，$I_{sc}=2\text{A}$。

所以，当$R_2=R_{eq}=4\Omega$时可获得最大功率，此最大功率为

$$P_{\max}=\left(\frac{1}{2}I_{sc}\right)^2R_{eq}=\frac{{I_{sc}}^2}{4}R_{eq}=4\text{W}$$

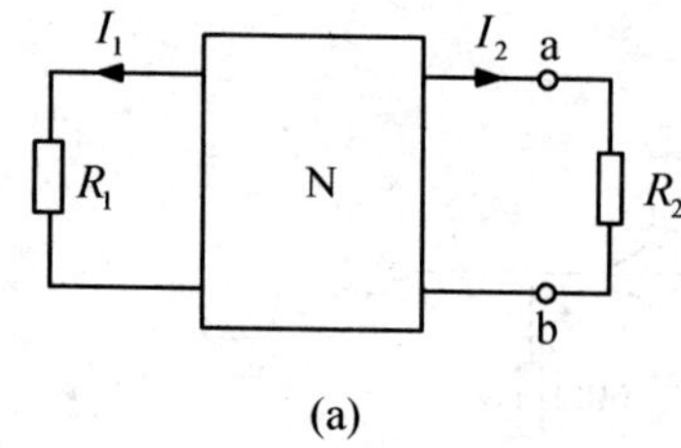

(a)

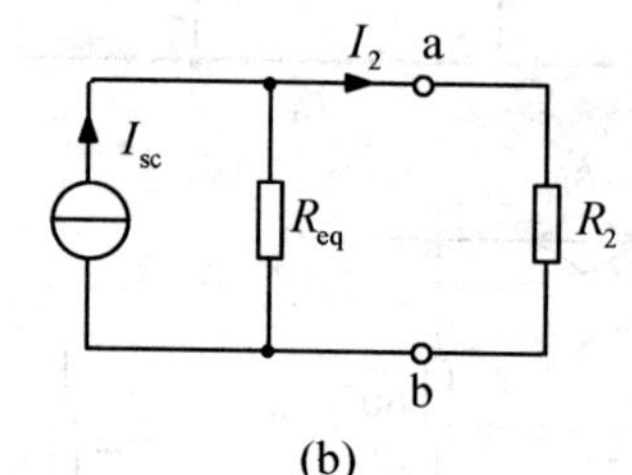

(b)

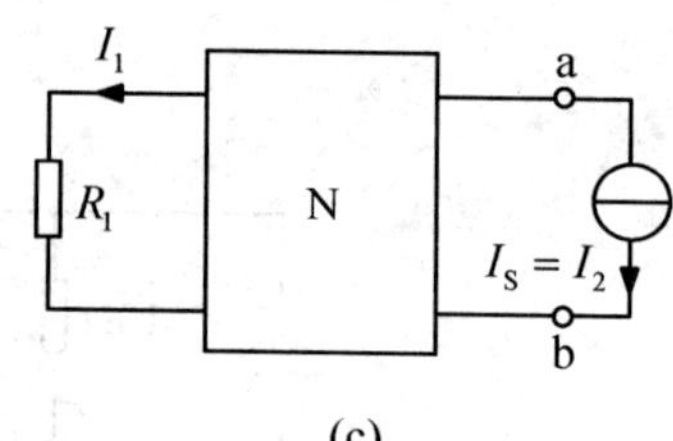

(c)

图 4-27　例 4-18 图

（2）据替代定理将I_2用$I_S=I_2$的电流源替代，如图 4-27(c)所示，根据叠加定理有$I_1=K_1I_2+K_2$，代入已知条件得

$$\begin{cases}0.5K_1+K_2=1.75\\0.2K_1+K_2=1.9\end{cases}$$

解得$K_1=-0.5$，$K_2=2\text{A}$。

R_2获得最大功率时$I_2=\frac{1}{2}I_{sc}=1\text{A}$，所以，此时

$$I_1=K_1+K_2=-0.5+2=1.5\text{A}$$

4.5　互易定理

互易定理描述了一类线性电路所独具的特性——互易性，它常被应用在网络的灵敏度

分析和电子测量技术中。

互易定理可表述为：对一个仅含线性电阻元件的双口网络 N_R ，其中一个端口为激励端口，另一端口为响应端口，在只有一个激励源的情况下，当激励与响应互换位置时，响应与激励的比值不变。网络的这种特性称为互易性，具有互易性的网络称为互易网络。

互易定理有三种形式。

形式 1：

如图 4-28(a)所示电路，N_R 中只含线性电阻。激励端口 1-1′接电压源 u_S ，设为支路 1；响应端口 2-2′的响应为短路电流 i_2 ，设为支路 2；现将激励与响应互换位置，如图 4-28(b)所示。由图可见，在激励和响应互换位置前后，如把激励源置零，则两电路 N 和 $\hat{N}$ 完全相同。

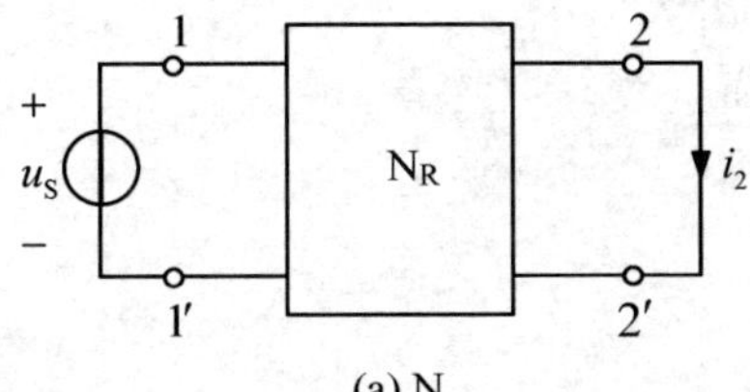

(a) N

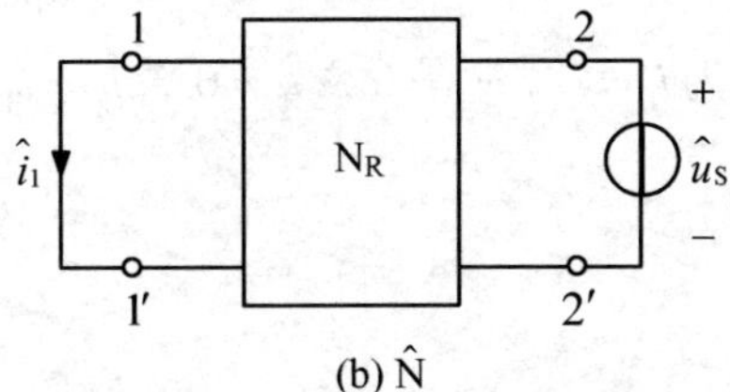

(b) $\hat{N}$

图 4-28　互易定理形式 1

对互易定理的证明可用特勒根定理①。对图 4-28(a)和图 4-28(b)，若各支路电压、电流均取关联参考方向，则据特勒根定理，有

$$u_1\hat{i}_1 + u_2\hat{i}_2 + \sum_{k=3}^{b} u_k\hat{i}_k = 0$$

$$\hat{u}_1 i_1 + \hat{u}_2 i_2 + \sum_{k=3}^{b} \hat{u}_k i_k = 0$$

由于 N_R 内部的 $(b-2)$ 条支路均为线性电阻，故有 $u_k = R_k i_k$ 和 $\hat{u}_k = R_k\hat{i}_k (k = 3, 4, \cdots, b)$ 。将其代入上式，有

$$u_1\hat{i}_1 + u_2\hat{i}_2 + \sum_{k=3}^{b} R_k i_k\hat{i}_k = 0$$

$$\hat{u}_1 i_1 + \hat{u}_2 i_2 + \sum_{k=3}^{b} R_k\hat{i}_k i_k = 0$$

以上两式中的第三项相等，故得

$$u_1\hat{i}_1 + u_2\hat{i}_2 = \hat{u}_1 i_1 + \hat{u}_2 i_2$$

因为 $u_1 = u_S$ 、 $u_2 = 0$ 、 $\hat{u}_1 = 0$ 、 $\hat{u}_2 = \hat{u}_S$ 代入上式得

① 特勒根定理：对于两个具有 b 条支路、n 个节点拓扑结构完全相同的电路 N 和 $\hat{N}$ ，设其支路电压分别为 u_k 和 $\hat{u}_k$ ，支路电流分别为 i_k 和 $\hat{i}_k$ （ $k = 1, 2, \cdots, b$ ），且均取关联参考方向，则对任何时刻 t，有

$$\sum_{k=1}^{b} u_k\hat{i}_k = 0 \qquad \sum_{k=1}^{b} \hat{u}_k i_k = 0$$

$$u_S\hat{i}_1 = \hat{u}_S i_2$$

即

$$\frac{i_2}{u_S} = \frac{\hat{i}_1}{\hat{u}_S} \tag{4-9}$$

若 $u_S = \hat{u}_S$，则 $i_2 = \hat{i}_1$。互易定理形式 1 得证。

形式 2：

图 4-29 所示两电路中，激励为电流源 i_S 和 $\hat{i}_S$，响应为开路电压 u_2 和 $\hat{u}_1$。显然，当电源置零后两电路完全相同。

各支路电压电流取关联参考方向，据特勒根定理仍有

$$u_1\hat{i}_1 + u_2\hat{i}_2 = \hat{u}_1 i_1 + \hat{u}_2 i_2$$

因为 $i_1 = i_S$、$i_2 = 0$、$\hat{i}_1 = 0$、$\hat{i}_2 = \hat{i}_S$，代入上式得

$$u_2\hat{i}_S = \hat{u}_1 i_S$$

即

$$\frac{u_2}{i_S} = \frac{\hat{u}_1}{\hat{i}_S} \tag{4-10}$$

若 $i_S = \hat{i}_S$，则 $u_2 = \hat{u}_1$。互易定理形式 2 得证。

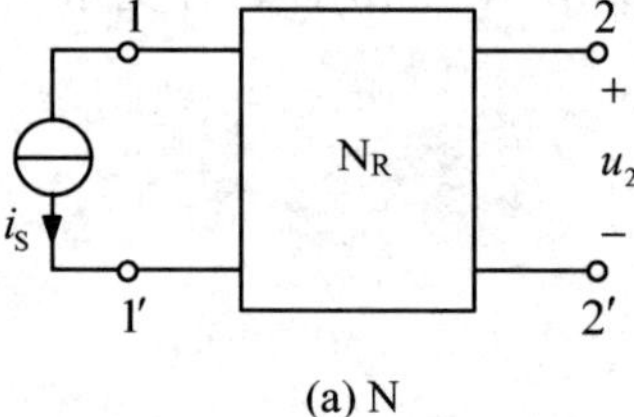

(a) N

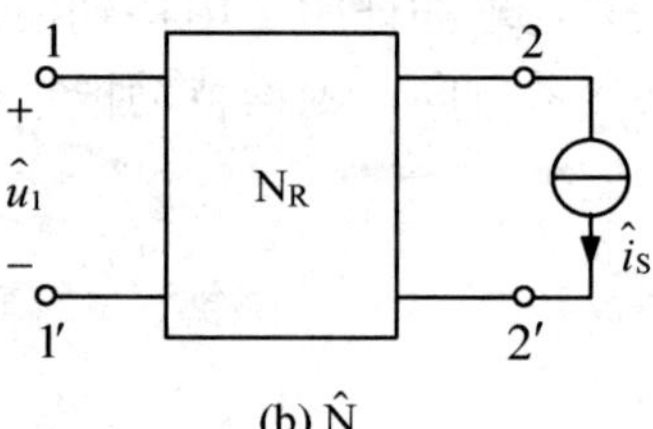

(b) $\hat{N}$

图 4-29　互易定理形式 2

形式 3：

图 4-30(a)中激励为电流源 i_S，响应为短路电流 i_2；图 4-30 (b)中激励为电压源 $\hat{u}_S$，响应为开路电压 $\hat{u}_1$，当电源置零后，两电路完全相同。

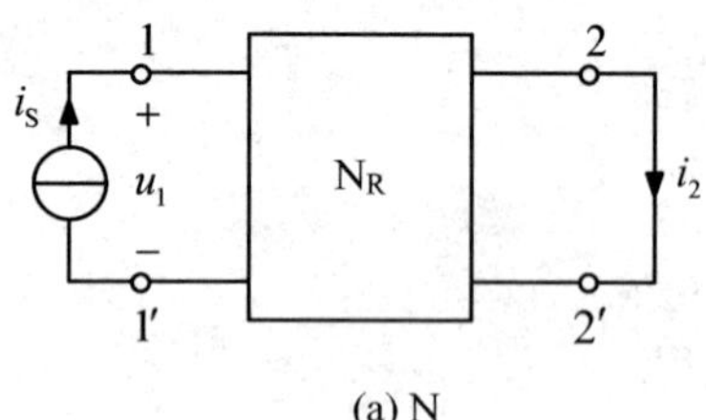

(a) N

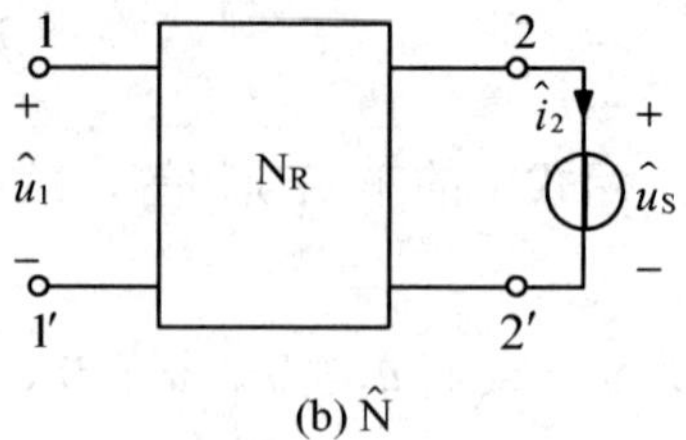

(b) $\hat{N}$

图 4-30　互易定理形式 3

注意到两电路中的激励支路电压、电流参考方向一个为关联，一个为非关联，据特勒根定理有

$$u_1\hat{i}_1 + u_2\hat{i}_2 = -\hat{u}_1 i_1 + \hat{u}_2 i_2$$

由于 $i_1 = i_S$、$u_2 = 0$、$\hat{i}_1 = 0$、$\hat{u}_2 = \hat{u}_S$，代入上式得

$$-\hat{u}_1 i_S + \hat{u}_S i_2 = 0$$

即

$$\frac{i_2}{i_S} = \frac{\hat{u}_1}{\hat{u}_S} \tag{4-11}$$

若在数值上 $i_S = \hat{u}_S$，则在数值上 $i_2 = \hat{u}_1$。互易定理形式 3 得证。

例 4-19 图 4-31(a)中，已知 N_R 为互易网络，$i_2 = 0.5A$。试求图 4-31 (b)中的 u。

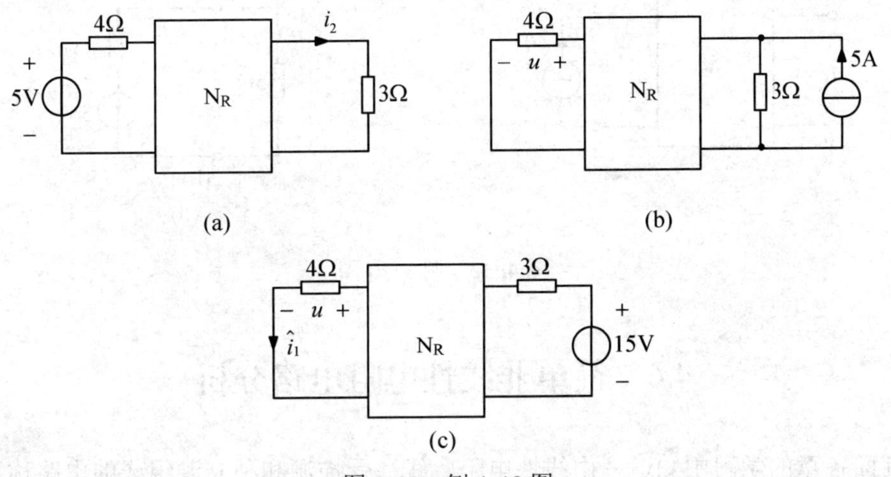

图 4-31 例 4-19 图

解：图 4-31(b)电路可等效为图 4-31(c)应用互易定理形式 1，有

$$\frac{i_2}{u_S} = \frac{\hat{i}_1}{\hat{u}_S}$$

其中 $i_2 = 0.5A$、$u_S = 5V$、$\hat{u}_S = 15V$，代入上式得

$$\hat{i}_1 = \frac{i_2}{u_S} \cdot \hat{u}_S = \frac{0.5}{5} \times 15 = 1.5A$$

所以

$$u = 4\hat{i}_1 = 4 \times 1.5 = 6V$$

例 4-20 已知 N_R 为线性电阻网络，图 4-32(a)中 $u_1 = 10V$、$u_2 = 5V$。试求图 4-32(b)中的 i。

解：由于图 4-32 (b)中 1-1′端接入 5Ω 电阻，故图 4-32(a)和 4-32(b)在电源置零后不完全相同，所以无法直接用互易定理求解。若将 5Ω 开路，电路如图 4-32(c)所示，则两电路在电源置零后完全相同。据互易定理，1-1′端的开路电压 $u_{oc} = \hat{u}_1 = 5V$。

由图 4-32(a)可知，1-1′端的等效电阻为

$$R_{eq} = \frac{u_1}{2} = \frac{10}{5} = 5\Omega$$

于是得 1-1′端的戴维南等效电路如图 4-32(d)所示，可得到

$$i=\frac{5}{5+5}=0.5\text{A}$$

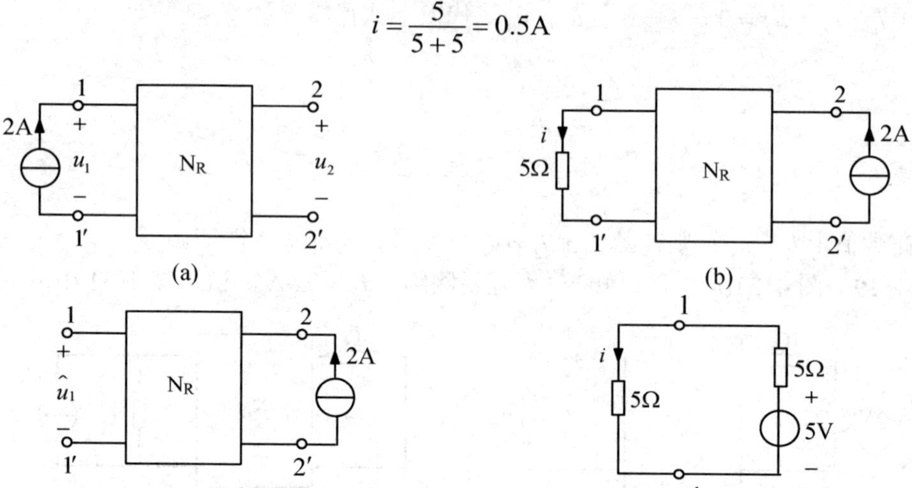

图 4-32　例 4-20 图

4.6　简单非线性电阻电路分析

从前面各章的学习中知道，由线性电阻、线性受控源和独立源组成的电路称为线性电阻电路。若电路中至少含有一个非线性电阻元件，则称为非线性电阻电路。本节将介绍非线性电阻电路的基本概念、非线性电阻元件及其串、并联化简。还将介绍分析非线性电阻电路的一些常用方法，如小信号分析法等。

4.6.1　非线性电阻元件

电阻元件的伏安特性是用 u 、i 平面上的曲线来描述的。非线性电阻的伏安特性曲线不是 u 、i 平面上过原点的一条直线，不能用欧姆定律来描述。非线性电阻的符号如图 4-33(a)所示，其伏安特性曲线如图 4-33(b)所示。

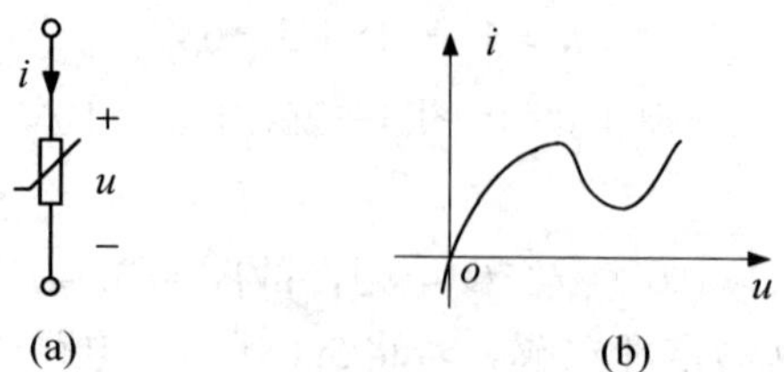

图 4-33　非线性电阻符号及伏安特性曲线

如果通过电阻的电流是其端电压的单值函数，则称该电阻为电压控制型电阻。如一非线性电阻的伏安特性如图 4-33(b)所示，从特性曲线上可知，对应的各电压值，有且仅有一个电流值与之对应。但是，对应于每一个电流值，电压则可能是多值的。隧道二极管就具

有这种特性，它是一种压控型非线性电阻。非线性电阻还有电流控制型和单调型的，分别如图 4-34(a)和图 4-34(b)所示。

非线性电阻 VCR 的一般表达式：对压控电阻可表示为

$$i = f(u) \tag{4-12}$$

对流控电阻可表示为

$$u = h(i) \tag{4-13}$$

对单调型电阻可以用式（4-12）表示，也可用式（4-13）表示。

图 4-34　流控型和单调型非线性电阻伏安特性曲线

4.6.2　二极管

线性电阻和有些非线性电阻，其伏安特性与其端电压的极性、电流的流向无关，其伏安特性曲线是关于原点对称的曲线。我们称它们为双向性元件。而许多非线性电阻是单向性的，当其两端所加电压方向不同时，流过它的电流完全不同，因而特性曲线不对称于原点。常见的 P-N 结二极管就是一种单向性电阻，其电路符号及伏安关系曲线如图 4-35 所示，其 VCR 可表示为

$$i = I_S(e^{\lambda u} - 1) \tag{4-14}$$

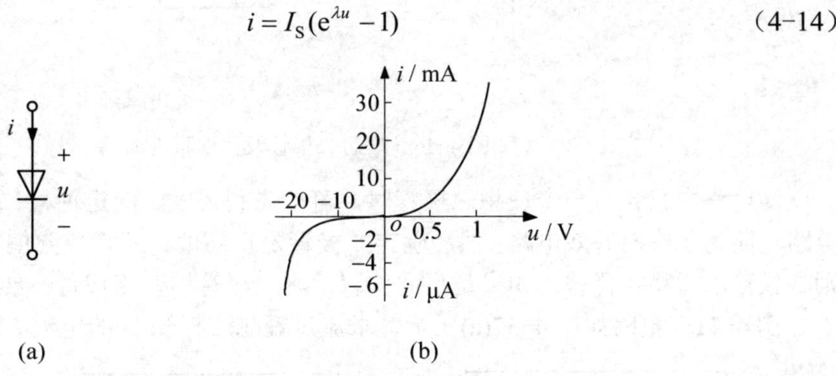

图 4-35　P-N 结二极管符号及伏安特性曲线

式中，I_S 为反向饱和电流；λ 是与温度有关的常数，在室温下 $\lambda \approx 40\text{V}^{-1}$。式（4-14）又可表示为

$$u = \frac{1}{\lambda}\ln\left(\frac{i}{I_S} + 1\right) \tag{4-15}$$

当二极管加正向电压时，其正向电流 i 随电压增加而增加，但不是成比例增加。(对硅

材料元件）当 $u < 0.5\text{V}$ 时 $i \approx 0$，而后随电压 u 增加而剧烈增加。一般认为硅材料二极管在正向电压 0.6V 或 0.7V 时导通。当二极管加反向电压时，只要所加电压小于其反向击穿电压，其电流反向，其值很小（硅材料管为几百微安以下），而且反向电流基本不随电压而变化，所以称为反向饱和电流。只要反向电压 u 大于反向击穿电压，二极管中电流就和正向导通时一样急剧增加。

P-N 结二极管的种类很多，特性差别很大，就是同一型号的二极管也有差异，会给电路分析和调试带来困难。在选用二极管时，一定要注意它的特性参数如反向击穿电压、反向饱和电流、最大允许工作电流等。

由于二极管的伏安关系不是简单的解析表达式（如式（4-14）和式（4-15）所示），因此在分析含二极管电路时，解方程将遇到很大困难。通常我们将二极管进行理想化处理，称之为理想二极管，其电路符号如图 4-36(a)所示。

由于大多含二极管的电路中，电源电压远比 0.6V 大而又远比反向击穿电压小，电流远比反向饱和电流大。所以，把二极管进行理想化处理，使理想二极管的 VCR 如图 4-36(b)所示，可以表示为

$$i = \begin{cases} 0 & u \leqslant 0 \\ \text{任意值} > 0 & u > 0 \end{cases} \tag{4-16}$$

由此可见，理想二极管的特性是一个电压控制的理想开关。当两端电压为正向偏置时，它像开关一样接通，称为导通；当反向偏置时，它像开关一样断开，称为截止。导通时它的电阻值为零；截止时它的电阻值为无限大。

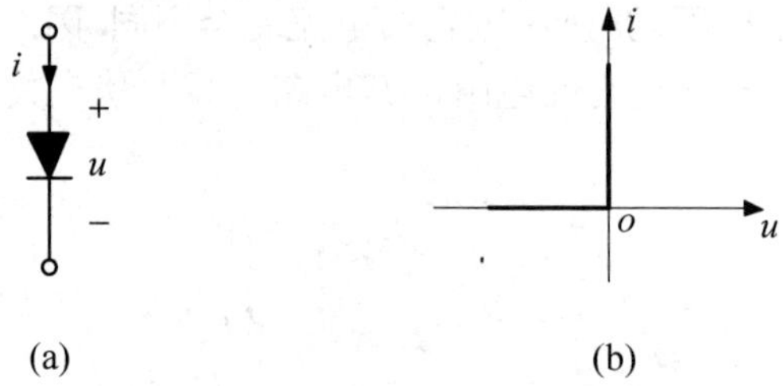

图 4-36　理想二极管及伏安特性曲线

当电路中只含有一个理想二极管时，可以先利用戴维南定理将二极管以外的线性电阻电路化简为戴维南等效电路；然后确定二极管是正向偏置还是反向偏置，如果是正向偏置，则二极管以短路线代替；如果是反向偏置，则二极管用开路代替；然后对电路进行计算。

例 4-21　电路如图 4-37(a)所示，求流过理想二极管 D 的电流 I 。

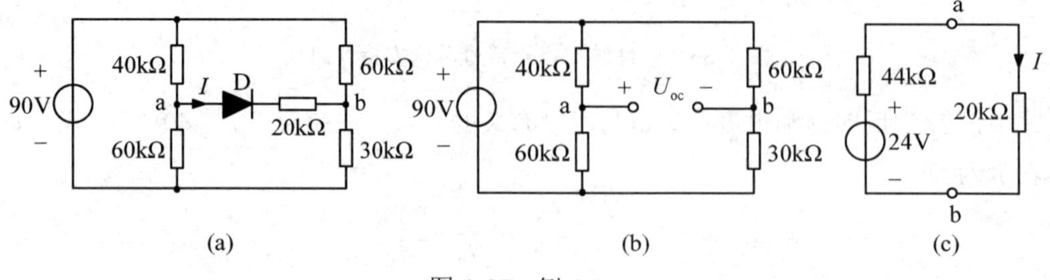

图 4-37　例 4-21

解：该电路含有一个理想二极管 D，首先判断它是截止的还是导通的。将二极管所在的支路移去，余下线性含源二端网络，化简为戴维南等效电路，如图 4-37(b)所示，ab 端开路电压为

$$U_{oc} = \frac{60}{60+40} \times 90 - \frac{30}{30+60} \times 90 = 24V$$

ab 端等效电阻为

$$R_0 = \frac{40 \times 60}{40+60} + \frac{30 \times 60}{30+60} = 44k\Omega$$

等效电路如图 4-37(c)所示，$U_{oc} > 0$，说明 a 点电位高于 b 点电位，所以理想二极管导通，可用短路线代替理想二极管，则流过二极管的电流为

$$I = \frac{24}{44+20} = 0.522mA$$

例 4-22　如图 4-38(a)所示电路，求理想二极管中的电流 I。

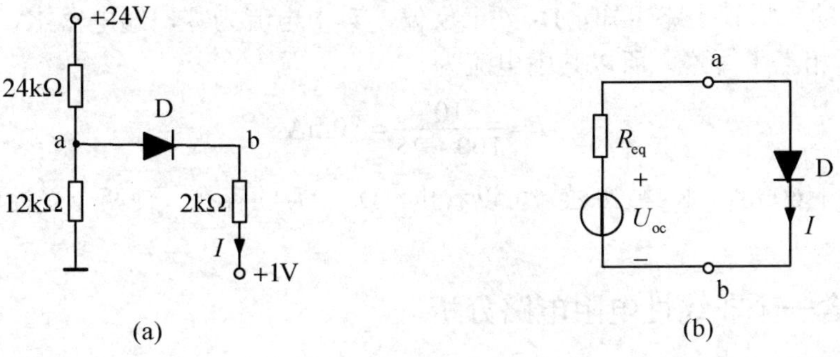

图 4-38　例 4-22 图

解：先把理想二极管 D 断去求 ab 端戴维南等效电路，如图 4-38(b)所示，其中

$$U_{oc} = \frac{12}{24+12} \times 24 - 1 = 7V$$

$$R_{eq} = \frac{24 \times 12}{24+12} + 2 = 10k\Omega$$

把二极管接入，很容易判断出二极管属于正偏，相当于短路线。所以，电流为

$$I = \frac{7}{10} = 0.7mA$$

例 4-23　某一控制电路如图 4-39(a) 所示，K_1、K_2 为两个继电器的线圈，线圈电阻为 25Ω。当通过继电器的电流大于 60mA 时，继电器接通。问电路中的继电器能否接通？

解：电路中二极管 D_1、D_2 两支路同连接于两节点之间，所以，从这两点分解电路为两个单口电路，线性电路的等效电路如图 4-39(b)所示，其中

$$U_{oc} = \frac{\frac{20}{200} + \frac{10}{600} - \frac{5}{300}}{\frac{1}{200} + \frac{1}{600} + \frac{1}{300}} = 10V$$

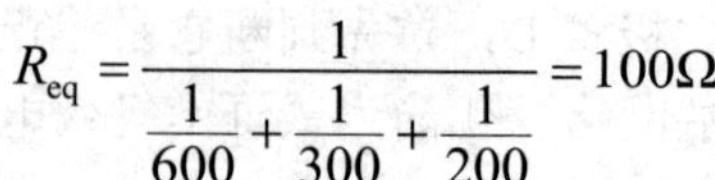

$$R_{eq}=\frac{1}{\frac{1}{600}+\frac{1}{300}+\frac{1}{200}}=100\Omega$$

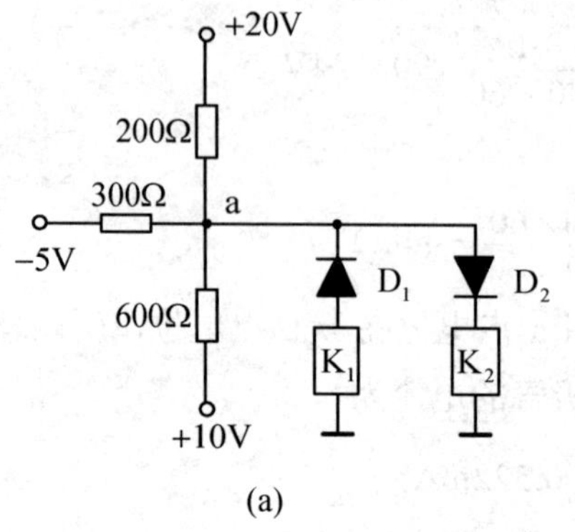

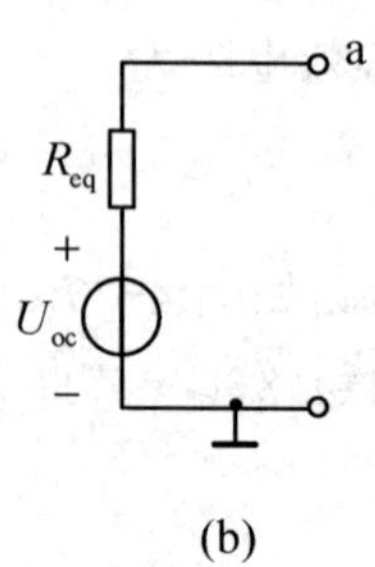

图 4-39　例 4-23 图

接上断去的二极管支路可知，D_1 处于反偏，其中电流为零，继电器 K_1 不会被接通。D_2 处于正偏，相当于短路，所以其中电流为

$$I=\frac{10}{100+25}=80\text{mA}$$

此电流大于 60mA，K_2 被接通。可以看出，D_1、D_2 的存在，使两个受控电路不会同时被接通。

4.6.3　含一个非线性电阻电路分析

由于这种电路中只含有一个非线性电阻元件，其他都是线性元件和独立源，所以，在分析时可以先把原电路分解成如图 4-40 所示的两个单口电路，其中一个是由独立源和线性电阻、受控源构成的单口电路，另一个是非线性电阻；然后应用戴维南或诺顿定理将线性单口电路化简，得到它的伏安关系

$$u=u_{oc}-R_{eq}i \tag{4-17a}$$

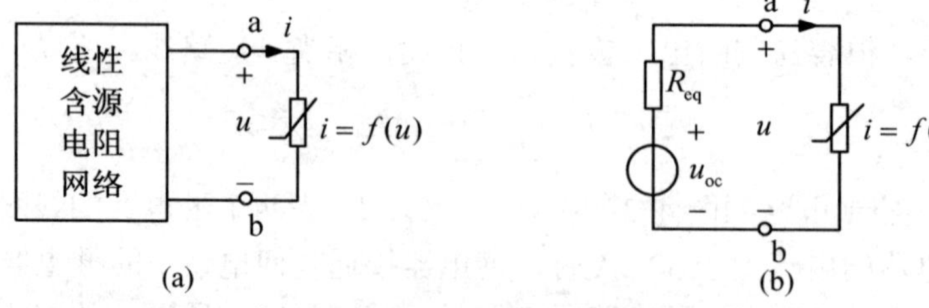

图 4-40　非线性电阻电路分解

或

$$i=i_{sc}-\frac{u}{R_{eq}} \tag{4-17b}$$

如果非线性电阻的伏安关系可用解析式表示为

$$i = f(u) \tag{4-18}$$

则可以将式（4-17）和式（4-18）联立求解，得到非线性电阻（即两端口）的电压u和电流i。

通常，非线性元件的VCR是用$u-i$平面的曲线表示的，这时可采用图解法求解u和i。非线性元件的伏安关系曲线如图4-41所示，将线性部分VCR即式（4-17a）或式（4-17b），画在同一$u-i$平面上，如图4-41所示，线性部分伏安关系为一条斜率为$-1/R_{eq}$的直线。电子电路中R_{eq}常表示负载，故该直线常称为负载线。两个单口的VCR曲线在$u-i$平面上相交，其交点$Q(U_0,I_0)$既满足线性单口，又满足非线性电阻，称Q点为电路的工作点。这种用两VCR曲线相交来分析电路的方法又称为负载线法。

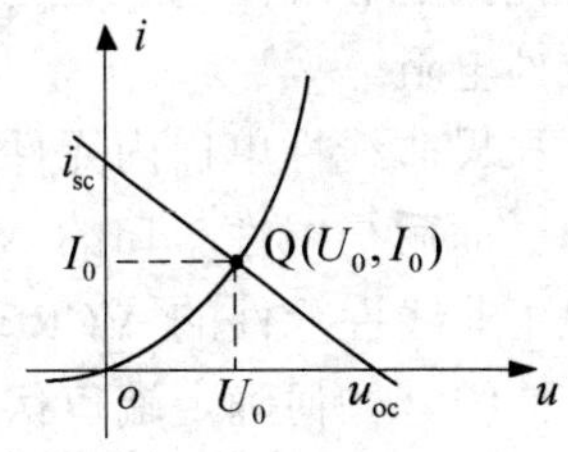

图4-41　非线性电阻电路的图解法

例 4-24　求图4-42(a)所示电路中的工作点。已知非线性电阻的VCR为$i = 0.3u + 0.04u^2$。

解：断开非线性电阻，如图4-42 (b)所示。对线性单口求戴维南电路

$$u_{oc} = \frac{10}{10+2} \times 84 = 70\text{V}$$

$$R_{eq} = \frac{10 \times 2}{10+2} = \frac{5}{3}\Omega$$

等效电路如图4-42(c)所示。其VCR为

$$u = 70 - \frac{5}{3}i \tag{4-19}$$

将非线性电阻的VCR与式（4-19）联立计算工作点，即

$$\begin{cases} I_0 = 0.3U_0 + 0.04{U_0}^2 \\ U_0 = 70 - \dfrac{5}{3}I_0 \end{cases}$$

整理得

$${U_0}^2 + 22.5U_0 - 1050 = 0$$

解得

$$\begin{cases} U_0 = 23.05\text{V} \\ I_0 = 28.17\text{A} \end{cases} \quad \text{或} \quad \begin{cases} U_0 = -45.55\text{V} \\ I_0 = 69.33\text{A} \end{cases}$$

所以电路的工作点为(23.05V, 28.17A）或(－45.55V, 69.33A)。

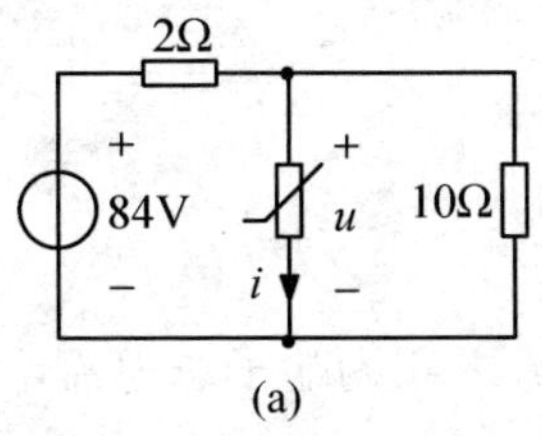

(a)

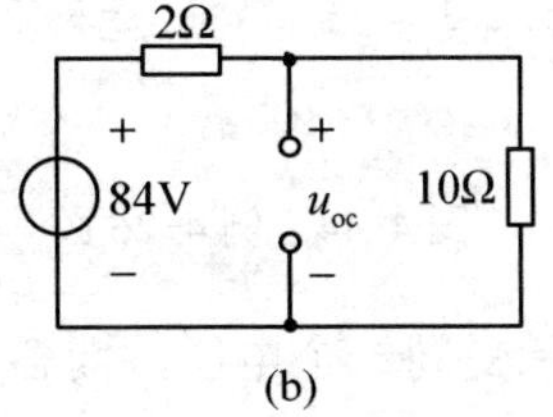

(b)

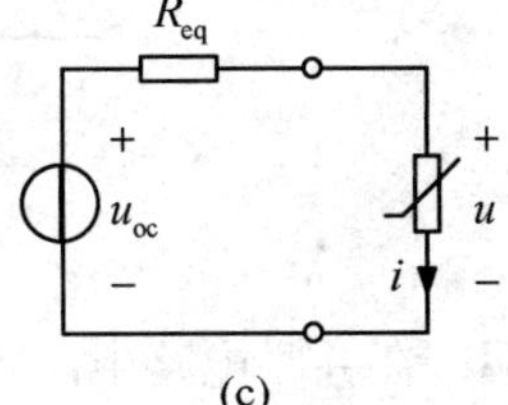

(c)

图4-42　例4-24图

应该说明，如果还需要计算其他支路电压或电流，可以在求得非线性元件上电压或电流后应用置换定理求解，不再多述。

4.6.4 非线性电阻的串联和关联

对于含有两个以上非线性电阻的串联、并联和混联的电路，仍然可用以上方法分析，只要先把由非线性电阻（也可含有线性电阻、独立源等）构成的单口电路等效化简成一个非线性电阻。

如果非线性单口内元件的 VCR 都是解析表达式，利用 KCL、KVL 可以求出端子上的 VCR。而后与线性单口的 VCR 联立，即可求出非线性端口上的电压、电流。但是，多数情况下非线性元件的 VCR 以曲线形式给出，所以，在此重点说明利用图解法由各元件的伏安曲线，如何确定端口伏安特性曲线。

例 4-25 设有两个二极管 D_1 和 D_2 串联，如图 4-43(a)所示。它们的伏安特性曲线如图 4-43(b)所示，确定它们串联后的特性曲线。

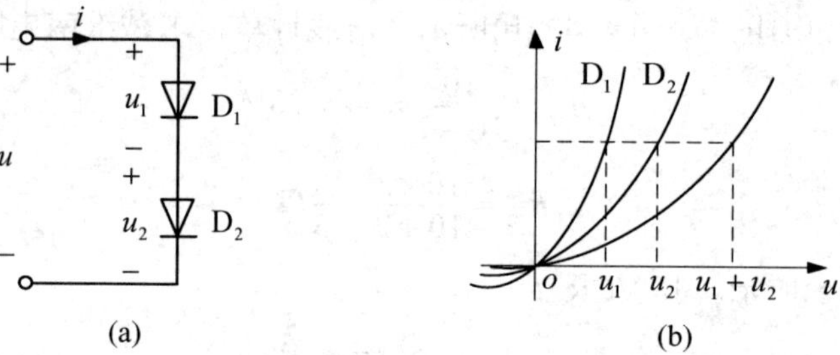

图 4-43 例 4-25 图

解：在串联电路中，由 KVL 得到

$$u = u_1 + u_2$$

所以在 $u-i$ 平面上，把任一电流 i 时的电压 u_1、u_2 相加，便可得到串联后等效电阻上的电压 u。这样我们就可确定它们串联后的特性曲线，如图 4-43(b)所示。

例 4-26 设有两个二极管 D_1、D_2 并联，如图 4-44(a)所示，它们的伏安特性曲线示于图 4-44(b)中，用图解法确定 D_1、D_2 并联后的伏安特性。

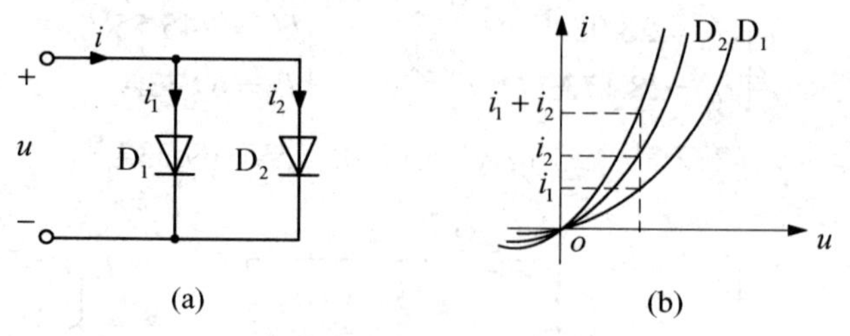

图 4-44 例 4-26 图

解：在并联电路中，各元件承受同一个电压，而各元件电流之和为端子总电流，即

$$i = i_1 + i_2$$

所以，在$u-i$平面上，把任一电压u时的电流i_1、i_2相加，便可得到并联后等效电阻中的电流i。这样，我们就可确定它们并联后的伏安特性曲线，如图 4-44(b)所示。

例 4-27　如图 4-45(a)所示，一个线性电阻R、一个电压源U_S和一个理想二极管 D 串联，求这三元件构成的单口电路的伏安曲线。

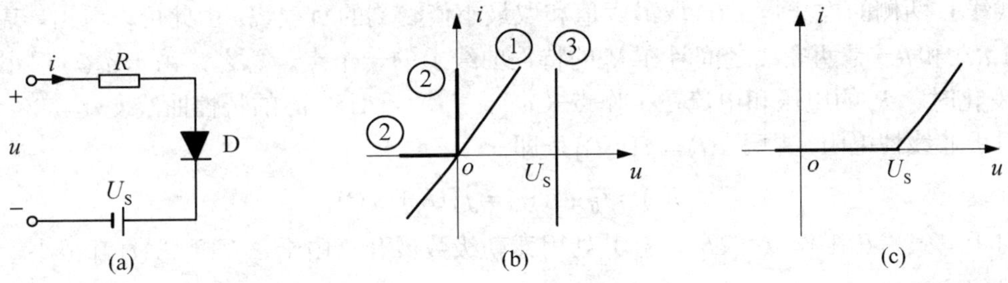

图 4-45　例 4-27 图

解：先将电阻R、理想二极管 D 和电压源U_S的伏安曲线画在$u-i$平面上，分别如图 4-45(b)中曲线①、②、③所示。由于理想二极管 D 的存在，所以电流$i \geqslant 0$；又因为，当$u \leqslant U_S$时，二极管截止（$i=0$）。所以将曲线①、②、③沿u轴相加得图 4-45(c)所示的特性曲线。

4.6.5　小信号分析法

小信号分析法是电子线路中分析非线性电路的重要方法。以图 4-46(a)所示的电路为例来建立小信号分析的基本概念。U_S为直流电压源（为电路中非线性元件建立工作点并提供能量），$u_S(t)$为时变电源（电路要处理的信号源），R为线性电阻，R_f为压控型非线性电阻，其伏安曲线如图 4-46(b)所示，表示为

$$i(t) = f[u(t)] \tag{4-20}$$

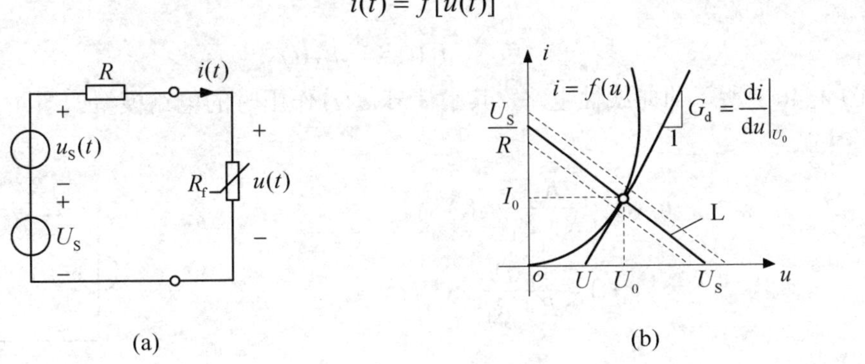

图 4-46　非线性电路小信号分析法

假定电路中只含有直流电压源U_S，采用负载线法可以得到R_f的工作点（U_0，I_0），如图 4-46(b)所示。在直流工作点建立起来的基础上，加上信号源$u_S(t)$，假定$u_S(t)$在任何时刻都满足$U_S \gg |u_S(t)|$，则把$u_S(t)$称为小信号电压，此时，$u(t)$和$i(t)$必定是

$$\begin{cases} u(t) = U_0 + u_\Delta(t) \\ i(t) = I_0 + i_\Delta(t) \end{cases} \tag{4-21}$$

其中$u_\Delta(t)$和$i_\Delta(t)$是工作点（U_0，I_0）附近，由小信号源$u_S(t)$产生的增量响应。我们知道，当$u_S(t)$随时间变化时，R_f的负载线是一平行于直流负载线L的平行线族，图4-46 (b)中负载线L两侧的虚线是$u_S(t)$取最大值和取最小值时刻的负载线。由此可以看出，某一时刻t的$u(t)$和$i(t)$是两虚线之间且在R_f的特性曲线上的一个点。总之，由于$u_S(t)$很小，当$u_S(t)$变化时，R_f的电压和电流在工作点（U_0，I_0）近旁沿R_f的特性曲线变化。

对于非线性电阻，由于$i(t) = f[u(t)]$，即

$$i(t) = I_0 + i_\Delta(t) = f[U_0 + u_\Delta(t)]$$

对于上式，在工作点（U_0，I_0）处用泰勒级数展开，由于$u_\Delta(t)$、$i_\Delta(t)$都很小，只取展开式的前两项，得

$$i(t) \approx f(U_0) + f'(U_0) \cdot [u(t) - U_0] \tag{4-22}$$

因$i(t) = I_0 + i_\Delta(t)$、$I_0 = f(U_0)$，所以

$$i_\Delta(t) \approx f'(U_0) u_\Delta(t)$$

即

$$f'(U_0) = \left.\frac{\mathrm{d}f}{\mathrm{d}u}\right|_{U_0} = \left.\frac{\mathrm{d}i}{\mathrm{d}u}\right|_{U_0} = G_\mathrm{d} = \frac{1}{R_\mathrm{d}} \tag{4-23}$$

式（4-23）中，G_d和R_d分别是非线性电阻R_f在工作点（U_0，I_0）处的动态电导、动态电阻。这样，非线性电阻R_f在工作点附近，被处理成了线性电导G_d或电阻R_d。也就是说，增量响应$u_\Delta(t)$和$i_\Delta(t)$可以表示为

$$u_\Delta(t) = R_\mathrm{d} i_\Delta(t) \tag{4-24a}$$

或

$$i_\Delta(t) = G_\mathrm{d} u_\Delta(t) \tag{4-24b}$$

对图4-46(a)所示的非线性电路，其小信号$u_S(t)$作用时的电路模型如图4-47所示。由图4-47得到

$$u_\Delta(t) = \frac{R_\mathrm{d}}{R + R_\mathrm{d}} u_S(t)$$

$$i_\Delta(t) = \frac{u_S(t)}{R + R_\mathrm{d}}$$

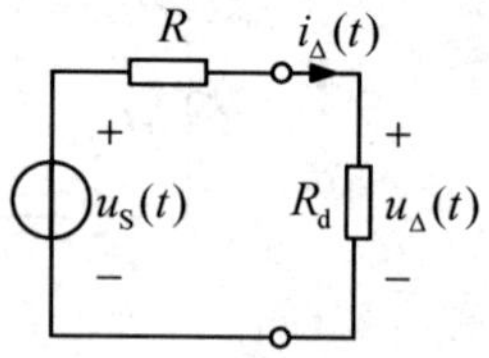

R
$i_\Delta(t)$
+
$u_S(t)$
−
R_d
+
$u_\Delta(t)$
−

图4-47　小信号电路模型

因此

$$u(t) = U_0 + \frac{R_\mathrm{d}}{R + R_\mathrm{d}} u_S(t)$$

$$i(t) = I_0 + \frac{u_S(t)}{R + R_\mathrm{d}}$$

例4-28　如图4-48(a)所示的电路，非线性电阻的伏安特性为$i = u^2$ (A)，式中u的单位为V，小信号电流源电流$i_S(t) = 3 \times 10^{-3} \cos\omega t$ (A)。试用小信号分析法求电压$u(t)$和电

流 $i(t)$。

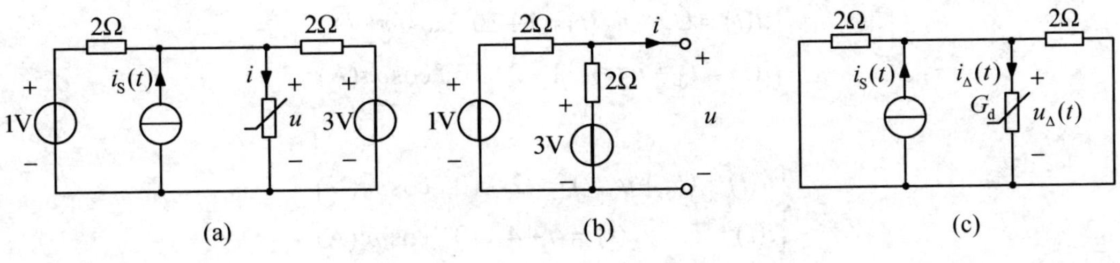

图 4-48　例 4-28 图

解：（1）求工作点。令 $i_S(t)=0$，如图 4-48(b)所示，线性电路的 VCR（即负载线方程）为

$$u = 2 - i$$

与非线性电阻的 VCR 联立，即

$$\begin{cases} u = 2 - i \\ i = u^2 \end{cases}$$

工作点

$$U_0 = \begin{cases} 1\text{V} \\ -2\text{V} \end{cases} \qquad I_0 = \begin{cases} 1\text{A} \\ 4\text{A} \end{cases}$$

（2）求非线性电阻在工作点处的动态电导。

$$G_d = \left.\frac{\mathrm{d}i}{\mathrm{d}u}\right|_{U_0} = 2U_0$$

当 $U_0 = 1\text{V}$ 时，$G_d = 2U_0 = 2\text{S}$；

当 $U_0 = -2\text{V}$ 时，$G_d = 2U_0 = -4\text{S}$。

（3）求小信号电压和电流，画出小信号等效电路如图 4-48(c)所示，得到

$$i_\Delta(t) = \frac{G_d}{G_d + \frac{1}{2} + \frac{1}{2}} i_S(t) = \frac{G_d}{G_d + 1} i_S(t)$$

当 $G_d = 2\text{S}$ 时

$$i_\Delta(t) = \frac{2}{3} i_S(t) = 2 \times 10^{-3} \cos\omega t\ (\text{A})$$

$$u_\Delta(t) = \frac{i_\Delta(t)}{G_d} = 10^{-3} \cos\omega t\ (\text{V})$$

当 $G_d = -4\text{S}$ 时

$$i_\Delta(t) = \frac{4}{3} i_S(t) = 4 \times 10^{-3} \cos\omega t\ (\text{A})$$

$$u_\Delta(t) = \frac{i_\Delta(t)}{G_d} = -10^{-3} \cos\omega t\ (\text{V})$$

因此，非线性电阻的电压和电流分别为

$$\begin{cases}u(t)=U_0+u_\Delta(t)=1+10^{-3}\cos\omega t(\text{V})\\ i(t)=I_0+i_\Delta(t)=1+2\times10^{-3}\cos\omega t(\text{A})\end{cases}$$

或

$$\begin{cases}u(t)=U_0+u_\Delta(t)=-2-10^{-3}\cos\omega t(\text{V})\\ i(t)=I_0+i_\Delta(t)=4+4\times10^{-3}\cos\omega t(\text{A})\end{cases}$$

思考与讨论 4

4-1 “线性电路一定具有叠加性，具有叠加性的电路一定是线性电路。”这种说法对吗？

4-2 某电路中含有两个独立电流源I_{S1}和I_{S2}。当I_{S2}断开时，电流源I_{S1}的输出功率为28W；当I_{S1}断开时，I_{S2}的输出功率为54W；当两独立源同时作用于电路时，它们向电路提供的总功率是82W吗？电流源I_{S1}和I_{S2}各自的输出功率还是28W和54W吗？

4-3 电路中含有三个独立源U_{S1}和U_{S2}和I_{S1}。当电流源I_{S1}和电压源U_{S1}反向时（U_{S2}不变），在某支路上产生的电压U_{ab}是原来的0.5倍；当电流源I_{S1}和电压源U_{S2}反向时（U_{S1}不变），电压U_{ab}是原来的0.3倍。当电流源I_{S1}反向时（U_{S1}、U_{S2}均不变），试确定电压U_{ab}是原来的多少倍？

4-4 一个线性含源二端网络根据置换定理可用一个电压源替换，根据戴维南定理又可以用电压源串联电阻来替换，两种说法有矛盾吗？为什么？

4-5 对任意含源线性二端网络，都可用戴维南定理和诺顿定理求其等效电路吗？

4-6 电路如图4-49所示，若用戴维南等效电路的方法求电压U，能否从ab两端断开，求ab右端的戴维南等效电路。

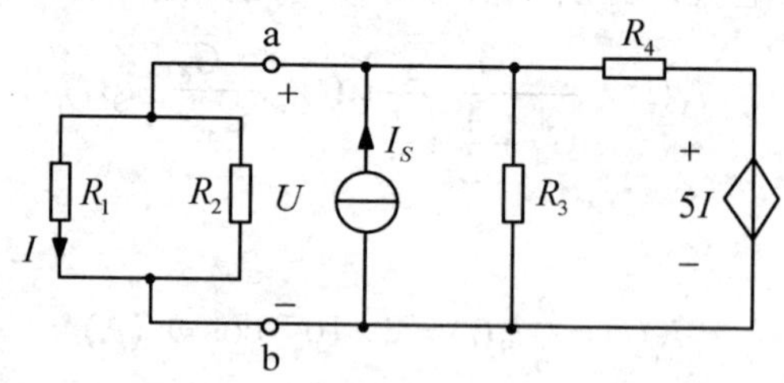

图4-49 思考与讨论4-6图

4-7 理想独立电压源和理想独立电流源不能等效变换，但对某一确定的电路，若已知理想电压源中的电流为2A，可以用电流为2A的电流源代换电压源吗？代换后对其他去路有影响吗？

4-8 试归纳求等效电阻的几种方法。

4-9 在分析大规模网络时应用所谓的“分裂法”有时很方便。如图4-50(a)所示电路，根据替代定理可等效为图4-50(b)，这对于N_1和N_2而言其端口电压不变。试问能否以电流源分裂替代？

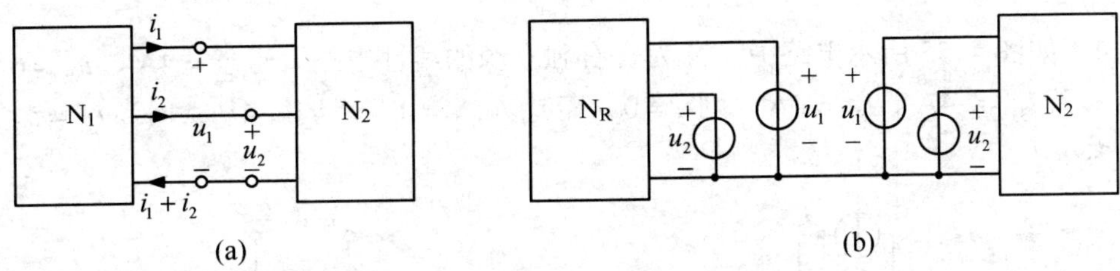

图 4-50　思考与讨论 4-9 图

4-10　图 4-51 中 U_S 和 I_S 分别为定值常数，R_L 为负载电阻。试讨论各图中可变电阻为何值时，负载电阻可得到的功率最大？

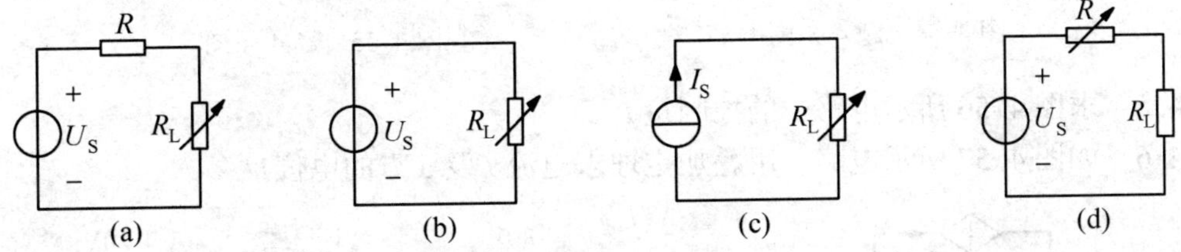

图 4-51　思考与讨论 4-10 图

4-11　设 R_L 为含源单口网络 N 的负载，R_L 消耗的功率为 P_L，网络 N 中独立源提供的功率为 P_S，通常定义功率传递效率 $\eta=\dfrac{P_L}{P_S}$。调节 R_L 与 N 的等效电阻 R_0 相同时，R_L 可获得最大功率 P_{max}，此时 $\eta=\dfrac{P_{max}}{P_S}$。试问，此时原电路的功率传递效率是 $\eta=50\%$ 吗？R_0 所消耗的功率是网络 N 内部电阻所消耗的功率吗？

4-12　要使一个 100Ω 的负载电阻从内阻为 50Ω 的电源获取最大功率，采取再用一个 100Ω 的电阻与该负载并联的办法是否可以？

习　题　4

4-1　应用叠加定理求图 4-52 中电流 I。欲使 $I=0$，则 U_S 应取何值？

4-2　用叠加定理求图 4-53 电路中的电压 U。

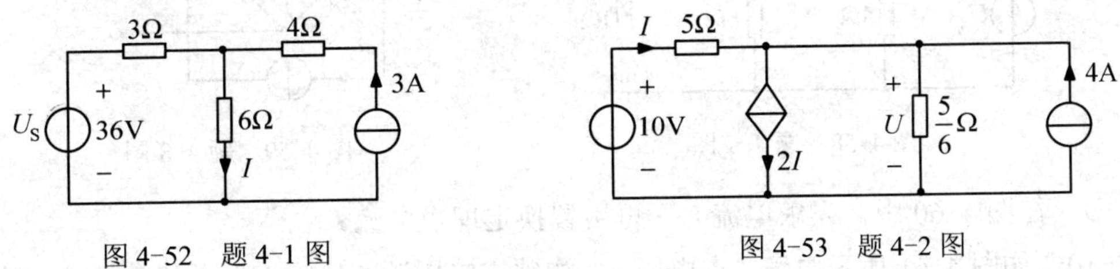

图 4-52　题 4-1 图　　图 4-53　题 4-2 图

4-3　电路如图 4-54 所示，N_0 为不含独立源的线性电阻电路。已知当 $u_S=12V$，

$i_S = 4\text{A}$ 时，$u = 0$；当 $u_S = -12\text{V}$ 时，$i_S = -2\text{A}$ 时，$u = -1\text{V}$；求当 $u_S = 9\text{V}$，$i_S = -1\text{A}$ 时的电压 u。

4-4　如图 4-55 所示电路中，N 为含有独立源的线性电路。若 $i_{S1} = 4\text{A}$、$i_{S2} = 6\text{A}$，则 $u = 4\text{V}$；若 $i_{S1} = -4\text{A}$、$i_{S2} = 2\text{A}$，则 $u = 0$；若 $i_{S1} = i_{S2} = 0$，则 $u = -4\text{V}$。问当 $i_{S1} = i_{S2} = 10\text{A}$ 时 u 为多少？

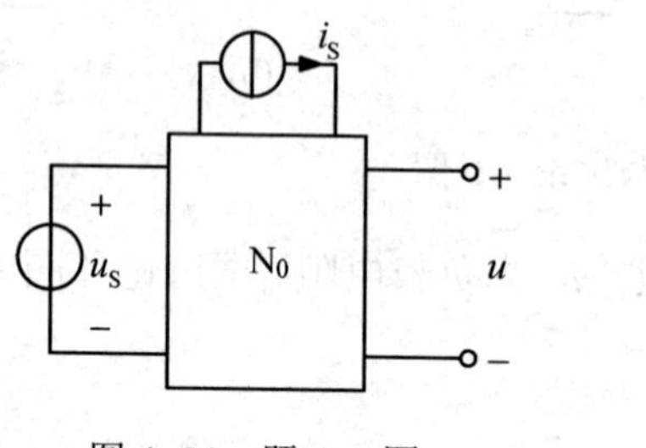

图 4-54　题 4-3 图

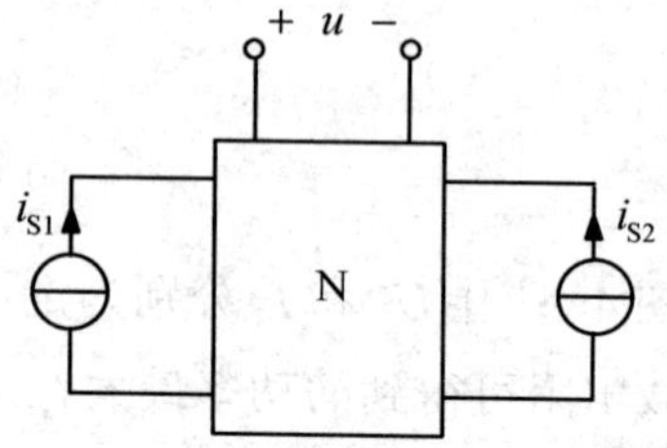

图 4-55　题 4-4 图

4-5　求图 4-56 所示电路中的控制量 I_x。

4-6　如图 4-57 所示电路，用叠加定理求电流 I 及 a 点的电位 U_a。

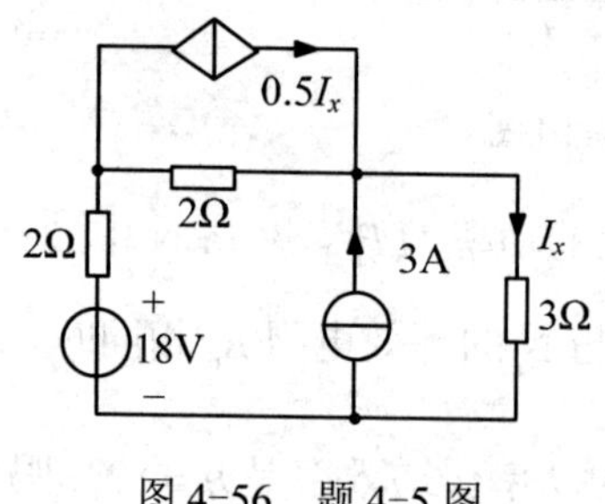

图 4-56　题 4-5 图

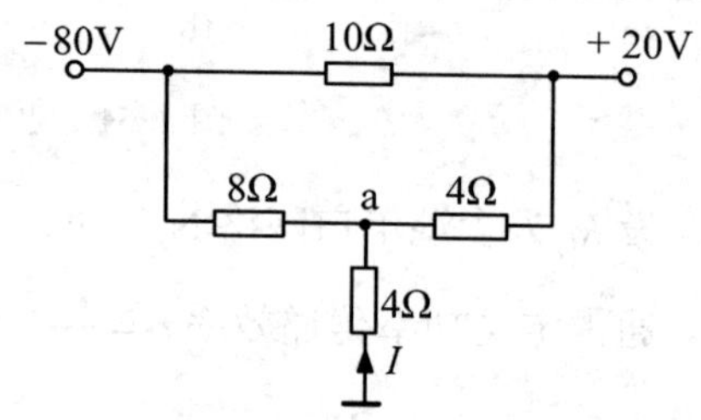

图 4-57　题 4-6 图

4-7　如图 4-58 所示梯形电路。

（1）若 $I = 1\text{A}$，求 U_S 及各支路电流；

（2）若 $U_S = 24\text{V}$，求 I 及各支路电流。

4-8　如图 4-59 所示电桥电路中，若 $R_1R_4 = R_2R_3$，试证明 u 正比于 u_S，而与 i_S 无关。

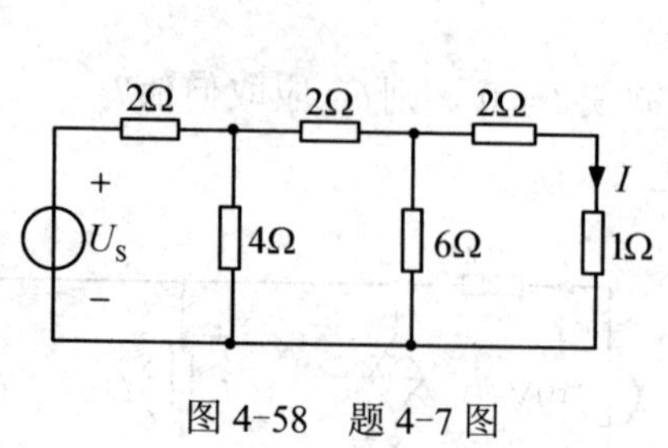

图 4-58　题 4-7 图

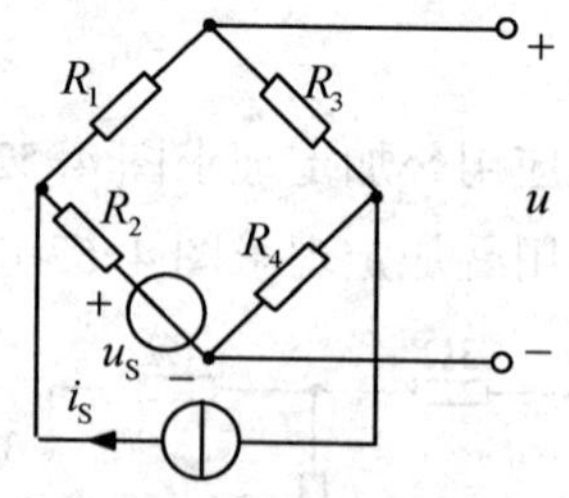

图 4-59　题 4-8 图

4-9　在图 4-60 中，先求电流 I_1，再用置换定理求电流 I_2。

4-10　如图 4-61 所示电路，求电压 u。如独立电压源的值均增至原值的两倍，独立电流源的值下降为原值的一半，电压 u 变为多少？

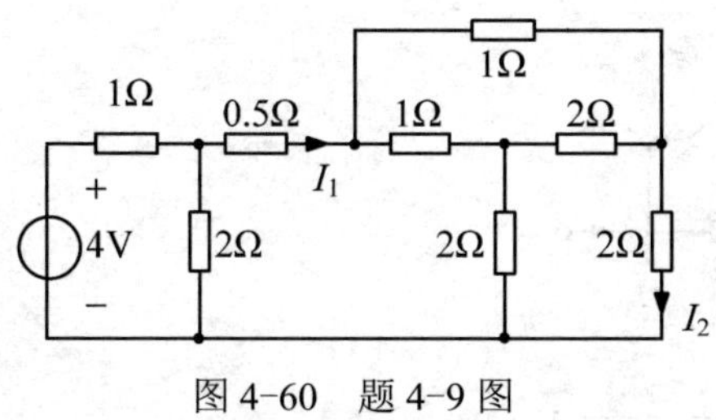

图 4-60 题 4-9 图

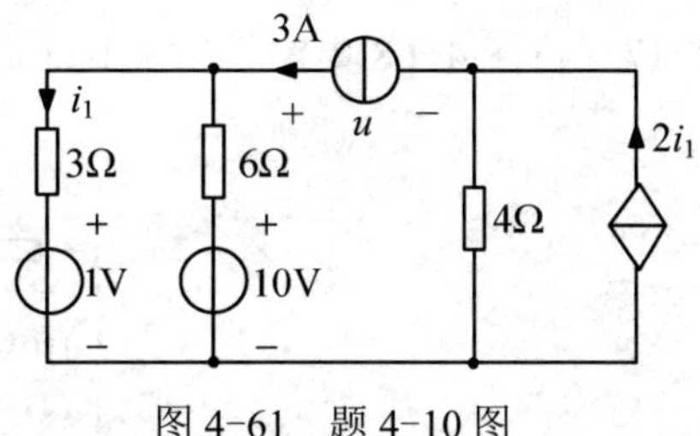

图 4-61 题 4-10 图

4-11 用置换定理求图 4-62 所示电路中各支路电流、节点电压以及$\frac{u_0}{u_S}$。

4-12 如图 4-63 所示电路，R 为可变电阻，N 为含独立源的网络，R 改变时，电流 i_2 也改变，当 $i_2=4\text{A}$ 时，$i_1=5\text{A}$；当 $i_2=2\text{A}$ 时，$i_1=3.5\text{A}$。求 $i_2=\frac{4}{3}\text{A}$ 时的 i_1。

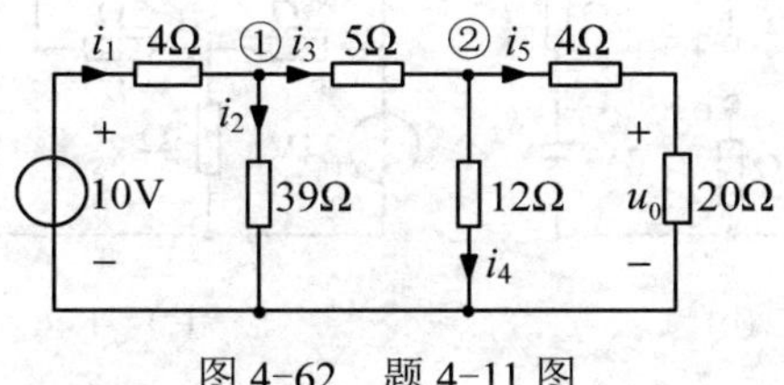

图 4-62 题 4-11 图

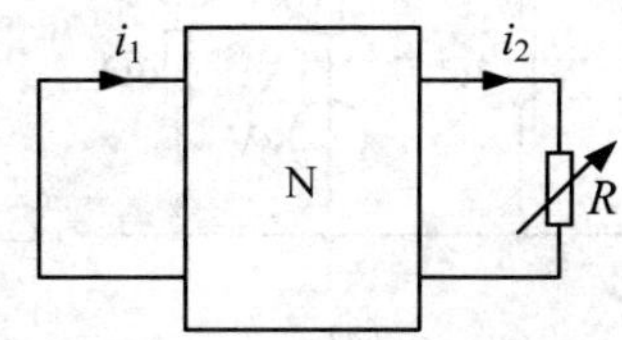

图 4-63 题 4-12 图

4-13 如图 4-64 所示电路，（1）求单口网络 N 的等效电阻；（2）求电压 U_1；（3）试用置换定理求电压 U。

4-14 已知图 4-65 所示电路中 $i=1\text{A}$，试用替代定理求 R。

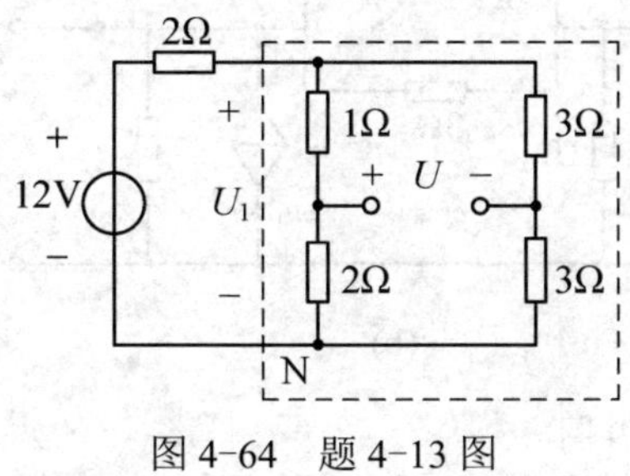

图 4-64 题 4-13 图

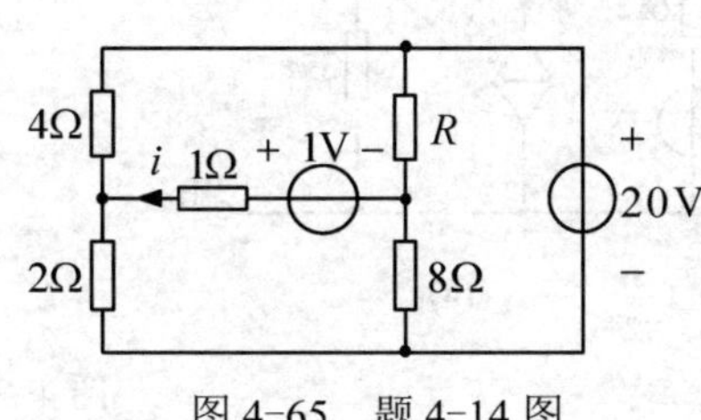

图 4-65 题 4-14 图

4-15 如图 4-66 所示电路中，N 为含独立源的线性电阻网络。已知当 $R=4\Omega$ 时，$i_2=1\text{A}$、$i_1=1.5\text{A}$；当 $R=12\Omega$ 时，$i_2=0.5\text{A}$、$i_1=1.75\text{A}$。用替代定理求 R 为多少时 $i_1=1.9\text{A}$。（提示：将 R 支路分别用电压源和电流源替代，然后用叠加定理计算。）

4-16 试确定图 4-67 所示电路的端口特性方程，并画出单口等效电路。

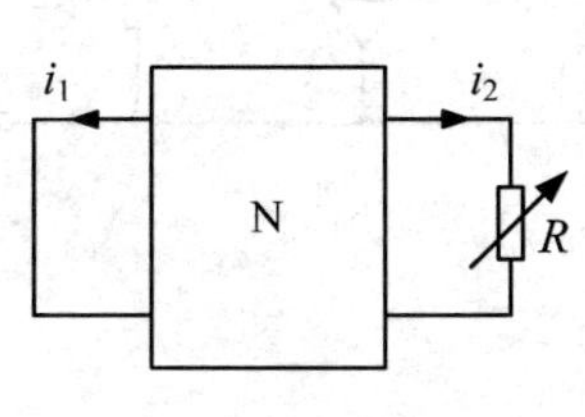

图 4-66 题 4-15 图

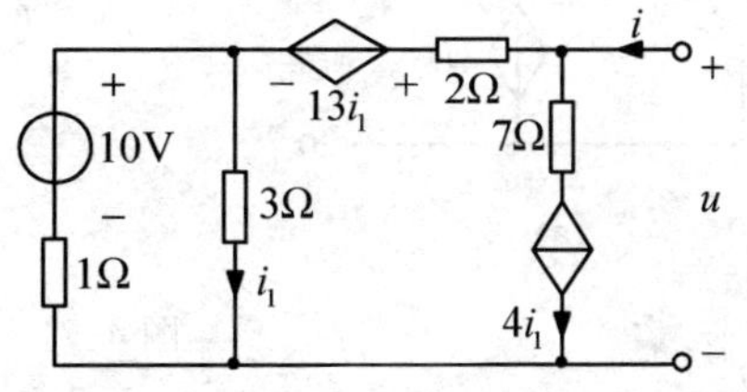

图 4-67 题 4-16 图

4-17　将图 4-68 电路等效变换为最简单形式。

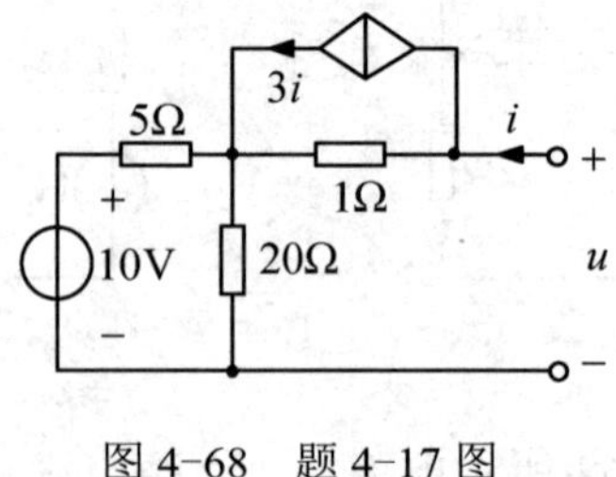

图 4-68　题 4-17 图

4-18　用戴维南定理求图 4-69 各电路的等效电路。

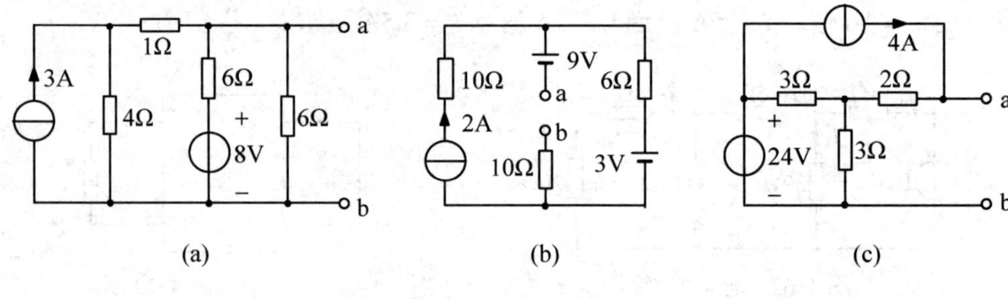

图 4-69　题 4-18 图

4-19　求图 4-70 所示电路 ab 端的戴维南等效电路。

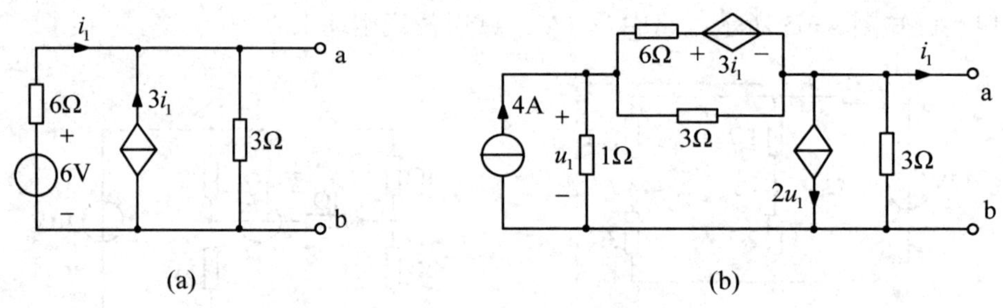

图 4-70　题 4-19 图

4-20　求图 4-71 所示电路 ab 端的戴维南等效电路。

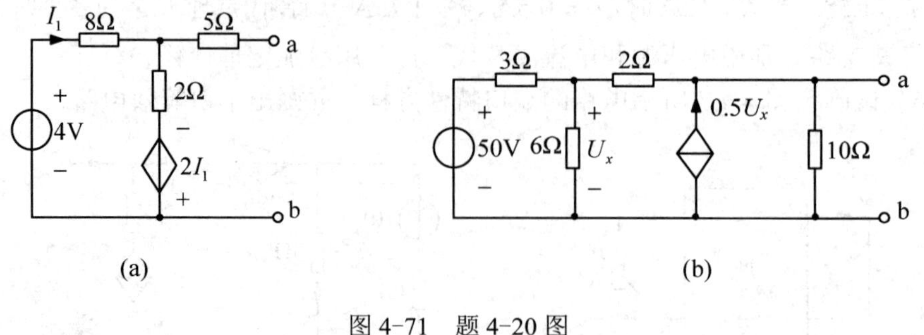

图 4-71　题 4-20 图

4-21　求图 4-72 所示电路 ab 端的诺顿等效电路。

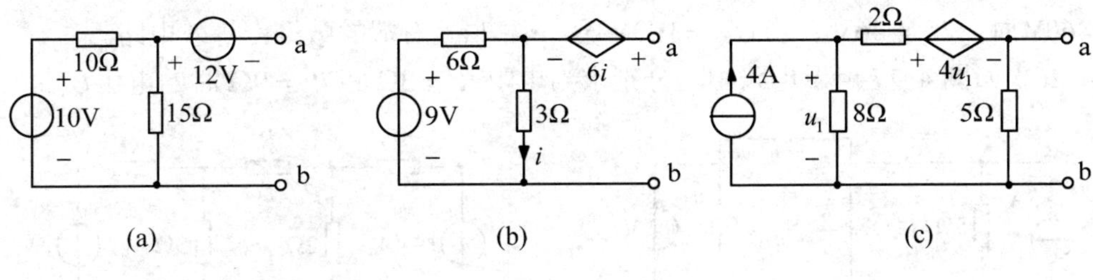

图 4-72　题 4-21 图

4-22　如图 4-73(a)中的 N 为含有独立源的线性电路，其端口伏安关系曲线如图 4-73(b)所示。试求其戴维南等效电路和诺顿等效电路。

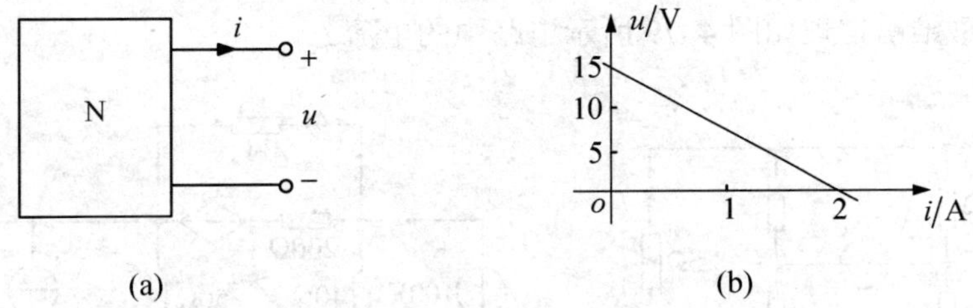

图 4-73　题 4-22 图

4-23　求图 4-74 所示两电路 a、b 端的戴维南或诺顿等效电路。每个电路是否都存在两种等效电路？为什么？

图 4-74　题 4-23 图

4-24　N 为有源线性电阻网络，其两种工作状态如图 4-75(a)和(b)所示，试求图 4-75 (c)电路中的电压 u。

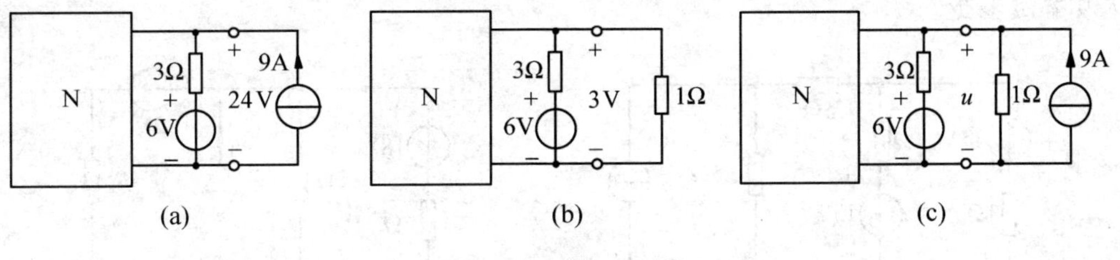

图 4-75　题 4-24 图

4-25　如图 4-76 所示电路中，N_0 为无源线性电阻网络。当 $U_{S2}=0$ 时，$U_1=10V$；当

$U_{S2}=60\text{V}$ 时，$U_1=46\text{V}$；求 $U_{S2}=100\text{V}$ 时，端口 ab 右端的戴维南等效电路。

4-26　如图 4-77 所示电路中，分别求当电阻 $R_x=3\Omega$ 和 $R_x=9\Omega$ 时的电压 U。

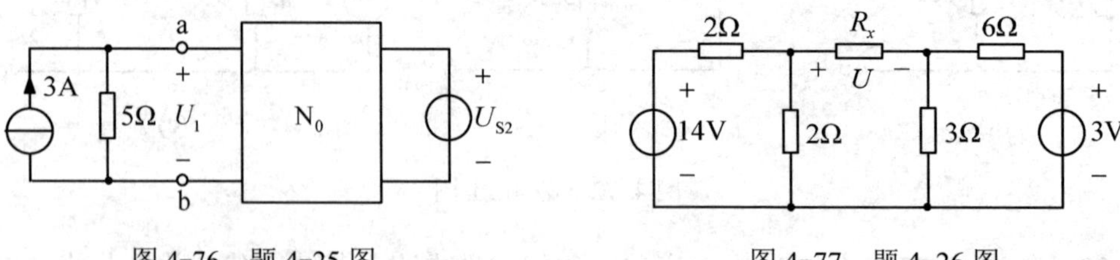

图 4-76　题 4-25 图　　　　图 4-77　题 4-26 图

4-27　用诺顿定理求图 4-78 所示电路中的电流 I。

4-28　用戴维南定理如图 4-79 所示电路中的电流 I。

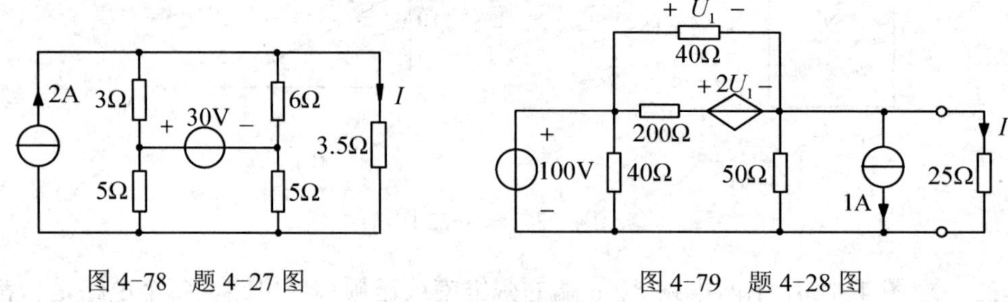

图 4-78　题 4-27 图　　　　图 4-79　题 4-28 图

4-29　用诺顿定理求图 4-80 所示电路中的电流 i。

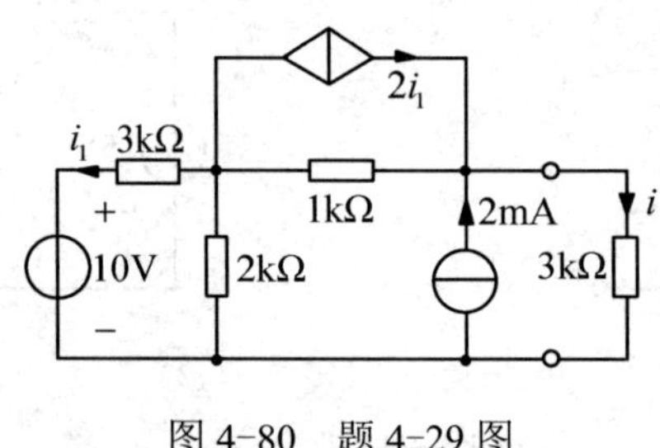

图 4-80　题 4-29 图

4-30　电路如图 4-81 所示，求负载电阻 R_L 上消耗的功率。

4-31　如图 4-82 电路中，负载电阻 R_L 可任意改变，问 R_L 为何值时其可获得最大功率？最大功率是多少？

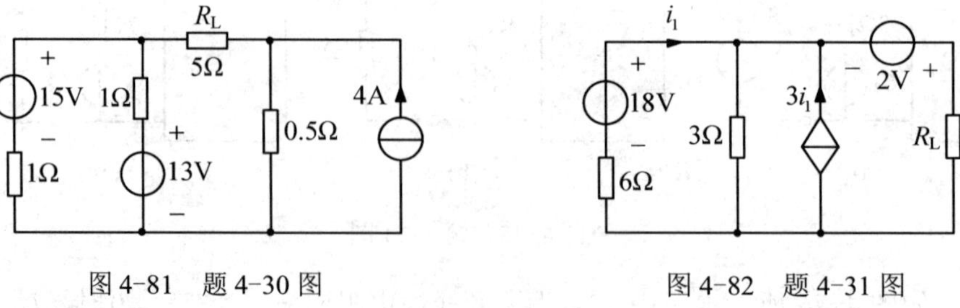

图 4-81　题 4-30 图　　　　图 4-82　题 4-31 图

4-32　在图 4-83 所示电路中，R_L 为何值时 R_L 可获得最大功率？并求最大功率 P_{max}。

4-33　电路如图 4-84 所示，当负载电阻 $R_L = 8\Omega$ 时，能否获得最大传输功率？若欲使 R_L 不消耗功率，那么电压源 U_S 应取何值？

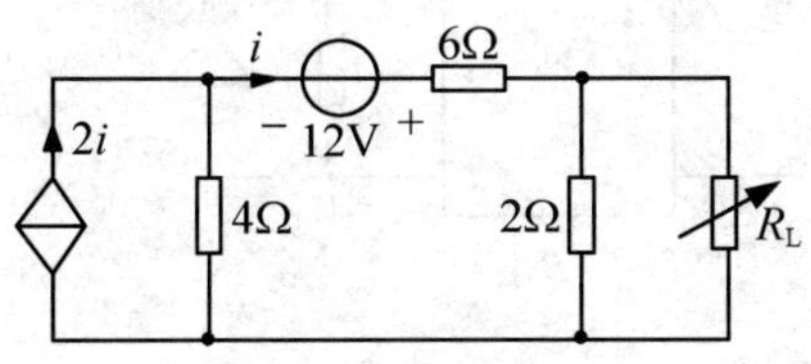

图 4-83　题 4-32 图

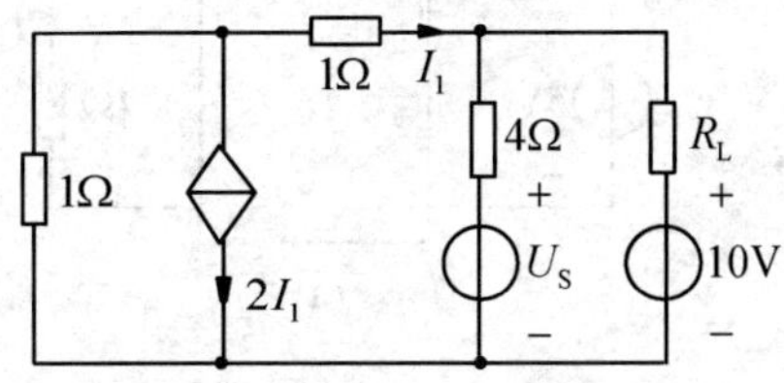

图 4-84　题 4-33 图

4-34　电路如图 3-85 所示，N 为含源线性单口网络，已知在开关 K 闭合，$R_L = \infty$ 时，$U = 29V$；$R_L = 4\Omega$ 时，R_L 可获得最大功率。求开关 K 断开时，R_L 取何值才能获得最大功率，并求最大功率。

4-35　在用电压表测量电路中两点间电压时，等效电路如图 4-86 所示。由于电压表内阻 R_V 不是无穷大，将引起测量误差。试证明用内阻为 R_V 的电压表测量时产生的相对误差 $\delta = \dfrac{U - U_{oc}}{U_{oc}} = \dfrac{-R_{eq}}{R_V + R_{eq}}$（式中 U 为测量值，U_{oc} 为真实值）。

4-36　接续上题。如用内阻 R_V 不同的两个电压表进行测量，则从两次测得的数据及电压表的内阻就可知道被测电压的真实值。设用内阻 R_V 为 $100k\Omega$ 的电压表测量时，测得电压为 45V；用内阻为 $50k\Omega$ 的电压表测量时，测得电压为 30V。问所测电压的真实值 U_{oc} 为多少？

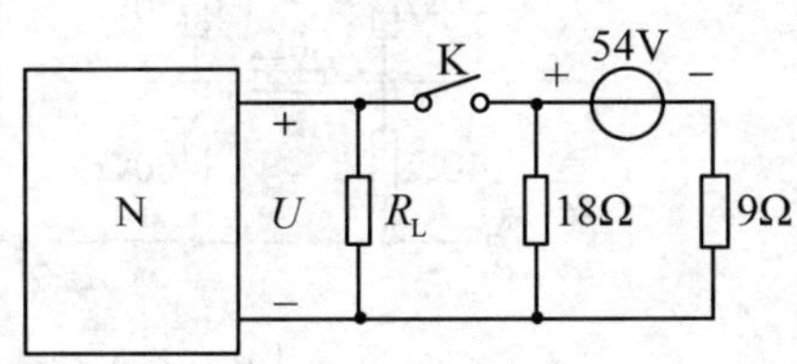

图 4-85　题 4-34 图

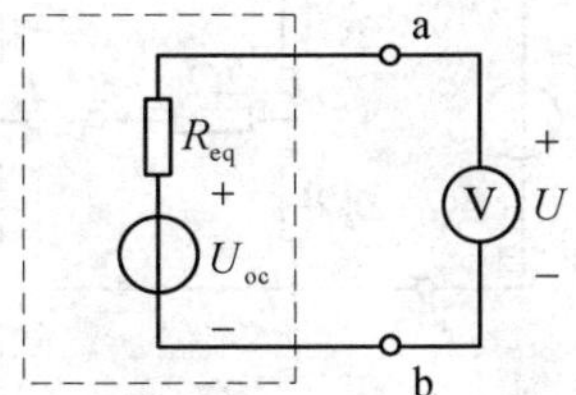

图 4-86　题 4-35 图

4-37　如图 4-87 所示电路中，N 为互易电阻网络。已知 $U_S = 12V$、$I_2 = 0.5A$，若将 U_S 移去，并在 2-2′端施加 36V 电压源，求 1-1′端的短路电流。

4-38　如图 4-88 所示电路中，N 为互易电阻网络。已知 $I_S = 3A$、$U_2 = -30V$，若将 I_S 移去，并在 2-2′端接入 5A 电流源（电流流向 2′端），求 1-1′端的开路电压。

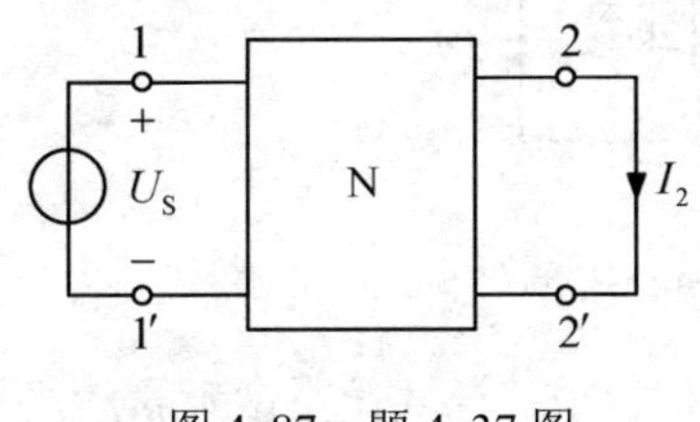

图 4-87　题 4-37 图

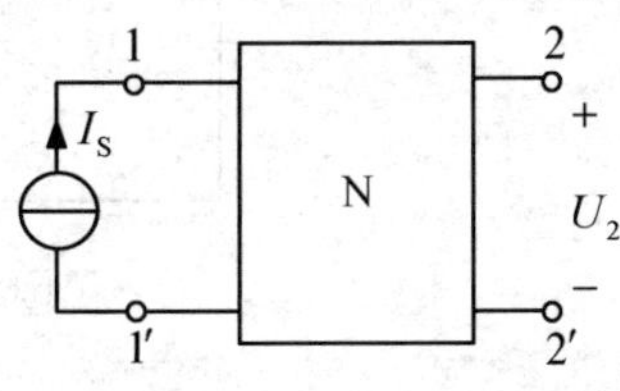

图 4-88　题 4-38 图

4-39　如图 4-89 (a)、(b)中的 N 为相同的无源线性电阻网络，已知图(a)中 $I_2 = 0.5\text{A}$，试用互易定理求图(b)中的 U_1。

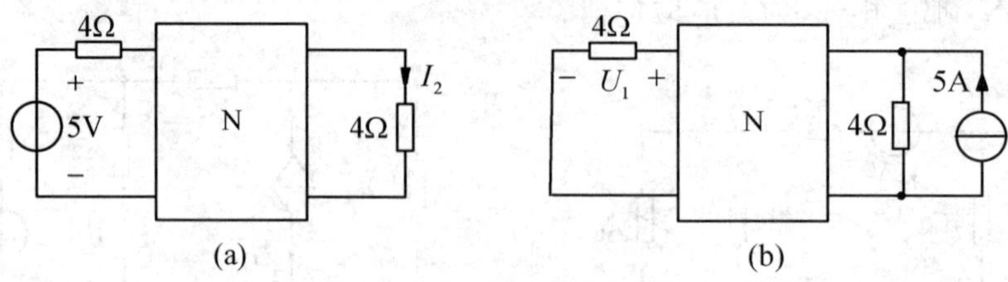

图 4-89　题 4-39 图

4-40　如图 4-90 所示电路中 N 为线性电阻网络。试根据图(a)中给出的数据求图(b)中的 I。

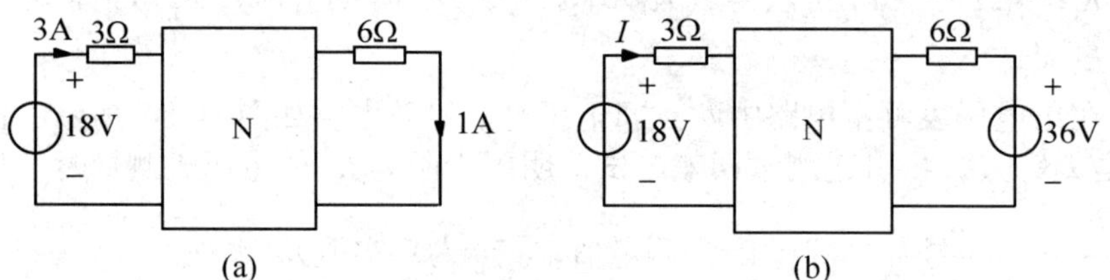

图 4-90　题 4-40 图

4-41　试用互易定理求图 4-91(a)、(b)所示电路中的 i_2。

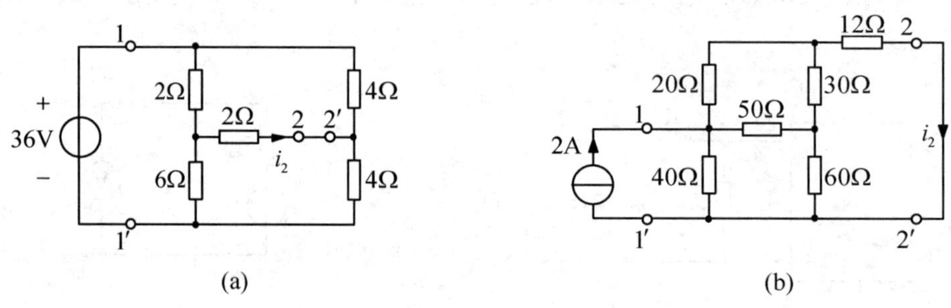

图 4-91　题 4-41 图

4-42　电路如图 4-92 所示，非线性网络 N 的 VCR 为 $i = 10^{-3}u^2$，其中 i 的单位为 A，u 的单位为 V（$u > 0$）。试绘出非线性网络的 VCR 曲线，并求 u、i_1、i_2。

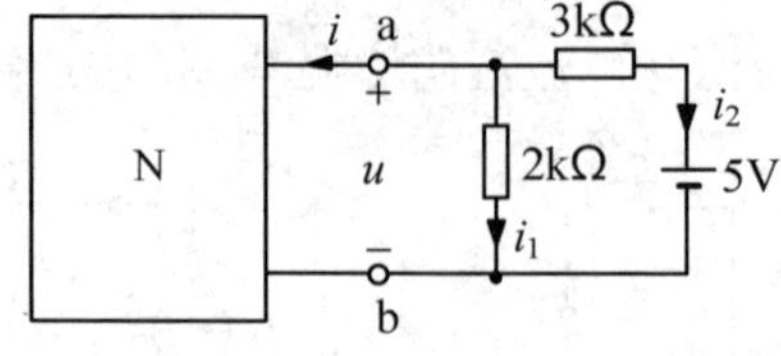

图 4-92　题 4-42 图

4-43　电路如图 4-93 所示，非线性元件 A 的 VCR 为 $u = i^2$，试求 u，i，i_1。

4-44　电路如图 4-94 所示，判断理想二极管是否导通，如果导通，求电流 i_1。

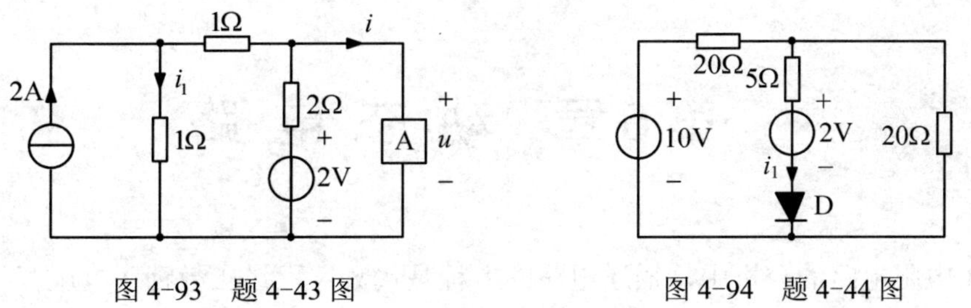

图 4-93　题 4-43 图　　　　图 4-94　题 4-44 图

4-45　电路如图 4-95 所示，求理想二极管的电流 I。

4-46　确定如图 4-96 所示两电路中的电压 U_A。

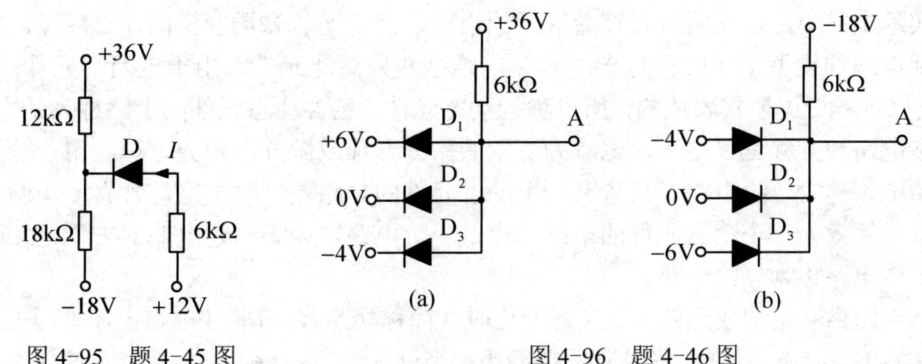

图 4-95　题 4-45 图　　　　图 4-96　题 4-46 图

第5章 动态电路

在前述电阻电路的分析中，描述电路的方程是代数方程，在激励（电压源、电流源）作用于电路的瞬间，电路中的响应（电压、电流）立即产生。也就是说，在任何时刻 t 的响应只与 t 时刻的激励有关，而与 t 时刻前的激励无关。因此，电阻电路是“无记忆”的，或说是“即时的”。

在实际电路中，往往同时存在着能量的消耗以及电场、磁场能量的存储现象。因此，许多实际电路的模型中还必须包含电容和电感这两种储能元件。由于这两种元件的 VCR 是由微分（或积分）形式表述的，所以称为动态元件。包含动态元件的电路称为动态电路，描述动态电路的方程是以电压、电流为变量的微分方程或微分—积分方程。用一阶微分方程描述的电路称为一阶电路。只含有一个动态元件的电路是一阶电路，含有多个同类动态元件但可以等效为一个动态元件的电路，也是一阶电路。如果描述电路的方程是二阶微分方程，则该电路称为二阶电路。

动态电路当其结构或元件参数突然变化时（简称换路），可能使电路由原来的工作状态转变到新的工作状态，这种转变往往需要经历一个过程，工程上称为过渡过程(或暂态过程)。本章分析线性非时变动态电路的过渡过程，探讨响应随时间变化的规律和影响过渡过程的电路因素。分析方法是根据基尔霍夫定律、元件的电压和电流关系，列出电路中被求变量的微分方程，并根据初始条件求其解答。主要内容有：

（1）线性非时变的电路微分方程的建立和求解；

（2）零输入响应和零状态响应，一阶电路的三要素分析法；

（3）二阶电路的响应。

5.1 电容元件和电感元件

许多实际电路的模型中不仅包含电阻元件，还要包含电容元件和电感元件。这两种元件的伏安关系都涉及对电流、电压的微分或积分，称为动态元件。

5.1.1 电容元件

电容元件是实际电容器的理想化模型，它反映了电路中电场的储能现象。电容元件的定义为：一个二端元件，如果在任何时刻 t，它所储存的电荷 $q(t)$ 和它两端的电压 $u(t)$ 之间的关系能用 $u-q$ 平面上的一条曲线所确定，则称该二端元件为电容元件。如果该曲线是 $u-q$ 平面上通过原点的一条直线，且不随时间变化，则该电容元件称为线性非时变电容元件。线性非时变电容元件的电路符号如图 5-1 (a)所示，其库伏特性曲线如图 5-1 (b)所示。

本书只讨论线性非时变电容元件，简称为电容或电容元件。

电容电流 $i(t)$ 不能以传导电流的形式通过电容，传导电流 $i(t)$ 将电荷移送到电容的极板上，正电荷积聚在“+”端极板上，等量的负电荷积聚在“-”端极板上。其“+”、“-”号正是电压 u 的极性。并规定，电容两极板上电荷的极性与电压一致，这也是电荷与电压关联参考方向，这时两者的关系为

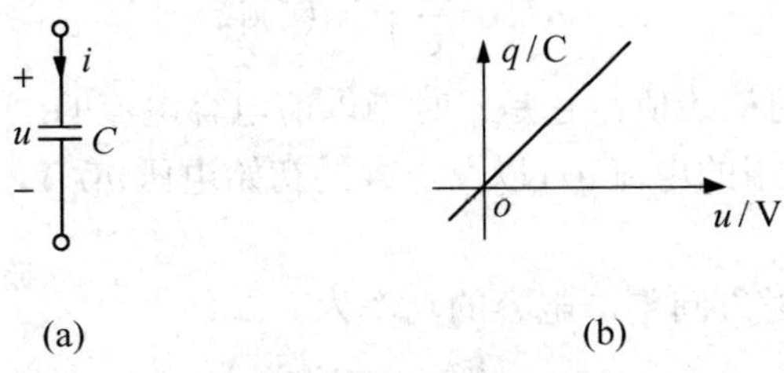

图 5-1　电容元件及其库伏特性曲线

$$q(t) = Cu(t) \tag{5-1}$$

式中，C 称为电容元件的电容量（常数），单位为法[拉]（F）；$u(t)$ 为其两端的电压，单位是伏[特]（V）；$q(t)$ 是电容极板上积聚的电荷量，单位是库[仑]（C）。

在电容电压 $u(t)$ 和其电流 $i(t)$ 关联参考方向下，由电流的定义式和式（5-1）可得到电容元件的 VCR 为

$$i(t) = C\frac{\mathrm{d}u(t)}{\mathrm{d}t} \tag{5-2}$$

将式（5-2）从 $-\infty$ 到 t 进行积分得

$$u(t) = \frac{1}{C}\int_{-\infty}^{t} i(\xi)\mathrm{d}\xi \tag{5-3}$$

式（5-2）和式（5-3）分别为电容元件伏安关系的微分形式和积分形式，从中可以看出电容元件具有如下性质：

（1）在任何时刻 t，电容的电流 $i(t)$ 与该时刻电压 $u(t)$ 的变化率成正比。电容电压变化越快，则电流越大；如果电容两端电压不变，则电流为零。所以电容具有通交流、隔直流的特性。

（2）若电容的电流 $i(t)$ 为有限值时，电容电压必须连续变化，不能产生跃变。特别是，对任何时间 t_0，有

$$u(t_{0+}) = u(t_{0-}) \tag{5-4}$$

式（5-4）也被称为换路定律，但需注意主要应用的前提是电流为有限值。在电路模型中，当有无限大电流提供给电容时，电容的储能发生跃变，此时电容电压也将产生跃变。

（3）在某一时刻 t 电容电压的数值不仅取决于该时刻的电流值，而是取决于从 $-\infty$ 到 t 所有时刻的电流值，也就是说与电流全部历史有关，即电容具有“记忆”其电流的作用。因此，电容又称为记忆元件。

通常假设 $t = t_0$ 为计时起始时刻，因此式（5-3）可改写为

$$u(t)=\frac{1}{C}\int_{-\infty}^{t_0}i(\xi)\mathrm{d}\xi+\frac{1}{C}\int_{t_0}^{t}i(\xi)\mathrm{d}\xi$$

$$=u(t_0)+\frac{1}{C}\int_{t_0}^{t}i(\xi)\mathrm{d}\xi \tag{5-5}$$

其中

$$u(t_0)=\frac{1}{C}\int_{-\infty}^{t_0}i(\xi)\mathrm{d}\xi \tag{5-6}$$

$u(t_0)$称为电容电压的初始值，它是t_0时刻以前电容电流的“历史总结”。如果我们知道了由初始时刻t_0开始作用的电流$i(t)$以及电容的初始电压$u(t_0)$，就能确定$t \geqslant t_0$时的电容电压$u(t)$。

在$u(t)$和$i(t)$关联参考方向下，电容的功率为

$$p(t)=u(t)i(t)$$

对其从$-\infty$到t进行积分，得到t时刻电容的储能

$$w_C(t)=\int_{-\infty}^{t}p(\xi)\mathrm{d}\xi=\int_{-\infty}^{t}u(\xi)C\frac{\mathrm{d}u(\xi)}{\mathrm{d}\xi}\mathrm{d}\xi$$

$$=\int_{u(-\infty)}^{u(t)}Cu(\xi)\mathrm{d}u(\xi)$$

$$=\frac{1}{2}Cu^2(t)-\frac{1}{2}Cu^2(-\infty)$$

可以认为$w_C(-\infty)=\frac{1}{2}Cu^2(-\infty)=0$,得到

$$w_C(t)=\frac{1}{2}Cu^2(t) \tag{5-7}$$

式（5-7）表明：

（1）在任一时刻 t，电容的储能都大于或等于零。说明电容只能存储能量而不会产生能量。故电容称为储能元件，同时表明电容元件是无源元件。

（2）某一时刻 t 电容储能与这一时刻电容电压值的平方成正比。说明了只有电容电压可以反映其储能情况。

例 5-1　在图 5-2(a)所示的电路中，电压源$u_S(t)$的波形如图 5-2(b)所示，求电容电流$i(t)$、功率$p(t)$和储能$w_C(t)$，并绘出它们的波形。

解：假设电容电压$u_C(t)$和电流$i(t)$的参考方向如图 5-2(a)所示。由图 5-2(b)知，电容电压的初始值为$u_C(0.5\mathrm{s})=u_S(0.5\mathrm{s})=0$。

$u_C(t)$的解析表达式为

$$u_C(t)=\begin{cases}0 & t<0.5\mathrm{s}\\ 20t-10(\mathrm{V}) & 0.5\mathrm{s}\leqslant t<1\mathrm{s}\\ 10\mathrm{V} & 1\mathrm{s}\leqslant t<2\mathrm{s}\\ -5t+20(\mathrm{V}) & 2\mathrm{s}\leqslant t<4\mathrm{s}\\ 0 & t\geqslant 4\mathrm{s}\end{cases}$$

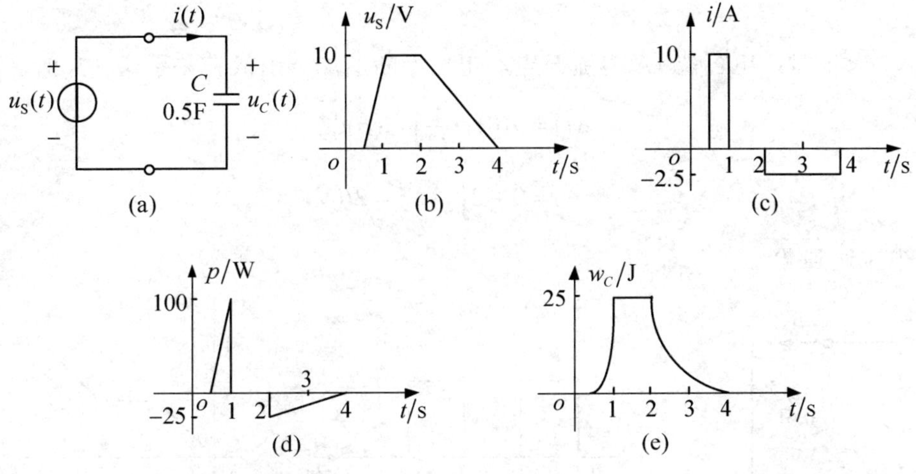

图 5-2　例 5-1 图

由微分形式的伏安关系得电容电流 $i(t)$

$$
i(t)=\begin{cases}0 & t<0.5\mathrm{s}\\ 10\mathrm{A} & 0.5\mathrm{s}\leqslant t<1\mathrm{s}\\ 0 & 1\mathrm{s}\leqslant t<2\mathrm{s}\\ -2.5\mathrm{A} & 2\mathrm{s}\leqslant t<4\mathrm{s}\\ 0 & t\geqslant 4\mathrm{s}\end{cases}
$$

其波形如图 5-2(c)所示。

电容吸收的功率为

$$
p(t)=\begin{cases}0 & t<0.5\mathrm{s}\\ 200t-100(\mathrm{W}) & 0.5\mathrm{s}\leqslant t<1\mathrm{s}\\ 0 & 1\mathrm{s}\leqslant t<2\mathrm{s}\\ 12.5t-50(\mathrm{W}) & 2\mathrm{s}\leqslant t<4\mathrm{s}\\ 0 & t\geqslant 4\mathrm{s}\end{cases}
$$

其功率的波形如图 5-2(d)所示。

电容能量为

$$
w_C(t)=\begin{cases}0 & t<0.5\mathrm{s}\\ 100t^2-100t+25(\mathrm{J}) & 0.5\mathrm{s}\leqslant t<1\mathrm{s}\\ 25\mathrm{J} & 1\mathrm{s}\leqslant t<2\mathrm{s}\\ 6.25t^2-50t+100(\mathrm{J}) & 2\mathrm{s}\leqslant t<4\mathrm{s}\\ 0 & t\geqslant 4\mathrm{s}\end{cases}
$$

其能量波形如图 5-2(e)所示。

例 5-2　在图 5-3(a)所示的电路中，电流源 $i_S(t)$ 的波形如图 5-3 (b)所示，求电容电压 $u_C(t)$，并绘出它们的波形。

解： 假设电容电压初始状态为 0，即 $u_C(0)=0$。分段求取电容电压表达式。

当$0 \leqslant t < 1\text{s}$时，电容被1A电流充电，电压不断增加，由伏安关系式（5-5），得到

$$u(t) = u(0) + \frac{1}{C}\int_0^t i(\xi)\mathrm{d}\xi$$

$$= 0 + 2\int_0^t 1\mathrm{d}\xi = 2t(\mathrm{V})$$

$t = 1\text{s}$时电压达到2V。

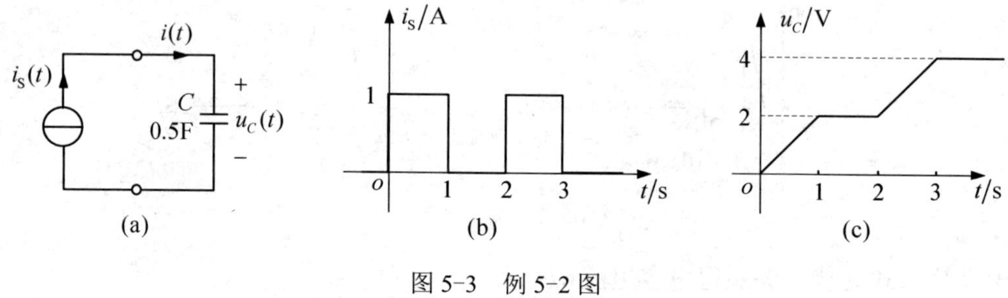

图5-3 例5-2图

当$1\text{s} \leqslant t < 2\text{s}$时，电容上电流为零，充电停止，电压维持2V。

当$2\text{s} \leqslant t < 3\text{s}$时，电容再次被1A电流充电，其电压继续增加，得到

$$u(t) = u(2) + \frac{1}{C}\int_2^t i(\xi)\mathrm{d}\xi$$

$$= 2 + 2\int_2^t 1\mathrm{d}\xi = 2t - 2\,(\mathrm{V})$$

$t = 3\text{s}$时电压达到4V。当$t \geqslant 3\text{s}$以后，充电结束，电压维持4V不变。

因此各时段的电压为

$$u_C(t) = \begin{cases} 0 & t < 0 \\ 2t\,(\mathrm{V}) & 0 \leqslant t < 1\text{s} \\ 2\mathrm{V} & 1\text{s} \leqslant t < 2\text{s} \\ 2t - 2\,(\mathrm{V}) & 2\text{s} \leqslant t < 3\text{s} \\ 4\mathrm{V} & t \geqslant 3\text{s} \end{cases}$$

电压波形如图5-3(c)所示。

可见电容电压具有记忆其电流的作用，本例中每一个电流脉冲可使其电压升高 2V，一系列电流脉冲的作用可使其电压不断阶梯状升高。

5.1.2 电感元件

把导线绕在一个骨架上就构成一个实际的电感器，如图 5-4 所示。电感元件是实际电感器的理想化模型,它反映了电路中磁场的储能现象。其定义为：一个二端元件，如果在任一时刻t，其磁链$\Psi(t)$与通过它的电流$i(t)$之间的关系能用$i-\Psi$平面上的一条曲线所确定，则此二端元件称为电感元件。如果该曲线是$i-\Psi$平面上通过原点的一条直线，且不随时间变化，该电感元件称为线性非时变电感元件。电感元件的电路符号及韦安特性曲线如图5-5(a)和(b)所示。本书只讨论线性非时变电感元件。

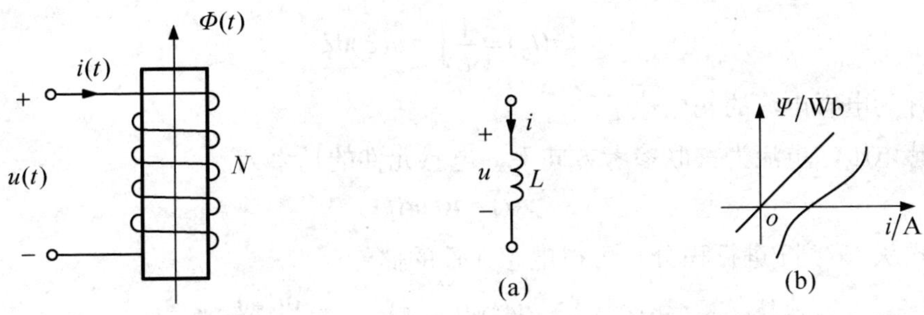

图 5-4　实际电感器　　　　图 5-5　电感元件及其韦安特性曲线

设 $i(t)$ 产生的磁通 $\Phi(t)$ 能与各匝线圈都交链时，线圈的磁链 $\Psi(t)$ 为

$$\Psi(t)=N\Phi(t)$$

当电流 $i(t)$ 参考方向和它产生的磁通 $\Phi(t)$ 的参考方向符合右手螺旋法则时，称 $i(t)$、$\Phi(t)$ 参考方向为关联方向。由图 5-5 可知

$$\Psi(t)=Li(t) \tag{5-8}$$

式中，L 称为线性非时变电感元件的电感量，单位为亨利（H）。线性非时变电感元件简称电感元件或电感。$i(t)$ 为流入电感的电流，单位为安（A）。$\Psi(t)$ 是电感元件中的磁链，单位是韦伯（Wb）。

当 $u(t)$、$i(t)$、$\Psi(t)$ 的方向都取关联参考方向时，根据法拉第电磁感应定律得

$$u(t)=\frac{\mathrm{d}\Psi(t)}{\mathrm{d}t}$$

把式（5-8）代入得

$$u(t)=L\frac{\mathrm{d}i(t)}{\mathrm{d}t} \tag{5-9}$$

对式（5-9）两边积分可得

$$i(t)=\frac{1}{L}\int_{-\infty}^{t}u(\xi)\mathrm{d}\xi \tag{5-10}$$

式（5-9）和式（5-10）分别称为电感元件微分形式的伏安关系和积分形式的伏安关系。它表明了电感元件的三个性质：

（1）任何时刻 t 电感元件两端电压 $u(t)$ 都与该时刻的电流变化率成正比。如果通入的电流为直流，由于其变化率为零，则 $u(t)=0$，电感元件相当于短路。

（2）当电感端电压 $u(t)$ 为有限值时，电感中的电流 $i(t)$ 不能跃变。

（3）t 时刻的电感电流 $i(t)$ 与 t 时刻以前电压的“全部历史”有关，就是说，电感元件有“记忆”其电压的作用，所以也称为记忆元件。

将式（5-10）改写为

$$\begin{aligned}i(t)&=\frac{1}{L}\int_{-\infty}^{t_0}u(\xi)\mathrm{d}\xi+\frac{1}{L}\int_{t_0}^{t}u(\xi)\mathrm{d}\xi\\&=i(t_0)+\frac{1}{L}\int_{t_0}^{t}u(\xi)\mathrm{d}\xi\end{aligned} \tag{5-11}$$

式中

$$i(t_0)=\frac{1}{L}\int_{-\infty}^{t_0}u(\xi)\mathrm{d}\xi \tag{5-12}$$

$i(t_0)$ 称为电感电流的初始值。

在电感电压、电流为关联参考方向下，电感元件的功率为

$$p(t)=i(t)u(t)$$

对上式从 $-\infty$ 到 t 进行积分，可得电感元件的储能

$$\begin{aligned} w_L(t)&=\int_{-\infty}^{t}P(\xi)\mathrm{d}\xi=L\int_{-\infty}^{t}i(\xi)\frac{\mathrm{d}i(\xi)}{\mathrm{d}\xi}\mathrm{d}\xi \\ &=L\int_{-\infty}^{t}i(\xi)\mathrm{d}i(\xi)=\frac{1}{2}Li^2(t) \end{aligned} \tag{5-13}$$

此式表明：在任何时刻，电感中的能量与该时刻电流值的平方成正比，储能始终是非负的。

5.1.3 电容和电感的串联和并联

当 n 个电容元件串联连接时，如图 5-6(a)所示，其等效电路如图 5-6(b)所示。由 KVL 和电容元件的 VCR 可求出等效电容。

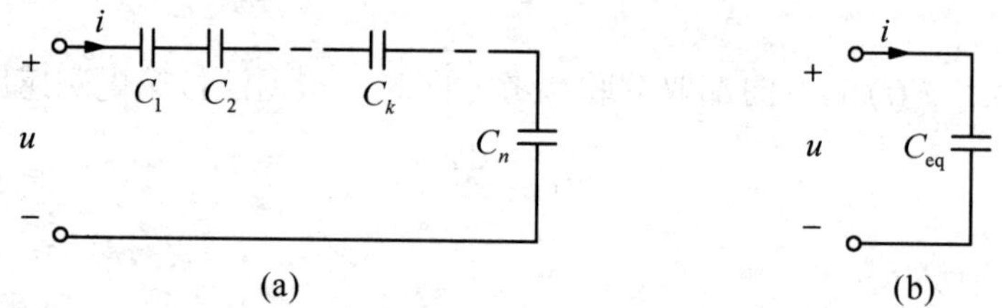

图 5-6　电容的串联

设各元件上电压、电流为关联方向，则

$$\begin{aligned} u&=u_1+u_2+\cdots+u_n \\ &=\frac{1}{C_1}\int_{-\infty}^{t}i\mathrm{d}\xi+\frac{1}{C_2}\int_{-\infty}^{t}i\mathrm{d}\xi+\cdots+\frac{1}{C_n}\int_{-\infty}^{t}i\mathrm{d}\xi \\ &=\frac{1}{C_{eq}}\int_{-\infty}^{t}i\mathrm{d}\xi \end{aligned}$$

所以

$$\frac{1}{C_{eq}}=\frac{1}{C_1}+\frac{1}{C_2}+\cdots+\frac{1}{C_n}=\sum_{k=1}^{n}\frac{1}{C_k} \tag{5-14}$$

如果只有两个电容 C_1、C_2 串联时，等效电容为

$$C_{eq}=\frac{C_1C_2}{C_1+C_2} \tag{5-15}$$

如图 5-7(a)所示，当 n 个电容并联时，其等效电路可以用图 5-7(b)所示的一个等效电容 C_{eq} 来表示。由 KCL 和电容元件的 VCR 可求出等效电容 C_{eq} 的公式。设图中各元件上电压电流方向关联，则有

$$
\begin{aligned}
i &= i_1 + i_2 + \cdots + i_n \\
&= C_1 \frac{\mathrm{d}u}{\mathrm{d}t} + C_2 \frac{\mathrm{d}u}{\mathrm{d}t} + \cdots + C_n \frac{\mathrm{d}u}{\mathrm{d}t} \\
&= C_{\mathrm{eq}} \frac{\mathrm{d}u}{\mathrm{d}t}
\end{aligned}
$$

式中

$$
C_{\mathrm{eq}} = C_1 + C_2 + \cdots + C_n = \sum_{k=1}^{n} C_k \tag{5-16}
$$

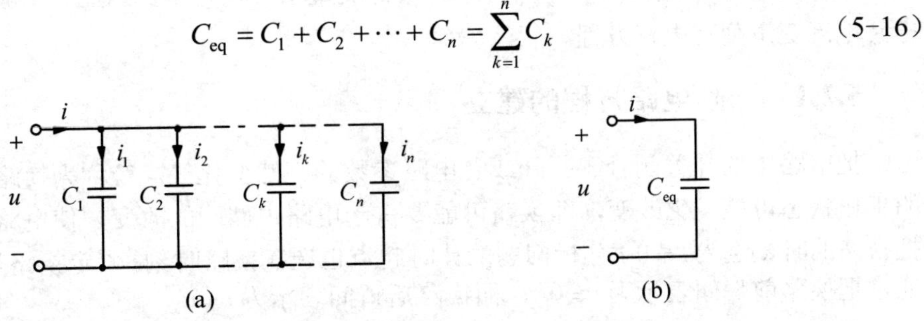

图 5-7　电容的并联

由式（5-15）、式（5-16）和电容元件的 VCR 可以导出串联电容元件的分压公式以及并联电容元件的分流公式。当两个电容串联电路时，得到分压公式为

$$
\begin{cases}
u_{C1} = \dfrac{C_2}{C_1 + C_2} u \\[2ex]
u_{C2} = \dfrac{C_1}{C_1 + C_2} u
\end{cases} \tag{5-17}
$$

当两电容并联时，得到分流公式为

$$
\begin{cases}
i_1 = \dfrac{C_1}{C_1 + C_2} i \\[2ex]
i_2 = \dfrac{C_2}{C_1 + C_2} i
\end{cases} \tag{5-18}
$$

同理，当 n 个电感元件串联和并联连接时，可求出串联和并联等效电感 L_{eq} 分别为

$$
L_{\mathrm{eq}} = L_1 + L_2 + \cdots + L_n = \sum_{k=1}^{n} L_k \tag{5-19}
$$

以及

$$
\frac{1}{L_{\mathrm{eq}}} = \frac{1}{L_1} + \frac{1}{L_2} + \cdots + \frac{1}{L_n} = \sum_{k=1}^{n} \frac{1}{L_k} \tag{5-20}
$$

串联电感的分压和并联电感的分流作用，读者自己分析。

5.2　一阶电路方程的建立及其解

本章所讨论的动态电路，是由独立源、线性电阻（含受控源）和动态元件组成的。在时域用经典法分析动态电路时，首先要根据 KCL、KVL 和元件的 VCR 来建立描述电路的微分方程。微分方程的变量可以选择电路的任意电压或电流响应，在诸多变量中，电容电压$u_C(t)$和电感电流$i_L(t)$具有特别重要的地位。因为它们不仅确定了 t 时刻电路的储能，而且能与激励一起决定着 t 时刻其他变量的数值，电路的状态可以只由电容电压和电感电流来表示，故称电容电压和电感电流为状态变量。特别的，电路在t_0时的状态是零状态时，其含义是电路中$u_C(t_0)=0$，$i_L(t_0)=0$，其他变量不一定是零。因此，一般选择电容电压或电感电流变量列写电路方程。

5.2.1 一阶电路方程的建立

把电路中的开关闭合、断开或者电路参数的突然变化等，统称为换路。换路前后电路的工作状态可能发生改变，即换路可能要引起电路中储能的改变，使电路进入暂态。通常把换路的时刻选为$t=0$，分析问题的计时起点也选在换路时刻。假定换路是不需要时间的，通常把换路前瞬间表示为$t=0_-$，而换路后瞬间表示为$t=0_+$。

在图 5-8 所示 RC 串联电路中，$t=0$时开关 S 闭合（换路），分析$t\geqslant 0$（换路后）电容电压$u_C(t)$。这里以$u_C(t)$为变量建立方程。

根据 KVL

$$u_S = u_R + u_C \tag{5-21}$$

由于

$$i = C\frac{du_C}{dt}$$

$$u_R = Ri_R = RC\frac{du_C}{dt} \tag{5-22}$$

将式（5-22）代入式（5-21），并整理得

$$\frac{du_C}{dt} + \frac{1}{RC}u_C = \frac{1}{RC}u_S \tag{5-23}$$

式（5-23）即为描述图 5-8 所示电路的以$u_C(t)$为变量的微分方程。

在图 5-9 所示 RL 电路中，开关 S 于$t=0$时闭合，列出变量$i_L(t)$的微分方程。

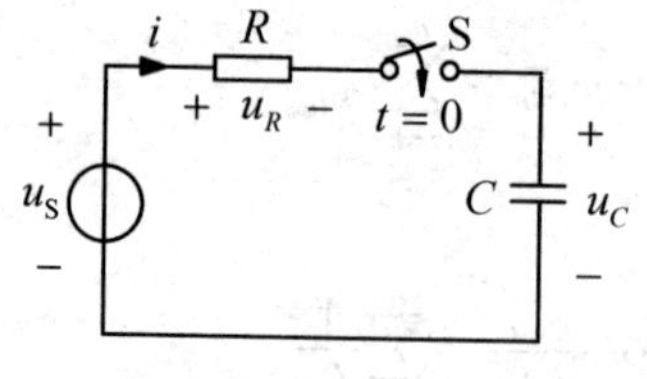

图 5-8　RC 串联电路

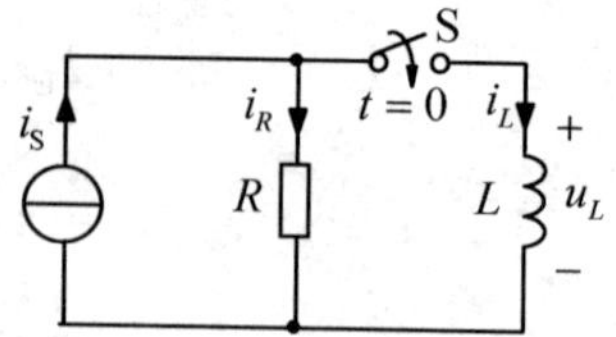

图 5-9　RL 并联电路

根据 KCL，有

$$i_R + i_L = i_S$$

由元件的 VCR

$$u_L = L\frac{di_L}{dt}$$

$$i_R = \frac{u_L}{R} = \frac{L}{R}\frac{\mathrm{d}i_L}{\mathrm{d}t}$$

整理得到

$$\frac{\mathrm{d}i_L}{\mathrm{d}t} + \frac{R}{L}i_L = \frac{R}{L}i_{\mathrm{S}} \tag{5-24}$$

式（5-24）即为描述图 5-9 所示电路的以 $i_L(t)$ 为变量的微分方程。

可以选择电路中任意变量列方程，比如在图 5-10 所示的 RC 并联电路中，可以列出换路后电路中 $i_C(t)$ 的方程。

根据 KCL，得到

$$i_C + i_R = i_{\mathrm{S}}$$

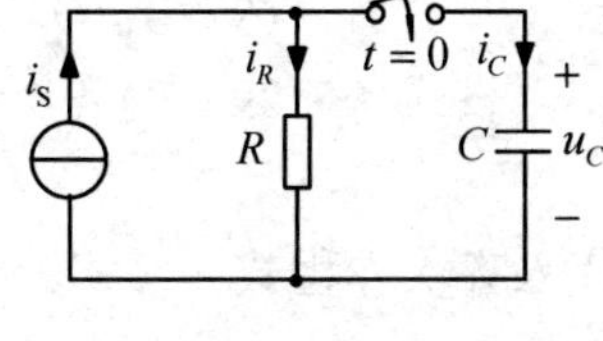

图 5-10　RC 并联电路

根据元件的 VCR

$$u_C = \frac{1}{C}\int_{-\infty}^{t} i_C \mathrm{d}\xi$$

$$i_R = \frac{1}{RC}\int_{-\infty}^{t} i_C \mathrm{d}\xi$$

将它们代入 KCL 式，得

$$i_C + \frac{1}{RC}\int_{-\infty}^{t} i_C \mathrm{d}\xi = i_{\mathrm{S}}$$

两端取微分，得到

$$\frac{\mathrm{d}i_C}{\mathrm{d}t} + \frac{1}{RC}i_C = \frac{\mathrm{d}i_{\mathrm{S}}}{\mathrm{d}t} \tag{5-25}$$

比较式（5-23）、式（5-24）和式（5-25），不管方程中的变量是电容电压、电感电流还是其他变量，一阶方程的系数都是由电路元件参数决定的常数，且方程式的形式是完全相同的。方程式的右边是电路激励或者是激励源函数的一阶导数。若用变量 $y(t)$ 代表一阶线性电路中任意变量，其方程一般形式为

$$\frac{\mathrm{d}y(t)}{\mathrm{d}t} + Ay(t) = Bf(t) \tag{5-26}$$

式中，$f(t)$ 是电路激励或其导数，A、B 是由电路决定的常数系数。

建立动态电路方程的步骤一般是：

（1）根据电路建立 KCL 或 KVL 方程；

（2）写出各元件的 VCR；

（3）在以上方程中消去非求解变量，得所需变量的微分方程。

对较复杂的一阶电路，可以先将动态元件两端的电路进行戴维南等效或诺顿等效，得到如图 5-8 或图 5-9 所示的简单电路，而后再列方程。

5.2.2　一阶微分方程的求解

式（5-26）是对一阶电路中任意变量 $y(t)$ 所建立的方程，重写为

$$\begin{cases} \dfrac{\mathrm{d}y(t)}{\mathrm{d}t} + Ay(t) = Bf(t) \\ y(0) = y_0 \end{cases} \tag{5-27}$$

式中，$y(0)=y_0$ 是解变量 $y(t)$ 的初始条件。

一阶线性微分方程的解的结构为

$$y(t)=y_{\mathrm{h}}(t)+y_{\mathrm{p}}(t) \tag{5-28}$$

完全解 $y(t)$ 由两部分构成，其中 $y_{\mathrm{h}}(t)$ 为式（5-27）的齐次方程，即

$$\frac{\mathrm{d}y(t)}{\mathrm{d}t}+Ay(t)=0 \tag{5-29}$$

的通解，称齐次解；$y_{\mathrm{p}}(t)$ 为式（5-27）非齐次方程的一个特解。

下面简述式（5-27）的求解过程。

（1）求齐次解 $y_{\mathrm{h}}(t)$。

设式（5-29）的齐次解为

$$y_{\mathrm{h}}(t)=K\mathrm{e}^{st} \tag{5-30}$$

代入齐次方程式（5-29），得到微分方程的特征方程

$$s+A=0$$

得特征根

$$s=-A \tag{5-31}$$

s 称为微分方程的特征根。因此，齐次解为

$$y_{\mathrm{h}}(t)=K\mathrm{e}^{-At} \tag{5-32}$$

式中，K 是由初始条件所决定的系数。

（2）求特解 $y_{\mathrm{p}}(t)$。

根据 $f(t)$（激励函数或其导数）的形式，假设相应的特解形式，非齐次方程式（5-27）的特解 $y_{\mathrm{p}}(t)$，其形式如表 5-1 所示。再把所设特解 $y_{\mathrm{p}}(t)$ 代入式（5-27）所示方程，用待定系数法确定 $y_{\mathrm{p}}(t)$ 中的各系数 Q_i。

（3）利用初始条件 $y(0)$ 确定 $y_{\mathrm{h}}(t)$ 中的常数 K。

由于

$$y(t)=y_{\mathrm{h}}(t)+y_{\mathrm{p}}(t)=K\mathrm{e}^{-At}+y_{\mathrm{p}}(t)$$

在 $t=0$ 时

$$y(0)=K+y_{\mathrm{p}}(0)$$

得到

$$K=y(0)-y_{\mathrm{p}}(0)$$

因此，一阶线性微分方程的齐次解为

$$y_{\mathrm{h}}(t)=[y(0)-y_{\mathrm{p}}(0)]\mathrm{e}^{-At}$$

于是，一阶线性微分方程的完全解为

$$y(t)=y_{\mathrm{p}}(t)+[y(0)-y_{\mathrm{p}}(0)]\,\mathrm{e}^{-At} \tag{5-33}$$

式（5-33）中 $y(0)$ 是解方程必需的初始条件，也称之为初始值，初始值是指 $t=0_+$ 时的值 $y(0_+)$，5.3 节将介绍初始值的计算。

表 5-1　非齐次一阶微分方程的特解形式

函数 $f(t)$ 的形式	特解 $y_p(t)$ 的形式
P	Q
Pt	Q_0+Q_1t
P_0+P_1t	Q_0+Q_1t
$P_0+P_1t+P_2t^2$	$Q_0+Q_1t+Q_2t^2$
$Pe^{\lambda t}$ $(\lambda\neq S=-A)$	$Qe^{\lambda t}$
$Pe^{\lambda t}$ $(\lambda=S=-A)$	$Qe^{\lambda t}t$
$P\sin bt$	$Q_1\sin bt+Q_2\cos bt$
$P\cos bt$	$Q_1\sin bt+Q_2\cos bt$
$P(A=0)$	Qt
当系数 $A=0$（电路中 $R=0$）时，$y_p(t)=B\int f(t)\mathrm{d}t$	

5.2.3　一阶微分方程解的电路解释

式（5-28）中微分方程的齐次解 $y_h(t)$ 又称为固有响应分量，其函数形式一般为 $K\mathrm{e}^{-At}$，与激励函数形式无关，但其系数的数值一般与激励有关。在有损耗电路中，固有响应分量随时间的增长而衰减，最终衰减到零，所以固有响应也称为暂态响应。

$y_p(t)$ 是适合微分方程的一个特解。在形式上与电路的激励函数或激励函数的一阶导数函数相同，是外施激励作用的结果，称为强迫响应。由于在实际中遇到的大多为线性非时变、渐近稳定的电路，即当 t 趋于 ∞ 时，$\mathrm{e}^{-At}=0$，暂态响应趋近于零，响应 $y(t)$ 等于 $y_p(t)$，故又称 $y_p(t)$ 为稳态响应。当激励为直流时，特解 $y_p(t)$ 为常数或零，这时称电路处于直流稳态；当激励为周期函数时，响应是与激励同频率的周期函数，这时称电路处于交流稳态。

把 $s=-A$ 称为电路的固有频率，它是由电路结构和元件参数决定的常数，反映了电路的固有特性。对一阶电路，令 $\tau=\dfrac{1}{A}$，τ 称为电路的时间常数。

应该注意，把完全响应分解为固有响应和强迫响应之和是解电路方程的必然结果；而将完全响应分解为暂态响应和稳态响应之和是从电路的工作状态出发的，因为换路后电路的状态要经过暂态到达新的稳态。但电路在某些情况下，换路后不存在新的稳定状态，这种分解就没有了实际意义。例如，当电路中激励源中含有因子 $\mathrm{e}^{\alpha t}$，且 $\alpha>0$ 时；再如当电路的时间常数 $\tau<0$ 时，电路响应将总是处于暂态之中。

另一方面，动态电路中的电压、电流响应不仅与激励有关，而且还与动态元件中的初始储能（动态元件的初始值）有关。这种因果关系也必然反映在方程的解答中。将式（5-33）改写为

$$
\begin{aligned}
y(t)&=y_p(t)+[y(0_+)-y_p(0_+)]\,\mathrm{e}^{-\frac{t}{\tau}}\\
&=\underbrace{y(0_+)\mathrm{e}^{-\frac{t}{\tau}}}_{\text{零输入响应}}+\underbrace{y_p(t)-y_p(0_+)\mathrm{e}^{-\frac{t}{\tau}}}_{\text{零状态响应}}
\end{aligned}
\qquad(5\text{-}34)
$$

容易看出：式（5-34）的第一项为当输入（外施激励）为零时，由电路初始储能产生的响应，称为零输入响应；第二项为当初始状态为零时，由外施激励产生的响应，称为零状态响应。把完全响应分为零输入响应和零状态响应，体现了线性电路的因果性和线性性质，也是分析动态电路的重要方法。

必须指出，式（5-34）中的 $y(t)$ 是状态变量 $u_C(t)$ 或 $i_L(t)$ 时，才可以按以上方式分解为零输入响应和零状态响应。若 $y(t)$ 是非状态变量，不能这样简单的分解。

对于直流激励作用下的一阶电路，其特解（也即稳态响应）为常数，可以用 $y(\infty)$ 表示，它是电路换路后的稳态响应，求解方法在 5.6 节介绍。于是式（5-34）可以表示为

$$y(t)=y(\infty)+[y(0_+)-y(\infty)]\,\mathrm{e}^{-\frac{t}{\tau}} \tag{5-35}$$

例 5-3 如图 5-11 所示的 RC 电路，当 $t=0$ 时开关闭合，若电容的初始电压 $u_C(0)=U_0$，电压源是直流电压 U_S。求 $t\geqslant 0$ 时的 $u_C(t)$。

解：（1）建立电路方程。

当 $t\geqslant 0$ 时，开关已闭合，由 KVL 有

$$u_R+u_C=U_S$$

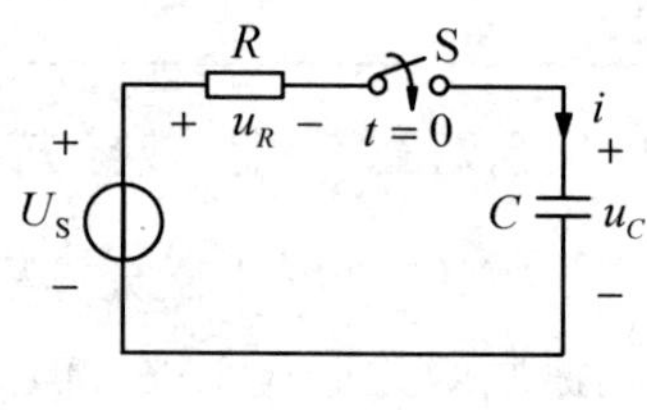

图 5-11　例 5-3 图

由于 $i=C\dfrac{\mathrm{d}u_C}{\mathrm{d}t}$，$u_R=Ri=RC\dfrac{\mathrm{d}u_C}{\mathrm{d}t}$，代入上式并除以 RC 得

$$\frac{\mathrm{d}u_C}{\mathrm{d}t}+\frac{1}{RC}u_C=\frac{1}{RC}U_S$$

（2）求齐次解 $u_{Ch}(t)$。

微分方程的特征方程为

$$s+\frac{1}{RC}=0$$

其特征根（固有频率）为

$$s=-\frac{1}{RC}$$

令 $\tau=RC=-\dfrac{1}{s}\left(\text{时间常数}[\tau]=[R\cdot C]=\left[\dfrac{u}{i}\cdot\dfrac{q}{u}\right]=\left[\dfrac{q}{i}\right]=\left[\dfrac{\text{库}}{\text{库/秒}}\right]=[\text{秒}]\right)$。故 $u_C(t)$ 的齐次解为

$$u_{Ch}(t)=K\mathrm{e}^{st}=K\mathrm{e}^{-\frac{t}{\tau}}$$

（3）求特解 $u_{Cp}(t)$。

由于激励是 U_S，故特解也是常数，令 $u_{Cp}(t)=U$，代入方程得

$$\frac{1}{\tau}U=\frac{1}{\tau}U_S$$

所以特解

$$u_{Cp}(t)=U=U_S$$

（4）求完全解。

电容电压的完全响应为

$$u_C(t)=u_{Ch}(t)+u_{Cp}(t)=u_{Cp}(t)+K\mathrm{e}^{-\frac{t}{\tau}}$$

式中 K 值由初始条件确定，即

$$u_C(0_+)=u_{Cp}(0_+)+K=U_0$$

$$K=u_C(0_+)-u_{Cp}(0_+)$$

所以

$$\begin{aligned}u_C(t)&=u_{Cp}(t)+[u_C(0_+)-u_{Cp}(0_+)]\mathrm{e}^{-\frac{t}{\tau}}\\&=U_S+[U_0-U_S]\mathrm{e}^{-\frac{t}{\tau}}\end{aligned}\tag{5-36}$$

式（5-36）说明，完全响应可以分解成强迫响应(稳态响应) U_S 和固有响应(暂态响应) $[U_0-U_S]\mathrm{e}^{-\frac{t}{\tau}}$ 之和。

在图 5-12 中画出了 $U_0<U_S$ 和 $U_0>U_S$ 两种情况下 $u_C(t)$ 的波形。对图 5-11 而言，开关在 $t=0$ 时闭合，开关闭合前电路处于稳定状态，$u_C(t)=U_0$。当 $t\geqslant 0_+$ 时，电路完成了换路，若 $U_0<U_S$，电源开始给电容充电，其电压由 $u_C(0_+)=U_0$ 开始连续增大（见图 5-12(a)）。经过较长时间后（严格地说为 t 趋近于无限大时间），电容电压增加到 U_S，即 $u_C(\infty)=U_S$，这时电容电流为零，充电结束，电路进入换路后的稳定状态。可见在直流稳态时，电路中各电压、电流均保持不变或者为零。若 $U_0>U_S$，开关闭合后，电容放电，其电压 $u_C(t)$ 开始减小（见图 5-12(b)），直到等于电源电压 U_S，这时电容电流为零，放电结束。

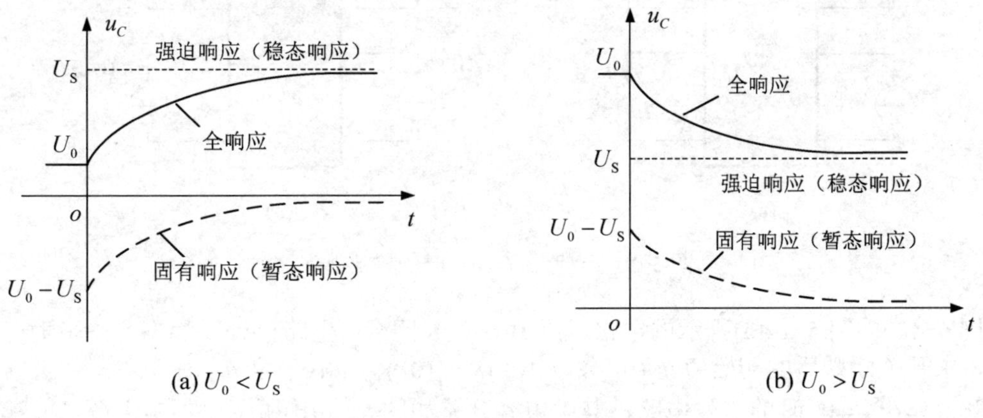

图 5-12　例 5-3 响应 $u_C(t)$ 波形

5.3　初始值的求解

从前述可以看出，初始值 $y(0_+)$ 是解方程必需的初始条件。设换路时刻为 $t=0$，由电容和电感的 VCR 知，若电容电流 $i_C(0)$ 或电感电压 $u_L(0)$ 为有限值，则换路前后瞬间电容电压 $u_C(t)$ 和电感电流 $i_L(t)$ 是连续的。即有

$$\begin{cases} u_C(0_+) = u_C(0_-) \\ i_L(0_+) = i_L(0_-) \end{cases} \tag{5-37}$$

式（5-37）称为换路定律。它是分析动态电路时求解初始值的理论根据。

需要指出，在换路的瞬间，除了电容电压 $u_C(t)$ 和电感电流 $i_L(t)$ 外，其余各变量（如 $i_C(t)$、$u_L(t)$、$i_R(t)$、$u_R(t)$ 等）都不受换路定律的约束，其值在换路前后是可以跃变的。

对图 5-13(a)所示的电路，一般求解初始值按以下步骤进行：

（1）确定换路前瞬间电容电压 $u_C(0_-)$ 和电感电流 $i_L(0_-)$。可以根据换路时刻电路的初始储能或换路前电路的稳定状态来确定。若换路发生在暂态过程中（即前一个暂态过程还没有结束，又发生了换路），这时，需求出前一个暂态过程的 $u_C(t)$ 和 $i_L(t)$，代入换路时刻求出 $u_C(0_-)$ 和 $i_L(0_-)$。

（2）由换路定律确定换路后瞬间的电容电压 $u_C(0_+)$ 和电感电流 $i_L(0_+)$，即

$$\begin{cases} u_C(0_+) = u_C(0_-) \\ i_L(0_+) = i_L(0_-) \end{cases} \tag{5-38}$$

如果被求响应是非状态变量，还须在已知 $u_C(0_+)$ 和 $i_L(0_+)$ 的基础上，画出换路后 0_+ 时刻的等效电路。在 0_+ 时刻的电路中，电容元件用电压为 $u_C(0_+)$ 的电压源来代替，电感元件用电流为 $i_L(0_+)$ 的电流源来代替，于是得到图 5-13(b)所示的等效电路。显见，此等效电路是直流激励的电阻电路，通过这个电路可以求出任一响应的初始值。

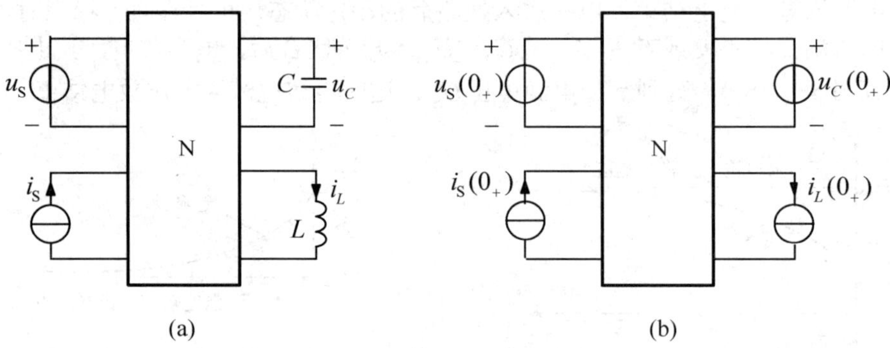

图 5-13　电路在 $t=0_+$ 时的等效电路

例 5-4　如图 5-14(a)所示的电路，$t<0$ 开关 S 闭合，电路已处于稳态，$t=0$ 时开关 S 断开，求开关断开后的初始值 $u_C(0_+)$、$i_C(0_+)$、$i_1(0_+)$、$u_1(0_+)$ 和 $u_2(0_+)$。

解：作出 $t=0_-$ 时的等效电路，其中电容开路如图 5-14(b)所示，不难求得

$$u_C(0_-) = \frac{3}{2+3} \times 0.5 = 0.3\text{V}$$

根据换路定律有

$$u_C(0_+) = u_C(0_-) = 0.3\text{V}$$

作出 $t=0_+$ 时的等效电路，其中电容用电压源 $u_C(0_+)$ 代替，如图 5-14(c)所示，不难求得

$$u_1(0_+) = u_C(0_+) = 0.3\text{V}$$

$$u_2(0_+) = 1 \times 2 + 0.3 = 2.3\text{V}$$

$$i_1(0_+)=\frac{0.3}{3}=0.1\text{mA}$$

$$i_C(0_+)=1-0.1=0.9\text{mA}$$

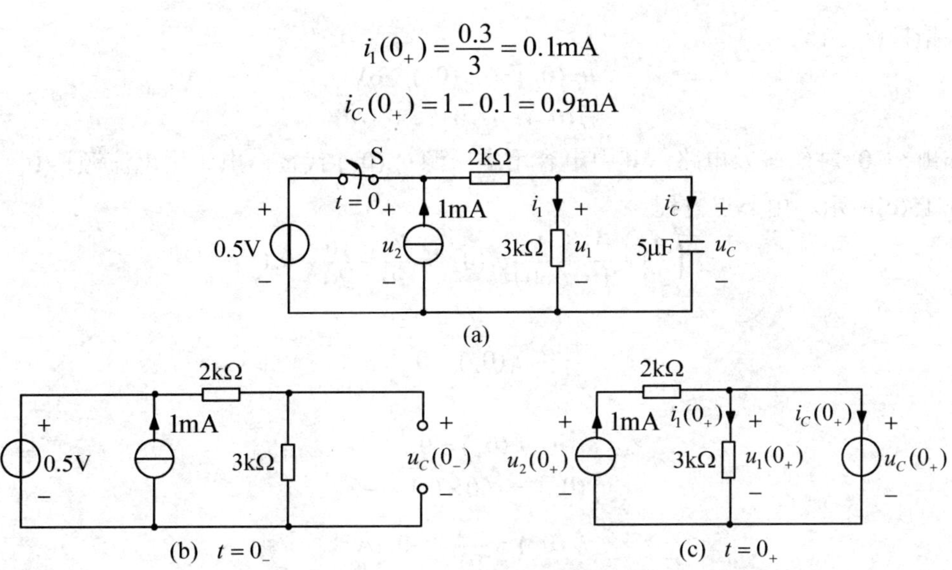

图 5-14　例 5-4 图

例 5-5　如图 5-15(a)所示的电路，在 $t<0$ 时开关闭合在“1”，电路已处于稳态。当 $t=0$ 时开关闭合到“2”，求 $t=0_+$ 时刻各元件电流与电压。

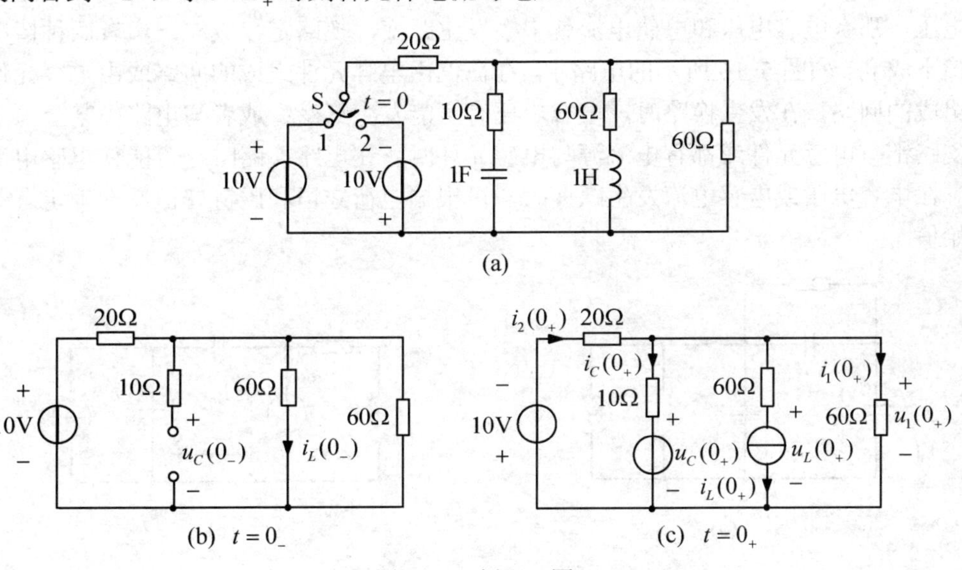

图 5-15　例 5-5 图

解：作出 $t=0_-$ 时的等效电路，其中电容开路，电感短路，如图 5-15(b)所示，不难求得 $u_C(0_-)$ 和 $i_L(0_-)$。

$$u_C(0_-)=\frac{\dfrac{60\times60}{60+60}}{20+\dfrac{60\times60}{60+60}}\times10=6\text{V}$$

$$i_L(0_-)=\frac{6}{60}=0.1\text{A}$$

根据换路定律

$$u_C(0_+) = u_C(0_-) = 6\text{V}$$
$$i_L(0_+) = i_L(0_-) = 0.1\text{A}$$

作出 $t = 0_+$ 时的等效电路，其中电容用电压源 $u_C(0_+)$ 代替，电感用电流源 $i_L(0_+)$ 代替，如图 5-15(c)所示。由节点方程

$$\left(\frac{1}{20} + \frac{1}{10} + \frac{1}{60}\right)u_1(0_+) = \frac{6}{10} - \frac{10}{20} - 0.1$$

得到

$$u_1(0_+) = 0$$

于是

$$i_1(0_+) = 0$$
$$u_L(0_+) = -60 \times 0.1 = -6\text{V}$$
$$i_C(0_+) = \frac{-6}{10} = -0.6\text{A}$$

所以

$$i_2(0_+) = -0.6 + 0.1 = -0.5\text{A}$$

只要电路中没有元件提供无穷大功率，即不能给电容提供无限大电流，给电感提供无限大电压，那么电容电压和电感电流就不会发生跃变，换路定律成立。但有两种情况，换路定律不成立。如图 5-16 所示的电路中，存在仅由电容元件组成的回路或由电容元件与电压源组成的回路，在发生换路时，电容电压有可能发生跃变；或者与电路中某一节点关联的各支路都有电感元件或都有电流源与电感元件时，在电路换路时，可能使电感电流发生跃变。在电容电压或电感电流发生跃变时，可根据电荷守恒和磁链守恒原理确定有关变量的初始值。

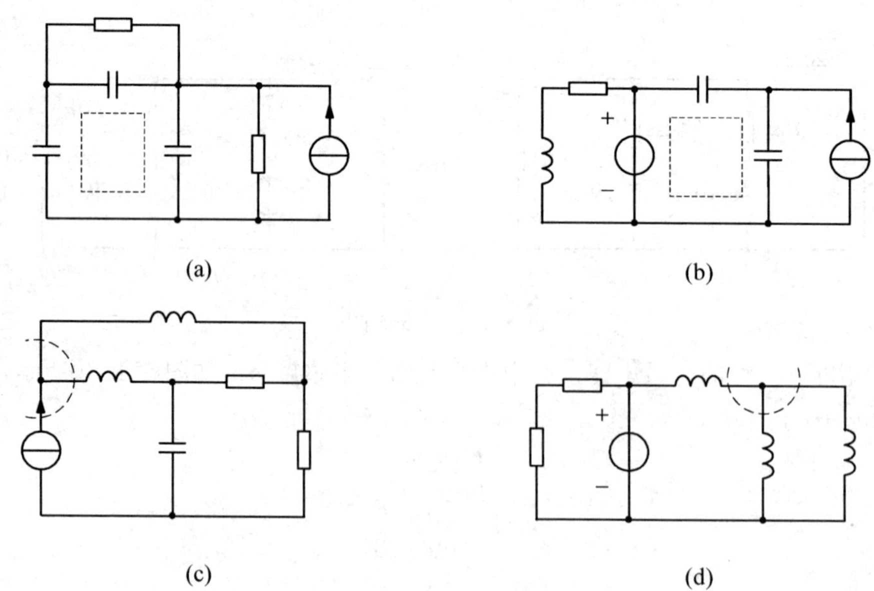

图 5-16　电容电压和电感电流发生跃变的情况

例 5-6　如图 5-17 所示的电路，如已知在$t<0$时，电容电压均为零，当$t=0$时，开关 S 闭合，求电容电压的初始值$u_{C1}(0_+)$和$u_{C2}(0_+)$。

解：这是一个电容电压跃变的例子。由于在$t=0_-$时各电容电压均为零，因而在$t=0_-$时各电容可看作短路。当开关在$t=0$闭合时，充电电流将为无限大，这时电容电压将发生跃变，换路定律不再适用。在这种情况下，可根据电荷守恒的原理来确定各电容的初始电压。

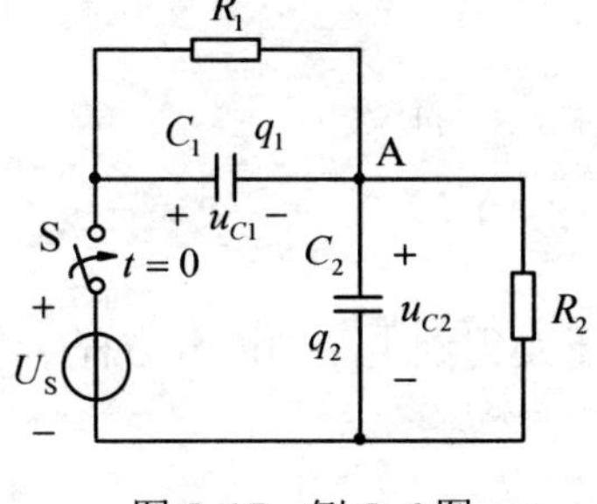

图 5-17　例 5-6 图

设电容C_1和C_2的电压分别为$u_{C1}(t)$和$u_{C2}(t)$，电荷分别为$q_1(t)$和$q_2(t)$，则根据电容的定义有

$$\begin{cases} q_1(t)=C_1u_{C1}(t) \\ q_2(t)=C_2u_{C2}(t) \end{cases} \tag{5-39}$$

由于在$t=0_-$时各电容电压为零，因而电荷也为零，即有$q_1(0_-)=q_2(0_-)=0$。由图 5-17 可见，C_1的负极和C_2的正极接于节点 A。在$t=0_-$时，节点 A 处的总电荷

$$-q_1(0_-)+q_2(0_-)=0$$

当开关闭合后，在$t=0_+$时，根据电荷守恒原理，对于节点 A 而言，也应有

$$-q_1(0_+)+q_2(0_+)=0$$

考虑到式（5-39），上式可以写为

$$-C_1u_{C1}(0_+)+C_2u_{C2}(0_+)=0 \tag{5-40}$$

另一方面，在$t=0_+$时，根据 KVL 有

$$u_{C1}(0_+)+u_{C2}(0_+)=U_S \tag{5-41}$$

由式（5-40）和式（5-41）可解得

$$u_{C1}(0_+)=\frac{C_2}{C_1+C_2}U_S$$

$$u_{C2}(0_+)=\frac{C_1}{C_1+C_2}U_S$$

5.4　一阶电路的零输入响应

一阶电路的响应是由初始状态和激励共同作用的结果，响应分解为零输入响应和零状态响应，而电路的完全响应等于零输入响应和零状态响应之和，这正是线性动态电路符合叠加性的体现。零输入响应是动态电路在没有外加激励电源时，由电路中动态元件的初始储能引起的响应；零状态响应是电路在零初始状态（动态元件初始储能为零）时，由外施激励引起的响应。本节讨论电路的零输入响应，下节讨论零状态响应。

在图 5-18(a)所示 RC 电路中，开关 S 闭合前，电容 C 已充满电，其电压$u_C(0)=U_0$。

开关闭合后，电容储存的能量将通过电阻以热能的形式释放出来。电路中没有外加激励，响应属零输入响应。

把开关动作时刻定为起点（$t=0$），开关闭合后，即$t \geqslant 0_+$时，根据 KVL

$$u_R(t)=u_C(t)$$

由元件的 VCR

$$i(t)=\frac{u_R(t)}{R}=\frac{u_C(t)}{R}=-C\frac{\mathrm{d}u_C(t)}{\mathrm{d}t}$$

于是得到电路的微分方程

$$RC\frac{\mathrm{d}u_C}{\mathrm{d}t}+u_C=0$$

解此方程并考虑初始值，得到

$$u_C(t)=U_0\mathrm{e}^{-\frac{t}{RC}}=U_0\mathrm{e}^{-\frac{t}{\tau}} \qquad t>0$$

其中$\tau=RC$，为电路的时间常数，单位为秒（s）。

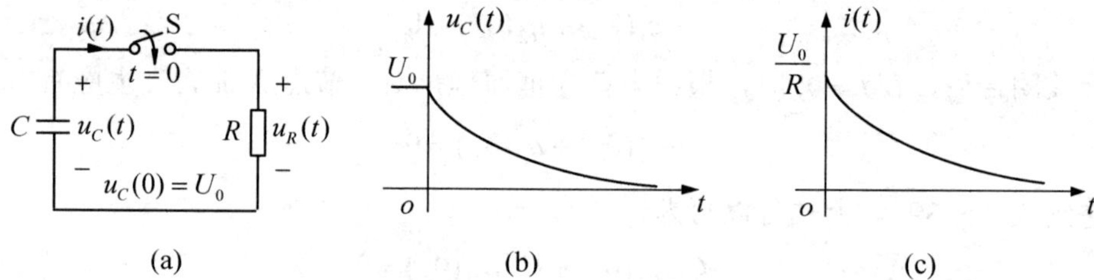

图 5-18　*RC* 电路的零输入响应

电路中的电流和电阻电压分别为

$$i(t)=-C\frac{\mathrm{d}u_C}{\mathrm{d}t}=\frac{U_0}{R}\mathrm{e}^{-\frac{t}{RC}}=\frac{U_0}{R}\mathrm{e}^{-\frac{t}{\tau}} \qquad t>0$$

$$u_R(t)=u_C(t)=U_0\mathrm{e}^{-\frac{t}{RC}}=U_0\mathrm{e}^{-\frac{t}{\tau}} \qquad t>0$$

$u_C(t)$以及电流$i(t)$的波形如图 5-18(b)和(c)所示。可以看出，电压$u_C(t)$、$u_R(t)$以及电流$i(t)$都是按照同样指数规律衰减的。它们衰减的快慢取决于时间常数τ的大小。即τ的大小反映了一阶电路过渡过程的进展速度，它由电路结构和元件参数决定，与激励大小无关。对 *RC* 电路而言，$\tau=RC$。设电容电压为定值，若电阻R不变，τ越大，意味着电容C越大，则电路中储能越多，电路的过渡过程时间就越长；若电容C不变，τ越大，意味着电阻R越大，则电容充电（或放电）电流越小，电路的过渡过程时间就越长。

如图 5-19 所示波形，可以计算得：$t=0$时，$u_C(0)=U_0$；$t=\tau$时，$u_C(\tau)=U_0\mathrm{e}^{-1}=0.368U_0$，衰减到初始值的 36.8%；$t=3\tau$时，$u_C(3\tau)=U_0\mathrm{e}^{-3}=0.05U_0$，即衰减到初始值的 5%。其他时刻的电容电压值列于表 5-2 中。

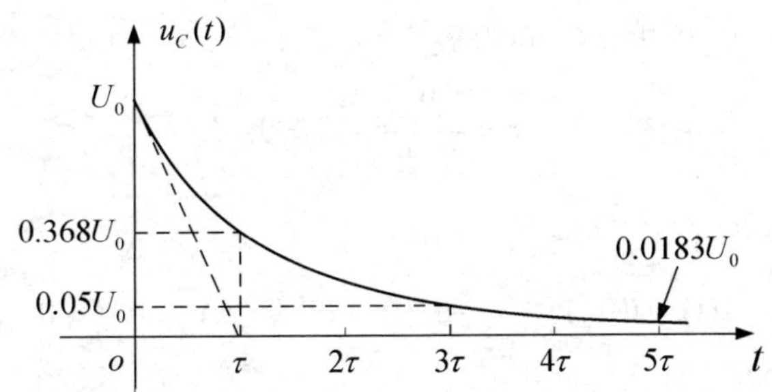

图 5-19　零输入响应与时间常数

表 5-2　电容电压零输入响应不同时刻的电压

t	0	τ	2τ	3τ	4τ	5τ	…	∞
$u_C(t)$	U_0	$0.368U_0$	$0.135U_0$	$0.05U_0$	$0.018U_0$	$0.0067U_0$	…	0

从上表可见，在理论上要经过无限长的时间 u_C 才能衰减为零。但工程上一般认为，暂态过程在经过 $3\tau \sim 5\tau$ 时间后结束。

在放电过程中，电容的初始能量为 $\frac{1}{2}CU_0^2$，电容不断放出能量为电阻所消耗。最后，原来储存在电容中的电场能量全部为电阻吸收而转换成热能。即

$$W_R = \int_0^\infty i^2(t)R\mathrm{d}t = \int_0^\infty \left(\frac{U_0}{R}\mathrm{e}^{-\frac{t}{RC}}\right)^2 R\mathrm{d}t = \frac{1}{2}CU_0^2$$

事实上，有损耗的一阶电路的零输入响应都是从它的初始值按指数规律变化到零，可以表示为式（5-42）形式。所以，只需求出初始值 $y(0_+)$ 和时间常数 τ，即可得到零输入响应。

$$y_{\mathrm{zi}}(t) = y(0_+)\mathrm{e}^{-\frac{t}{\tau}} \qquad t > 0 \tag{5-42}$$

初始状态也可以作为电路的激励，从上式不难看出：若初始状态增加 m 倍，则零输入响应也相应地增大 m 倍。这种初始状态和零输入响应的正比关系称为零输入响应比例性，亦即零输入响应是初始状态的线性函数，简称零输入响应线性。

例 5-7　图 5-20(a)所示电路中开关 S 原在位置 1，且电路已达到稳态。$t = 0$ 开关由 1 合向 2，试求 $t > 0$ 时的电流 $i(t)$。

解：开关在位置 1 电路已达到稳态，电容被充电，开关由 1 合向 2 后，电容通过电阻 R_1、R_2 放电，所求响应为零输入响应。

（1）先求出电容的初始值，在图 5-20(b)所示电路中，有

$$u_C(0_-) = \frac{R_2}{R + R_1 + R_2}u_{\mathrm{S}} = \frac{4}{2+4+4}\times 10 = 4\mathrm{V}$$

$$u_C(0_+) = u_C(0_-) = 4\mathrm{V}$$

画出 $t = 0_+$ 时等效电路，如图 5-20(c)所示，有

$$i(0_+) = -\frac{u_C(0_+)}{R_1} = -1\mathrm{A}$$

（2）电容通过 R_1、R_2 放电，时间常数

$$\tau = \frac{R_1 R_2}{R_1 + R_2} C = 2\text{s}$$

（3）所求零输入响应

$$i(t) = i(0_+)\text{e}^{-\frac{t}{\tau}} = -\text{e}^{-\frac{t}{2}} = -\text{e}^{-0.5t}\ (\text{A}) \qquad t > 0$$

或者

$$u_C(t) = u_C(0_+)\text{e}^{-\frac{t}{\tau}} = 4\text{e}^{-0.5t}\ (\text{V}) \qquad t > 0$$

$$i(t) = -\frac{u_C(t)}{4} = -\text{e}^{-0.5t}\ (\text{A}) \qquad t > 0$$

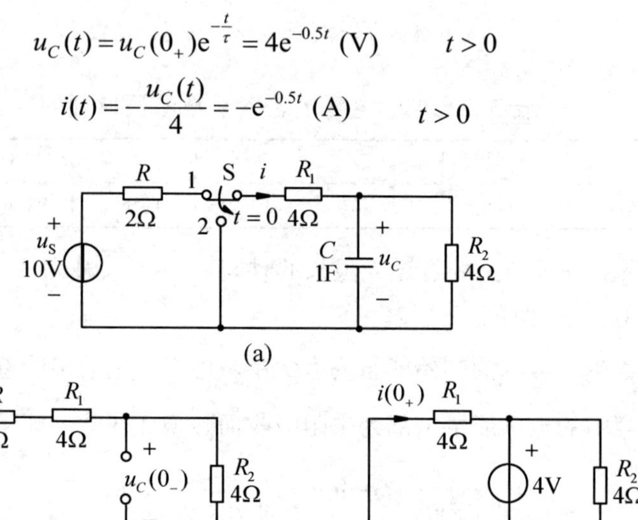

图 5-20　例 5-7 图

例 5-8　通过此例讨论 RL 电路的零输入响应。在图 5-21(a)所示的电路中，$t=0$ 时开关 S 闭合，已知 $i_L(0_-) = I_0$，求其零输入响应 $i_L(t)$ 和 $u_R(t)$。

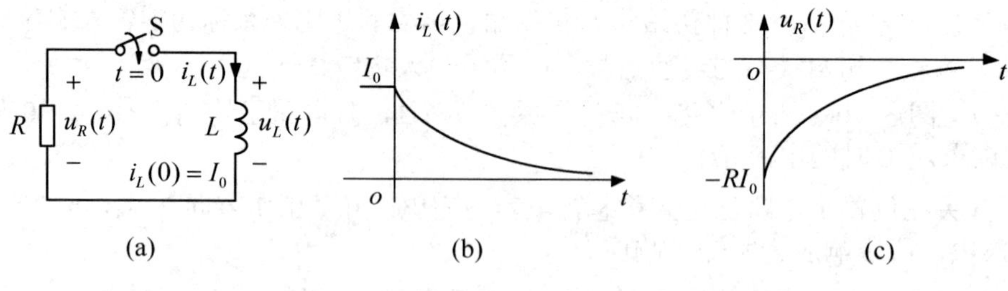

图 5-21　例 5-8 图

解：很明显，换路后无外施激励，各响应都是零输入响应。所以

$$i_L(0_+) = i_L(0_-) = \frac{U_\text{S}}{R} = I_0$$

$$\tau = \frac{L}{R}$$

由式（5-42）知

$$i_L(t)=i_L(0)\mathrm{e}^{-\frac{t}{\tau}}=\frac{U_S}{R}\mathrm{e}^{-\frac{R}{L}t}=I_0\mathrm{e}^{-\frac{R}{L}t}\qquad t>0$$

由电路和 VCR 得

$$u_R(t)=u_L(t)=L\frac{\mathrm{d}i_L}{\mathrm{d}t}=-RI_0\mathrm{e}^{-\frac{R}{L}t}\qquad t>0$$

$i_L(t)$ 和 $u_R(t)$ 的波形如图 5-21(b)和(c)所示。

例 5-9 图 5-22 所示是一台 300kW 汽轮发电机的励磁回路。已知励磁绕组的电阻 $R=0.189\Omega$，电感 $L=0.398\text{H}$，直流电压 $U=35\text{V}$。电压表的量程为 50V，内阻 $R_V=5\text{k}\Omega$。开关未断开时，电路中电流已恒定不变。在 $t=0$ 时，断开开关。求：（1）电阻、电感回路的时间常数；（2）电流 $i(t)$ 的初始值和开关断开后的最终值；（3）电流 $i(t)$ 和电压表处的电压 u_V；（4）开关刚断开时，电压表处的电压。

解：（1）时间常数

$$\tau=\frac{L}{R+R_V}=\frac{0.398}{0.189+5\times10^3}=79.6\mu\text{s}$$

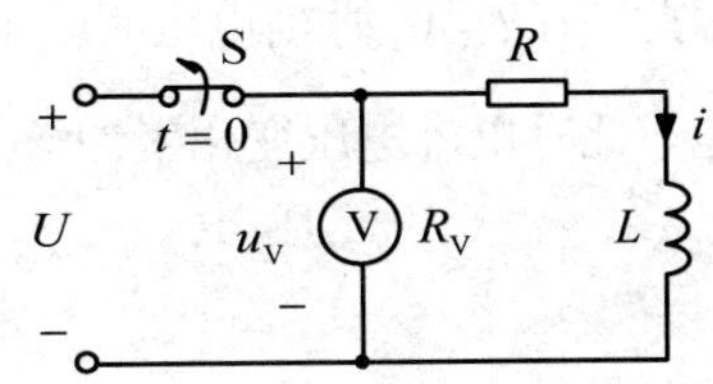

图 5-22 例 5-9 图

（2）开关断开前，由于电流已恒定不变，电感两端电压为零，故电流初始值为

$$i(0_-)=\frac{U}{R}=\frac{35}{0.189}=185.2\text{A}$$

由于电感中电流不能跃变，电流的初始值 $i(0_+)=i(0_-)=185.2\text{ A}$。开关断开后，电感的能量通过电阻 R 和 R_V 释放，最终能量为零，电感电流的终值为零。

（3）开关断开后，电感电流为零输入响应，即

$$i(t)=i(0_+)\mathrm{e}^{-\frac{t}{\tau}}=185.2\mathrm{e}^{-12563t}\,(\text{A})$$

电压表处的电压

$$u_V(t)=-R_Vi(t)=-5\times10^3\times185.2\mathrm{e}^{-12563t}=-926\mathrm{e}^{-12563t}\,(\text{kV})$$

（4）开关刚断开时，电压表处的电压

$$u_V(0_+)=-926\text{kV}$$

在这个时刻电压表要承受很高的电压，其绝对值将远大于直流电源的电压 U，而且初始瞬间的电流也很大，可能损坏电压表。由此可见，切断电感电流时必须考虑磁场能量的释放。如果磁场能量较大，而又必须在短时间内完成电流的切断，则必须考虑如何熄灭因此而出现的电弧（一般出现在开关处）的问题。

5.5 一阶电路的零状态响应

5.5.1 零状态响应

零状态响应就是在动态元件初始储能为零时，由外施激励引起的响应。

分析如图 5-23(a)所示 RC 电路，直流电压源 U_S 在 $t=0$ 时接入，电容 C 初始电压为零。

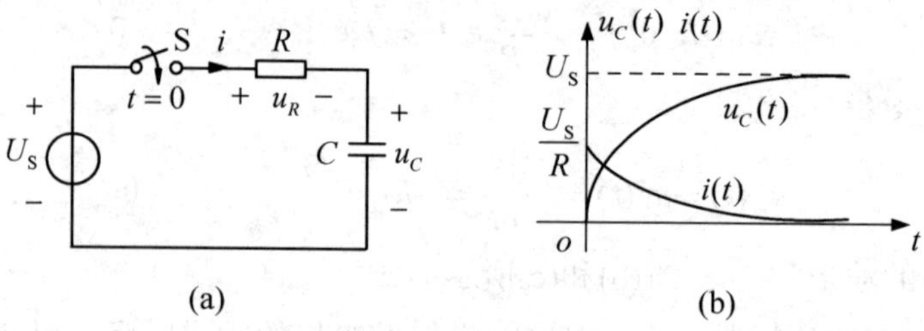

图 5-23 RC 电路的零状态响应

首先从物理概念出发，分析开关闭合后电容电压 $u_C(t)$ 的变化趋势。由于电容电压不能跃变，开关闭合前的一瞬间 $u_C(0_-)$ 为零，那么在闭合后的瞬间电容电压 $u_C(0_+)=u_C(0_-)=0$。因此，在 $t=0_+$ 时刻电阻两端电压为 U_S，充电电流 $i(0_+)=\dfrac{U_S}{R}$ 最大，电压源开始对电容充电，此时电容电压变化率为

$$\left.\frac{\mathrm{d}u_C(t)}{\mathrm{d}t}\right|_{t=0_+}=\frac{i(0_+)}{C}=\frac{U_S}{CR}$$

说明电容电压是增大的，且在 $t=0_+$ 时变化最大。随着电容电压增大，充电电流随之减小，因为

$$i(t)=\frac{u_R(t)}{R}=\frac{U_S-u_C(t)}{R}$$

最后随着 $u_C(t)$ 的增大并接近 U_S，充电电流几乎为零，电容如同开路，$\dfrac{\mathrm{d}u_C(t)}{\mathrm{d}t}\approx 0$，充电停止。因此，电容电压 $u_C(t)$ 变化的趋势是：先增长很快，随着 $u_C(t)$ 增长，充电电流减小，增长越来越缓慢，最后趋于电源电压 U_S。当直流电路中各个元件的电压和电流都不随时间变化时，过渡过程结束，称电路进入直流稳态。

数学分析：根据 KVL 和元件 VCR，建立电路方程

$$\begin{cases}RC\dfrac{\mathrm{d}u_C}{\mathrm{d}t}+u_C=U_S\\ u_C(0_+)=0\end{cases}$$

由于方程为一阶非齐次微分方程，其解为

$$u_C(t)=u_{Ch}(t)+u_{Cp}(t)$$

特征方程

$$RCs+1=0$$

特征根

$$s=-\frac{1}{RC}$$

齐次解

$$u_{\mathrm{Ch}}(t)=K\mathrm{e}^{-\frac{1}{RC}t}$$

特解即是稳态响应

$$u_{\mathrm{Cp}}(t)=u_C(\infty)=U_{\mathrm{S}}$$

电容电压的完全响应为

$$u_C(t)=u_{\mathrm{Ch}}(t)+u_{\mathrm{Cp}}(t)=K\mathrm{e}^{-\frac{t}{\tau}}+U_{\mathrm{S}}$$

式中 K 值由初始条件确定，即

$$u_C(0_+)=U_{\mathrm{S}}+K=0$$

$$K=-U_{\mathrm{S}}$$

所以

$$u_C(t)=U_{\mathrm{S}}(1-\mathrm{e}^{-\frac{t}{RC}})=U_{\mathrm{S}}(1-\mathrm{e}^{-\frac{t}{\tau}})\qquad t>0$$

$$i(t)=C\frac{\mathrm{d}u_C}{\mathrm{d}t}=\frac{U_{\mathrm{S}}}{R}\mathrm{e}^{-\frac{t}{\tau}}\qquad t>0$$

电容电压 $u_C(t)$、电流 $i(t)$ 的波形如图 5-23(b)所示。可以看出，电容电压 $u_C(t)$ 从零值开始按指数规律上升趋向于稳定值 U_{S}，时间常数 τ 为 RC，在 $t=5\tau$ 时，电容电压已增大到稳态值 U_{S} 的 93%，一般认为已充电完毕，暂态过程结束，电路达到稳态。可见，时间常数 τ 越小，电容电压达到稳态值就越快，电路的暂态过程越短。

在充电过程中电阻消耗的总能量为

$$W=\int_0^{\infty}i^2R\mathrm{d}t=\int_0^{\infty}\left(\frac{U_{\mathrm{S}}}{R}\mathrm{e}^{-\frac{t}{\tau}}\right)^2R\mathrm{d}t=\frac{U_{\mathrm{S}}^2}{R}\left(-\frac{RC}{2}\right)\mathrm{e}^{-\frac{2}{RC}t}\bigg|_0^{\infty}=\frac{1}{2}CU_{\mathrm{S}}^2$$

从上式可见，不论电路中电容 C 和电阻 R 的数值为多少，在充电过程中，电流提供的能量只有一半转化成电场能量存储在电容中，另一半能量则为电阻所消耗，也就是说，充电效率只有 50%。

一般用 $y_{\mathrm{zs}}(t)$ 表示零状态响应，电容电压 $u_C(t)$ 和电感电流 $i_L(t)$（状态变量）的零状态响应符合如下公式

$$y_{\mathrm{zs}}(t)=y(\infty)(1-\mathrm{e}^{-\frac{t}{\tau}})\tag{5-43}$$

式（5-43）中 $y(\infty)$ 为响应的稳态值。而非状态变量的零状态响应，由于其初始值不一定为零，所以其零状态响应不能用式（5-43）求得。

零状态响应是电路的初始状态为零时由外加激励产生的，不难证明：若激励增加 m 倍，则零状态响应也相应地增大 m 倍。零状态响应和激励之间满足线性关系。

5.5.2 阶跃函数和阶跃响应

在动态电路分析时，常引入阶跃函数和阶跃响应。阶跃函数可以方便地表示激励作用的时间和区间，电路的零状态响应的也可以由单位阶跃响应方便地求出。

1. 单位阶跃函数

单位阶跃函数的定义为

$$\varepsilon(t)=\begin{cases}0 & t<0\\1 & t>0\end{cases} \tag{5-44}$$

如图 5-24(a)所示，单位阶跃函数在 0 时刻发生了大小为 1 的跃变，其他时间内其函数值都不变。

如果跃变发生在$t=t_0$，如图 5-24(b)所示，则称为延时单位阶跃函数，定义式为

$$\varepsilon(t-t_0)=\begin{cases}0 & t<t_0\\1 & t>t_0\end{cases} \tag{5-45}$$

如果跃变发生在$t=0$时，大小为A，如图 5-24(c)所示，定义为

$$A\varepsilon(t)=\begin{cases}0 & t<0\\A & t>0\end{cases} \tag{5-46}$$

(a) 单位阶跃函数　(b) 延时单位阶跃函数　(c) 阶跃函数

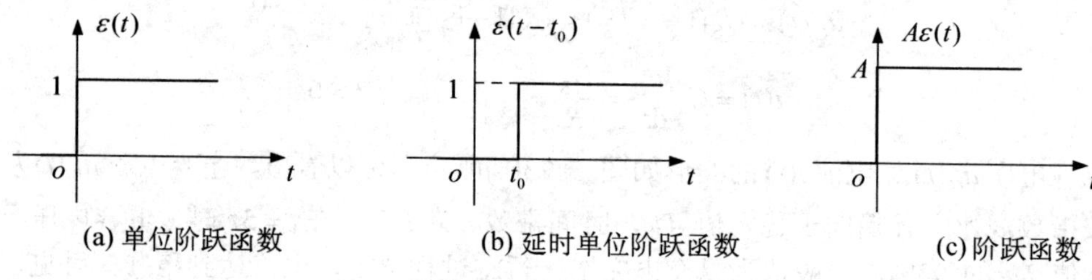

图 5-24　阶跃函数

利用阶跃函数可以描述如图 5-25(a)所示的开关动作，它表示$t=0$时刻把电路 N 接到单位直流电源上，可以简化为如图 5-25(b)所示。所以，阶跃函数可以作为开关的数学模型，故有时又称为开关函数。

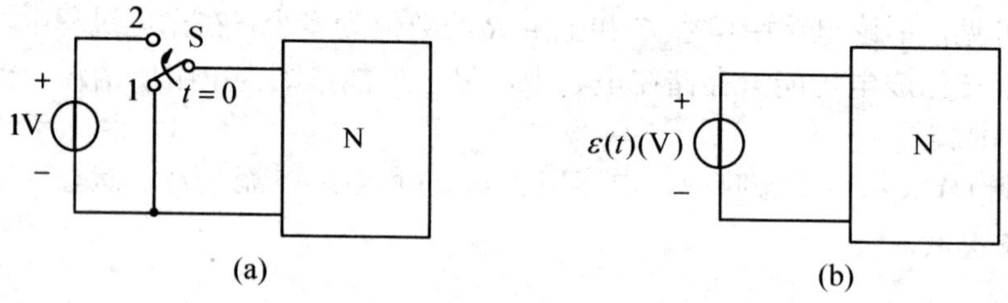

图 5-25　用阶跃函数表示开关动作

利用阶跃函数和延时阶跃函数还可以方便地表示信号及其作用区间。图 5-26(a)所示的矩形脉冲信号可以表示为两个阶跃信号$\varepsilon(t)$和$-\varepsilon(t-1)$之和，表示信号作用的时间区间为(0，1)，即

$$f_1(t)=\varepsilon(t)-\varepsilon(t-1)$$

图 5-26(b)所示的信号可表示为

$$f_2(t)=\varepsilon(t)-2\varepsilon(t-1)+\varepsilon(t-2)$$

或者

$$f_2(t)=1\times[\varepsilon(t)-\varepsilon(t-1)]+(-1)\times[\varepsilon(t-1)-\varepsilon(t-2)]$$

表示信号在(0，1)之间取值为 1，在(1，2)之间取值为-1。

同样，图 5-26(c)所示的信号可表示为

$$f(t)=\varepsilon(t)+\varepsilon(t-1)-2\varepsilon(t-2)$$

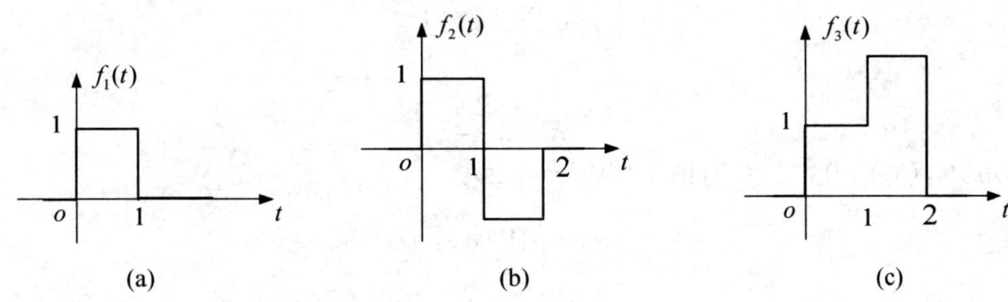

图 5-26　用阶跃函数表示信号

2. 一阶电路的阶跃响应

当激励为单位阶跃函数 $\varepsilon(t)$ 时，电路的零状态响应称为单位阶跃响应，简称为阶跃响应，用 $g(t)$ 表示。

当单位阶跃函数作用于电路时，相当于单位直流电源在 $t=0$ 时刻接入电路，单位阶跃响应就是单位直流源（1V 电压源或 1A 电流源）接入电路时的零状态响应。

当激励是分段常量信号时，根据线性非时变电路的线性和非时变性，利用阶跃响应，可以方便求出电路的零状态响应。

对于非时变电路，元件参数不随时间变化，因而电路的零状态响应与激励接入的时间无关，也就是说，若激励 $f(t)$ 延迟了 t_0 时间接入，那么其零状态响应也延迟 t_0 时间，且波形保持不变。如图 5-27 所示，假设当激励为 $f(t)$ 时，零状态响应为 $y_{zs}(t)$，当激励为 $f(t-t_0)$ 时，零状态响应为 $y_{zs}(t-t_0)$，这称为电路的非时变性。

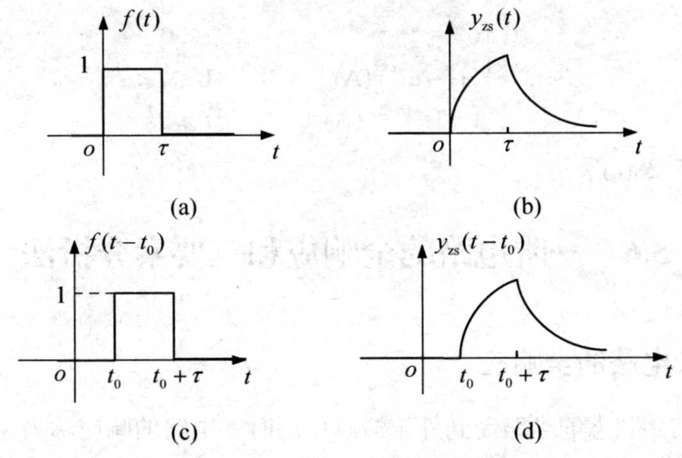

图 5-27　电路的非时变性

例 5-10　如图 5-28(a)的电路，其激励 u_S 的波形如图 5-28 (b)所示，求 $i_L(t)$ 的零状

态响应。

解：激励 u_S 可以表示为

$$u_S(t)=12\varepsilon(t)-12\varepsilon(t-2)(\text{V})$$

求 $i_L(t)$ 的单位阶跃响应，令 $u_S(t)=\varepsilon(t)$，有

$$i_L(\infty)=\frac{1}{4+2}=\frac{1}{6}\text{A}$$

$$\tau=\frac{L}{R}=\frac{6}{2+4}=1\text{s}$$

初始值 $i_L(0_+)=0$，故 $i_L(t)$ 的单位阶跃响应为

$$g(t)=\frac{1}{6}(1-\mathrm{e}^{-t})\varepsilon(t)$$

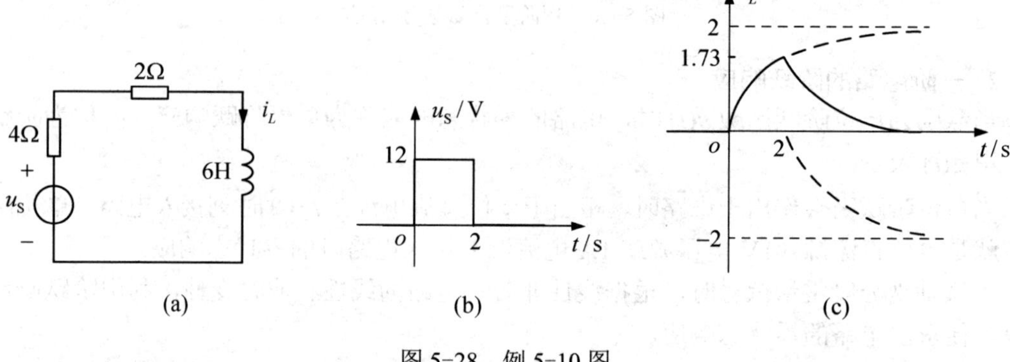

图 5-28　例 5-10 图

根据电路的线性和非时变性，在图 5-28(b)所示的 u_S 作用下，其零状态响应

$$i_L(t)=12g(t)-12g(t-2)=2(1-\mathrm{e}^{-t})\varepsilon(t)-2(1-\mathrm{e}^{-(t-2)})\varepsilon(t-2)$$

或写为

$$i_L(t)=\begin{cases}0 & t<0\\ 2(1-\mathrm{e}^{-t})\ (\text{A}) & 0\leqslant t<2\text{s}\\ 1.73\mathrm{e}^{-(t-2)}\ (\text{A}) & t\geqslant 2\text{s}\end{cases}$$

其波形如图 5-28(c)所示。

5.6　一阶电路的全响应和三要素分析法

5.6.1　一阶电路的全响应

当一个非零初始状态的电路受到外施激励作用时，电路的响应称为完全响应。对于线性电路，完全响应等于零输入响应与零状态响应之和，即

$$y(t)=y_{zi}(t)+y_{zs}(t) \tag{5-47}$$

利用线性电路的叠加性分析动态电路，把完全响应看作电路的初始储能和外施激励分

别单独作用于电路所产生的。显然，零输入响应与初始状态成线性关系；零状态响应与外施激励成线性关系。但是，完全响应与初始状态或与外施激励不存在线性关系。

图 5-29 所示电路，设电容初始电压为U_0，开关 S 闭合后，电路的暂态过程在电容初始储能和直流电压源U_S的共同作用下进行，响应为零输入响应与零状态响应之和。

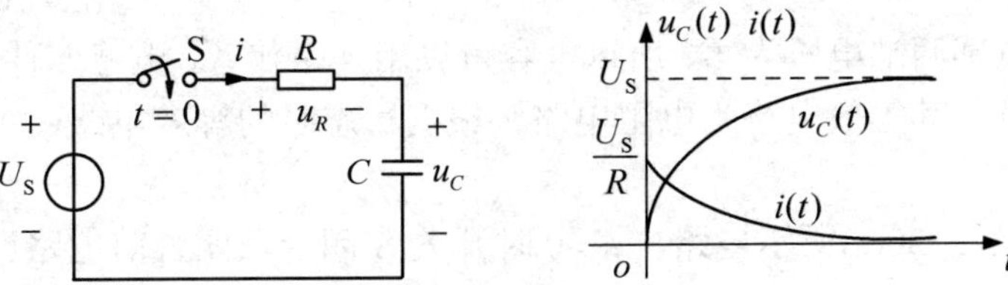

图 5-29　*RC* 电路的全响应

由式（5-42）知，电容电压的零输入响应为

$$u_{Czi}(t)=u_C(0_+)\mathrm{e}^{-\frac{t}{\tau}}=U_0\mathrm{e}^{-\frac{t}{RC}}$$

根据元件 VCR，电流 $i(t)$的零输入响应为

$$i_{zi}(t)=C\frac{\mathrm{d}u_{Czi}(t)}{\mathrm{d}t}=-\frac{U_0}{R}\mathrm{e}^{-\frac{t}{RC}}$$

或者

$$i_{zi}(t)=\frac{-u_{Czi}(t)}{R}=-\frac{U_0}{R}\mathrm{e}^{-\frac{t}{RC}}$$

电路达到稳态时，电容电压稳态值$u_C(\infty)=U_S$，电容电压的零状态响应为

$$u_{Czs}(t)=u_C(\infty)(1-\mathrm{e}^{-\frac{t}{\tau}})=U_S(1-\mathrm{e}^{-\frac{t}{RC}})$$

电流 $i(t)$的零状态响应为

$$i_{zs}(t)=C\frac{\mathrm{d}u_{Czs}(t)}{\mathrm{d}t}=\frac{U_S}{R}\mathrm{e}^{-\frac{t}{RC}}$$

或者

$$i_{zs}(t)=\frac{U_S-u_{Czs}(t)}{R}=\frac{U_S}{R}\mathrm{e}^{-\frac{t}{RC}}$$

5.6.2　一阶电路的三要素分析法

直流激励作用下的一阶电路中描述任一响应的微分方程都可表为式（5-27）所示的形式。其响应形式如式（5-35），重写如下：

$$y(t)=y(\infty)+[y(0_+)-y(\infty)]\mathrm{e}^{-\frac{t}{\tau}} \tag{5-48}$$

只要能够求出响应的初始值$y(0_+)$、稳态响应$y(\infty)$和电路的时间常数τ，利用式(5-48)就可以求出响应$y(t)$。把稳态响应$y(\infty)$，初始值$y(0_+)$和电路的时间常数τ称为一阶电路的三要素。利用三要素，求解一阶电路的方法称为三要素分析法。初始值的求解已在 5.3 节介绍，这里主要介绍稳态值和时间常数的求解。

1. 稳态响应 $y(\infty)$ 的计算

对于线性时不变、渐近稳定电路而言，只要电路中激励不是无限增长的，电路换路后都可以进入稳态。稳态响应可以通过电路计算。

在电路进入稳定状态时，电容电压和电感电流不再随时间变化，即 $\frac{\mathrm{d}u_C}{\mathrm{d}t}=0$ 和 $\frac{\mathrm{d}i_L}{\mathrm{d}t}=0$，电容电流为零和电感两端电压为零，所以电容可以用开路代替，电感元件可以用短路代替。因此电路在稳态时，其等效电路为电阻电路。根据稳态时的等效电路，可以求出所需的各个稳态值（响应）。

例 5-11 如图 5-30(a)所示电路，$t=0$ 时开关 S 闭合，闭合前电路已处于稳态。求图中所标定的各变量换路后的稳态值。

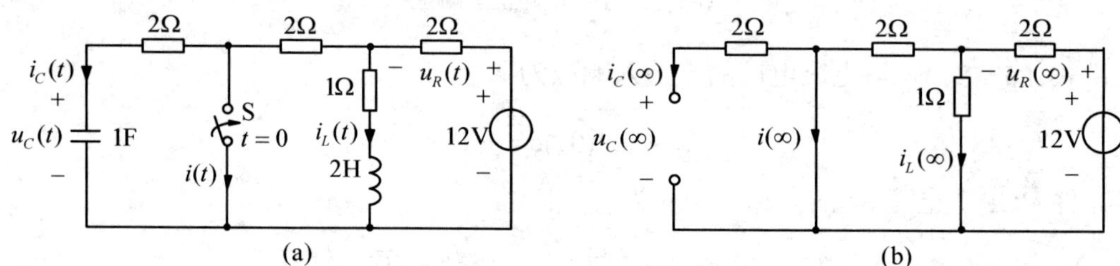

图 5-30 例 5-11 图

解：换路后的稳态电路如图 5-30(b)所示。开关 S 闭合，电容开路，电感短路，因当 t 趋于无穷时电路才稳定，所以，$y_{\mathrm{p}}(t)$ 可以写成 $y(\infty)$。很明显，$i_C(\infty)=0$，$u_C(\infty)=0$，由分压公式得

$$u_R(\infty)=\frac{2}{2+\frac{1\times 2}{1+2}}\times 12=9\mathrm{V}$$

由 KVL 和 VCR 得

$$i(\infty)=\frac{12-9}{2}=1.5\mathrm{A}$$

$$i_L(\infty)=\frac{12-9}{1}=3\mathrm{A}$$

2. 时间常数 τ 的计算

由于一阶电路中只含有一个（或等效为一个）储能元件（一个电容或是一个电感），我们可以把与电容或电感相连接的电路看作是一个二端电阻电路 N，如图 5-31(a)和(d)所示。显然，电路 N 是线性电阻电路，其中含有独立电源、线性电阻和线性受控源。这样，我们总可以作出电路 N 的戴维南或诺顿等效电路，如图 5-31(b)、(e)或(c)、(f)所示。

从前面的分析已经得知，时间常数 τ 与微分方程特征根 s 的关系为

$$\tau=-\frac{1}{s}$$

因此，对于 RC 电路，时间常数

$$\tau = R_{\text{eq}}C \tag{5-49}$$

对于 RL 电路，时间常数

$$\tau = \frac{L}{R_{\text{eq}}} \tag{5-50}$$

式中电阻 R_{eq} 是储能元件两端所接外电路的戴维南（或诺顿）等效电路的等效电阻。根据给定电路，断去 C 或 L，求出 R_{eq} 后，就可以求得时间常数 τ。

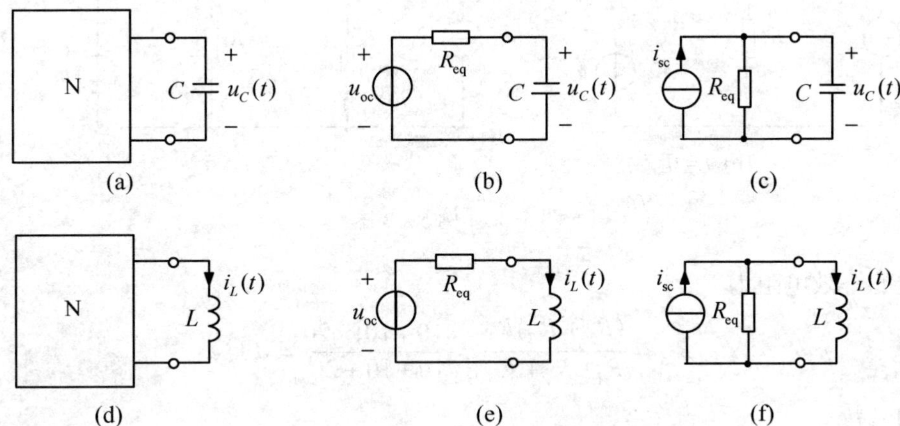

图 5-31　一阶电路时间常数的计算

下面举例说明利用三要素方法求解一阶电路。

例 5-12　如图 5-32(a)所示的电路，开关 S 闭合前电路已达到稳定状态。在 $t=0$ 时，开关闭合。求 $t\geqslant 0$ 时的电容电压 $u_C(t)$ 和电流 $i(t)$，并画出它们的波形。已知 $R_1=R_2=10\,\text{k}\Omega$，$R_3=20\,\text{k}\Omega$，$i_{\text{S}}=1\,\text{mA}$，$u_{\text{S}}=10\text{V}$，$C=10\,\mu\text{F}$。

解： 作出 $t=0_-$ 时的等效电路，如图 5-32(b)所示，其中电容开路，则

$$u_C(0_-)=R_3 i_{\text{S}}-u_{\text{S}}=20\times 1-10=10\text{V}$$

根据换路定律

$$u_C(0_+)=u_C(0_-)=10\text{V}$$

作出 $t=0_+$ 时的等效电路，如图 5-32(c)所示，其中电容用电压源 $u_C(0_+)$ 代替，则

$$\begin{aligned}i(0_+)&=\frac{R_2}{R_1+R_2}i_{\text{S}}+\frac{u_C(0_+)+u_{\text{S}}}{R_1+R_2}\\&=\frac{10}{10+10}\times 1+\frac{10+10}{10+10}\\&=1.5\text{mA}\end{aligned}$$

开关闭合后，电路达到稳态，电容开路，可以得到

$$i(\infty)=\frac{R_2+R_3}{R_1+R_2+R_3}i_{\text{S}}=\frac{10+20}{10+10+20}\times 1=0.75\text{mA}$$

$$u_C(\infty)=R_3[i_{\text{S}}-i(\infty)]-u_{\text{S}}=20\times(1-0.75)-10=-5\text{V}$$

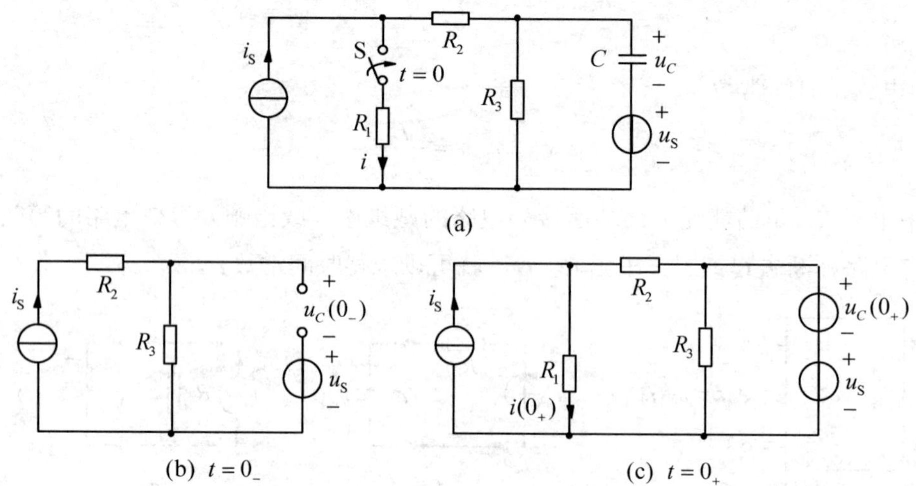

图 5-32　例 5-12 图

电容两端的等效电阻为

$$R_{eq}=\frac{(R_1+R_2)R_3}{R_1+R_2+R_3}=\frac{(10+10)\times 20}{10+10+20}=10\text{k}\Omega$$

可得时间常数

$$\tau=R_{eq}C=10\times 10^3\times 10\times 10^{-6}=0.1\text{s}$$

将初始值、稳态值和时间常数代入式（5-26），可得电路的响应为

$$u_C(t)=-5+(10+5)\text{e}^{-\frac{t}{0.1}}=-5+15\text{e}^{-10t}(\text{V})\qquad t>0$$

$$i(t)=0.75+(1.5-0.75)\text{e}^{-\frac{t}{0.1}}=0.75+0.75\text{e}^{-10t}(\text{mA})\qquad t>0$$

图 5-33 画出了 $u_C(t)$ 和 $i(t)$ 的波形。

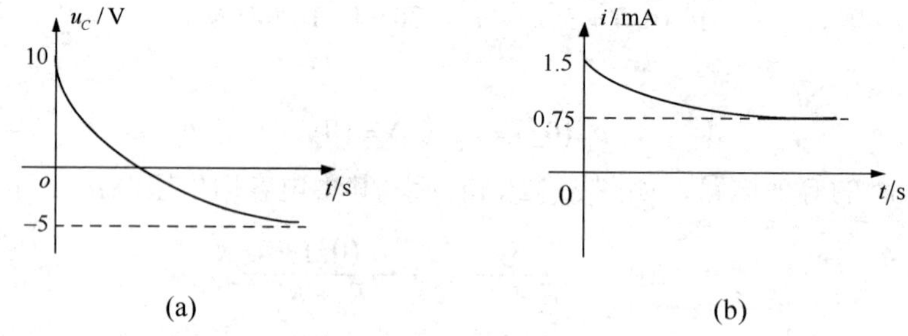

图 5-33　例 5-12 波形

例 5-13　如图 5-34(a)所示的电路，开关 S 位于 1 位置，已达到稳定状态。在 $t=0$ 时，开关 S 由 1 位置闭合到 2 位置，求换路后的电流 i_1 和 i_2。u_S 波形如图 5-34(b)所示。

解：（1）计算电流 i_1。

当 $0\leqslant t<1\text{s}$ 时

$$i_1(0_+) = i_1(0_-) = -\frac{5}{5} = -1\text{A}$$

$$i_1(\infty) = \frac{1}{5} = 0.2\text{A}$$

$$\tau = \frac{L}{R_{\text{eq}}} = \frac{1}{2.5} = 0.4\text{s}$$

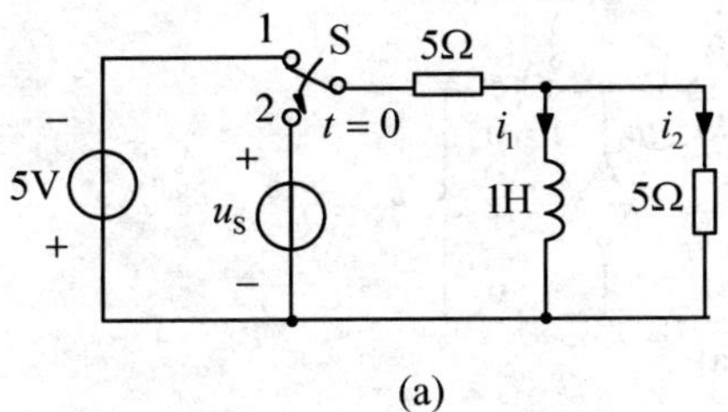

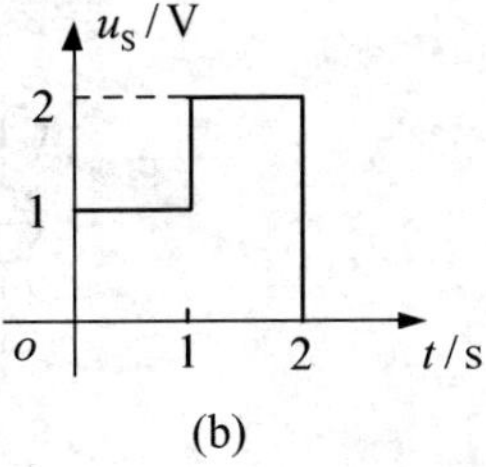

图 5-34　例 5-13 图

所以

$$i_1 = 0.2 + (-1 - 0.2)\mathrm{e}^{-2.5t} = 0.2 - 1.2\mathrm{e}^{-2.5t}\,(\text{A})$$

当 $1\text{s} \leqslant t < 2\text{s}$ 时

$$i_1(1_+) = i_1(1_-) = 0.2 - 1.2\mathrm{e}^{-2.5\times 1} = 0.1\text{A}$$

$$i_1(\infty) = \frac{2}{5} = 0.4\text{A}$$

所以

$$i_1 = 0.4 + (0.1 - 0.4)\mathrm{e}^{-2.5(t-1)} = 0.4 - 0.3\mathrm{e}^{-2.5(t-1)}\,(\text{A})$$

当 $t \geqslant 2\text{s}$ 时

$$i_1(2_+) = i_1(2_-) = 0.4 - 0.3\mathrm{e}^{-2.5\times(2-1)} = 0.38\text{A}$$

$$i_1(\infty) = 0$$

所以

$$i_1 = 0.38\mathrm{e}^{-2.5(t-2)}\,(\text{A})$$

因此

$$i_1 = \begin{cases} 0.2 - 1.2\mathrm{e}^{-2.5t}\,(\text{A}) & 0 \leqslant t < 1\text{s} \\ 0.4 - 0.3\mathrm{e}^{-2.5(t-1)}\,(\text{A}) & 1\text{s} \leqslant t < 2\text{s} \\ 0.38\mathrm{e}^{-2.5(t-2)}\,(\text{A}) & t \geqslant 2\text{s} \end{cases}$$

（2）计算电流 i_2。

由于

$$i_2 = \frac{L\dfrac{\mathrm{d}i_1}{\mathrm{d}t}}{5}$$

所以

$$i_2=\begin{cases}0.6\mathrm{e}^{-2.5t}\ (\mathrm{A}) & 0\leqslant t<1\mathrm{s}\\ 0.15\mathrm{e}^{-2.5(t-1)}\ (\mathrm{A}) & 1\mathrm{s}\leqslant t<2\mathrm{s}\\ -0.19\mathrm{e}^{-2.5(t-2)}\ (\mathrm{A}) & t\geqslant 2\mathrm{s}\end{cases}$$

例 5-14 如图 5-35(a)所示的电路，$t=0$ 时换路，已知 $u_C(0_+)=-2\mathrm{V}$，受控源的控制系数为 g。（1）若 $g=0.5\mathrm{S}$，求 $u_C(t)$；（2）若 $g=2\mathrm{S}$，求 $u_C(t)$。

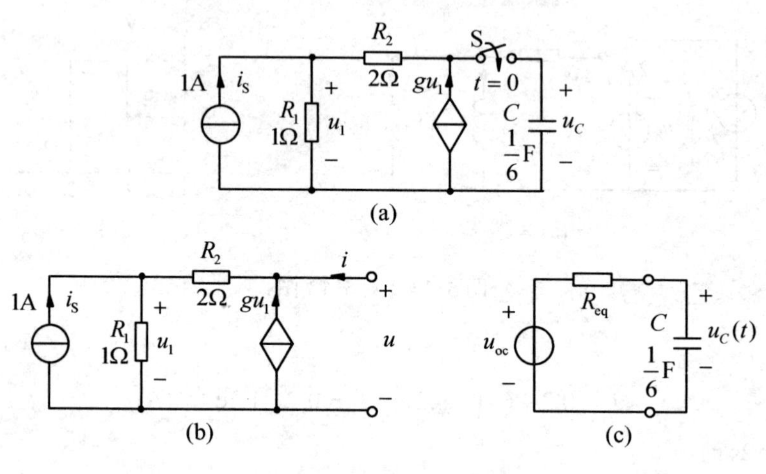

图 5-35 例 5-14 图

解：首先求出电容两端的戴维南等效电路，将电容断开，电路如图 5-35(b)所示。由 KVL 得

$$u=R_2(i+gu_1)+u_1=2i+(2g+1)u_1$$

而

$$u_1=R_1(i+gu_1+i_S)=i+gu_1+i_S$$

由上两式得

$$u=\frac{2g+1}{1-g}+\frac{3}{1-g}i=u_{oc}+R_{eq}i$$

其中

$$\begin{cases}u_{oc}=\dfrac{2g+1}{1-g}\\ R_{eq}=\dfrac{3}{1-g}\end{cases} \tag{5-51}$$

电容两端的戴维南等效电路如图 5-35(c)所示。

（1）当 $g=0.5\mathrm{S}$ 时，由式（5-51）求得

$$u_{oc}=\frac{2\times0.5+1}{1-0.5}=4\mathrm{V}$$

$$R_{eq}=\frac{3}{1-0.5}=6\Omega$$

$$\tau=R_{eq}C=6\times\frac{1}{6}=1\mathrm{s}$$

由于

$$u_C(\infty)=4\text{V}$$

$$u_C(0_+)=-2\text{V}$$

所以，电路的响应

$$u_C(t)=u_C(\infty)+[u_C(0_+)-u_C(\infty)]\text{e}^{-\frac{t}{\tau}}=4-6\text{e}^{-t}(\text{V}) \qquad t>0$$

其波形如图 5-36(a)所示。

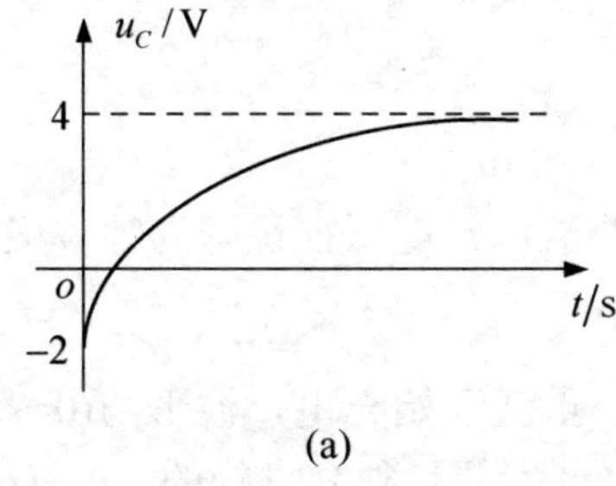

(a)

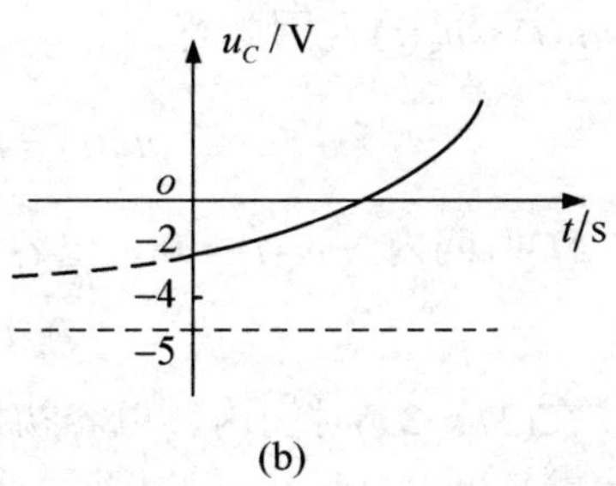

(b)

图 5-36　例 5-14 波形

（2）当 $g=2\text{S}$ 时，由式（5-51）得到

$$u_{\text{oc}}=\frac{2\times2+1}{1-2}=-5\text{V}$$

$$R_{\text{eq}}=\frac{3}{1-2}=-3\Omega$$

$$\tau=R_{\text{eq}}C=-0.5\text{s}$$

可以求得虚稳态响应

$$u_C(-\infty)=u_{\text{oc}}=-5\text{V}$$

由三要素公式得

$$u_C(t)=-5+3\text{e}^{2t}(\text{V}) \qquad t>0$$

其波形如图 5-36(b)所示。

由于图 5-35(a)所示电路中含有受控源，有可能导致响应电压 u_C 随时间 t 的增加而无限制地增高，如图 5-36(b)所示。这是由于电容两端的戴维南等效电阻为负，这个负电阻产生一个负的时间常数，结果使响应无限增加。在实际电路中，电路元件都只能在额定电压、电流下工作，当元件毁坏或进入饱和状态时，响应最后达到一个限定值，使电流、电压响应不能继续增大。

5.7　微分电路和积分电路

5.7.1　微分电路

图 5-37(a)所示 RC 电路，假设电路初始状态为零，激励 $u_S(t)$ 为图 5-37(b)所示的周期

性脉冲，响应为电阻电压 $u_R(t)$，则

$$u_R(t)=Ri(t)=RC\frac{\mathrm{d}u_C(t)}{\mathrm{d}t}$$

在(0～T)时间内，电容电压的零状态响应为

$$u_C(t)=U_S(1-\mathrm{e}^{-\frac{t}{\tau}})$$

其中 $\tau=RC$，如果电路的时间常数 τ 与 T 相比很小，一般 $\tau\leqslant\frac{1}{10}T$，则电容电压很快上升到 U_S，即 $u_C(t)\approx u_S(t)$，因此有

$$u_R(t)=RC\frac{\mathrm{d}u_C(t)}{\mathrm{d}t}\approx RC\frac{\mathrm{d}u_S(t)}{\mathrm{d}t} \tag{5-52}$$

在(T～2T)时间内，$u_S(t)=0$，电容通过电阻很快放电，电压很快降为零，根据 KVL

$$u_R(t)=-u_C(t)$$

因此，在(2T～3T)时间内，电容初始电压为零，重新开始充电，波形与(0～T)时间内相同，以后重复以上过程。可见，每一个充电、放电过程都是独立进行的。$u_C(t)$和 $u_R(t)$波形如图 5-37(c)和(d)所示，电阻电压近似为 $u_S(t)$的微分，输出电压为一系列的正负尖脉冲，这样的电路被称为微分电路。

RC 微分电路具备两个条件：① $\tau\ll T$（一般 $\tau\leqslant 0.1T$）；②电压从电阻两端输出。在脉冲电路中，常应用微分电路把矩形脉冲变换为尖脉冲，作为触发信号。

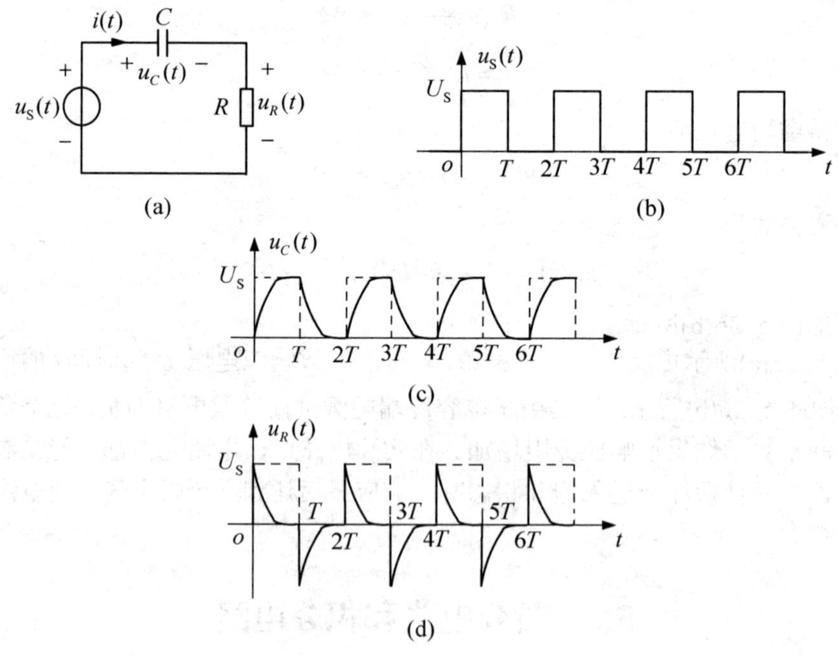

图 5-37　RC 微分电路

由理想运算放大器和 R、C 元件可以组成有源微分电路，如图 5-38 所示，根据理想运放虚短、虚断特性得到

$$u_i(t) = u_C(t)$$

$$i_1(t) = i(t) = C\frac{\mathrm{d}u_C(t)}{\mathrm{d}t} = C\frac{\mathrm{d}u_i(t)}{\mathrm{d}t}$$

于是

$$u_o(t) = -u_R(t) = -Ri_1(t) = -RC\frac{\mathrm{d}u_i(t)}{\mathrm{d}t} \tag{5-53}$$

即输出电压 $u_o(t)$ 与输入电压 $u_i(t)$ 的微分的反相成比例。

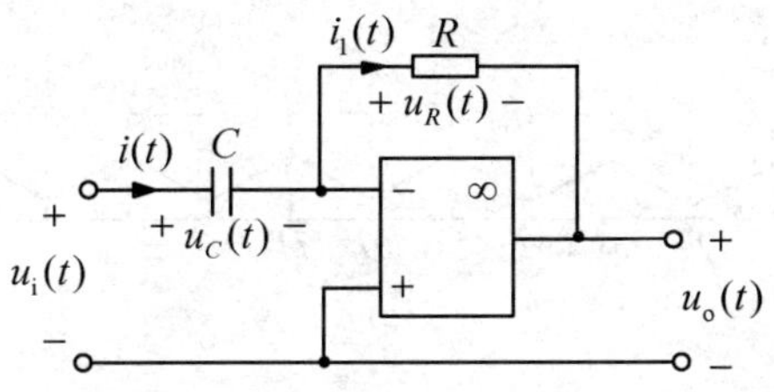

图 5-38 有源 RC 微分电路

5.7.2 积分电路

图 5-39(a)所示 RC 电路，假设电路初始状态为零，激励 $u_S(t)$为图 5-39(b)所示的周期性脉冲，响应为电容电压 $u_C(t)$，则有

$$u_C(t) = \frac{1}{C}\int_{-\infty}^{t} i(\xi)\mathrm{d}\xi$$

在(0～T)时间内，电容电压的零状态响应为

$$u_C(t) = U_S(1-\mathrm{e}^{-\frac{t}{\tau}})$$

这里时间常数 $\tau = RC$ 与 T 相比很大，则电容电压充电很慢，即 $u_C(t)$很小，因此 $u_R(t) \approx u_S(t)$，以及

$$i(t) = \frac{u_R(t)}{R} \approx \frac{u_S(t)}{R}$$

因此

$$u_C(t) \approx \frac{1}{C}\int_{-\infty}^{t} \frac{u_S(\xi)}{R}\mathrm{d}\xi \approx \frac{1}{RC}\int_{-\infty}^{t} u_S(\xi)\mathrm{d}\xi \tag{5-54}$$

输出电压 $u_C(t)$是输入电压 $u_S(t)$的积分，所以称这样的电路为积分电路。RC 积分电路具备的两个条件是：①$\tau \gg T$；②电压从电容两端输出。

在(0～T)时间内，$u_S(t)$为常数 U_S，电容初始电压为零，这时输出电压与输入成线性关系，即

$$u_C(t) \approx \frac{1}{RC}\int_{-\infty}^{t} u_S(\xi)\mathrm{d}\xi = \frac{U_S}{RC}t \tag{5-55}$$

由于充电进行缓慢，充电结束时远没有达到 U_S。在(T～$2T$)时间内，$u_S(t) = 0$，电容通过电阻缓慢放电，放电结束时电容电压显然不为零。因此，在($2T$～$3T$)时间内，电容初始

电压不为零，重新开始充电，以后重复以上过程。$u_C(t)$波形如图 5-39(c)所示。积分电路在输出端输出一个锯齿波电压，时间常数越大，充放电越缓慢，锯齿波的线性越好。

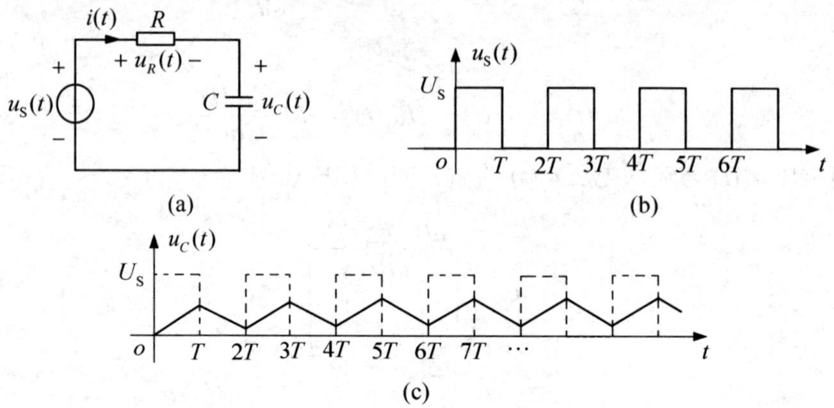

图 5-39　RC 积分电路

由理想运算放大器和 R、C 元件组成的有源积分电路如图 5-40 所示，根据理想运放特性可以方便地得到

$$u_o(t) = -u_C(t) = -\frac{1}{C}\int_{-\infty}^{t} i_1(\xi)\mathrm{d}\xi$$

而

$$i_1(t) = i(t) = \frac{u_R(t)}{R} = \frac{u_i(t)}{R}$$

所以

$$u_o(t) = -\frac{1}{RC}\int_{-\infty}^{t} u_i(\xi)\mathrm{d}\xi \tag{5-56}$$

即输出电压 $u_o(t)$ 与输入电压 $u_i(t)$ 积分的反相成比例。

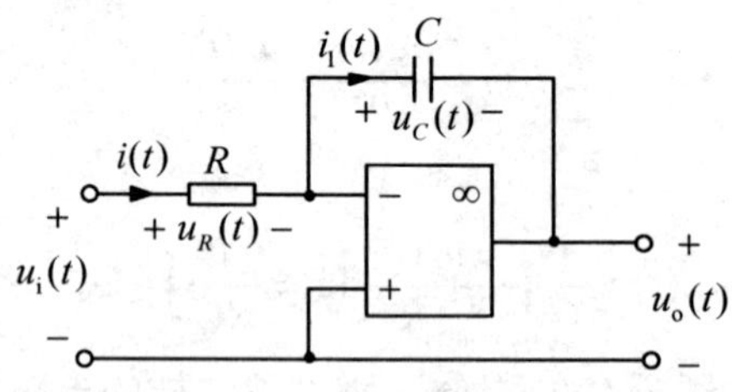

图 5-40　有源 RC 积分电路

需要指出，有源 RC 微分和积分电路中的运算放大器需工作在线性区，避免工作在饱和状态，才可实现微分和积分功能。

本节最后介绍一个 RC 电路应用实例：照相机的闪光灯电路。闪光灯电路如图 5-41(a)所示，其中 R_L 为灯的等效电阻。

当照相机在光线比较暗的条件下工作时，要用闪光灯照亮拍照场景，而后重新充电后才能继续拍摄。灯 R_L 的电压也是电容两端的电压 $u_C(t)$，假设开始灯断开不亮，则直流电压源U_S通过电阻R给电容充电，当电容电压被充电到最大值U_{max}时，灯被接通(亮)，灯被接通后，电容通过R和R_L开始放电，当电压$u_C(t)$减小到U_{min}时，灯断开，电容又开始充电。电容充放电波形如图 5-41(b)所示，电路运行平稳后电容充放电波形如图 5-41(c)所示。下面分析如何确定闪光灯导通时间。

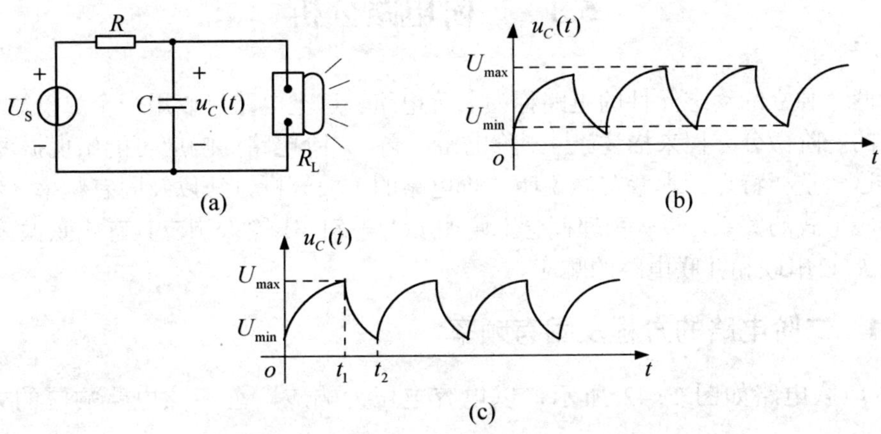

图 5-41 闪光灯电路和灯电压波形

为方便计算，令电容开始充电时间为$t=0$，如图 5-41(c)所示，t_1表示灯亮的时刻，t_2为完成一个周期的结束时刻。

当$0 \leqslant t < t_1$时，电容充电，$u_C(0)=U_{min}$，$u_C(\infty)=U_S$，$\tau_1=RC$，于是

$$u_C(t)=U_S+(U_{min}-U_S)e^{-\frac{t}{\tau_1}}$$

t_1时刻充电结束，这时电容电压为U_{max}，即

$$u_C(t_1)=U_S+(U_{min}-U_S)e^{-\frac{t_1}{\tau_1}}=U_{max}$$

可以得到

$$t_1=\tau_1 \ln\frac{U_{min}-U_S}{U_{max}-U_S}$$

当$t_1 \leqslant t < t_2$时，电容放电，初始值$u_C(t_1)=U_{max}$，稳态值$u_C(\infty)=U_1=\dfrac{R_L}{R+R_L}U_S$，$\tau_2=\dfrac{RR_L}{R+R_L}C$，于是

$$u_C(t)=U_1+(U_{max}-U_1)e^{-\frac{t-t_1}{\tau_2}}$$

t_2时刻放电结束，这时电容电压为U_{min}，即

$$u_C(t_2)=U_1+(U_{max}-U_1)e^{-\frac{t_2-t_1}{\tau_2}}=U_{min}$$

可以得到

$$t_2 - t_1 = \tau_2 \ln \frac{U_{\max} - U_1}{U_{\min} - U_1}$$

即为灯导通的时间。

5.8 二阶电路分析

包含两个独立的动态元件的电路称为二阶电路。这类电路可以用一个二阶微分方程或两个联立的一阶微分方程来描述。与一阶电路不同，二阶电路的响应可能出现振荡的形式。为了突出这一重要特点，本章首先说明二阶电路的一般分析方法以及固有频率（特征根）与固有响应形式的关系，并从物理概念上阐明 LC 电路的零输入响应具有正弦振荡的形式，然后讨论 RLC 串联和并联电路的响应。

5.8.1 二阶电路的方程及固有频率

RLC 串联电路如图 5-42 所示，以电容电压为响应，列写该电路响应的方程。由 KVL 得

$$u_R + u_L + u_C = u_S$$

把元件的 VCR

$$i = C\frac{\mathrm{d}u_C}{\mathrm{d}t}$$

$$u_R = Ri = RC\frac{\mathrm{d}u_C}{\mathrm{d}t}$$

$$u_L = L\frac{\mathrm{d}i}{\mathrm{d}t} = LC\frac{\mathrm{d}^2 u_C}{\mathrm{d}t^2}$$

代入 KVL 方程，并整理得

$$LC\frac{\mathrm{d}^2 u_C}{\mathrm{d}t^2} + RC\frac{\mathrm{d}u_C}{\mathrm{d}t} + u_C = u_S \tag{5-57}$$

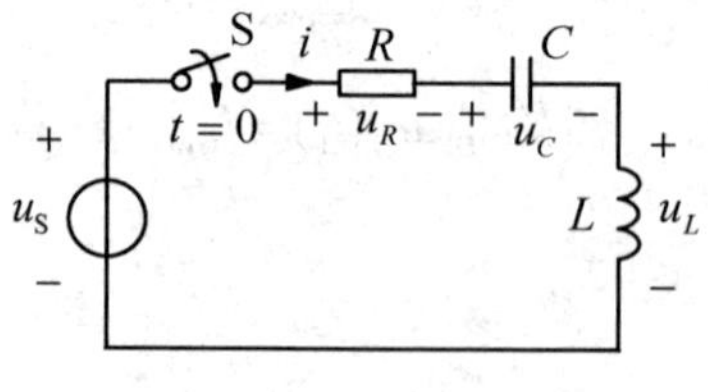

图 5-42　RLC 串联电路

求解式（5-57）所示的二阶方程所需的两个初始条件，要由电路的初始状态 $u_C(0)$ 和 $i_L(0)$ 给出，即 $u_C(0)$ 和 $\left.\frac{\mathrm{d}u_C}{\mathrm{d}t}\right|_{t=0} = \frac{i_C(0)}{C} = \frac{i_L(0)}{C}$。式（5-57）的特征方程为

$$LCs^2 + RCs + 1 = 0$$

特征根（电路的固有频率）为

$$s_{1,2}=-\frac{R}{2L}\pm\sqrt{(\frac{R}{2L})^2-\frac{1}{LC}}=-\alpha\pm\sqrt{\alpha^2-\omega_0^2}$$

式中，$\frac{R}{2L}=\alpha$ 称为衰减常数；$\frac{1}{\sqrt{LC}}=\omega_0$ 称为固有振荡频率。它们都是由电路结构和元件参数决定的常数，电路响应的形式（性质）也由特征根决定。当 R、L、C 都是非负值时，根据其取值不同，s_1、s_2 有四种情况。在表 5-3 中列出了 s_1、s_2 为四种不同情况时相应的零输入响应的形式。其中系数 A_1、A_2 在完全解中由初始条件确定。

表 5-3　二阶电路零输入响应形式

参数关系	特征根关系	响应形式（齐次解 y_h）	响应性质（名称）
$R>2\sqrt{\frac{L}{C}}$	$s_1\neq s_2$ 不等负实根	$A_1e^{s_1t}+A_2e^{s_2t}$	过阻尼情况
$R=2\sqrt{\frac{L}{C}}$	$s_1=s_2$ 相等负实根	$(A_1+A_2t)e^{st}$	临界阻尼情况
$R<2\sqrt{\frac{L}{C}}$	$s_{1,2}=-\alpha\pm j\omega_d$ 共轭复根	$e^{-\alpha t}[A_1\cos(\omega_d t)+A_2\sin(\omega_d t)]$	欠阻尼情况 （衰减振荡）
$R=0$	$s_{1,2}=\pm j\omega_0$ 共轭虚根	$A_1\cos(\omega_0 t)+A_2\sin(\omega_0 t)$	自由振荡情况

5.8.2　*LC* 电路的正弦振荡

在图 5-42 所示电路中，当电阻 $R=0$ 时，特征根为一对共轭虚数，如表 5-3 所示，电路处于无阻尼振荡，电路中电场能量和磁场能量，在电容和电感中交替转换。为了说明问题的实质，首先研究 LC 电路的零输入响应。如图 5-43 所示电路中，设电容的初始电压为 U_0，电感的初始电流为零。

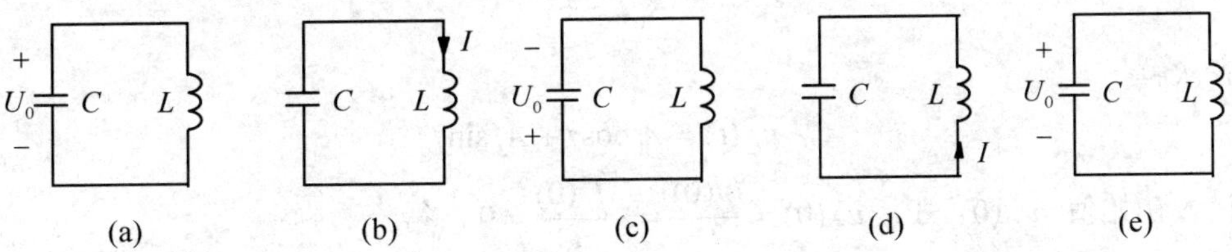

图 5-43　LC 电路中能量的振荡

显然，在初始时刻，能量全部储于电容中，电感中没有储能。这时电路的电流虽然为零，但是电流的变化率却不为零，这是因为电感电压必须等于电容电压 U_0，即 $\frac{di}{dt}\neq 0$。因此电流将开始增长，原来存储于电容中的能量将发生转移。图 5-43(a)表示了初始时刻的情况。随着电容放电、电流增长，能量逐渐转移到电感的磁场中。当电容电压下降到零的瞬间，电感电压也为零，因而 $\frac{di}{dt}=0$，电流达到最大值 I，如图 5-43(b)所示，此时储能全部转入到电感。这时，电容电压为零，但是它的变化率不为零，这是因为电容中电流必须等于电感中的电流。同时，由于电感电流不能跃变，电路中的电流将从 I 逐渐减小，电容又被充电，只是电压的极性与之前相反。当电感中电流下降到零的瞬间，能量又再度全部储于电容之中，电容电压又达到了 U_0，极性相反，如图 5-43(c)所示。以后，电容又开始放电，电流方向和上一次电容放电的方向相反，当电容电压再次下降到零的瞬间，能量又全部储于电感之中，电流又达到了最大值 I，如图 5-43(d)所示。接着，电容又在电流的作用下充电，当电流为零的瞬间，能量全部返回到电容，电容电压的大小和极性又和初始时刻一样，如图 5-43(e)所示。电路电能恢复到初始时刻的情况，这意味着上述过程将不断地重复进行。图 5-43 中的电压、电流方向均是真实方向。

由此可见，在由电容和电感两种不同的储能元件构成的电路中，随着储能在电场和磁场之间的往返转移，电路中的电流和电压将不断地改变大小和极性，形成周而复始的振荡。这种由初始储能维持的振荡是一种等幅振荡。不难想象，如果电路中存在电阻，那么，储能终将被电阻消耗殆尽，振荡就不可能是等幅的，而将是减幅的，即幅度将逐渐衰减而趋于零。这种振荡称为阻尼振荡或衰减振荡。如果电阻较大，储能在初次转移时它的大部分就可能被电阻所消耗，因而不可能发生储能在电场与磁场间的往返转移现象，电流、电压终将衰减为零，但不产生振荡，这种情况也称为过阻尼。

例 5-15 设 LC 回路如图 5-44 所示，$L=1\mathrm{H}, C=1\mathrm{F}, u_C(0)=1\mathrm{V}, i_L(0)=0$。求电容电压 $u_C(t)$ 和电感电流 $i_L(t)$。

解：根据 KVL 和元件的 VCR 可得微分方程

$$\frac{\mathrm{d}^2u_C}{\mathrm{d}t^2}+u_C=0$$

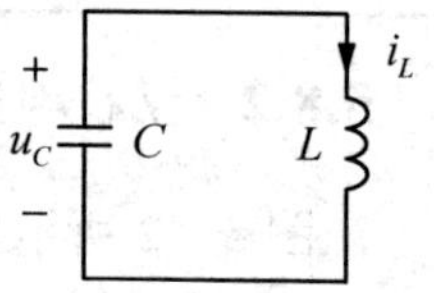

+ u_C C L i_L −

图 5-44　例 5-15 图

特征方程

$$s^2+1=0$$

特征根

$$s_{1,2}=\pm\mathrm{j}$$

齐次解

$$u_C(t)=A_1\cos t+A_2\sin t$$

代入初始值 $u_C(0)=1$，$u_C'(0)=\dfrac{i_C(0)}{C}=-\dfrac{i_L(0)}{C}=0$，得

$$A_1=1,\quad A_2=0$$

因此

$$u_C(t)=\cos t$$

以及

$$i_L(t)=-i_C(t)=-C\frac{\mathrm{d}u_C}{\mathrm{d}t}=\sin t$$

显然，电容电压和电感电流都是等幅振荡，随时间按正弦方式变化。

LC 回路中 $t=0$ 初始时刻的储能为

$$w(0)=\frac{1}{2}Li_L{}^2(0)+\frac{1}{2}Cu_C{}^2(0)=\frac{1}{2}\mathrm{J}$$

任意时刻 t 的储能

$$w(t)=\frac{1}{2}Li_L{}^2(t)+\frac{1}{2}Cu_C{}^2(t)=\frac{1}{2}\cos^2 t+\frac{1}{2}\sin^2 t=\frac{1}{2}\mathrm{J}$$

可见，储能在任何时刻为一常量。这就表明：LC 振荡电路的储能不断在磁场和电场之间往返，永不消失。

5.8.3 *RLC* 串联电路的零输入响应

在图 5-42 所示的电路中，假设 $u_S=0$，电路的响应是由初始状态产生的，即为电路的零输入响应。设 $u_C(0_+)=u_C(0)$，$i_L(0_+)=i_L(0)$，电路方程重写为

$$LC\frac{\mathrm{d}^2u_C}{\mathrm{d}t^2}+RC\frac{\mathrm{d}u_C}{\mathrm{d}t}+u_C=0 \tag{5-58}$$

1. 过阻尼情况

当 $\left(\frac{R}{2L}\right)^2>\frac{1}{LC}$，即 $R>2\sqrt{\frac{L}{C}}$，$s_1\neq s_2$，则响应为

$$u_C=A_1\mathrm{e}^{s_1t}+A_2\mathrm{e}^{s_2t} \tag{5-59}$$

A_1、A_2 由初始值确定，由于

$$\begin{cases}u_C(0)=A_1+A_2\\ \left.\frac{\mathrm{d}u_C}{\mathrm{d}t}\right|_{t=0}=A_1s_1+A_2s_2=\frac{i_L(0)}{C}\end{cases} \tag{5-60}$$

解得

$$\begin{cases}A_1=\frac{u_C(0)s_2-i_L(0)/C}{s_2-s_1}\\ A_2=\frac{u_C(0)s_1-i_L(0)/C}{s_1-s_2}\end{cases} \tag{5-61}$$

将式（5-61）代入式（5-59）得到零输入响应

$$u_C(t)=\frac{u_C(0)}{s_2-s_1}(s_2\mathrm{e}^{s_1t}-s_1\mathrm{e}^{s_2t})+\frac{i_L(0)}{C(s_2-s_1)}(\mathrm{e}^{s_2t}-\mathrm{e}^{s_1t})$$

令特征根 $s_1=-\alpha_1$，$s_2=-\alpha_2$，得到

$$u_C(t)=\frac{u_C(0)}{\alpha_2-\alpha_1}(\alpha_2\mathrm{e}^{-\alpha_1t}-\alpha_1\mathrm{e}^{-\alpha_2t})+\frac{i_L(0)}{C(\alpha_2-\alpha_1)}(\mathrm{e}^{-\alpha_1t}-\mathrm{e}^{-\alpha_2t})\qquad t>0 \tag{5-62}$$

以及

$$i_L(t)=\frac{u_C(0)\alpha_2\alpha_1C}{\alpha_2-\alpha_1}(\mathrm{e}^{-\alpha_2t}-\mathrm{e}^{-\alpha_1t})+\frac{i_L(0)}{\alpha_2-\alpha_1}(\alpha_2\mathrm{e}^{-\alpha_2t}-\alpha_1\mathrm{e}^{-\alpha_1t})\qquad t>0 \tag{5-63}$$

不论 $u_C(t)$ 还是 $i_L(t)$ 都是由随时间衰减的指数函数项来表示的，这表明电路的响应是非振荡性的。当 $u_C(0)=U_0$、$i_L(0)=0$ 时，由于 $\alpha_1<\alpha_2$，$\mathrm{e}^{-\alpha_2t}$ 衰减得快，$\mathrm{e}^{-\alpha_1t}$ 衰减得慢，

式（5-63）式表明 $i_L(t)$ 始终为负值，电流方向不变。电流始终为负值，也说明电容电压的变化率始终为负值，电容电压始终是单调地下降。因此，电容自始至终在放电，最后，电压、电流均趋于零。$u_C(t)$ 和 $i_L(t)$ 的波形如图 5-45 所示。由于电流的初始值和稳态值均为零，因此将在某一时刻 t_m 电流达到一个最大值，此时 $\frac{di_L}{dt}=0$。

从物理意义上来说，初始时刻后电容通过电感、电阻放电，它的电场能量一部分转变为磁场能量储于电感之中，另一部分则为电阻所消耗。由于电阻比较大（$R^2>4L/C$ 或者 $R>2\sqrt{L/C}$ ）,电阻消耗能量迅速。到 $t=t_m$ 时电流达到最大值，以后磁场储能不再增加，并随着电流的下降而逐渐放出，连同继续放出的电场能量一起供给电阻的能量损失。因此，电容电压单调地下降，形成非振荡的放电过程。

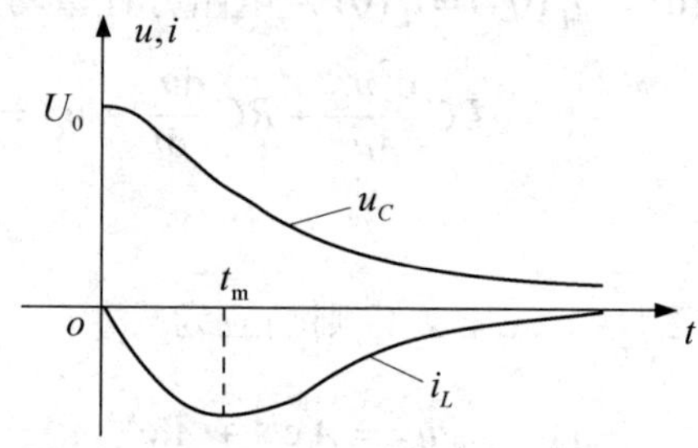

图 5-45　$u_C(0)=U_0,i_L(0)=0$ 时的非振荡响应

当 $u_C(0)=0$，$i_L(0)\neq 0$，或者 $u_C(0)\neq 0$，$i_L(0)\neq 0$ 时，响应也都是非振荡性的。只要电路中电阻较大，符合 $R>2\sqrt{L/C}$ 这一条件时，响应便是非振荡性的，称为过阻尼情况。

2. 临界阻尼情况

如果 $\left(\frac{R}{2L}\right)^2=\frac{1}{LC}$，即 $R=2\sqrt{L/C}$ 时，则固有频率为相等的负实数，即

$$s_1=s_2=-\frac{R}{2L}=-\alpha$$

于是

$$u_C(t)=(A_1+A_2t)e^{-\alpha t} \tag{5-64}$$

其中常数 A_1 和 A_2 由初始条件确定。电容电压和电感电流为

$$u_C(t)=u_C(0)(1+\alpha t)e^{-\alpha t}+\frac{i_L(0)}{C}te^{-\alpha t} \tag{5-65}$$

$$i_L(t)=-u_C(0)\alpha^2Cte^{-\alpha t}+i_L(0)(1-\alpha t)e^{-\alpha t} \tag{5-66}$$

从式（5-65）和式（5-66）可以看出：电路的响应仍然是非振荡性的，但是如果电阻稍微减小以致 $R<2\sqrt{L/C}$ 时，则响应将为振荡性的，即欠阻尼情况。因此，当满足 $R=2\sqrt{L/C}$ 时，响应处于临近振荡的状态，称为临界阻尼情况。

3. 欠阻尼情况

如果 $\left(\frac{R}{2L}\right)^2<\frac{1}{LC}$，即 $R<2\sqrt{L/C}$，固有频率为一对共轭复数，即为

$$s_{1,2}=-\frac{R}{2L}\pm \mathrm{j}\sqrt{\frac{1}{LC}-\left(\frac{R}{2L}\right)^2}=-\alpha\pm \mathrm{j}\omega_{\mathrm{d}} \tag{5-67}$$

其中

$$\begin{cases}\alpha=\dfrac{R}{2L}\\ \omega_{\mathrm{d}}=\sqrt{\dfrac{1}{LC}-\left(\dfrac{R}{2L}\right)^2}=\sqrt{\omega_0{}^2-\alpha^2}\\ \omega_0=\sqrt{\dfrac{1}{LC}}\end{cases} \tag{5-68}$$

在这种情况下，零输入响应为

$$u_C(t)=\mathrm{e}^{-\alpha t}[A_1\cos(\omega_{\mathrm{d}}t)+A_2\sin(\omega_{\mathrm{d}}t)] \tag{5-69}$$

或者

$$u_C(t)=A\mathrm{e}^{-\alpha t}\cos(\omega_{\mathrm{d}}t+\theta) \tag{5-70}$$

其中

$$\begin{cases}A=\sqrt{A_1^2+A_2^2}\\ \theta=-\arctan\dfrac{A_2}{A_1}\end{cases} \tag{5-71}$$

式（5-70）说明$u_C(t)$是衰减振荡，波形如图 5-46 所示。它的振幅$A\mathrm{e}^{-\alpha t}$是随时间按指数规律衰减的。把α称为衰减系数，α越大，衰减越快；ω_{d}是衰减振荡的角频率，ω_{d}越大，振荡周期越小，振荡加快。图 5-46 所示按指数规律衰减的虚线称为包络线。显然，如果α增大，包络线就衰减得更快些，也就表明振荡的振幅衰减更快。

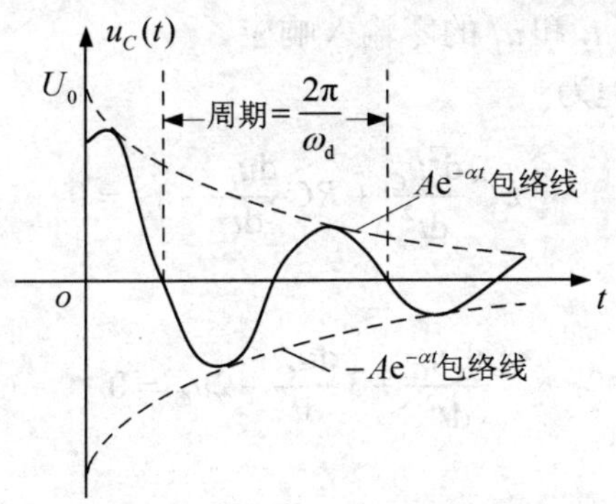

图 5-46　振荡性响应$u_C(0)=U_0$

当电路中电阻较小，符合$R<2\sqrt{L/C}$这一条件时响应是振荡性的，称为欠阻尼情况，这时电路的固有频率s是复数，其实部α反映振幅的衰减情况，虚部ω_{d}为振荡的角频率。

常数A_1和A_2由初始条件确定，得电容电压和电感电流分别为

$$u_C(t)=u_C(0)\frac{\omega_0}{\omega_{\mathrm{d}}}\mathrm{e}^{-\alpha t}\cos(\omega_{\mathrm{d}}t-\theta)+\frac{i_L(0)}{\omega_{\mathrm{d}}C}\mathrm{e}^{-\alpha t}\sin(\omega_{\mathrm{d}}t) \tag{5-72}$$

$$i_L(t) = -u_C(0)\frac{\omega_0{}^2 C}{\omega_\mathrm{d}}\mathrm{e}^{-\alpha t}\sin(\omega_\mathrm{d} t) + i_L(0)\frac{\omega_0}{\omega_\mathrm{d}}\mathrm{e}^{-\alpha t}\cos(\omega_\mathrm{d} t + \theta) \tag{5-73}$$

其中

$$\omega_0 = \sqrt{\alpha^2 + \omega_\mathrm{d}^2}$$

$$\theta = \arctan\frac{\alpha}{\omega_\mathrm{d}} = \arcsin\frac{\alpha}{\omega_0}$$

当电路中电阻为零，即为5.8.2节所述的LC振荡电路，由式（5-67）可得

$$\begin{cases}\alpha = 0\\ \omega_\mathrm{d} = \omega_0 = \dfrac{1}{\sqrt{LC}}\end{cases}$$

于是

$$u_C(t) = u_C(0)\cos(\omega_0 t) + \frac{i_L(0)}{\omega_0 C}\sin(\omega_0 t) \tag{5-74}$$

$$i_L(t) = -u_C(0)\omega_0 C\sin(\omega_0 t) + i_L(0)\cos(\omega_0 t) \tag{5-75}$$

式（5-74）和式（5-75）表明，这时电路的响应是等幅振荡，也称为无阻尼情况。其振荡角频率为ω_0。

对任意t时刻的能量进行推导，可以得出结论，即对所有$t \geqslant 0$，总有

$$w(t) = \frac{1}{2}Cu_C^2(t) + \frac{1}{2}Li_L^2(t) = \frac{1}{2}Cu_C^2(0) + \frac{1}{2}Li_L^2(0) = w(0)$$

即任意时刻LC电路储能总等于初始时刻的储能，能量不断往返于电场与磁场之间，永不消失。

例5-16 如图5-47(a)所示的电路，已知$R = 3\Omega$，$L = 1\mathrm{H}$，$C = 0.5\mathrm{F}$。初始值$u_C(0) = 1\mathrm{V}$，$i_L(0) = 1\mathrm{A}$，求$t \geqslant 0$的u_C、i_L和u_L的零输入响应。

解：列出u_C的微分方程为

$$LC\frac{\mathrm{d}^2 u_C}{\mathrm{d}t^2} + RC\frac{\mathrm{d}u_C}{\mathrm{d}t} + u_C = 0$$

将元件参数值代入整理得

$$\frac{\mathrm{d}^2 u_C}{\mathrm{d}t^2} + 3\frac{\mathrm{d}u_C}{\mathrm{d}t} + 2u_C = 0$$

其特征方程为

$$s^2 + 3s + 2 = 0$$

固有频率为$s_1 = -1 = -\alpha_1$，$s_2 = -2 = -\alpha_2$。

u_C的零输入响应形式为

$$u_C(t) = A_1\mathrm{e}^{-t} + A_2\mathrm{e}^{-2t}$$

且

$$\frac{\mathrm{d}u_C}{\mathrm{d}t} = -A_1\mathrm{e}^{-t} - 2A_2\mathrm{e}^{-2t}$$

代入初始条件，得

$$u_C(0)=A_1+A_2=1$$

$$u'_C(0)=\frac{i_L(0)}{C}=-A_1-2A_2=2$$

解以上两式得

$$\begin{cases}A_1=4\\A_2=-3\end{cases}$$

所以

$$u_C(t)=4\mathrm{e}^{-t}-3\mathrm{e}^{-2t}(\mathrm{V}) \qquad t>0$$

$$i_L(t)=i_C(t)=C\frac{\mathrm{d}u_C}{\mathrm{d}t}=-2\mathrm{e}^{-t}+3\mathrm{e}^{-2t}(\mathrm{A}) \qquad t>0$$

$$u_L(t)=L\frac{\mathrm{d}i_L}{\mathrm{d}t}=2\mathrm{e}^{-t}-6\mathrm{e}^{-2t}(\mathrm{V}) \qquad t>0$$

其中$u_C(t)$、$i_L(t)$和$u_L(t)$的波形如图 5-47(b)所示。

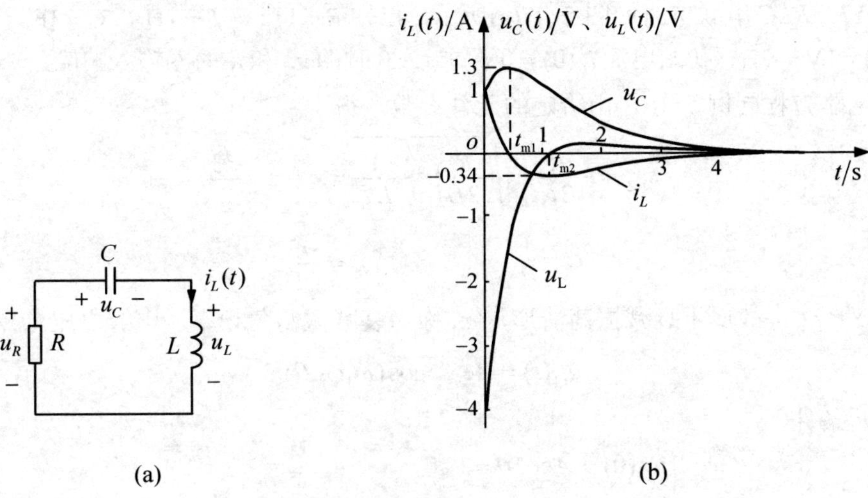

图 5-47 例 5-16 图

由图中波形可见，在$0\leqslant t\leqslant t_{m1}$区间，因$i_L>0$，$u_L<0$，电感放出能量；$i_C=i_L>0$，$u_C>0$，故电容充电，吸收能量，因此电容电压是增加的。在$t=t_{m1}$时，$i_L=i_C=0$，电感放出了全部能量，电容电压达到最大值。其最大值可通过其响应求出，由于

$$C\frac{\mathrm{d}u_C}{\mathrm{d}t}\bigg|_{t_{m1}}=0$$

即

$$2\mathrm{e}^{-t_{m1}}=3\mathrm{e}^{-2t_{m1}}$$

所以

$$t_{\mathrm{m1}} = \ln\frac{3}{2} = 0.41\mathrm{s}$$

$$u_{C\mathrm{m}}(t_{\mathrm{m1}}) = 4\mathrm{e}^{-0.41} - 3\mathrm{e}^{-2\times0.41} = 1.3\mathrm{V}$$

在 $t_{\mathrm{m1}} < t < t_{\mathrm{m2}}$ 区间，$u_C > 0$，$i_C = i_L < 0$，故电容放电使 $u_C(t)$ 减小，而电感在充电，吸收电容放出的部分储能。随 t 增加，i_L 增大，其储能增加。到 $t = t_{\mathrm{m2}}$ 时，$i_L = i_C$ 达到极大值 $i_{L\mathrm{m}}(t_{\mathrm{m2}})$，$u_L = 0$。由 $\frac{\mathrm{d}i_L}{\mathrm{d}t} = 0$ 可求得

$$t_{\mathrm{m2}} = \ln\frac{6}{2} = 1.1\mathrm{s}$$

$$i_{L\mathrm{m}}(t_{\mathrm{m2}}) = -2\mathrm{e}^{-1.1} + 3\mathrm{e}^{-2\times1.1} = -0.34\mathrm{A}$$

在 $t > t_{\mathrm{m2}}$ 以后，电感和电容都在释放能量，不存在电场和磁场能量的互相交换。在整个暂态中，电路中电阻 R 始终消耗能量，直到电路的全部储能被电阻所耗尽，这时，电容电压和电感电流都为零。由于该电路中电阻值 R 较大，能量消耗较快，电路没有发生振荡。可想而知，当电路中电阻值 R 较小时，电路中的能量消耗较缓慢，要经过一个以上振荡周期后才会被电阻完全消耗，如例 5-17 中情况。

例 5-17 RLC 串联电路如图 5-47(a)所示，已知 $R = 1\Omega$，$L = 1\mathrm{H}$，$C = 1\mathrm{F}$，电容初始电压 $u_C(0) = 1\mathrm{V}$，电感初始电流 $i_L(0) = 0$。求 $t \geqslant 0$ 时的 u_C 和 i_L 的零输入响应。

解：电路方程同例 5-16，由给定的元件参数，得

$$s_{1,2} = -\frac{R}{2L} \pm \sqrt{\left(\frac{R}{2L}\right)^2 - \frac{1}{LC}} = -\frac{1}{2} \pm \mathrm{j}\frac{\sqrt{3}}{2}$$

$$\alpha = \frac{1}{2} \qquad\qquad \omega_{\mathrm{d}} = \frac{\sqrt{3}}{2}$$

由于 $\alpha < \omega_0$，故属于衰减振荡情形，ω_{d} 称为衰减振荡角频率，电容电压 u_C 为

$$u_C(t) = A\mathrm{e}^{-\alpha t}\cos(\omega_{\mathrm{d}}t - \theta)$$

由初始条件

$$\begin{cases} u_C(0) = A\cos\theta = 1 \\ \left.\dfrac{\mathrm{d}u_C}{\mathrm{d}t}\right|_{t=0} = \dfrac{i_L(0)}{C} = -\alpha A\cos\theta + \omega_{\mathrm{d}}A\sin\theta = 0 \end{cases}$$

于是得到 $A = \frac{2\sqrt{3}}{3}$，$\theta = \frac{\pi}{6}$。因此

$$u_C(t) = \frac{2\sqrt{3}}{3}\mathrm{e}^{-\frac{1}{2}t}\cos\left(\frac{\sqrt{3}}{2}t - \frac{\pi}{6}\right)(\mathrm{V}) \qquad t > 0$$

$$i_L(t) = i_C(t) = C\frac{\mathrm{d}u_C}{\mathrm{d}t} = \frac{2\sqrt{3}}{3}\mathrm{e}^{-\frac{1}{2}t}\cos\left(\frac{\sqrt{3}}{2}t + \frac{\pi}{2}\right)(\mathrm{A}) \qquad t > 0$$

图 5-48 给出了 u_C 和 i_L 随时间变化的曲线。由图可见，电压、电流作周期性的变化，它们的波形呈衰减振荡的形状，其衰减的程度取决于衰减常数 α（本例 $\alpha = 0.5\mathrm{s}^{-1}$），其振荡角频率 $\omega_{\mathrm{d}} < \omega_0$。在衰减振荡过程中，电感和电容也周期地交换部分能量，由于电阻的存

在，因而振荡呈衰减趋势。

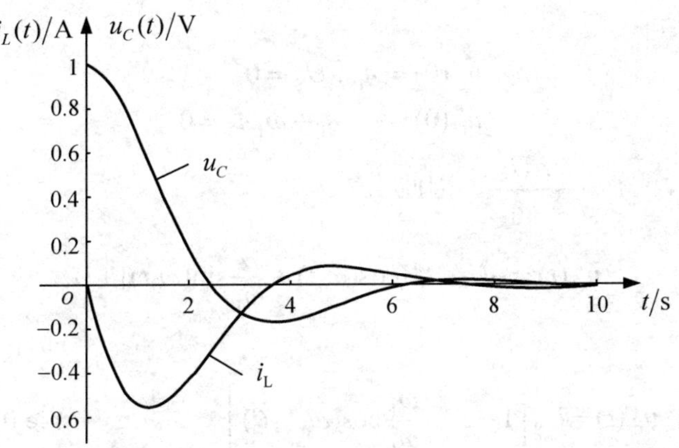

图 5-48　例 5-17 衰减振荡响应曲线

最后需要说明，如本例中 $R=2\sqrt{\dfrac{L}{C}}=2\Omega$，则 $\omega_d=0$，$\alpha=1\text{s}^{-1}$。这是临界阻尼的情况，它是衰减振荡与非振荡（过阻尼）情况的边界，其电压、电流波形与过阻尼情况类似。

5.8.4　直流 *RLC* 串联电路的完全响应

如果在图 5-42 电路中，u_S 为直流电源 U_S（$t\geqslant 0$），则电路的微分方程为

$$LC\frac{d^2u_C}{dt^2}+RC\frac{du_C}{dt}+u_C=U_S \tag{5-76}$$

方程（5-76）的齐次解与零输入响应形式相同，根据固有频率的不同情况，齐次方程解答形式分别如表 5-3 所示，但其中的常数 A_1 和 A_2 需在求得方程（5-76）的特解后，由初始值方可确定。

满足方程（5-76）的特解是 $u_{Cp}=U_S\,(t\geqslant 0)$。因此，若假设固有频率为两个不相等实数，电路的完全响应可表示为

$$u_C(t)=A_1e^{s_1t}+A_2e^{s_2t}+U_S \qquad t\geqslant 0 \tag{5-77}$$

显然，特解 U_s 不会影响完全响应的形式，同零输入响应一样，响应的性质取决于电路的固有频率 s。

例 5-18　在 *RLC* 串联电路中，电路初始状态为零，已知 $R^2<4\dfrac{L}{C}$，直流电压源 U_S 于 $t=0$ 时作用于电路，试求 $u_C(t)$，并绘出波形图。

解：由于 $R^2<4\dfrac{L}{C}$，电路属于欠阻尼情况。

$$s_{1,2}=-\frac{R}{2L}\pm\sqrt{\left(\frac{R}{2L}\right)^2-\frac{1}{LC}}=-\frac{R}{2L}\pm j\sqrt{\frac{1}{LC}-\left(\frac{R}{2L}\right)^2}=-\alpha\pm j\omega_d$$

响应 $u_C(t)$ 为

$$u_C(t) = \mathrm{e}^{-\alpha t}[A_1\cos(\omega_\mathrm{d}t) + A_2\sin(\omega_\mathrm{d}t)] + U_\mathrm{S}$$

根据初始值

$$u_C(0) = A_1 + U_\mathrm{S} = 0$$
$$u'_C(0) = -\alpha A_1 + \omega_\mathrm{d}A_2 = 0$$

故得 $A_1 = -U_\mathrm{S}$ ， $A_2 = -\dfrac{\alpha U_\mathrm{S}}{\omega_\mathrm{d}}$ 。因此

$$u_C(t) = -U_\mathrm{S}\mathrm{e}^{-\alpha t}[\cos(\omega_\mathrm{d}t) + \frac{\alpha}{\omega_\mathrm{d}}\sin(\omega_\mathrm{d}t)] + U_\mathrm{S}$$

或者

$$u_C(t) = U_\mathrm{S}\left[1 - \mathrm{e}^{-\alpha t}\frac{\omega_0}{\omega_\mathrm{d}}\cos(\omega_\mathrm{d} - \theta)\right] \qquad t \geqslant 0$$

其中 $\theta = \arctan\dfrac{\alpha}{\omega_\mathrm{d}}$ 。

$u_C(t)$ 波形图如图 5-49 所示，电容电压在 U_S 上下作衰减振荡后趋于稳定值 U_S 。图中电压上升超出所呈现的突出部分，称为“上冲”或“正峰突”。

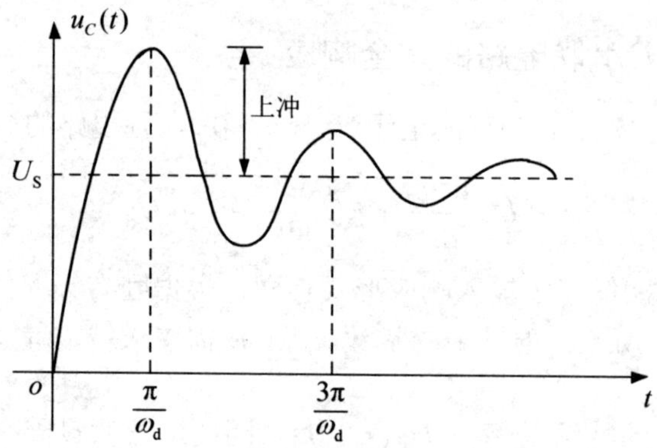

图 5-49　例 5-18 波形

5.8.5　*GCL* 并联电路分析

设含电感和电容的二阶电路如图 5-50 所示，根据 KCL 得

$$LC\frac{\mathrm{d}^2 i_L}{\mathrm{d}t^2} + GL\frac{\mathrm{d}i_L}{\mathrm{d}t} + i_L = i_\mathrm{S}(t) \tag{5-78}$$

解这一非齐次二阶微分方程便可求得 $i_L(t)$ 。

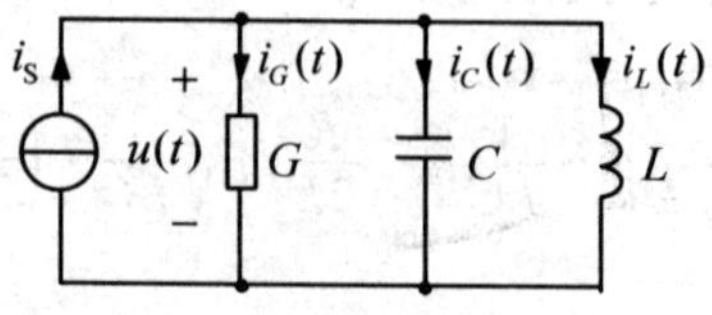

图 5-50　*GCL* 并联电路

如果把式（5-78）和 RLC 串联电路的方程式（5-57）作一对比，就会发现：把串联电路方程中的 u_C 换以 i_L，L 换以 C，C 换以 L，R 换以 G，u_S 换以 i_S 就会得到并联电路的方程。这就是说 RLC 串联电路和 GCL 并联电路是具有对偶性质的电路。因此，如果我们遵照上述的更换法则，不难从已有的串联电路解答得到并联电路的解答，十分方便。

例 5-19 电路如图 5-50 所示，$L = 1\text{H}$，$C = 1\text{F}$，i_S=1A，$u_C(0) = 0$，$i_L(0) = 0$。求 $i_L(t)$，若（1）$G = 8\text{S}$；（2）$G = 2\text{S}$；（3）$G = 1/10\text{S}$。

解：电路方程如式（5-78），容易得到，特解为 1。特征根为

$$s_{1,2} = -\frac{G}{2C} \pm \sqrt{\left(\frac{G}{2C}\right)^2 - \frac{1}{LC}}$$

（1）当 $G = 8\text{S}$ 时，$\left(\dfrac{G}{2C}\right)^2 > \dfrac{1}{LC}$，属于过阻尼情况，这时特征根

$$s_{1,2} = -4 \pm \sqrt{15} = -4 \pm 3.87$$

即 $s_1 = -7.87$，$s_2 = -0.13$。

响应为

$$i_L(t) = A_1 \mathrm{e}^{s_1 t} + A_2 \mathrm{e}^{s_2 t} + 1$$

由初始值

$$i_L(0) = A_1 + A_2 + 1 = 0$$

$$i_L{}'(0) = s_1 A_1 + s_2 A_2 = \frac{u_C(0)}{L} = 0$$

可得 $A_1 = 0.0168$，$A_2 = -1.0168$。

故得

$$i_L(t) = 1 + 0.0168\mathrm{e}^{-7.87t} - 1.0168\mathrm{e}^{-0.13t} \qquad t > 0$$

（2）当 $G = 2\text{S}$ 时，$\left(\dfrac{G}{2C}\right)^2 = \dfrac{1}{LC}$，属于临界阻尼情况，特征根 $s_{1,2} = -1$，响应为

$$i_L(t) = (A_1 + A_2 t)\mathrm{e}^{-t} + 1$$

由初始值

$$i_L(0) = A_1 + 1 = 0$$

$$i_L{}'(0) = s_1 A_1 + A_2 = \frac{u_C(0)}{L} = 0$$

由此可得 $A_1 = -1$，$A_2 = -1$。

故得

$$i_L(t) = 1 - (1 + t)\mathrm{e}^{-t} \qquad t > 0$$

（3）$G = 1/10\text{S}$ 时，$\left(\dfrac{G}{2C}\right)^2 < \dfrac{1}{LC}$，属于欠阻尼情况，特征根

$$s_{1,2} = -\frac{G}{2C} \pm \mathrm{j}\sqrt{\frac{1}{LC} - \left(\frac{G}{2C}\right)^2} \approx -0.05 + \mathrm{j}$$

响应为

$$i_L(t)=\mathrm{e}^{-\alpha t}[A_1\cos(\omega_{\mathrm{d}}t)+A_2\sin(\omega_{\mathrm{d}}t)]+1$$

其中$\alpha=0.05$，$\omega_{\mathrm{d}}=1$。

由初始值，得到

$$i_L(0)=A_1+1=0$$

$$i_L'(0)=-\alpha A_1+\omega_{\mathrm{d}}A_2=\frac{u_C(0)}{L}=0$$

可得$A_1=-1$，$A_2=-0.05$。

故得

$$i_L(t)=1-\mathrm{e}^{-0.05t}(\cos t+0.05\sin t)\approx 1-\mathrm{e}^{-0.05t}\cos t \qquad t>0$$

三种情况的波形图如图 5-51 所示。

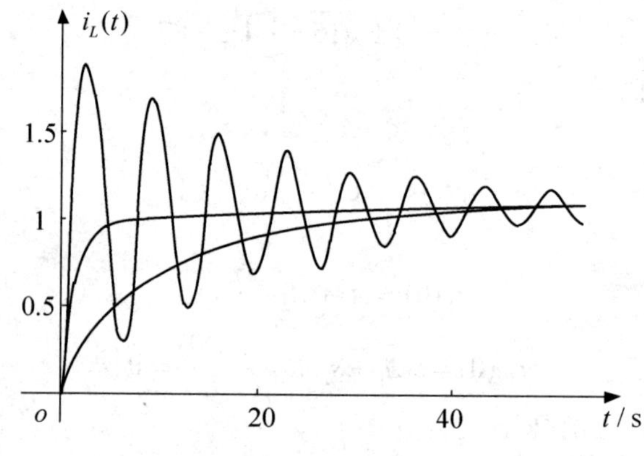

图 5-51　例 5-19 波形

对于不属于 *RLC* 串联，或者 *GCL* 并联的一般的二阶电路，我们也可以根据基尔霍夫定律和元件的 VCR 关系列出电路的微分方程，根据特征根判断电路的固有响应的形式。如果有激励存在，可以根据激励的形式设出特解，写出通解的形式，最后根据电路的初始状态得到电路的全响应。

例 5-20　列出图 5-52 所示电路的方程，并且判断固有响应的形式。

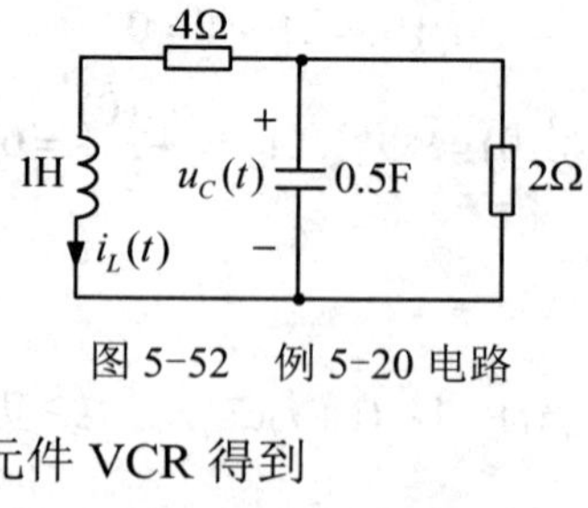

图 5-52　例 5-20 电路

解：根据 KVL 和 KCL 及元件 VCR 得到

$$u_C(t)=4i_L(t)+\frac{\mathrm{d}i_L(t)}{\mathrm{d}t}$$

$$i_L(t)+0.5\frac{\mathrm{d}u_C(t)}{\mathrm{d}t}+\frac{u_C(t)}{2}=0$$

联立以上二式得

$$\frac{\mathrm{d}i_L^2(t)}{\mathrm{d}t^2}+5\frac{\mathrm{d}i_L(t)}{\mathrm{d}t}+6i_L(t)=0$$

特征方程

$$s^2+5s+6=0$$

特征根为$s_1=-2$，$s_2=-3$。

由于特征根是不相等的两个负数，故电路是过阻尼情况，固有响应是非振荡衰减的形式。

例 5-21 图 5-53 为电火花加工器的原理电路，其中$R=50\Omega$，$L=0.06\mathrm{H}$，$C=1\mu\mathrm{F}$。试计算加工频率及电容的最高充电电压。

解： 假设$u_C(0_-)=0$，$i_L(0_-)=0$，$t=0$时开关 S 闭合，电容被充电，当电容电压达到工作电极和金属工件间隙的击穿电压时，间隙处产生电火花，电容通过间隙放电，然后电容再次被充电，重复上述过程。电火花温度一般可达10^4℃，可使工件局部融化，实现对工件的加工。

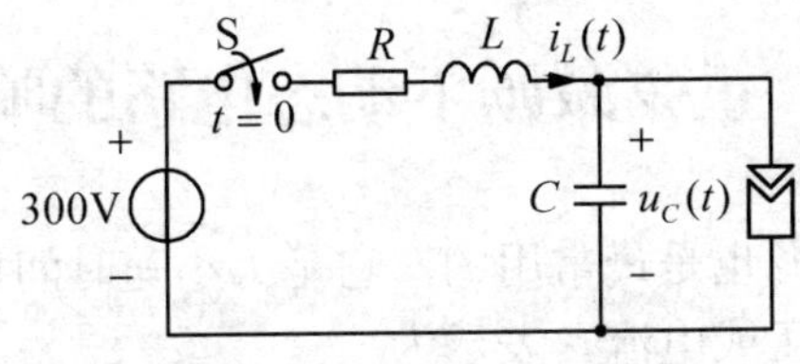

图 5-53 例 5-21 电路

根据电路微分方程可计算得到其特征根为

$$s_{1,2}=-\alpha\pm\mathrm{j}\omega_\mathrm{d}=-\frac{R}{2L}\pm\sqrt{\left(\frac{R}{2L}\right)^2-\frac{1}{LC}}=-417\pm\mathrm{j}4060$$

电路处于欠阻尼状态，可得到电容电压为

$$u_C(t)=\left\{-300\mathrm{e}^{-\alpha t}\left[\cos(\omega_\mathrm{d}t)+\frac{\alpha}{\omega_\mathrm{d}}\sin(\omega_\mathrm{d}t)\right]+300\right\}(\mathrm{V})$$

$u_C(t)$的波形如图 5-54(a)所示，电容电压的最大值发生在

$$\frac{\mathrm{d}u_C(t)}{\mathrm{d}t}=0$$

即发生在

$$t_\mathrm{m}=\frac{\pi}{\omega_\mathrm{d}},\frac{3\pi}{\omega_\mathrm{d}},\frac{5\pi}{\omega_\mathrm{d}},\cdots$$

第一个最大值在$t_\mathrm{m}=\dfrac{\pi}{\omega_\mathrm{d}}=77.4\mathrm{ms}$时，这时

$$u_C(t_\mathrm{m1})=300(1+\mathrm{e}^{-417\times77.4\times10^{-3}})=516\mathrm{V}$$

假定选定电容电压最大值为间隙击穿电压，并假定放电在瞬间完成，则电容电压波形

如图 5-54(b)所示，其周期为

$$T = t_{\mathrm{m}} = 77.4\mathrm{ms}$$

因此加工频率为

$$f = \frac{1}{T} = 1292\mathrm{Hz}$$

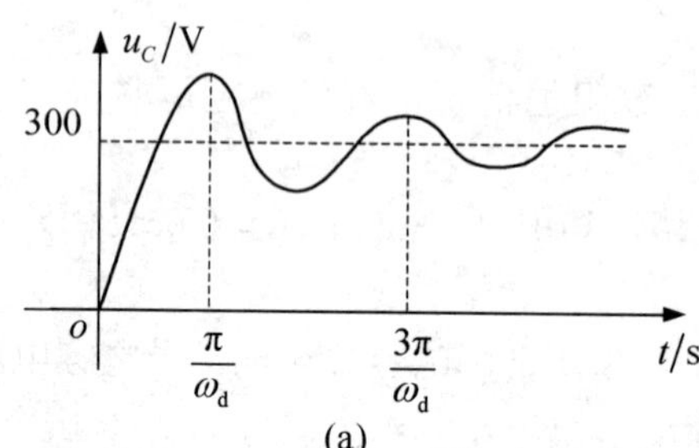

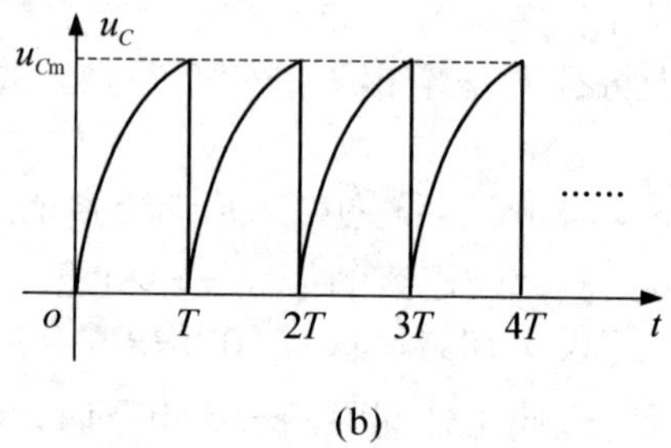

图 5-54　例 5-21 波形

5.9　正弦激励下动态电路的响应

在实际电路中，正弦电源也是最常用的，它是大小随时间按正弦（正弦函数和余弦函数都称正弦）规律变化的电压或电流。表示为

$$u_{\mathrm{S}}(t) = U_{\mathrm{Sm}}\cos(\omega t + \phi_u)$$
$$i_{\mathrm{S}}(t) = I_{\mathrm{Sm}}\cos(\omega t + \phi_i)$$

式中，U_{Sm}、I_{Sm} 称为正弦量的幅值（振幅），ω 称为角频率，ϕ 称为初相角（初相位）。它们的物理解释放将在 6.1 节中叙述。下面用图 5-55 所示的 RC 电路来说明正弦激励下的电路响应。

图 5-55　正弦激励下的电路

已知 $u_{\mathrm{S}}(t) = U_{\mathrm{Sm}}\cos(\omega t + \phi_u)$，$u_C(0) = U_0$。电路的方程为

$$\begin{cases} \dfrac{\mathrm{d}u_C}{\mathrm{d}t} + \dfrac{1}{RC}u_C = \dfrac{1}{RC}u_{\mathrm{S}}(t) \\ u_C(0) = U_0 \end{cases} \tag{5-79}$$

首先通过方程确定稳态响应（方程的特解）$u_{C\mathrm{p}}(t)$，我们知道 $u_{C\mathrm{p}}(t)$ 是与激励同频率的正弦量，于是设

$$u_{Cp}(t)=U_{Cm}\cos(\omega t+\phi)$$

式中，U_{Cm} 和 ϕ 是待定常数。把上式代入方程式（5-79），即

$$\frac{\mathrm{d}u_{Cp}(t)}{\mathrm{d}t}+\frac{1}{RC}u_{Cp}(t)=\frac{1}{RC}U_{Sm}\cos(\omega t+\phi_u)$$

亦即

$$-\omega U_{Cm}\sin(\omega t+\phi)+\frac{U_{Cm}}{RC}\cos(\omega t+\phi)=\frac{U_{Sm}}{RC}\cos(\omega t+\phi_u)$$

整理上式得到

$$\frac{U_{Cm}}{RC}\sqrt{(\omega CR)^2+1}\cos(\omega t+\phi+\arctan\omega CR)=\frac{U_{Sm}}{RC}\cos(\omega t+\phi_u)$$

比较系数得

$$U_{Cm}=\frac{U_{Sm}}{\sqrt{(\omega CR)^2+1}}$$

$$\phi=\phi_u-\arctan\omega CR$$

稳态响应（特解）为

$$u_{Cp}(t)=\frac{U_{Sm}}{\sqrt{(\omega CR)^2+1}}\cos(\omega t+\phi_u-\arctan\omega CR)$$

由三要素法公式得完全响应

$$\begin{aligned}u_C(t)=&\frac{U_{Sm}}{\sqrt{(\omega CR)^2+1}}\cos(\omega t+\phi_u-\arctan\omega CR)\\&+[U_0-\frac{U_{Sm}}{\sqrt{(\omega CR)^2+1}}\cos(\phi_u-\arctan\omega CR)]\mathrm{e}^{-\frac{t}{RC}}\qquad t\geqslant 0\end{aligned}$$

当电路参数设为 $U_{Sm}=311\text{V}$，$\omega=314\text{rad/s}$，$\phi_u=77.4^\circ$，$R=1\text{k}\Omega$，$C=10^{-6}\text{F}$，$u_C(0)=U_0=200\text{V}$ 时，电路响应为

$$\begin{aligned}u_C(t)&=297\cos(\omega t+60^\circ)+(200-148)\mathrm{e}^{-10^3t}\\&=297\cos(\omega t+60^\circ)+52\mathrm{e}^{-10^3t}(\text{V})\qquad t\geqslant 0\end{aligned}$$

$$\begin{aligned}i(t)&=10^{-6}\frac{\mathrm{d}u_C}{\mathrm{d}t}\\&=10^{-6}\times[-297\times314\sin(\omega t+60^\circ)-10^3\times52\mathrm{e}^{-10^3t}]\\&=93\cos(\omega t+150^\circ)-52\mathrm{e}^{-10^3t}(\text{mA})\qquad t>0\end{aligned}$$

在给定参数下，$u_C(t)$ 和 $i(t)$ 的波形如图 5-56 所示。由波形可见：在换路后由于存在暂态响应，可能会使响应出现过大电压或过大电流。还可以看到，换路后，电路经过短暂的暂态过程，很快就进入了稳态。进入稳态后，电路响应是与激励同频率的正弦波。从上例可以看出，即使对简单的一阶 RC 电路，求其稳态响应也是很繁琐的，在第 6 章中将介绍分析正弦稳态的简便方法，即相量分析法。

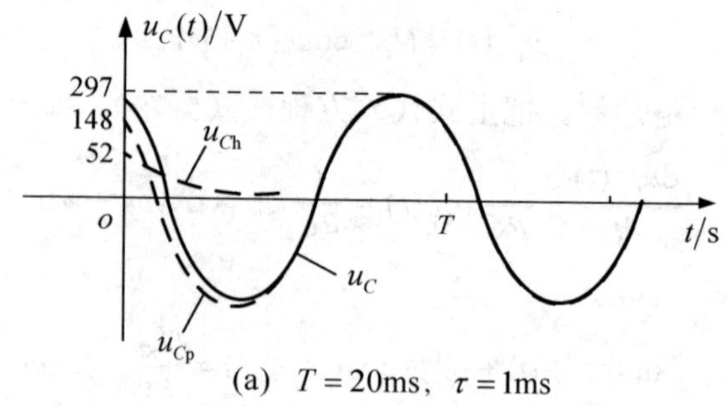

(a) $T=20\text{ms}$，$\tau=1\text{ms}$

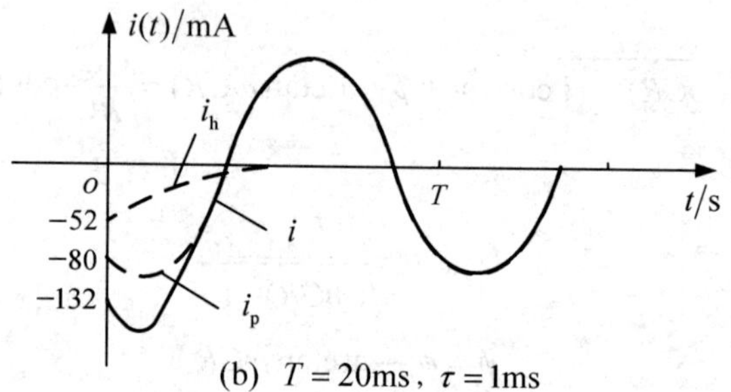

(b) $T=20\text{ms}$，$\tau=1\text{ms}$

图 5-56 正弦激励下电路的响应波形

思考与讨论 5

5-1 试从能量不能跃变来理解电容电压和电感电流不能跃变。

5-2 将一线圈通过开关接在电池上，试分析在下列三种情况下线圈中感应电动势的方向：(1)开关合上瞬间；(2)开关合上较长时间；(3)开关断开瞬间。

5-3 绕线电阻是用电阻丝绕制而成，它除具有电阻外，一般还有电感。若需要一个无电感的绕线电阻，试问可以怎样绕制？

5-4 当恒定电流通过电感元件时，电感被视作短路，是否此时电感 L 为零？当恒定电压加在电容元件两端时，电容被视作开路，是否此时电感 C 为无穷大？

5-5 常用万用表的“$R\times1000$”挡来检查电容器(电容量应较大)的质量。如在检查时出现下列情况，试说明电容器的好坏：(1)指针满偏转；(2)指针不动；(3)指针很快偏转后又返回原刻度(∞)处；(4)指针偏转后不能返回原刻度处；(5)指针偏转后返回速度很慢。

5-6 图 5-57 所示电路中，RL 是一线圈，并联二极管 D。设二极管的正向电阻为零，反向电阻为无穷大。试分析二极管在此所起的作用。

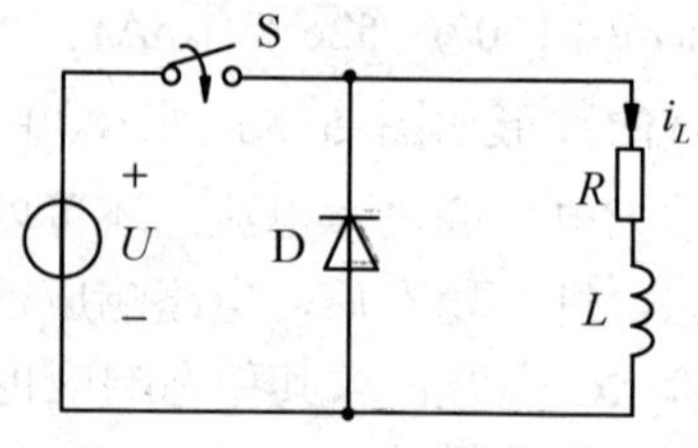

图 5-57 思考与讨论 5-6 图

5-7　设有两个图 5-18 所示的 RC 电路。下列说法对吗？为什么？

（1）如果时间常数 $\tau_1 > \tau_2$，那么它们的电压衰减到同一个电压值所需的时间，必然是 $t_1 > t_2$，与初始电压的大小无关。

（2）如果时间常数 $\tau_1 > \tau_2$，那么它们的电压衰减到各自初始电压同一百分比值所需时间，必然是 $t_1 > t_2$。

（3）如果时间常数 $\tau_1 = \tau_2$，而初始电压不同，那么它们的电压衰减到同一个电压值所需的时间，必然是 $t_1 = t_2$。

5-8　切断直流电动机(可认为是一个 RL 串联电路)的电源时，在开关两端产生火花，是什么原因？为什么在开关两端并联一个电容就可以消除火花？

习　题　5

5-1　一个 0.25F 的电容 C，在电流、电压方向关联时其 $u_C(t) = 4(1 - \mathrm{e}^{-t})\,(\mathrm{V})$，$t \geqslant 0$。求 $t \geqslant 0$ 时的电流 $i_C(t)$。并粗略画出 $u_C(t)$ 和 $i_C(t)$ 的波形。电容的最大储能是多少？

5-2　一个 0.25F 的电容 C，在电流、电压方向关联时其 $u_C(t) = 4\cos(2t)\,(\mathrm{V})$，$-\infty < t < \infty$，求其 $i_C(t)$。粗略画出 $u_C(t)$ 和 $i_C(t)$ 的波形。电容的最大储能是多少？

5-3　如图 5-58 (a)所示，电流波形如图 5-58 (b)所示，设 $u_C(0) = 0$，试求 $t = 1\mathrm{s}, 2\mathrm{s}, 4\mathrm{s}$ 时的电压值，并计算该时刻储能。

5-4　当 $C = 2\mu\mathrm{F}$ 时，在 $u_C(t)$ 和 $i_C(t)$ 方向关联下，电压 $u_C(t)$ 的波形如图 5-59 所示。

（1）求 $i_C(t)$；

（2）求电容电荷 $q(t)$；

（3）求电容吸收的功率 $p(t)$。

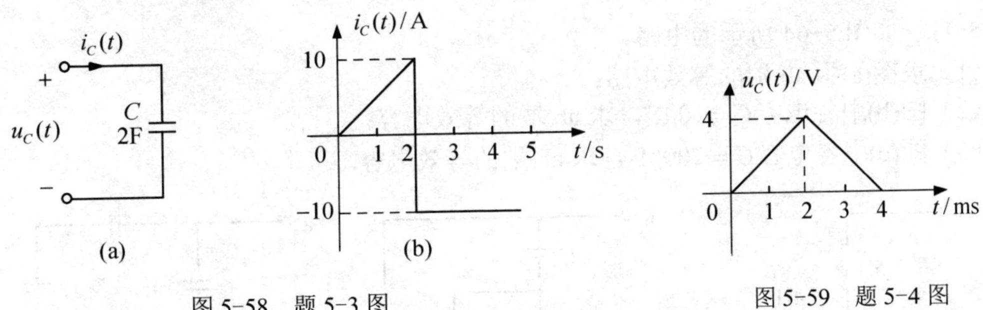

图 5-58　题 5-3 图

图 5-59　题 5-4 图

5-5　一个电感，其 $L = 1\mathrm{H}$，在 $u_L(t)$ 和 $i_L(t)$ 方向关联时，其电流为 $i_L(t) = 5(1 - \mathrm{e}^{-2t})\,(\mathrm{A})$，$t \geqslant 0$。求 $t \geqslant 0$ 时的端电压 $u_L(t)$；粗略画出 $u_L(t)$ 和 $i_L(t)$ 的波形；计算 L 的最大储能。

5-6　一个电感，其 $L = 1\mathrm{H}$，如通入它的电流为 $i_L(t) = 4\sin 5t\,(\mathrm{A})$，$-\infty < t < \infty$，求方向与 $i_L(t)$ 关联的电压 $u_L(t)$，粗略画出 $u_L(t)$ 和 $i_L(t)$ 的波形。

5-7　已知某周期性电流如图 5-60 所示。又知线圈电感 $L = 0.01\mathrm{H}$，线圈电阻很小而忽略不计，求电感两端电压波形。

5-8　一个电感 $L = 4\mathrm{H}$，其端电压 $u_L(t)$ 的波形如图 5-61 所示。若 $i_L(0) = 0$，求方向与

$u_L(t)$ 关联的 $i_L(t)$，并画出波形图。

5-9　如图 5-62 所示的电路中，已知 $u=5+2\mathrm{e}^{-2t}(\mathrm{V})$，$t\geqslant 0$，$i=1+2\mathrm{e}^{-2t}(\mathrm{A})$，$t\geqslant 0$，求电阻 R 和电容 C。

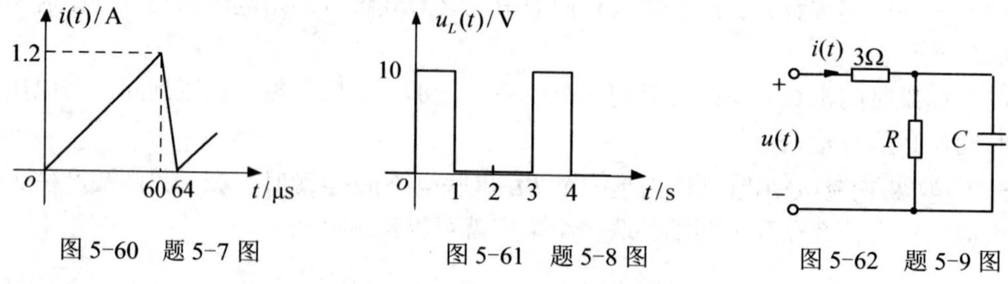

图 5-60　题 5-7 图　　图 5-61　题 5-8 图　　图 5-62　题 5-9 图

5-10　如图 5-63 所示，二端网络 N 中只含一个电阻和一个电感，其端钮电压 u 及电流 i 波形如图中所示。

（1）试确定 R 与 L 是如何连接的；

（2）求 R、L 值。

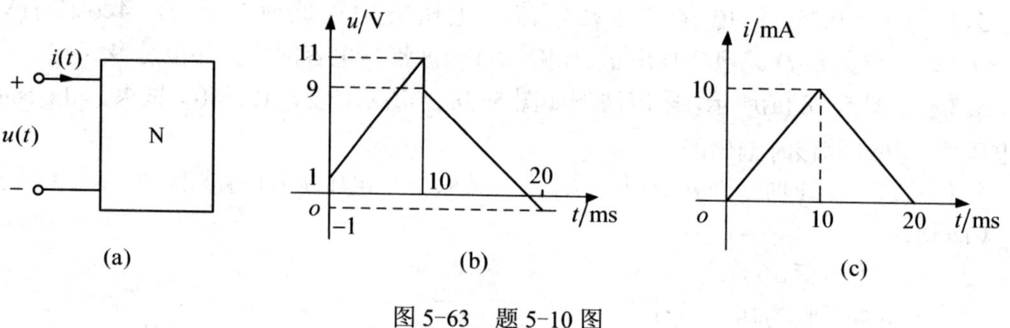

图 5-63　题 5-10 图

5-11　如图 5-64 所示的电路。

（1）求图(a)中 ab 端的等效电感；

（2）图(b)中各电容 $C=10\mu\mathrm{F}$，求 ab 端的等效电容；

（3）图(c)中各电容 $C=200\mathrm{pF}$，求 ab 端的等效电容。

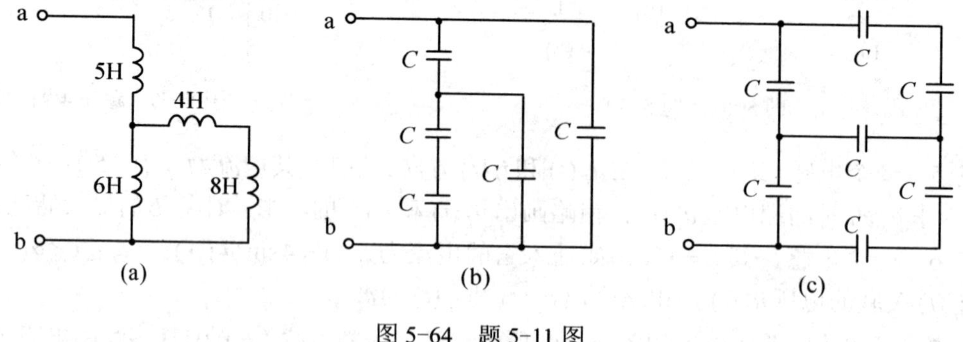

图 5-64　题 5-11 图

5-12　列出图 5-65 所示两电路中 $i_L(t)$ 的微分方程（其中 $u_S(t)$ 为换路后的激励）。

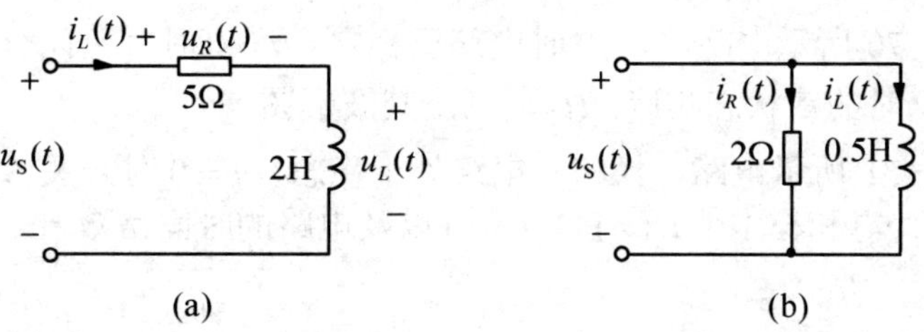

图 5-65　题 5-12 图

5-13　列出图 5-66 所示三电路中 $i_L(t)$ 的微分方程和 $u_C(t)$ 的微分方程。

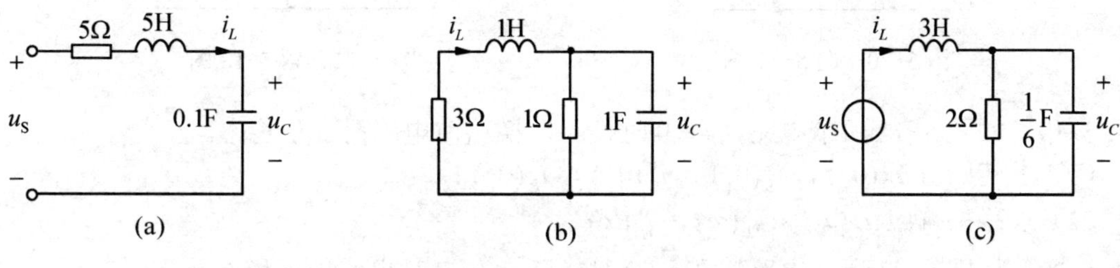

图 5-66　题 5-13 图

5-14　（1）如图 5-67 (a)所示的 RL 电路，开关断开切断电源瞬间开关将出现电弧，试加以解释。

（2）如图 5-67 (b)所示电路，在 $t=0$ 时开关断开，试求 $i(t)$，$t>0$，$i(0)=2\text{A}$；若图中 20kΩ 电阻是一用以测量 $t<0$ 时 u_{ab} 的电压表的内阻，电压表量程为 300V，试说明开关断开的瞬间，电压表将有什么危险，并设计一种方案来防止这种情况的出现。

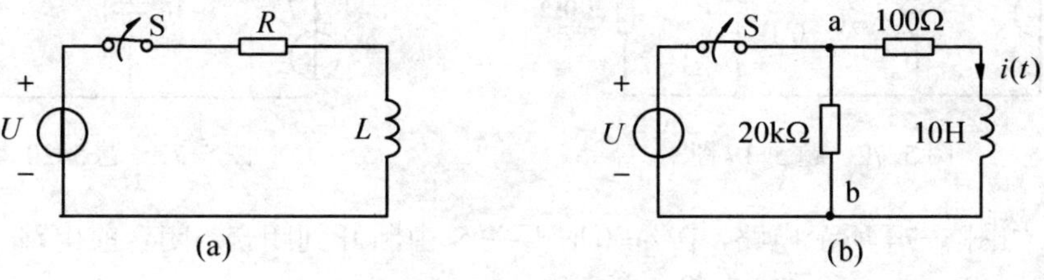

图 5-67　题 5-14 图

5-15　如图 5-68 所示电路，求 $u_C(t)$（换路前电路处于稳态 $u_C(0_-)=0$）。分别写出 $u_C(t)$ 的稳态响应、暂态响应、零输入响应和零状态响应。

5-16　如图 5-69 所示电路，$t<0$ 时电路已稳定。$t=0$ 时开关由 1 扳向 2，列出求 $u_C(t)$ 的微分方程，并求 $t\geqslant 0$ 时的零输入响应 $u_C(t)$，画出其波形图。

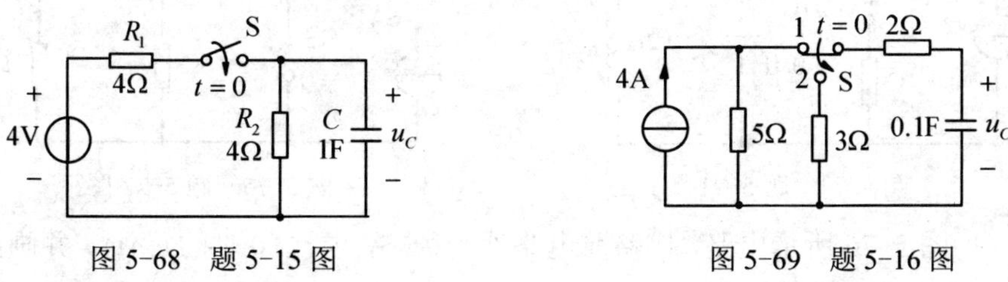

图 5-68　题 5-15 图　　图 5-69　题 5-16 图

5-17　如图 5-70 所示电路，$t<0$ 时电路已稳定。$t=0$ 时开关闭合，列出求 $i_L(t)$ 的微分方程，并求 $t\geqslant 0$ 时的零状态响应 $i_L(t)$，画出其波形图。

5-18　如图 5-71 所示电路，换路前电路处于稳态，$t=0$ 时开关 S 由 1 闭合到 2，求初始值 $i_L(0_+)$，$u_L(0_+)$ 和稳态值 $i_L(\infty)$，$u_L(\infty)$ 以及电路的时间常数 τ。

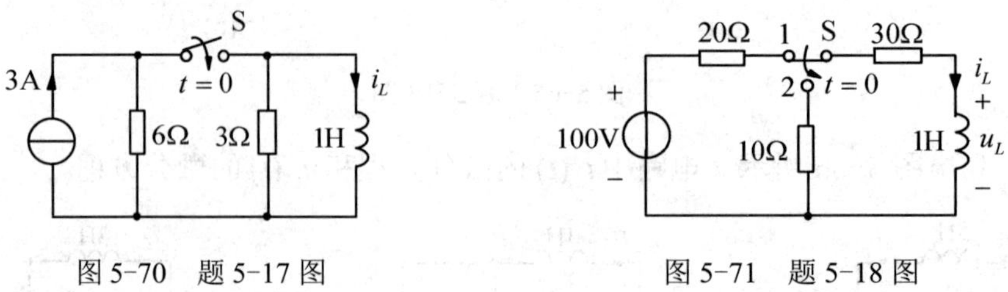

图 5-70　题 5-17 图　　图 5-71　题 5-18 图

5-19　如图 5-72 所示电路，$t=0$ 时换路，换路前电路已处于稳态。

（1）求初始值 $u_C(0_+)$，$i_L(0_+)$，$i_C(0_+)$，$i_R(0_+)$；

（2）求稳态响应 $u_C(\infty)$，$i_L(\infty)$，$i_R(\infty)$。

5-20　如图 5-73 所示电路，在 $t=0$ 时换路，$t<0$ 时电路处于稳态。

（1）求初始值 $i_L(0_+)$，$u_L(0_+)$，$i(0_+)$ 和 $i_C(0_+)$；

（2）求稳态响应 $i_L(\infty)$，$i(\infty)$ 和 $u_C(\infty)$。

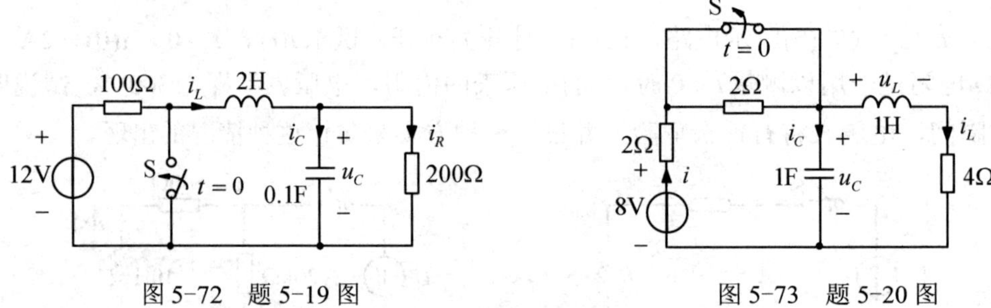

图 5-72　题 5-19 图　　图 5-73　题 5-20 图

5-21　如图 5-74 所示电路，在 $t=0$ 时开关 S 由断开到闭合，闭合前电路已处于稳态。

（1）求 $u_C(0_+)$，$u_R(0_+)$，$i_C(0_+)$ 和 $i_L(0_+)$；

（2）求 $u_C(\infty)$，$i_L(\infty)$，$u_R(\infty)$。

5-22　如图 5-75 所示的电路，在 $t=0$ 时换路，换路前电路已稳定。求 $t\geqslant 0$ 时的 $i_L(t)$ 和 $u(t)$，并画出其波形。

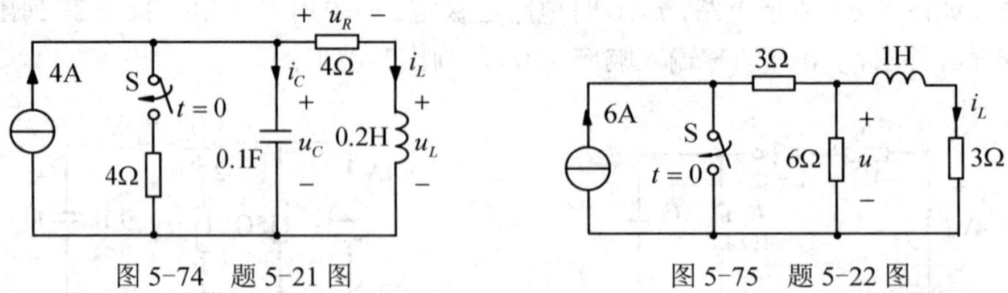

图 5-74　题 5-21 图　　图 5-75　题 5-22 图

5-23　如图 5-76 所示电路，换路前电路处于稳态，求 $t\geqslant 0$ 时的 $u_C(t)$，并画出其波形。

5-24　如图 5-77 所示电路，换路前已稳定，求 $t \geqslant 0$ 时的 $u_C(t)$。说明其暂态响应、稳态响应、零输入响应和零状态响应，并画出它们的波形。

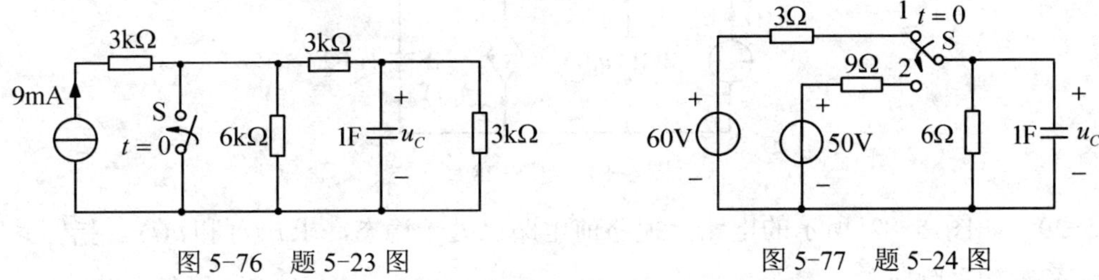

图 5-76　题 5-23 图　　　　图 5-77　题 5-24 图

5-25　如图 5-78(a)所示的电压源 $u_S(t)$ 的波形电压，施加给图 5-78(b)所示的电路。求零状态响应 $u_R(t)$。

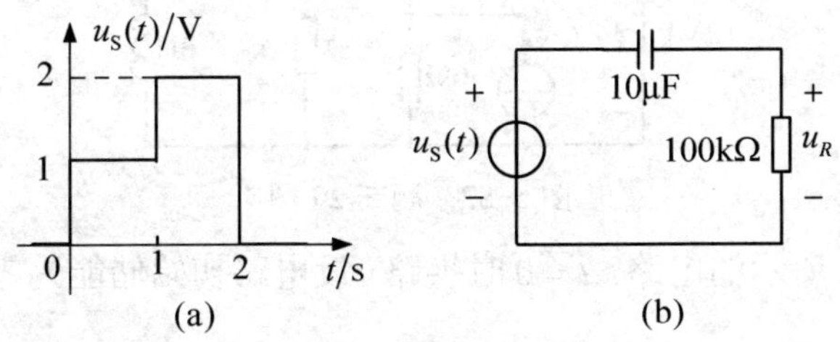

图 5-78　题 5-25 图

5-26　如图 5-79(a)所示电路，如以 $i_L(t)$ 为输出。

（1）求阶跃响应；

（2）如输入信号 $i_S(t)$ 的波形如图 5-79 (b)所示，求 $i_L(t)$ 的零状态响应。

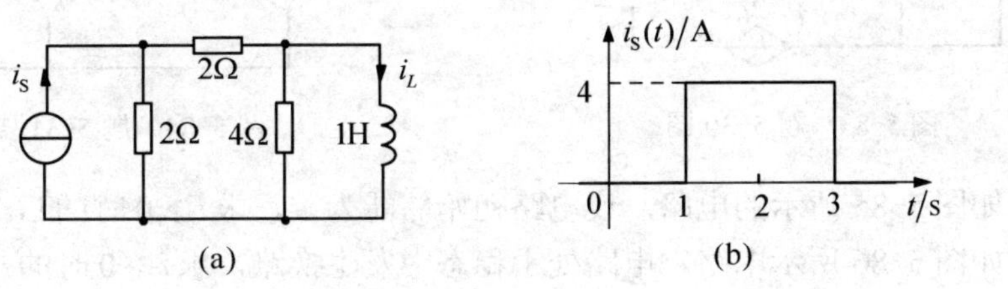

图 5-79　题 5-26 图

5-27　如图 5-80 (a)所示电路，若输入电压 $u_S(t)$ 如图 5-80 (b)所示，求 $u_C(t)$ 的零状态响应。

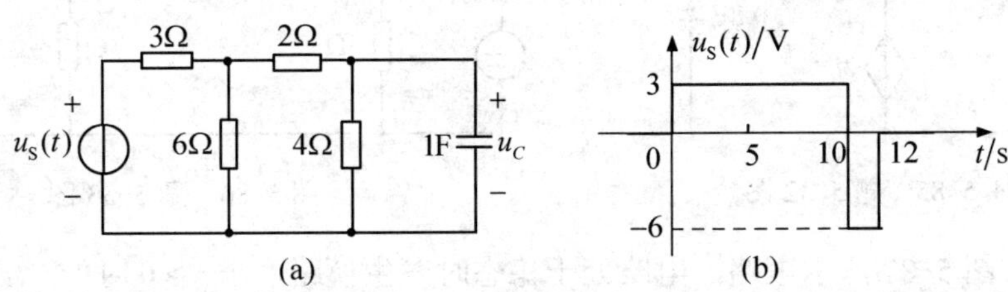

图 5-80　题 5-27 图

5-28　如图 5-81 所示电路，若以 u_C 为输出，求其阶跃响应。

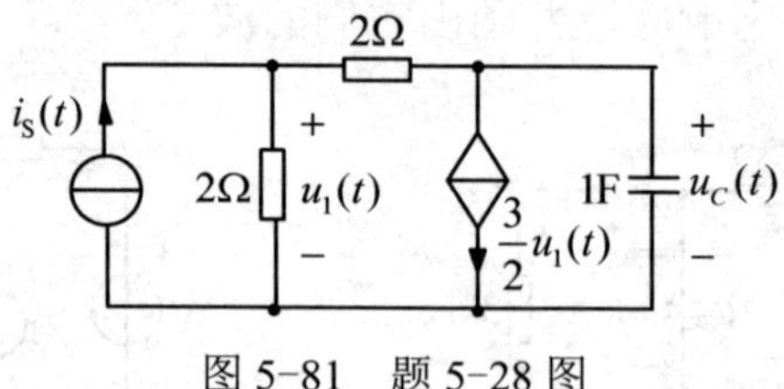

图 5-81　题 5-28 图

5-29　如图 5-82 所示的电路，换路前电路已处于稳态，求 $i_L(t)$ 和 $u(t)$。指明其零状态响应和零输入响应。

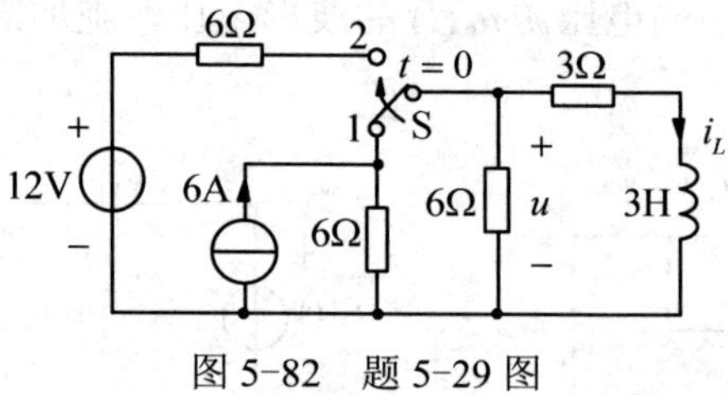

图 5-82　题 5-29 图

5-30　如图 5-83 所示的电路，$t=0$ 时换路，设电路初始储能为零，求 $t \geqslant 0$ 时的 $u_C(t)$，画出其波形。

5-31　如图 5-84 所示的电路，$t=0$ 时换路，设电路的初始状态为零，求 $t \geqslant 0$ 时的 $i_L(t)$。

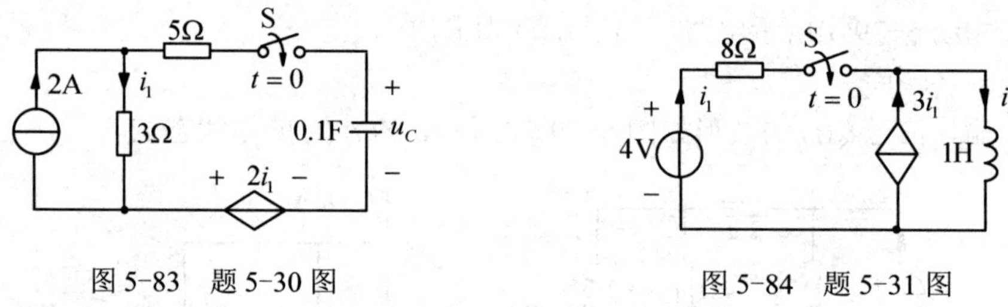

图 5-83　题 5-30 图　　　图 5-84　题 5-31 图

5-32　如图 5-85 所示的电路，设电路初始储能为零，求 $t \geqslant 0$ 时的 $i_1(t)$。

5-33　如图 5-86 所示电路，电路处于稳态中发生换路，求 $t \geqslant 0$ 时的 $i_L(t)$ 和 $u_L(t)$。

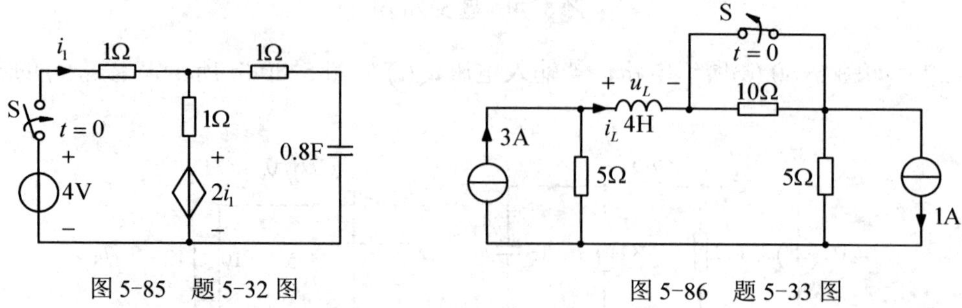

图 5-85　题 5-32 图　　　图 5-86　题 5-33 图

5-34　如图 5-87 所示电路，电路处于稳态时发生换路，求 $t \geqslant 0$ 时的 $i_L(t)$ 和 $u(t)$。

5-35　如图 5-88 所示的电路，电路处于稳态时发生换路，求 $t \geqslant 0$ 时的 $i_C(t)$ 和 $u_L(t)$。

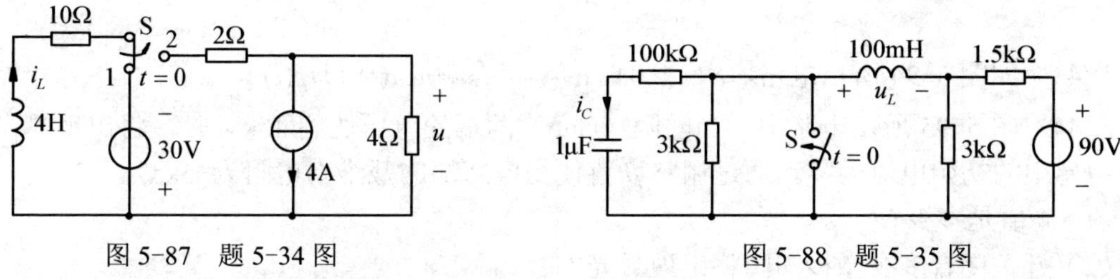

图 5-87　题 5-34 图　　　　图 5-88　题 5-35 图

5-36　如图 5-89 所示电路，已知 $u_C(0_-)=0$，$i_L(0_-)=0$，求 $t \geqslant 0$ 时的 $i(t)$ 和 $u(t)$。

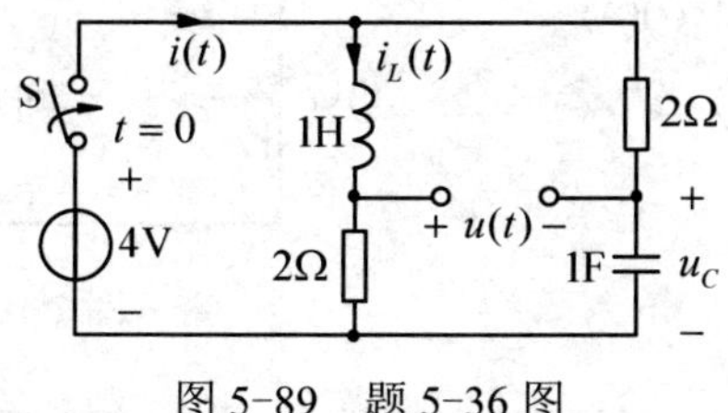

图 5-89　题 5-36 图

5-37　如图 5-86 所示的电路，电路处于稳态中发生换路，求 $t \geqslant 0$ 时的 $i_L(t)$ 的零输入响应、零状态响应和完全响应。

5-38　如图 5-87 所示的电路，电路处于稳态时发生换路，求 $t \geqslant 0$ 时的 $i_L(t)$ 的零输入响应、零状态响应和完全响应。

5-39　如图 5-90 所示的电路，$t=0$ 时开关闭合，$t=10\text{s}$ 时开关断开。求 $t \geqslant 0$ 时的 $u_C(t)$，并画出波形。

5-40　如图 5-91 所示的电路，$t<0$ 时开关 S 接于“1”，电路已是稳态。$t=0$ 时开关 S 接于“2”，在 $t=2\text{s}$ 时，开关 S 接到“3”。求 $t \geqslant 0$ 时的 $u_C(t)$。

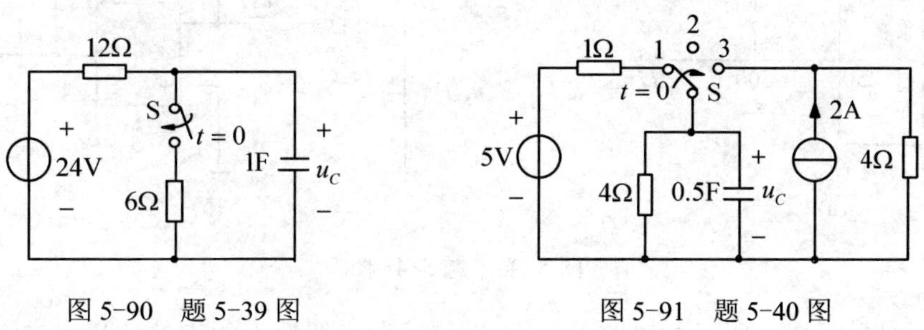

图 5-90　题 5-39 图　　　　图 5-91　题 5-40 图

5-41　如图 5-92 所示的电路，已知 $u_1(0_-)=10\text{V}$，$u_2(0_-)=0$。（1）求 $t \geqslant 0$ 时的 $u_1(t)$ 和 $u_2(t)$，并画出波形；（2）计算在 $t \geqslant 0$ 时电阻吸收的能量。

5-42　如图 5-93 所示的电路，求 $t \geqslant 0$ 时的零状态响应 $u_R(t)$ 和 $i_L(t)$。

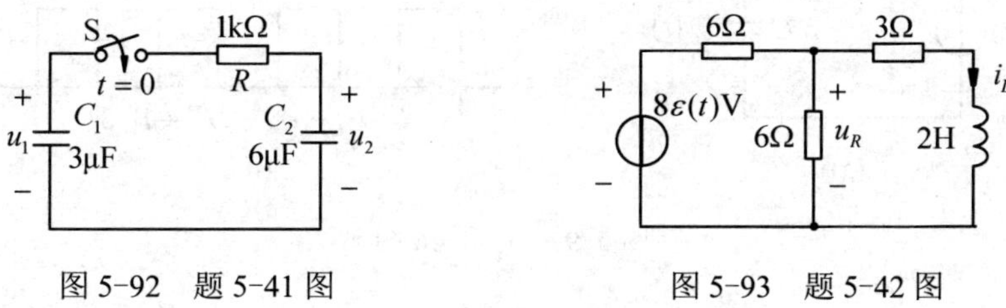

图 5-92　题 5-41 图　　　　图 5-93　题 5-42 图

5-43　如图 5-94 所示电路，求 $t \geqslant 0$ 时的零状态响应 $i(t)$ 和 $i_L(t)$。

5-44　图 5-95 所示电路中，当间隙（Gap）两端的电压达到 45kV 时，将出现弧光。假设电感中的初始电流为零。通过调整 β 值使得电感端的戴维南电阻为 $-5\mathrm{k}\Omega$。

（1）β 值是多少？

（2）开关闭合多少微秒间隙将出现弧光？

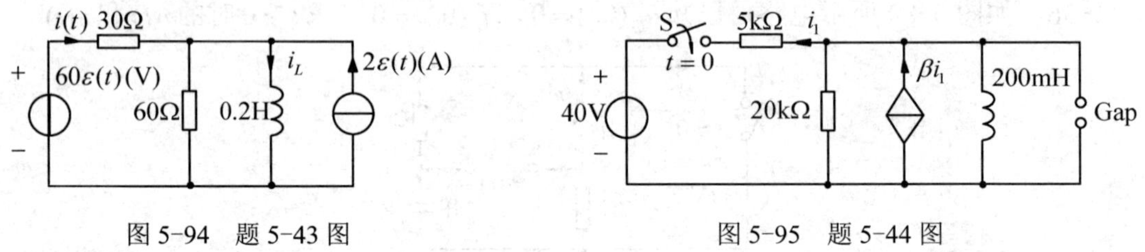

图 5-94　题 5-43 图　　　　图 5-95　题 5-44 图

5-45　图 5-96(a)所示的电压脉冲作用于图 5-96(b)所示理想积分放大器。在电容的初始电压 $u_C(0)=0$ 时，推导 $u_0(t)$ 在下列各时间段的表达式并画出波形。

（1）$t<0$；

（2）$0 \leqslant t < 250\mathrm{ms}$；

（3）$250\mathrm{ms} \leqslant t < 500\mathrm{ms}$；

（4）$500\mathrm{ms} \leqslant t < \infty$。

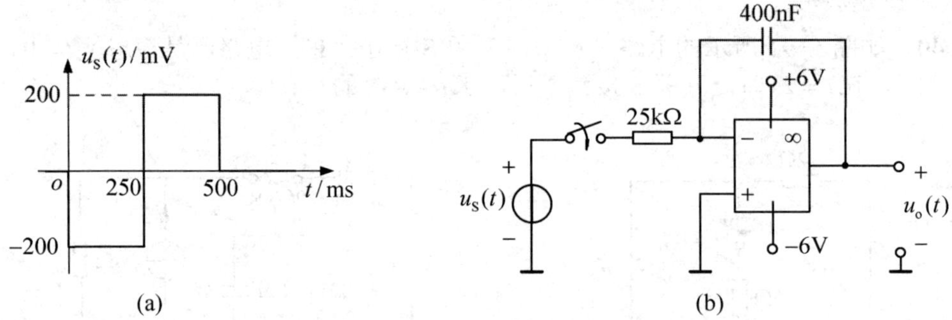

图 5-96　题 5-45 图

5-46　如图 5-97(a)所示的电路，$u_S(t)$ 为信号发生器输出的方波信号，其幅值为 5V，周期 T 为 0.1ms，其波形如图 5-97(b)所示，电容 $C=2200\mathrm{pF}$，电容初始电压为零。

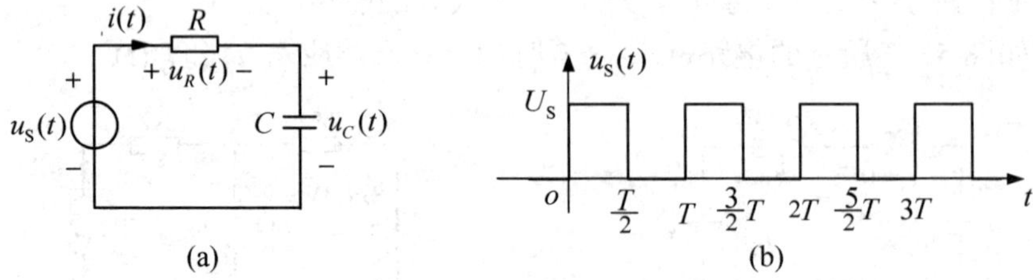

图 5-97　题 5-46 图

（1）当 R 分别为 $1\text{k}\Omega$、$100\text{k}\Omega$ 时，写出 $u_C(t)$、$u_R(t)$ 的表达式，并画出它们的波形。

（2）分析当电路时间常数在远小于 $\dfrac{T}{2}$ 时，$u_R(t)$ 与 $u_\text{S}(t)$ 的关系，以及电路时间常数与 $\dfrac{T}{2}$ 大小差不多时，$u_C(t)$ 与 $u_\text{S}(t)$ 的关系。

（3）指出哪一组 RC 值满足微分电路，哪一组 RC 值满足积分电路。

5-47　如图 5-98 所示的电路，已知 $u_C(0)=4\text{V}$，$i(0)=2\text{A}$，求 $t\geqslant 0$ 时的 $i(t)$。

5-48　如图 5-99 所示的 GCL 并联电路，若以 i_L 和 u_C 为输出，求它们的阶跃响应。

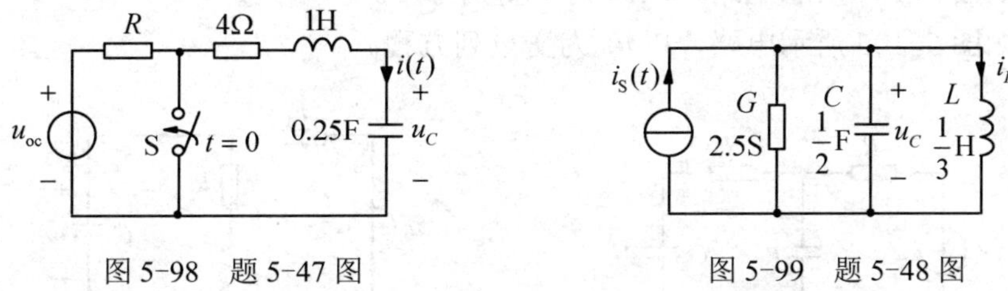

图 5-98　题 5-47 图　　　　图 5-99　题 5-48 图

5-49　如图 5-100 所示的电路，换路前电路已达稳态，求 $t\geqslant 0$ 时的 $u_C(t)$。

5-50　如在图 5-101 所示电路中，$C=2000\mu\text{F}$，$L=4\text{nH}$，$r=0.4\text{m}\Omega$，直流电源 $U_\text{S}=15\text{kV}$，如在 $t<0$ 时开关 S 位于“1”，电路已处于稳态，当 $t=0$ 时，开关由“1”闭合到“2”。

（1）列出求 $i_L(t)$ 的方程，求出固有频率 s_1、s_2；

（2）求衰减常数 α，谐振角频率 ω_0；

（3）求出 $t\geqslant 0$ 时的 $i_L(t)$；

（4）求 i_L 达到极大值的时间，并求出 $i_{L\max}$。

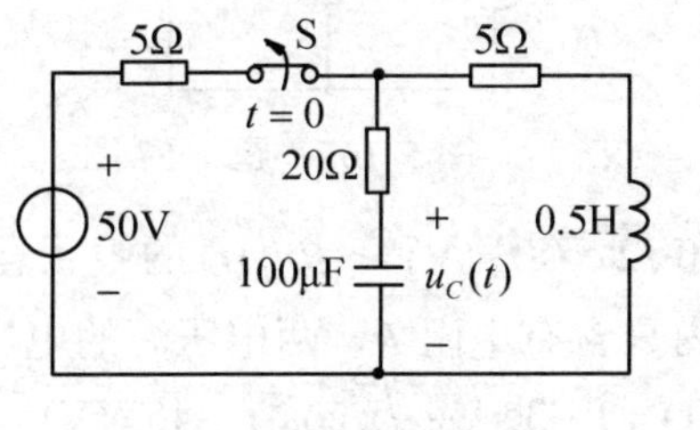

图 5-100　题 5-49 图

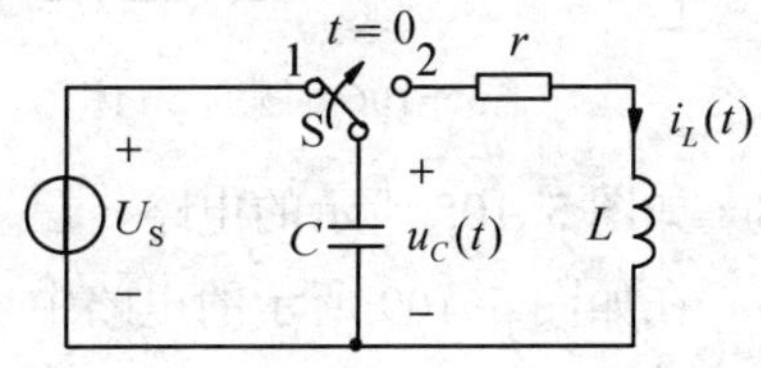

图 5-101　题 5-50 图

5-51　已知一阶线性电路，在相同的初始条件下，当激励为 $f(t)\varepsilon(t)$ 时，全响应为 $y_1(t)=[2\text{e}^{-t}+\cos(2t)]\varepsilon(t)$，当激励为 $2f(t)\varepsilon(t)$ 时，其全响应为 $y_2(t)=[\text{e}^{-t}+2\cos(2t)]\varepsilon(t)$。求当激励为 $4f(t)\varepsilon(t)$ 时的全响应。

5-52　如图 5-102 所示电路中，N 内部只含电源及电阻，若 1V 的直流电压源于 $t=0$ 开始作用于电路，输出端所得零状态响应为 $u_0(t)=\dfrac{1}{2}+\dfrac{1}{8}\text{e}^{-0.25t}(\text{V})$，$t>0$。若把电路中的电容换以 2H 电感，输出端零状态响应 $u_0(t)$ 将如何？

5-53　如图 5-103 所示电路，欲使 u_0 为等幅振荡，求 A 为多少？

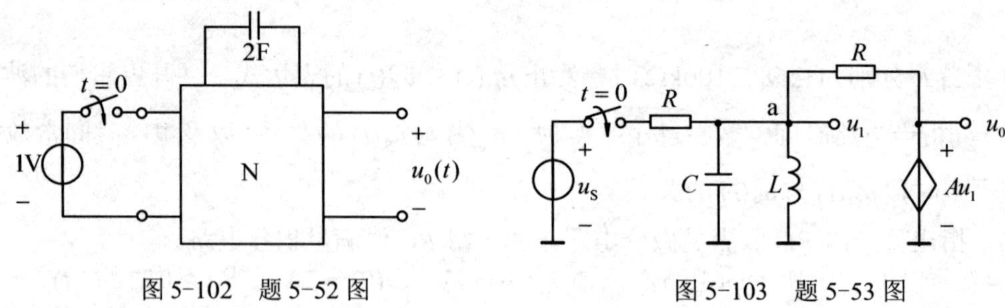

图 5-102　题 5-52 图　　　　图 5-103　题 5-53 图

5-54　如图 5-104 所示电路，以 u_2 为变量列方程。

5-55　如图 5-105 所示电路，以 u_C 为变量列方程。

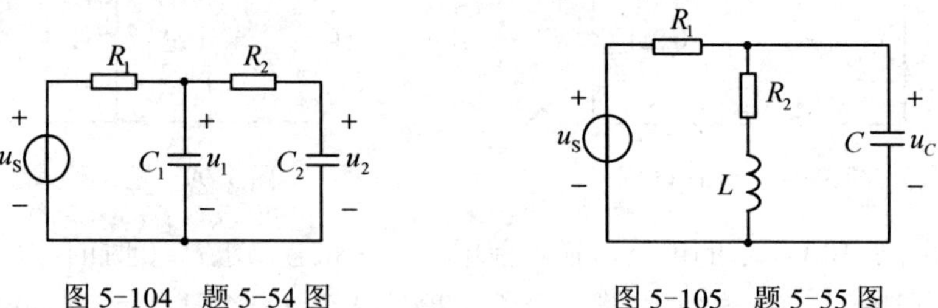

图 5-104　题 5-54 图　　　　图 5-105　题 5-55 图

5-56　如图 5-106 所示电路，试列出输出 u_0 与输入 u_S 的方程。

5-57　如图 5-107 所示的电路，已知 $i_S(t)=2\sqrt{2}\cos(2t)\,(\mathrm{A})$，求 $u_C(t)$ 的零状态响应。

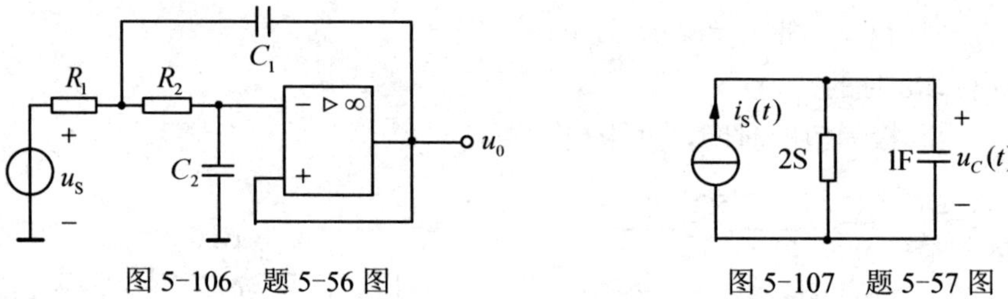

图 5-106　题 5-56 图　　　　图 5-107　题 5-57 图

5-58　如图 5-108 所示的电路，已知 $u_S(t)=10\sqrt{2}\cos(t)\,(\mathrm{V})$，求 $i_L(t)$ 的零状态响应。

5-59　在如图 5-109 所示的电路中，网络 N 内只含有电阻 R，两电压源的电压单位是伏特（V）。当 $u_S(t)=2\cos(t)\varepsilon(t)$ 时，全响应为 $u_C(t)=1-3\mathrm{e}^{-t}+\sqrt{2}\cos(t-45^\circ)(\mathrm{V})$，$t\geqslant 0$。

（1）求在同样初始条件下，当 $u_S(t)=0$ 时的 $u_C(t)$；

（2）求在同样初始条件下，两个电源都为零时的 $u_C(t)$。

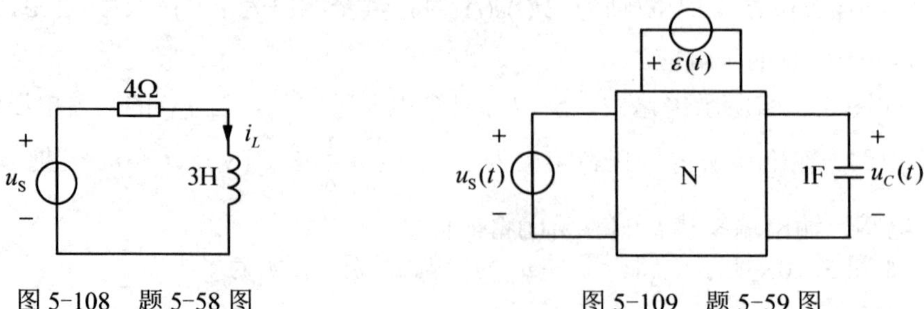

图 5-108　题 5-58 图　　　　图 5-109　题 5-59 图

第 6 章　正弦稳态电路

本章首先介绍正弦交流电的基本概念及其相量表示方法，然后导出相量形式的基尔霍夫定律和相量形式的元件电压电流约束关系，在此基础之上，将直流电阻电路分析的各种方法和定理，推广到正弦交流电路的稳态分析，引入阻抗、导纳、频率特性、谐振以及各种功率的概念，最后简要介绍了三相电的一些知识。

按正弦规律变化的电压和电流称为正弦信号或正弦交流电。对线性时不变电路，描述电路的方程是线性常系数微分方程，当激励是正弦电压或电流时，微分方程的特解一般是与激励同频率的正弦量，随着时间的增长，稳定电路的暂态分量将逐渐衰减至零，电路中各处电压电流均按正弦规律周期性变化，此时电路便进入正弦稳定状态，简称正弦稳态。

线性电路的正弦稳态响应，之所以能够引起人们的极大重视，主要原因如下：

（1）正弦信号比较容易产生和获得。一般发电厂发出的都是正弦交流电；在一些大量使用直流电的场合，也往往是将交流电整流而得到直流电。

（2）正弦信号在科学研究和工程技术中使用广泛。通信中的载波信号为正弦信号，许多电器设备和仪器（例如实验室所用仪器）都以正弦波为基本信号。

（3）正弦交流电在传输和使用方面有着很大的优点。交流电可通过变压器任意变换电压，便于远距离高压输送电能；交流电机较之直流电机结构简单，成本低，性能好，运行可靠，维修方便。

（4）正弦信号在数学上容易进行分析和运算。正弦信号经过各种运算（加减，积分，微分等）后仍为正弦信号，可以借助相量简化分析；而且复杂的非正弦周期信号，可以通过傅里叶（Fourier）级数展开成一系列不同频率的正弦信号之和，在一定条件下仍可设法按正弦交流电路处理。

在正弦信号激励下线性电路的稳态响应分析，不仅是电路理论的重要课题，而且在许多后续课程（电子技术、通信、自动控制等）中，尽管其传输的信号不是正弦信号，但也广泛采用正弦信号作为分析模型，学会正弦交流电的分析方法具有很实际的意义。

6.1　正 弦 信 号

6.1.1　正弦量的三要素

凡满足 $f(t)=f(t+nT)$ ，$-\infty<t<\infty$ ，$n=0,\pm1,\pm2,\cdots$ 的函数称为周期函数。若自变量 t 为时间，则重复一次所需的时间 T 称为周期函数的重复周期，简称周期，以秒(s)为基本单位；每单位时间重复的次数称为频率，用符号 f 表示，即 $f=\dfrac{1}{T}$ ，以赫兹(Hz)为基本

单位。例如，我国工业用正弦交流电的频率(简称工频)为 50Hz，周期是 0.02s。当频率值较高时往往用千赫(kHz)或兆赫(MHz)为单位，相应的周期则以毫秒(ms)、微秒(μs)等为单位。

正弦信号是按正弦规律变化的周期函数，其数学表达既可以用 sin 函数表示，也可以用 cos 函数表示，本书统一采用 cos 函数，遇到 sin 函数可用 $\sin\phi = \cos(\phi - 90°)$ 进行转换。图 6-1 所示正弦电压、电流信号可用数学表达式表示为

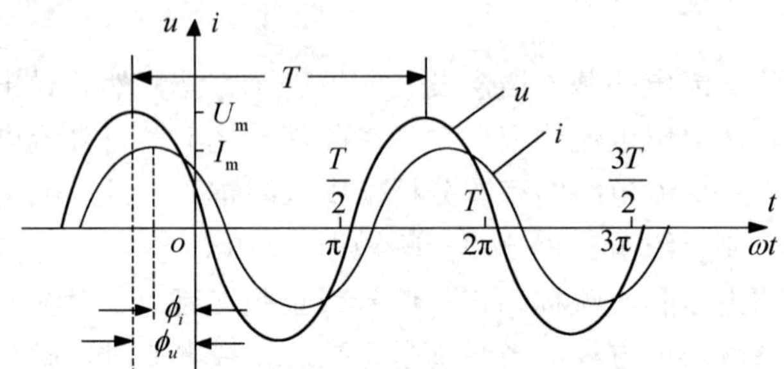

图 6-1　正弦电压与电流波形

$$\begin{cases} u(t) = U_{\mathrm{m}}\cos(\omega t + \phi_u) \\ i(t) = I_{\mathrm{m}}\cos(\omega t + \phi_i) \end{cases} \tag{6-1}$$

式中，$u(t)$、$i(t)$称为瞬时值，其大小和方向是随时间变化的，在不造成混淆的情况下有时又简写为 u、i；最大值 U_{m}、I_{m} 称为振幅，注意，U_{m}、I_{m} 非负。

$(\omega t + \phi_u)$、$(\omega t + \phi_i)$ 称为相位角或相位，其单位可以用弧度（rad）也可以用度(°)表示；ω 称为角频率或角速度，是相位角的变化率，即 $\omega = \dfrac{\mathrm{d}(\omega t + \phi_u)}{\mathrm{d}t}$，其单位为弧度/秒（rad/s），$\omega$ 与 f 和 T 的关系为 $\omega = 2\pi f = \dfrac{2\pi}{T}$；$\phi_u$、$\phi_i$ 称为初相角或初相，它们是相位角在 $t = 0$ 时的值，一般取 $|\phi| \leqslant \pi$。$[-\pi, \pi]$ 称为初相角的主值区间。

可以看出，u、i 的大小和正负是随时间周期变化的。电压电流 u、i 的大小表示 t 时刻电压电流值的大小，其正负表示实际电压电流方向与参考方向的关系，正号表示同向，负号表示反向。

正弦量可以由振幅、频率（或周期）和初相位来确定，称为正弦量的三要素，它们反映了正弦量随时间变化的全貌。

正弦量的瞬时值和振幅虽然能够表示正弦量的大小，但是在工程上测量它们多采用有效值的概念。所谓正弦量的有效值是指这样一个对应的直流量，该直流量在时间 T 内的能量效应与一个以 T 为周期的正弦量在同样时间内的能量效应相等。

考虑周期为 T 的电流信号 $i(t)$通过电阻 R，其在一个周期内所产生的热量为

$$Q_i = \int_0^T i^2(t) R \mathrm{d}t$$

直流电流 I 在相同的时间内通过同一电阻 R 产生的热量为

$$Q_I = I^2 RT$$

如果令周期电流 $i(t)$与该直流电流 I 在一个周期内所产生的热量相等，则有

$$I^2RT = \int_0^T i^2(t)R\mathrm{d}t$$

所以周期电流 $i(t)$的有效值定义为

$$I = \sqrt{\frac{1}{T}\int_0^T i^2(t)\mathrm{d}t} \qquad (6\text{-}2)$$

可以看出，周期信号的有效值等于它的瞬时值的平方在一个周期内积分的平均值再开方，因此有效值又称为方均根值。式（6-2）不仅适用于正弦周期信号，也适用于所有周期信号。特别的，对正弦周期信号 $i(t) = I_{\mathrm{m}}\cos(\omega t + \phi_i)$，可得

$$I = \sqrt{\frac{1}{T}\int_0^T I_{\mathrm{m}}^2\cos^2(\omega t + \phi_i)\mathrm{d}t} = \sqrt{\frac{1}{2T}I_{\mathrm{m}}^2\int_0^T [1+\cos 2(\omega t + \phi_i)]\mathrm{d}t} = \frac{1}{\sqrt{2}}I_{\mathrm{m}}$$

即

$$I = \frac{1}{\sqrt{2}}I_{\mathrm{m}} \quad 或 \quad I_{\mathrm{m}} = \sqrt{2}I \qquad (6\text{-}3)$$

对于正弦电压信号，同样有

$$U = \frac{1}{\sqrt{2}}U_{\mathrm{m}} \qquad (6\text{-}4)$$

所以正弦量的最大值与有效值之间有固定的 $\sqrt{2}$ 倍关系，正弦交流电流、电压还可描述为

$$\begin{cases} i = \sqrt{2}I\cos(\omega t + \phi_i) \\ u = \sqrt{2}U\cos(\omega t + \phi_u) \end{cases}$$

因此也可以说有效值、角频率和初相位称为正弦量的三要素。

在工程上，正弦量的大小均是指它的有效值，比如交流电压 220V，380V 就是指有效值。另外，万用表测出的读数、工程中使用的交流电气设备铭牌上的额定电压、额定电流也都是有效值。但是需要注意的是，各种电气设备和元器件的耐压值不是指有效值，而是其所能承受的电压最大值。

注意：在本书中，瞬时值用小写，例 i，$i(t)$，u，$u(t)$，不发生混淆时可不用显式写出自变量 t；最大值、有效值均为非负值，用斜体大写字母表示，例如 U，U_{m}，I，I_{m}，最大值加下标 m。

例 6-1 在图 6-2 所示参考方向下，$i(t) = 100\cos(\omega t - \frac{\pi}{4})(\mathrm{mA})$，式中 $\omega = 2\pi\ \mathrm{rad/s}$。试求（1）$t = 0.5\mathrm{s}$ 时；（2）$\omega t = 2.5\pi\ \mathrm{rad}$ 时；（3）$\omega t = \frac{\pi}{2}\mathrm{rad}$ 时，电流的大小及方向。

解： 在选定参考方向下，由正弦波的函数表达式可以得到任一时刻电流的大小和方向。

（1）当 $t = 0.5\mathrm{s}$ 时

$$i = 100\cos\left(2\pi \times 0.5 - \frac{\pi}{4}\right) = 100\cos\left(\pi - \frac{\pi}{4}\right)$$

$$= -100\cos\frac{\pi}{4} = -70.7\mathrm{mA}$$

电流为负值，表示在这一时刻电流的真实方向与参考方向相反，即由 b 流向 a。

（2）当 $\omega t = 2.5\pi \text{rad}$ 时

$$i = 100\cos\left(2.5\pi - \frac{\pi}{4}\right) = 100\cos\left(2\pi + \frac{\pi}{4}\right) = 100\cos\frac{\pi}{4} = 70.7\text{mA}$$

电流为正值，表示在这一时刻电流的真实方向与参考方向相同，即由 a 流向 b。

（3）当 $\omega t = \frac{\pi}{2}\text{rad}$ 时

$$i = 100\cos\left(\frac{\pi}{2} - \frac{\pi}{4}\right) = 100\cos\frac{\pi}{4} = 70.7\text{mA}$$

答案与（2）一致，这是因为 $\omega t = 2.5\pi\text{rad}$ 和 $\omega t = \frac{\pi}{2}\text{rad}$ 相差 2π，即这两个时刻刚好相差一个周期。

例 6–2 正弦电压波形如图 6–3 所示，试写出 $u(t)$ 的表达式。

解：由波形图得到的三要素为

$$U_{\text{m}} = 200\text{V}$$

$$\omega = \frac{2\pi}{T} = \frac{2\pi}{20\times10^{-3}} = 314\,\text{rad/s}$$

$$\phi_u = 7.5\times10^{-3}\omega = 7.5\times10^{-3}\times\frac{2\pi}{20\times10^{-3}} = \frac{3\pi}{4}$$

由三要素得到 $u(t)$ 的表达式为

$$u(t) = 200\cos\left(314t + \frac{3\pi}{4}\right)(\text{V})$$

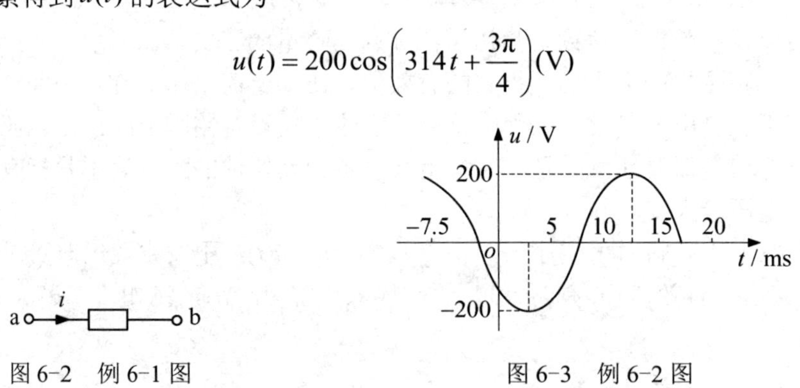

图 6–2 例 6–1 图

图 6–3 例 6–2 图

6.1.2 正弦量的相位差

值得注意的是，由式（6–1）定义的初相是多值的，各初相之间相差 2π。为唯一确定正弦量的初相角，通常约定初相在主值区间 $[-\pi,\pi]$ 内取值(即 $|\phi|\leqslant\pi$)。ϕ 可正可负，如图 6–4 所示，取决于波形计时起点位置的选取。

在正弦交流电路的分析中，经常会遇到比较两个同频率正弦量之间相位的问题，需要计算它们之间的相位差。所谓相位差，就是两正弦量的相位之差。设任意两个同频率的正弦量 i_1 和 i_2，即

$$\begin{cases} i_1 = I_{1m}\cos(\omega t + \phi_1) \\ i_2 = I_{2m}\cos(\omega t + \phi_2) \end{cases}$$

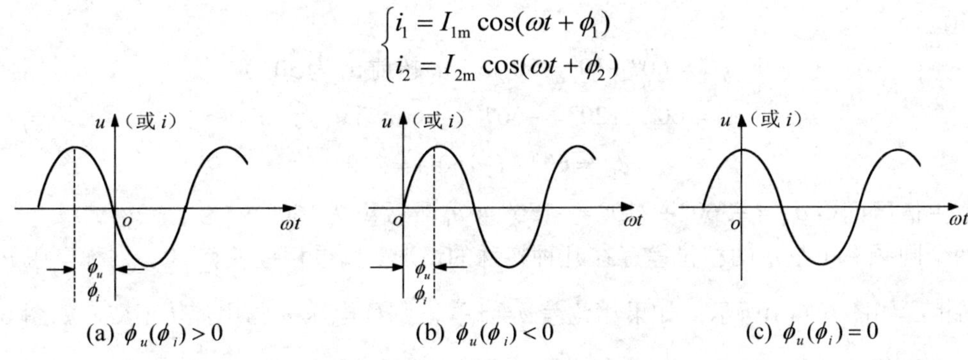

图 6-4　不同初相位情况下的正弦波形

则 i_1、i_2 之间的相位差为

$$\phi_{12} = (\omega t + \phi_1) - (\omega t + \phi_2) = \phi_1 - \phi_2 \tag{6-5}$$

上式表明两个同频率正弦量相位差在任意时刻都是与时间 t 无关的常量，等于它们的初相之差。相位差 ϕ_{12} 反映出在同一时刻两电流 i_1 与 i_2 之间的相位关系。

当 $\phi_{12} = \phi_1 - \phi_2 > 0$ 时，则称电流 i_1 超前电流 i_2，超前的角度为 ϕ_{12}，说明电流 i_1 比电流 i_2 先到达正的最大值，其波形如图 6-5(a)所示。当 $\phi_{12} = \phi_1 - \phi_2 < 0$ 时，则称电流 i_1 滞后电流 i_2，滞后的角度为 $|\phi_{12}|$，说明电流 i_2 比电流 i_1 先到达正的最大值，其波形如图 6-5(b)所示。

超前和滞后是相对的，例如，对于图 6-5(a)所示相位关系，也可以说电流 i_2 超前电流 i_1，超前的角度为 $2\pi - \phi_{12}$，为避免混淆起见，通常规定相位差 $|\phi_{12}| \leqslant \pi$，相位差超过 π 时，可通过加减 2π 的整数倍来化简。

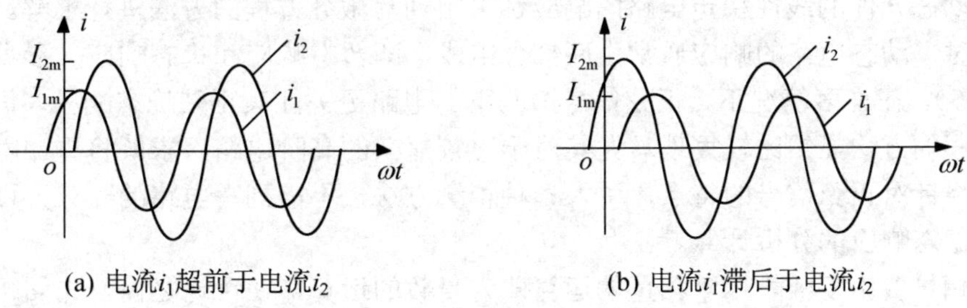

(a) 电流 i_1 超前于电流 i_2　　(b) 电流 i_1 滞后于电流 i_2

图 6-5　同频率正弦量的相位差

注意：比较相位时正弦量必须三同，即同频、同名、同号。同频即频率相同；同名即函数名相同，同为 cos 函数或 sin 函数，建议将 sin 函数转换为 cos 函数；同号即 cos 前面的数值正负号相同，建议化为正值。

例 6-3　已知：$u_1 = 100\cos(\omega t + 60°)(\text{V})$，$u_2 = 50\cos(\omega t + 10°)(\text{V})$，$u_3 = 50\sin(\omega t - 150°)(\text{V})$，$u_4 = -60\cos(\omega t + 30°)(\text{V})$，试求 u_1 与 u_2、u_3、u_4 的相位差，并说明它们超前或滞后的关系。

解：要比较相位，必须三同，即同频、同名、同号，为此需将 u_3、u_4 改写为

$$u_3 = 50\sin(\omega t - 150°) = 50\cos(\omega t - 150° - 90°) = 50\cos(\omega t + 120°)(\text{V})$$

$$u_4 = -60\cos(\omega t + 30°) = 60\cos(\omega t + 30° - 180°) = 60\cos(\omega t - 150°)(\text{V})$$

相位差

$$\phi_{12} = 60° - 10° = 50° \quad （u_1 超前 u_2 为 50°）$$

$$\phi_{13} = 60° - 120° = -60° \quad （u_1 滞后 u_3 为 60°）$$

$$\phi_{14} = 60° - (-150°) = 210°$$

取主值区间得 $\phi_{14} = -360° + 210° = -150°$ （u_1 滞后 u_4 为 $150°$）

两个同频率正弦量的相位差存在几种特殊的情况。如果相位差 $\phi = 0$，则称电压 u 与电流 i 同相，如图 6-6(a)所示；如果相位差 $\phi = \pm\dfrac{\pi}{2}$，则称电压 u 与电流 i 正交，如图 6-6(b)所示；如果相位差 $\phi = \pm\pi$，则称电压 u 与电流 i 反相，如图 6-6(c)所示。

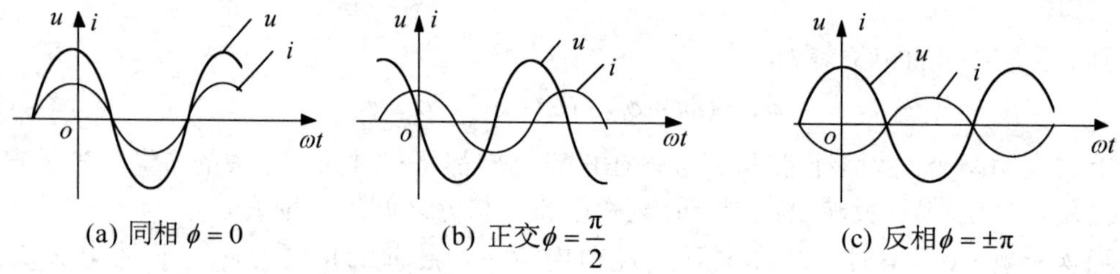

(a) 同相 $\phi = 0$　　(b) 正交 $\phi = \dfrac{\pi}{2}$　　(c) 反相 $\phi = \pm\pi$

图 6-6　同频率正弦量的几种特殊相位关系

需要特别指出的是角频率不相同的两个正弦量间的相位差不是常数，它是时间的函数。

6.2　正弦量的相量表示

含有动态元件的线性稳定电路的响应都可用列写微分方程的方法进行求解。当激励为正弦函数时，动态电路的响应通常由两部分组成，即暂态响应和稳态响应（参见 5.9 节和本章例 6-5）。在许多情况下，正弦信号激励下的电路更关注其正弦稳态响应，仍然采用列写微分方程的方法显然比较繁琐，尤其对于比较复杂的高阶电路，求解将更加困难。本章后续部分将针对正弦信号的特点，引入一种相量方法，不需列写电路的微分方程，以简化电路正弦稳态响应的分析计算。

由于相量多用复数表示，相量的运算即为复数的运算，在讨论之前，先回顾一下复数运算的知识。

6.2.1　复数及其四则运算

1．复数的表示

（1）代数形式

$$\dot{A} = a + \mathrm{j}b \tag{6-6}$$

其中 a、b 均为实数，a 称为实部，b 称为虚部，$\mathrm{j} = \sqrt{-1}$。

$$\begin{cases} a = \mathrm{Re}[\dot{A}] = \mathrm{Re}[a + \mathrm{j}b] \\ b = \mathrm{Im}[\dot{A}] = \mathrm{Im}[a + \mathrm{j}b] \end{cases}$$

式中，$\mathrm{Re}[\dot{A}]$ 表示取复数 $\dot{A}$ 的实部，$\mathrm{Im}[\dot{A}]$ 表示取复数 $\dot{A}$ 的虚部。

任何一个复数都可以用矢量表示在复平面上。所谓复平面是指横轴表示复数的实部、纵轴表示复数的虚部的一个平面。横轴叫实轴，记作“+1”；纵轴叫虚轴，记作“+j”。如 $\dot{A}=3+\mathrm{j}2$，$\dot{B}=-2-\mathrm{j}2$，表示在复平面上如图 6-7 所示。

复数 $\dot{A}$ 的共轭记做 $\dot{A}^*$，二者的关系如图 6-8 所示。如 $\dot{A}=a+\mathrm{j}b$，则 $\dot{A}^*=a-\mathrm{j}b$。

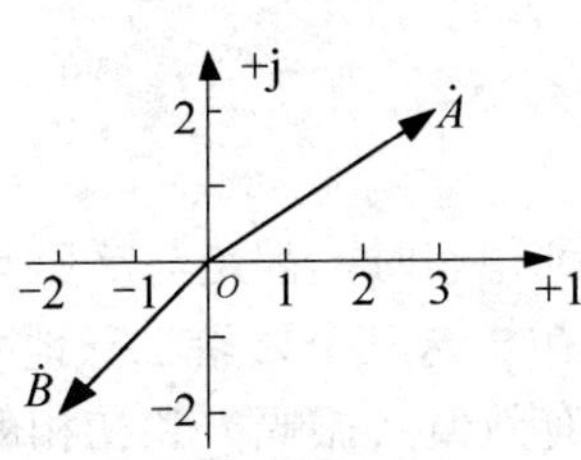

图 6-7　复平面与复数

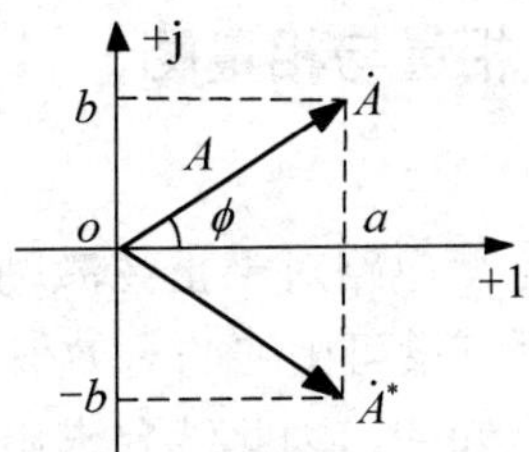

图 6-8　复数及其共轭

（2）指数形式。根据图 6-8 可以得到

$$\dot{A}=A\cos\phi+\mathrm{j}A\sin\phi=A(\cos\phi+\mathrm{j}\sin\phi) \tag{6-7}$$

由欧拉公式 $\mathrm{e}^{\mathrm{j}\phi}=\cos\phi+\mathrm{j}\sin\phi$，得到

$$\dot{A}=A\mathrm{e}^{\mathrm{j}\phi} \tag{6-8}$$

即为复数的指数形式，其中 A 称为复数的模，ϕ 称为复数的角。

指数形式与代数形式的关系为

$$A=\sqrt{a^2+b^2} \qquad \phi=\arctan\frac{b}{a}$$

式中，角 ϕ 在四象限内取值，一般取主值区间 $|\phi|\leqslant\pi$。

（3）极坐标形式。工程上常把复数写成极坐标形式

$$\dot{A}=A\angle\phi \tag{6-9}$$

以上三种复数的表达形式完全相等，即

$$\dot{A}=a+\mathrm{j}b=A\mathrm{e}^{\mathrm{j}\phi}=A\angle\phi$$

2. 复数的运算

设两复数 $\dot{A}_1=a_1+\mathrm{j}b_1=A_1\mathrm{e}^{\mathrm{j}\phi_1}=A_1\angle\phi_1$ 和 $\dot{A}_2=a_2+\mathrm{j}b_2=A_2\mathrm{e}^{\mathrm{j}\phi_2}=A_2\angle\phi_2$。

（1）相等。若复数 $\dot{A}_1=\dot{A}_2$，则 $a_1=a_2$，$b_1=b_2$；$A_1=A_2$，$\phi_1=\phi_2$。

（2）共轭。若 $\dot{A}=a+\mathrm{j}b=A\mathrm{e}^{\mathrm{j}\phi}=A\angle\phi$，则其共轭复数 $\dot{A}^*=a-\mathrm{j}b=A\mathrm{e}^{-\mathrm{j}\phi}=A\angle-\phi$。

（3）加减运算。加减运算适合于代数形式进行，即

$$\dot{A}_1\pm\dot{A}_2=(a_1\pm a_2)+\mathrm{j}(b_1\pm b_2)$$

（4）乘除运算。乘除运算适合于指数或极坐标形式进行，即

$$\dot{A}_1\cdot\dot{A}_2=A_1\mathrm{e}^{\mathrm{j}\phi_1}\cdot A_2\mathrm{e}^{\mathrm{j}\phi_2}=A_1A_2\mathrm{e}^{\mathrm{j}(\phi_1+\phi_2)}$$

或者

$$\dot{A}_1\cdot\dot{A}_2=A_1\angle\phi_1\cdot A_2\angle\phi_2=A_1A_2\angle(\phi_1+\phi_2)$$

$$\frac{\dot{A}_1}{\dot{A}_2}=\frac{A_1\mathrm{e}^{\mathrm{j}\phi_1}}{A_2\mathrm{e}^{\mathrm{j}\phi_2}}=\frac{A_1}{A_2}\mathrm{e}^{\mathrm{j}(\phi_1-\phi_2)}$$

或者

$$\frac{\dot{A}_1}{\dot{A}_2}=\frac{A_1\angle\phi_1}{A_2\angle\phi_2}=\frac{A_1}{A_2}\angle(\phi_1-\phi_2)$$

6.2.2　相量与相量图

1. 相量

线性时不变电路对于正弦激励的响应，在电路达到稳态时，都是与激励频率相同的正弦量。一个正弦量可由它的有效值（振幅）、角频率和初相这三个要素唯一地确定，激励的频率通常是已知的，因此若要求出响应，只需求出其有效值（振幅）和初相即可。相量法就是利用这一特点，用相量(复数)表示正弦量的有效值（或振幅）和初相，将电路微分方程转换为复数代数方程，从而大大简化正弦稳态电路的分析计算。本章中相量（复数）采用顶部带点的大写字母表示。

由欧拉公式

$$U_{\mathrm{m}}\mathrm{e}^{\mathrm{j}(\omega t+\phi_u)}=U_{\mathrm{m}}\cos(\omega t+\phi_u)+\mathrm{j}U_{\mathrm{m}}\sin(\omega t+\phi_u)$$

则正弦电压可以表示为

$$\begin{aligned}u&=U_{\mathrm{m}}\cos(\omega t+\phi_u)=\mathrm{Re}[U_{\mathrm{m}}\mathrm{e}^{\mathrm{j}(\omega t+\phi_u)}]\\&=\mathrm{Re}[U_{\mathrm{m}}\mathrm{e}^{\mathrm{j}\phi_u}\cdot\mathrm{e}^{\mathrm{j}\omega t}]=\mathrm{Re}[\sqrt{2}U\mathrm{e}^{\mathrm{j}\phi_u}\cdot\mathrm{e}^{\mathrm{j}\omega t}]\\&=\mathrm{Re}[\dot{U}_{\mathrm{m}}\mathrm{e}^{\mathrm{j}\omega t}]=\mathrm{Re}[\sqrt{2}\dot{U}\mathrm{e}^{\mathrm{j}\omega t}]\end{aligned}$$

式中，$\dot{U}_{\mathrm{m}}=U_{\mathrm{m}}\mathrm{e}^{\mathrm{j}\phi_u}=U_{\mathrm{m}}\angle\phi_u$，由最大值和初相构成，定义为正弦量 u 的振幅相量；$\dot{U}=U\mathrm{e}^{\mathrm{j}\phi_u}=U\angle\phi_u$，由有效值和初相构成，定义为正弦量 u 的有效值相量。最大值相量 $\dot{U}_{\mathrm{m}}$ 与有效值相量 $\dot{U}$ 的关系为 $\dot{U}_{\mathrm{m}}=\sqrt{2}\dot{U}$。电路分析中经常使用的是有效值相量。

相量反映了正弦量的两个重要的要素，如果角频率 ω 已知，则由相量可立即写出正弦量的瞬时值；当然，若正弦量的瞬时值已知，也可以立即由瞬时值写出相量。但必须注意：瞬时值 u 与相量 $\dot{U}$ 是一一对应的关系，不是相等关系。正弦量 u 是时间 t 的函数，而相量 $\dot{U}$ 是一个复常数，故相量不等于正弦量，正弦量也不等于相量，即

$$\dot{U}\neq u\qquad\qquad\dot{U}_{\mathrm{m}}\neq u$$

若 $u_1=u_2$ 为同频率的正弦量，$\dot{U}_1$、$\dot{U}_2$ 为其对应的相量，则

$$u_1=u_2\Leftrightarrow\dot{U}_1=\dot{U}_2$$

将相量画在复平面上即称为相量图，如图 6-9 所示即为 $\dot{U}$ 的相量图。利用相量图可以直观地比较各正弦量的相位关系，进行矢量图形运算，简化正弦稳态电路的分析过程。

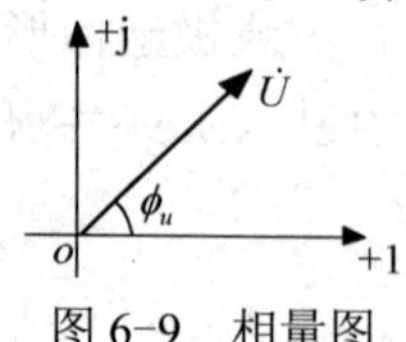

图 6-9　相量图

例 6-4 已知 $i_1 = 10\cos(314t + 45°)(\mathrm{A})$，$i_2 = -10\cos(314t + 30°)(\mathrm{A})$，$i_3 = 10\sin(314t + 45°)(\mathrm{A})$。试写出它们对应的有效值相量，并画相量图。

解：要画相量图，也必须同频、同名、同号，为此需将 i_2、i_3 改写为

$$i_2 = -10\cos(314t + 30°) = 10\cos(314t + 30° - 180°) = 10\cos(314t - 150°)(\mathrm{A})$$

$$i_3 = 10\sin(314t + 45°) = 10\cos(314t + 45° - 90°) = 10\cos(314t - 45°)(\mathrm{A})$$

所以有效值相量分别为

$$\dot{I}_1 = \frac{10}{\sqrt{2}}\angle 45° = 5\sqrt{2}\angle 45°$$

$$\dot{I}_2 = 5\sqrt{2}\angle -150°$$

$$\dot{I}_3 = 5\sqrt{2}\angle -45°$$

相量图如图 6-10 所示。

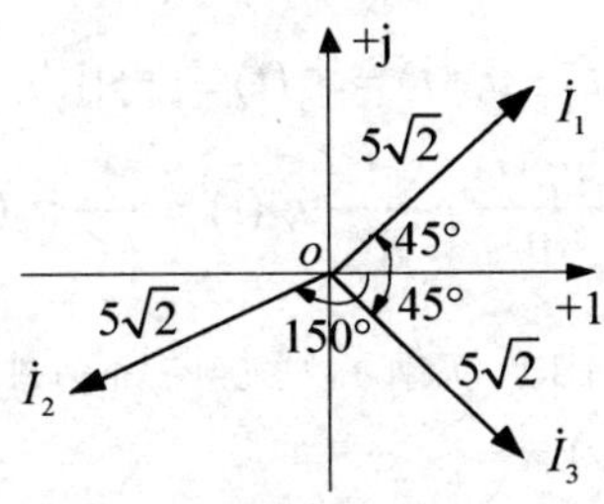

图 6-10　例 6-4 图

2. 相量的性质

性质 1　若 $\dot{A}_1$、$\dot{A}_2$ 为任意两个相量，则 $\mathrm{Re}[\dot{A}_1 + \dot{A}_2] = \mathrm{Re}[\dot{A}_1] + \mathrm{Re}[\dot{A}_2]$；

若 α 为任意实数，则 $\mathrm{Re}[\alpha\dot{A}_1] = \alpha\,\mathrm{Re}[\dot{A}_1]$；

若 α_1 和 α_2 为任意两个实数，则 $\mathrm{Re}[\alpha_1\dot{A}_1 + \alpha_2\dot{A}_2] = \alpha_1\,\mathrm{Re}[\dot{A}_1] + \alpha_2\,\mathrm{Re}[\dot{A}_2]$。

性质 2　设 $\dot{A} = A\mathrm{e}^{\mathrm{j}\phi_1}, \dot{B} = B\mathrm{e}^{\mathrm{j}\phi_2}$，如果 $\dot{A} = \dot{B}$，则对于角频率 ω 和任意 t，有 $\mathrm{Re}[\dot{A}\mathrm{e}^{\mathrm{j}\omega t}] = \mathrm{Re}[\dot{B}\mathrm{e}^{\mathrm{j}\omega t}]$；同样，如果对于角频率 ω 和任意 t，$\mathrm{Re}[\dot{A}\mathrm{e}^{\mathrm{j}\omega t}] = \mathrm{Re}[\dot{B}\mathrm{e}^{\mathrm{j}\omega t}]$，则 $\dot{A} = \dot{B}$。

本性质前一结论证明简单，不再具体推导。

关于后一结论证明如下：

因为对于所有 t 均有

$$\mathrm{Re}[\dot{A}\mathrm{e}^{\mathrm{j}\omega t}] = \mathrm{Re}[\dot{B}\mathrm{e}^{\mathrm{j}\omega t}]$$

令 $t = 0$ 时，得 $\mathrm{Re}[\dot{A}] = \mathrm{Re}[\dot{B}]$，即 $\dot{A}$、$\dot{B}$ 实部相等；令 $t = \dfrac{\pi}{2\omega}$ 时，得

$$\mathrm{Re}[\mathrm{j}\dot{A}] = \mathrm{Re}[\mathrm{j}\dot{B}]$$

即 $\dot{A}$、$\dot{B}$ 虚部相等；根据复数相等的条件，$\dot{A} = \dot{B}$。

性质 3　设 $i = \sqrt{2}I\cos(\omega t + \phi)$，对应相量为 $\dot{I} = I\angle\phi = I\mathrm{e}^{\mathrm{j}\phi}$，记作

$$i = \sqrt{2}I\cos(\omega t + \phi) \leftrightarrow \dot{I} = I\angle\phi$$

则

$$\frac{\mathrm{d}i}{\mathrm{d}t}=-\omega\sqrt{2}I\sin(\omega t+\phi)=\omega\sqrt{2}I\cos\left(\omega t+\phi+\frac{\pi}{2}\right)\leftrightarrow\omega I\angle\left(\phi+\frac{\pi}{2}\right)=\mathrm{j}\omega\dot{I}$$

即瞬时值时域微分，对应于相量乘以 $\mathrm{j}\omega$ 。

例 6-5 图 6-11 所示电路中，电容无初始储能，$u_{\mathrm{S}}(t)=311\cos(314t+77.4°)(\mathrm{V})$，$R=1\mathrm{k}\Omega$，$C=10^{-6}\mathrm{F}$，开关 S 在 $t=0$ 时闭合。试求 $u_C(t)$ 的稳态响应。

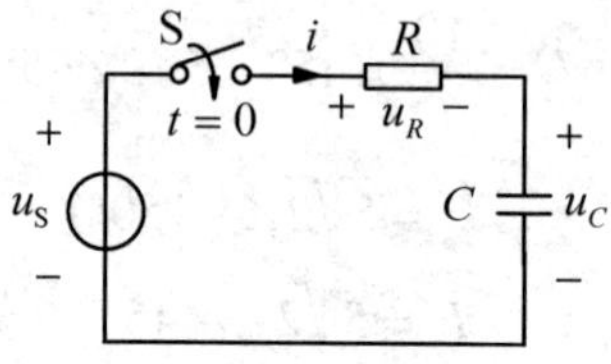

图 6-11 例 6-5 图

解：由电路的 KVL 得到 $u_R(t)+u_C(t)=u_{\mathrm{S}}(t)$，再由元件 VCR 得电路的微分方程为

$$\frac{\mathrm{d}u_C(t)}{\mathrm{d}t}+\frac{1}{RC}u_C(t)=\frac{1}{RC}u_{\mathrm{S}}(t)$$

由 5.9 节分析，响应 $u_C(t)$ 应由齐次解和特解两部分组成，其中齐次解形式为 $A\mathrm{e}^{-\frac{1}{RC}t}$，特解形式为 $u_{C\mathrm{p}}(t)=U_{C\mathrm{m}}\cos(\omega t+\phi)$ 。

齐次解随着时间 t 变化逐渐衰减，当 $t\to\infty$ 衰减为零，属于 $u_C(t)$ 的暂态响应；特解是和正弦激励同频率的正弦波，不会随时间 t 而衰减为零，是 $u_C(t)$ 的稳态响应部分。所以，求 $u_C(t)$ 的稳态响应即求微分方程的特解，这里借助相量法求解稳态响应。

$u_{C\mathrm{p}}(t)$ 对应的相量为 $\dot{U}_{C\mathrm{m}}=U_{C\mathrm{m}}\angle\phi$，电源 $u_{\mathrm{S}}(t)$ 对应的相量为

$$\dot{U}_{\mathrm{Sm}}=U_{\mathrm{Sm}}\angle\phi_u=311\angle 77.4°$$

由于特解 $u_{C\mathrm{p}}(t)$ 满足微分方程，即

$$\frac{\mathrm{d}u_{C\mathrm{p}}(t)}{\mathrm{d}t}+\frac{1}{RC}u_{C\mathrm{p}}(t)=\frac{1}{RC}u_{\mathrm{S}}(t)$$

根据算子 Re 及相量的运算规则，微分方程可转换为

$$\mathrm{j}\omega\dot{U}_{C\mathrm{m}}+\frac{1}{RC}\dot{U}_{C\mathrm{m}}=\frac{1}{RC}\dot{U}_{\mathrm{Sm}}$$

得到

$$\dot{U}_{C\mathrm{m}}=\frac{\frac{1}{RC}\dot{U}_{\mathrm{Sm}}}{\frac{1}{RC}+\mathrm{j}\omega}=\frac{\dot{U}_{\mathrm{Sm}}}{1+\mathrm{j}\omega RC}$$

即

$$U_{C\mathrm{m}}\angle\varphi=\frac{U_{\mathrm{Sm}}\angle\varphi_u}{\sqrt{1+(\omega CR)^2}\angle\arctan\omega CR}$$

$$\begin{cases} U_{Cm} = \dfrac{U_{Sm}}{\sqrt{(\omega CR)^2 + 1}} \\ \phi = \phi_u - \arctan \omega CR \end{cases}$$

代入数据，得

$$U_{Cm} = \frac{311}{\sqrt{(314 \times 10^{-6} \times 10^3)^2 + 1}} = 297\text{V}$$

$$\phi = \phi_u - \arctan(314 \times 10^{-6} \times 10^3) = 77.4° - 17.4° = 60°$$

所以得到$u_C(t)$的稳态响应 $u_C(t) = 297\cos(314t + 60°)(\text{V})$。与 5.9 节中结果一致。本例中通过把微分方程变换为相量形式求解得到特解，方法更简单。本章接下来对这种方法进行推广，首先介绍基尔霍夫定律和元件 VCR 的相量形式以及复数阻抗、导纳的概念，进而介绍相量分析法及在电路的相量模型上直接列写代数方程求解稳态响应的应用。

6.3 基尔霍夫定律的相量形式

由上一节的分析可知，求电路的正弦稳态响应可以利用相量法。借助于相量法来分析正弦稳态响应时，依据基尔霍夫定律和元件的 VCR 的相量形式，将列写电路的微分方程转化为以电流相量或电压相量为未知量的相量代数方程，为此，需要研究基尔霍夫定律的相量形式和元件 VCR 的相量形式。本节研究基尔霍夫定律的相量形式，下节研究三种基本元件 VCR 的相量形式。

对任意时刻，集中参数电路中连接任意一个节点的 b 条支路满足 KCL 的时域形式：

$$\sum_{k=1}^{b} i_k = 0$$

在线性正弦稳态电路中，各支路响应都是与激励同频率的正弦时间函数，设正弦电流$i_k = \sqrt{2} I_k \cos(\omega t + \phi_k)$，对应相量为$\dot{I}_k = I_k \angle \phi_k = I_k \text{e}^{\text{j}\phi_k}$，即

$$i_k = \sqrt{2} I_k \cos(\omega t + \phi_k) = \text{Re}[\sqrt{2} \dot{I}_k \text{e}^{\text{j}\omega t}]$$

则

$$\sum_{k=1}^{b} i_k = \sum_{k=1}^{b} \text{Re}[\sqrt{2} \dot{I}_k \text{e}^{\text{j}\omega t}] = \text{Re}[\sum_{k=1}^{b} \sqrt{2} \dot{I}_k \text{e}^{\text{j}\omega t}] = \sqrt{2}\,\text{Re}[(\sum_{k=1}^{b} \dot{I}_k)\text{e}^{\text{j}\omega t}] = 0$$

由于上式在任意时刻 t 均为零，所以必有

$$\sum_{k=1}^{b} \dot{I}_k = 0 \tag{6-10}$$

式（6-10）即为基尔霍夫电流定律（KCL）的相量形式。也可以使用最大值相量形式表示

$$\sum_{k=1}^{b} \dot{I}_{mk} = 0 \tag{6-11}$$

式（6-10）和式（6-11）表明：在集中参数的正弦稳态电路中，流出（或流入）任意节点的各支路电流相量（最大值相量或有效值相量）的代数和为零。

实际上，由相量性质 2，不难证明，基尔霍夫定律的时域形式与相量形式是等价的。因此，可以导出基尔霍夫电压定律（KVL）的相量形式

$$\sum_{k=1}^{b}\dot{U}_k=0 \tag{6-12}$$

$$\sum_{k=1}^{b}\dot{U}_{\mathrm{m}k}=0 \tag{6-13}$$

它表明：在集中参数的正弦稳态电路中，沿任意回路巡行一周，其各支路电压相量（最大值相量或有效值相量）的代数和为零。

注意：基尔霍夫定律的相量形式中各项必须是相量，各电流有效值（或振幅）之间不满足 KCL，同样各电压有效值（或振幅）之间不满足 KVL，即 $\sum_{k=1}^{b}I_k\neq0$，$\sum_{k=1}^{b}U_k\neq0$。

6.4 三种基本元件 VCR 的相量形式

本节讨论交流电路中单一元件的电压电流关系的相量形式。

6.4.1 电阻元件

对于电阻元件，设

$$u_R(t)=\sqrt{2}U_R\cos(\omega t+\phi_u)=\mathrm{Re}[\sqrt{2}\dot{U}_R\mathrm{e}^{\mathrm{j}\omega t}]$$

$$i_R(t)=\sqrt{2}I_R\cos(\omega t+\phi_i)=\mathrm{Re}[\sqrt{2}\dot{I}_R\mathrm{e}^{\mathrm{j}\omega t}]$$

式中，$\dot{U}_R=U_R\angle\phi_u$，$\dot{I}_R=I_R\angle\phi_i$。

因为电阻 R 为集中参数元件，其时域关系满足 $u_R(t)=Ri_R(t)$，即

$$\mathrm{Re}[\sqrt{2}\dot{U}_R\mathrm{e}^{\mathrm{j}\omega t}]=R\cdot\mathrm{Re}[\sqrt{2}\dot{I}_R\mathrm{e}^{\mathrm{j}\omega t}]$$

上式对任意 t 均成立，所以

$$\dot{U}_R=R\dot{I}_R \tag{6-14}$$

式（6-14）即电阻元件 VCR 的相量形式，图 6-12 (b)为电阻元件的相量模型。

式（6-14）表明：电阻有效值关系为

$$U_R=RI_R \tag{6-15}$$

相位关系为

$$\phi_u=\phi_i \tag{6-16}$$

即电阻的电压与电流同相。图 6-12(c)为电压与电流相量图，以及图 6-13 为电压、电流的时域波形，均显示了二者的相位相同。

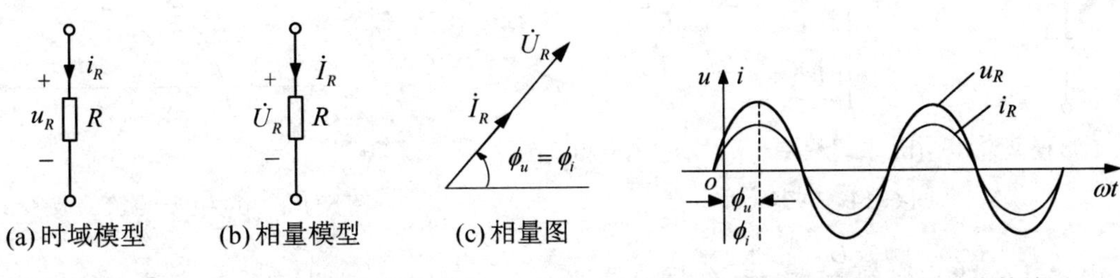

(a) 时域模型　(b) 相量模型　(c) 相量图

图 6-12　电阻元件

图 6-13　电阻电压与电流的波形

6.4.2　电容元件

对于电容元件，设

$$u_C(t)=\sqrt{2}U_C\cos(\omega t+\phi_u)=\mathrm{Re}[\sqrt{2}\dot{U}_C\mathrm{e}^{\mathrm{j}\omega t}]$$

$$i_C(t)=\sqrt{2}I_C\cos(\omega t+\phi_i)=\mathrm{Re}[\sqrt{2}\dot{I}_C\mathrm{e}^{\mathrm{j}\omega t}]$$

式中，$\dot{U}_C=U_C\angle\phi_u$，$\dot{I}_C=I_C\angle\phi_i$。

电容元件 VCR 的时域形式为$i_C(t)=C\dfrac{\mathrm{d}u_C(t)}{\mathrm{d}t}$，即

$$\mathrm{Re}[\sqrt{2}\dot{I}_C\mathrm{e}^{\mathrm{j}\omega t}]=C\frac{\mathrm{d}\,\mathrm{Re}[\sqrt{2}\dot{U}_C\mathrm{e}^{\mathrm{j}\omega t}]}{\mathrm{d}t}$$

由相量的微分性质得到

$$\mathrm{Re}[\sqrt{2}\dot{I}_C\mathrm{e}^{\mathrm{j}\omega t}]=\mathrm{Re}[\mathrm{j}\omega C\sqrt{2}\dot{U}_C\mathrm{e}^{\mathrm{j}\omega t}]$$

因为上式对任意 t 均成立，所以

$$\dot{I}_C=\mathrm{j}\omega C\dot{U}_C$$

或者

$$\dot{U}_C=\frac{1}{\mathrm{j}\omega C}\dot{I}_C \tag{6-17}$$

式（6-17）即为电容元件 VCR 的相量形式，由此得到电容元件的相量模型，如图 6-14(b)所示。

式（6-17）表明：电容电压与电流有效值关系为

$$U_C=\frac{1}{\omega C}I_C \tag{6-18}$$

相位关系为电压滞后电流$\dfrac{\pi}{2}$，或电流超前电压$\dfrac{\pi}{2}$，即

$$\phi_u=\phi_i-\frac{\pi}{2} \tag{6-19}$$

图 6-14(c)所示的电压、电流的相量图以及图 6-15 所示时域波形图，都显示了二者的相位关系。

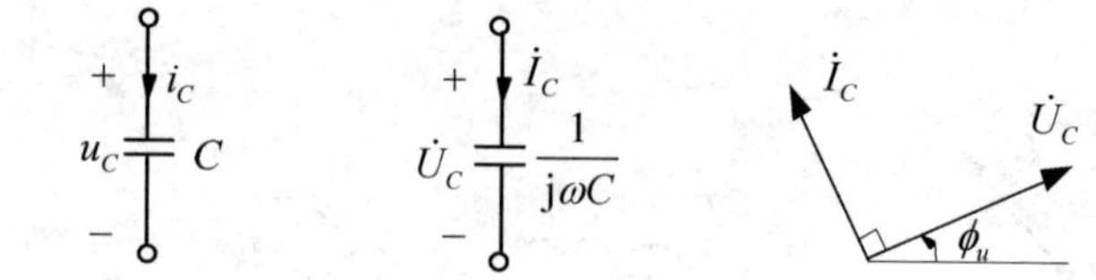

(a) 时域模型　(b) 相量模型　(c) 相量图

图 6-14　电容元件

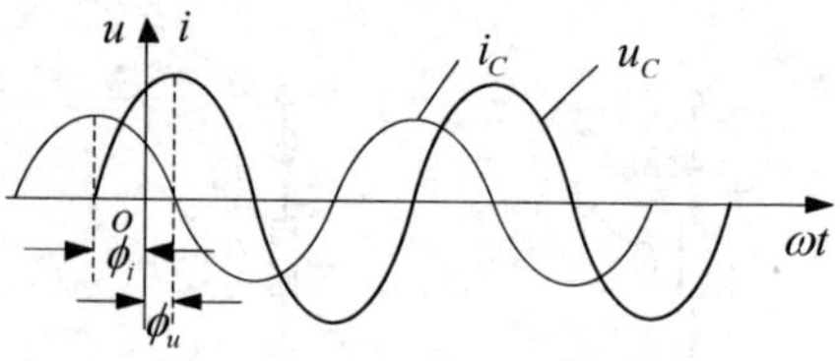

图 6-15　电容电压电流的波形

由式（6-18）得到 $\frac{U_C}{I_C}=\frac{1}{\omega C}$，通常定义 $X_C=\frac{1}{\omega C}=\frac{1}{2\pi fC}$ 为电容的容抗（Capacitive reactance），这是正弦交流电路中的一个导出参数，与电阻具有相同的量纲，它反映了电容对正弦电流抵抗能力的强弱。容抗 X_C 不仅与 C 有关而且与频率 ω 有关。当 C 值一定时，对一定的电压 U_C 来说，频率越高则电流 I_C 越大，也就是说电流越容易通过；频率越低，则 I_C 越小，电流越难通过。当 $\omega=0$ 时电容相当于开路，说明电容具有通高频阻低频、通交流隔直流的特性。

6.4.3　电感元件

对于电感元件（图 6-16），设

$$u_L(t)=\sqrt{2}U_L\cos(\omega t+\phi_u)=\mathrm{Re}[\sqrt{2}\dot{U}_L\mathrm{e}^{\mathrm{j}\omega t}]$$
$$i_L(t)=\sqrt{2}I_L\cos(\omega t+\phi_i)=\mathrm{Re}[\sqrt{2}\dot{I}_L\mathrm{e}^{\mathrm{j}\omega t}]$$

式中，$\dot{U}_L=U_L\angle\phi_u$，$\dot{I}_L=I_L\angle\phi_i$。

根据电感元件 VCR 时域关系形式 $u_L(t)=L\frac{\mathrm{d}i_L(t)}{\mathrm{d}t}$，即

$$\mathrm{Re}[\sqrt{2}\dot{U}_L\mathrm{e}^{\mathrm{j}\omega t}]=L\frac{\mathrm{d}\,\mathrm{Re}[\sqrt{2}\dot{I}_L\mathrm{e}^{\mathrm{j}\omega t}]}{\mathrm{d}t}=\mathrm{Re}[\sqrt{2}\mathrm{j}\omega L\dot{I}_L\mathrm{e}^{\mathrm{j}\omega t}]$$

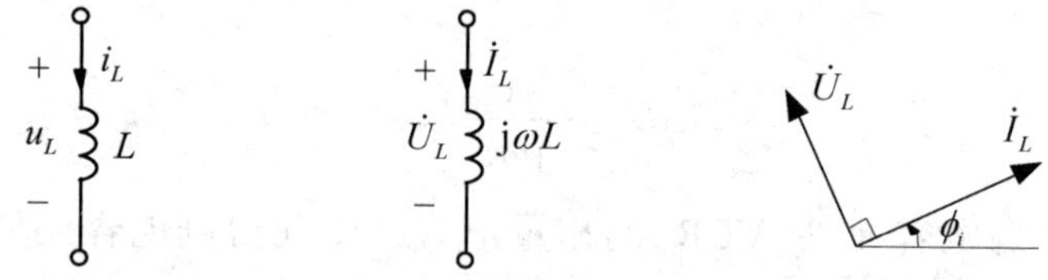

(a) 时域模型　(b) 相量模型　(c) 相量图

图 6-16　电感元件

因为对任意 t 均成立，所以得到电感元件 VCR 的相量形式为

$$\dot{U}_L=\mathrm{j}\omega L\dot{I}_L \tag{6-20}$$

由式（6-20）得到电感元件的相量模型如图 6-16(b)所示。

式（6-20）表明：电感电压、电流有效值关系为

$$U_L=\omega LI_L \tag{6-21}$$

相位关系为电压超前电流 $\frac{\pi}{2}$，或者电流滞后电压 $\frac{\pi}{2}$，即

$$\phi_u = \phi_i + \frac{\pi}{2} \tag{6-22}$$

图 6-16(c)所示的电感电压、电流的相量图以及图 6-17 所示时域波形图，都显示了二者的相位关系。

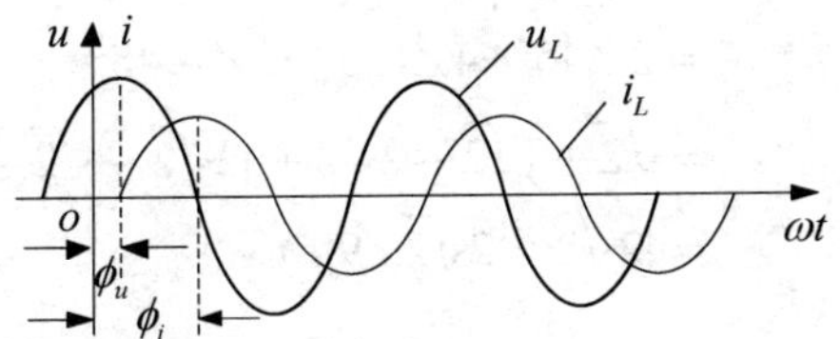

图 6-17　电感电压电流的波形

由式（6-21）得到，$\frac{U_L}{I_L} = \omega L$，通常定义 $X_L = \omega L = 2\pi f L$ 为电感的感抗（Inductive reactance），它与电阻具有相同的量纲，它反映了电感对正弦电流抵抗能力的强弱。感抗 X_L 不仅与 L 有关而且与频率 ω 有关。当 L 值一定时，对一定的电压 U_L 来说，频率越高，则电流 I_L 越小，也就是说电流越难通过；频率越低，则 I_L 越大，电流越容易通过。当 $\omega = 0$ 时电感相当于短路，因此电感具有通低频阻高频、通直流阻交流的特性。

例 6-6　如图 6-18 (a) 所示电路中，$i(t) = 0.2\sqrt{2}\cos(5t + 45°)(\mathrm{A})$，$R = 10\Omega$，$L = 4\mathrm{H}$，$C = 0.02\mathrm{F}$，试求电压 u_R、u_L、u_C 和 u，并绘出相量图。

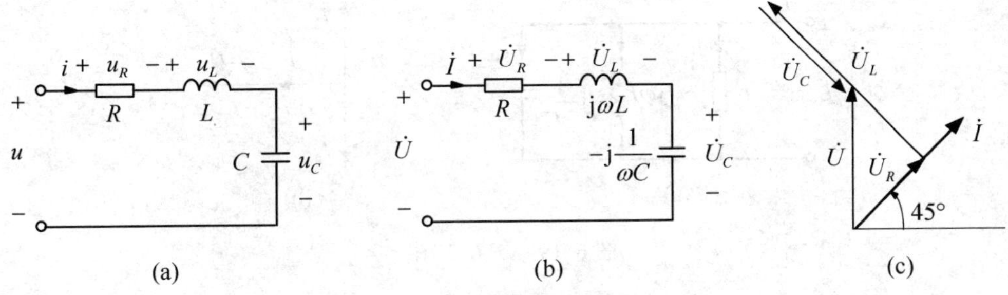

图 6-18　例 6-6 图

解：（1）写出已知正弦量的相量：

$$\dot{I} = 0.2\angle 45°(\mathrm{A})$$

（2）画出电路的相量模型，如图 6-18 (b) 所示。

根据各元件参数可得

$$\mathrm{j}\omega L = \mathrm{j}5 \times 4 = \mathrm{j}20\Omega$$

$$-\mathrm{j}\frac{1}{\omega C} = -\mathrm{j}\frac{1}{5 \times 0.02} = -\mathrm{j}10\Omega$$

（3）根据伏安关系和基尔霍夫定律计算。

$$\dot{U}_R = R\dot{I} = 10 \times 0.2\angle 45° = 2\angle 45°(\mathrm{V})$$

$$\dot{U}_L = \mathrm{j}\omega L\dot{I} = \mathrm{j}20 \times 0.2\angle 45° = 4\angle 135°(\mathrm{V})$$

$$\dot{U}_C = -\mathrm{j}\frac{1}{\omega C}\dot{I} = -\mathrm{j}10 \times 0.2\angle 45° = 2\angle -45°(\mathrm{V})$$

$$\begin{aligned}\dot{U} &= \dot{U}_R + \dot{U}_L + \dot{U}_C \\ &= 2\angle 45° + 4\angle 135° + 2\angle -45° \\ &= \sqrt{2} + \mathrm{j}\sqrt{2} - 2\sqrt{2} + \mathrm{j}2\sqrt{2} + \sqrt{2} - \mathrm{j}\sqrt{2} \\ &= \mathrm{j}2\sqrt{2} = 2\sqrt{2}\angle 90°(\mathrm{V})\end{aligned}$$

（4）写出各正弦量。

$$u_R(t) = 2\sqrt{2}\cos(5t + 45°)(\mathrm{V})$$

$$u_L(t) = 4\sqrt{2}\cos(5t + 135°)(\mathrm{V})$$

$$u_C(t) = 2\sqrt{2}\cos(5t - 45°)(\mathrm{V})$$

$$u(t) = 4\cos(5t + 90°)(\mathrm{V})$$

（5）绘出相量图，如图 6-18(c) 所示。

例 6-7 电路如图 6-19 (a)所示，端口电压源为正弦交流电源，用万用表交流挡测得电阻电流为 5A，电感电流为 6A，电容电流为 6A，如果用万用表交流挡测端口电流 I，测得读数是多少？

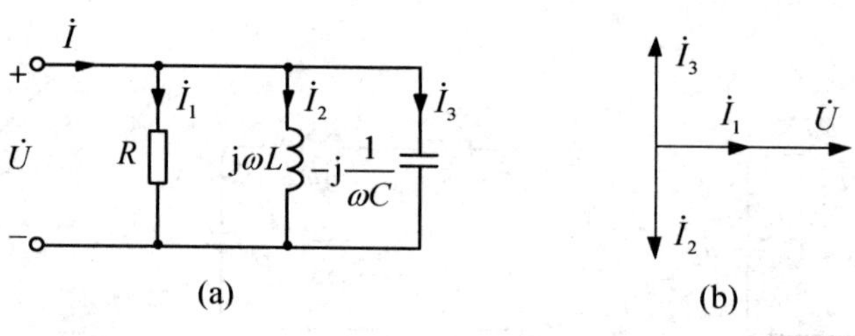

图 6-19　例 6-7 图

解：设端电压 $\dot{U}$ 为参考相量，即 $\dot{U} = U\angle 0°\mathrm{V}$ 。电阻支路电流与其端电压同相，即 $\dot{I}_1 = I_1\angle 0° = 5\angle 0°\mathrm{A}$ ；电感支路电流滞后其端电压 90°， $\dot{I}_2 = I_2\angle -90° = 6\angle -90°(\mathrm{A})$ ；电容支路电流超前其端电压 90°， $\dot{I}_3 = I_3\angle 90° = 6\angle 90°\mathrm{A}$ 。由 KCL，得到

$$\dot{I} = \dot{I}_1 + \dot{I}_2 + \dot{I}_3 = \dot{I}_1\angle 0° = 5\angle 0°(\mathrm{A})$$

此题也可借助相量图分析。做相量图如图 6-19(b)所示，根据 KCL， $\dot{I} = \dot{I}_1 + \dot{I}_2 + \dot{I}_3$ ，而各电流有效值关系为

$$I = \sqrt{I_1^2 + (I_2 - I_3)^2} = I_1 = 5\mathrm{A}$$

端口总电流为 5A。

根据例 6-7 看到：

（1）万用表测出的读数为有效值，各电流相量满足 $\dot{I} = \dot{I}_1 + \dot{I}_2 + \dot{I}_3$ ，而有效值一般不满

足$I = I_1 + I_2 + I_3$。

（2）当已知电压、电流有效值（相位未知）时，可以利用相量图分析，找出已知相量和未知相量之间的几何关系求解。先设某一电流或电压相量为参考相量（一般参考相量的相位为零），对于串联电路一般设串联元件的电流为参考相量，对于并联电路设并联元件两端的电压为参考相量。其他相量依据元件或支路 VCR 确定，电阻支路电流与其端电压同相，电感支路电流滞后其端电压90°，电容支路电流超前其端电压90°。

6.5 阻抗与导纳

6.5.1 阻抗和导纳的定义

上节已讨论，三种基本元件电压、电流关系的相量形式为

$$\dot{U}_R = R\dot{I}_R \qquad \dot{U}_C = \frac{1}{\mathrm{j}\omega C}\dot{I}_C \qquad \dot{U}_L = \mathrm{j}\omega L\dot{I}_L$$

可以发现，三种元件电压相量与电流相量之比为一个复数，为统一表示，对无源二端网络引入阻抗和导纳的概念。如图 6-20 所示的无源二端网络，设 $\dot{U} = U\angle\phi_u$，$\dot{I} = I\angle\phi_i$，阻抗定义为端口电压相量与电流相量的比值，即

$$Z = \frac{\dot{U}}{\dot{I}} = |Z|\angle\phi_Z \tag{6-23}$$

显然，阻抗单位为欧姆（Ω）。式（6-23）中，$|Z|$称为阻抗的模，$|Z| = \dfrac{U}{I}$；ϕ_Z称为阻抗角，是二端网络电压与电流的相位差，即$\phi_Z = \phi_u - \phi_i$。

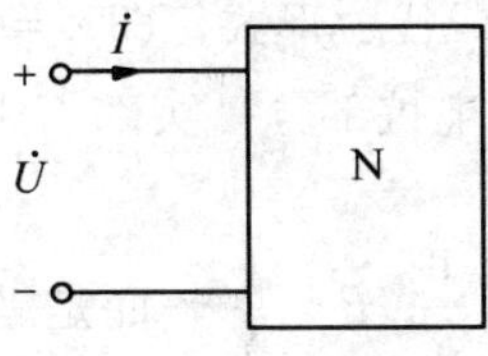

图 6-20 无源二端网络

而二端网络 N 的导纳定义为端口电流相量与电压相量的比值，即

$$Y = \frac{\dot{I}}{\dot{U}} = |Y|\angle\phi_Y \tag{6-24}$$

导纳单位为西门子（S）。式（6-24）中，$|Y|$称为导纳的模，$|Y| = \dfrac{I}{U}$；ϕ_Y称为导纳角，是二端网络电流与电压的相位差，即$\phi_Y = \phi_i - \phi_u$。

阻抗和导纳尽管为复数，但其与电压、电流相量不同，只是电路参数（系统函数），故书写时顶部不带点。

由式（6-23）和式（6-24）得到$\dot{U} = Z\dot{I}$和$\dot{I} = Y\dot{U}$，称为相量形式的欧姆定律。

6.5.2 三种基本元件的阻抗和导纳

显然，根据三种基本元件的 VCR 以及阻抗和导纳的定义，可以得到它们的阻抗和导纳分别为

$$\begin{cases} Z_R = R \\ Z_C = \dfrac{1}{\mathrm{j}\omega C} = -\mathrm{j}\dfrac{1}{\omega C} \\ Z_L = \mathrm{j}\omega L \end{cases} \tag{6-25}$$

以及

$$\begin{cases} Y_R = \dfrac{1}{R} \\ Y_C = \mathrm{j}\omega C \\ Y_L = \dfrac{1}{\mathrm{j}\omega L} = -\mathrm{j}\dfrac{1}{\omega L} \end{cases} \tag{6-26}$$

6.5.3 阻抗和导纳的关系

对于同一个二端网络，其阻抗与导纳互为倒数，即 $Z = \dfrac{1}{Y}$，也即阻抗模和导纳模互为倒数，阻抗角和导纳角互为相反数，即

$$\begin{cases} |Z| = \dfrac{1}{|Y|} \\ \phi_Z = -\phi_Y \end{cases} \tag{6-27}$$

如果将复阻抗 Z 和复导纳 Y 写成代数形式，即 $Z = R + \mathrm{j}X$ 和 $Y = G + \mathrm{j}B$，则实部 R 称为 Z 的电阻部分，虚部 X 称为 Z 的电抗部分；实部 G 称为 Y 的电导部分，虚部 B 称为 Y 的电纳部分。

由于 $Y = \dfrac{1}{Z}$，一般情况下，$G \neq \dfrac{1}{R}$，$B \neq \dfrac{1}{X}$，而是满足

$$G = \frac{R}{R^2 + X^2}, \quad B = -\frac{X}{R^2 + X^2}$$
$$R = \frac{G}{G^2 + B^2}, \quad X = -\frac{B}{G^2 + B^2}$$

另外，阻抗的模和阻抗角是由元件参数和电源频率决定的，与电路上作用的电压、电流的大小无关。若令 $X = X_L - X_C$，则当电抗 $X > 0$，即 $X_L > X_C$ 时，阻抗角大于零，电压超前电流，电路呈感性，称为感性电路；当电抗 $X < 0$，即 $X_L < X_C$ 时，阻抗角小于零，电压滞后电流，电路呈容性，称为容性电路；当电抗 $X = 0$，即 $X_L = X_C$ 时，阻抗角等于零，电压与电流同相，电路呈阻性。

对于仅包含 R、L、C 的单口网络，其阻抗角 $-90° \leqslant \phi_Z \leqslant 90°$。

6.6 正弦稳态电路的相量分析法

6.6.1 阻抗的串联和并联

阻抗的串并联与纯电阻的串并联分析一致。如图 6-21(a)所示为阻抗的串联，等效为一个阻抗，如图 6-21(b)所示，等效阻抗值为各串联阻抗值之和，即

$$Z = Z_1 + Z_2 + \cdots + Z_n \tag{6-28}$$

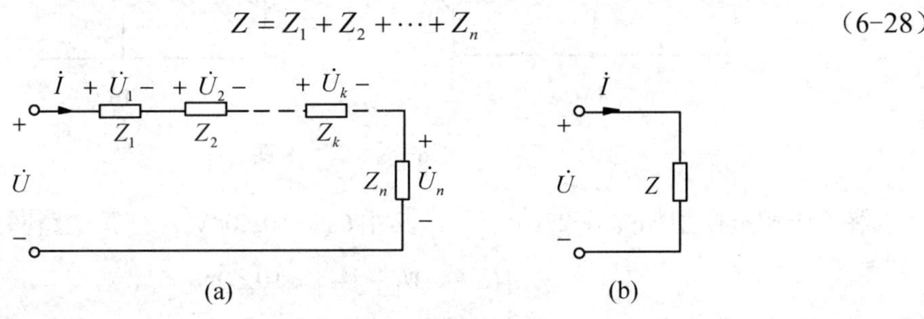

图 6-21 阻抗的串联

如图 6-22(a)所示为阻抗的并联，等效为一个阻抗，如图 6-22(b)所示，其等效阻抗的倒数为各串联阻抗的倒数之和。

$$\frac{1}{Z} = \frac{1}{Z_1} + \frac{1}{Z_2} + \cdots + \frac{1}{Z_n} \tag{6-29}$$

当各支路元件用其导纳表示时，等效导纳 Y 为各支路导纳之和，即

$$Y = Y_1 + Y_2 + \cdots + Y_n$$

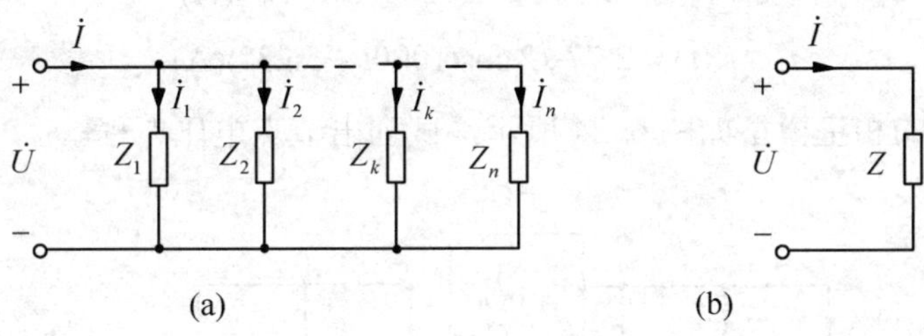

图 6-22 阻抗的并联

6.6.2 正弦稳态电路的相量分析法

前述内容说明，用相量表示正弦稳态电路中各电压、电流，并引入阻抗和导纳的概念后，基尔霍夫定律和元件 VCR 的相量形式与电阻电路的相应关系形式完全相同，因此，电阻电路的所有分析方法对正弦稳态电路都适用，也就是说，电阻电路的各种等效变换规则、支路法、网孔法、节点法等一般分析方法，以及叠加定理、戴维南定理和诺顿定理等都可以用来分析正弦稳态电路。在分析正弦稳态电路时，把电压、电流用相量表示，R、L、C 元件用阻抗或导纳表示，得到电路的相量模型。正弦稳态电路分析就是在相量模型

上仿照电阻电路的分析进行的，不同的是所得电路方程为相量表示的代数方程以及相量描述的电路定律，而计算则是复数运算。最后根据响应电压、电流的相量，写出正弦表达式。

例 6-8　在图 6-23(a)所示电路中，电压源 $u_S(t)=10\sqrt{2}\cos 1000t\ (\text{V})$，求 $i_1(t)$ 和 $i_2(t)$。

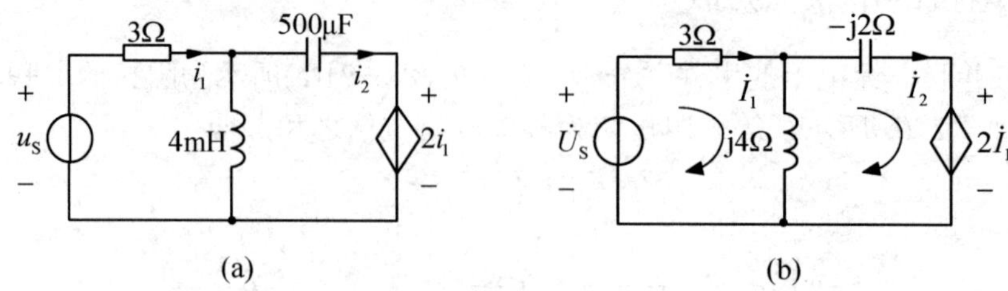

图 6-23　例 6-8 图

解：作相量模型如图 6-23(b)所示，其中 $\dot{U}_S=10\angle 0°\text{V}$，列写电路网孔方程。

$$\begin{cases}(3+\text{j}4)\dot{I}_1-\text{j}4\dot{I}_2=10\angle 0° \\ -\text{j}4\dot{I}_1+(-\text{j}2+\text{j}4)\dot{I}_2=-2\dot{I}_1\end{cases}$$

解方程得

$$\begin{cases}\dot{I}_1=\dfrac{10}{7-\text{j}4}=1.24\angle 29.7°\ \text{A} \\ \dot{I}_2=\dfrac{20+\text{j}30}{13}=2.77\angle 56.3°\text{A}\end{cases}$$

写出瞬时表达式，即

$$\begin{cases}i_1(t)=1.24\sqrt{2}\cos(1000t+29.7°)(\text{A}) \\ i_2(t)=2.77\sqrt{2}\cos(1000t+56.3°)(\text{A})\end{cases}$$

例 6-9　电路的相量模型如图 6-24 所示，试列出节点电压方程。

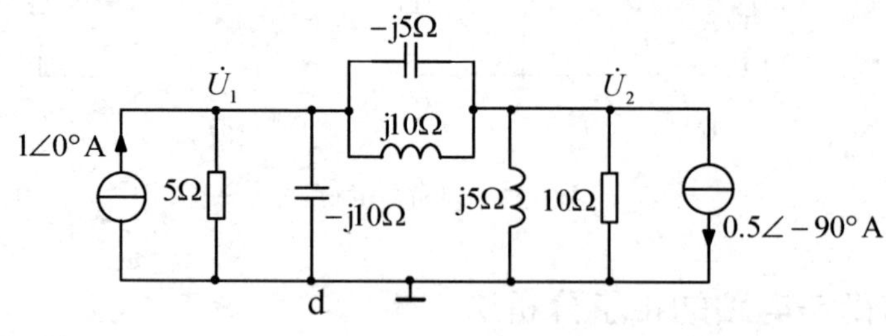

图 6-24　例 6-9 图

解：如图 6-24 所示，选节点 d 为参考点，列写节点电压方程为

$$\begin{cases}\left(\dfrac{1}{5}+\dfrac{1}{-\text{j}10}+\dfrac{1}{\text{j}10}+\dfrac{1}{-\text{j}5}\right)\dot{U}_1-\left(\dfrac{1}{-\text{j}5}+\dfrac{1}{\text{j}10}\right)\dot{U}_2=1\angle 0° \\ -\left(\dfrac{1}{-\text{j}5}+\dfrac{1}{\text{j}10}\right)\dot{U}_1+\left(\dfrac{1}{10}+\dfrac{1}{\text{j}5}+\dfrac{1}{\text{j}10}+\dfrac{1}{-\text{j}5}\right)\dot{U}_2=-0.5\angle -90°\end{cases}$$

整理得

$$\begin{cases}(0.2+\text{j}0.2)\dot{U}_1-\text{j}0.1\dot{U}_2=1\angle 0^\circ\\-\text{j}0.1\dot{U}_1+(0.1-\text{j}0.1)\dot{U}_2=\text{j}0.5\end{cases}$$

例 6-10 试求图 6-25(a)所示电路的输入阻抗 Z。

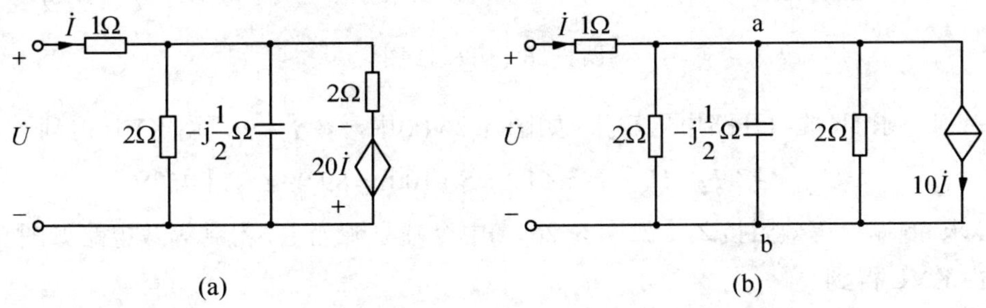

图 6-25 例 6-10 图

解：图 6-25(a)所示单口网络含有受控源，因此要用伏安法求 Z。画出图 6-25(a)的等效电路如图 6-25(b)所示，设端口电压、电流为 $\dot{U}$、$\dot{I}$。

解法一：用观察法求端口的 VCR。由 KVL，得到

$$\dot{U}=1\cdot\dot{I}+\frac{1}{1/2+1/2+\text{j}2}(\dot{I}-10\dot{I})=\frac{-8+\text{j}2}{1+\text{j}2}\dot{I}$$

输入阻抗为

$$Z=\frac{\dot{U}}{\dot{I}}=\frac{-8+\text{j}2}{1+\text{j}2}=(-0.8+\text{j}3.6)\,\Omega$$

解法二：利用节点电压方程求端口的 VCR。

图 6-25 (b)电路中，以 b 点为参考点，列 a 点的节点电压方程如下

$$\begin{cases}\left(1+\dfrac{1}{2}+\dfrac{1}{2}+\text{j}2\right)\dot{U}_\text{a}-1\times\dot{U}=-10\dot{I}\\\dot{I}=1(\dot{U}-\dot{U}_\text{a})\end{cases}$$

解方程得

$$\dot{U}=\frac{-8+\text{j}2}{1+\text{j}2}\dot{I}$$

输入阻抗为

$$Z=\frac{\dot{U}}{\dot{I}}=\frac{-8+\text{j}2}{1+\text{j}2}=(-0.8+\text{j}3.6)\,\Omega$$

此例中所求阻抗的电阻分量为负值，这是因为电路内含有受控源的缘故。

例 6-11 电路如图 6-26(a)所示，$Z_1=10\,\Omega$，$Z_2=5\angle 45^\circ\,\Omega$，$\dot{U}_\text{S}=100\angle 0^\circ\text{V}$，$\dot{I}_\text{S}=5\angle 0^\circ\text{A}$。试求图 6-26(a)端口 ab 的戴维南等效电路。

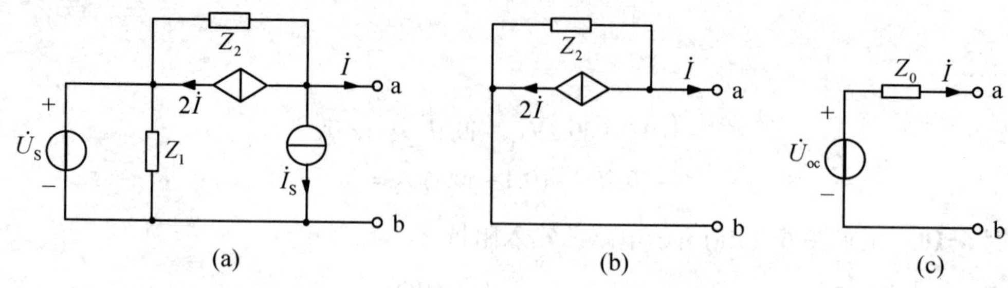

图 6-26　例 6-11 图

解：（1）求 ab 端口开路电压 $\dot{U}_{oc}$。如图 6-26 (a)中，令 $\dot{I}=0$，由 KVL 得到

$$\dot{U}_{oc}=-Z_2\dot{I}_S+\dot{U}_S=(-5\angle 45°\times 5+100)=89.09\angle -11.45°\text{V}$$

（2）求 ab 端口等效阻抗 Z_0。如图 6-26 (a)中令独立源为零，得到等效电路如图 6-26 (b)所示。由 KVL 得到

$$\dot{U}_{ab}+Z_2(\dot{I}+2\dot{I})=0$$

等效阻抗为

$$Z_0=\frac{\dot{U}_{ab}}{-\dot{I}}=3Z_2=15\angle 45°\Omega$$

（3）画出端口 ab 的戴维南等效电路如图 6-26 (c)所示。

例 6-12　为了降低小功率单相交流电动机的转速，可在电源和电动机之间串接一电感线圈（其内阻可忽略不计），以降低电动机的端电压。电路如图 6-27 (a) 所示，虚线框内是一电动机绕组，已知 $r=200\Omega$，$L_1=0.8\text{H}$，电源电压 $U=220\text{V}$，频率 $f=50\text{Hz}$，为使电动机端电压 $U_1=190\text{V}$，求所需串联的电感 L。

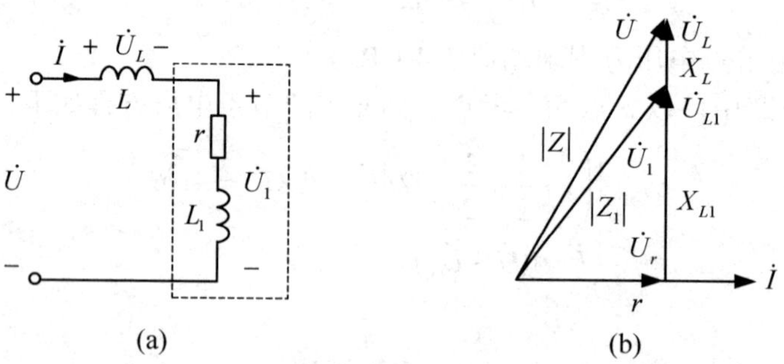

图 6-27　例 6-12 图

解：通过电感线圈的电流为

$$I=\frac{U_1}{\sqrt{r^2+{X_{L1}}^2}}=\frac{U_1}{\sqrt{r^2+(2\pi fL_1)^2}}=\frac{190}{\sqrt{200^2+(2\times 3.14\times 50\times 0.8)^2}}=0.592\text{A}$$

电路阻抗的模

$$|Z|=\frac{U}{I}=\frac{220}{0.592}=371.6\Omega$$

由于

$$|Z| = \sqrt{r^2 + (X_L + X_{L1})^2}$$

所以

$$X_L = \sqrt{|Z|^2 - r^2} - X_{L1} = \sqrt{371.6^2 - 200^2} - 2 \times 3.14 \times 50 \times 0.8 = 62.2\Omega$$

线圈的电感为

$$L = \frac{X_L}{2\pi f} = \frac{62.2}{314} = 0.198\text{H}$$

也可以利用电压之间的关系计算，如图 6-27(b) 所示的相量图，给出了各元件电压之间的关系。

由 KVL 得到 $\dot{U} = \dot{U}_L + \dot{U}_1$，由图 6-27(b) 所示的相量图得到各电压有效值关系为

$$U = \sqrt{U_r^{\ 2} + (U_{L1} + U_L)^2}$$

所以

$$\begin{aligned} U_L &= \sqrt{U^2 - U_r^{\ 2}} - U_{L1} \\ &= \sqrt{220^2 - (200 \times 0.592)^2} - 314 \times 0.8 \times 0.592 \\ &= 36.69\text{V} \end{aligned}$$

因为 $U_L = X_L I = 2\pi f L I$，所以

$$L = \frac{U_L}{2\pi f I} = \frac{36.69}{314 \times 0.592} = 0.198\text{H}$$

从图 6-27(b) 所示的相量图可以看到，当电阻与电感串联时，电阻电压、电感电压和端口电压构成三角形关系，称为电压三角形；同样，电阻、感抗和电路阻抗的模三者也构成三角关系，称为阻抗三角形。显然，阻抗三角形与电压三角形为相似三角形。

6.6.3 多频电路的稳态响应

几个频率不同的正弦电源作用于线性电路时，其稳态响应的计算可利用叠加定理，首先计算各电源单独作用时的响应分量，然后把各响应分量的正弦表达式相加得到稳态响应。由于这些正弦分量的频率不同，因此，它们的和不再是正弦波，不能直接运用相量进行叠加，应运用时域表示进行叠加。但在计算每一分量时，仍然可利用相量模型分析。特别要注意的是，由于元件的阻抗和导纳随频率改变而改变，因此，对不同频率，所对应的相量模型是不同的。

例 6-13　已知 $u_S(t) = 1 + 5\sin 3t(\text{V})$，$i_S(t) = 3\cos(4t + 30°)(\text{A})$，电路如图 6-28(a) 所示。求电容电压 $u_C(t)$。

解：本题可看作三个电源共同作用于电路，三个电源分别为：

直流电压源 $u_{S1}(t) = 1\text{V}$；正弦电压源 $u_{S2}(t) = 5\sin 3t = 5\cos(3t - 90°)(\text{V})$；正弦电流源 $i_S(t) = 3\cos(4t + 30°)(\text{A})$。当直流电压源 $u_{S1}(t) = 1\text{V}$ 单独作用于电路时，等效电路如图 6-28(b) 所示，其中电感短路，电容开路，于是

$$u_C'(t)=\frac{1}{1+1}\times 1=0.5\text{V}$$

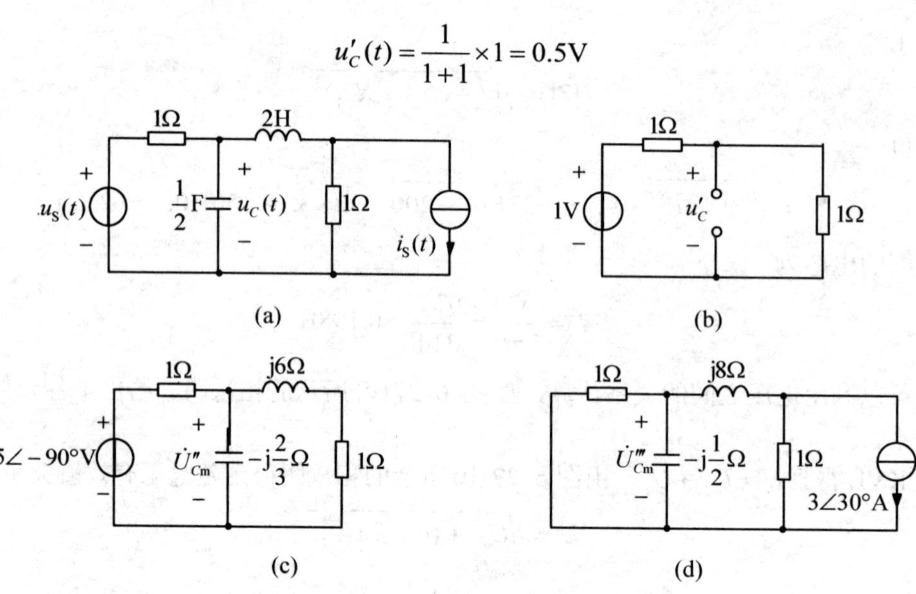

图 6-28　例 6-13 图

当电压源 $u_{S2}(t)=5\sin 3t=5\cos(3t-90°)$(V) 单独作用于电路时，相量模型如图 6-28(c) 所示，于是

$$\dot{U}_{Cm}''=5\angle-90°\times\frac{1}{1+\dfrac{-j\frac{2}{3}\times(1+j6)}{-j\frac{2}{3}+(1+j6)}}\times\frac{-j\frac{2}{3}\times(1+j6)}{-j\frac{2}{3}+(1+j6)}$$

$$=\frac{-\frac{10}{3}(1+j6)}{5+j\frac{14}{3}}=2.96\angle-142.5°\text{V}$$

所对应的正弦量为 $u_C''(t)=2.96\cos(3t-142.5°)$(V)。

当电流源 $i_S(t)=3\cos(4t+30°)$(A) 单独作用于电路时，相量模型如图 6-28(d) 所示，于是

$$\dot{U}_{Cm}'''=3\angle30°\times\frac{1}{1+\dfrac{1}{j8+\frac{1}{1+j2}}}\times\frac{\left(-\frac{1}{1+j2}\right)}{j8+\frac{1}{1+j2}}$$

$$=\frac{-3\angle30°}{-14+j10}=0.174\angle65.5°\text{V}$$

所对应的正弦量为 $u_C'''(t)=0.174\cos(4t+65.5°)$(V)。

因此，电容电压为

$$u_C(t) = u_C'(t) + u_C''(t) + u_C'''(t)$$
$$= 0.5 + 2.96\cos(3t - 142.5°) + 0.174\cos(4t + 65.5°)(\text{V})$$

6.7 电路的频率特性

6.7.1 频率特性的概念

在交流电路中，由于电容的容抗和电感的感抗都是频率的函数，当正弦激励的频率变化时，电路的阻抗一般也将作相应的变化，其响应也会随之变化。由于实际电路中输入信号的频率可能是分布在某一频率范围的多个频率值，也可能是在某一频率范围连续变化，因此需要讨论电路的正弦稳态响应随频率变化的关系，即电路的频率特性，也称频率响应。

如图 6-29(a)所示电路，假设输入信号 $i_S(t) = \cos(t) + \cos(10t) + \cos(100t)$ （mA），输入电流源是三个不同频率正弦信号之和，其频率分别为 1rad/s、10rad/s、100rad/s 三个离散值，其负载为线性时不变电路，分析电路对不同频率输入的输出电压 $u_0(t)$ 。

设输入电流为 cos(*t*)时的输出电压为 $u_{01}(t)$，此时 $\omega = 1\text{rad/s}$，画出电路的相量模型如图 6-29(b)（其中各阻抗单位为 Ω），由节点分析法可求电路的响应 $u_{01}(t)$

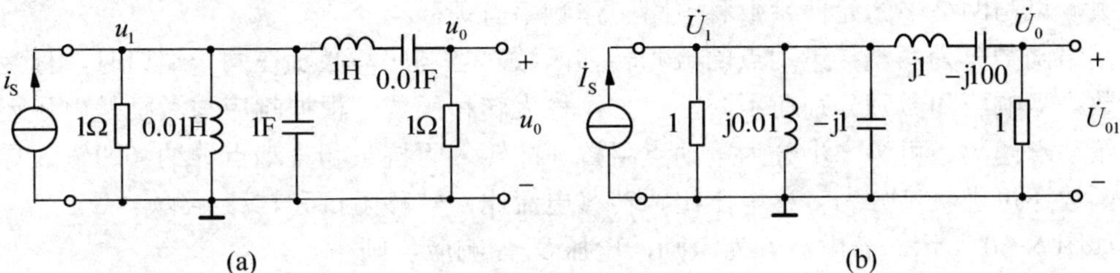

图 6-29 频率响应

$$\begin{cases} \left(1 + \text{j}1 + \dfrac{1}{\text{j}0.01} + \dfrac{1}{\text{j}1 - \text{j}100}\right)\dot{U}_1 - \dfrac{1}{\text{j}1 - \text{j}100}\dot{U}_{01} = \dot{I}_S \\ -\dfrac{1}{\text{j}1 - \text{j}100}\dot{U}_1 + \left(1 + \dfrac{1}{\text{j}1 - \text{j}100}\right)\dot{U}_{01} = 0 \end{cases}$$

$$\dot{U}_{01} = \frac{\dot{I}_S}{-9799 - \text{j}198} = \frac{\dfrac{1}{\sqrt{2}}\angle 0°}{-9799 - \text{j}198} \approx \frac{1}{\sqrt{2}} \times 10^{-4}\text{e}^{\text{j}\pi}$$

即 $u_{01}(t) \approx 10^{-4}\cos(t + \pi)(\text{V})$ 。

同理可求对 cos(10*t*)和 cos(100*t*)输入的响应分别为

$$u_{02}(t) = 0.5\cos(10t)(\text{V})$$
$$u_{03}(t) \approx 10^{-4}\cos(100t - \pi)(\text{V})$$

根据线性电路的叠加定理，全响应为

$$u_0(t) \approx 10^{-4}\cos(t + \pi) + 0.5\cos(10t) + 10^{-4}\cos(100t - \pi)(\text{V})$$

结果表明：本题所示电路，对具有相同幅度的不同频率成份影响不同，对 $\omega = 1\text{rad/s}$ 和 $\omega = 100\text{rad/s}$ 的信号幅度有较大衰减，对 $\omega = 10\text{rad/s}$ 的信号，却能较顺利地传输。

动态电路可以使输入的某些频率通过，而使另一些频率受到阻止，使得响应随频率而变，利用这个特点，在电子技术中可以实现许多功能电路，如滤波、选频、移相等，比如电话机中区分按键音和语音的电路,收音机中的选台电路等都是这种功能电路的具体实现。

研究响应随频率变化的规律和特点，即研究电路的频率特性，不仅是电路分析中的一个重要内容，而且在电子技术、通信等方面也有重要的意义，频率特性是描述信号传输系统性能的一个重要指标。在电路理论中，一般通过系统传输函数（网络函数）来描述电路的频率特性。下面讨论系统传输函数的概念。

6.7.2 系统传输函数

在单一频率ω激励源作用下，电路产生的响应相量（$\dot{Y}$）与激励相量（$\dot{F}$）之比定义为系统的传输函数，也称网络函数。网络函数是频率的函数，用$H(\mathrm{j}\omega)$表示，即

$$H(\mathrm{j}\omega) = \frac{\text{响应相量}}{\text{激励相量}} \tag{6-30}$$

研究发现，尽管网络函数由响应相量和激励相量之比定义，但却与响应相量和激励相量无关，只与网络中的元件参数和电路工作频率有关。

网络函数分为两类：策动点函数和转移函数。当响应与激励在同一端口时，称为策动点函数；当响应和激励分别在不同端口时，称为转移函数。根据响应与激励是电压还是电流，策动点函数还可进一步分为策动点阻抗（即输入阻抗）和策动点导纳（即输入导纳）；转移函数还可进一步分为转移电压比、转移电流比、转移阻抗和转移导纳。

如图 6-30 所示，若电流$\dot{I}_1$为激励，电压$\dot{U}_1$为响应，则

$$Z_{\text{in}}(\mathrm{j}\omega) = \frac{\dot{U}_1}{\dot{I}_1} \tag{6-31}$$

称为策动点阻抗。

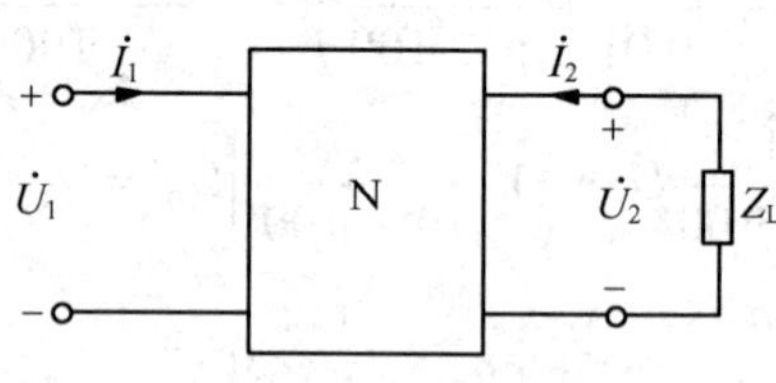

图 6-30　网络函数

若电压$\dot{U}_1$为激励，电流$\dot{I}_1$为响应，则

$$Y_{\text{in}}(\mathrm{j}\omega) = \frac{\dot{I}_1}{\dot{U}_1} \tag{6-32}$$

称为策动点导纳。

若电流$\dot{I}_1$为激励，$\dot{U}_2$和$\dot{I}_2$为响应，则

$$Z_{\text{T}}(\mathrm{j}\omega) = \frac{\dot{U}_2}{\dot{I}_1} \tag{6-33}$$

$$H_i(\mathrm{j}\omega)=\frac{\dot{I}_2}{\dot{I}_1} \tag{6-34}$$

分别称为转移阻抗 Z_T 和转移电流比 $H_i(\mathrm{j}\omega)$（现代电子技术称为电流放大倍数）。

若电压 $\dot{U}_1$ 为激励，$\dot{I}_2$ 和 $\dot{U}_2$ 为响应，则

$$Y_\mathrm{T}(\mathrm{j}\omega)=\frac{\dot{I}_2}{\dot{U}_1} \tag{6-35}$$

$$H_u(\mathrm{j}\omega)=\frac{\dot{U}_2}{\dot{U}_1} \tag{6-36}$$

分别称为转移导纳 Y_T 和转移电压比 $H_u(\mathrm{j}\omega)$（现代电子技术称为电压放大倍数）。

虽然定义式中 $H(\mathrm{j}\omega)$ 是响应相量与激励相量之比，实际上 $H(\mathrm{j}\omega)$ 只取决于电路结构和元件参数以及频率 ω，与激励的大小无关。通常情况下 $H(\mathrm{j}\omega)$ 是一个复数，即

$$H(\mathrm{j}\omega)=|H(\mathrm{j}\omega)|\,\mathrm{e}^{\mathrm{j}\phi(\omega)}=|H(\mathrm{j}\omega)|\angle\phi(\omega) \tag{6-37}$$

式中，$|H(\mathrm{j}\omega)|$ 为 $H(\mathrm{j}\omega)$ 的模，称为幅频响应或幅频特性；$\phi(\omega)$ 为 $H(\mathrm{j}\omega)$ 的相位角，称为相频响应或相频特性。

6.7.3 电路的频率特性

为了具体说明用系统传输函数描写电路频率响应特性的方法，下面分析几种简单的电路。

1. RC 串联电路的频率特性

（1）RC 串联电路如图 6-31(a)所示，$\dot{U}_1$ 为激励，$\dot{U}_2$ 为响应，试分析其频响特性。

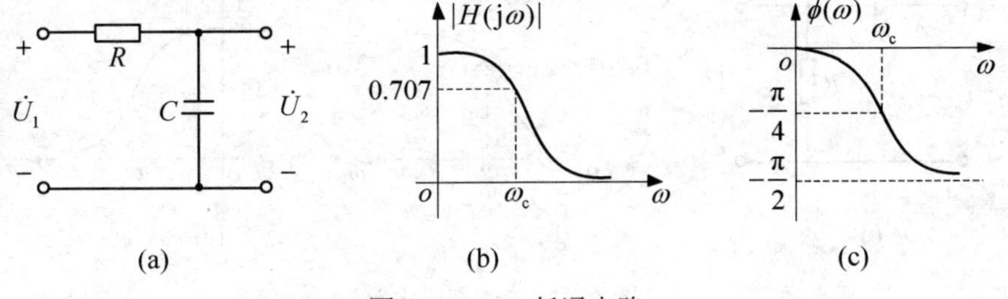

图 6-31　RC 低通电路

由电路得网络函数

$$H(\mathrm{j}\omega)=\frac{\dot{U}_2}{\dot{U}_1}=\frac{\dfrac{1}{\mathrm{j}\omega C}}{R+\dfrac{1}{\mathrm{j}\omega C}}=\frac{1}{1+\mathrm{j}\omega RC}=\frac{1}{\sqrt{1+(\omega RC)^2}}\angle-\arctan\omega RC$$

式中，$|H(\mathrm{j}\omega)|=\dfrac{1}{\sqrt{1+(\omega RC)^2}}$ 为幅频特性，$\phi(\omega)=-\arctan\omega RC$ 为相频特性。

由上面可以看出，$H(\mathrm{j}\omega)$ 只与电路元件参数及频率有关，与激励的大小无关。

当 $\omega=0$ 时，$|H(\mathrm{j}\omega)|=1$，$\phi(\omega)=0$。对直流信号电容阻抗无穷大，相当于开路，输

出电压等于输入电压；当频率ω逐渐增大时，电容阻抗逐渐减小，输出电压也逐渐减小，当$\omega \to \infty$时，$|H(\mathrm{j}\omega)| \to 0$，$\phi(\omega) \to -90°$，电容阻抗为零，被短路，输出电压为零。当$\omega = \omega_c = \dfrac{1}{RC}$时，$|H(\mathrm{j}\omega)| = \dfrac{1}{\sqrt{2}}$，$\phi(\omega) = -45°$。

可画出幅频特性曲线如图 6-31 (b)所示，相频特性曲线如图 6-31(c)所示。

从电路的幅频特性曲线可以看出，图 6-31(a)所示电路中直流和低频信号容易通过，而高频信号得到抑制。这样的电路称为低通电路。因为$H(\mathrm{j}\omega)$分母多项式中，只含$\mathrm{j}\omega$的一阶幂次，称为一阶低通函数。从电路的相频特性曲线可以看出，随着频率增加，相位角$\phi(\omega)$将由$0° \to -90°$，输出$\dot{U}_2$滞后于输入$\dot{U}_1$的相位将越来越大，最后接近$90°$，因此也把这种电路称为滞后电路。

其中ω_c称为电路的截止频率，此时幅频特性下降为最大值的$\dfrac{1}{\sqrt{2}}$倍。这个频率也称为半功率点频率或 3dB 频率。在电子线路中，习惯于把电路的幅频特性用分贝（dB）来表示，其定义为$|H(\mathrm{j}\omega)|_{\mathrm{dB}} = 20\log_{10}|H(\mathrm{j}\omega)|$，当$|H(\mathrm{j}\omega)| = \dfrac{1}{\sqrt{2}}$时，对应的分贝数正好为-3dB，所以$\omega_c$也称 3dB 频率。无线电技术中也约定，当输出下降到它的最大值的 3dB 以下时，就认为该频率成分对输出的贡献可以忽略不计了。如果从功率的角度看，输出功率与输出电压的平方成正比，在截止频率处，输出功率正好是最大功率（此处即输入功率）的一半。所以ω_c也称半功率点频率。

（2）图 6-32(a)所示 RC 电路，设$\dot{U}_1$为激励，$\dot{U}_2$为响应，输出取电阻电压，试分析其频响特性。

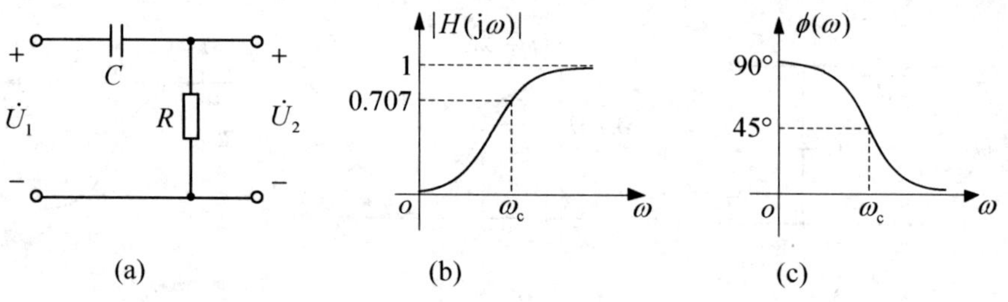

图 6-32　RC 高通电路

由电路图得网络函数

$$H(\mathrm{j}\omega) = \frac{\dot{U}_2}{\dot{U}_1} = \frac{R}{R + \dfrac{1}{\mathrm{j}\omega C}} = \frac{1}{1 - \mathrm{j}\dfrac{1}{\omega RC}} = \frac{1}{\sqrt{1 + \left(\dfrac{1}{\omega RC}\right)^2}} \angle \arctan\frac{1}{\omega RC}$$

式中，$|H(\mathrm{j}\omega)| = \dfrac{1}{\sqrt{1 + \left(\dfrac{1}{\omega RC}\right)^2}}$为幅频特性；$\phi(\omega) = \arctan\dfrac{1}{\omega RC}$为相频特性。

由上式可画出幅频特性和相频特性如图 6-32(b)和图 6-32(c)所示。

从电路的频响特性曲线可以看出，图 6-32 所示电路中直流和低频信号得到抑制，而高频信号容易通过，$\omega_c = \dfrac{1}{RC}$ 为其截止频率。这样的电路称为一阶高通电路。另外，随着频率增加，相位角 $\phi(\omega)$ 将由 $90° \to 0°$，输出 $\dot{U}_2$ 的相位一直超前于输入 $\dot{U}_1$，因此也把这种电路称为超前电路。

低通和高通电路又常称为低通和高通滤波器，滤波器在现代电子电路中有着广泛的应用。长期以来，人们对滤波器进行了深入的研究。除了低通和高通滤波器，实际应用中还会遇到带通和带阻滤波器，图 6-33 给出了几种理想滤波器的幅频特性。

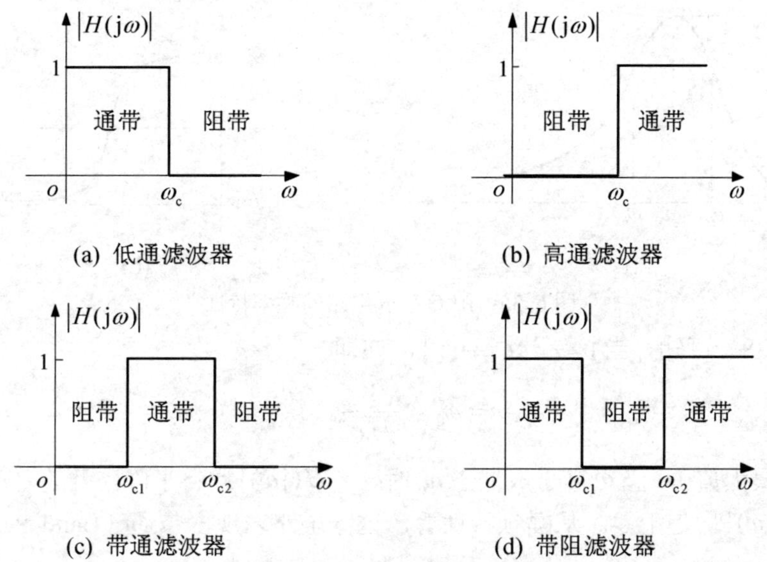

(a) 低通滤波器　(b) 高通滤波器

(c) 带通滤波器　(d) 带阻滤波器

图 6-33　理想滤波器的分类

2. RLC 串联电路的频率特性

考虑正弦激励下的二阶 RLC 串联电路，如图 6-34 所示，设激励为输入端口电压 $\dot{U}$，响应为电阻电压 $\dot{U}_R$。

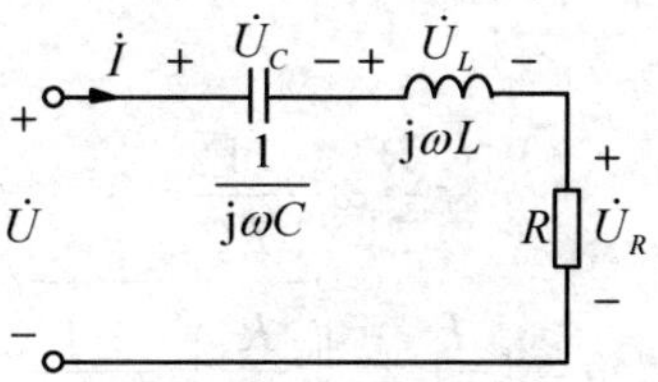

图 6-34　RLC 串联电路

则电压比

$$H(\mathrm{j}\omega) = \frac{\dot{U}_R}{\dot{U}} = \frac{R}{R + \dfrac{1}{\mathrm{j}\omega C} + \mathrm{j}\omega L} = \frac{R}{R + \mathrm{j}\left(\omega L - \dfrac{1}{\omega C}\right)}$$

其幅频特性为

$$|H(\mathrm{j}\omega)|=\frac{R}{\sqrt{R^2+\left(\omega L-\frac{1}{\omega C}\right)^2}} \tag{6-38}$$

相频特性为

$$\phi(\omega)=-\arctan\left(\frac{\omega L}{R}-\frac{1}{\omega CR}\right) \tag{6-39}$$

图 6-35(a)和(b)分别给出了 RLC 串联电路的幅频响应和相频响应。

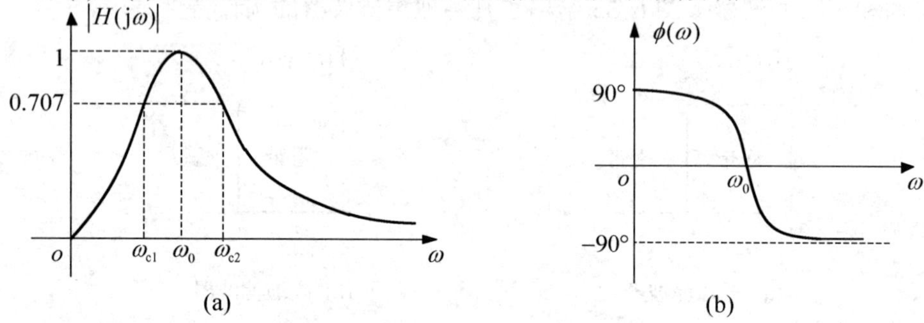

图 6-35　RLC 串联电路的频率特性

由式（6-38）可知，当$1-\omega^2 LC=0$时，亦即当

$$\omega=\omega_0=\frac{1}{\sqrt{LC}} \tag{6-40}$$

$|H(\mathrm{j}\omega)|$达到最大值 1，当ω高于或低于ω_0时，$|H(\mathrm{j}\omega)|$均将下降，且随着ω趋于∞或趋于零时，$|H(\mathrm{j}\omega)|$均趋于零。从幅频特性看，这一电路表现出带通（Band Pass）的性质，如图 6-35(a)所示。ω_{c2}、ω_{c1}为$|H(\mathrm{j}\omega)|$下降到最大值的$\frac{1}{\sqrt{2}}$时所对应的频率值，分别称为上、下限截止频率。两者之差定义为通频带（Band Width），即

$$\mathrm{BW}=\omega_{c2}-\omega_{c1} \tag{6-41}$$

根据定义，由于$\frac{R}{\sqrt{R^2+\left(\omega L-\frac{1}{\omega C}\right)^2}}=\frac{1}{\sqrt{2}}$，得到$\omega L-\frac{1}{\omega C}=\pm R$，即

$$\omega^2\mp\frac{R}{L}\omega-\frac{1}{LC}=0$$

$$\omega=\pm\frac{R}{2L}\pm\sqrt{\left(\frac{R}{2L}\right)^2+\frac{1}{LC}}$$

由于ω为正值，故

$$\omega_{c2}=\frac{R}{2L}+\sqrt{\left(\frac{R}{2L}\right)^2+\frac{1}{LC}}$$

$$\omega_{c1}=-\frac{R}{2L}+\sqrt{\left(\frac{R}{2L}\right)^2+\frac{1}{LC}}$$

因此

$$\mathrm{BW} = \omega_{c2} - \omega_{c1} = \frac{R}{L} \tag{6-42}$$

通频带 BW 仅与电阻 R 和电感 L 有关。

除了用通频带 BW 来描述这种带通电路的特性外，通信中还常引入品质因数这一参数来衡量幅频特性的陡峭（sharpness）程度，品质因数 Q 定义为

$$Q = \frac{\omega_0}{\omega_{c2} - \omega_{c1}} \tag{6-43}$$

对于 RLC 串联电路，可以得到

$$Q = \frac{\omega_0 L}{R} \tag{6-44}$$

图 6-36 给出了不同 Q 值所对应的频率特性曲线。由图可以看出，Q 值越大，曲线越陡峭，电路从一组不同频率信号中选出频率为 ω_0 的信号的能力就越强，电路的选频特性就越好。

从相频特性看，ω 从 $0 \to \omega_0$ 变化时，相位 $90° \to 0°$，说明 $\dot{U}_R$ 超前 $\dot{U}$，而 $\dot{I}$ 与 $\dot{U}_R$ 同相，所以 $\dot{I}$ 超前 $\dot{U}$，端口输入阻抗为容性；ω 从 $\omega_0 \to \infty$ 变化时，相位 $0° \to -90°$，说明 $\dot{U}_R$（亦即 $\dot{I}$）滞后 $\dot{U}$，端口输入阻抗为感性。

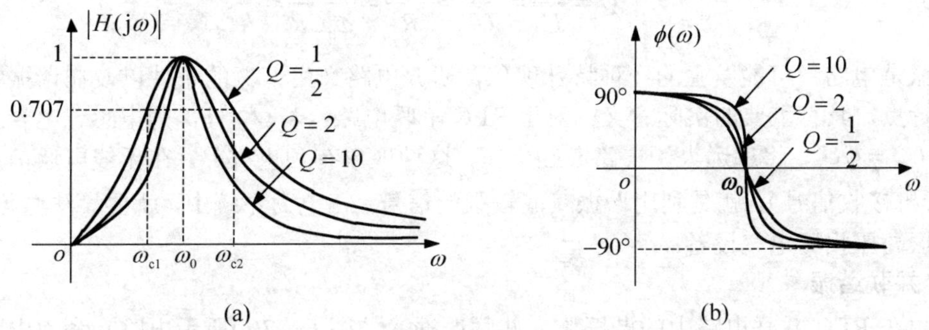

图 6-36　RLC 串联电路不同 Q 值时的频率特性

6.7.4　谐振

1. 串联谐振

对于图 6-34 所示 RLC 串联电路，当 $\omega = \omega_0 = \frac{1}{\sqrt{LC}}$ 时，RLC 串联电路输入阻抗 $Z = R + \mathrm{j}\omega L + \frac{1}{\mathrm{j}\omega C}$ 的虚部为零，即 $\omega L - \frac{1}{\omega C} = 0$，电路的这一特殊现象称为谐振（resonance）现象，简称谐振。由于这种谐振发生在 RLC 串联电路中，故又称为串联谐振。此时的频率 $\omega = \omega_0 = \frac{1}{\sqrt{LC}}$ 称为谐振频率。

谐振时的容抗与感抗相等，定义为串联谐振电路的特性阻抗，即

$$\rho = \omega_0 L = \frac{1}{\omega_0 C} = \sqrt{\frac{L}{C}} \tag{6-45}$$

串联谐振有如下特点：

（1）输入阻抗为纯电阻，$Z = R$。

（2）端口电流与端口电压同相，且当端口电压有效值一定时，端口电流 $\dot{I} = \frac{\dot{U}}{R}$ 达到最大值。

（3）电感电压与电容电压有效值相等，相位相反，端口上电抗电压抵消为零，电源电压全部加在电阻上。根据这种情况，串联谐振又称为电压谐振。电感、电容和电阻电压分别为

$$\dot{U}_L = \mathrm{j}\omega_0 L\dot{I} = \mathrm{j}\omega_0 L\frac{\dot{U}}{R} = \mathrm{j}Q\dot{U} \tag{6-46}$$

$$\dot{U}_C = \frac{1}{\mathrm{j}\omega_0 C}\dot{I} = \frac{\dot{U}}{\mathrm{j}\omega_0 CR} = -\dot{U}_L = -\mathrm{j}Q\dot{U} \tag{6-47}$$

$$\dot{U}_R = R\dot{I} = \dot{U} \tag{6-48}$$

电感电压或电容电压与端口电压有效值之比满足

$$Q = \frac{U_L}{U} = \frac{U_C}{U} = \frac{\omega_0 L}{R} = \frac{1}{\omega_0 CR} = \frac{\rho}{R} \tag{6-49}$$

谐振是电路中可能发生的一种特殊现象，研究电路产生谐振的条件以及在谐振状态下电路的特点，具有重要的实际意义。对于 RLC 串联电路，若 $Q \gg 1$，则电感、电容上的电压 $U_L = U_C = QU$，将远远大于电路激励电压，这种现象有利也有弊。在无线电通信系统中（如收音机接收信号），就是利用谐振获取较强的信号；在电力系统中，就要设法避免谐振，以防谐振高压损坏电气设备。

2．并联谐振

发生在 RLC 并联电路中的谐振称为并联谐振。如图 6-37(a)所示电路，利用电路的对偶性，电路的导纳 Y 为

$$Y = G + \mathrm{j}B = \frac{1}{R} + \mathrm{j}\left(\omega C - \frac{1}{\omega L}\right)$$

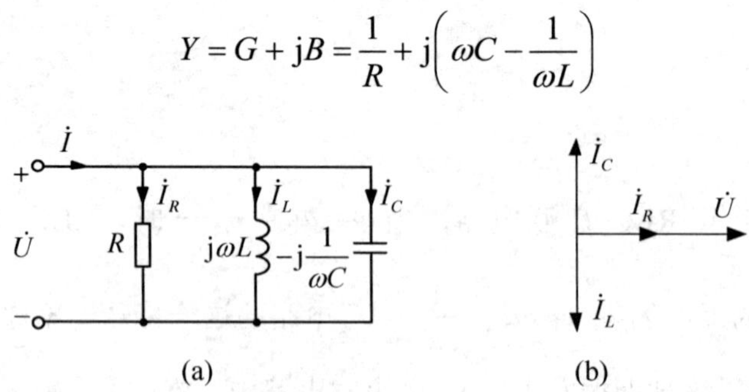

图 6-37　RLC 并联谐振

并联电路发生谐振的条件是导纳虚部为零，即

$$\omega C-\frac{1}{\omega L}=0$$

此时 $\omega=\omega_0=\dfrac{1}{\sqrt{LC}}$ 称为谐振频率。

并联谐振具有如下特点：

（1）输入导纳（阻抗）为纯电导（电阻），$Y=G=\dfrac{1}{R}$ 或 $Z=R$ 。

（2）端口电压与端口电流同相，且当端口电流有效值一定时，端口电压 $\dot{U}=\dot{I}R$ 达到最小值。

（3）电感电流与电容电流有效值相等，相位相反，端口上电抗电流抵消为零，电源电流全部流过电阻。根据这种情况，并联谐振又称为电流谐振。其相量关系如图 6-37(b)所示。谐振时

$$\dot{I}=\dot{I}_R+\dot{I}_L+\dot{I}_C=\dot{I}_R=Y\dot{U}=\frac{\dot{U}}{R} \tag{6-50}$$

$$\dot{I}_C=\mathrm{j}\omega_0 C\dot{U}=\mathrm{j}\omega_0 CR\dot{I}=\mathrm{j}Q\dot{I} \tag{6-51}$$

$$\dot{I}_L=\frac{1}{\mathrm{j}\omega_0 L}\dot{U}=\frac{R\dot{I}}{\mathrm{j}\omega_0 L}=-\mathrm{j}Q\dot{I} \tag{6-52}$$

其中并联电路的品质因数为

$$Q=\frac{\omega_0}{\omega_{c2}-\omega_{c1}}=\omega_0 CR=\frac{R}{\omega_0 L} \tag{6-53}$$

例 6-14 实际中常用电感线圈与电容器组成并联谐振电路，由于线圈通常都有功耗，所以可用电阻与电感的串联构建其电路模型，整个电路的相量模型如图 6-38(a)所示。求：（1）电路的谐振频率；（2）谐振时各支路电流。

解：（1）电路的总阻抗为

$$Z=\frac{\dfrac{1}{\mathrm{j}\omega C}(r+\mathrm{j}\omega L)}{\dfrac{1}{\mathrm{j}\omega C}+r+\mathrm{j}\omega L}=\frac{r+\mathrm{j}\omega L}{1+\mathrm{j}\omega rC-\omega^2 LC}$$

一般线圈电阻较小，谐振时

$$\omega L\gg r$$

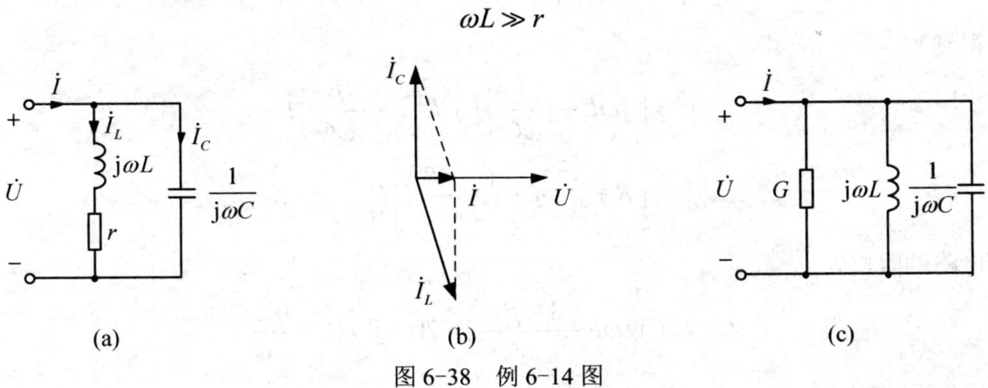

图 6-38 例 6-14 图

于是

$$Z \approx \frac{\mathrm{j}\omega L}{1+\mathrm{j}\omega rC-\omega^2 LC}=\frac{1}{\dfrac{Cr}{L}+\mathrm{j}\left(\omega C-\dfrac{1}{\omega L}\right)}$$

谐振时阻抗为纯电阻性，则

$$\omega C-\frac{1}{\omega L}=0$$

即谐振角频率为

$$\omega_0 \approx \frac{1}{\sqrt{LC}}$$

这时，阻抗为

$$Z \approx \frac{L}{Cr}$$

（2）谐振时各支路电流分别为

$$\dot{I}=\frac{\dot{U}}{Z}=\frac{Cr}{L}\dot{U}$$

$$\dot{I}_C=\mathrm{j}\omega_0 C\dot{U}$$

$$\dot{I}_L=\frac{1}{r+\mathrm{j}\omega_0 L}\dot{U}$$

电路的相量图如图 6-38(b)所示。

显然，如图 6-38(a)所示的谐振电路可以等效为电容 C、电感 L 和电导 G 并联的电路，如图 6-38(c)所示，其中，$G \approx \dfrac{Cr}{L}$。

例 6-15　求图 6-39(a)所示电路的谐振频率、品质因数、带宽和截止频率。已知 $L=0.1\mathrm{H}$，$C=0.1\mu\mathrm{F}$，$R=20\Omega$，$\beta=0.04$。

解：由端口 VCR 和电容的 VCR，得到

$$\begin{cases}\dot{U}=\left(\mathrm{j}\omega L-\mathrm{j}\dfrac{1}{\omega C}\right)\dot{I}+R(\dot{I}-\beta\dot{U}_C)\\ \dot{U}_C=-\mathrm{j}\dfrac{1}{\omega C}\dot{I}\end{cases}$$

得到

$$\begin{aligned}\dot{U}&=\left(\mathrm{j}\omega L-\mathrm{j}\frac{1}{\omega C}\right)\dot{I}+R\left(1+\mathrm{j}\frac{\beta}{\omega C}\right)\dot{I}\\&=\left[R+\mathrm{j}\left(\omega L-\frac{1-\beta R}{\omega C}\right)\right]\dot{I}\end{aligned}$$

电路的阻抗为

$$Z=R+\mathrm{j}\left(\omega L-\frac{1-\beta R}{\omega C}\right)=20+\mathrm{j}\left(\omega L-\frac{0.2}{\omega C}\right)$$

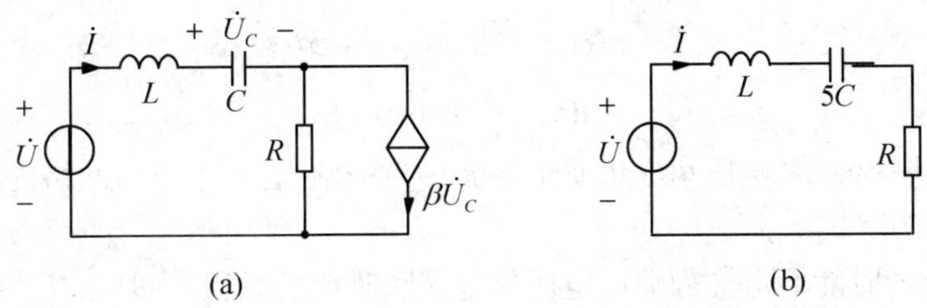

图 6-39　例 6-15 图

谐振时阻抗为纯电阻性，则

$$\omega L-\frac{0.2}{\omega C}=0$$

即谐振角频率为

$$\omega_0=\sqrt{\frac{0.2}{LC}}=4.47\times10^3\,\mathrm{rad/s}$$

电路等效为电阻 R、电感 L 和电容 $5C$ 的串联，电路如图 6-39(b)所示。电路的品质因数、带宽分别为

$$Q=\frac{\omega_0 L}{R}=\frac{4.47\times10^3\times0.1}{20}=22.4$$

$$\mathrm{BW}=\frac{R}{L}=\frac{20}{0.1}=200\mathrm{rad/s}$$

上、下限截止频率分别为

$$\omega_{c2}=4470+100=4570\mathrm{rad/s}$$

$$\omega_{c1}=4470-100=4370\mathrm{rad/s}$$

6.8　正弦稳态电路的功率和能量

在线性电阻电路的直流分析中，我们已经学习了瞬时功率的概念：施加在单口网络上的电压 u、电流 i 为关联参考方向时，功率 $p=ui$；当电压 u、电流 i 为非关联参考方向时，功率 $p=-ui$；当 $p>0$ 时，表明电路吸收或消耗能量；$p<0$ 时，表明电路产生能量或提供能量。

在正弦稳态电路中，电压和电流都是随时间变化的物理量，因此功率也在随时间变化。由于储能元件的作用，除了有能量的消耗外，还存在着电源和电抗性负载间以及电抗性负载相互间的能量交换，这样使得交流电路的功率问题变得复杂起来。本节将从单口网络的瞬时功率出发，讨论其复功率、平均功率、无功功率、视在功率、功率因数以及它们之间的关系。

6.8.1　单口网络的瞬时功率

如图 6-40 所示单口网络 N，设单口网络 N 的端电压和电流分别为

$$u(t) = \sqrt{2}U\cos(\omega t + \phi)$$

$$i(t) = \sqrt{2}I\cos(\omega t)$$

式中，$\phi = \phi_u - \phi_i$，是电压$u(t)$超前于电流$i(t)$的相位差。当单口网络内不含独立源时，ϕ就是单口网络的阻抗角ϕ_Z。

单口网络的瞬时功率定义为端口电压与电流瞬时值的乘积，即

$$\begin{aligned} p(t) &= u(t)i(t) = 2UI\cos(\omega t + \phi)\cos(\omega t) \\ &= UI\cos\phi + UI\cos(2\omega t + \phi) \\ &= UI\cos\phi[1 + \cos(2\omega t)] - UI\sin\phi\sin(2\omega t) \end{aligned} \tag{6-54}$$

根据式（6-54），瞬时功率包含两个分量，第一个分量$UI\cos\phi[1+\cos(2\omega t)]$为非负的，其平均值为$UI\cos\phi$，是瞬时功率$p(t)$的平均值，显然是单口网络内电阻分量所消耗的功率。第二个分量则是幅值为$UI\sin\phi$，角频率为2ω的正弦量，其平均值为零，显然，这是单口网络内电抗分量的功率。

图 6-41 画出了电压、电流和瞬时功率的波形图。由波形图可以看出，瞬时功率有时为正，有时为负。功率为正时，表明单口网络吸收能量；功率为负时，表明网络将能量返还给电源。如果$|\phi| \leqslant 90°$，在一个周期内，功率为正的时间比功率为负的时间长，表明单口网络总的是消耗功率的。

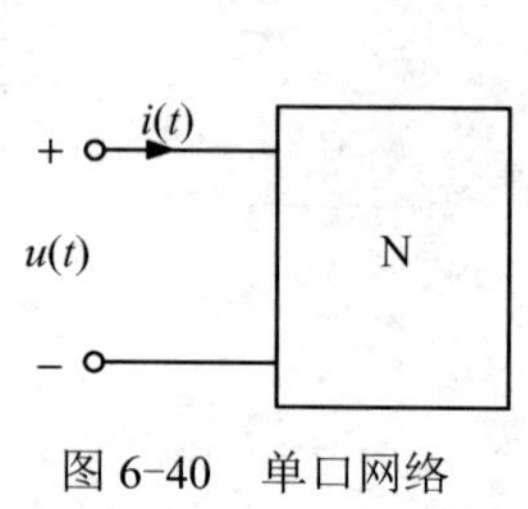

图 6-40　单口网络

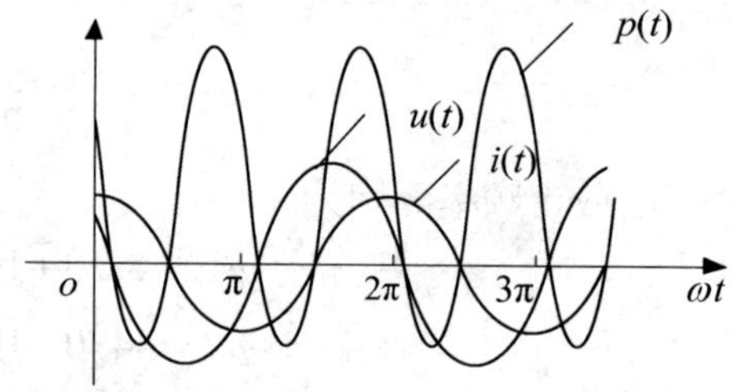

图 6-41　单口网络的瞬时功率

6.8.2　单口网络的复功率

正如在正弦稳态电路分析中引入相量模型以简化计算一样，常常引入复功率以方便正弦稳态功率的计算。

对图 6-42 所示单口网络，$\dot{U} = U\angle\phi_u$，$\dot{I} = I\angle\phi_i$，定义复功率为

$$\tilde{S} \overset{\text{def}}{=} \dot{U}\dot{I}^* = UI\angle(\varphi_u - \varphi_i) \tag{6-55}$$

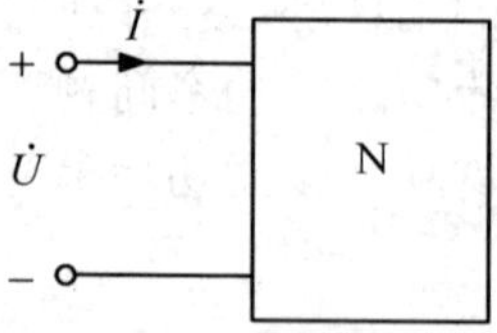

图 6-42　单口网络相量模型

式（6-55）中，$\dot{I}^* = I\angle(-\phi_i)$表示相量$\dot{I}$的共轭。

对于单口网络，其阻抗角$\phi_Z=\phi_u-\phi_i$也称为功率因数角ϕ，即

$$\phi=\phi_z=\phi_u-\phi_i \tag{6-56}$$

这样，式（6-55）可写为

$$\begin{aligned}\tilde{S}&=\dot{U}\dot{I}^*=UI\angle\phi\\&=UI\cos\phi+\mathrm{j}UI\sin\phi\end{aligned} \tag{6-57}$$

复功率$\tilde{S}$没有物理意义，仅是为相量计算方便引入的。复功率的单位为伏安（VA）或千伏安（kVA）。利用公式（6-55）计算时要注意端口电压和电流的方向是否为关联参考方向。虽然复功率没有物理意义，但是复功率的实部$UI\cos\phi$和虚部$UI\sin\phi$是有物理意义的，它们就是下面将要讨论的有功功率和无功功率。

6.8.3 单口网络的平均功率、无功功率、视在功率和功率因数

1．平均功率

通常所说的交流电功率都是指平均功率，也称有功功率，它反映了单口网络消耗能量的速率。平均功率是瞬时功率在一周期内的平均值，即

$$\begin{aligned}P&=\frac{1}{T}\int_0^T p(t)\mathrm{d}t\\&=\frac{1}{T}\int_0^T[UI\cos\phi+UI\cos(2\omega t+\phi)]\mathrm{d}t\\&=\frac{1}{T}\int_0^T UI\cos\phi\mathrm{d}t+\frac{1}{T}\int_0^T UI\cos(2\omega t+\phi)\mathrm{d}t\end{aligned}$$

由于上式第二项积分为零，于是得到平均功率

$$P=UI\cos\phi=\frac{1}{2}U_{\mathrm{m}}I_{\mathrm{m}}\cos\phi \tag{6-58}$$

式（6-58）表明，单口网络的平均功率等于端口电压、电流有效值之积，再乘以端口电压与端口电流相位差的余弦。可以看出，有功功率P是复功率$\tilde{S}$的实部。平均功率的单位是瓦（W）。

如果单口网络内不含独立源，ϕ就是单口网络的阻抗角ϕ_Z，式（6-58）可以写为

$$P=UI\cos\phi_Z=I^2|Z|\cos\phi_Z=I^2\,\mathrm{Re}[Z] \tag{6-59}$$

以及

$$P=UI\cos\phi_Z=\frac{U^2}{|Z|}\cos\phi_Z=U^2|Y|\cos(-\phi_Y)=U^2\,\mathrm{Re}[Y] \tag{6-60}$$

如果单口网络是纯电阻的，$\phi_Z=0$，则$P=UI=I^2R=\dfrac{U^2}{R}$，表明电阻平均功率不小于零，它是消耗功率的；如果单口网络是纯电感或纯电容的，$\phi_Z=\pm 90°$，则$P=0$，表明电感或电容平均功率等于零，它们不消耗能量。

2．无功功率

无功功率定义为

$$Q=UI\sin\phi=\frac{1}{2}U_{\mathrm{m}}I_{\mathrm{m}}\sin\phi \tag{6-61}$$

可以看出，无功功率 Q 是复功率 $\tilde{S}$ 的虚部。无功功率反映了单口网络 N 内部与外部电路进行能量交换的最大速率。无功功率的单位是乏（var）。

如果单口网络内不含独立源，ϕ 就是单口网络的阻抗角 ϕ_Z，式（6-61）可以写为

$$Q = UI\sin\phi_Z = I^2|Z|\sin\phi_Z = I^2\,\mathrm{Im}[Z] \tag{6-62}$$

以及

$$Q = UI\sin\phi_Z = \frac{U^2}{|Z|}\sin\phi_Z = U^2|Y|\sin(-\phi_Y) = -U^2\,\mathrm{Im}[Y] \tag{6-63}$$

如果单口网络是纯电阻的，$\phi_Z = 0$，则 $Q = 0$，表明电阻无功功率为零；如果单口网络是纯电感的，$\phi_Z = 90°$，则 $Q = UI = I^2 X_L = \dfrac{U^2}{X_L}$；如果单口网络是纯电容的，$\phi_Z = -90°$，则 $Q = -UI = -I^2 X_C = -\dfrac{U^2}{X_C}$。

如果单口网络是电感性的，即 $0° < \phi_Z < 90°$，则 $Q > 0$；如果单口网络是电容性的，即 $-90° < \phi_Z < 0°$，则 $Q < 0$。

3．视在功率（表观功率）和功率因数

视在功率定义为

$$S = UI = \frac{1}{2}U_{\mathrm{m}}I_{\mathrm{m}} \tag{6-64}$$

可以看出，视在功率 S 是复功率 $\tilde{S}$ 的模，反映了电器设备功率的容量。一般电器设备工作时，电压、电流都不能超过其额定值，同样，功率也不能超过视在功率。视在功率单位与复功率相同，为伏安（V·A）或千伏安（kV·A）。

功率因数定义为

$$\lambda = \cos\phi \tag{6-65}$$

功率因数反映了设备容量的利用效率。λ 是无量纲的数，ϕ 等于电压、电流的相位差，即功率因数角。一般地，在求出 λ 后，要标出超前或滞后的字样（表示电流超前或滞后电压）。

容量一定的发电机或变压器等电器设备，其功率因数取决于负载情况，因此它所能传输的有功功率也随负载的功率因数不同而不同，由于 $\lambda \leqslant 1$，而 $P = UI\cos\phi = S\lambda$，它所能传输的有功功率总是小于或等于其容量。例如，一台变压器的容量为 $1000\mathrm{kV\cdot A}$，如果负载是纯电阻的，则 $\lambda = \cos\phi = 1$，其传输的功率为 $1000\mathrm{kW}$；如果负载是感性的，若 $\lambda = \cos\phi = 0.6$，则其传输的功率为 $600\mathrm{kW}$。

由复功率、平均功率、无功功率、视在功率的定义，可以发现如下关系：

$$\tilde{S} = \dot{U}\dot{I}^* = UI\angle\phi = S\angle\phi = P + \mathrm{j}Q \tag{6-66}$$

以及

$$\begin{cases} P = S\cos\phi \\ Q = S\sin\phi \\ S = \sqrt{P^2 + Q^2} \\ \lambda = \cos\phi = \dfrac{P}{S} \end{cases} \tag{6-67}$$

可见，P、Q、S 构成一个直角三角形，称为功率三角形，如图 6-43 所示，与电压三角形和阻抗三角形相似。

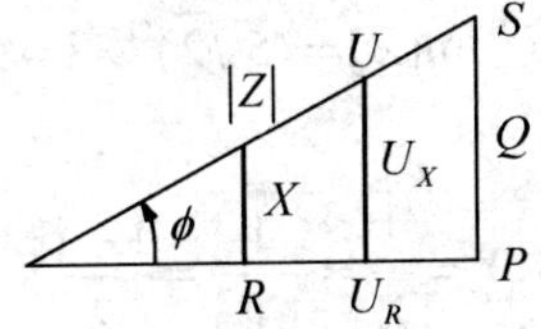

图 6-43 功率三角形

对于正弦稳态电路，利用特勒根定理可以证明，电路中的复功率守恒，即

$$\sum \tilde{S} = 0 \tag{6-68}$$

式（6-68）说明，单口网络总的复功率的代数和等于零，也就是说，单口网络发出的复功率之和，等于网络吸收的复功率之和。显然，复功率守恒包括了平均功率守恒和无功功率守恒，即

$$\begin{cases} \sum P = \sum UI\cos\phi = 0 \\ \sum Q = \sum UI\sin\phi = 0 \end{cases} \tag{6-69}$$

但一般情况下，不存在视在功率守恒，即 $\sum S \neq 0$。

例 6-16 电路如图 6-44 所示，已知 $\dot{U} = 10\angle 0°\text{V}$，试求单口网络的平均功率、无功功率、视在功率和功率因数。

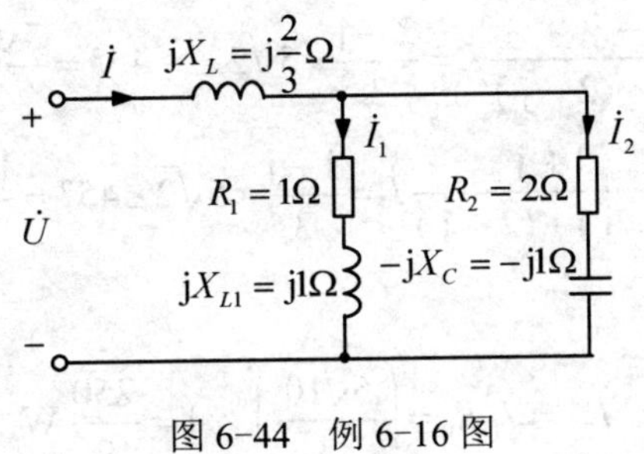

图 6-44 例 6-16 图

解： 本题可以采用多种方法计算平均功率和无功功率。

（1）利用端口电压和电流计算。

$$Z = \text{j}\frac{2}{3} + \frac{(1+\text{j})(2-\text{j})}{(1+\text{j})+(2-\text{j})} = 1+\text{j} = \sqrt{2}\angle 45°\Omega$$

$$\dot{I} = \frac{\dot{U}}{Z} = \frac{10\angle 0°}{\sqrt{2}\angle 45°} = 5\sqrt{2}\angle -45°\text{A}$$

$$P = UI\cos\phi_Z = 10 \times 5\sqrt{2} \times \cos 45° = 50\text{W}$$

$$Q = UI\sin\phi_Z = 10 \times 5\sqrt{2} \times \sin 45° = 50\text{var}$$

$$S = UI = 10 \times 5\sqrt{2} = 50\sqrt{2} = 70.7\text{V}\cdot\text{A}$$

$$\lambda = \cos\phi_Z = \cos 45° = 0.707 \text{（滞后）}$$

（2）利用电流和阻抗计算（以下视在功率和功率因数的计算省略）。

$$P = I^2 \operatorname{Re}[Z] = (5\sqrt{2})^2 \times 1 = 50\text{W}$$

$$Q = I^2 \operatorname{Im}[Z] = (5\sqrt{2})^2 \times 1 = 50\text{var}$$

（3）利用电压和导纳计算。

$$Y = \frac{1}{Z} = \frac{1}{1+\text{j}} = \frac{1-\text{j}}{2}\text{S}$$

$$P = U^2 \operatorname{Re}[Y] = 100 \times \frac{1}{2} = 50\text{W}$$

$$Q = -U^2 \operatorname{Im}[Y] = -100 \times \left(-\frac{1}{2}\right) = 50\text{var}$$

（4）利用复功率计算。已知$\dot{U} = 10\angle 0°\text{V}$，可先求得

$$\dot{I} = \frac{\dot{U}}{Z} = 5\sqrt{2}\angle -45°$$

则复功率

$$\tilde{S} = \dot{U}\dot{I}^* = 10\angle 0° \times 5\sqrt{2}\angle 45° = 50\sqrt{2}\angle 45° = 50 + \text{j}50\text{V}\cdot\text{A}$$

所以

$$P = 50\text{W}，\ Q = 50\text{var}$$

（5）利用功率守恒计算。如图 6-44 所示，$\dot{I} = 5\sqrt{2}\angle -45°\text{A}$，则

$$\dot{I}_1 = \frac{2-\text{j}}{(1+\text{j}) + (2-\text{j})}\dot{I} = \frac{2-\text{j}}{3} \times 5\sqrt{2}\angle -45° = \frac{5\sqrt{10}}{3}\angle 71.6°\text{A}$$

$$\dot{I}_2 = \frac{1+\text{j}}{(1+\text{j}) + (2-\text{j})}\dot{I} = \frac{1+\text{j}}{3} \times 5\sqrt{2}\angle 45° = \frac{10}{3}\angle 0°\text{A}$$

电阻的平均功率

$$P_{R_1} = I_1^2 R_1 = \left(\frac{5\sqrt{10}}{3}\right)^2 \times 1 = \frac{250}{9}\text{W}$$

$$P_{R_2} = I_2^2 R_2 = \left(\frac{10}{3}\right)^2 \times 2 = \frac{200}{9}\text{W}$$

电感和电容的无功功率

$$Q_{L_1} = I_1^2 X_{L_1} = \left(\frac{5\sqrt{10}}{3}\right)^2 \times 1 = \frac{250}{9}\text{var}$$

$$Q_C = -I_2^2 X_C = -\left(\frac{10}{3}\right)^2 \times 1 = -\frac{100}{9}\text{var}$$

$$Q_L = I^2 X_L = (5\sqrt{2})^2 \times \frac{2}{3} = \frac{100}{3}\text{var}$$

根据能量守恒，单口网络的平均功率

$$P = P_{R_1} + P_{R_2} = \frac{250}{9} + \frac{200}{9} = 50\text{W}$$

无功功率

$$Q = Q_{L_1} + Q_C + Q_L = \frac{250}{9} - \frac{100}{9} + \frac{100}{3} = 50\text{var}$$

例 6-17 如图 6-45 所示电路可用三表法来测量实际电感线圈的电感与电阻参数值。已知外加正弦电压频率为 50Hz，电压表的读数为 100V，电流表的读数为 1A，瓦特表的读数为 80W，试求 R 和 L 的值。

解： 由于电压表、电流表读数均为有效值，瓦特表读数为有功功率，有功功率只能是电阻消耗的功率，故可得电阻为

$$R = \frac{P}{I^2} = \frac{80}{1^2} = 80\,\Omega$$

由相量形式的欧姆定律，得阻抗的模

$$|Z| = \frac{U}{I} = \frac{100}{1} = 100\,\Omega$$

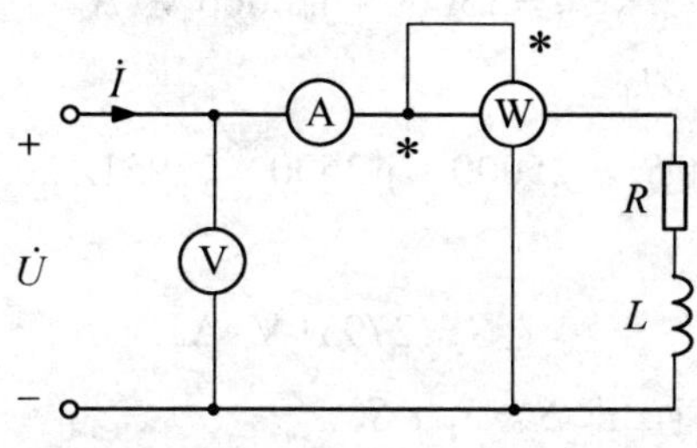

图 6-45　例 6-17 图

由阻抗三角形，可得感抗为

$$X_L = \sqrt{|Z|^2 - R^2} = \sqrt{100^2 - 80^2} = 60\,\Omega$$

最后得电感为

$$L = \frac{X_L}{\omega} = \frac{60}{314} = 0.19\text{H}$$

例 6-18 电路如图 6-46 所示，已知 U=2300V，试求两负载吸收的总复功率，并求输入总电流和总功率因数。

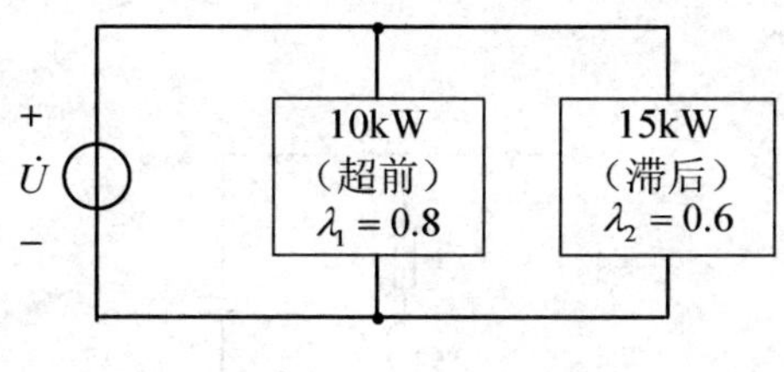

图 6-46　例 6-18 图

解： 首先求每一负载的复功率。由于 $\lambda_1 = 0.8$，$\lambda_2 = 0.6$，两负载阻抗角分别为

$$\phi_1 = -\arccos\lambda_1 = -36.9° \text{（容性）}$$

$$\phi_2 = \arccos\lambda_2 = 53.1° \text{（感性）}$$

10kW 负载的视在功率和无功功率分别为

$$S_1 = \frac{P_1}{\lambda_1} = \frac{10\times10^3}{0.8} = 12500\text{V}\cdot\text{A}$$

$$Q_1 = S_1\sin\phi_1 = S_1\sin(-36.9°) = -7500\text{var}$$

复功率为

$$\tilde{S}_1 = 10000 - \text{j}7500\text{V}\cdot\text{A}$$

同理 15kW 负载的视在功率和无功功率分别为

$$S_2 = \frac{P_2}{\lambda_2} = \frac{15\times10^3}{0.6} = 25000\ \text{V}\cdot\text{A}$$

$$Q_2 = S_2\sin\phi_2 = S_2\sin(53.1°) = 20000\text{var}$$

故得

$$\tilde{S}_2 = 15000 + \text{j}20000\ \text{V}\cdot\text{A}$$

所以两负载总吸收复功率为

$$\tilde{S} = \tilde{S}_1 + \tilde{S}_2 = 25000 + \text{j}12500 = 27951\angle 26.6°\ \text{V}\cdot\text{A}$$

总视在功率

$$S = 27951\ \text{V}\cdot\text{A}$$

可以看出视在功率不守恒，即 $S \neq S_1 + S_2$ 。

输入总电流

$$I = \frac{27951}{2300} = 12.2\ \text{A}$$

总功率因数为

$$\lambda = \frac{25000}{27951} = 0.894\text{（滞后）}$$

或

$$\lambda = \cos 26.6° = 0.894\text{（滞后）}$$

例 6-19　已知图 6-47 所示电路处于谐振时消耗的功率 P=150W，求 X_C 和电容的无功功率 Q_C 。

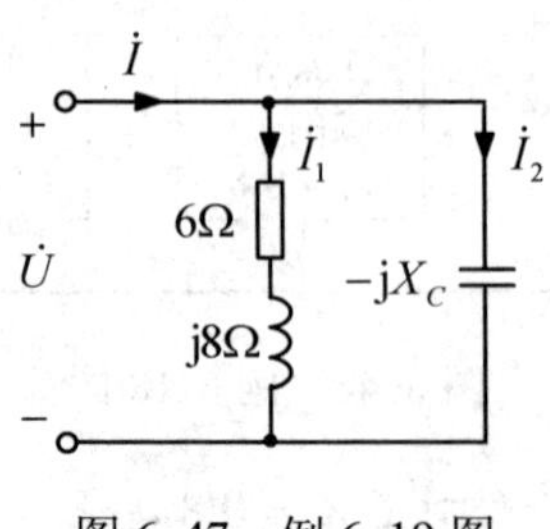

图 6-47　例 6-19 图

解：设端口电流 $\dot{I} = I\angle 0°$ A 的参考方向如图 6-47 所示，由于电路处于谐振状态，则 $\dot{U}$ 与 $\dot{I}$ 同相，所以 $\dot{U} = U\angle 0°$ V。由于平均功率为电阻消耗的功率，因此

$$P = I_1^2 R$$

所以，得到 $I_1 = 5\text{A}$ 。

根据电阻和电感串联支路的阻抗 $Z_1 = 6 + \text{j}8 = 10\angle 53.1°\Omega$ ，可知电流 $\dot{I}_1$ 落后电压 $\dot{U}$ 53.1°，即

$$\dot{I}_1 = 5\angle -53.1°\text{A}$$

$$U = |Z_1| I_1 = 10 \times 5 = 50\text{V}$$

由于

$$P = UI = 150$$

得到端口电流 $I = 3$ A，即 $\dot{I} = 3\angle 0°\text{A}$，于是

$$\dot{I}_2 = \dot{I} - \dot{I}_1 = 3 - 5\angle -53.1° = \text{j}4 = 4\angle 90°\text{A}$$

由电容元件的 VCR，得到

$$X_C = \frac{U}{I_2} = \frac{50}{4} = 12.5\Omega$$

此时，电容的无功功率为

$$Q_C = -UI_2 = -50 \times 4 = -200\text{var}$$

可以验证，电感无功功率为

$$Q_L = X_L I_1^2 = 8 \times 5^2 = 200\text{var}$$

整个电路的无功功率为零，可见谐振时，电路内部电容和电感的无功功率完全交换，电路与外电路没有无功交换。

例 6-20 感性负载如图 6-48 所示，平均功率 $P = 20\text{kW}$，功率因数 $\cos\phi_Z = 0.6$（滞后），当接在 380V 的工频电源上时，试求线路中的电流。如果将其功率因数提高为 $\cos\phi_Z' = 0.9$，需要在负载两端并联多大电容？这时线路中的电流为多少？

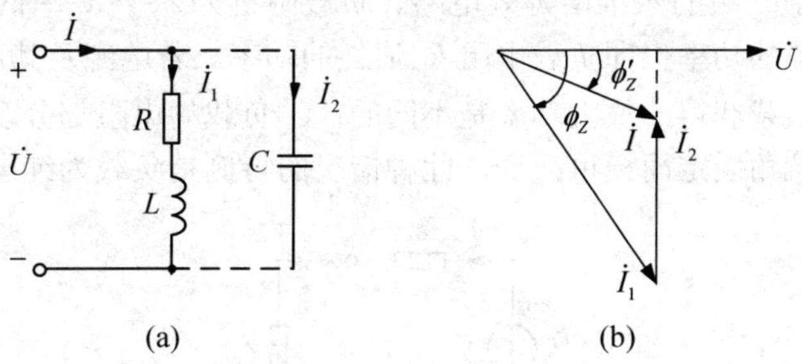

图 6-48 例 6-20 图

解：在未并联电容之前，线路中的电流就是流过感性负载中的电流，如图 6-48 (a) 所示

$$I_1 = \frac{P}{U\cos\phi_Z} = \frac{20 \times 10^3}{380 \times 0.6} = 87.7\text{A}$$

并联电容以后，电路端口电压未变，由于理想电容元件不消耗功率，电路的平均功率未变，线路中的电流是电路总的电流

$$I=\frac{P}{U\cos\phi_Z'}=\frac{20\times10^3}{380\times0.9}=58.5\text{A}$$

并联电容前后的阻抗角为

$$\phi_Z=\arccos0.6=53.1^\circ，\quad \phi_Z'=\arccos0.9=25.8^\circ$$

（实际上，$\phi_Z'=-\arccos0.9=-25.8^\circ$ 也可，只是电容值要大些。为什么？）

注意到电容 C 的电流超前电压 90°，作出相量图，如图 6-48(b)所示，通过电容的电流为

$$\begin{aligned}I_2&=I_1\sin\phi_Z-I\sin\phi_Z'\\&=87.7\sin53.1^\circ-58.5\sin25.8^\circ\\&=44.7\text{A}\end{aligned}$$

所以需并联的电容为

$$\begin{aligned}C&=\frac{I_2}{\omega U}=\frac{I_2}{2\pi fU}=\frac{44.7}{2\times3.14\times50\times380}\\&=0.374\times10^{-3}\text{F}=374\mu\text{F}\end{aligned}$$

可见，感性负载并联电容后，电源供给负载的有功功率并未改变，而线路上的电流减小了，电路的无功功率也减小了，功率因数得以提高，减少了线路上的功率损耗，提高了电源的利用率。

6.9 正弦稳态最大功率传输定理

在直流电阻电路中，已经研究了负载电阻如何从电源获得最大功率的问题。在正弦稳态电路中，由于电阻换成了阻抗，负载电阻从电源获得最大功率的条件有所不同。

如图 6-49 所示电路，交流电源电压为$\dot{U}_S$，其内阻抗为$Z_S=R_S+jX_S$，$\dot{U}_S$和Z_S组成的串联电路可看作是前一级的戴维南等效电路。负载阻抗为$Z_L=R_L+jX_L$，由于电抗X_L不消耗功率，负载获得的功率也即负载电阻R_L消耗的功率。若电源及其内阻抗为确定的值，在下面两种情况下负载获得的最大功率是不同的：①负载的电阻部分及电抗部分均可独立地变化；②负载阻抗角固定而模可改变，此种情况的特例是负载为纯电阻的实际情况。

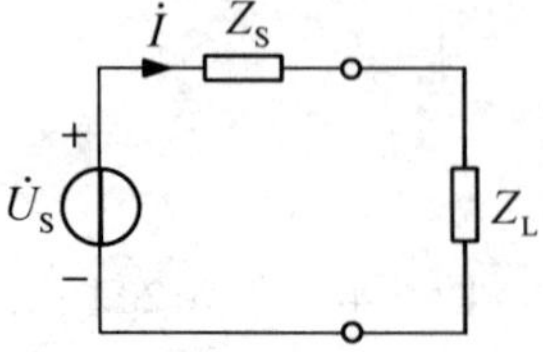

图 6-49　正弦稳态功率传输电路

先分析第一种情况，即负载的电阻部分及电抗部分均可独立地变化。

由图 6-49 可知，电路电流为

$$\dot{I}=\frac{\dot{U}_S}{(R_S+R_L)+j(X_S+X_L)}$$

电流有效值为

$$I=\frac{U_S}{\sqrt{(R_S+R_L)^2+(X_S+X_L)^2}}$$

由此可得负载电阻的功率为

$$P_L=I^2R_L=\frac{{U_S}^2}{(R_S+R_L)^2+(X_S+X_L)^2}R_L$$

当负载电阻部分和电抗部分均可独立变化时，为使 P_L 达到最大，首先应调整 X_L，将只在分母出现的 X_S+X_L 置零，即 $X_S+X_L=0$ 。这时功率变为

$$P_L=\frac{{U_S}^2R_L}{(R_S+R_L)^2}$$

这已经和电阻电路的条件一致了，继续求出使 P_L 为最大值时的 R_L 值，只需要对 P_L 求导数并使之为零，即

$$\frac{dP_L}{dR_L}={U_S}^2\frac{(R_S+R_L)^2-2(R_S+R_L)R_L}{(R_S+R_L)^4}=0$$

得到

$$R_L=R_S$$

因此，负载获得最大功率的条件是：$X_L=-X_S$ 以及 $R_L=R_S$，即

$$X_L=X_S^* \tag{6-70}$$

也就是说负载阻抗与电源内阻抗互为共轭复数。满足这一条件时，称负载阻抗与电源内部阻抗为最大功率匹配或共轭匹配。此时，最大功率为

$$P_{L\max}=\frac{{U_S}^2}{4R_S} \tag{6-71}$$

在第二种情况时，负载阻抗角不变，模可变，设负载阻抗为

$$Z_L=|Z_L|\angle\phi_L=|Z_L|\cos\phi_L+j|Z_L|\sin\phi_L$$

则

$$\dot{I}=\frac{\dot{U}_S}{(R_S+|Z_L|\cos\phi_L)+j(X_S+|Z_L|\sin\phi_L)}$$

负载电阻的功率为

$$P_L=\frac{{U_S}^2|Z_L|\cos\phi_L}{(R_S+|Z_L|\cos\phi_L)^2+(X_S+|Z_L|\sin\phi_L)^2}$$

上式中的变量为$|Z_L|$，求该式对$|Z_L|$的导数得

$$\frac{\mathrm{d}P_L}{\mathrm{d}|Z_L|}=U_S^2\cos\phi_L\frac{[(R_S+|Z_L|\cos\phi_L)^2+(X_S+|Z_L|\sin\phi_L)^2]}{[(R_S+|Z_L|\cos\phi_L)^2+(X_S+|Z_L|\sin\phi_L)^2]^2}$$

$$-U_S^2\cos\phi_L\frac{2|Z_L|[(R_S+|Z_L|\cos\phi_L)\cos\phi_L+(X_S+|Z_L|\sin\phi_L)\sin\phi_L]}{[(R_S+|Z_L|\cos\phi_L)^2+(X_S+|Z_L|\sin\phi_L)^2]^2}$$

令 $\frac{\mathrm{d}P_L}{\mathrm{d}|Z_L|}=0$，可得

$$[(R_S+|Z_L|\cos\phi_L)^2+(X_S+|Z_L|\sin\phi_L)^2]-2|Z_L|[(R_S+|Z_L|\cos\phi_L)\cos\phi_L+(X_S+|Z_L|\sin\phi_L)\sin\phi_L]=0$$

可得 $|Z_L|^2=R_S^2+X_S^2$，即

$$|Z_L|=\sqrt{R_S^2+X_S^2} \tag{6-72}$$

此时最大功率为

$$P'_{\mathrm{Lmax}}=\frac{U_S^2\cos\phi_L}{2|Z_S|\ [1+\cos(\phi_S-\phi_L)]} \tag{6-73}$$

式（6-73）中 ϕ_S 为电源内阻抗 Z_S 的幅角。因此，当负载阻抗模变化而阻抗角不变化时，负载获得最大功率的条件是：负载阻抗的模应与电源内阻抗的模相等。当负载是纯电阻 R_L 时，阻抗角为零，最大功率的条件是 $R_L=\sqrt{R_S^2+X_S^2}$ 而不是 $R_L=R_S$。显然，在这一种情况下所得的最大功率并非为负载可能获得的最大值。

例 6-21 电路如图 6-50(a) 所示。求：（1）获得最大功率时 Z_L 为何值？并求此最大功率；（2）若 Z_L 为纯电阻，Z_L 获得的最大功率为多少？

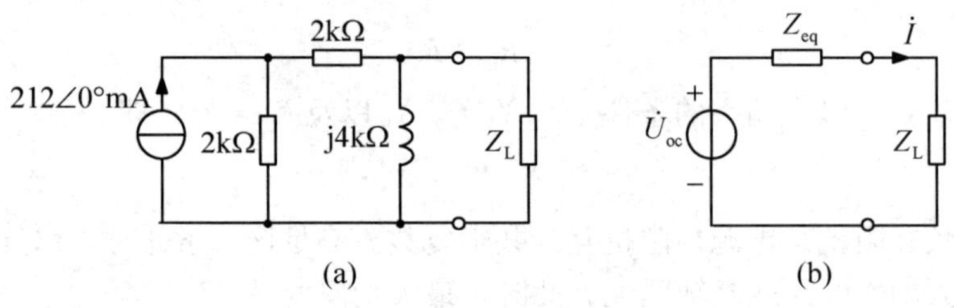

图 6-50 例 6-21 图

解：将图 6-50(a) 中除 Z_L 以外部分看作一单口网络，利用戴维南定理将其等效为图 6-50(b) 所示电路，其中

$$\dot{U}_{oc}=212\angle0°\times\frac{2\times(2+\mathrm{j}\,4)}{2+(2+\mathrm{j}\,4)}\times\frac{\mathrm{j}\,4}{2+\mathrm{j}\,4}=212\sqrt{2}\angle45°\mathrm{V}$$

$$Z_{eq}=\frac{(2+2)\times\mathrm{j}\,4}{(2+2)+\mathrm{j}\,4}=2+\mathrm{j}\,2=2\sqrt{2}\angle45°\mathrm{k\Omega}$$

（1）当负载 Z_L 与电源内阻抗共轭，即 $Z_L=Z_{eq}^*=2-\mathrm{j}2\mathrm{k\Omega}$ 时，负载获取最大功率，这时最大功率为

$$P_{\mathrm{Lmax}}=I^2R_L=\frac{(212\sqrt{2})^2}{4\times2\times10^3}=11.24\mathrm{W}$$

（2）若负载 Z_{L} 为纯电阻时，当与电源内阻抗共模，即 $|Z_{\mathrm{L}}| = R_{\mathrm{L}} = |Z_{\mathrm{S}}| = 2\sqrt{2}\mathrm{k}\Omega$ 时，负载获取最大功率，这时最大功率为

$$P'_{\mathrm{L\,max}} = I^2 R_{\mathrm{L}} = \frac{(212\sqrt{2})^2}{[(2+2\sqrt{2})^2 + 2^2] \times 10^3} \times 2\sqrt{2} = 9.31\mathrm{W}$$

或利用式（6-73）得到

$$P'_{\mathrm{L\,max}} = \frac{U_{\mathrm{S}}^2 \cos\phi_{\mathrm{L}}}{2|Z_{\mathrm{S}}|\ [1+\cos(\phi_{\mathrm{S}} - \phi_{\mathrm{L}})]}$$

$$= \frac{(212\sqrt{2})^2}{2 \times 2\sqrt{2}(1+\cos 45°) \times 10^3} = 9.31\mathrm{W}$$

6.10　三 相 电 路

目前，交流电在动力方面的应用，几乎都是采用所谓三相制。这是由于三相制在发电、输电和用电方面都有许多优点。

6.10.1　对称三相电源

图 6-51(a)是三相发电机截面的示意图。图中 ax，by，cz 是结构完全相同而彼此相隔 120° 的三个定子绕组（线圈），分别称为 a 相、b 相和 c 相绕组，其中 a、b、c 分别称为始端，x、y、z 分别称为末端。当转子（磁铁）以角速度 ω 匀速旋转时，三个定子绕组中都会感应出随时间按正弦方式变化的电压。由于结构相同，这三个绕组相当于如图 6-51(b)所示的三个独立的正弦电压源，三个电压源的振幅和频率相同，而彼此间的相位互差 120°，这样一组电压称为对称三相电压，其波形如图 6-51 (c)所示。

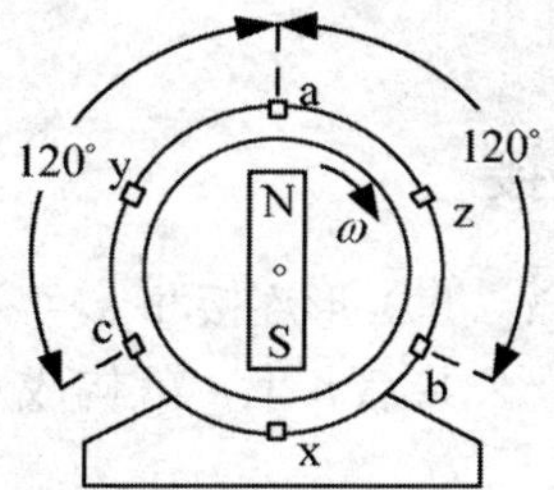

(a) 三相发电机截面示意图

(b) 三相电源符号

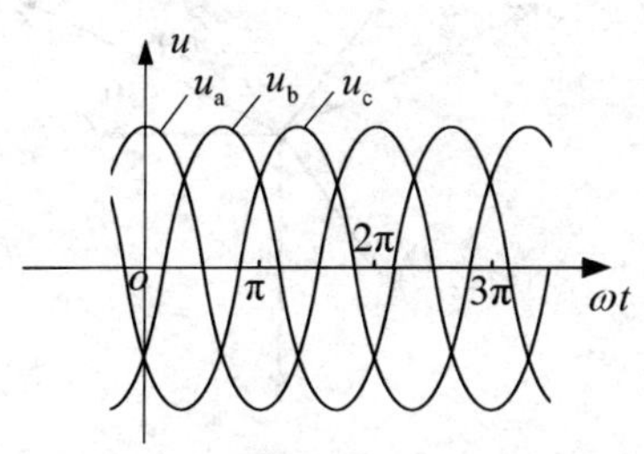

(c) 三相电压波形

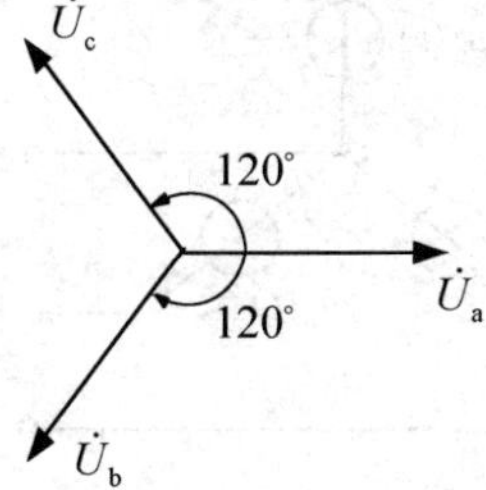

(d) 三相电压的相量图

图 6-51　三相电源

其电压表达式为

$$\begin{cases} u_{\text{a}}(t) = U_{\text{pm}} \cos \omega t = \sqrt{2} U_{\text{p}} \cos \omega t \\ u_{\text{b}}(t) = U_{\text{pm}} \cos(\omega t - 120^\circ) = \sqrt{2} U_{\text{p}} \cos(\omega t - 120^\circ) \\ u_{\text{c}}(t) = U_{\text{pm}} \cos(\omega t + 120^\circ) = \sqrt{2} U_{\text{p}} \cos(\omega t + 120^\circ) \end{cases} \tag{6-74}$$

式中，u_{a}、u_{b}、u_{c} 分别为 u_{ax}、u_{by}、u_{cz} 的简写，下标中的“p”是 phase（相）的首字母。U_{pm} 和 U_{p} 分别是三相电压的最大值和有效值，$U_{\text{pm}} = \sqrt{2}U_{\text{p}}$。这三相电压的相量对应分别为

$$\begin{cases} \dot{U}_{\text{a}} = U_{\text{p}} \angle 0^\circ \\ \dot{U}_{\text{b}} = U_{\text{p}} \angle -120^\circ \\ \dot{U}_{\text{c}} = U_{\text{p}} \angle 120^\circ \end{cases}$$

相量图如图 6-51 (d)所示。

对称三相电压的瞬时值之和等于零，其相量的和也等于零，即

$$\begin{cases} u_{\text{a}} + u_{\text{b}} + u_{\text{c}} = 0 \\ \dot{U}_{\text{a}} + \dot{U}_{\text{b}} + \dot{U}_{\text{c}} = 0 \end{cases} \tag{6-75}$$

单相电路的瞬时功率是随时间变化的，但对称三相电路的总瞬时功率却是恒定的，因而三相电动机能产生恒定的转矩。正是由于这种关系，对于对称三相电路的分析可以采用简单的抽单相方法，而对于不对称三相电路则必须借助于电路的一般分析方法。

对称三相电的三个电压到达最大值的先后次序叫做相序（Phase Sequence）。图 6-49(a)所示发电机以角速度 ω 沿顺时针方向旋转时，其相序为 a—b—c，称为顺序或正序；沿逆时针方向旋转时，其相序为 a—c—b，称为反序或逆序。图 6-49(c)所示波形图以及相应的式（6-74）、图 6-51 的相量图均代表正序。

6.10.2 对称三相电源的 Y 形连接和Δ形连接

实际中，三相电源向负载输电有两种连接方式，即 Y（星）形连接和Δ（三角）形连接。

如果把对称三相发电机三个定子绕组的末端连在一公共点 n 上，就构成了对称三相电源的 Y 形连接，如图 6-52(a)所示。

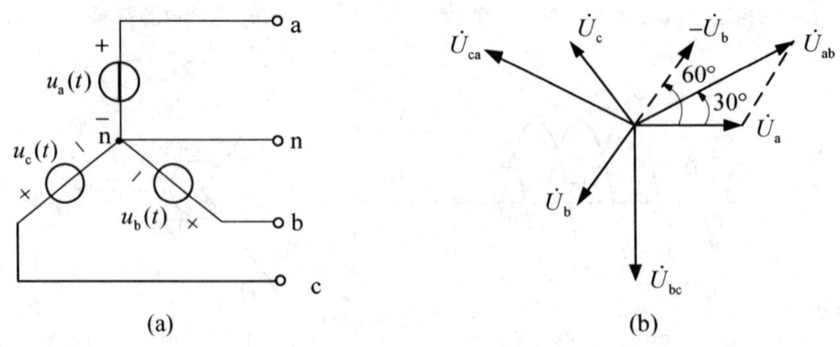

图 6-52 对称三相电源的 Y 形连接和相量图

公共点 n 称为中点（Neutral Point），a、b、c 三端与输电线相接，输送能量到负载，这三根输电线称为火线，如果中点也通过输电线与负载相接，即构成所谓的三相四线制输电，中线又称为零线。图 6-52(a)中每个电源（即每一定子绕组）的电压称为相电压（Phase Voltage），火线之间电压称为线电压（Line Voltage），用 u_{ab}、u_{bc} 和 u_{ca} 表示。画出各相电压、线电压的相量图，如图 6-52(b)所示，显然各线电压与相电压关系为

$$\begin{cases} \dot{U}_{ab} = \dot{U}_a - \dot{U}_b = \sqrt{3}\dot{U}_a \angle 30^\circ = \sqrt{3}U_p \angle 30^\circ \\ \dot{U}_{bc} = \dot{U}_b - \dot{U}_c = \sqrt{3}\dot{U}_b \angle 30^\circ = \sqrt{3}U_p \angle -90^\circ \\ \dot{U}_{ca} = \dot{U}_c - \dot{U}_a = \sqrt{3}\dot{U}_c \angle 30^\circ = \sqrt{3}U_p \angle 150^\circ \end{cases}$$

如以 U_l 表示线电压的有效值，U_p 表示相电压的有效值，则由相量图可得

$$U_l = \sqrt{3}U_p \tag{6-76}$$

即 Y 形连接中，线电压有效值是相电压有效值的 $\sqrt{3}$ 倍，且各线电压超前对应的相电压角 30°。例如，我国工业用正弦交流电的频率（简称工频）为 50Hz，有效值为 220V，则线电压的有效值为 $\sqrt{3} \times 220 = 380\text{V}$。

因此各线电压也是对称的，其瞬时表达式为

$$\begin{cases} u_{ab}(t) = \sqrt{3}U_{pm}\cos(\omega t + 30^\circ) \\ u_{bc}(t) = \sqrt{3}U_{pm}\cos(\omega t - 90^\circ) \\ u_{ca}(t) = \sqrt{3}U_{pm}\cos(\omega t + 150^\circ) \end{cases}$$

如果把三个定子绕组的始、末端顺次相接，再从各连接点 a、b、c 引出火线来，就构成了一个Δ形连接的三相发电机，如图 6-53(a)。

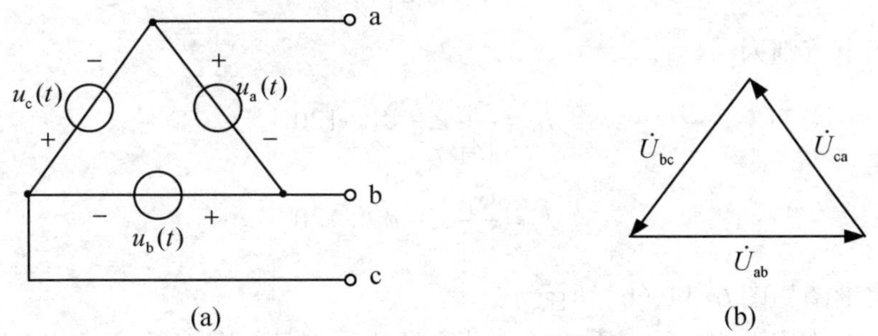

图 6-53　对称三相电源的Δ形连接和相量图

这种连接中 a、b、c 三端仍与输电线相接，输送能量到负载。在这种接法中没有中点，线电压即相电压，相量图如图 6-53(b) 所示。必须注意，如果任何一相绕组接反，三个相电压之和将不复为零，在Δ形连接的闭合回路中将产生极大的短路电流，对发电机将造成严重后果。

6.10.3　三相电路的分析和功率计算

三相电路的分析与三相电路的连接有关。下面以对称 Y 形连接负载与对称 Y 形连接三

相电源组成的三相电路为例进行分析，电路如图 6-54(a)所示。所谓对称三相负载是由三个相同的负载组成的，每一个负载构成三相负载的一相。设每相负载的阻抗为 $Z=|Z|\angle\phi_Z$，电源中点 n 与负载中点 n′ 的连接线称为中线（零线），设中线的阻抗为 Z_n。

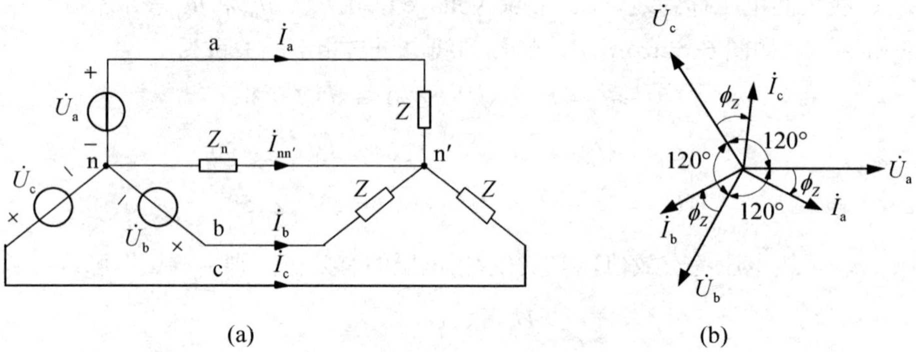

图 6-54 对称 Y 形电路

若以 n 为参考地，则由节点分析法可知

$$\dot{U}_{n'n}=\frac{(\dot{U}_a+\dot{U}_b+\dot{U}_c)/Z}{3/Z+1/Z_n}$$

由于 $\dot{U}_a+\dot{U}_b+\dot{U}_c=0$，故得

$$\dot{U}_{n'n}=0$$

亦即 n 点和 n′ 点是同电位点。由此可得 a 相的电流为

$$\dot{I}_a=\frac{\dot{U}_a}{Z}=\frac{U_p}{|Z|}\angle-\phi_Z \tag{6-77}$$

其他两相电流则为

$$\dot{I}_b=\frac{U_p}{|Z|}\angle-\phi_Z-120^\circ \tag{6-78}$$

$$\dot{I}_c=\frac{U_p}{|Z|}\angle-\phi_Z+120^\circ \tag{6-79}$$

各电流相量图如图 6-54（b）所示。

每相中的电流称为相电流，而火线电流则称为线电流，在 Y 形连接中，线电流也即相电流。由相量图可知，如果负载、电源完全对称，三个相电流 $\dot{I}_a$、$\dot{I}_b$、$\dot{I}_c$ 之和为零，中线电流 $\dot{I}_{nn'}$ 为零。因此，在对称三相电路中，取消中线不会对电路发生影响。但是，在实际电路中，由于负载不能完全对称，中线不能断开，否则会导致三相负载电压不相等而不能正常工作。有中线的三相制称为三相四线制，这是实际中采用最多的一种输电方式，没有中线的输电方式称为三相三线制。由于在对称三相电路中，由式（6-75）可知，$\dot{U}_{n'n}$ 总是等于零的，因此，不论原来有没有中线，也不论中线的阻抗是多少，都可以设想在 n n′ 间用一根理想导线连接起来，运用式（6-77）求出 a 相的电流，再按式（6-78）和式（6-79），推出其他两相的电流。

三相负载每相负载的功率为

$$P_{\mathrm{p}}=U_{\mathrm{p}}I_{\mathrm{p}}\cos\phi_Z=\left(\frac{U_1}{\sqrt{3}}\right)I_1\cos\phi_Z$$

其中 I_{p}、I_1 分别为相电流、线电流的有效值，在 Y 形连接中两者是相等的。三相总功率为

$$P=3P_{\mathrm{p}}=3U_{\mathrm{p}}I_{\mathrm{p}}\cos\phi_Z=\sqrt{3}U_1I_1\cos\phi_Z \tag{6-80}$$

可以证明，对于Δ形连接的负载，其三相功率也符合式（6-80）。

下面，我们来说明对称三相电路总的瞬时功率是恒定的，且等于其平均功率 P。

a 相、b 相和 c 相的瞬时功率分别为

$$\begin{aligned}p_{\mathrm{a}}&=u_{\mathrm{a}}i_{\mathrm{a}}=U_{\mathrm{pm}}\cos\omega t\cdot I_{\mathrm{pm}}\cos(\omega t-\phi_Z)\\&=U_{\mathrm{p}}I_{\mathrm{p}}[\cos\phi_Z+\cos(2\omega t-\phi_Z)]\\p_{\mathrm{b}}&=u_{\mathrm{b}}i_{\mathrm{b}}=U_{\mathrm{pm}}\cos(\omega t-120^\circ)I_{\mathrm{pm}}\cos(\omega t-120^\circ-\phi_Z)\\&=U_{\mathrm{p}}I_{\mathrm{p}}[\cos\phi_Z+\cos(2\omega t-240^\circ-\phi_Z)]\\p_{\mathrm{c}}&=u_{\mathrm{c}}i_{\mathrm{c}}=U_{\mathrm{pm}}\cos(\omega t+120^\circ)I_{\mathrm{pm}}\cos(\omega t+120^\circ-\phi_Z)\\&=U_{\mathrm{p}}I_{\mathrm{p}}[\cos\phi_Z+\cos(2\omega t+240^\circ-\phi_Z)]\end{aligned}$$

p_{a}、p_{b}、p_{c} 中都含有一个交变分量，它们的振幅相等，相位互差 120°，这三个交变分量相加得零。故得

$$p_{\mathrm{a}}+p_{\mathrm{b}}+p_{\mathrm{c}}=3U_{\mathrm{p}}I_{\mathrm{p}}\cos\phi_Z=P=\text{定值}$$

如果三相负载是电动机，由于三相总瞬时功率是定值，因而电动机的转矩是恒定的。因为，电动机转矩的瞬时值是和总瞬时功率成正比的。这样，虽然每相的电流是随时间变化的，但转矩却是恒定的，这样工作状态很稳定，这是三相电优于单相电的一个地方。

注意：家用墙体电源插座外接的三根线不是三相电的三根火线。日常家庭用电是单相电，不同区域（楼层）相对均衡地接于三相电源的某一相上。家庭墙体电源插座单相电中一根为火线（L），另一根为中线（N），还有一根线是接地线，用于家用电器机壳接地，防止人体触电，如图 6-55 所示。

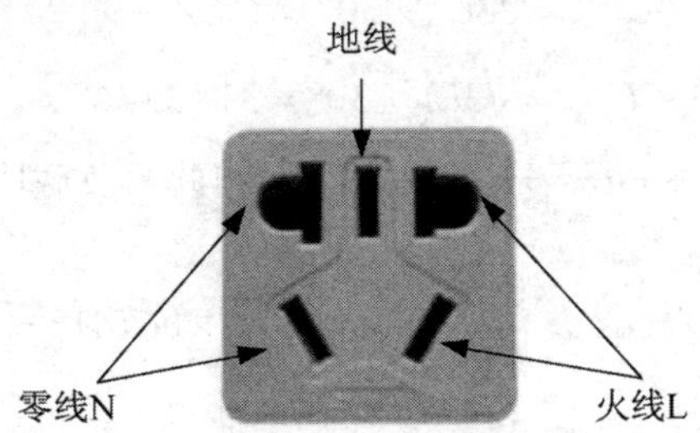

图 6-55　家用墙体电源插座

例 6-22　如图 6-56 所示的对称三相电路中，已知 $\dot{U}_{\mathrm{a}}=220\angle0^\circ\,\mathrm{V}$，负载阻抗 $Z_{\mathrm{a}}=8+\mathrm{j}7(\Omega)$，线路阻抗 $Z_{\mathrm{la}}=1+\mathrm{j}2\,(\Omega)$。试求各相负载的线电压、线电流、相电压、相电流及三相负载吸收的总功率。

解：该三相电路为三相四线制电路，线路阻抗和负载阻抗均相等，仍然为对称三相电路，中线阻抗对各电压、电流无影响。可得线电流

$$\dot{I}_a = \frac{\dot{U}_a}{Z_{1a}+Z_a} = \frac{220\angle 0°}{1+j2+8+j7} = \frac{220\angle 0°}{9+j9} = 17.3\angle -45°\text{A}$$

根据对称三相电路的对称性，可得

$$\dot{I}_b = 17.3\angle -165°\text{A}$$

$$\dot{I}_c = 17.3\angle 75°\text{A}$$

因为负载为 Y 形连接，所以相电流等于线电流。

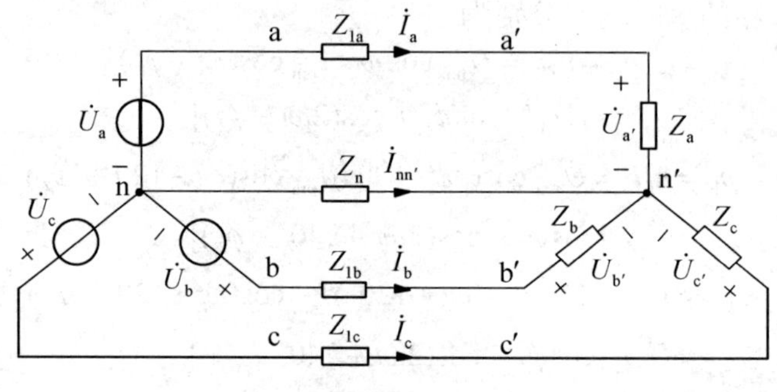

图 6-56　例 6-22 图

a 相负载电压

$$\dot{U}_{a'} = Z_a\dot{I}_a = (8+j7)\times 17.3\angle -45° = 183.4\angle -4°\text{ V}$$

根据对称性可得

$$\dot{U}_{b'} = 183.4\angle -124°\text{ V}$$

$$\dot{U}_{c'} = 183.4\angle 116°\text{ V}$$

由 Y 形连接线电压与相电压的关系，可得

$$\dot{U}_{a'b'} = \sqrt{3}\dot{U}_{a'}\angle 30° = 318\angle 26°\text{V}$$

$$\dot{U}_{b'c'} = \sqrt{3}\dot{U}_{b'}\angle 30° = 318\angle -94°\text{V}$$

$$\dot{U}_{c'a'} = \sqrt{3}\dot{U}_{c'}\angle 30° = 318\angle 146°\text{V}$$

由于各相负载阻抗 $Z_a = 8+j7 = 10.6\angle 41°\ \Omega$，因此，负载阻抗的阻抗角为 $\phi_Z = 41°$，故三相负载吸收的总功率为

$$P = 3U_p I_p \cos\phi_Z = 3\times 183.4\times 17.3\times \cos 41° = 7183.6\text{W}$$

思考与讨论 6

6-1　交流电的频率为什么选择在 50Hz 或 60Hz？

6-2　随着人民生活水平的提高，家用电器已进入千家万户。人们需要了解家用电器

铭牌上标注的参数意义，家庭装修时希望了解线路安装常识，下表分别列出了某容声冰箱和格力电风扇的铭牌参数，你能理解其指标要求吗？试收集你身边的电器铭牌或说明书，并说明其电参数意义。

容声冰箱 BCD–208B/HC	格力电风扇 KYTA–30A
总有效容积：208L	额定电压：220V
冷冻室有效容积：97L	工作频率：50Hz
冷冻能力：5.25kg/24h	扇叶直径：300mm
电源：220V/50Hz	输出风量：>50m^3/min
额定输入功率：140W	功率：50W
耗电量：1.00kWh/24h	净重：4.1kg
净重：58kg	毛重：5kg

6–3　固定电话和 MP3 播放音乐时会感觉音色效果差别比较大，为什么？音响设备有一个很重要的指标——频率特性，一般都以频率范围给出，若有两台音响设备，其中一台频率范围为 40Hz～20kHz，另一台频率范围为 10Hz～40kHz，如果其他指标相同，你认为哪一台性能更好一些？为什么？

6–4　观察高压输电线结构，了解电力传输的常用方式和电力传输方面的相关知识。

6–5　入户交流电通常装有保险或防漏电空气开关，一般应装在什么位置？家庭装修时导线材料（铜线或铝线）及线径如何选择？日常用电常识你了解多少？请查阅有关资料后讨论说明。

习　题　6

6–1　已知正弦量 $f(t)=15\cos(5000t-30°)$。

（1）绘出该正弦量的波形图；

（2）该正弦量的最大值、有效值、角频率、频率、周期各为多少？

（3）该函数与下列各函数的相位关系如何？（谁超前？相位差多少？）

$\cos(5000t)$；$\sin(5000t)$；$\sin(5000t+60°)$；$\sin(5000t-60°)$。

6–2　已知一正弦电流的波形如图 6–57 所示。

（1）试求此电流的幅值、有效值、角频率频率、周期、初相；

（2）写出其函数表达式。

6–3　已知 $i_1(t)=10\cos(4t)(\mathrm{A})$，$i_2(t)=20(\cos 4t+\sqrt{3}\sin 4t)\,(\mathrm{A})$。试比较 $i_1(t)$ 与 $i_2(t)$ 的相位关系。

6–4　RC 串联电路如图 6–58 所示，外施电压 $u_S=30\cos(2\pi\times10^3t)\,(\mathrm{V})$，在 $t=0$ 时接入电路，已知 $R=2\mathrm{k}\Omega$，$C=1\mu\mathrm{F}$，$u_C(0_-)=1\mathrm{V}$，计算 $t\geqslant0$ 时的 $i(t)$，并绘出波形图。

6–5　（1）求下列相量所对应的正弦量（其频率为 ω）。

(a) 6–j8　　(b) –8+j6　　(c) –j10　　(d) $\dfrac{1+\mathrm{j}2}{2-\mathrm{j}}$

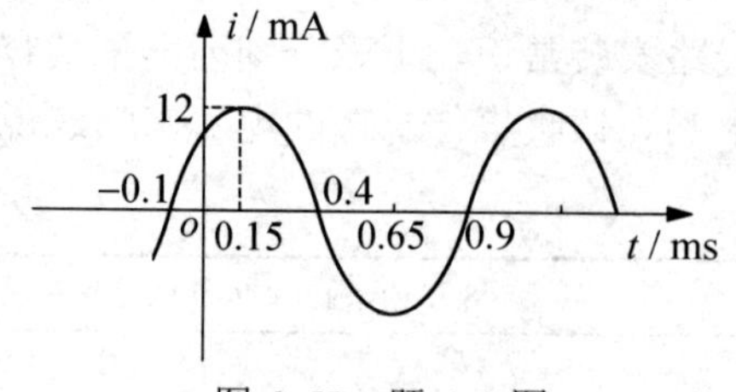

图 6-57　题 6-2 图

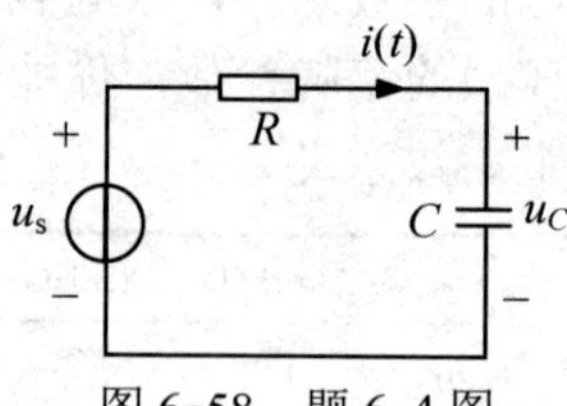

图 6-58　题 6-4 图

（2）求对应于下列正弦量的相量，并画出其相量图。

(a) $4\sin(2t)+3\cos(2t)$　　　　(b) $-6\sin(2t-75°)$

6-6 （1）若$\dfrac{a+jb}{2+j3}=\dfrac{5-j2}{3-j4}$，试求 a，b。

（2）若$100\angle 0°+A\angle 60°=173\angle\theta$，试求$A,\theta$。

6-7　分别求图 6-59 所示各电路中 A_1 或 V_1 电表的读数。（各电流表内阻为零，电压表内阻为无穷大）

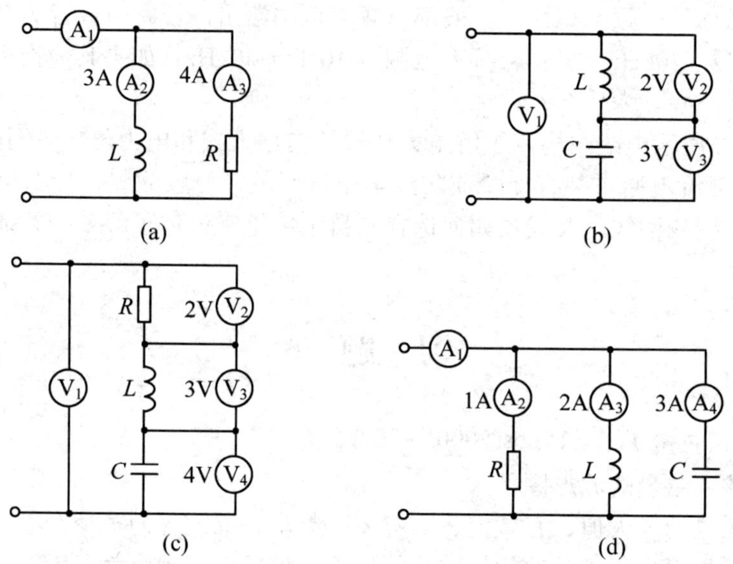

图 6-59　题 6-7 图

6-8　已知元件 A 的正弦电流$i(t)=3\sqrt{2}\cos(1000\,t+30°)(\text{mA})$，求元件 A 两端的电压$u(t)$，假设 A 为

（1）$R=4\text{k}\Omega$的电阻；

（2）$L=10\text{H}$的电感；

（3）$C=1\mu\text{F}$的电容。

6-9　已知正弦电压$u_1(t)=220\sqrt{2}\cos(\omega t+30°)(\text{V})$，$u_2(t)=220\sqrt{2}\cos(\omega t+150°)(\text{V})$，试求

（1）u_1-u_2；

（2）u_1+u_2。

并绘出各相量图。

6-10　图 6-60 所示电路中，已知电阻电压 $u_R(t)=100\sqrt{2}\cos(314t)(\text{V})$，试求电压 $u_L(t)$，$u_C(t)$ 和 $u_S(t)$，并绘出相量图。

6-11　图 6-61 所示电路中，已知 $i_C(t)=0.1\sqrt{2}\cos(1000t+60°)(\text{A})$，$R=10\text{k}\Omega$，$C=0.2\mu\text{F}$，试求 $i(t)$，并画出相量图。

6-12　图 6-62 所示电路中，已知 $\dot{U}_C=20\angle 0°\text{V}$，试求 $\dot{U}$ 和 $\dot{I}$，并画出相量图。

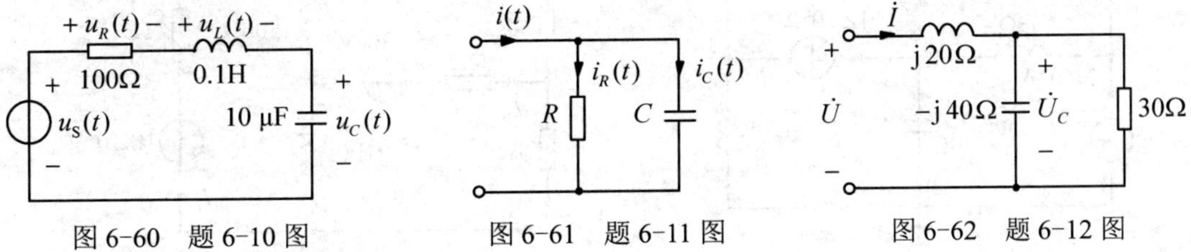

图 6-60　题 6-10 图　　图 6-61　题 6-11 图　　图 6-62　题 6-12 图

6-13　图 6-63 所示电路中，已知 $I_1=3\text{A}$，$I_2=4\text{A}$。

（1）当 Z_1 和 Z_2 均为电阻时，求电流 I；

（2）当 Z_1 为电阻，Z_2 为电感时，求电流 I。

6-14　图 6-64 所示为某个网络的一部分，试求电感电压相量 $\dot{U}_L$。

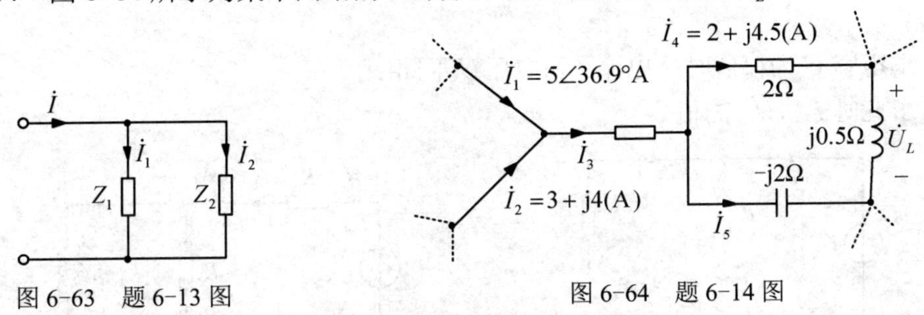

图 6-63　题 6-13 图　　图 6-64　题 6-14 图

6-15　求图 6-65 所示电路中的 $\dot{U}$ 和 $\dot{I}$，并画出相量图。

6-16　如图 6-66 所示电路中，已知 $R_1=10\Omega$，$X_C=17.32\Omega$，$I_1=5\text{A}$，$U=120\text{V}$，$U_L=50\text{V}$，并且 $\dot{U}$ 与 $\dot{I}$ 同相，求 R、R_2 和 X_L。

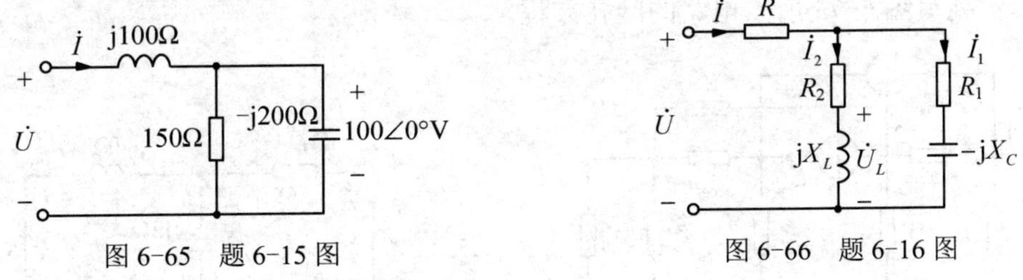

图 6-65　题 6-15 图　　图 6-66　题 6-16 图

6-17 求图 6-67 所示电路中的电压相量 $\dot{U}_{ab}$。

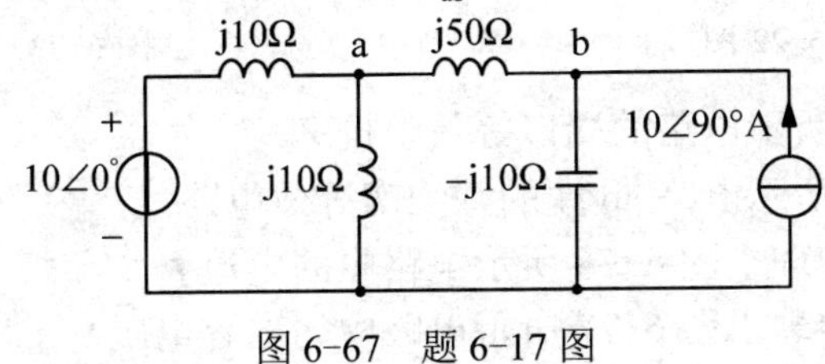

图 6-67　题 6-17 图

6-18　列写图 6-68 所示电路的节点方程和网孔方程。

6-19　试用叠加定理求图 6-69 所示电路各支路电流相量（画出各独立源单独作用的相量模型）。

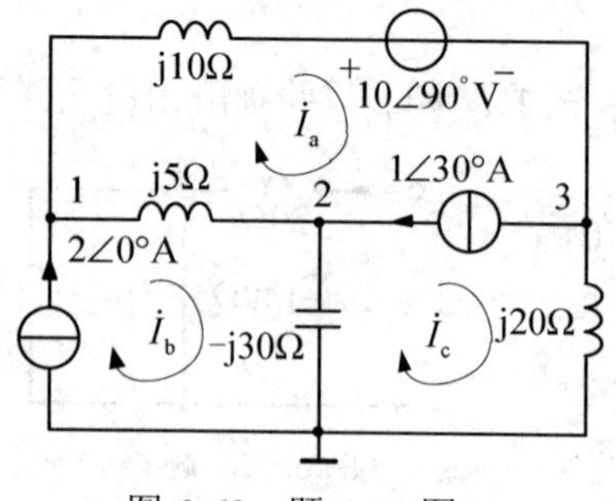

图 6-68　题 6-18 图

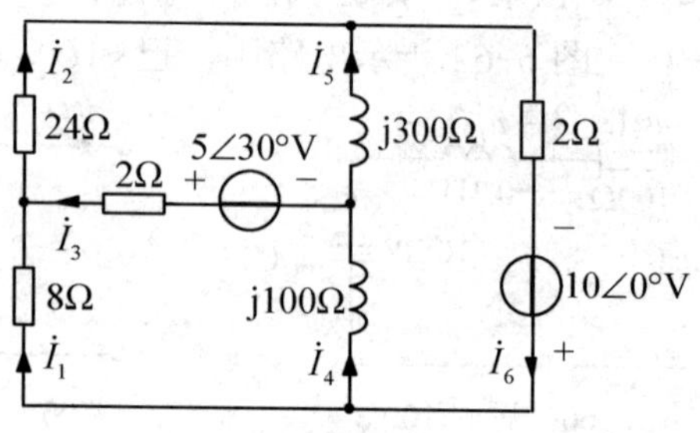

图 6-69　题 6-19 图

6-20　电路如图 6-70 所示，已知 $\dot{U}_S = 100\angle 0°\text{V}$，$R_1 = 4\Omega$，$R_2 = 7.07\Omega$，$X_L = 3\Omega$，$X_C = 7.07\Omega$，试求电流 $\dot{I}_1$、$\dot{I}_2$ 和 $\dot{I}$。

6-21　电路如图 6-71 所示，已知 $\dot{U}_S = 20\angle 0°\text{V}$，$R_1 = 0.5\text{k}\Omega$，$R_2 = 1\text{k}\Omega$，$X_L = 1\text{k}\Omega$，$\omega = 10^7\text{rad/s}$。

（1）求电容 C 为何值时，电流 $\dot{I}$ 和电压 $\dot{U}_S$ 同相；

（2）求此时 I 和 U_{ab} 的值。

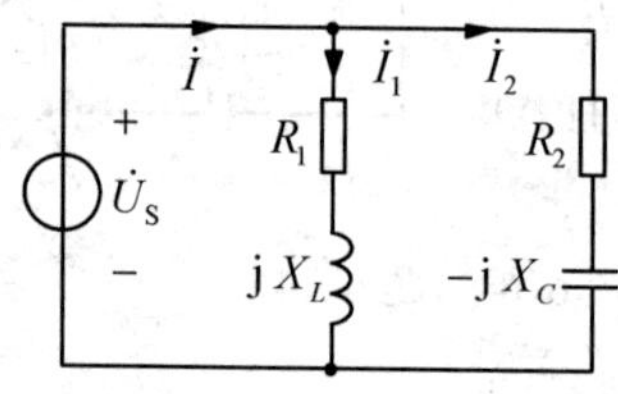

图 6-70　题 6-20 图

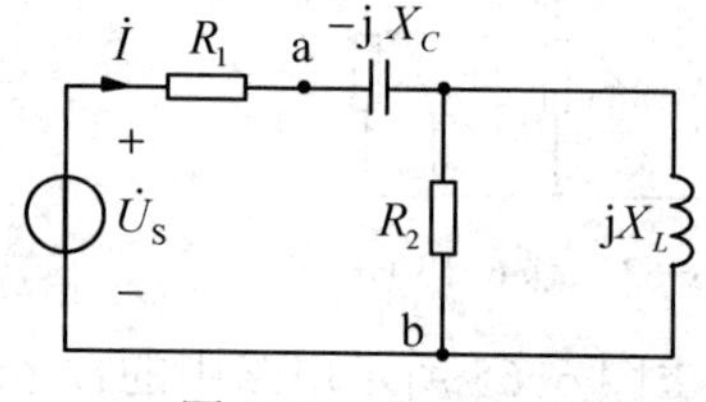

图 6-71　题 6-21 图

6-22　列写图 6-72 所示电路的节点方程。

6-23　列写图 6-73 所示电路的网孔方程。

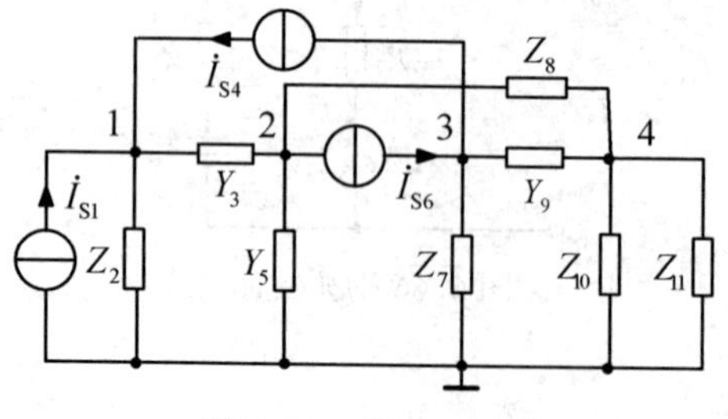

图 6-72　题 6-22 图

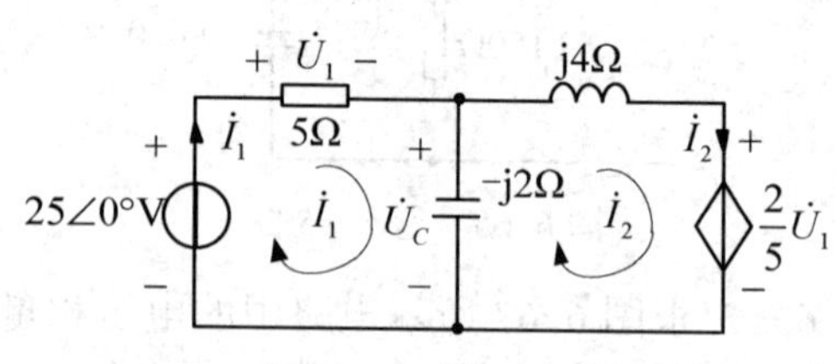

图 6-73　题 6-23 图

6-24　试求图 6-74 所示电路的端口等效阻抗 Z。

6-25　试求图 6-75 所示电路 ab 端的戴维南等效电路。

6-26　利用戴维南定理求图 6-76 所示电路中的电流 $\dot{I}$。

6-27　利用戴维南定理求图 6-77 所示电路中的电容电压 $\dot{U}$。

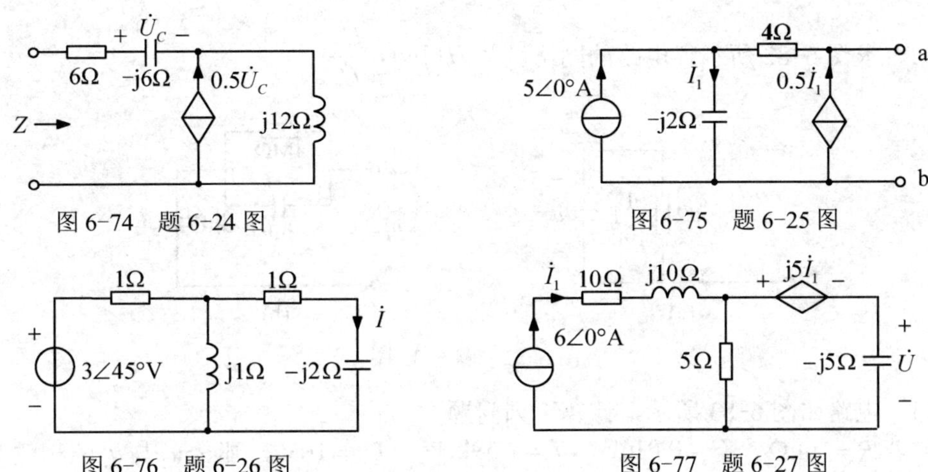

图 6-74 题 6-24 图　　图 6-75 题 6-25 图

图 6-76 题 6-26 图　　图 6-77 题 6-27 图

6-28 图 6-78 所示电路中，已知基波角频率 $\omega = 314\,\text{rad/s}$，$u(t) = 4 + 18\cos\omega t + 6\cos(3\omega t + 30°) + 20\cos(5\omega t + 19°)(\text{V})$，试求电路中的电流。

6-29 图 6-79 所示 RC 滤波电路中，已知 $u_1 = 240 + 10\sqrt{2}\cos(628t)(\text{V})$，$R = 200\,\Omega$，$C = 50\,\mu\text{F}$，求输出电压 u_2。

6-30 图 6-80 所示电路中，已知 $u = 20 + 10\sqrt{2}\cos(3\omega t)(\text{V})$，$R = 20\,\Omega$，$\omega L = \dfrac{10}{3}\,\Omega$，$\dfrac{1}{\omega C} = 60\,\Omega$，求电流 i 和电压 u_L。

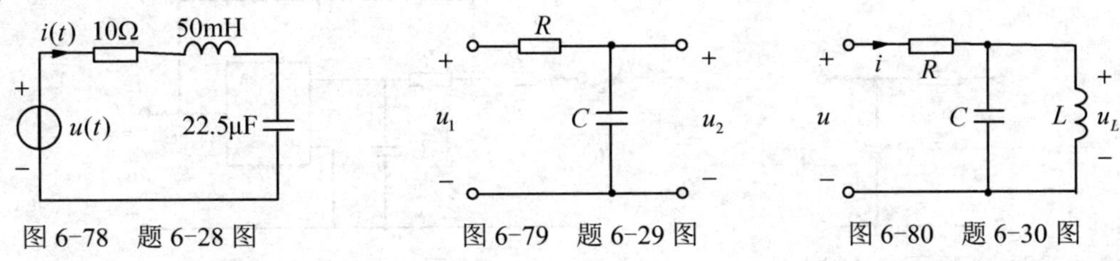

图 6-78 题 6-28 图　　图 6-79 题 6-29 图　　图 6-80 题 6-30 图

6-31 求图 6-81 所示各电路的网络函数 $H(\text{j}\omega) = \dfrac{\dot{U}_2}{\dot{U}_1}$，指出各电路是低通还是高通，并绘出频率响应草图。

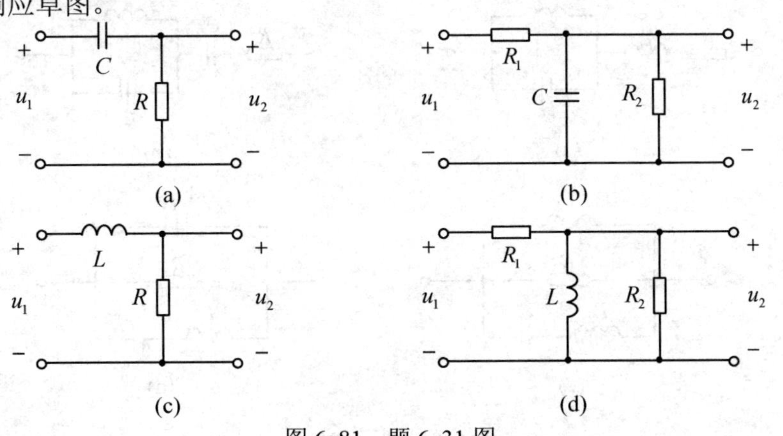

图 6-81 题 6-31 图

6-32　求图 6-82 所示各电路的网络函数 $H(\mathrm{j}\omega)=\dfrac{\dot{U}_2}{\dot{U}_1}$。

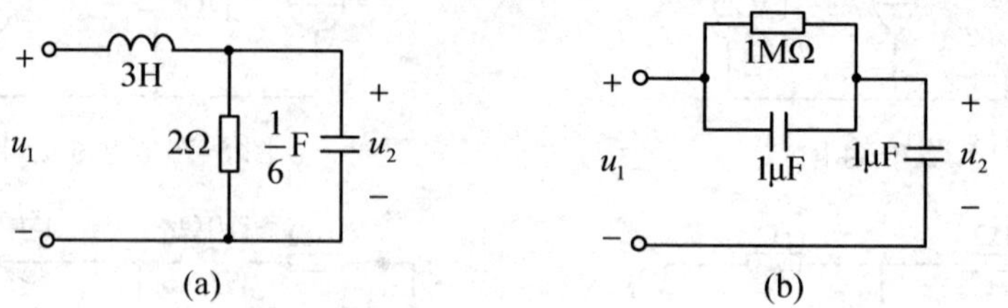

图 6-82　题 6-32 图

6-33　电路如图 6-83 所示，计算下列问题

（1）若 $R=10\text{k}\Omega$，$C=0.01\mu\text{F}$，$f=1.59\text{kHz}$，$U_1=10\text{V}$，那么 u_2 与 u_1 的相位差为多少？u_2 的振幅为多少？

（2）若 R、C、U_1 不变，欲使 u_2 的相位滞后 u_1 60°，这时工作频率为多少？u_2 的振幅为多少？

6-34　图 6-84 是由运算放大器和 R、C 元件构成的 RC 低通网络。设输入电压是角频率为 ω 的正弦电压，试求输出电压相量与输入电压相量之比 $\dfrac{\dot{U}_2}{\dot{U}_1}$，并讨论当 ω 变化时 $\dfrac{\dot{U}_2}{\dot{U}_1}$ 的变化情况（运算放大器放大倍数为 A，输入阻抗为∞）。

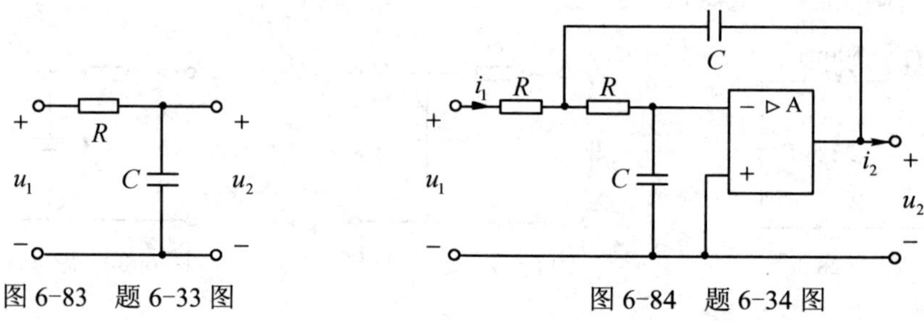

图 6-83　题 6-33 图

图 6-84　题 6-34 图

6-35　试求图 6-85 所示各电路的谐振角频率的表达式。

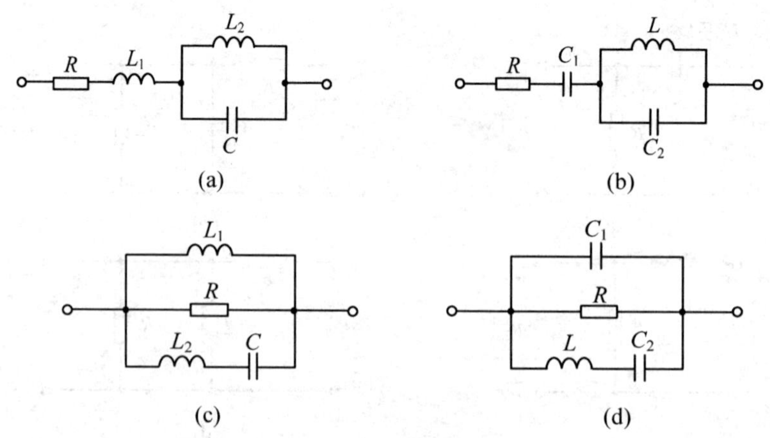

图 6-85　题 6-35 图

6-36　求图 6-86 所示各电路的谐振角频率。

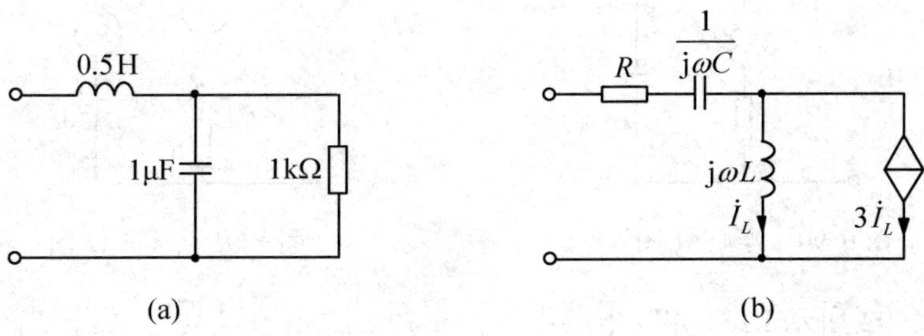

图 6-86　题 6-36 图

6-37　如图 6-87 所示电路，电源电压 $U = 10\text{V}$，角频率 $\omega = 3000\text{rad/s}$，调节电容 C 使电路达到谐振，谐振电流 $I_0 = 100\text{mA}$，谐振电容电压 $U_{C0} = 200\text{V}$，试求 R、L、C 以及电路品质因数 Q。

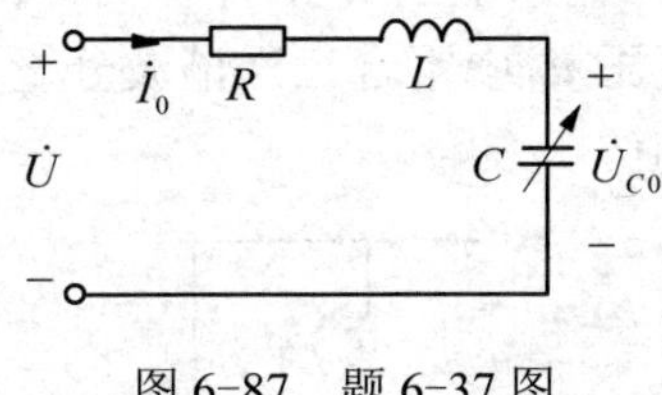

图 6-87　题 6-37 图

6-38　当频率 $f = 500\text{Hz}$ 时，RLC 串联电路发生谐振，已知谐振时入端阻抗 $Z = 10\Omega$，电路的品质因数 $Q = 20$，求各元件参数 R、L、C。

6-39　如图 6-88 所示 RLC 串联电路，端电压 $u_\text{S} = 10\sqrt{2}\cos(1000t)(\text{V})$，当电容 $C = 10\mu\text{F}$ 时，电路中电流最大，$I_{\max} = 2\text{A}$。

（1）求电阻 R 和电感 L;

（2）求各元件电压的瞬时表达式;

（3）画出各电压相量图。

6-40　并联谐振电路如图 6-89 所示，已知 $L = 40\mu\text{H}$，$C = 40\text{pF}$，$Q = 60$，电流 $I_0 = 0.5\text{mA}$，试求电阻 R 及电压 U。

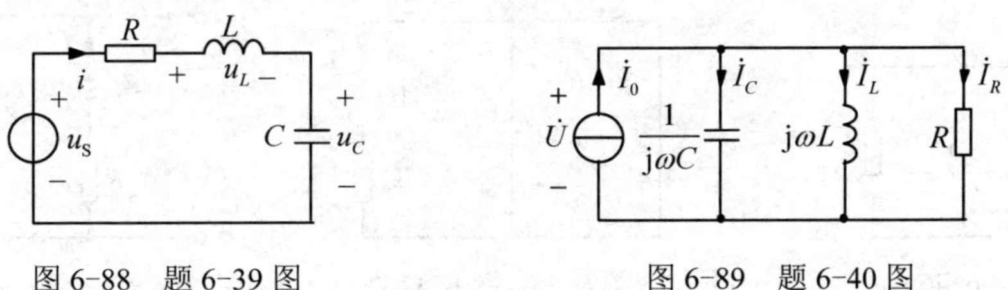

图 6-88　题 6-39 图　　　　图 6-89　题 6-40 图

6-41　如图 6-90 所示并联谐振电路，已知谐振时阻抗 $Z_0 = 10\text{k}\Omega$，$L = 0.02\text{mH}$，$C = 200\text{pF}$，试求电阻 R 及品质因数 Q。

6-42　图 6-91 所示的并联谐振电路中，已知电流表 A_1 和 A_2 的读数分别为 3.6A 和 6A，试求电流表 A_3 的读数。

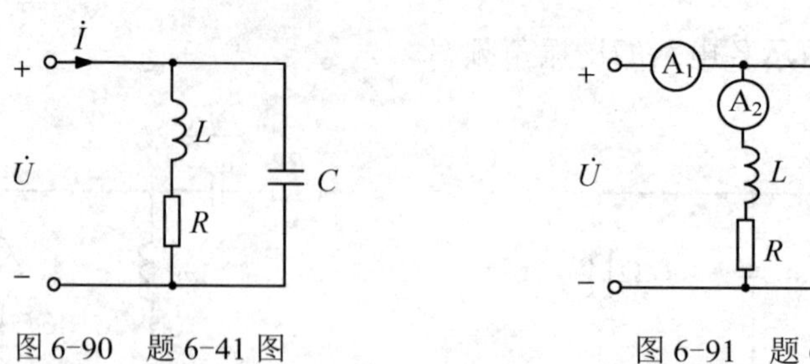

图 6-90　题 6-41 图　　图 6-91　题 6-42 图

6-43　图 6-92 所示 RLC 并联电路中，$i_S = \sqrt{2}\cos(5000t + 30°)$ (A)，当电容 C = 20μF 时，电路中吸收的功率最大，$P_{max} = 50W$，求 R、L 及流过各元件电流的瞬时值表达式，并画出各元件电流相量图。

6-44　图 6-93 所示并联谐振电路中，已知 R = 10Ω，L = 250μH，调节电容 C 使电路在频率 $f = 10^4$Hz 时谐振，求谐振时的电容 C 及入端阻抗 Z_{in}。

6-45　图 6-94 所示电路中，输入电压 u 中含有三次和五次谐波分量，基波角频率为 1000rad/s，若要求电阻 R 上的电压 u_R 中不含三次谐波分量，且电压 u_R 与 u 的五次谐波分量完全相同，这时 L_1 和 L_2 为何值？

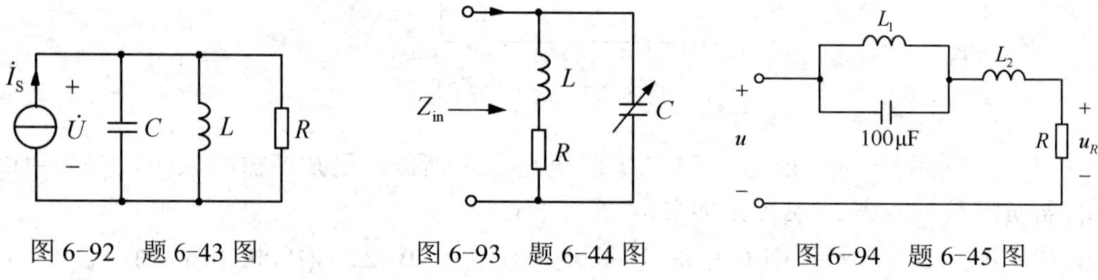

图 6-92　题 6-43 图　　图 6-93　题 6-44 图　　图 6-94　题 6-45 图

6-46　如图 6-95 所示，电路吸收有功功率 180W，$U = 36V$，$I = 5A$，$R = 20\Omega$，求 X_C、X_L。

6-47　电路的相量模型如图 6-96 所示，求电阻、电感和电容的有功功率和无功功率。

6-48　如图 6-97 所示，电路吸收有功功率 1500W，$I = I_1 = I_2$，$U = 150V$，求 R、X_C、X_L。

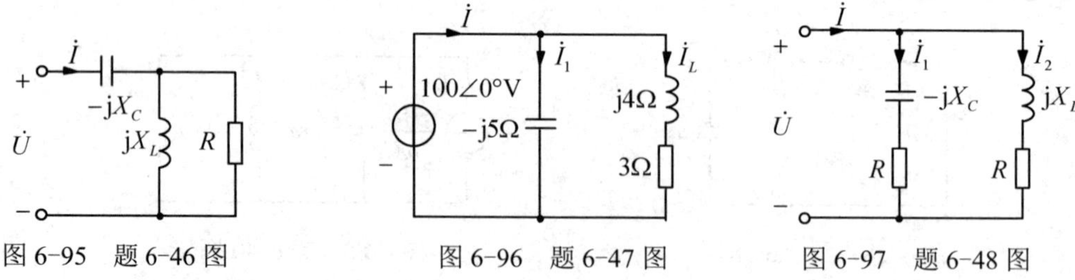

图 6-95　题 6-46 图　　图 6-96　题 6-47 图　　图 6-97　题 6-48 图

6-49　如图 6-98 所示单口网络 N，计算下列各种情况下 N 的有功功率、无功功率、视在功率及功率因数。

（1）已知 $u(t) = 100\sqrt{2}\cos(\ t - 30°)(V)$，N 的阻抗为 $Z = 20\angle 0°\Omega$；

（2）已知 $i(t) = 10\cos t(A)$，N 的导纳为 $Y = 1 - j\ (S)$；

（3）已知 $u(t)=10\cos(400t)(\mathrm{V})$，N 为 6Ω 电阻和 20mH 电感的串联电路；

（4）已知 $u(t)=10\sqrt{2}\cos(10^3t-75°)(\mathrm{V})$，$i(t)=\cos(10^3t-30°)(\mathrm{A})$。

6-50 图 6-99 所示为电阻 R 与感性负载 Z 的串联电路，已知 $R=120\Omega$，$U=20\mathrm{V}$，$U_1=15\mathrm{V}$，$U_2=12\mathrm{V}$，计算电路的有功功率。

6-51 电路如图 6-100 所示，已知 $u(t)=100\cos(200t)(\mathrm{V})$，$L=54\mathrm{mH}$，$u_L$ 的峰值为 50V，试求 R 的值及电路的有功功率。

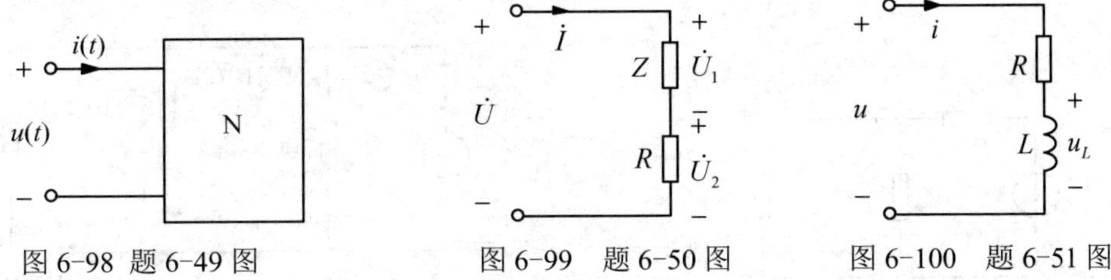

图 6-98 题 6-49 图　　图 6-99 题 6-50 图　　图 6-100 题 6-51 图

6-52 电路如图 6-101 所示，已知 $I=10\mathrm{A}$，$U=250\mathrm{V}$，$U_1=150\mathrm{V}$，电路的有功功率为 2kW，求 R_1、R_2 和 X_L 的值。

6-53 图 6-102 所示电路中，已知 $R_1=R_2=100\Omega$，$X_L=100\Omega$，$\dot{U}_{ab}=141.4\mathrm{V}$，并联支路 Z_1 的有功功率 $P_1=100\mathrm{W}$，功率因数 $\cos\phi_1=0.707$（容性），计算电路的阻抗 Z、电压 U、有功功率 P、无功功率 Q 和功率因数 $\cos\phi$。

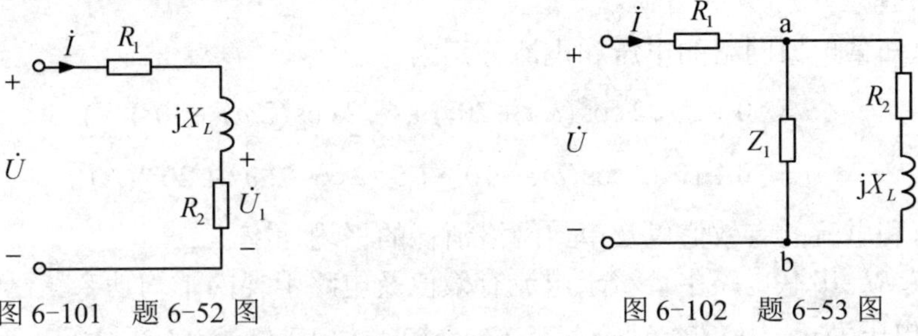

图 6-101 题 6-52 图　　图 6-102 题 6-53 图

6-54 已知正弦电源电压为 220V，频率为 50Hz，将一额定功率为 1.1kW，功率因数为 0.5 的感性负载接在电源上，试计算

（1）若将功率因数提高到 0.8，需并联多大电容？

（2）若将功率因数提高到 1，需并联多大电容？

6-55 电路如图 6-103 所示，试计算 Z 为何值时可获得最大功率？最大功率为多少？

6-56 图题 6-104 所示电路中，求当 $u_S(t)=3\cos(\omega t)(\mathrm{V})$，$\omega=1\mathrm{rad/s}$ 时，端口 ab 所能提供的最大功率。

6-57 若将一电阻负载 R 接于图 6-104 电路中的 ab 端，R 能获得的最大功率是多少？

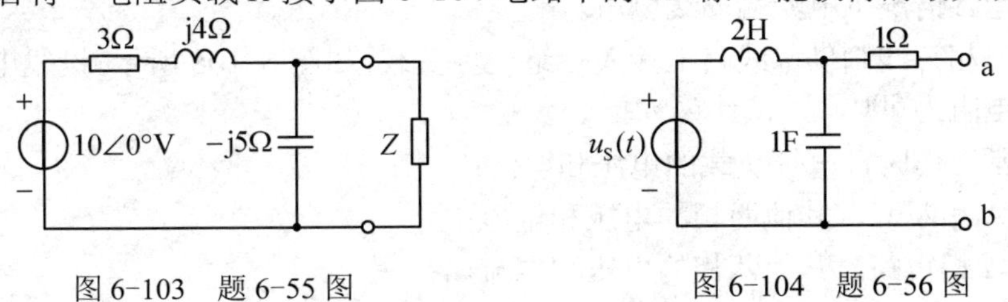

图 6-103 题 6-55 图　　图 6-104 题 6-56 图

6-58　如图 6-105 所示电路中 $\dot{U}_S = 100\angle 30°\text{V}$，$Z_1 = 10 + \text{j}20(\Omega)$，$Z_2 = 8 + \text{j}12(\Omega)$。求负载 Z 为多大时可以获得最大有功功率？并求此功率。

6-59　如图 6-106 所示电路，a、b 端所接阻抗为多大时，该阻抗能获得最大的有功功率，求该功率。

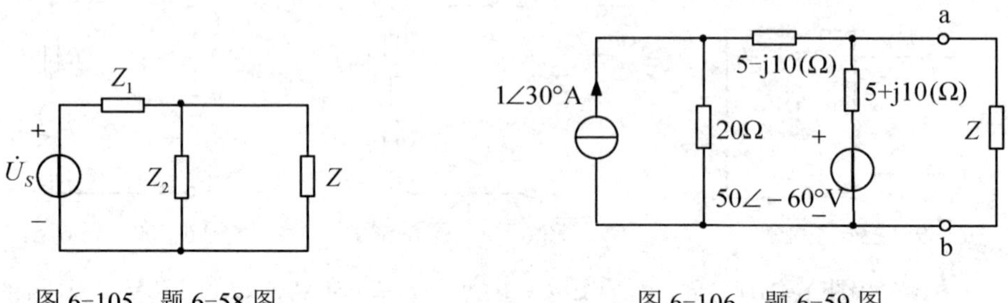

图 6-105　题 6-58 图　　　　图 6-106　题 6-59 图

6-60 电压为 220V 的工频电源供给一组动力负载，负载电流 $I = 300\text{A}$，吸收有功功率 $P = 40\text{kW}$。现在要在此电源上再接一组功率为 20kW 的照明设备（白炽灯），并希望照明设备接入后电路总电流为 315A，为此需要并联电容。计算所需的电容值，并计算此时电路的总功率因数。

6-61　已知某单口网络的电压和电流分别为

$$u = 50 + 20\sqrt{2}\cos(\omega t + 20°) + 6\sqrt{2}\cos(2\omega t + 80°)(\text{V})$$

$$i = 20 + 10\sqrt{2}\cos(\omega t - 10°) + 5\sqrt{2}\cos(2\omega t + 20°)(\text{A})$$

试求电压和电流的有效值以及单口网络消耗的平均功率。

6-62　在 RL 串联电路中，试求电流有效值及电路消耗的平均功率。已知 $R = 20\Omega$，$\omega L = 20\Omega$，电压为 $u = 100\sqrt{2}\cos\omega t + 25\sqrt{2}\cos(2\omega t) + 10\sqrt{2}\cos(3\omega t)(\text{V})$。

6-63　对称 Y 形连接负载，每相阻抗为 $Z = 8 + \text{j}6(\Omega)$，接于线电压 380V 的对称三相电源上，假设 u_{ab} 的初相为 $60°$，求各相电流和三相总功率。

6-64　对称Δ形连接负载，每相阻抗为 $Z = 12.7\angle 30°\Omega$，接于线电压 127V 的对称三相电源上，求各线电流、相电流及三相功率。

6-65　图 6-107 所示三相电路，已知第一组负载是对称 Y 形连接，$R_1 = 110\Omega$，额定电压为 380/220V。第二组是对称感性负载，其功率 $P_2 = 5.28\text{kW}$，$\cos\phi_2 = 0.8$，额定电压也是 380/220V。两组负载通过线路阻抗为 $Z_l = 1 + \text{j}2(\Omega)$ 的输电线接到对称三相电源上。求负载在额定运行情况下电源端的线电压。

6-66　三相三线制供电线路上接入三组电灯负载，如图 6-108 所示。设线电压为 380V，每组电灯的电阻为 500Ω，试计算

（1）正常工作时，电灯负载的电压和电流；

（2）若 A 相断开，其他两相的电压和电流；

（3）若 A 相短路，其他两相的电压和电流。

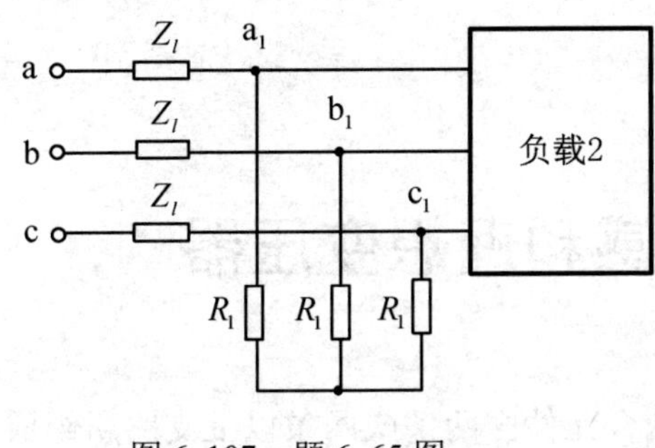

图 6-107　题 6-65 图

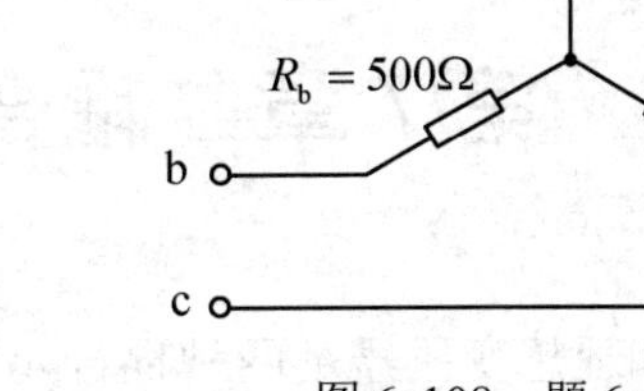

图 6-108　题 6-66 图

6-67　图 6-109，电路中 A、B、C 与线电压为380V的对称三相电源相连，对称三相负载 1 吸收有功功率10kW，功率因数为 0.8（滞后），$Z_2 = 10 + \mathrm{j}5(\Omega)$，求电流 $\dot{I}$。

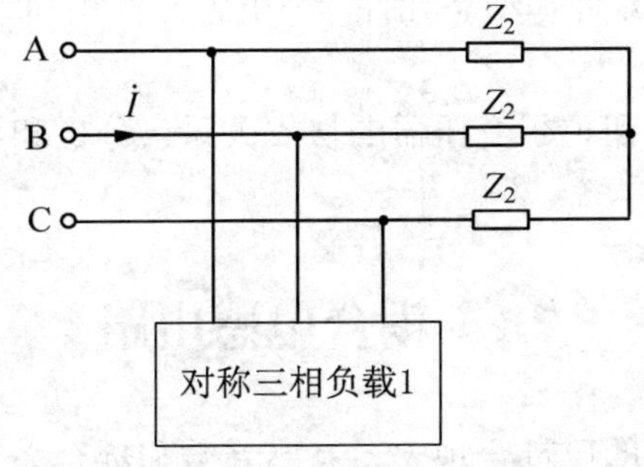

图 6-109　题 6-67 图

第7章　耦合电感和理想变压器

耦合电感和理想变压器是两种耦合元件，耦合元件由两条或两条以上支路所组成，其中一条支路的电压和电流与其他支路的电压和电流有关。耦合电感和理想变压器是以磁耦合原理工作的耦合元件，而前面介绍过的受控源则是以电耦合原理工作的耦合元件。耦合电感和理想变压器是构成实际变压器电路模型的必备元件。然而，两者性质是完全不同的，耦合电感是记忆元件、储能元件和动态元件（与电感元件相同），而理想变压器则是非记忆的、不储能的元件。

本章主要介绍耦合电感和理想变压器的伏安关系，分析和计算包含耦合电感和理想变压器的正弦稳态电路。

7.1　耦合电感电路

本节主要介绍耦合电感的磁耦合现象、互感系数和耦合系数、耦合电感的同名端及其伏安关系等内容，同时对含有耦合电感的电路进行分析计算。

7.1.1　耦合电感

如图 7-1 所示是一个孤立的电感线圈（称为线圈 1），其匝数为 N_1，若线圈周围的介质是线性的，则磁链与电流成线性关系，即

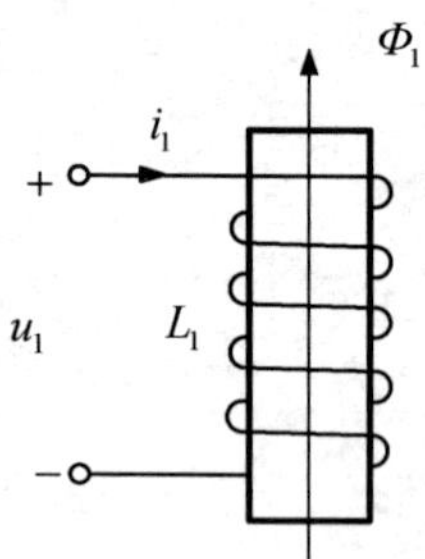

图 7-1　电感线圈

$$\Psi_1 = N_1\Phi_1 = L_1 i_1 \tag{7-1}$$

式中，Ψ_1 为线圈 1 的磁链，Φ_1 为线圈 1 的自感磁通，L_1 为线圈 1 的电感，也称为自感。

如果端口电压与电流的参考方向为关联参考方向，且电流与磁通符合右手螺旋法则，根据电磁感应定律，得到电感的伏安关系为

$$u_1 = \frac{\mathrm{d}\Psi_1}{\mathrm{d}t} = L_1 \frac{\mathrm{d}i_1}{\mathrm{d}t} \tag{7-2}$$

式（7-2）也就是 5.1 节电感元件的伏安关系。

如果两个或两个以上电感线圈相互靠近，则其中一线圈的电流产生的磁通不仅与本线圈交链，同时还与其他线圈交链，这种现象称为磁耦合，有磁耦合现象的电感称为耦合电感。

假如在线圈 1 的附近还有一个线圈 2，其匝数为 N_2，则两线圈之间将出现磁耦合现象，如图 7-2 所示，线圈 1 的磁通 Φ_1 由两部分组成，即

$$\Phi_1 = \Phi_{11} + \Phi_{12} \tag{7-3}$$

式中，Φ_{11} 为线圈 1 的电流 i_1 单独存在时在线圈 1 中产生的磁通，即自感磁通；Φ_{12} 为线圈 2 的电流 i_2 单独存在时在线圈 1 中产生的磁通，称为互感磁通。自感磁通 Φ_{11} 与线圈 1 的各匝都交链，产生自感磁链 Ψ_{11}，即

$$\Psi_{11} = N_1\Phi_{11} = L_1 i_1 \tag{7-4}$$

互感磁通 Φ_{12} 与线圈 1 的各匝也都交链，产生互感磁链 Ψ_{12}，即

$$\Psi_{12} = N_1\Phi_{12} = M_{12} i_2 \tag{7-5}$$

于是线圈 1 的总磁链为

$$\Psi_1 = \Psi_{11} + \Psi_{12} = N_1\Phi_{11} + N_1\Phi_{12} = L_1 i_1 + M_{12} i_2 \tag{7-6}$$

同理，线圈 2 的磁链也是由自感磁链和互感磁链组成，即

$$\Psi_2 = \Psi_{22} + \Psi_{21} = N_2\Phi_{22} + N_2\Phi_{21} = L_2 i_2 + M_{21} i_1 \tag{7-7}$$

式（7-6）和（7-7）中，L_1、L_2 为线圈 1 和线圈 2 的自感，M_{12} 为线圈 2 与线圈 1 的互感系数，M_{21} 为线圈 1 与线圈 2 的互感系数，当线圈的匝数、几何形状、尺寸、相对位置一定，并且磁介质为线性时，可以证明

$$M_{12} = M_{21} = M \tag{7-8}$$

式中，M 称为两线圈的互感系数，简称互感，与自感有相同单位亨（H）。

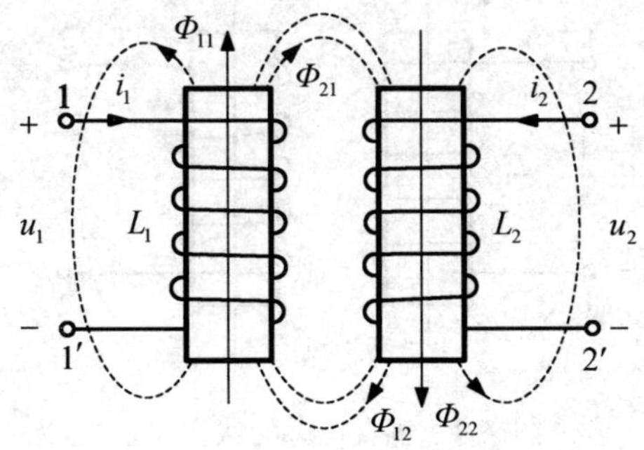

图 7-2　耦合电感

在工程上，通常用耦合系数描述两个线圈耦合的松紧程度。耦合系数用 k 表示，定义为

$$k = \sqrt{\frac{\Psi_{12}\Psi_{21}}{\Psi_{11}\Psi_{22}}} = \sqrt{\frac{\Phi_{12}\Phi_{21}}{\Phi_{11}\Phi_{22}}} = \frac{M}{\sqrt{L_1 L_2}} \tag{7-9}$$

耦合系数k的大小与线圈的结构、相互位置以及周围的磁介质性质有关。由于$\Phi_{21} \leqslant \Phi_{11}$（因为$\Phi_{21}$是$\Phi_{11}$的一部分）及$\Phi_{12} \leqslant \Phi_{22}$，所以$0 \leqslant k \leqslant 1$。$k$越大，表明两线圈的耦合越紧密，当$k=1$时，称为全耦合，这时，$M=\sqrt{L_1 L_2}$；当$k=0$时，两线圈不存在耦合，$M=0$。

7.1.2 耦合电感的 VCR

由以上分析可知，耦合电感的磁链包括自感磁链和互感磁链两部分。如图 7-2 所示的耦合电感，它们的自感磁通和互感磁通方向一致，彼此相互加强，两线圈的总磁链分别为

$$\begin{cases} \Psi_1 = \Psi_{11} + \Psi_{12} = L_1 i_1 + M i_2 \\ \Psi_2 = \Psi_{12} + \Psi_{22} = M i_1 + L_2 i_2 \end{cases} \tag{7-10}$$

如果各线圈端口电压与电流取关联参考方向，且电流与磁通符合右手螺旋法则，则耦合电感的伏安关系为

$$\begin{cases} u_1 = \dfrac{\mathrm{d}\Psi_1}{\mathrm{d}t} = u_{11} + u_{12} = L_1 \dfrac{\mathrm{d}i_1}{\mathrm{d}t} + M \dfrac{\mathrm{d}i_2}{\mathrm{d}t} \\ u_2 = \dfrac{\mathrm{d}\Psi_2}{\mathrm{d}t} = u_{21} + u_{22} = M \dfrac{\mathrm{d}i_1}{\mathrm{d}t} + L_2 \dfrac{\mathrm{d}i_2}{\mathrm{d}t} \end{cases} \tag{7-11}$$

式中，$u_{11} = L_1 \dfrac{\mathrm{d}i_1}{\mathrm{d}t}$，$u_{22} = L_2 \dfrac{\mathrm{d}i_2}{\mathrm{d}t}$，$u_{12} = M \dfrac{\mathrm{d}i_2}{\mathrm{d}t}$，$u_{21} = M \dfrac{\mathrm{d}i_1}{\mathrm{d}t}$。$u_{11}$、$u_{22}$分别是由两线圈的自感磁链产生的电压，称为自感电压；u_{12}、u_{21}分别是由两线圈的互感磁链产生的电压，称为互感电压。

而如图 7-3 所示的耦合电感，它们的自感磁通和互感磁通方向相反，彼此相互消弱，两线圈的总磁链分别为

$$\begin{cases} \Psi_1 = \Psi_{11} - \Psi_{12} = L_1 i_1 - M i_2 \\ \Psi_2 = -\Psi_{12} + \Psi_{22} = -M i_1 + L_2 i_2 \end{cases} \tag{7-12}$$

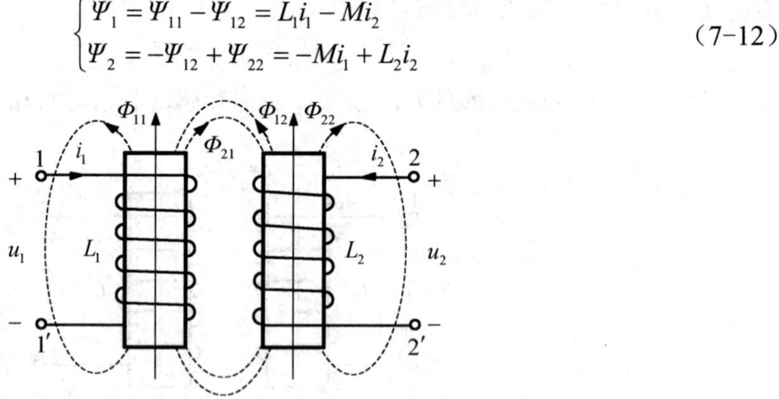

图 7-3 耦合电感的伏安关系

耦合电感的伏安关系为

$$\begin{cases} u_1 = \dfrac{\mathrm{d}\Psi_1}{\mathrm{d}t} = u_{11} + u_{12} = L_1 \dfrac{\mathrm{d}i_1}{\mathrm{d}t} - M \dfrac{\mathrm{d}i_2}{\mathrm{d}t} \\ u_2 = \dfrac{\mathrm{d}\Psi_2}{\mathrm{d}t} = u_{21} + u_{22} = -M \dfrac{\mathrm{d}i_1}{\mathrm{d}t} + L_2 \dfrac{\mathrm{d}i_2}{\mathrm{d}t} \end{cases} \tag{7-13}$$

对应于式（7-11）和式（7-13），在正弦稳态下，耦合电感伏安关系的相量形式为

$$\begin{cases}\dot{U}_1 = \mathrm{j}\omega L_1\dot{I}_1 + \mathrm{j}\omega M\dot{I}_2 \\ \dot{U}_2 = \mathrm{j}\omega M\dot{I}_1 + \mathrm{j}\omega L_2\dot{I}_2\end{cases} \tag{7-14}$$

以及

$$\begin{cases}\dot{U}_1 = \mathrm{j}\omega L_1\dot{I}_1 - \mathrm{j}\omega M\dot{I}_2 \\ \dot{U}_2 = -\mathrm{j}\omega M\dot{I}_1 + \mathrm{j}\omega L_2\dot{I}_2\end{cases} \tag{7-15}$$

式中，$\mathrm{j}\omega L_1$ 和 $\mathrm{j}\omega L_2$ 分别为两线圈自阻抗，$\mathrm{j}\omega M$ 为互阻抗，ωM 为互感抗。

式（7-11）和式（7-13）所表示的伏安关系说明，耦合电感的端口电压是自感电压和互感电压的代数和。在不同的线圈绕向和端口电压、电流的参考方向下，自感电压和互感电压的正负也不同。通常，实际线圈的绕向不能从外部看出，也不便画在电路图上。为此，人们规定了一种标志，称为同名端，借此判断耦合电感的磁通是相互加强还是削弱，进而确定自感电压和互感电压的参考方向。

同名端的标注方法是：当电流同时从两个线圈的某端子流入（或流出）时，若线圈中的自感磁通和互感磁通方向一致，则称两线圈的电流流入（或流出）端为同名端，并用“•”或“*”标记。例如，图 7-2 所示的耦合电感，电流 i_1 和 i_2 分别从两线圈的1端和2端流入，它们产生的自感磁通和互感磁通方向一致，因此，1端和2端为同名端，用“•”标注。同时，1′端和2′端也是同名端。而图 7-3 所示的耦合电感，电流 i_1 和 i_2 分别从两线圈的1端和2端流入，但它们产生的自感磁通和互感磁通方向相反，因此，1端和2端不是同名端，1端和2′端是同名端，同时，1′端和2端也是同名端。

图 7-2 和图 7-3 所示的耦合电感，在标注了同名端以后，可以分别用图 7-4(a) 和 (b) 所示的电路模型来表示，其相量模型如图 7-4(c) 和 (d) 所示。

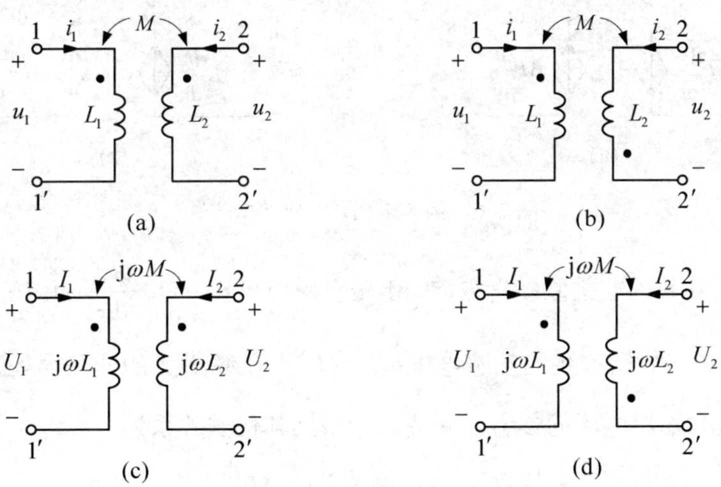

图 7-4　耦合电感的电路模型

耦合电感标注同名端后，可以按以下规则确定互感电压的参考方向：

若产生互感电压的电流的参考方向为流入同名端，则互感电压的方向在同名端处为正；反之，若产生互感电压的电流流出同名端，则它所产生的互感电压在同名端处为负。

而自感电压的参考方向，则由端口电压与电流的参考方向决定，当端口电压与电流为关联参考方向时，自感电压方向与端口电压方向一致；反之，自感电压与端口电压方向相反。

自感电压和互感电压的参考方向按上述规则确定以后，在写耦合电感伏安关系时，凡是与端口电压方向一致的自感电压和互感电压，取为正；反之，取为负。由此得到耦合电感的伏安关系。

例 7-1 图 7-5(a)和(b)所示为两对耦合电感，分别标出它们自感电压和互感电压的参考方向，并写出其伏安关系。

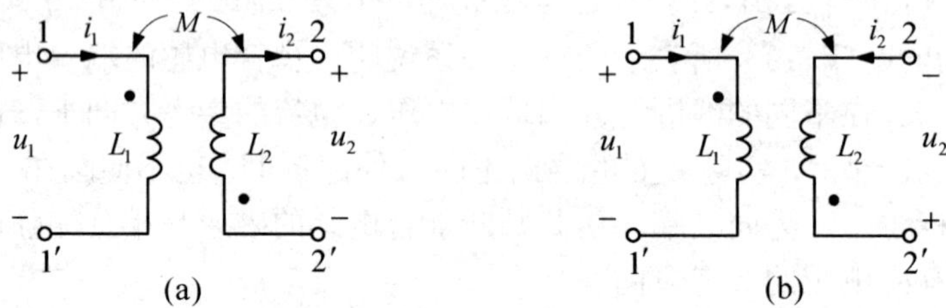

图 7-5 例 7-1 耦合电感

解：图 7-5(a)中，线圈 1 的 u_1 与 i_1 为关联参考方向，于是自感电压 $u_{11} = L_1 \dfrac{\mathrm{d}i_1}{\mathrm{d}t}$ 与 u_1 方向一致；由于电流 i_2 从同名端流入，它所产生的互感电压 $u_{12} = M \dfrac{\mathrm{d}i_2}{\mathrm{d}t}$ 在线圈 1 的同名端处为正，如图 7-6(a)所示。

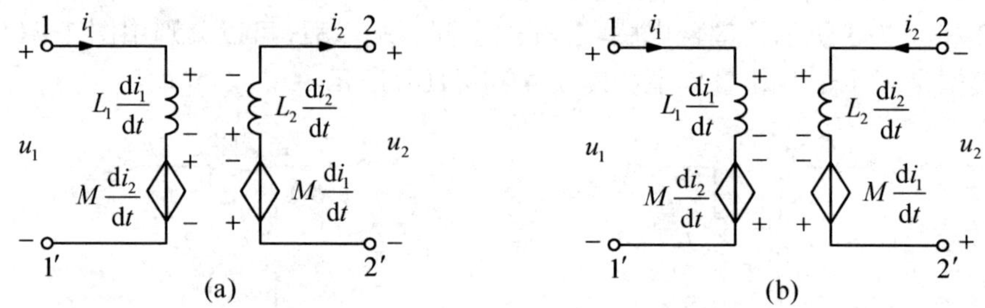

图 7-6 例 7-1 耦合电感等效电路

线圈 2 的 u_2 与 i_2 为非关联参考方向，于是自感电压 $u_{22} = L_2 \dfrac{\mathrm{d}i_2}{\mathrm{d}t}$ 与 u_2 方向相反；由于电流 i_1 从同名端流入，它所产生的互感电压 $u_{21} = M \dfrac{\mathrm{d}i_1}{\mathrm{d}t}$ 在线圈 2 的同名端处为正。考虑自感电压和互感电压与端口电压的参考方向关系，得到其伏安关系为

$$
\begin{cases}
u_1 = u_{11} + u_{12} = L_1 \dfrac{\mathrm{d}i_1}{\mathrm{d}t} + M \dfrac{\mathrm{d}i_2}{\mathrm{d}t} \\
u_2 = -u_{21} - u_{22} = -M \dfrac{\mathrm{d}i_1}{\mathrm{d}t} - L_2 \dfrac{\mathrm{d}i_2}{\mathrm{d}t}
\end{cases}
$$

同理，判断图 7-5(b)中自感电压和互感电压的参考方向如图 7-6(b)所示，得到其伏安关系为

$$\begin{cases} u_1 = u_{11} - u_{12} = L_1 \dfrac{\mathrm{d}i_1}{\mathrm{d}t} - M \dfrac{\mathrm{d}i_2}{\mathrm{d}t} \\ u_2 = u_{21} - u_{22} = M \dfrac{\mathrm{d}i_1}{\mathrm{d}t} - L_2 \dfrac{\mathrm{d}i_2}{\mathrm{d}t} \end{cases}$$

互感电压还可以用电流控制电压源表示，图 7-6 画出了本例耦合电感的等效电路。

7.1.3　去耦等效电路

1．耦合电感串联的等效电路

耦合电感串联时，可以等效为一个电感。耦合电感串联分为顺接和反接两种形式。顺接即异名端相接，如图 7-7(a) 所示。反接即同名端相接，如图 7-7(b) 所示。

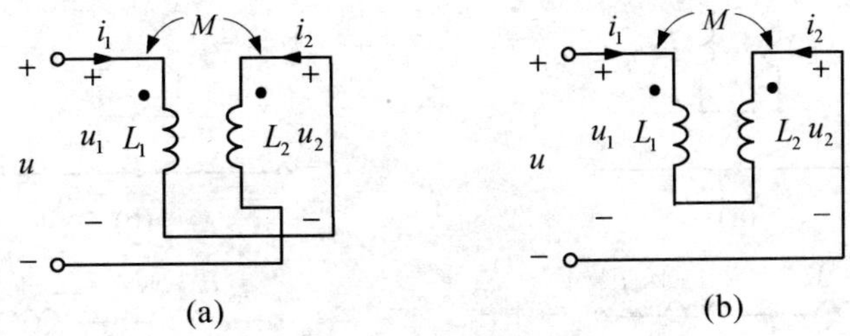

图 7-7　耦合电感的串联等效

如图 7-7 所示，耦合电感的伏安关系为

$$\begin{cases} u_1 = L_1 \dfrac{\mathrm{d}i_1}{\mathrm{d}t} + M \dfrac{\mathrm{d}i_2}{\mathrm{d}t} \\ u_2 = M \dfrac{\mathrm{d}i_1}{\mathrm{d}t} + L_2 \dfrac{\mathrm{d}i_2}{\mathrm{d}t} \end{cases}$$

顺接时 $i_1 = i_2$，如图 7-7(a) 所示，则由 KVL，有

$$\begin{aligned} u = u_1 + u_2 &= L_1 \frac{\mathrm{d}i_1}{\mathrm{d}t} + M \frac{\mathrm{d}i_1}{\mathrm{d}t} + M \frac{\mathrm{d}i_1}{\mathrm{d}t} + L_2 \frac{\mathrm{d}i_1}{\mathrm{d}t} \\ &= (L_1 + L_2 + 2M) \frac{\mathrm{d}i_1}{\mathrm{d}t} \end{aligned}$$

因此，顺接时的等效电感

$$L_{\mathrm{eq}} = L_1 + L_2 + 2M \tag{7-16}$$

反接时 $i_1 = -i_2$，如图 7-7(b) 所示，则由 KVL，有

$$\begin{aligned} u = u_1 - u_2 &= L_1 \frac{\mathrm{d}i_1}{\mathrm{d}t} + M \frac{\mathrm{d}i_2}{\mathrm{d}t} - M \frac{\mathrm{d}i_1}{\mathrm{d}t} - L_2 \frac{\mathrm{d}i_2}{\mathrm{d}t} \\ &= (L_1 + L_2 - 2M) \frac{\mathrm{d}i_1}{\mathrm{d}t} \end{aligned}$$

因此，反接时的等效电感

$$L_{\mathrm{eq}} = L_1 + L_2 - 2M \tag{7-17}$$

2. 耦合电感的 T 形去耦等效电路

如图 7-8(a) 和 (b) 所示，对于有一端相连接的耦合电感，可以等效为由三个电感组成的 T 形电路，如图 7-8(c) 和 (d) 所示。

当耦合电感同名端相接时，如图 7-8(a) 所示，其伏安关系为

$$\begin{cases} u_1 = L_1\dfrac{\mathrm{d}i_1}{\mathrm{d}t} + M\dfrac{\mathrm{d}i_2}{\mathrm{d}t} = (L_1 - M)\dfrac{\mathrm{d}i_1}{\mathrm{d}t} + M\left(\dfrac{\mathrm{d}i_1}{\mathrm{d}t} + \dfrac{\mathrm{d}i_2}{\mathrm{d}t}\right) \\ u_2 = M\dfrac{\mathrm{d}i_1}{\mathrm{d}t} + L_2\dfrac{\mathrm{d}i_2}{\mathrm{d}t} = (L_2 - M)\dfrac{\mathrm{d}i_2}{\mathrm{d}t} + M\left(\dfrac{\mathrm{d}i_1}{\mathrm{d}t} + \dfrac{\mathrm{d}i_2}{\mathrm{d}t}\right) \end{cases} \tag{7-18}$$

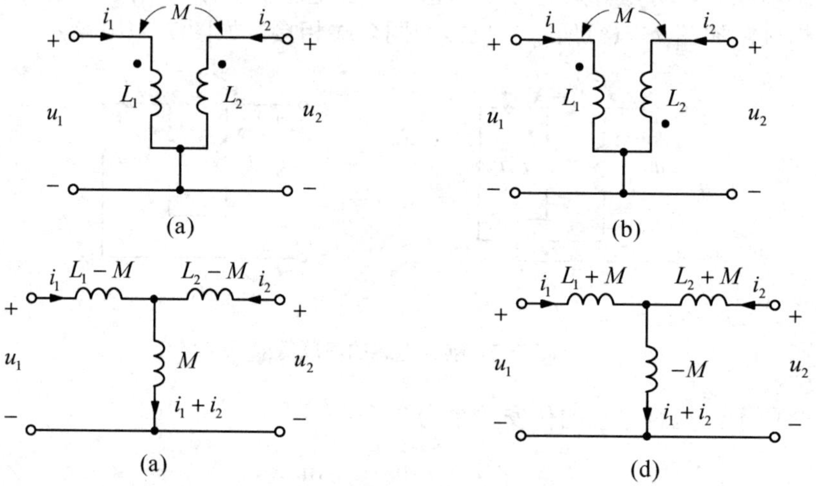

图 7-8　耦合电感的 T 形去耦等效电路

根据式（7-18）得到其 T 形去耦等效电路，如图 7-8(c) 所示。

如图 7-8(b) 所示为耦合电感异名端相接时的情况，其伏安关系为

$$\begin{cases} u_1 = L_1\dfrac{\mathrm{d}i_1}{\mathrm{d}t} - M\dfrac{\mathrm{d}i_2}{\mathrm{d}t} = (L_1 + M)\dfrac{\mathrm{d}i_1}{\mathrm{d}t} - M\left(\dfrac{\mathrm{d}i_1}{\mathrm{d}t} + \dfrac{\mathrm{d}i_2}{\mathrm{d}t}\right) \\ u_2 = -M\dfrac{\mathrm{d}i_1}{\mathrm{d}t} + L_2\dfrac{\mathrm{d}i_2}{\mathrm{d}t} = (L_2 + M)\dfrac{\mathrm{d}i_2}{\mathrm{d}t} - M\left(\dfrac{\mathrm{d}i_1}{\mathrm{d}t} + \dfrac{\mathrm{d}i_2}{\mathrm{d}t}\right) \end{cases} \tag{7-19}$$

根据式（7-19）得到其 T 形去耦等效电路，如图 7-8(d) 所示。

3. 耦合电感并联的等效电路

耦合电感并联时，也分为同名端相接和异名端相接两种情况，如图 7-9(a) 和 (b) 所示。利用 T 形去耦等效电路，可以得出耦合电感并联的去耦等效电路，如图 7-9(c) 和 (d) 所示。

因此，同名端相接时，耦合电感并联的等效电感为

$$L_{\mathrm{eq}} = M + \frac{(L_1 - M)(L_2 - M)}{(L_1 - M) + (L_2 - M)} = \frac{L_1L_2 - M^2}{L_1 + L_2 - 2M} \tag{7-20}$$

异名端相接时，耦合电感并联的等效电感为

$$L_{\mathrm{eq}} = -M + \frac{(L_1 + M)(L_2 + M)}{(L_1 + M) + (L_2 + M)} = \frac{L_1L_2 - M^2}{L_1 + L_2 + 2M} \tag{7-21}$$

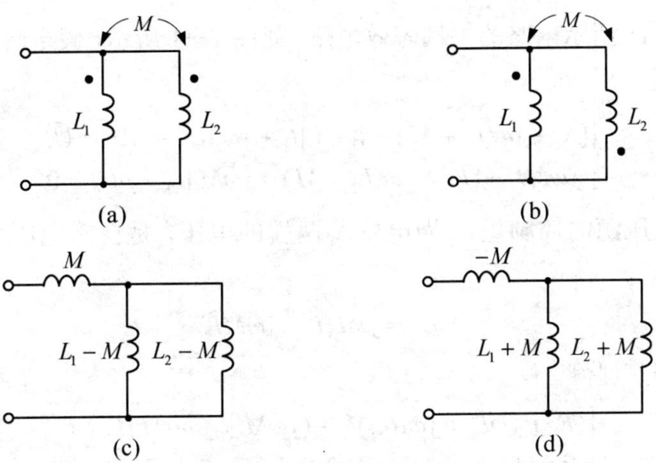

图 7-9　耦合电感的并联

例 7-2　图 7-10(a) 所示电路，已知耦合系数 $k=0.41$，求等效阻抗 Z_{ab}。

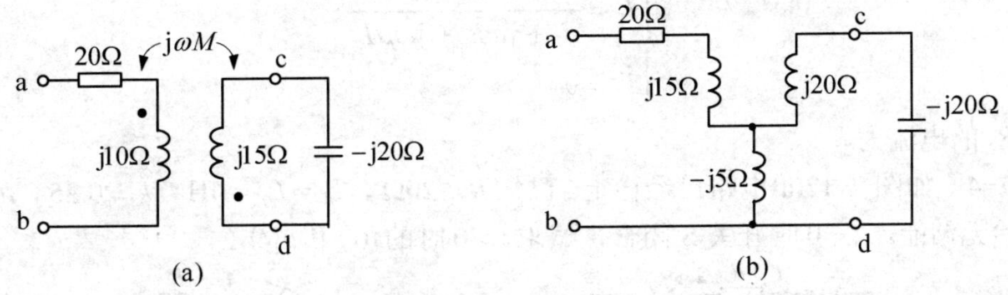

图 7-10　例 7-2 图

解：将图 7-10(a) 所示电路中 b 与 d 相接，并不改变耦合电感的伏安关系，此时公共端为异名端，得到其等效电路如图 7-10(b) 所示。其中

$$\text{j}\omega M=\text{j}k\omega\sqrt{L_1L_2}=\text{j}k\sqrt{\omega L_1\omega L_2}=\text{j}0.41\sqrt{10\times15}=\text{j}5\Omega$$

$$\text{j}\omega(L_1+M)=\text{j}(\omega L_1+\omega M)=\text{j}(10+5)=\text{j}15\Omega$$

$$\text{j}\omega(L_2+M)=\text{j}(\omega L_2+\omega M)=\text{j}(15+5)=\text{j}20\Omega$$

于是得到等效阻抗 Z_{ab} 为

$$Z_{\text{ab}}=20+\text{j}15+\frac{-\text{j}5\times(\text{j}20-\text{j}20)}{-\text{j}5+(\text{j}20-\text{j}20)}=20+\text{j}15=25\angle36.9^\circ\Omega$$

例 7-3　电路如图 7-11 所示，已知 $M=\mu L_1$，求通过 R_2 的电流。

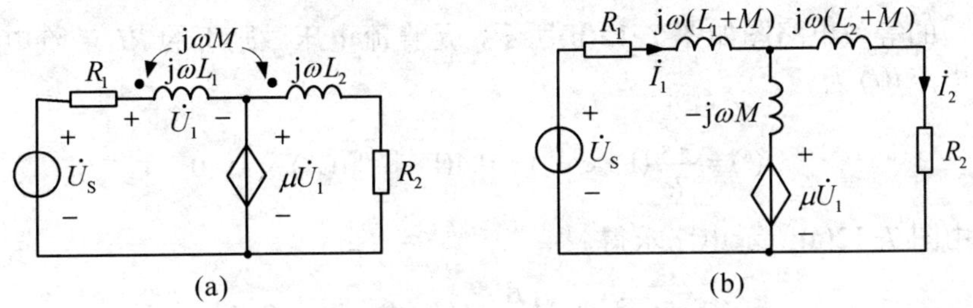

图 7-11　例 7-3

解：作出图 7-11 所示电路的去耦等效电路，如图 7-11 所示，假定网孔电流分别为 $\dot{I}_1$ 和 $\dot{I}_2$，列出网孔方程

$$\begin{cases}[R_1+\mathrm{j}\omega(L_1+M)-\mathrm{j}\omega M]\dot{I}_1+\mathrm{j}\omega M\dot{I}_2+\mu\dot{U}_1=\dot{U}_\mathrm{S}\\ \mathrm{j}\omega M\dot{I}_1+[R_2+\mathrm{j}\omega(L_2+M)-\mathrm{j}\omega M]\dot{I}_2-\mu\dot{U}_1=0\end{cases}$$

式中，受控电压源的控制量 $\dot{U}_1$ 为电感 L_1 两端的电压，是自感电压与互感电压的代数和，即

$$\dot{U}_1=\mathrm{j}\omega L_1\dot{I}_1+\mathrm{j}\omega M\dot{I}_2$$

将其代入网孔方程整理得

$$\begin{cases}(R_1+\mathrm{j}\omega L_1+\mathrm{j}\omega\mu L_1)\dot{I}_1+(\mathrm{j}\omega M+\mathrm{j}\omega\mu M)\dot{I}_2=\dot{U}_\mathrm{S}\\ (\mathrm{j}\omega M-\mathrm{j}\omega\mu L_1)\dot{I}_1+(R_2+\mathrm{j}\omega L_2-\mathrm{j}\omega\mu M)\dot{I}_2=0\end{cases}$$

考虑到 $M=\mu L_1$，得到

$$\begin{cases}\dot{I}_1=\dfrac{\dot{U}_\mathrm{S}}{R_1+\mathrm{j}\omega L_1+\mathrm{j}\omega\mu L_1}\\ \dot{I}_2=0\end{cases}$$

即通过 R_2 的电流为零。

例 7-4　如图 7-12(a)电路已经稳定。已知 $R=20\Omega$，$L_1=L_2=4\mathrm{H}$，$k=0.25$，$u_\mathrm{S}=8\mathrm{V}$，电感初始无储能。$t=0$ 时开关 S 闭合，试求 $t>0$ 时的 $i(t)$ 和 $u(t)$。

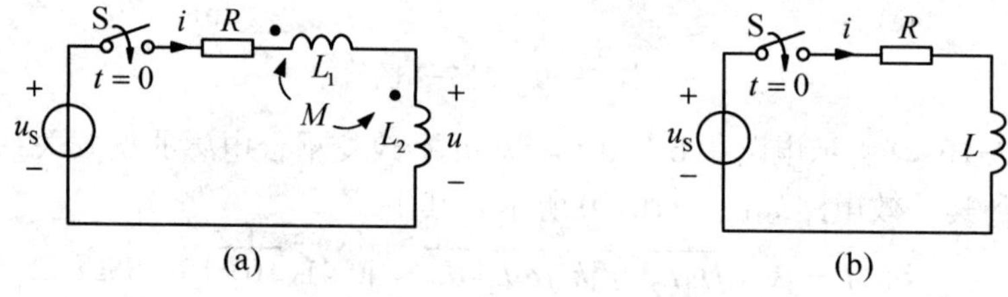

图 7-12　例 7-4 图

解：先利用耦合电感的串联等效去耦合，然后求出所需要求的变量。由图 7-12(a)先求出互感系数 M，即

$$M=k\sqrt{L_1L_2}=0.25\times4=1\mathrm{H}$$

耦合电感串联的等效电感为

$$L=L_1+L_2+2M=4+4+2=10\mathrm{H}$$

去耦合后的等效电路图如图 7-12(b)所示，是直流电压激励下的 RL 一阶电路，根据三要素法求得电流 $i(t)$ 为

$$i(t)=\frac{U_\mathrm{S}}{R}(1-\mathrm{e}^{-\frac{R}{L}t})=0.4(1-\mathrm{e}^{-2t})(\mathrm{A}),\quad t>0$$

$u(t)$ 可由图 7-12(a)所示电路求得

$$u(t)=L_2\frac{\mathrm{d}i}{\mathrm{d}t}+M\frac{\mathrm{d}i}{\mathrm{d}t}=(4+1)\times0.4\times2\mathrm{e}^{-2t}$$

即

$$u(t) = 4\mathrm{e}^{-2t}(\mathrm{V}), \qquad t > 0$$

7.2　含空芯变压器电路的分析

变压器是具有磁耦合现象的四端元件，它通常由两个耦合线圈绕在一个共同的芯子上构成。其中一个接电源，称为初级线圈（或简称原边），另外一个接负载，称为次级线圈（或简称副边）。线圈绕在铁芯上时，其耦合系数接近于 1，属紧耦合，称为铁芯变压器；线圈绕在非铁磁材料的芯子上时，其耦合系数较小，属松耦合，称为空芯变压器。

含空芯变压器的电路，一般利用其反映阻抗，作出初级等效电路或次级等效电路，进行分析计算。下面利用网孔分析法，推导出它的反映阻抗。

空芯变压器电路的相量模型如图 7-13 所示，列出网孔方程

$$\begin{cases} (Z_1 + \mathrm{j}\omega L_1)\dot{I}_1 - \mathrm{j}\omega M\dot{I}_2 = \dot{U}_\mathrm{S} \\ -\mathrm{j}\omega M\dot{I}_1 + (Z_2 + \mathrm{j}\omega L_2 + Z_\mathrm{L})\dot{I}_2 = 0 \end{cases} \tag{7-22}$$

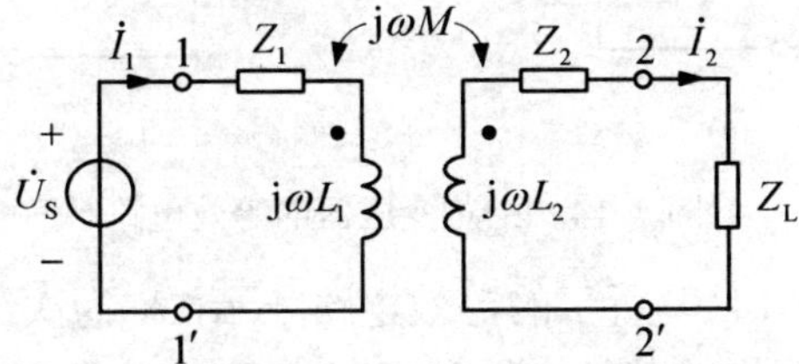

图 7-13　空芯变压器电路

令 $Z_{11} = Z_1 + \mathrm{j}\omega L_1$，称为初级回路自阻抗；$Z_{22} = Z_2 + \mathrm{j}\omega L_2 + Z_\mathrm{L}$，称为次级回路自阻抗；$Z_{12} = Z_{21} = -\mathrm{j}\omega M$，称为互阻抗。于是式（7-22）可写为

$$\begin{cases} Z_{11}\dot{I}_1 + Z_{12}\dot{I}_2 = \dot{U}_\mathrm{S} \\ Z_{21}\dot{I}_1 + Z_{22}\dot{I}_2 = 0 \end{cases} \tag{7-23}$$

得到

$$\dot{I}_1 = \frac{\begin{vmatrix} \dot{U}_\mathrm{S} & Z_{12} \\ 0 & Z_{22} \end{vmatrix}}{\begin{vmatrix} Z_{11} & Z_{12} \\ Z_{21} & Z_{22} \end{vmatrix}} = \frac{Z_{22}\dot{U}_\mathrm{S}}{Z_{11}Z_{22} - Z_{12}Z_{21}} = \frac{\dot{U}_\mathrm{S}}{Z_{11} - \dfrac{Z_{12}Z_{21}}{Z_{22}}} = \frac{\dot{U}_\mathrm{S}}{Z_{11} + \dfrac{(\omega M)^2}{Z_{22}}} \tag{7-24}$$

$$\dot{I}_2 = \frac{\begin{vmatrix} Z_{11} & \dot{U}_\mathrm{S} \\ Z_{21} & 0 \end{vmatrix}}{\begin{vmatrix} Z_{11} & Z_{12} \\ Z_{21} & Z_{22} \end{vmatrix}} = \frac{-Z_{21}\dot{U}_\mathrm{S}}{Z_{11}Z_{22} - Z_{12}Z_{21}} = \frac{-\dfrac{Z_{21}}{Z_{11}}\dot{U}_\mathrm{S}}{Z_{22} - \dfrac{Z_{12}Z_{21}}{Z_{11}}} = \frac{\dfrac{\mathrm{j}\omega M}{Z_{11}}\dot{U}_\mathrm{S}}{Z_{22} + \dfrac{(\omega M)^2}{Z_{11}}} \tag{7-25}$$

式（7-24）分母中的 $\dfrac{(\omega M)^2}{Z_{22}}$ 用 $Z_{\mathrm{f}1}$ 表示，即

$$Z_{f1}=\frac{(\omega M)^2}{Z_{22}} \tag{7-26}$$

式中，Z_{f1} 称为反映阻抗，是次级回路自阻抗 Z_{22} 通过互感反映到初级的等效阻抗。反映阻抗的性质与 Z_{22} 相反，即感性（容性）负载反映到初级变为容性（感性）负载。

式（7-25）分母中的 $\dfrac{(\omega M)^2}{Z_{11}}$ 用 Z_{f2} 表示，即

$$Z_{f2}=\frac{(\omega M)^2}{Z_{11}} \tag{7-27}$$

式中，Z_{f2} 则是初级回路自阻抗 Z_{11} 通过互感反映到次级的等效阻抗。可以证明，反映阻抗的计算与同名端无关。

式（7-24）可以用图 7-14(a) 所示的等效电路表示，称为初级等效电路。

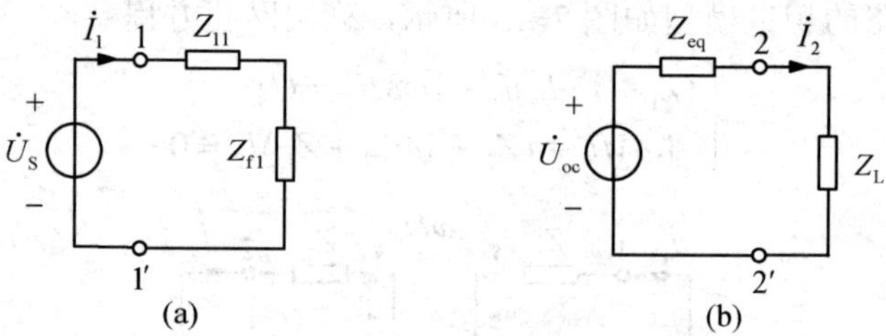

图 7-14　空芯变压器的等效电路

式（7-25）可以用图 7-14(b) 所示的等效电路表示，称为次级等效电路，它是从次级 2 和 2′ 端看进去的含源二端网络的戴维南等效电路。其中 $\dot{U}_{oc}$ 是当 $\dot{I}_2=0$ 时，2 和 2′ 端的开路电压，即

$$\dot{U}_{oc}=j\omega M\dot{I}_1=\frac{j\omega M\dot{U}_S}{Z_{11}}$$

Z_{eq} 是从 2 和 2′ 端看进去的等效阻抗

$$Z_{eq}=Z_2+j\omega L_2+Z_{f2}=Z_2+j\omega L_2+\frac{(\omega M)^2}{Z_{11}}$$

例 7-5　电路如图 7-13 所示，已知 $\dot{U}_S=100\angle 0°\text{V}$，$Z_1=R_1=25\Omega$，$Z_2=R_2=20\Omega$，$\omega L_1=45\Omega$，$\omega L_2=40\Omega$，$\omega M=30\Omega$，$Z_L=10-j10(\Omega)$，求电源产生的功率 P。

解： 初级自阻抗 $Z_{11}=R_1+j\omega L_1=25+j45(\Omega)$

次级自阻抗 $Z_{22}=R_2+j\omega L_2+Z_L=20+j40+10-j10=30+j30(\Omega)$

反映阻抗

$$Z_{f1}=\frac{(\omega M)^2}{Z_{22}}=\frac{30^2}{30+j30}=15-j15(\Omega)$$

作出初级等效电路，如图 7-14(a) 所示，故有

$$\dot{I}_1=\frac{\dot{U}_S}{Z_{11}+Z_{f1}}=\frac{100\angle 0°}{25+j45+15-j15}=\frac{100\angle 0°}{50\angle 36.9°}=2\angle -36.9°\text{A}$$

电源产生的功率

$$P = U_S I_1 \cos\theta_Z = 100 \times 2 \times 0.8 = 160\text{W}$$

例 7-6 上例中，若负载 Z_L 的电阻分量和电抗分量均可调节，求 Z_L 为何值时，可以获取最大功率，并求此最大功率。

解： 作次级等效电路，如图 7-14(b)所示，2 和 2′ 端开路电压为

$$\dot{U}_{oc} = \frac{j\omega M \dot{U}_S}{Z_{11}} = \frac{j30 \times 100\angle 0°}{25 + j45} = 58.3\angle 29°\text{V}$$

等效阻抗

$$\begin{aligned} Z_{eq} &= R_2 + j\omega L_2 + \frac{(\omega M)^2}{Z_{11}} \\ &= 20 + j40 + \frac{30^2}{25 + j45} \\ &= 28.5 + j24.7(\Omega) \end{aligned}$$

当 $Z_L = Z_{eq}^* = 28.5 - j24.7(\Omega)$ 时，负载获取最大功率，此最大功率为

$$P_{L\max} = \frac{U_{oc}^2}{4R_L} = \frac{58.3^2}{4 \times 28.5} = 29.8\text{W}$$

7.3 理想变压器

7.3.1 理想变压器的 VCR

如图 7-15(a) 所示电路，是理想变压器的电路模型，N_1 和 N_2 分别为初级线圈和次级线圈的匝数，令 $n = \dfrac{N_1}{N_2}$，称为理想变压器的变比。在图示同名端和电压、电流参考方向下，理想变压器的伏安关系为

$$\begin{cases} \dfrac{u_1}{u_2} = \dfrac{N_1}{N_2} = n \\ \dfrac{i_1}{i_2} = -\dfrac{N_2}{N_1} = -\dfrac{1}{n} \end{cases} \tag{7-28}$$

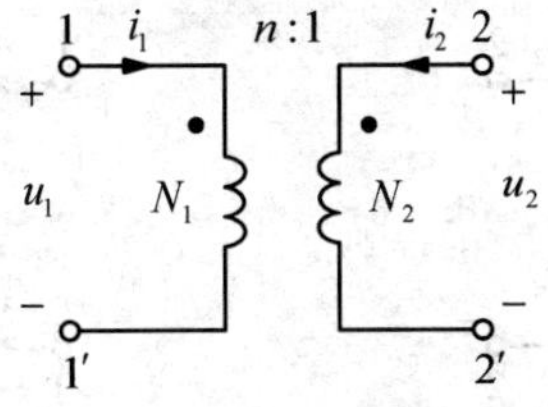

图 7-15 理想变压器电路模型

或者

$$\begin{cases} u_1 = nu_2 \\ i_1 = -\dfrac{1}{n} i_2 \end{cases} \tag{7-29}$$

式（7-28）和式（7-29）所对应的相量形式为

$$\begin{cases} \dfrac{\dot{U}_1}{\dot{U}_2} = n \\ \dfrac{\dot{I}_1}{\dot{I}_2} = -\dfrac{1}{n} \end{cases} \tag{7-30}$$

或者

$$\begin{cases} \dot{U}_1 = n\dot{U}_2 \\ \dot{I}_1 = -\dfrac{1}{n} \dot{I}_2 \end{cases} \tag{7-31}$$

由理想变压器的伏安关系得到

$$u_1 i_1 + u_2 i_2 = 0 \tag{7-32}$$

式（7-32）表明，输入理想变压器的瞬时功率等于零，所以，它既不耗能也不储能，它不是一个动态元件，它仅将能量从初级全部传输到次级的负载，并在传输能量的同时，依据变比改变电压、电流的大小。

理想变压器的伏安关系与同名端位置、端口电压和电流的参考方向有关，伏安关系按下述规则写出：两端口电压对同名端一致，两端口电流对同名端相反。也就是说，如果u_1和u_2在同名端处极性相同，则u_1和u_2关系为$u_1 = nu_2$；反之，u_1和u_2的关系为$u_1 = -nu_2$。如果i_1和i_2均从同名端流入（或流出），则i_1和i_2关系为$i_1 = -\dfrac{1}{n} i_2$；反之，i_1和i_2的关系为$i_1 = \dfrac{1}{n} i_2$。

例如，图 7-16(a)和(b)所示理想变压器的伏安关系分别为

$$\begin{cases} u_1 = -nu_2 \\ i_1 = \dfrac{1}{n} i_2 \end{cases} \quad 和 \quad \begin{cases} u_1 = -nu_2 \\ i_1 = -\dfrac{1}{n} i_2 \end{cases}$$

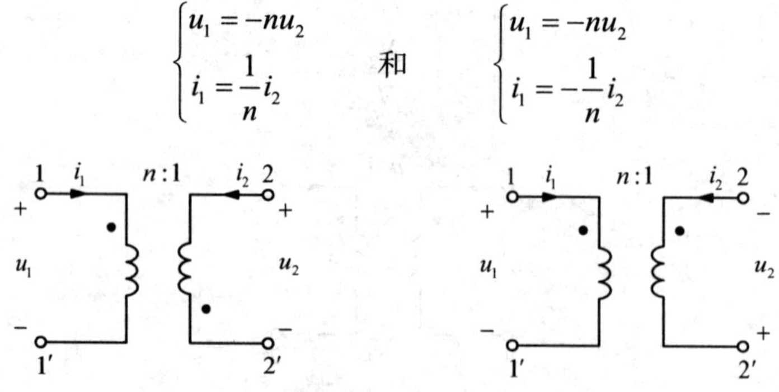

图 7-16　理想变压器的伏安关系

*7.3.2 理想变压器的实现

理想变压器可看成是耦合电感的极限情况，当耦合电感满足以下两个极限条件时，就演变为理想变压器，这两个条件是①全耦合，即耦合系数 $k=1$；② L_1 和 L_2 为无限大。

全耦合也即耦合电感没有漏磁通，耦合电感每一线圈中电流所产生的磁通全部与另一线圈相交链，如图 7-17 所示，应有

$$\begin{cases}\varPhi_{11}=\varPhi_{21}\\ \varPhi_{22}=\varPhi_{12}\end{cases} \tag{7-33}$$

显然，两线圈的总磁通 $\varPhi$ 是一样的，即

$$\varPhi=\varPhi_{11}+\varPhi_{12}=\varPhi_{22}+\varPhi_{21}=\varPhi_{11}+\varPhi_{22} \tag{7-34}$$

于是，根据电磁感应定律，两电感电压为

$$u_1=\frac{\mathrm{d}\varPsi_1}{\mathrm{d}t}=N_1\frac{\mathrm{d}\varPhi}{\mathrm{d}t}$$

$$u_2=\frac{\mathrm{d}\varPsi_2}{\mathrm{d}t}=N_2\frac{\mathrm{d}\varPhi}{\mathrm{d}t}$$

因此

$$\frac{u_1}{u_2}=\frac{N_1}{N_2}=n$$

这也是式（7-28）表示的电压关系。

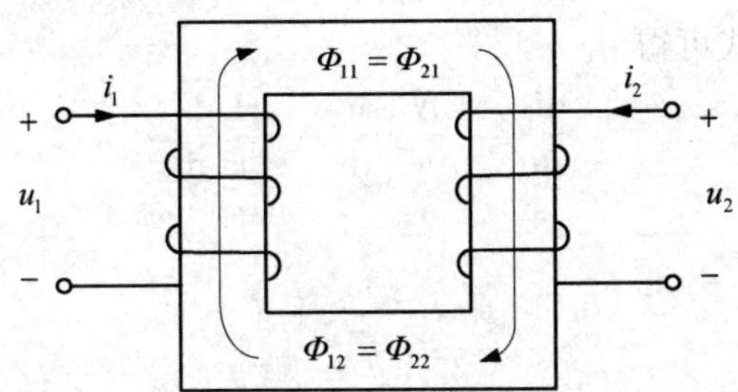

图 7-17 全耦合变压器

由于

$$N_1\varPhi_{11}=L_1i_1 \qquad N_1\varPhi_{12}=Mi_2$$

以及

$$N_2\varPhi_{21}=Mi_1 \qquad N_2\varPhi_{22}=L_2i_2$$

考虑式（7-33），不难得到

$$\frac{N_1}{N_2}=\frac{L_1}{M}=\frac{M}{L_2}=n \tag{7-35}$$

因此得到

$$M^2=L_1L_2 \tag{7-36}$$

即全耦合时，耦合系数

$$k = \frac{M}{\sqrt{L_1 L_2}} = 1 \tag{7-37}$$

另外，可得到全耦合时

$$\frac{N_1}{N_2} = \frac{L_1}{M} = \frac{L_1}{\sqrt{L_1 L_2}} = \sqrt{\frac{L_1}{L_2}} = n \tag{7-38}$$

现在，在全耦合的基础上，要求 L_1 和 L_2 为无限大（但其比值仍为有限值，如上式）。由耦合电感的伏安关系

$$\begin{cases} u_1 = L_1 \dfrac{\mathrm{d}i_1}{\mathrm{d}t} + M \dfrac{\mathrm{d}i_2}{\mathrm{d}t} \\ u_2 = M \dfrac{\mathrm{d}i_1}{\mathrm{d}t} + L_2 \dfrac{\mathrm{d}i_2}{\mathrm{d}t} \end{cases} \tag{7-39}$$

上式可表示为

$$\begin{cases} \dfrac{u_1}{L_1} = \dfrac{\mathrm{d}i_1}{\mathrm{d}t} + \dfrac{M}{L_1}\dfrac{\mathrm{d}i_2}{\mathrm{d}t} = \dfrac{\mathrm{d}i_1}{\mathrm{d}t} + \dfrac{N_2}{N_1}\dfrac{\mathrm{d}i_2}{\mathrm{d}t} \\ \dfrac{u_2}{L_2} = \dfrac{M}{L_2}\dfrac{\mathrm{d}i_1}{\mathrm{d}t} + \dfrac{\mathrm{d}i_2}{\mathrm{d}t} = \dfrac{N_1}{N_2}\dfrac{\mathrm{d}i_1}{\mathrm{d}t} + \dfrac{\mathrm{d}i_2}{\mathrm{d}t} \end{cases} \tag{7-40}$$

由第一式得到

$$\frac{\mathrm{d}i_1}{\mathrm{d}t} = \frac{u_1}{L_1} - \frac{M}{L_1}\frac{\mathrm{d}i_2}{\mathrm{d}t} = \frac{u_1}{L_1} - \frac{N_2}{N_1}\frac{\mathrm{d}i_2}{\mathrm{d}t} \tag{7-41}$$

令 L_1 和 L_2 为无限大，上式可得

$$\frac{\mathrm{d}i_1}{\mathrm{d}t} = -\frac{N_2}{N_1}\frac{\mathrm{d}i_2}{\mathrm{d}t} = -\frac{1}{n}\frac{\mathrm{d}i_2}{\mathrm{d}t}$$

对上式积分，得到

$$i_1 = -\frac{1}{n} i_2 + A$$

式中，A 为积分常数，为电流的直流分量，如果仅就时变部分而言，则

$$i_1 = -\frac{1}{n} i_2$$

此即式（7-28）中的电流关系。

工程上为了近似得到理想变压器的特性，通常选用磁导率很高的磁性材料做变压器的芯子，在保持匝数比一定的情况下，尽量增加线圈的匝数，以使耦合系数接近于1，同时使 L_1 和 L_2 保持很大。

当实际变压器只满足全耦合，而电感不为无限大时，电压关系满足式（7-28），而电流关系为式（7-41），这里将全耦合变压器的 VCR 表示为相量形式，即

$$\begin{cases} \dot{U}_1 = n\dot{U}_2 \\ \dot{I}_1 = \dfrac{\dot{U}_1}{\mathrm{j}\omega L_1} - \dfrac{1}{n}\dot{I}_2 \end{cases} \tag{7-42}$$

7.4 节中将据此给出全耦合变压器的电路模型。

7.3.3 理想变压器的阻抗变换特性

理想变压器有变换电压、电流的作用，也有变换阻抗的作用。如图 7-18(a)所示电路，在正弦稳态下，理想变压器次级 2 和 2′ 端接负载阻抗 Z_L，则从初级 1 和 1′ 端看进去的等效阻抗为

$$Z_{in} = \frac{\dot{U}_1}{\dot{I}_1} = \frac{n\dot{U}_2}{\frac{1}{n}\dot{I}_2} = n^2\frac{\dot{U}_2}{\dot{I}_2} = n^2 Z_L \tag{7-43}$$

式（7-43）表明，当次级接阻抗 Z_L 时，对初级来说，相当于接一个 n^2Z_L 的阻抗，如图 7-18(b)所示。Z_{in} 称作次级对初级的折合阻抗，可以证明，折合阻抗的计算与同名端无关。可见，理想变压器具有变换阻抗的作用。因此，利用阻抗变换性质，可以简化含理想变压器电路的分析计算。也可利用改变匝数比的方法来改变输入阻抗，实现最大功率匹配。

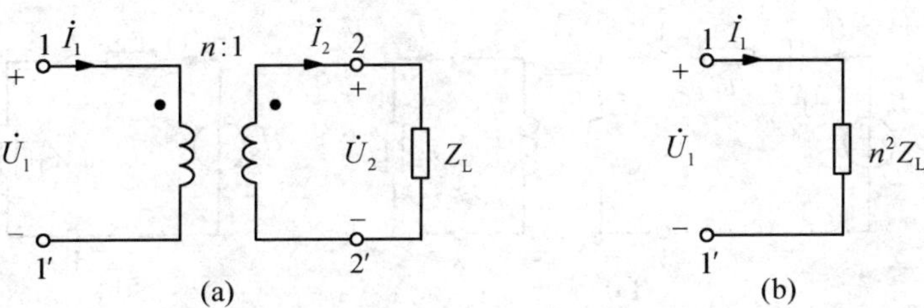

图 7-18 理想变压器的阻抗变换

例 7-7 如图 7-19 所示，信号源电压 $U_S = 6V$，内阻 $R_S = 100\Omega$，扬声器电阻 $R_L = 8\Omega$。求：（1）扬声器直接接在信号源上所获得的功率；（2）为使扬声器获得最大功率，在信号源与扬声器之间接一理想变压器，求此变压器的变比，并求扬声器获得的最大功率。

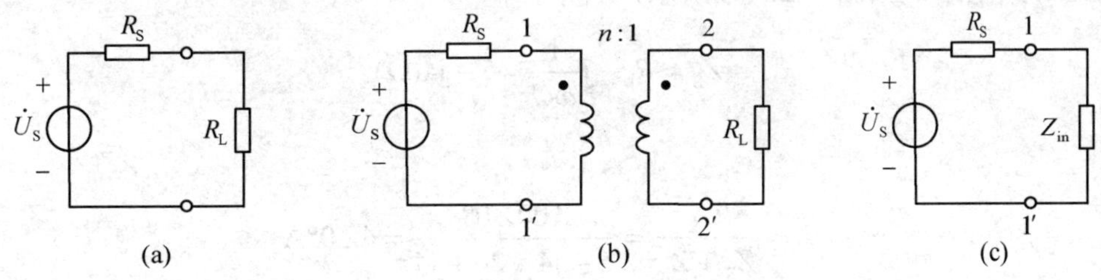

图 7-19 例 7-7 图

解：（1）扬声器直接接在信号源上，如图 7-19(a)所示，获得功率为

$$P_L = \left(\frac{U_S}{R_S + R_L}\right)^2 R_L = \left(\frac{6}{100+8}\right)^2 \times 8 = 24.7\text{mW}$$

（2）扬声器经过理想变压器接在信号源上，如图 7-19(b)所示，次级阻抗在初级的折合阻抗为

$$Z_{in} = n^2 R_L$$

初级等效电路如图 7-19 (c) 所示，因为理想变压器不消耗功率，所以，折合阻抗 Z_{in} 所吸收的功率，即为负载 R_L（扬声器）获得的功率。因此，当

$$R_S = n^2 R_L$$

也即

$$n = \sqrt{\frac{R_S}{R_L}} = \sqrt{\frac{100}{8}} = 3.54$$

此时扬声器获得的最大功率

$$P_{Lmax} = \frac{U_S^2}{4R_S} = \frac{6^2}{4\times 100} = 90\text{mW}$$

例 7-8 图 7-20 (a) 所示电路，已知 $\dot{U}_S = 100\angle 0°\text{V}$，$R_1 = 5\Omega$，$-\text{j}\dfrac{1}{\omega C} = -\text{j}4\Omega$，$Z_L = 5 + \text{j}\,(\Omega)$，求理想变压器次级电流 $\dot{I}_2$ 和负载吸收的功率。

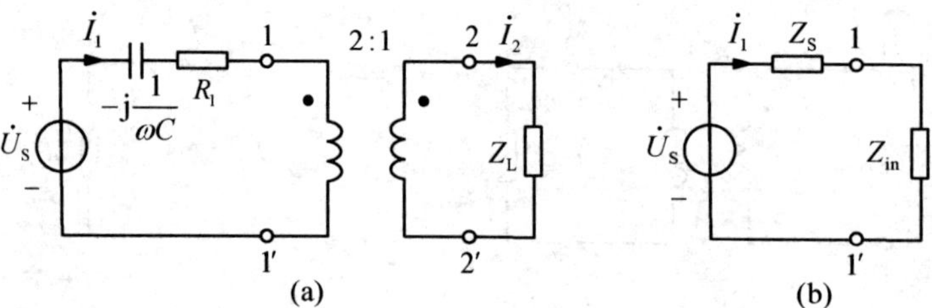

图 7-20　例 7-8 图

解：折合阻抗

$$Z_{in} = n^2 Z_L = 4\times(5+\text{j}) = 20 + \text{j}4(\Omega)$$

作出初级等效电路，如图 7-20 (b) 所示，其中

$$Z_S = R_1 - \text{j}\frac{1}{\omega C} = 5 - \text{j}4(\Omega)$$

所以

$$\dot{I}_1 = \frac{\dot{U}_S}{Z_S + Z_{in}} = \frac{100\angle 0°}{5 - \text{j}4 + 20 + \text{j}4} = 4\angle 0°\text{A}$$

由理想变压器的伏安关系

$$\dot{I}_2 = n\dot{I}_1 = 2\times 4\angle 0° = 8\angle 0°\text{A}$$

负载获取的功率

$$P_L = I_2^2\,\text{Re}(Z_L) = 64\times 5 = 320\text{W}$$

例 7-9 上例中，若负载 Z_L 的电阻分量和电抗分量均可调节，求负载获取的最大功率和此时负载阻抗的大小。

解：利用两种方法计算本题。

（1）初级等效电路法。

作出初级等效电路，如图 7-20(b) 所示，其中

$$Z_{\mathrm{S}} = R_1 - \mathrm{j}\frac{1}{\omega C} = 5 - \mathrm{j}4(\Omega)$$

折合阻抗

$$Z_{\mathrm{in}} = n^2 Z_{\mathrm{L}}$$

当 $Z_{\mathrm{S}}^* = Z_{\mathrm{in}} = n^2 Z_{\mathrm{L}}$，即

$$Z_{\mathrm{L}} = \frac{1}{n^2} Z_{\mathrm{S}}^* = \frac{1}{4} \times (5 + \mathrm{j}4) = 1.25 + \mathrm{j}\ (\Omega)$$

此时，负载获取最大功率

$$P_{\mathrm{L\,max}} = \frac{U_{\mathrm{S}}^2}{4R_1} = \frac{100^2}{4 \times 5} = 500\mathrm{W}$$

（2）次级等效电路法。

作出次级等效电路，如图 7-21 所示，其中

$$Z_{\mathrm{eq}} = \frac{1}{n^2} Z_{\mathrm{S}} = \frac{1}{4} \times (5 - \mathrm{j}4) = 1.25 - \mathrm{j}\ (\Omega)$$

$$\dot{U}_{\mathrm{oc}} = \frac{1}{n} \dot{U}_{\mathrm{S}} = \frac{1}{2} \times 100\angle 0° = 50\angle 0°\mathrm{V}$$

当 $Z_{\mathrm{L}} = Z_{\mathrm{eq}}^* = (1.25 + \mathrm{j})\Omega$ 时，负载获取最大功率

$$P_{\mathrm{L\,max}} = \frac{U_{\mathrm{oc}}^2}{4\mathrm{Re}(Z_{\mathrm{L}})} = \frac{50^2}{4 \times 1.25} = 500\mathrm{W}$$

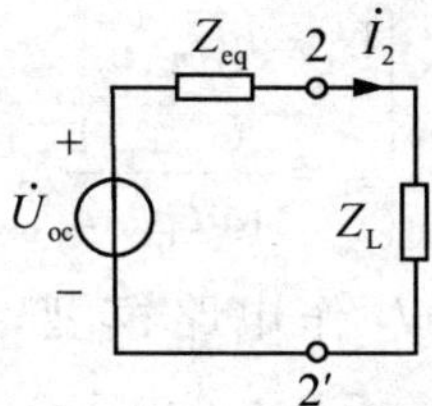

图 7-21　例 7-9 图

7.4　实际变压器的电路模型

7.4.1　自耦变压器

图 7-22 所示是一种自耦变压器，其结构特点是副绕组是原绕组的一部分。其 VCR 为

$$\frac{u_1}{u_2} = \frac{N_1}{N_2} = n \qquad \frac{i_1}{i_2} = \frac{N_2}{N_1} = \frac{1}{n}$$

实验室常用的调压器就是一种可改变副绕组匝数的自耦变压器。

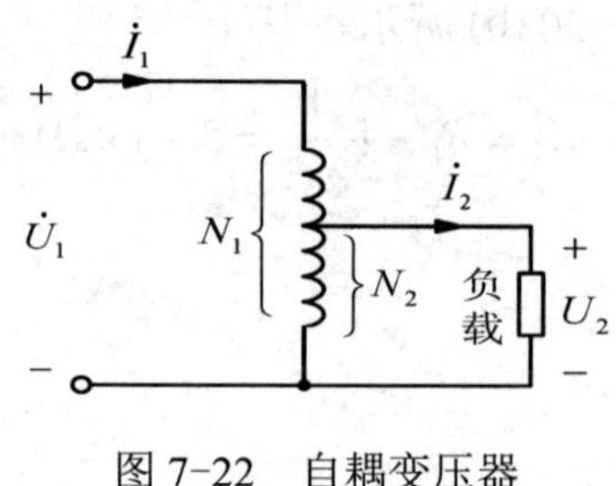

图 7-22　自耦变压器

7.4.2　铁心变压器

实际中的变压器多属于铁心变压器，根据铁心变压器的耦合性能和线圈电感大小，可以用不同的电路模型来表示。

1．理想变压器

当满足以下两个条件：①全耦合，即耦合系数 $k=1$；② L_1 和 L_2 为无限大，这时可以用理想变压器作为模型，其变比由式(3-38)确定，即

$$\frac{N_1}{N_2}=\frac{L_1}{M}=\frac{L_1}{\sqrt{L_1L_2}}=\sqrt{\frac{L_1}{L_2}}=n$$

2．全耦合变压器

当变压器满足耦合系数 $k=1$，而 L_1 和 L_2 为有限时，称为全耦合变压器。

全耦合变压器可以由耦合电感表示，如图 7-23(a)所示，其中 $k=1$，$M=\sqrt{L_1L_2}$。也可以由其 VCR 为式（7-42），即

$$\begin{cases}\dot{U}_1=n\dot{U}_2\\ \dot{I}_1=\dfrac{\dot{U}_1}{\mathrm{j}\omega L_1}-\dfrac{1}{n}\dot{I}_2\end{cases}$$

利用理想变压器和初级并联电感 L_1 作电路模型，其电路如图 7-23(b)所示，其中 $n=\sqrt{L_1/L_2}=N_1/N_2$，其推导过程参看 7.3.2 节内容。

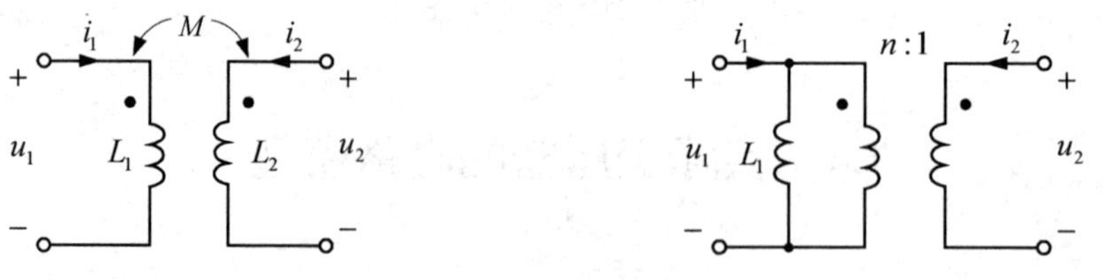

(a) 全耦合变压器　　(b) 用理想变压器表示全耦合变压器

图 7-23　全耦合变压器

3．一般变压器

一般的变压器其耦合系数小于 1，电感也不能为无限大，其磁通除了互磁通外，还有

漏磁通。其电路模型如图 7-24(a)所示，其中 L_{s1}、L_{s2} 表示原、副边绕组的漏磁通所对应的电感，简称漏感；$L_M = L_1 - L_{s1}$ 为磁化电感，理想变压器的变比 n 可以按式(7-38)确定。如果考虑变压器的损耗，其电路模型如图 7-24(b)所示，其中 R_1、R_2 表示两线圈的漏磁感。

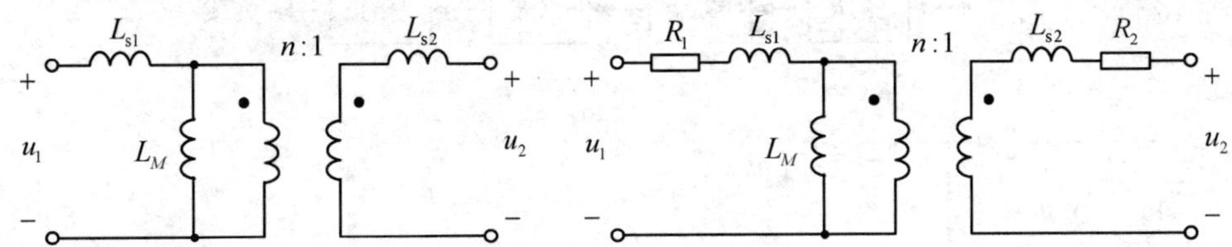

(a) 考虑漏磁的实际变压器的模型　　(b) 考虑漏磁和损耗的实际变压器的模型

图 7-24　实际变压器的模型

例 7-10　全耦合变压器如图 7-25(a)所示，试求电流 $\dot{I}_1$ 和 $\dot{I}_2$。

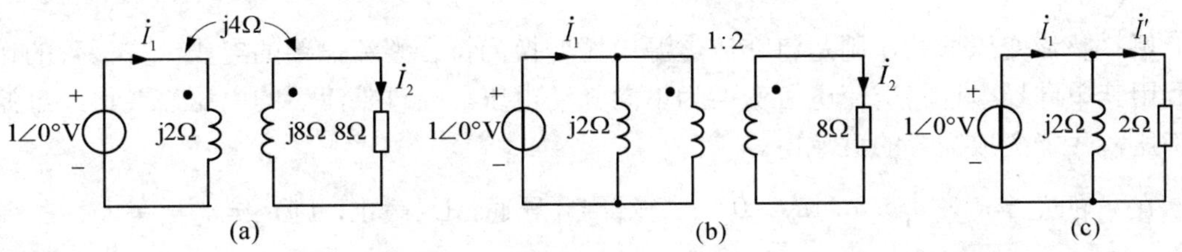

(a)　(b)　(c)

图 7-25　例 7-10 图

解：由于耦合系数

$$k = \frac{M}{\sqrt{L_1 L_2}} = \frac{\omega M}{\sqrt{\omega L_1 \omega L_2}} = \frac{4}{\sqrt{2 \times 8}} = 1$$

为全耦合变压器，其电路模型如图 7-25(b)所示，其变比

$$n = \sqrt{\frac{L_1}{L_2}} = \sqrt{\frac{\omega L_1}{\omega L_2}} = \frac{1}{2}$$

8Ω 阻抗折合到初级为 $n^2 R_L = \dfrac{1}{4} \times 8 = 2\Omega$，变压器初级等效电路如图 7-25(c)所示，于是得到

$$\dot{I}_1' = \frac{1\angle 0°}{2} = \frac{1}{2}\angle 0°\text{A}$$

$$\dot{I}_1 = \frac{1\angle 0°}{2} + \frac{1\angle 0°}{\text{j}2} = \frac{\sqrt{2}}{2}\angle -45°\text{A}$$

由变压器的 VCR 得到

$$\dot{I}_2 = n\dot{I}_1' = \frac{1}{2} \times \frac{1}{2}\angle 0° = \frac{1}{4}\angle 0°\text{A}$$

例 7-11　直流稳压电源是将交流电变为直流电的装置，其原理图如图 7-26(a)所示。

图 7-26(b)为直流稳压电源中的变压和整流电路，由带抽头的变压器和两个二极管组成。图 7-26(c)所示为输入电压波形 u_S，试画出输出电压 u_o 的波形。

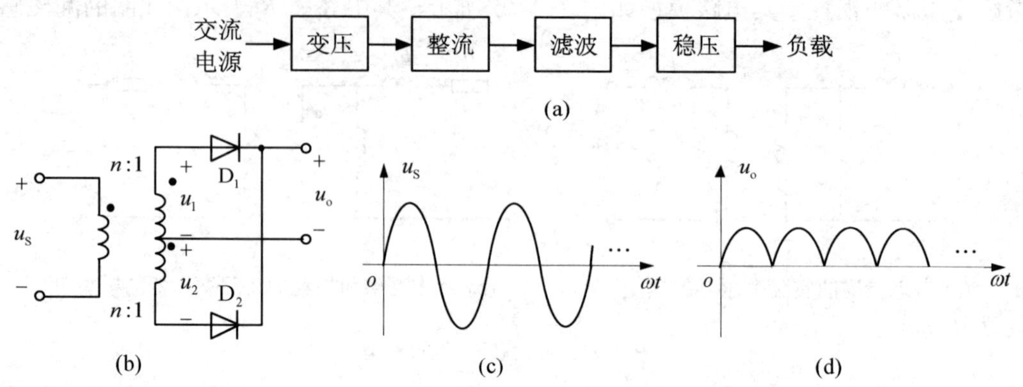

图 7-26　直流稳压电源和输入输出波形

解：整流变压器的作用是将交流电源电压变换为符合整流需要的电压，二极管的作用是利用其单向导电性将交流电压变换为单向脉动电压。经过整流后的电压需要再经过滤波和稳压，才能变成需要的直流电。

在 u_S 的正半周，$u_1>0$，$u_2>0$，二极管 D_1 导通，D_2 截止，则 $u_o=u_1=\dfrac{1}{10}u_S$；在 u_S 的负半周，$u_1<0$，$u_2<0$，二极管 D_1 截止，D_2 导通，则 $u_o=u_2=-\dfrac{1}{10}u_S$。图 7-29(d)为输出电压 u_o 的波形。经过整流后的电压需要再经过滤波和稳压，才变成需要的直流电。

思考与讨论 7

7-1　试判断图 7-27 所示各耦合电感的同名端。

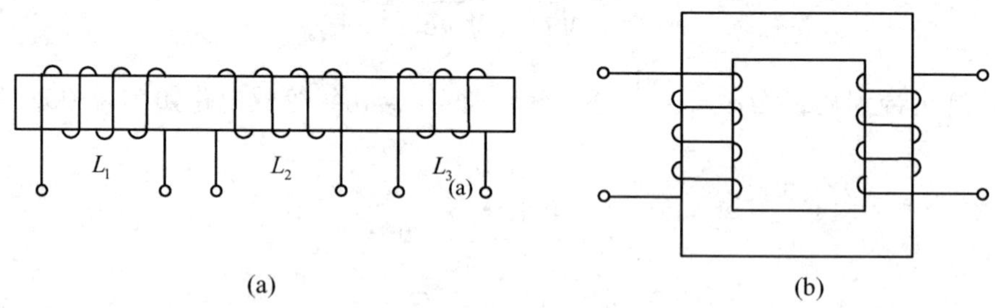

图 7-27　思考与讨论 7-1 图

7-2　图 7-28 所示电路，试判断开关 S 闭合瞬间耦合电感中自感电压和互感电压的真实极性。

7-3　图 7-29(a)所示电路中，测得 u_1 和 u_2 的波形如图 7-29(b)所示，试标出耦合电感的同名端。

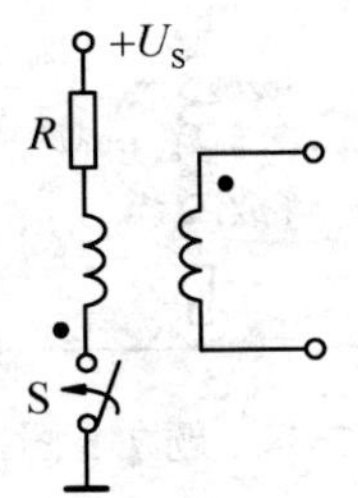

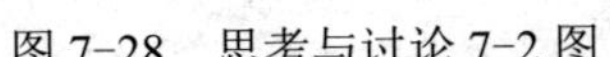
图 7-28　思考与讨论 7-2 图

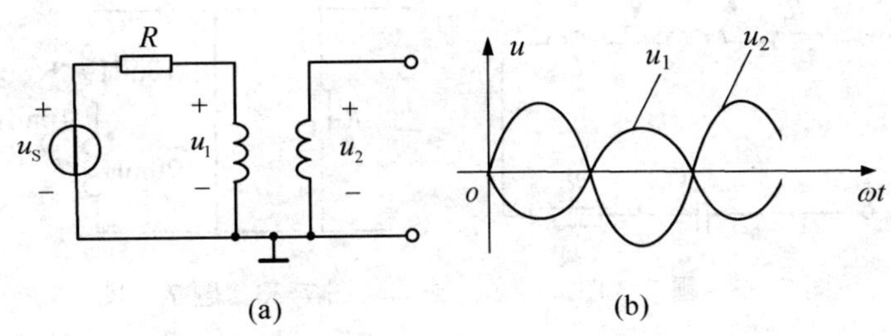

图 7-29　思考与讨论 7-3 图

习　题　7

7-1　分别写出图 7-30 所示各电路的伏安关系。

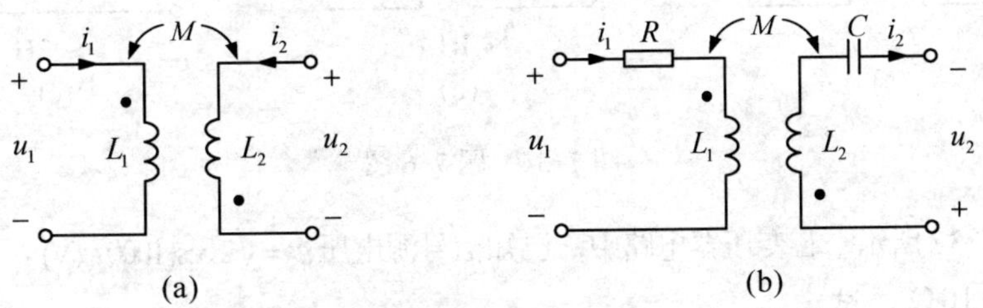

图 7-30　题 7-1 图

7-2　图 7-31(a)所示电路中，已知 $R_1 = 2\Omega$，$R_2 = 3\Omega$，$L_1 = 0.2\text{H}$，$L_2 = 0.5\text{H}$，$M = 0.3\text{H}$，i_1 的波形如图 7-31(b)所示，求电源电压 u_S 和线圈 L_2 的开路电压 u_2。

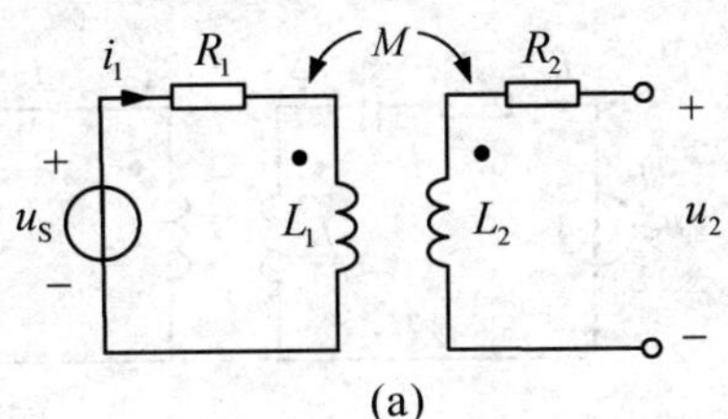

i_1/A　10　o　1　2　t/s

(b)

图 7-31　题 7-2 图

7-3　图 7-32 所示电路中，已知 $L_1 = 0.3\text{H}$，$L_2 = 0.7\text{H}$，$M = 0.4\text{H}$，$R_1 = R_2 = 1\Omega$，$C = 20\mu\text{F}$，求谐振角频率 ω_0 和电路的品质因数 Q。

7-4　图 7-33 所示电路的谐振角频率为 $\omega_0 = 10^4\text{rad/s}$，试求电容为多少？

7-5　图 7-34 所示自耦变压器电路中，已知 $\dot{U}_1 = 10\text{V}$，$r_1 = 1\Omega$，$r_2 = 4\Omega$，$\omega L_1 = \omega L_2 = 2\Omega$，$\omega M = 1\Omega$，求开路电压 $\dot{U}_2$。

7-6　求图 7-35 所示各电路的等效电感。

7-7　求图 7-36 所示各电路的输入阻抗。

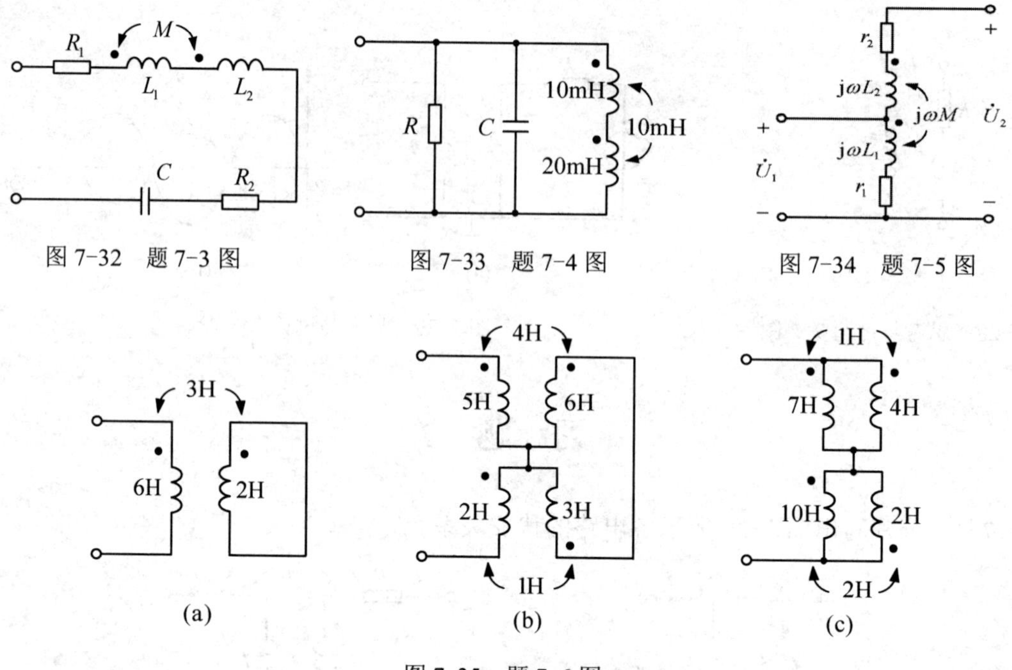

图 7-32　题 7-3 图　　图 7-33　题 7-4 图　　图 7-34　题 7-5 图

图 7-35　题 7-6 图

7-8　图 7-37 所示空芯变压器电路中，已知信号源电压$u_S=\sqrt{2}\cos(1000t)(\mathrm{V})$，$L_1=L_2=2\mathrm{H}$，$M=1\mathrm{H}$，$R=10\Omega$，试求：

（1）当次级开路，并且初级谐振时的电容值，此时次级电压u_2等于多少？

（2）若次级接一个 200Ω的负载电阻R_L，次级电流i_2等于多少（电容C为（1）中的值）？

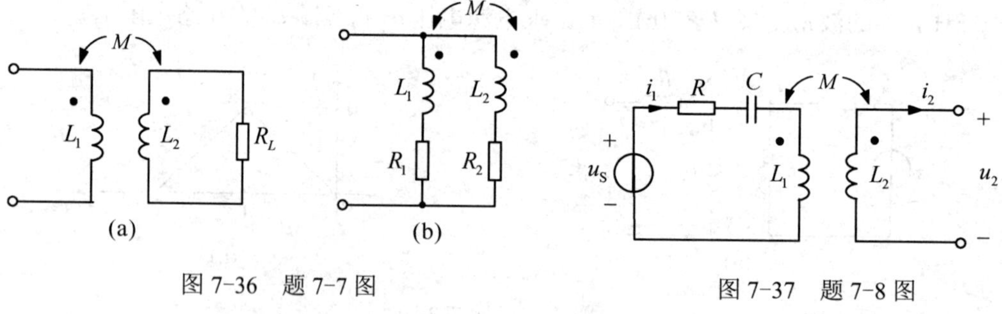

图 7-36　题 7-7 图　　图 7-37　题 7-8 图

7-9　用戴维南定理求图 7-38 所示电路中的电流$\dot{I}$，已知$\dot{U}_1=20\angle 0°\mathrm{V}$。

7-10　图 7-39 所示电路中，已知$\dot{U}_S=100\angle 0°\mathrm{V}$，$R_1=40\Omega$，$R_2=1\Omega$，$\omega L_1=30\Omega$，$\omega L_2=5.2\Omega$，耦合系数$k=0.8$。

（1）如果$Z_L=1.4\Omega$，求$\dot{I}_2$及负载Z_L吸收的功率。

（2）如果Z_L为纯电阻，求Z_L为何值时吸收的功率最大，最大功率为多少？

（3）如果Z_L由电阻和电抗组成，求Z_L为何值时吸收的功率最大，最大功率为多少？

7-11　图 7-40 所示电路中参数L_1、L_2、M及C都已给定，当电源频率改变时，有无可能分别使$\dot{I}_1=0$及$\dot{I}_2=0$，这时的电源频率分别为多少？

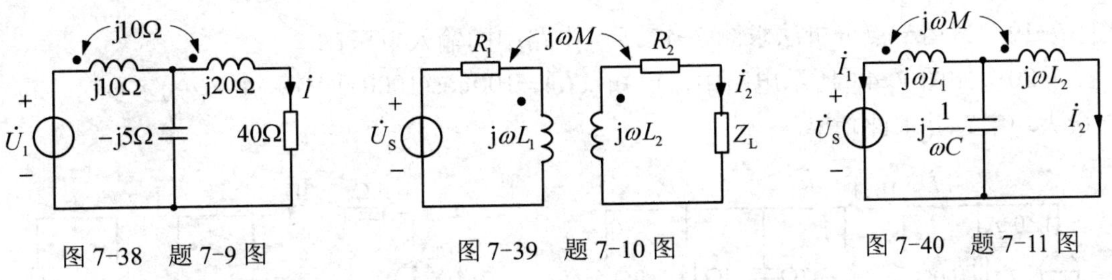

图 7-38　题 7-9 图　　图 7-39　题 7-10 图　　图 7-40　题 7-11 图

7-12　求图 7-41 所示电路的电压$\dot{U}$。

7-13　图 7-42 所示电路中，Z_L为多少时可获得最大功率，并求此最大功率。

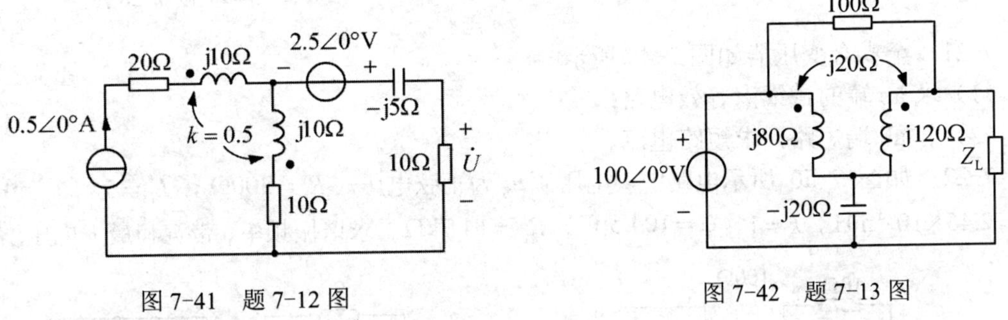

图 7-41　题 7-12 图　　图 7-42　题 7-13 图

7-14　求图 7-43 所示电路的输入阻抗。

7-15　求图 7-44 所示电路中的电流$\dot{I}_1$。

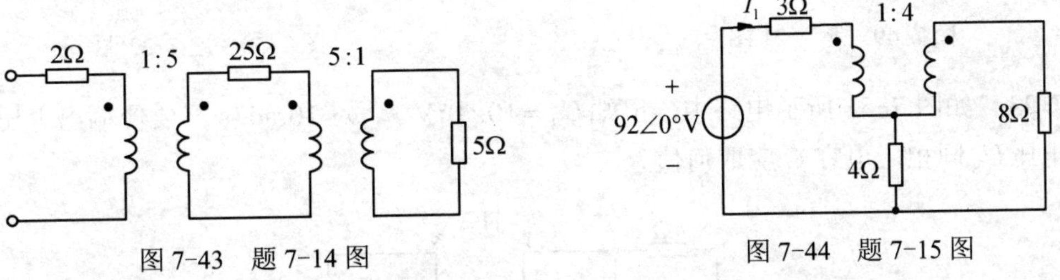

图 7-43　题 7-14 图　　图 7-44　题 7-15 图

7-16　某变压器原边线圈$N_1 = 500$匝，副边线圈$N_2 = 100$匝，接有8Ω的扬声器。

（1）若原边接在 10V、内阻为250Ω的信号源上，扬声器获得的功率是多少？

（2）若扬声器不经过变压器，直接接到信号源上，扬声器的功率是多少？

7-17　电路如图 7-45 所示，为使10Ω负载电阻能获得最大功率，试确定理想变压器的变比n。

7-18　求如图 7-46 所示电路中的$\dot{U}_2$。

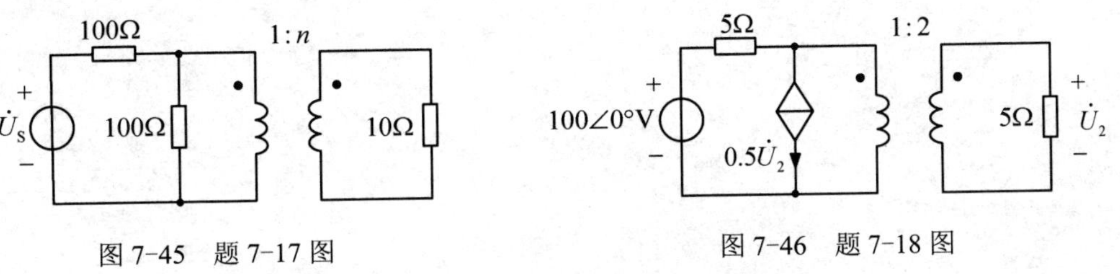

图 7-45　题 7-17 图　　图 7-46　题 7-18 图

7-19　试用节点分析法求图 7-47 所示电路中的输入电压 $\dot{U}_1$。

7-20　如图 7-48 所示电路中，已知 $u_S(t)=100\cos(1000t)(\mathrm{V})$，求 Z_L 为多少时，可获得最大功率？并求此功率。

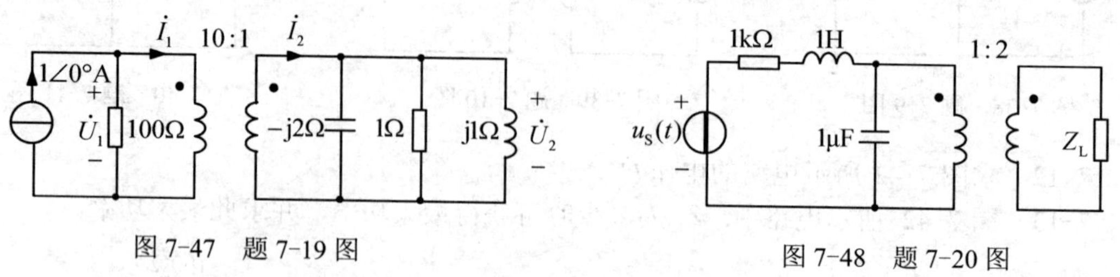

图 7-47　题 7-19 图　　　图 7-48　题 7-20 图

7-21　全耦合变压器如图 7-49 所示。

（1）求 ab 端的戴维南等效电路；

（2）若 ab 端短路，求短路电流。

7-22　如图 7-50 所示电路中，电压源 u_S 为正弦电压，$R_1=300\Omega$，$L_1=5\times10^{-5}\mathrm{mH}$，$L_2=2.45\times10^{-3}\mathrm{mH}$，$k=1$，$C=104.5\mathrm{pF}$，$R_L=14.7\mathrm{k\Omega}$。求谐振频率、带宽和最大电压增益。

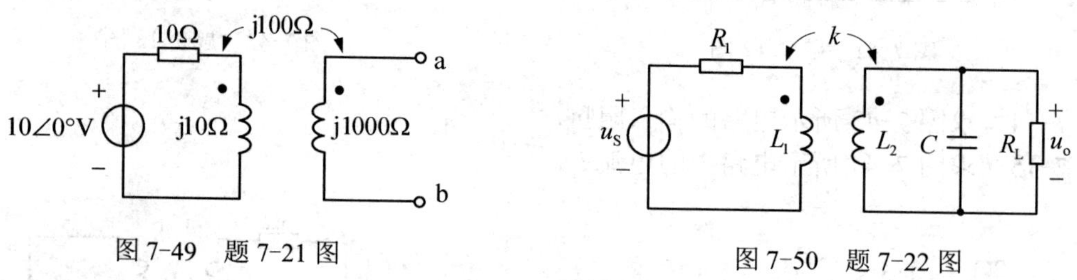

图 7-49　题 7-21 图　　　图 7-50　题 7-22 图

7-23　如图 7-51 所示电路中，已知 $\dot{U}_S=10\angle0°\mathrm{V}$，$\omega=10\mathrm{rad/s}$，要使输出电压 $\dot{U}_2$ 与输入电压 $\dot{U}_S$ 同相，电容 C 应取何值？

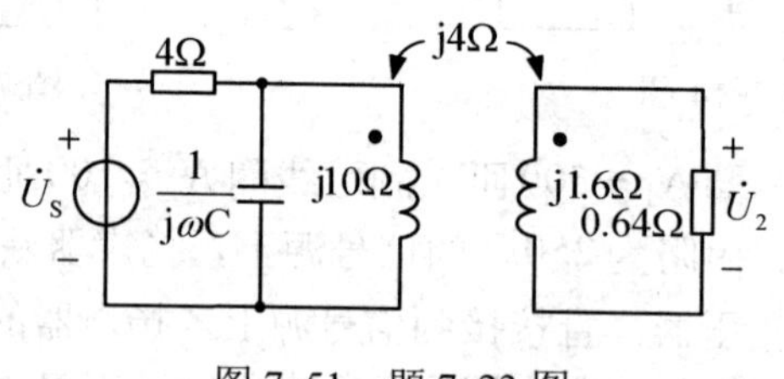

图 7-51　题 7-23 图

第 8 章　双口网络

实际工作中，常把一些具有基本功能的电路封装起来，对外只引出若干连线或端口，方便与电源或负载相连接。比如手机、便携电脑充电器，对外有两个端口 4 条线，一个端口接电源，另一个端口接手机或电脑。在使用充电器时，对内部的情况并不关心，只需了解输入和输出电压、电流的大小。

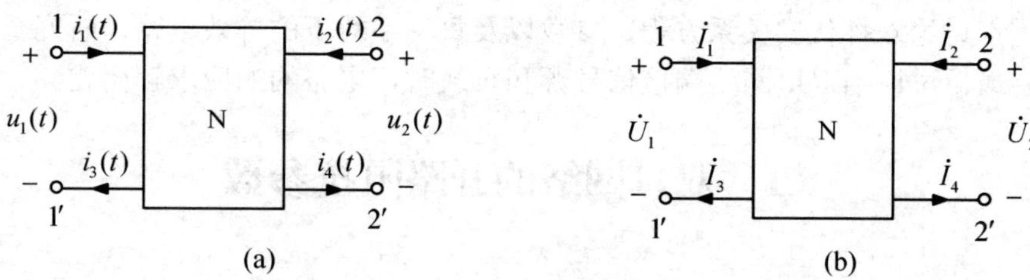

图 8-1　双口网络

如果一个电路有 4 个端钮与外电路相连接，如图 8-1(a)所示，且这 4 个端钮可分为两对，每一对端钮分别满足端口条件，即在任一时刻满足

$$\begin{cases} i_1(t) = i_3(t) \\ i_2(t) = i_4(t) \end{cases} \tag{8-1}$$

则端钮 1 和 $1'$、2 和 $2'$ 分别形成两个端口，称此电路为双口网络或二端口网络。图 8-1(b) 所示电路为双口网络的相量模型。显然，前面已讨论过的受控源、耦合电感和理想变压器都是简单的双口网络。

研究双口网络如同单口网络一样，首先研究表征网络的电压、电流关系即伏安关系。一个单口网络，如图 8-2(a)所示，只需一个伏安关系就可以描述，其戴维南等效电路如图 8-2(b)所示，其伏安关系为

$$\dot{U} = \dot{U}_{oc} + Z_{eq}\dot{I} \tag{8-2a}$$

若单口网络内不含独立源，则伏安关系简化为

$$\dot{U} = Z_{eq}\dot{I} \tag{8-2b}$$

其等效电路如图 8-2(c) 所示。

由于双口网络有两个端口，4 个端口变量 $\dot{U}_1$、$\dot{U}_2$、$\dot{I}_1$ 和 $\dot{I}_2$，如图 8-1(b)所示，因此需要两个伏安关系来描述，4 个变量中，只有两个是独立的，即给定其中任何两个变量，其余两个便随之确定了。在 4 个变量中任意取两个作为独立变量的方法共有 6 种，因此描

述双口网络的伏安关系也就有 6 种形式。

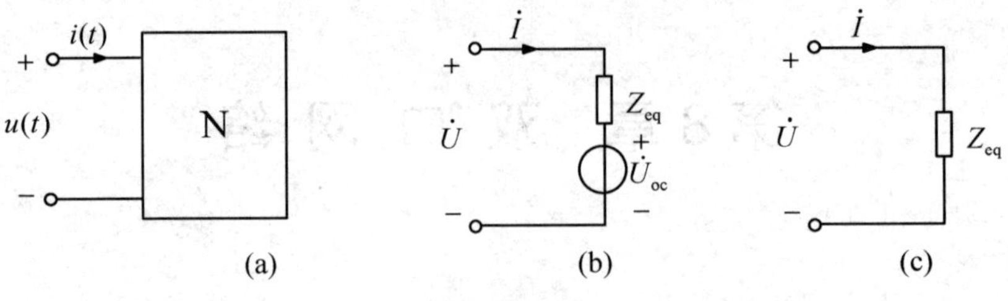

图 8-2　单口网络

一个实际的电路系统大多是由若干子系统按照一定的规则相互连接而成，而每一个子系统都可以看成一个双口网络，已知子系统的参数可以方便得到整个系统的特性，这就是研究双口网络的意义所在。

本章重点讨论 6 种伏安关系方程、参数以及每种参数下的等效电路；研究双口网络的连接关系；最后讨论当双口网络端接信号源和负载时，电路的响应求解问题。

8.1　双口网络的开路阻抗参数

8.1.1　开路阻抗参数

在图 8-3(b)所示双口网络中，假定电流 $\dot{I}_1$ 和 $\dot{I}_2$ 为独立变量，电压 $\dot{U}_1$ 和 $\dot{U}_2$ 为待求量，即电流 $\dot{I}_1$ 和 $\dot{I}_2$ 为激励，电压 $\dot{U}_1$ 和 $\dot{U}_2$ 为响应，$\dot{U}_1$ 和 $\dot{U}_2$ 可以看作是电流源 $\dot{I}_1$ 和 $\dot{I}_2$ 分别单独作用时所产生的电压之和，即

$$\begin{cases}\dot{U}_1 = z_{11}\dot{I}_1 + z_{12}\dot{I}_2 \\ \dot{U}_2 = z_{21}\dot{I}_1 + z_{22}\dot{I}_2\end{cases} \tag{8-3}$$

式（8-3）称为双口网络的 Z 参数方程，z_{11}、z_{12}、z_{21} 和 z_{22} 称为 Z 参数，如图 8-3 所示，并且

$$\begin{cases} z_{11} = \left.\dfrac{\dot{U}_1}{\dot{I}_1}\right|_{\dot{I}_2=0} \qquad z_{21} = \left.\dfrac{\dot{U}_2}{\dot{I}_1}\right|_{\dot{I}_2=0} \\ z_{12} = \left.\dfrac{\dot{U}_1}{\dot{I}_2}\right|_{\dot{I}_1=0} \qquad z_{22} = \left.\dfrac{\dot{U}_2}{\dot{I}_2}\right|_{\dot{I}_1=0} \end{cases} \tag{8-4}$$

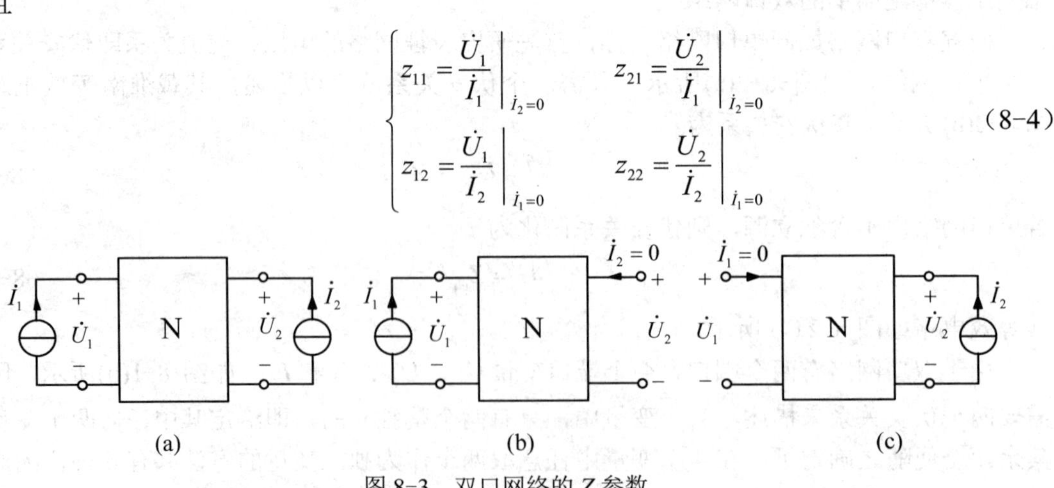

图 8-3　双口网络的 Z 参数

式中，z_{11} 是输出端开路时，输入端的输入阻抗；z_{21} 是输出端开路时，输出端对输入端的转移阻抗；z_{12} 是输入端开路时，输入端对输出端的转移阻抗；z_{22} 是输入端开路时输出端的输入阻抗。z_{11}、z_{12}、z_{21} 和 z_{22} 都具有阻抗的量纲，并且都是其中一个端口开路时的等效阻抗，所以，Z 参数也称为开路阻抗参数。

如将式（8-3）写成矩阵形式，则

$$\begin{bmatrix}\dot{U}_1\\ \dot{U}_2\end{bmatrix}=\begin{bmatrix}z_{11} & z_{12}\\ z_{21} & z_{22}\end{bmatrix}\begin{bmatrix}\dot{I}_1\\ \dot{I}_2\end{bmatrix}=\boldsymbol{Z}\begin{bmatrix}\dot{I}_1\\ \dot{I}_2\end{bmatrix} \tag{8-5}$$

式中

$$\boldsymbol{Z}=\begin{bmatrix}z_{11} & z_{12}\\ z_{21} & z_{22}\end{bmatrix} \tag{8-6}$$

称为开路阻抗矩阵或 Z 矩阵。

对于互易双口网络，则有

$$\left.\frac{\dot{U}_1}{\dot{I}_2}\right|_{\dot{I}_1=0}=\left.\frac{\dot{U}_2}{\dot{I}_1}\right|_{\dot{I}_2=0}$$

即

$$z_{12}=z_{21} \tag{8-7}$$

因此对于互易双口网络，Z 参数中只有 3 个是独立的。由线性非时变的 R、L、C、耦合电感和理想变压器构成的无源双口网络，满足互易定理，是互易双口网络。含受控源的双口网络通常是非互易的。

如果一个互易双口网络，它的两个端口可以交换而端口电压、电流的数值不变，称为对称双口网络。对于对称双口网络来说，Z 参数还满足

$$z_{11}=z_{22} \tag{8-8}$$

即 Z 参数中只有两个是独立的。

8.1.2 开路阻抗参数等效电路

由式（8-3）可以得到双口网络的开路阻抗参数等效电路，如图 8-4(a)所示。

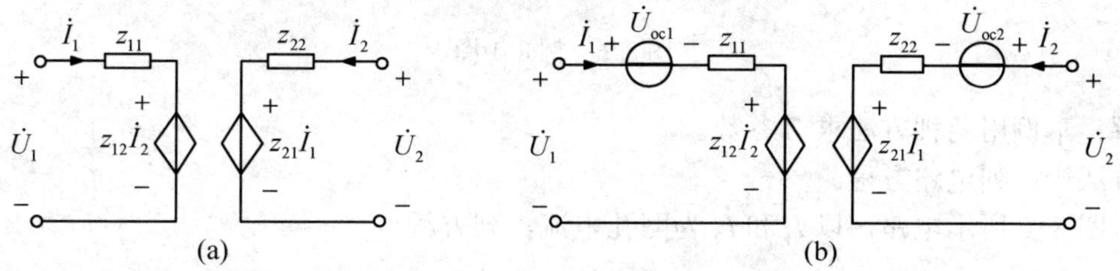

图 8-4 双口网络的 Z 参数双受控源等效电路

如果双口网络内部含有独立源，则作用于 N 的激励为电流源 $\dot{I}_1$、$\dot{I}_2$ 和电路 N 内部的独立源。根据电路的线性性质，响应电压 $\dot{U}_1$ 和 $\dot{U}_2$ 可以看作是电流源 $\dot{I}_1$、$\dot{I}_2$ 和 N 内部的独

立源分别单独作用时所产生的电压之和，即

$$\begin{cases}\dot{U}_1 = z_{11}\dot{I}_1 + z_{12}\dot{I}_2 + \dot{U}_{\text{oc1}} \\ \dot{U}_2 = z_{21}\dot{I}_1 + z_{22}\dot{I}_2 + \dot{U}_{\text{oc2}}\end{cases} \tag{8-9}$$

由式（8-9）可以画出含源双口网络的 Z 参数等效电路，如图 8-4(b)所示。

可见，对于含有独立源的双口网络，从输入端和输出端来看，相当于独立源、受控源和阻抗相串联的电路。其中，电压源 $\dot{U}_{\text{oc1}}$ 和 $\dot{U}_{\text{oc2}}$ 表示电路 N 内部独立源的作用，即是输入端和输出端同时开路时，输入端和输出端的开路电压；受控源 $z_{12}\dot{I}_2$ 和 $z_{21}\dot{I}_1$ 表示输入端与输出端之间的相互影响。显然，当双口网络内部不含独立源时，$\dot{U}_{\text{oc1}} = \dot{U}_{\text{oc2}} = 0$，式（8-9）就成为前面已讨论的式（8-3）。

双口网络还可以等效为 T 形电路，对式（8-3）作如下变换

$$\begin{cases}\dot{U}_1 = (z_{11} - z_{12})\dot{I}_1 + z_{12}(\dot{I}_1 + \dot{I}_2) \\ \dot{U}_2 = (z_{22} - z_{12})\dot{I}_2 + z_{12}(\dot{I}_1 + \dot{I}_2) + (z_{21} - z_{12})\dot{I}_1\end{cases} \tag{8-10}$$

根据式（8-10）可画出只包含一个受控源的等效电路，如图 8-5(a)所示。若网络为互易网络，即 $z_{12} = z_{21}$，则图 8-5(a)中的受控电压源短路，等效电路变为图 8-5(b)。

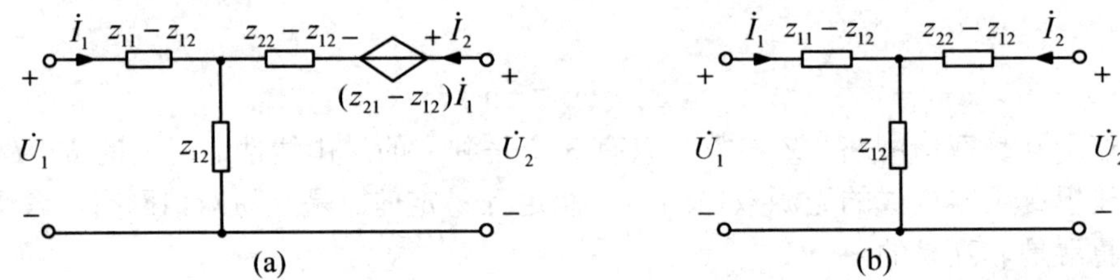

图 8-5　双口网络的 Z 参数 T 型等效电路

例 8-1　求图 8-6 所示电路的 Z 参数。

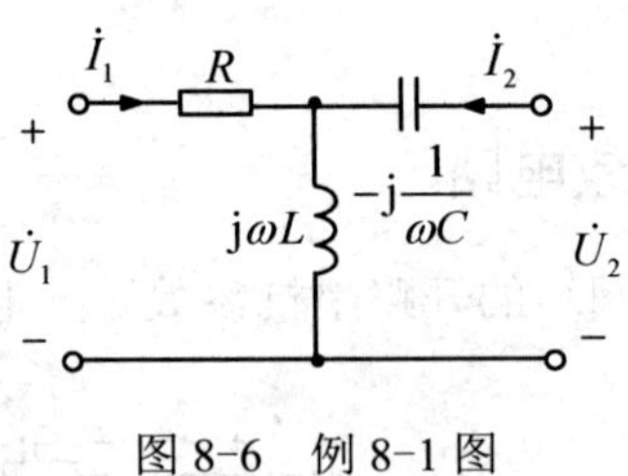

图 8-6　例 8-1 图

解：本例用两种方法求 Z 参数。

方法一：列电路方程。

对图 8-6 所示电路，以 $\dot{I}_1$ 和 $\dot{I}_2$ 为网孔电流，列方程

$$\begin{cases}\left(R + \text{j}\omega L\right)\dot{I}_1 + \text{j}\omega L\dot{I}_2 = \dot{U}_1 \\ \text{j}\omega L\dot{I}_1 + \left(\text{j}\omega L - \text{j}\dfrac{1}{\omega C}\right)\dot{I}_2 = \dot{U}_2\end{cases}$$

上式也是 Z 参数方程，因此得 Z 参数矩阵为

$$Z=\begin{bmatrix} R+\mathrm{j}\omega L & \mathrm{j}\omega L \\ \mathrm{j}\omega L & \mathrm{j}\omega L-\mathrm{j}\dfrac{1}{\omega C}\end{bmatrix}(\Omega)$$

方法二：按式（8-5）求 Z 参数。

在图 8-6 所示电路中，令 $\dot{I}_2=0$，于是

$$z_{11}=\left.\frac{\dot{U}_1}{\dot{I}_1}\right|_{\dot{I}_2=0}=R+\mathrm{j}\omega L$$

$$z_{21}=\left.\frac{\dot{U}_2}{\dot{I}_1}\right|_{\dot{I}_2=0}=\mathrm{j}\omega L$$

同样令 $\dot{I}_1=0$，于是

$$z_{12}=\left.\frac{\dot{U}_1}{\dot{I}_2}\right|_{\dot{I}_1=0}=\mathrm{j}\omega L$$

$$z_{22}=\left.\frac{\dot{U}_2}{\dot{I}_2}\right|_{\dot{I}_1=0}=\mathrm{j}\omega L-\mathrm{j}\frac{1}{\omega C}$$

例 8-2 求图 8-7(a)所示双口网络的 Z 参数，并作出 Z 参数等效电路。

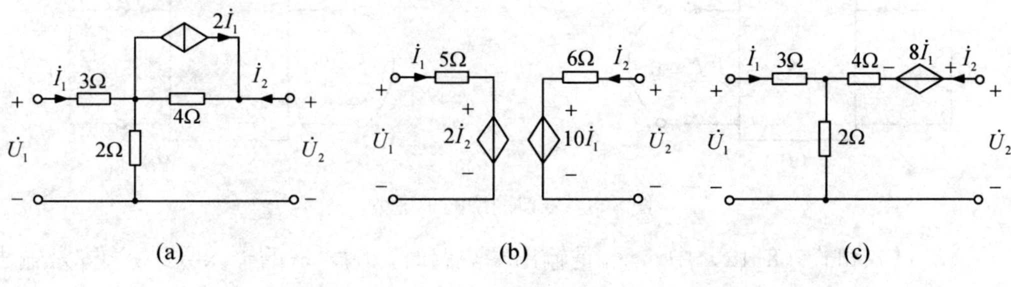

图 8-7 例 8-2 图

解：对图 8-7(a)所示电路，列 KVL 方程

$$\begin{cases}3\dot{I}_1+2(\dot{I}_1+\dot{I}_2)=\dot{U}_1\\ 4(2\dot{I}_1+\dot{I}_2)+2(\dot{I}_1+\dot{I}_2)=\dot{U}_2\end{cases}$$

整理得

$$\begin{cases}5\dot{I}_1+2\dot{I}_2=\dot{U}_1\\ 10\dot{I}_1+6\dot{I}_2=\dot{U}_2\end{cases}$$

上式也是 Z 参数方程，因此得 Z 参数矩阵为

$$Z=\begin{bmatrix}5 & 2\\ 10 & 6\end{bmatrix}(\Omega)$$

双受控源等效电路如图 8-7(b)，T 形等效电路如图 8-7(c)所示。

8.2 双口网络的短路导纳参数

8.2.1 短路导纳参数

在图 8-2(b)所示双口网络中，假定端口电压$\dot{U}_1$和$\dot{U}_2$为独立变量，电流$\dot{I}_1$和$\dot{I}_2$为待求量，即电压$\dot{U}_1$和$\dot{U}_2$为激励，电流$\dot{I}_1$和$\dot{I}_2$为响应，$\dot{I}_1$和$\dot{I}_2$可以看作是电压源$\dot{U}_1$和$\dot{U}_2$分别单独作用时所产生的电流之和，即

$$\begin{cases}\dot{I}_1 = y_{11}\dot{U}_1 + y_{12}\dot{U}_2 \\ \dot{I}_2 = y_{21}\dot{U}_1 + y_{22}\dot{U}_2\end{cases} \tag{8-11}$$

式（8-11）称为双口网络的 Y 参数方程，式中y_{11}、y_{12}、y_{21}和y_{22}称为 Y 参数。如图 8-8 所示，并且

$$\begin{cases} y_{11} = \left.\dfrac{\dot{I}_1}{\dot{U}_1}\right|_{\dot{U}_2=0} & y_{21} = \left.\dfrac{\dot{I}_2}{\dot{U}_1}\right|_{\dot{U}_2=0} \\ y_{12} = \left.\dfrac{\dot{I}_1}{\dot{U}_2}\right|_{\dot{U}_1=0} & y_{22} = \left.\dfrac{\dot{I}_2}{\dot{U}_2}\right|_{\dot{U}_1=0} \end{cases} \tag{8-12}$$

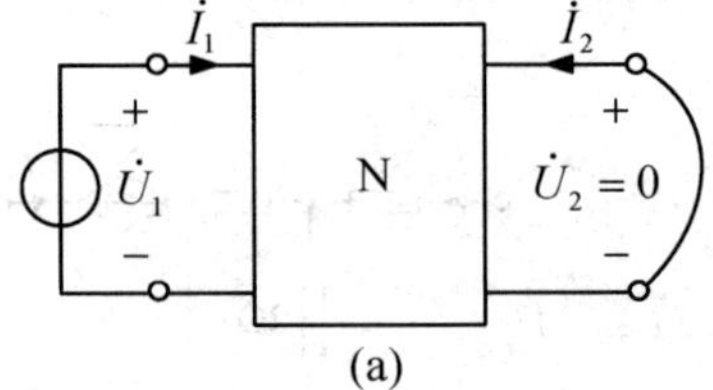

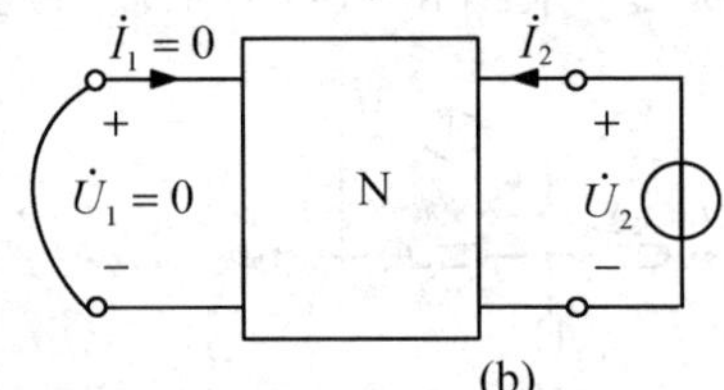

图 8-8 双口网络的 Y 参数

式（8-11）和式（8-12）中，y_{11}是输出端短路时，输入端的输入导纳；y_{21}是输出端短路时，输出端对输入端的转移导纳；y_{12}是输入端短路时，输入端对输出端的转移导纳；y_{22}是输入端短路时输出端的输入导纳。y_{11}、y_{12}、y_{21}和y_{22}都具有导纳的量纲，并且都是其中一个端口短路时的等效导纳，所以，Y 参数也称为短路导纳参数。

如将式（8-11）写成矩阵形式，则

$$\begin{bmatrix}\dot{I}_1 \\ \dot{I}_2\end{bmatrix} = \begin{bmatrix} y_{11} & y_{12} \\ y_{21} & y_{22}\end{bmatrix}\begin{bmatrix}\dot{U}_1 \\ \dot{U}_2\end{bmatrix} = \boldsymbol{Y}\begin{bmatrix}\dot{U}_1 \\ \dot{U}_2\end{bmatrix} \tag{8-13}$$

式中

$$\boldsymbol{Y} = \begin{bmatrix} y_{11} & y_{12} \\ y_{21} & y_{22}\end{bmatrix} \tag{8-14}$$

称为短路导纳矩阵或 Y 矩阵。

如果双口网络 Z 参数矩阵为非奇异，则其逆矩阵$\boldsymbol{Z}^{-1}$存在。用$\boldsymbol{Z}^{-1}$左乘式（8-6），得

$$\begin{bmatrix}\dot{I}_1 \\ \dot{I}_2\end{bmatrix} = \boldsymbol{Z}^{-1}\begin{bmatrix}\dot{U}_1 \\ \dot{U}_2\end{bmatrix} \tag{8-15}$$

比较式（8-15）与式（8-13）可得

$$\boldsymbol{Y} = \boldsymbol{Z}^{-1} \tag{8-16a}$$

或

$$\boldsymbol{Z} = \boldsymbol{Y}^{-1} \tag{8-16b}$$

也就是

$$\boldsymbol{Y} = \begin{bmatrix} y_{11} & y_{12} \\ y_{21} & y_{22} \end{bmatrix} = \begin{bmatrix} z_{11} & z_{12} \\ z_{21} & z_{22} \end{bmatrix}^{-1} = \begin{bmatrix} \dfrac{z_{22}}{\Delta_Z} & -\dfrac{z_{12}}{\Delta_Z} \\ -\dfrac{z_{21}}{\Delta_Z} & \dfrac{z_{11}}{\Delta_Z} \end{bmatrix} \tag{8-17}$$

以及

$$\boldsymbol{Z} = \begin{bmatrix} z_{11} & z_{12} \\ z_{21} & z_{22} \end{bmatrix} = \begin{bmatrix} y_{11} & y_{12} \\ y_{21} & y_{22} \end{bmatrix}^{-1} = \begin{bmatrix} \dfrac{y_{22}}{\Delta_Y} & -\dfrac{y_{12}}{\Delta_Y} \\ -\dfrac{y_{21}}{\Delta_Y} & \dfrac{y_{11}}{\Delta_Y} \end{bmatrix} \tag{8-18}$$

式中，$\Delta_Z = z_{11}z_{22} - z_{12}z_{21}$，$\Delta_Y = y_{11}y_{22} - y_{12}y_{21}$。

对于互易双口网络，因为$z_{12} = z_{21}$，则有

$$y_{12} = y_{21} \tag{8-19}$$

对于对称双口网络，还有

$$y_{11} = y_{22} \tag{8-20}$$

8.2.2 短路导纳参数等效电路

由式（8-11）可以得到双口网络的短路导纳参数等效电路，如图 8-9(a)所示。

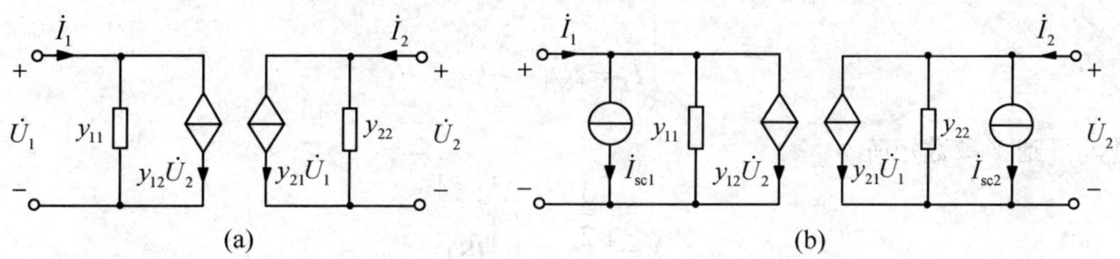

图 8-9　双口网络的 Y 参数双受控源等效电路

类似地，如果双口网络内部含有独立源，则作用于 N 的激励为电压源$\dot{U}_1$、$\dot{U}_2$和电路 N 内部的独立源，响应$\dot{I}_1$、$\dot{I}_2$表示为

$$\begin{cases} \dot{I}_1 = y_{11}\dot{U}_1 + y_{12}\dot{U}_2 + \dot{I}_{sc1} \\ \dot{I}_2 = y_{21}\dot{U}_1 + y_{22}\dot{U}_2 + \dot{I}_{sc2} \end{cases} \tag{8-21}$$

式中，$\dot{I}_{sc1}$和$\dot{I}_{sc2}$表示电路 N 内部独立源的作用，即是输入端和输出端同时短路时，输入端和输出端的短路电流。由式（8-21）可以画出含源双口网络的 Y 参数等效电路，如图 8-9(b)所示。

当双口网络用 Y 参数表示时，还可以等效为Π型电路，对式（8-11）作变换，有

$$\begin{cases}\dot{I}_1=(y_{11}+y_{12})\dot{U}_1-y_{12}(\dot{U}_1-\dot{U}_2)\\ \dot{I}_2=(y_{22}+y_{12})\dot{U}_2-y_{12}(\dot{U}_2-\dot{U}_1)+(y_{21}-y_{12})\dot{U}_1\end{cases}\tag{8-22}$$

根据式（8-22）可画出只包含一个受控源的等效电路，如图 8-10(a)所示。若网络为互易网络，即 $y_{12}=y_{21}$，则图 8-10(a)中的受控电流源开路，等效电路变为图 8-10(b)。

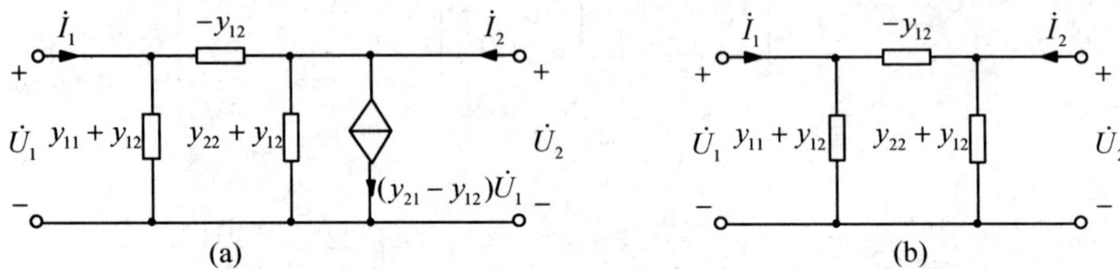

图 8-10　双口网络的 Y 参数Π型等效电路

例 8-3　求图 8-11(a)所示双口网络的 Y 参数和 Z 参数，并作出 Y 参数等效电路。

解：（1）求 Y 参数。

对图 8-11(a)所示电路，以 $\dot{U}_1$ 和 $\dot{U}_2$ 为节点电位，列节点方程

$$\begin{cases}\left(1+\dfrac{1}{2}\right)\dot{U}_1-\dot{U}_2=\dot{I}_1\\ -\dot{U}_1+\left(1+\dfrac{1}{2}\right)\dot{U}_2=\dot{I}_2-2\dot{I}_1\end{cases}$$

整理得

$$\begin{cases}\dot{I}_1=\dfrac{3}{2}\dot{U}_1-\dot{U}_2\\ \dot{I}_2=2\dot{U}_1-\dfrac{1}{2}\dot{U}_2\end{cases}$$

于是，得到 Y 参数矩阵

$$\boldsymbol{Y}=\begin{bmatrix}\dfrac{3}{2} & -1\\ 2 & -\dfrac{1}{2}\end{bmatrix}(\mathrm{S})$$

（2）求 Z 参数。

$$\Delta_Y=-\frac{3}{4}+2=\frac{5}{4}$$

$$\boldsymbol{Z}=\begin{bmatrix}\dfrac{y_{22}}{\Delta_Y} & -\dfrac{y_{12}}{\Delta_Y}\\ -\dfrac{y_{21}}{\Delta_Y} & \dfrac{y_{11}}{\Delta_Y}\end{bmatrix}=\begin{bmatrix}-\dfrac{2}{5} & \dfrac{4}{5}\\ -\dfrac{8}{5} & \dfrac{6}{5}\end{bmatrix}(\Omega)$$

（3）作出 Y 参数等效电路，如图 8-11(b)所示。

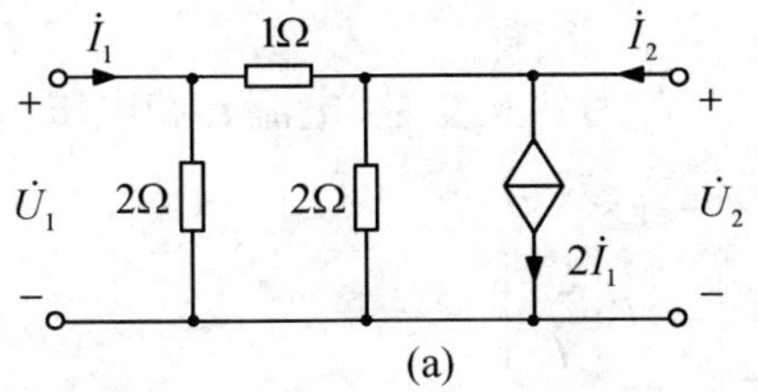

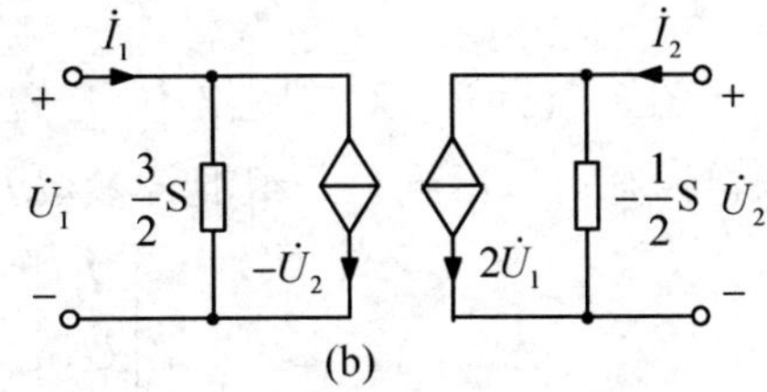

图 8-11　例 8-3 图

8.3　双口网络的混合参数

在图 8-2(b)所示双口网络中，假定电流 $\dot I_1$ 和电压 $\dot U_2$ 为独立变量，电压 $\dot U_1$ 和电流 $\dot I_2$ 为待求量，则描述双口网络的方程为

$$\begin{cases}\dot U_1 = h_{11}\dot I_1 + h_{12}\dot U_2 \\ \dot I_2 = h_{21}\dot I_1 + h_{22}\dot U_2\end{cases} \tag{8-23}$$

式（8-23）称为双口网络的 H 参数方程，h_{11}、h_{12}、h_{21} 和 h_{22} 称为 H 参数，并且

$$\begin{cases} h_{11}=\left.\dfrac{\dot U_1}{\dot I_1}\right|_{\dot U_2=0} & h_{21}=\left.\dfrac{\dot I_2}{\dot I_1}\right|_{\dot U_2=0} \\ h_{12}=\left.\dfrac{\dot U_1}{\dot U_2}\right|_{\dot I_1=0} & h_{22}=\left.\dfrac{\dot I_2}{\dot U_2}\right|_{\dot I_1=0}\end{cases} \tag{8-24}$$

式中，h_{11} 是输出端短路时，输入端的输入阻抗；h_{21} 是输出端短路时，输出端电流与输入端电流之比（即电流增益）；h_{12} 是输入端开路时，输入端电压与输出端电压之比（即反向电压增益）；h_{22} 是输入端开路时，输出端的输入导纳。h_{11} 和 h_{22} 分别具有阻抗和导纳的量纲，h_{12} 和 h_{21} 都无量纲，所以，H 参数也称为混合参数。

如将式（8-23）写成矩阵形式，即

$$\begin{bmatrix}\dot U_1 \\ \dot I_2\end{bmatrix} = \begin{bmatrix} h_{11} & h_{12} \\ h_{21} & h_{22}\end{bmatrix}\begin{bmatrix}\dot I_1 \\ \dot U_2\end{bmatrix} = \boldsymbol{H}\begin{bmatrix}\dot I_1 \\ \dot U_2\end{bmatrix} \tag{8-25}$$

式中

$$\boldsymbol{H} = \begin{bmatrix} h_{11} & h_{12} \\ h_{21} & h_{22}\end{bmatrix} \tag{8-26}$$

称为混合参数矩阵或 H 矩阵。

对于互易双口网络有

$$h_{12} = -h_{21} \tag{8-27}$$

对于对称双口网络，还满足

$$\Delta_H = h_{11}h_{22} - h_{12}h_{21} = 1 \tag{8-28}$$

在图 8-2(b)所示双口网络中，若假定电压$\dot{U}_1$和电流$\dot{I}_2$为独立变量，电流$\dot{I}_1$和电压$\dot{U}_2$为待求量，则可以得到另一组混合参数方程，或称为逆混合参数方程，即

$$\begin{bmatrix}\dot{I}_1\\ \dot{U}_2\end{bmatrix}=\begin{bmatrix}h'_{11} & h'_{12}\\ h'_{21} & h'_{22}\end{bmatrix}\begin{bmatrix}\dot{U}_1\\ \dot{I}_2\end{bmatrix}=H'\begin{bmatrix}\dot{U}_1\\ \dot{I}_2\end{bmatrix} \tag{8-29}$$

式中

$$H'=\begin{bmatrix}h'_{11} & h'_{12}\\ h'_{21} & h'_{22}\end{bmatrix} \tag{8-30}$$

比较式（8-25）与式（8-29）可得

$$\boldsymbol{H}'=\boldsymbol{H}^{-1} \tag{8-31}$$

或

$$\boldsymbol{H}=(\boldsymbol{H}')^{-1} \tag{8-32}$$

例 8-4　求图 8-12(a)所示双口网络的 H 参数，并作出 H 参数等效电路。

解：由图 8-12(a)得到双口网络的方程为

$$\begin{cases}\dot{U}_1=0\\ \dot{I}_2=\beta\dot{I}'_1+\dfrac{\dot{U}_2}{R_2}+\dfrac{\dot{U}_2}{R_1}\end{cases}$$

由于

$$\dot{I}'_1=\dot{I}_1+\frac{\dot{U}_2}{R_1}$$

代入上式，整理得 H 参数方程

$$\begin{cases}\dot{U}_1=0\\ \dot{I}_2=\beta\dot{I}_1+\left(\dfrac{1+\beta}{R_1}+\dfrac{1}{R_2}\right)\dot{U}_2\end{cases}$$

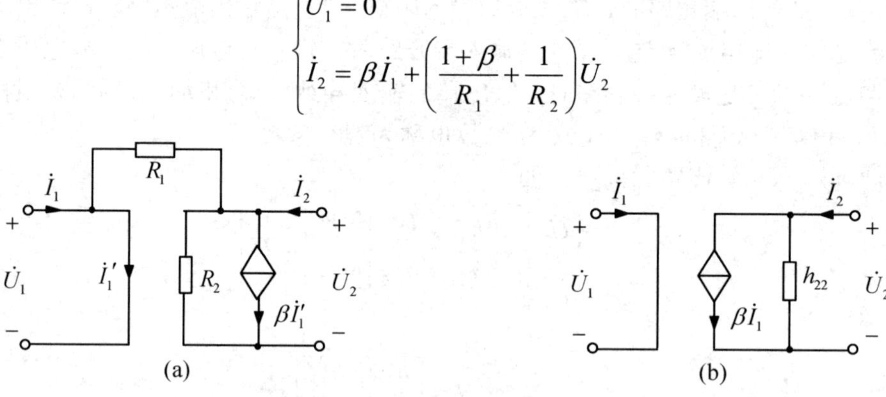

图 8-12　例 8-4 图

因此 H 参数矩阵为

$$\boldsymbol{H}=\begin{bmatrix}0 & 0\\ \beta & \dfrac{1+\beta}{R_1}+\dfrac{1}{R_2}\end{bmatrix}$$

作出 H 参数等效电路，如图 8-12(b)所示，其中

$$h_{22}=\frac{1+\beta}{R_1}+\frac{1}{R_2}$$

8.4 双口网络的传输参数

在讨论信号传输问题时，通常假定电压$\dot{U}_2$和电流$\dot{I}_2$为独立变量，电压$\dot{U}_1$和电流$\dot{I}_1$为待求量，对于图 8-2(b)所示双口网络，得到描述双口网络的方程

$$\begin{cases}\dot{U}_1=A_{11}\dot{U}_2+A_{12}(-\dot{I}_2)\\ \dot{I}_1=A_{21}\dot{U}_2+A_{22}(-\dot{I}_2)\end{cases} \tag{8-33}$$

式中，电流$\dot{I}_2$前的负号是由于我们习惯于规定$\dot{I}_2$的参考方向为流入电路，$-\dot{I}_2$与图 8-2(b)中的参考方向相反。式（8-33）称为双口网络的传输参数方程或A参数方程，A_{11}、A_{12}、A_{21}和A_{22}称为A参数，并且

$$\begin{cases}A_{11}=\left.\dfrac{\dot{U}_1}{\dot{U}_2}\right|_{\dot{I}_2=0} & A_{12}=\left.\dfrac{\dot{U}_1}{-\dot{I}_2}\right|_{\dot{U}_2=0}\\ A_{21}=\left.\dfrac{\dot{I}_1}{\dot{U}_2}\right|_{\dot{I}_2=0} & A_{22}=\left.\dfrac{\dot{I}_1}{-\dot{I}_2}\right|_{\dot{U}_2=0}\end{cases} \tag{8-34}$$

式中，A_{11}是输出端开路时，输入电压与输出电压之比；A_{12}是输出端短路时，输入端对输出端的转移阻抗；A_{21}是输出端开路时，输入端对输出端的转移导纳；A_{22}是输出端短路时，输入电流与输出电流之比。A_{12}和A_{21}分别具有阻抗和导纳的量纲，A_{11}和A_{22}都无量纲，且都具有转移参数的性质。

如将式（8-33）写成矩阵形式，则

$$\begin{bmatrix}\dot{U}_1\\ \dot{I}_1\end{bmatrix}=\begin{bmatrix}A_{11} & A_{12}\\ A_{21} & A_{22}\end{bmatrix}\begin{bmatrix}\dot{U}_2\\ -\dot{I}_2\end{bmatrix}=\boldsymbol{A}\begin{bmatrix}\dot{U}_2\\ -\dot{I}_2\end{bmatrix} \tag{8-35}$$

式中

$$\boldsymbol{A}=\begin{bmatrix}A_{11} & A_{12}\\ A_{21} & A_{22}\end{bmatrix} \tag{8-36}$$

称为传输参数矩阵或T矩阵。

对于互易双口网络有

$$\Delta_A=A_{11}A_{22}-A_{12}A_{21}=1 \tag{8-37}$$

对于对称双口网络，还满足

$$A_{11}=A_{22} \tag{8-38}$$

在图 8-2(b)所示双口网络中，若假定电压$\dot{U}_1$和电流$\dot{I}_1$为独立变量，电压$\dot{U}_2$和电流$\dot{I}_2$为待求量，则可以得到另一组传输参数方程，或称为反向传输参数方程，即

$$\begin{bmatrix}\dot{U}_2\\ \dot{I}_2\end{bmatrix}=\begin{bmatrix}A'_{11} & A'_{12}\\ A'_{21} & A'_{22}\end{bmatrix}\begin{bmatrix}\dot{U}_1\\ -\dot{I}_1\end{bmatrix}=\boldsymbol{A}'\begin{bmatrix}\dot{U}_1\\ -\dot{I}_1\end{bmatrix} \tag{8-39}$$

式中

$$\boldsymbol{A}' = \begin{bmatrix} A'_{11} & A'_{12} \\ A'_{21} & A'_{22} \end{bmatrix} \tag{8-40}$$

称为逆传输参数矩阵或 A' 矩阵。显然，根据 A 参数方程和 A' 参数方程，可知

$$\boldsymbol{A}' \neq \boldsymbol{A}^{-1} \tag{8-41}$$

例 8-5 求图 8-13 所示理想变压器的 A、H、Z 和 Y 参数矩阵。

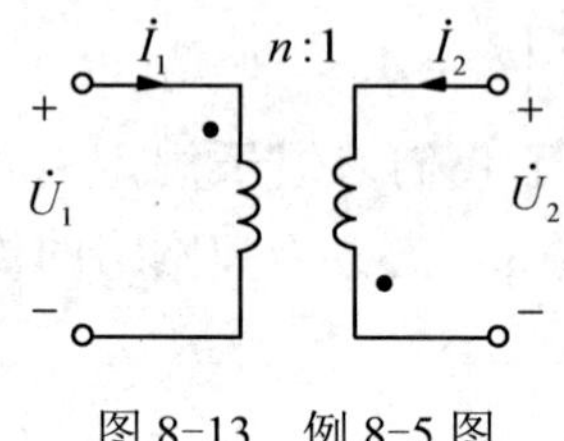

图 8-13 例 8-5 图

解： 图 8-13 所示理想变压器的伏安关系为

$$\begin{cases} \dot{U}_1 = -n\dot{U}_2 \\ \dot{I}_1 = \dfrac{1}{n}\dot{I}_2 = -\dfrac{1}{n}(-\dot{I}_2) \end{cases}$$

得到传输参数矩阵

$$\boldsymbol{A} = \begin{bmatrix} -n & 0 \\ 0 & -\dfrac{1}{n} \end{bmatrix}$$

将上述伏安关系改写为

$$\begin{cases} \dot{U}_1 = -n\dot{U}_2 \\ \dot{I}_2 = n\dot{I}_1 \end{cases}$$

得到 H 参数矩阵

$$\boldsymbol{H} = \begin{bmatrix} 0 & -n \\ n & 0 \end{bmatrix}$$

由表 8-1 用 A 参数表示 Z 参数和 Y 参数时，由于 $A_{21} = 0$，$A_{12} = 0$，所以 Z 参数和 Y 参数均不存在。可见，理想变压器只能用传输参数或混合参数来描述。

综上所述，双口网络有 6 种伏安关系方程，分别对应 6 种不同的参数，它们从不同的角度描述了双口网络的外部特性，因此，不同的参数间有着一定的转换关系，表 8-1 列出了 4 种主要参数间的关系。需要注意的是，对一个给定的双口网络，由于只能用某些类型的伏安关系来描述，因此并不是所有的参数都存在。比如，例 8.5 中，Z 参数和 Y 参数均不存在。

表 8-1　双口网络参数转换表

	$\boldsymbol{Z}$	$\boldsymbol{Y}$	$\boldsymbol{H}$	$\boldsymbol{A}$
$\boldsymbol{Z}$	$\begin{matrix} z_{11} & z_{12} \\ z_{21} & z_{22} \end{matrix}$	$\begin{matrix} \frac{y_{22}}{\Delta_Y} & -\frac{y_{12}}{\Delta_Y} \\ -\frac{y_{21}}{\Delta_Y} & \frac{y_{11}}{\Delta_Y} \end{matrix}$	$\begin{matrix} \frac{\Delta_H}{h_{22}} & \frac{h_{12}}{h_{22}} \\ -\frac{h_{21}}{h_{22}} & \frac{1}{h_{22}} \end{matrix}$	$\begin{matrix} \frac{A_{11}}{A_{21}} & \frac{\Delta_A}{A_{21}} \\ \frac{1}{A_{21}} & \frac{A_{22}}{A_{21}} \end{matrix}$
$\boldsymbol{Y}$	$\begin{matrix} \frac{z_{22}}{\Delta_Z} & -\frac{z_{12}}{\Delta_Z} \\ -\frac{z_{21}}{\Delta_Z} & \frac{z_{11}}{\Delta_Z} \end{matrix}$	$\begin{matrix} y_{11} & y_{12} \\ y_{21} & y_{22} \end{matrix}$	$\begin{matrix} \frac{1}{h_{11}} & -\frac{h_{12}}{h_{11}} \\ \frac{h_{21}}{h_{11}} & \frac{\Delta_H}{h_{11}} \end{matrix}$	$\begin{matrix} \frac{A_{22}}{A_{12}} & -\frac{\Delta_A}{A_{12}} \\ -\frac{1}{A_{12}} & \frac{A_{11}}{A_{12}} \end{matrix}$
$\boldsymbol{H}$	$\begin{matrix} \frac{\Delta_Z}{z_{22}} & \frac{z_{12}}{z_{22}} \\ -\frac{z_{21}}{z_{22}} & \frac{1}{z_{22}} \end{matrix}$	$\begin{matrix} \frac{1}{y_{11}} & -\frac{y_{12}}{y_{11}} \\ \frac{y_{21}}{y_{11}} & \frac{\Delta_Y}{y_{11}} \end{matrix}$	$\begin{matrix} h_{11} & h_{12} \\ h_{21} & h_{22} \end{matrix}$	$\begin{matrix} \frac{A_{12}}{A_{22}} & \frac{\Delta_A}{A_{22}} \\ -\frac{1}{A_{22}} & \frac{A_{21}}{A_{22}} \end{matrix}$
$\boldsymbol{A}$	$\begin{matrix} \frac{z_{11}}{z_{21}} & \frac{\Delta_Z}{z_{21}} \\ \frac{1}{z_{21}} & \frac{z_{22}}{z_{21}} \end{matrix}$	$\begin{matrix} -\frac{y_{22}}{y_{21}} & -\frac{1}{y_{21}} \\ -\frac{\Delta_Y}{y_{21}} & -\frac{y_{11}}{y_{21}} \end{matrix}$	$\begin{matrix} -\frac{\Delta_H}{h_{21}} & -\frac{h_{11}}{h_{21}} \\ -\frac{h_{22}}{h_{21}} & -\frac{1}{h_{21}} \end{matrix}$	$\begin{matrix} A_{11} & A_{12} \\ A_{21} & A_{22} \end{matrix}$
矩阵行列式	$\Delta_Z = z_{11}z_{22} - z_{12}z_{21}$	$\Delta_Y = y_{11}y_{22} - y_{12}y_{21}$	$\Delta_H = h_{11}h_{22} - h_{12}h_{21}$	$\Delta_A = A_{11}A_{22} - A_{12}A_{21}$
互易条件	$z_{12} = z_{21}$	$y_{12} = y_{21}$	$h_{12} = -h_{21}$	$\Delta_A = 1$
对称条件	$z_{12} = z_{21}$ $z_{11} = z_{22}$	$y_{12} = y_{21}$ $y_{11} = y_{22}$	$h_{12} = -h_{21}$ $\Delta_H = 1$	$\Delta_A = 1$ $A_{11} = A_{22}$

8.5　双口网络的连接

在电路分析中，通常将一个复杂的双口网络可以看成是由若干个简单的双口网络按一定方式连接而成，这将使电路的分析计算得到简化。另一方面，在设计和实现一个复杂的双口网络时，也可以将几个简单的双口网络按一定方式连接起来，使其满足所需复杂双口网络的特性。

双口网络可以按多种不同的方式进行连接，这里主要介绍串联、并联和级联，另外还有串并联和并串联等。将两个子双口网络连接成一个复杂的双口网络时，各子双口网络必须同时满足端口条件，否则子电路不能看作是双口。以下讨论中，均假定各子双口网络满足端口条件。

8.5.1　双口网络的串联

双口网络的串联就是两个或两个以上双口网络的输入端口和输出端口都进行串联连接，如图 8-14 所示。串联时一般采用开路阻抗参数，设双口网络 N_a 和 N_b 的 Z 参数方程分别为

$$\begin{bmatrix}\dot{U}_{1a}\\ \dot{U}_{2a}\end{bmatrix}=\begin{bmatrix}z_{a11} & z_{a12}\\ z_{a21} & z_{a22}\end{bmatrix}\begin{bmatrix}\dot{I}_{1a}\\ \dot{I}_{2a}\end{bmatrix}=\boldsymbol{Z}_{a}\begin{bmatrix}\dot{I}_{1a}\\ \dot{I}_{2a}\end{bmatrix} \tag{8-42}$$

和

$$\begin{bmatrix}\dot{U}_{1b}\\ \dot{U}_{2b}\end{bmatrix}=\begin{bmatrix}z_{b11} & z_{b12}\\ z_{b21} & z_{b22}\end{bmatrix}\begin{bmatrix}\dot{I}_{1b}\\ \dot{I}_{2b}\end{bmatrix}=\boldsymbol{Z}_{b}\begin{bmatrix}\dot{I}_{1b}\\ \dot{I}_{2b}\end{bmatrix} \tag{8-43}$$

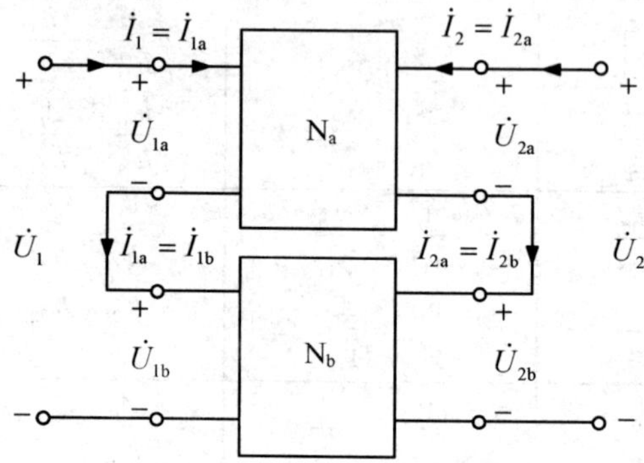

图 8-14 双口网络的串联

假设双口网络 N_a 和 N_b 都满足端口条件，则有

$$\begin{cases}\dot{I}_1=\dot{I}_{1a}=\dot{I}_{1b}\\ \dot{I}_2=\dot{I}_{2a}=\dot{I}_{2b}\end{cases} \tag{8-44}$$

即

$$\begin{bmatrix}\dot{I}_1\\ \dot{I}_2\end{bmatrix}=\begin{bmatrix}\dot{I}_{1a}\\ \dot{I}_{2a}\end{bmatrix}=\begin{bmatrix}\dot{I}_{1b}\\ \dot{I}_{2b}\end{bmatrix} \tag{8-45}$$

由图 8-14 可见，端口电压满足 KVL，即

$$\begin{cases}\dot{U}_1=\dot{U}_{1a}+\dot{U}_{1b}\\ \dot{U}_2=\dot{U}_{2a}+\dot{U}_{2b}\end{cases} \tag{8-46}$$

即

$$\begin{bmatrix}\dot{U}_1\\ \dot{U}_2\end{bmatrix}=\begin{bmatrix}\dot{U}_{1a}+\dot{U}_{1b}\\ \dot{U}_{2a}+\dot{U}_{2b}\end{bmatrix}=\begin{bmatrix}\dot{U}_{1a}\\ \dot{U}_{2a}\end{bmatrix}+\begin{bmatrix}\dot{U}_{1b}\\ \dot{U}_{2b}\end{bmatrix} \tag{8-47}$$

将式（8-42）和式（8-43）代入式（8-47），得

$$\begin{aligned}\begin{bmatrix}\dot{U}_1\\ \dot{U}_2\end{bmatrix}&=\boldsymbol{Z}_a\begin{bmatrix}\dot{I}_{1a}\\ \dot{I}_{2a}\end{bmatrix}+\boldsymbol{Z}_b\begin{bmatrix}\dot{I}_{1b}\\ \dot{I}_{2b}\end{bmatrix}=\boldsymbol{Z}_a\begin{bmatrix}\dot{I}_1\\ \dot{I}_2\end{bmatrix}+\boldsymbol{Z}_b\begin{bmatrix}\dot{I}_1\\ \dot{I}_2\end{bmatrix}\\ &=\left(\boldsymbol{Z}_a+\boldsymbol{Z}_b\right)\begin{bmatrix}\dot{I}_1\\ \dot{I}_2\end{bmatrix}=\boldsymbol{Z}\begin{bmatrix}\dot{I}_1\\ \dot{I}_2\end{bmatrix}\end{aligned} \tag{8-48}$$

由式（8-48）得到

$$\boldsymbol{Z} = \boldsymbol{Z}_\text{a} + \boldsymbol{Z}_\text{b} \tag{8-49}$$

即当两个子双口网络满足端口条件时，它们串联起来组成的双口网络的开路阻抗矩阵 $\boldsymbol{Z}$ 等于两个子双口网络的开路阻抗矩阵 $\boldsymbol{Z}_\text{a}$ 和 $\boldsymbol{Z}_\text{b}$ 之和。

8.5.2 双口网络的并联

如果将两个双口网络的输入端口和输出端口分别进行并联连接，就称为双口网络的并联，即如图 8-15 所示。并联时采用短路导纳参数较为方便，设双口网络 N_a 和 N_b 的 Y 参数方程分别为

$$\begin{bmatrix} \dot{I}_{1\text{a}} \\ \dot{I}_{2\text{a}} \end{bmatrix} = \begin{bmatrix} y_{\text{a}11} & y_{\text{a}12} \\ y_{\text{a}21} & y_{\text{a}22} \end{bmatrix} \begin{bmatrix} \dot{U}_{1\text{a}} \\ \dot{U}_{2\text{a}} \end{bmatrix} = \boldsymbol{Y}_\text{a} \begin{bmatrix} \dot{U}_{1\text{a}} \\ \dot{U}_{2\text{a}} \end{bmatrix} \tag{8-50}$$

和

$$\begin{bmatrix} \dot{I}_{1\text{b}} \\ \dot{I}_{2\text{b}} \end{bmatrix} = \begin{bmatrix} y_{\text{b}11} & y_{\text{b}12} \\ y_{\text{b}21} & y_{\text{b}22} \end{bmatrix} \begin{bmatrix} \dot{U}_{1\text{b}} \\ \dot{U}_{2\text{b}} \end{bmatrix} = \boldsymbol{Y}_\text{b} \begin{bmatrix} \dot{U}_{1\text{b}} \\ \dot{U}_{2\text{b}} \end{bmatrix} \tag{8-51}$$

假设双口网络 N_a 和 N_b 都满足端口条件，则有

$$\begin{cases} \dot{U}_1 = \dot{U}_{1\text{a}} = \dot{U}_{1\text{b}} \\ \dot{U}_2 = \dot{U}_{2\text{a}} = \dot{U}_{2\text{b}} \end{cases} \tag{8-52}$$

即

$$\begin{bmatrix} \dot{U}_1 \\ \dot{U}_2 \end{bmatrix} = \begin{bmatrix} \dot{U}_{1\text{a}} \\ \dot{U}_{2\text{a}} \end{bmatrix} = \begin{bmatrix} \dot{U}_{1\text{b}} \\ \dot{U}_{2\text{b}} \end{bmatrix} \tag{8-53}$$

由图 8-15 可见，各端口电流满足 KCL，即

$$\begin{cases} \dot{I}_1 = \dot{I}_{1\text{a}} + \dot{I}_{1\text{b}} \\ \dot{I}_2 = \dot{I}_{2\text{a}} + \dot{I}_{2\text{b}} \end{cases} \tag{8-54}$$

即

$$\begin{bmatrix} \dot{I}_1 \\ \dot{I}_2 \end{bmatrix} = \begin{bmatrix} \dot{I}_{1\text{a}} + \dot{I}_{1\text{b}} \\ \dot{I}_{2\text{a}} + \dot{I}_{2\text{b}} \end{bmatrix} = \begin{bmatrix} \dot{I}_{1\text{a}} \\ \dot{I}_{2\text{a}} \end{bmatrix} + \begin{bmatrix} \dot{I}_{1\text{b}} \\ \dot{I}_{2\text{b}} \end{bmatrix} \tag{8-55}$$

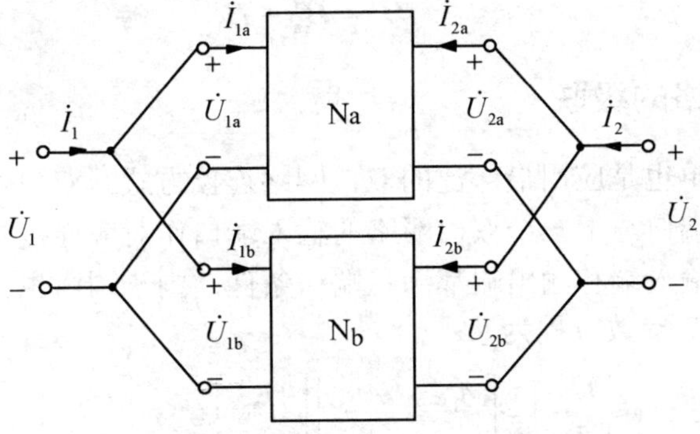

图 8-15　双口网络的并联

将式（8-50）和式（8-51）代入式（8-55），得

$$\begin{aligned}\begin{bmatrix}\dot{I}_1\\\dot{I}_2\end{bmatrix}&=\boldsymbol{Y}_\text{a}\begin{bmatrix}\dot{U}_{1\text{a}}\\\dot{U}_{2\text{a}}\end{bmatrix}+\boldsymbol{Y}_\text{b}\begin{bmatrix}\dot{U}_{1\text{b}}\\\dot{U}_{2\text{b}}\end{bmatrix}=\boldsymbol{Y}_\text{a}\begin{bmatrix}\dot{U}_1\\\dot{U}_2\end{bmatrix}+\boldsymbol{Y}_\text{b}\begin{bmatrix}\dot{U}_1\\\dot{U}_2\end{bmatrix}\\&=\left(\boldsymbol{Y}_\text{a}+\boldsymbol{Y}_\text{b}\right)\begin{bmatrix}\dot{U}_1\\\dot{U}_2\end{bmatrix}=\boldsymbol{Y}\begin{bmatrix}\dot{U}_1\\\dot{U}_2\end{bmatrix}\end{aligned}\tag{8-56}$$

由式（8-56）得到

$$\boldsymbol{Y}=\boldsymbol{Y}_\text{a}+\boldsymbol{Y}_\text{b}\tag{8-57}$$

即当两个子双口网络满足端口条件时，它们并联起来组成的双口网络的短路导纳矩阵 $\boldsymbol{Y}$ 等于两个子双口网络的短路导纳矩阵 $\boldsymbol{Y}_\text{a}$ 和 $\boldsymbol{Y}_\text{b}$ 之和。

如果将两个双口网络 N_a 和 N_b 的输入端口串联连接，输出端口并联连接，则称为双口网络的串并联，如图 8-16(a)所示。用类似的方法可以证明，当两个子双口网络串并联时，组成的双口网络其混合参数矩阵 $\boldsymbol{H}$ 等于两个子双口网络的混合参数矩阵 $\boldsymbol{H}_\text{a}$ 和 $\boldsymbol{H}_\text{b}$ 之和，即

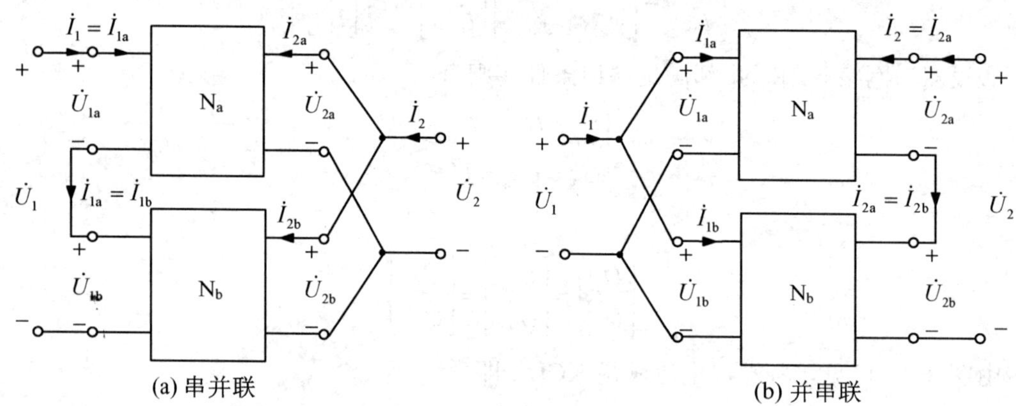

图 8-16　双口网络的串并联和并串联

$$\boldsymbol{H}=\boldsymbol{H}_\text{a}+\boldsymbol{H}_\text{b}\tag{8-58}$$

如果将两个双口网络 N_a 和 N_b 的输入端口并联连接，输出端口串联连接，则称为双口网络的并串联，如图 8-16(b)所示。同样可以证明，当两个子双口网络并串联时，组成的双口网络其逆混合参数矩阵 $\boldsymbol{H}'$ 等于两个子双口网络的混合参数矩阵 $\boldsymbol{H}'_\text{a}$ 和 $\boldsymbol{H}'_\text{b}$ 之和，即

$$\boldsymbol{H}'=\boldsymbol{H}'_\text{a}+\boldsymbol{H}'_\text{b}\tag{8-59}$$

8.5.3　双口网络的级联

级联是一种最简单也是应用最广泛的双口网络连接方式。双口网络的级联，就是将上一个双口网络的输出端口与下一个双口网络的输入端口作对应连接，如图 8-17 所示。如果级联后的双口网络的输入端和输出端都满足端口条件，则子网络也一定满足端口条件。设双口网络 N_a 和 N_b 的 T 参数方程为

$$\begin{bmatrix}\dot{U}_{1\text{a}}\\\dot{I}_{1\text{a}}\end{bmatrix}=\begin{bmatrix}A_{11\text{a}}&A_{12\text{a}}\\A_{21\text{a}}&A_{22\text{a}}\end{bmatrix}\begin{bmatrix}\dot{U}_{2\text{a}}\\-\dot{I}_{2\text{a}}\end{bmatrix}=\boldsymbol{A}_\text{a}\begin{bmatrix}\dot{U}_{2\text{a}}\\-\dot{I}_{2\text{a}}\end{bmatrix}\tag{8-60}$$

和

$$\begin{bmatrix}\dot{U}_{1b}\\ \dot{I}_{1b}\end{bmatrix}=\begin{bmatrix}A_{11b} & A_{12b}\\ A_{21b} & A_{22b}\end{bmatrix}\begin{bmatrix}\dot{U}_{2b}\\ -\dot{I}_{2b}\end{bmatrix}=\boldsymbol{A}_{b}\begin{bmatrix}\dot{U}_{2b}\\ -\dot{I}_{2b}\end{bmatrix} \tag{8-61}$$

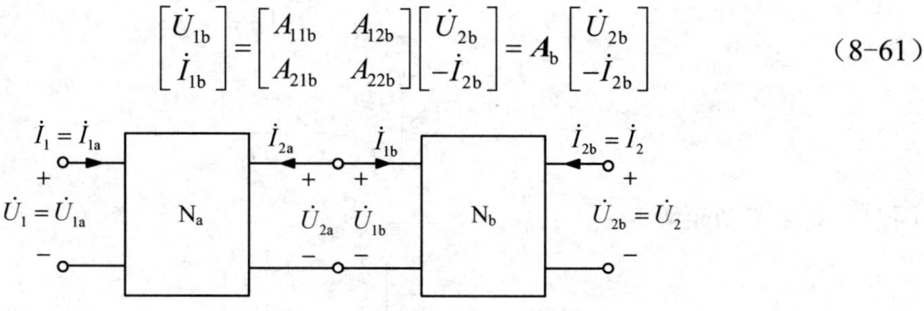

图 8-17　双口网络的级联

按图 8-17 所示参考方向，可得

$$\begin{bmatrix}\dot{U}_{1}\\ \dot{I}_{1}\end{bmatrix}=\begin{bmatrix}\dot{U}_{1a}\\ \dot{I}_{1a}\end{bmatrix},\quad \begin{bmatrix}\dot{U}_{2a}\\ -\dot{I}_{2a}\end{bmatrix}=\begin{bmatrix}\dot{U}_{1b}\\ \dot{I}_{1b}\end{bmatrix},\quad \begin{bmatrix}\dot{U}_{2b}\\ -\dot{I}_{2b}\end{bmatrix}=\begin{bmatrix}\dot{U}_{2}\\ -\dot{I}_{2}\end{bmatrix} \tag{8-62}$$

将式（8-60）和式（8-61）代入式（8-62），得

$$\begin{aligned}\begin{bmatrix}\dot{U}_{1}\\ \dot{I}_{1}\end{bmatrix}&=\begin{bmatrix}\dot{U}_{1a}\\ \dot{I}_{1a}\end{bmatrix}=\boldsymbol{A}_{a}\begin{bmatrix}\dot{U}_{2a}\\ -\dot{I}_{2a}\end{bmatrix}=\boldsymbol{A}_{a}\begin{bmatrix}\dot{U}_{1b}\\ \dot{I}_{1b}\end{bmatrix}=\boldsymbol{A}_{a}\boldsymbol{A}_{b}\begin{bmatrix}\dot{U}_{2b}\\ -\dot{I}_{2b}\end{bmatrix}\\ &=\boldsymbol{A}_{a}\boldsymbol{A}_{b}\begin{bmatrix}\dot{U}_{2}\\ -\dot{I}_{2}\end{bmatrix}=\boldsymbol{A}\begin{bmatrix}\dot{U}_{2}\\ -\dot{I}_{2}\end{bmatrix}\end{aligned} \tag{8-63}$$

由式（8-63）得到

$$\boldsymbol{A}=\boldsymbol{A}_{a}\boldsymbol{A}_{b} \tag{8-64}$$

即当两个双口网络级联时，组成的双口网络的传输矩阵 $\boldsymbol{A}$ 等于两个子双口网络的传输矩阵 $\boldsymbol{A}_a$ 和 $\boldsymbol{A}_b$ 之乘积。

例 8-6　如图 8-18(a) 所示电路，试分别利用双口网络的串联法和并联法求 Z 参数和 Y 参数。

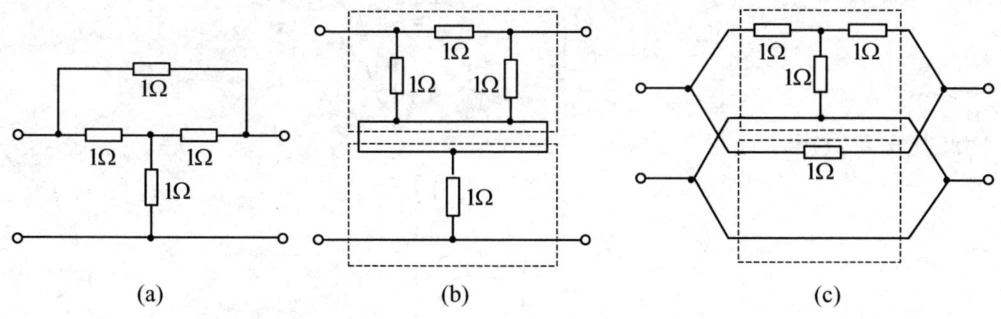

图 8-18　例 8-6 图

解：（1）利用串联法求 Z 参数。

将图 8-18(a)所示的双口网络分解为图 8-18(b)所示的 π 形双口网络和单元件双口网络的串联，对 π 形双口网络，容易得到其 Z 参数

$$z_{11}=z_{22}=\left.\frac{\dot{U}_1}{\dot{I}_1}\right|_{\dot{I}_2=0}=\frac{1\times 2}{1+2}=\frac{2}{3}\Omega$$

$$z_{21}=z_{12}=\left.\frac{\dot{U}_2}{\dot{I}_1}\right|_{\dot{I}_2=0}=\frac{\frac{1}{1+1+1}\dot{I}_1\times 1}{\dot{I}_1}=\frac{1}{3}\Omega$$

因此，其 Z 参数矩阵为

$$\boldsymbol{Z}_1=\begin{bmatrix}\frac{2}{3} & \frac{1}{3}\\ \frac{1}{3} & \frac{2}{3}\end{bmatrix}(\Omega)$$

对于单元件的双口网络有

$$\boldsymbol{Z}_2=\begin{bmatrix}1 & 1\\ 1 & 1\end{bmatrix}(\Omega)$$

因此要求的 Z 参数矩阵为

$$\boldsymbol{Z}=\boldsymbol{Z}_1+\boldsymbol{Z}_2=\begin{bmatrix}\frac{2}{3}+1 & \frac{1}{3}+1\\ \frac{1}{3}+1 & \frac{2}{3}+1\end{bmatrix}=\begin{bmatrix}\frac{5}{3} & \frac{4}{3}\\ \frac{4}{3} & \frac{5}{3}\end{bmatrix}(\Omega)$$

（2）利用并联法求 Y 参数。

将图 8-18(a)所示的双口网络分解为图 8-18(c)所示的T形双口网络和单元件双口网络的并联，对T形双口网络，容易得到其 Y 参数

$$y_{11}=y_{22}=\left.\frac{\dot{I}_1}{\dot{U}_1}\right|_{\dot{U}_2=0}=\frac{1}{1+\frac{1\times 1}{1+1}}=\frac{2}{3}\mathrm{S}$$

$$y_{21}=y_{12}=\left.\frac{\dot{I}_2}{\dot{U}_1}\right|_{\dot{U}_2=0}=\frac{-\frac{1}{1+1}\dot{I}_1}{\left(1+\frac{1\times 1}{1+1}\right)\dot{I}_1}=-\frac{1}{3}\mathrm{S}$$

因此其 Y 参数矩阵为

$$\boldsymbol{Y}_1=\begin{bmatrix}\frac{2}{3} & -\frac{1}{3}\\ -\frac{1}{3} & \frac{2}{3}\end{bmatrix}(\mathrm{S})$$

对于单元件的双口网络有

$$\boldsymbol{Y}_2=\begin{bmatrix}1 & -1\\ -1 & 1\end{bmatrix}(\mathrm{S})$$

因此要求的 Y 参数矩阵为

$$\boldsymbol{Y}=\boldsymbol{Y}_1+\boldsymbol{Y}_2=\begin{bmatrix}\frac{2}{3}+1 & -\frac{1}{3}-1\\ -\frac{1}{3}-1 & \frac{2}{3}+1\end{bmatrix}=\begin{bmatrix}\frac{5}{3} & -\frac{4}{3}\\ -\frac{4}{3} & \frac{5}{3}\end{bmatrix}(\text{S})$$

8.6　双口网络的网络函数

前面已讨论了双口网络的伏安关系，它们的各种参数反映了双口网络本身的性质。在实际应用中，双口网络往往是电路的一部分，通常双口网络的输入端口接信号源，输出端口接负载，如图 8-19 所示，形成双口网络的有端接情况，双口网络可以对信号进行放大、滤波等处理。其中 $\dot{U}_{\text{S}}$ 表示信号源电压相量，Z_{S} 表示信号源内阻抗，Z_{L} 表示负载阻抗。

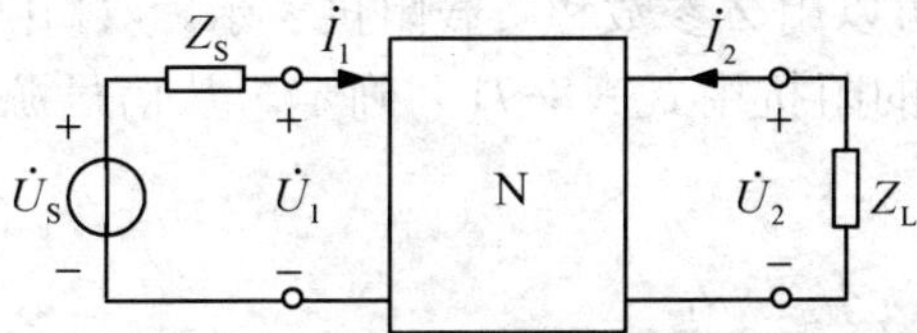

图 8-19　有端接的双口网络

在对图 8-19 所示电路进行分析时，根据双口网络 N 的特点，写出其伏安关系，比如采用 Z 参数，其伏安关系为

$$\begin{cases}\dot{U}_1=z_{11}\dot{I}_1+z_{12}\dot{I}_2\\ \dot{U}_2=z_{21}\dot{I}_1+z_{22}\dot{I}_2\end{cases}\tag{8-65}$$

再考虑双口网络两端外接电路的伏安关系

$$\begin{cases}\dot{U}_1=\dot{U}_{\text{S}}-Z_{\text{S}}\dot{I}_1\\ \dot{U}_2=-Z_{\text{L}}\dot{I}_2\end{cases}\tag{8-66}$$

联立以上两组方程，可解得四个端口电压和电流。除此以外，作为一个信号处理电路，我们还关心有端接双口的网络函数的问题。

8.6.1　策动点函数

正如 8.1 节讨论的，策动点函数分为策动点（输入）阻抗和策动点（输入）导纳。在有端接的双口网络中，输入端电压 $\dot{U}_1$ 与输入端电流 $\dot{I}_1$ 之比称为策动点阻抗或输入阻抗，用 Z_{in} 表示，其倒数称为策动点导纳或输入导纳，用 Y_{in} 表示，即

$$Z_{\text{in}}=\frac{\dot{U}_1}{\dot{I}_1}\tag{8-67}$$

$$Y_{\text{in}}=\frac{1}{Z_{\text{in}}}=\frac{\dot{I}_1}{\dot{U}_1}\tag{8-68}$$

图 8-19 中，由于

$$\dot{U}_2 = -Z_L \dot{I}_2 \tag{8-69}$$

将式（8-69）代入式（8-65）中的第二式，得到

$$-Z_L \dot{I}_2 = z_{21}\dot{I}_1 + z_{22}\dot{I}_2$$

即

$$\dot{I}_2 = \frac{-z_{21}}{z_{22} + Z_L}\dot{I}_1 \tag{8-70}$$

将式（8-70）代入式（8-65）中的第一式，得到输入阻抗

$$Z_{in} = \frac{\dot{U}_1}{\dot{I}_1} = z_{11} + z_{12}\frac{\dot{I}_2}{\dot{I}_1} = z_{11} - \frac{z_{12}z_{21}}{z_{22} + Z_L} = \frac{\Delta_Z + z_{11}Z_L}{z_{22} + Z_L} \tag{8-71}$$

式中，$\Delta_Z = z_{11}z_{22} - z_{12}z_{21}$。

上式表明：输入阻抗可以用 Z 参数和负载阻抗表示。双口网络和端接的负载一起构成信号源的负载，这一负载的阻抗由式（8-71）确定。从信号源两端看进去的等效电路如图 8-20(a)所示。

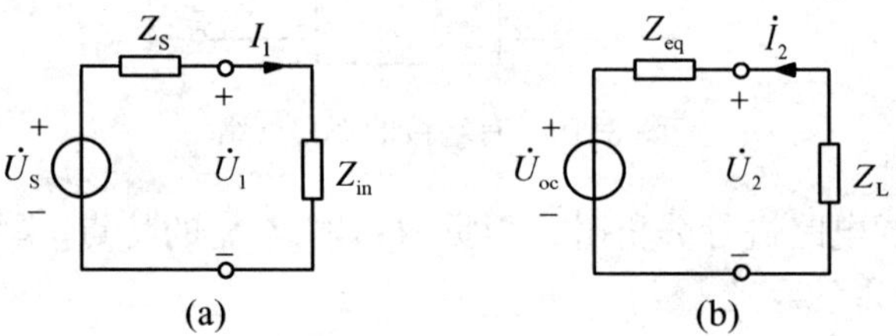

图 8-20　有端接双口网络的等效电路

对负载 Z_L 来说，双口网络及其端接的信号源，可以表示为戴维南等效电路或诺顿等效电路，其中输出阻抗 Z_{eq} 是将电源置零后，由输出端口向输入端看进去的等效阻抗，仿照以上推导过程，可以得到

$$Z_{eq} = z_{22} - \frac{z_{12}z_{21}}{z_{11} + Z_S} = \frac{\Delta_Z + z_{22}Z_S}{z_{11} + Z_S} \tag{8-72}$$

负载端口开路时，$\dot{I}_2 = 0$，式（8-65）变为

$$\begin{cases} \dot{U}_1 = z_{11}\dot{I}_1 \\ \dot{U}_{oc} = z_{21}\dot{I}_1 \end{cases} \tag{8-73}$$

由于 $\dot{U}_1 = \dot{U}_S - Z_S\dot{I}_1$，代入式（8-73）中的第一式，得到

$$\dot{I}_1 = \frac{\dot{U}_S}{z_{11} + Z_S} \tag{8-74}$$

将式（8-74）代入式（8-73）中的第二式，得到负载端口的开路电压 $\dot{U}_{oc}$，即

$$\dot{U}_{oc} = \frac{z_{21}}{z_{11} + Z_S}\dot{U}_S \tag{8-75}$$

因此，有端接的双口网络，负载两端的戴维南等效电路如图 8-20(b)所示，其中等效阻

抗 Z_{eq} 和开路电压 $\dot{U}_{oc}$ 分别由式（8-72）和式（8-75）确定。

以上讨论是在双口网络 Z 参数方程基础上进行的，输入阻抗（或导纳）、输出阻抗（或导纳）和开路电压同样可以用其他参数表示，这里不再讨论。表 8-2 列出了用各种参数表示输入阻抗、输出阻抗和开路电压的公式，已备查用。

8.6.2 转移函数

如 8.1 节讨论的，转移函数有以下四种：

电压比（电压增益）

$$H_u = \frac{\dot{U}_2}{\dot{U}_1} \tag{8-76}$$

电流比（电流增益）

$$H_i = \frac{\dot{I}_2}{\dot{I}_1} \tag{8-77}$$

转移阻抗

$$Z_T(j\omega) = \frac{\dot{U}_2}{\dot{I}_1} \tag{8-78}$$

转移导纳

$$Y_T(j\omega) = \frac{\dot{I}_2}{\dot{U}_1} \tag{8-79}$$

下面首先来推导电压比 H_u。

将式（8-69）代入式（8-65）的第二式，得到

$$-Z_L\dot{I}_2 = z_{21}\dot{I}_1 + z_{22}\dot{I}_2$$

即

$$\dot{I}_1 = \frac{-(z_{22}+Z_L)}{z_{21}}\dot{I}_2 \tag{8-80}$$

将式（8-80）代入式（8-65）的第一式，得到

$$\begin{aligned}\dot{U}_1 &= z_{11}\dot{I}_1 + z_{12}\dot{I}_2 = \frac{-z_{11}(z_{22}+Z_L)}{z_{21}}\dot{I}_2 + z_{12}\dot{I}_2 \\ &= \frac{-(\varDelta_Z + z_{11}Z_L)}{z_{21}}\dot{I}_2\end{aligned} \tag{8-81}$$

于是得到电压比

$$H_u = \frac{\dot{U}_2}{\dot{U}_1} = \frac{-Z_L\dot{I}_2}{\dfrac{-(\varDelta_Z + z_{11}Z_L)}{z_{21}}\dot{I}_2} = \frac{z_{21}Z_L}{\varDelta_Z + z_{11}Z_L} \tag{8-82}$$

进一步得到其他 3 个转移函数，简单过程如下。

由式（8-80）得到电流比

$$H_i = \frac{\dot{I}_2}{\dot{I}_1} = -\frac{z_{21}}{z_{22} + Z_L} \tag{8-83}$$

由式（8-80）和式（8-69）得到转移阻抗

$$Z_T = \frac{\dot{U}_2}{\dot{I}_1} = \frac{-Z_L \dot{I}_2}{\dfrac{-(z_{22} + Z_L)}{z_{21}}\dot{I}_2} = \frac{z_{21} Z_L}{z_{22} + Z_L} \tag{8-84}$$

由式（8-81）得到转移导纳

$$Y_T = \frac{\dot{I}_2}{\dot{U}_1} = -\frac{z_{21}}{\Delta_Z + z_{11} Z_L} \tag{8-85}$$

表 8-2 列出了用各种参数表示转移函数公式，已备查用。

表 8-2　网络函数的表示式

网络函数	Z 参数	Y 参数	H 参数	A 参数
Z_{in}	$\frac{\Delta_Z + z_{11}Z_L}{z_{22} + Z_L}$	$\frac{y_{22} + Y_L}{\Delta_Y + y_{11}Y_L}$	$\frac{\Delta_H + h_{11}Y_L}{h_{22} + Y_L}$	$\frac{A_{12} + A_{11}Z_L}{A_{22} + A_{21}Z_L}$
Z_{eq}	$\frac{\Delta_Z + z_{22}Z_S}{z_{11} + Z_S}$	$\frac{y_{11} + Y_S}{\Delta_Y + y_{22}Y_S}$	$\frac{h_{11} + Z_S}{\Delta_H + h_{22}Z_S}$	$\frac{A_{12} + A_{22}Z_S}{A_{11} + A_{21}Z_S}$
$\dot{U}_{oc}$	$\frac{z_{21}}{z_{11} + Z_S}\dot{U}_S$	$\frac{-y_{21}\dot{U}_S}{y_{22} + \Delta_Y Z_S}$	$\frac{-h_{21}\dot{U}_S}{\Delta_H + h_{22}Z_S}$	$\frac{\dot{U}_S}{A_{11} + A_{21}Z_S}$
H_u	$\frac{z_{21}Z_L}{\Delta_Z + z_{11}Z_L}$	$-\frac{y_{21}}{y_{22} + Y_L}$	$\frac{-h_{21}}{\Delta_H + h_{11}Y_L}$	$\frac{Z_L}{A_{12} + A_{11}Z_L}$
H_i	$-\frac{z_{21}}{z_{22} + Z_L}$	$\frac{y_{21}Y_L}{\Delta_Y + y_{11}Y_L}$	$\frac{h_{21}Y_L}{h_{22} + Y_L}$	$\frac{-1}{A_{22} + A_{21}Z_L}$
Z_T	$\frac{z_{21}Z_L}{z_{22} + Z_L}$	$\frac{-y_{21}}{\Delta_Y + y_{11}Y_L}$	$\frac{-h_{21}}{h_{22} + Y_L}$	$\frac{Z_L}{A_{22} + A_{21}Z_L}$
Y_T	$-\frac{z_{21}}{\Delta_Z + z_{11}Z_L}$	$\frac{y_{21}Y_L}{y_{22} + Y_L}$	$\frac{h_{21}Y_L}{\Delta_H + h_{11}Y_L}$	$\frac{-1}{A_{12} + A_{11}Z_L}$
表中 $Y_L = 1/Z_L$ 为负载导纳，$Y_S = 1/Z_S$ 为信号源导纳				

例 8-7　如图 8-21 所示电路，对于角频率为 ω 的信号源，电路 N 的 Z 参数矩阵为

$$\boldsymbol{Z} = \begin{bmatrix} -\mathrm{j}16 & -\mathrm{j}10 \\ -\mathrm{j}10 & -\mathrm{j}4 \end{bmatrix} (\Omega)$$

负载电阻 $R_L = 3\Omega$，电源内阻 $R_S = 12\Omega$，试求策动点函数 Z_{in} 和 Z_{eq} 及转移函数 H_u、H_i、Z_T 和 Y_T。

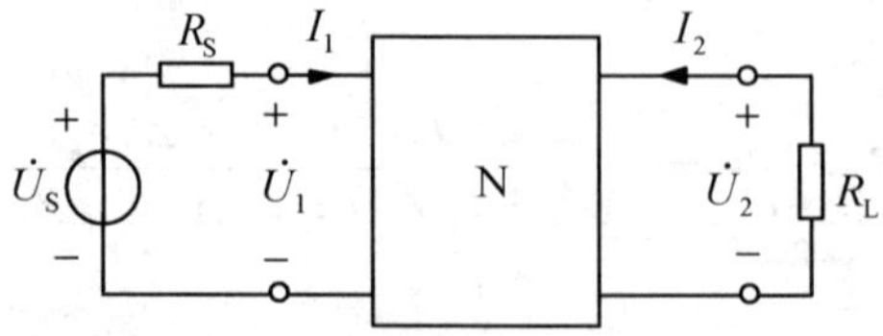

图 8-21　例 8-7 图

解： $\Delta_Z = z_{11}z_{22} - z_{12}z_{21} = -64 + 100 = 36$

查表 8-2 得到

$$Z_{\text{in}} = \frac{\Delta_Z + z_{11}R_L}{z_{22} + R_L} = \frac{36 + (-\text{j}16)\times 3}{-\text{j}4 + 3} = 12\,\Omega$$

$$Z_{\text{eq}} = \frac{\Delta_Z + z_{22}R_S}{z_{11} + R_S} = \frac{36 + (-\text{j}4)\times 12}{-\text{j}16 + 12} = \frac{36 - \text{j}48}{12 - \text{j}16} = 3\,\Omega$$

$$H_u = \frac{z_{21}R_L}{\Delta_Z + z_{11}R_L} = \frac{-\text{j}10\times 3}{36 + (-\text{j}16)\times 3} = \frac{30\angle -90^\circ}{60\angle -53.1^\circ} = 0.5\angle -36.9^\circ$$

$$H_i = \frac{z_{21}}{z_{22} + R_L} = \frac{\text{j}10}{-\text{j}4 + 3} = \frac{10\angle 90^\circ}{5\angle -53.1^\circ} = 2\angle -143.1^\circ$$

$$Z_T = \frac{z_{21}R_L}{z_{22} + R_L} = \frac{-\text{j}10\times 3}{-\text{j}4 + 3} = \frac{30\angle -90^\circ}{5\angle -53.1^\circ} = 6\angle -36.9^\circ\,\Omega$$

$$Y_T = -\frac{z_{21}}{\Delta_Z + z_{11}R_L} = \frac{\text{j}10}{36 - \text{j}16\times 3} = \frac{10\angle 90^\circ}{60\angle -53.1^\circ} = 0.167\angle 143.1^\circ\text{S}$$

例 8-8 上述例题中，若 $\dot{U}_S = 12\,\text{V}$，求 $\dot{U}_1$ 和 $\dot{U}_2$。

解： 利用两种方法求解。

方法一：利用 Z 参数方程和端口伏安关系。

双口网络 N 的 Z 参数方程为

$$\begin{cases} \dot{U}_1 = -\text{j}16\dot{I}_1 - \text{j}10\dot{I}_2 \\ \dot{U}_2 = -\text{j}10\dot{I}_1 - \text{j}4\dot{I}_2 \end{cases}$$

双口网络两端外接电路的伏安关系

$$\begin{cases} \dot{U}_1 = 12 - 12\dot{I}_1 \\ \dot{U}_2 = -3\dot{I}_2 \end{cases}$$

以上两组方程整理得到

$$\begin{cases} \left(1 - \text{j}\dfrac{4}{3}\right)\dot{U}_1 - \text{j}\dfrac{10}{3}\dot{U}_2 = -\text{j}16 \\ -\text{j}\dfrac{5}{6}\dot{U}_1 + \left(1 - \text{j}\dfrac{4}{3}\right)\dot{U}_2 = -\text{j}10 \end{cases}$$

解得

$$\begin{cases} \dot{U}_1 = 6\text{V} \\ \dot{U}_2 = 3\angle -36.9^\circ\text{V} \end{cases}$$

方法二：利用等效电路。

由上例已得到 $Z_{\text{in}} = 12\,\Omega$，$Z_{\text{eq}} = 3\,\Omega$，画出等效电路如图 8-22(a) 和 (b) 所示。其中

$$\dot{U}_{\text{oc}} = \frac{z_{21}}{z_{11} + R_S}\dot{U}_S = \frac{-\text{j}10}{-\text{j}16 + 12}\times 12 = 6\angle -36.9^\circ\text{V}$$

由图 8-22(a) 得到

$$\dot{U}_1 = \frac{Z_{in}}{R_S + Z_{in}} \dot{U}_S = \frac{12}{12+12} \times 12 = 6\,\text{V}$$

由图 8-22(b) 得到

$$\dot{U}_2 = \frac{R_L}{Z_{eq} + R_L} \dot{U}_{oc} = \frac{3}{3+3} \times 6\angle -36.9° = 3\angle -36.9°\,\text{V}$$

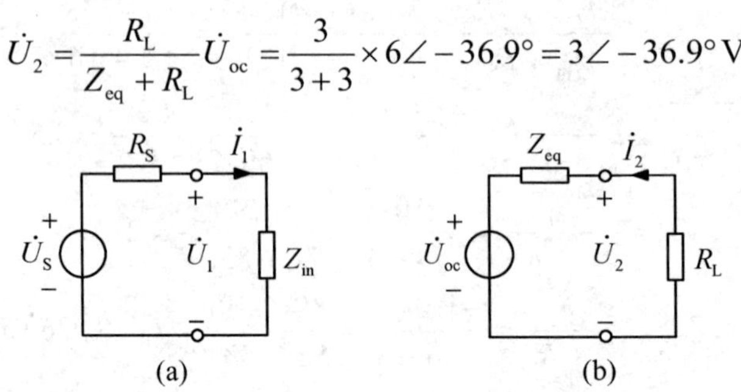

图 8-22　例 8-8 图

本章最后介绍双口网络参数在描述晶体管特性方面的应用。

晶体管是一种非线性的半导体器件，在现代电子电路中得到广泛的应用，是构成各种放大器和数字逻辑电路的基础。如图 8-23(a)所示为晶体管共发射极放大器的交流等效电路，这里去掉了直流电源并看作短路，同时将耦合和旁路电容也看作短路，不难看出，输入信号加入到晶体管 b-e 之间，而输出信号从晶体管 c-e 之间输出，也就是说，b-e 之间可看作一个输入端口，c-e 之间可看作一个输出端口。在小信号情况下，晶体管可近似看作是线性的，此时，晶体管可看作线性二端口（输入端口和输出端口）网络。这样一来，可以把晶体管看作一个黑盒子，用二端口网络参数来描述晶体管的特性。

由于将晶体管等效为二端口网络，是从交流等效电路角度出发的，因此这里的二端口网络参数都是交流参数，相应的电压和电流都是交流电压和交流电流，可用瞬时值或者相量表示。

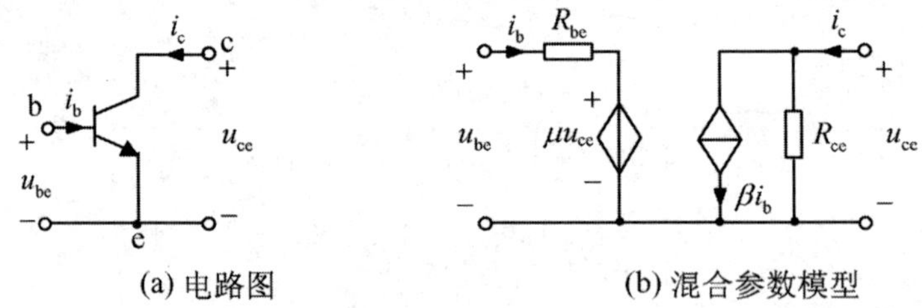

图 8-23　晶体管共射放大电路

Z 参数、Y 参数、H 参数和 A 参数都可用于描述二端口网络的特性，那么对于晶体管来说，当它们交流等效于二端口网络时，选用什么参数描述比较合适呢？可以从三条原则来考虑：①符合器件放大特性；②容易测量；③适合所在电路的计算。

晶体管是电流控制电流源器件，输入电流（基极电流）控制输出电流（集电极电流），H 参数中的 h_{21} 正好表示输入电流对输出电流的控制作用，因此选择 H 参数描述较为合适。

同时，晶体管选择 H 参数描述还具有方便测量的特点。晶体管输入阻抗低而输出阻抗高，而测量 H 参数时要求晶体管低阻抗的输入端口交流开路，高阻抗的输出端口交流短路，容易实现，测量准确。参数也可以由制造商的数据手册或说明书中获得。

在图 8-23 中，对左边子电路应用 KVL，右边子电路应用 KCL，可以得到双口网络的 H 参数方程组

$$\begin{cases}\dot{U}_{\mathrm{be}} = R_{\mathrm{be}}\dot{I}_{\mathrm{b}} + \mu\dot{U}_{\mathrm{ce}} \\ \dot{I}_{\mathrm{c}} = \beta\dot{I}_{\mathrm{b}} + \dfrac{\dot{U}_{\mathrm{ce}}}{R_{\mathrm{ce}}}\end{cases} \tag{8-86}$$

其 H 参数矩阵为

$$\boldsymbol{H} = \begin{bmatrix} R_{\mathrm{be}} & \mu \\ \beta & \dfrac{1}{R_{\mathrm{ce}}} \end{bmatrix} \tag{8-87}$$

如图 8-23(b)所示为晶体管共发射极放大电路的 H 参数等效电路，可见，每一个参数都具有实际的物理意义，其中 $h_{11} = R_{\mathrm{be}}$ 为输入电阻，$h_{21} = \beta$ 为电流放大倍数，$h_{12} = \mu$ 是输出端对输入端的反馈系数，$h_{22} = \dfrac{1}{R_{\mathrm{ce}}}$ 为输出电导。

图 8-24 所示的与交流电源和负载连接的晶体管放大电路，不难推出放大电路的电流增益 H_i、电压增益 H_u、输入阻抗 Z_{in} 和输出阻抗 Z_{eq}。它们分别是：

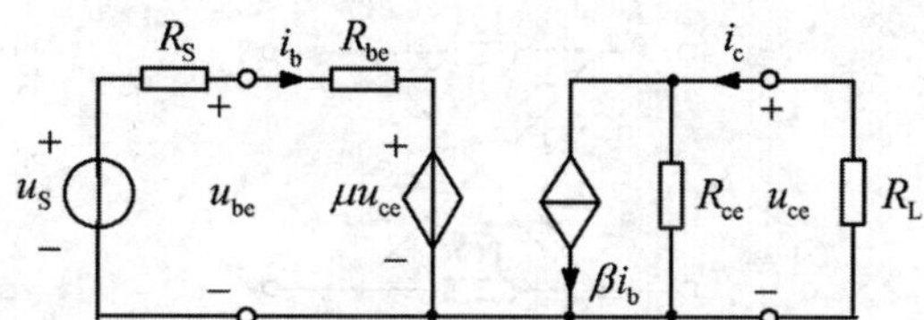

图 8-24　包含激励和负载电阻的晶体管放大电路

$$H_i = \frac{\dot{I}_{\mathrm{c}}}{\dot{I}_{\mathrm{b}}} = \frac{\beta}{1 + R_{\mathrm{ce}}R_{\mathrm{L}}} \tag{8-88}$$

$$H_u = \frac{\dot{U}_{\mathrm{ce}}}{\dot{U}_{\mathrm{be}}} = -\frac{\beta R_{\mathrm{L}}}{R_{\mathrm{be}} + (R_{\mathrm{be}}R_{\mathrm{ce}} - \mu\beta)} \tag{8-89}$$

$$Z_{\mathrm{in}} = \frac{\dot{U}_{\mathrm{be}}}{\dot{I}_{\mathrm{b}}} = R_{\mathrm{be}} - \frac{\mu\beta R_{\mathrm{L}}}{1 + R_{\mathrm{ce}}R_{\mathrm{L}}} \tag{8-90}$$

$$Z_{\mathrm{eq}} = \frac{\dot{U}_{\mathrm{ce}}}{\dot{I}_{\mathrm{c}}} = -\frac{R_{\mathrm{S}} + R_{\mathrm{be}}}{(R_{\mathrm{S}} + R_{\mathrm{be}})R_{\mathrm{ce}} - \mu\beta} \tag{8-91}$$

思考与讨论 8

8-1　某双口网络可以用如下方程描述：

$$\begin{cases}\dot{U}_1 = 50\dot{I}_1 + 10\dot{I}_2 \\ \dot{U}_2 = 30\dot{I}_1 + 20\dot{I}_2\end{cases}$$

以下哪个结论不正确？

(a) $z_{12}=10$；(b) $y_{12}=-0.0143$；(c) $h_{12}=0.5$；(d) $h_{21}=0.5$。

8-2　对于互易双口网络而言，以下哪个结论不正确？

(a) $z_{21}=z_{12}$；(b) $y_{21}=y_{12}$；(c) $h_{21}=h_{12}$；(d) $h_{21}=-h_{12}$。

8-3　晶体管放大电路如图 8-24 所示，试利用 H 参数和端口 VCR，证明式（8-88）～式（8-91）。

习　题　8

8-1　求图 8-25 所示各双口网络的 Z 参数矩阵。

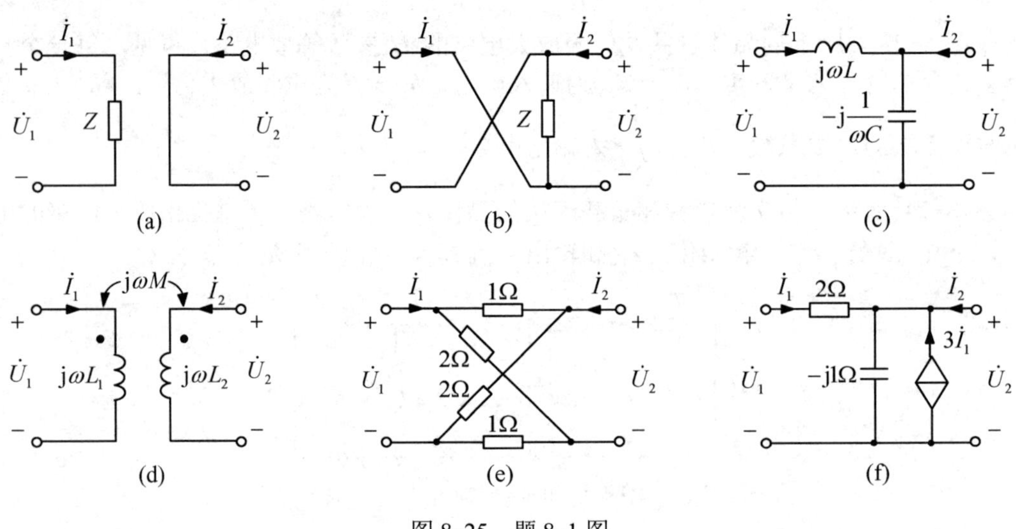

图 8-25　题 8-1 图

8-2　求图 8-26 所示各双口网络的 Y 参数矩阵。

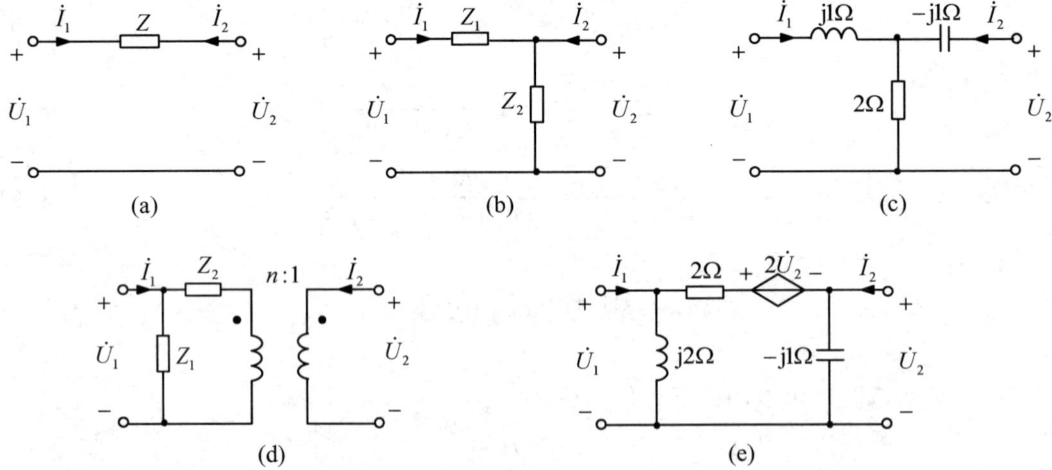

图 8-26　题 8-2 图

8-3　求图 8-27 所示电压控制电流源的 Y 参数、H 参数、A 参数和 Z 参数矩阵。

8-4　求图 8-28(a)、(b)所示双口网络的 A 参数和 H 参数。

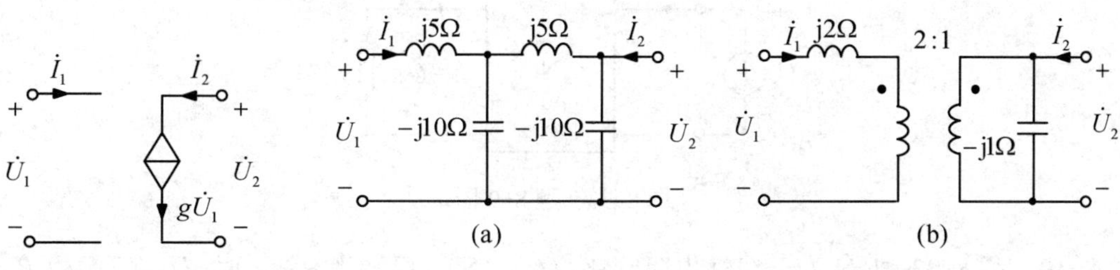

图 8-27　题 8-3 图　　　　图 8-28　题 8-4 图

8-5　图 8-29 所示双口网络由阻抗 Z 和双口网络 N 组成，已知 N 的 Y 参数矩阵为

$$\boldsymbol{Y}=\begin{bmatrix} y_{11} & y_{12} \\ y_{21} & y_{22} \end{bmatrix}$$

求图示双口网络的 Y 参数矩阵。

8-6　用双口网络级联的方法求图 8-30 所示双口网络的传输参数矩阵。

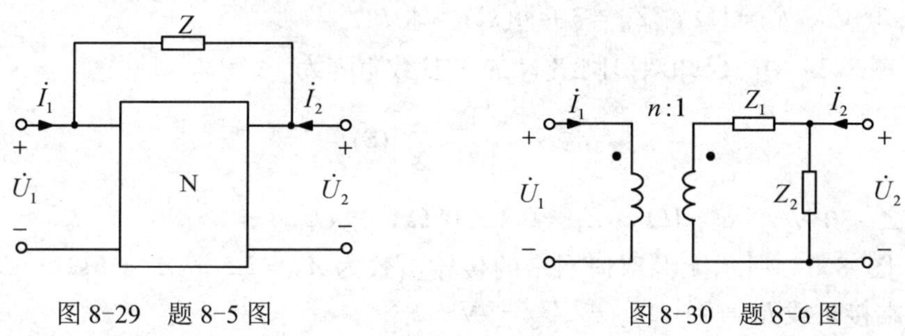

图 8-29　题 8-5 图　　　　图 8-30　题 8-6 图

8-7　电路如图 8-31 所示，已知双口网络 N 的 H 参数矩阵为

$$\boldsymbol{H}=\begin{bmatrix} 40 & 0.4 \\ 10 & 0.1 \end{bmatrix}$$

求电压转移函数 $H_u=\dfrac{\dot{U}_2}{\dot{U}_1}$。

8-8　电路如图 8-32 所示，已知某双口网络的 h 参数 $h_{11}=0.5\text{k}\Omega$，$h_{12}=-2$，$h_{21}=1$，$h_{22}=1\text{mS}$，输出端接电阻 $R_{\text{L}}=3\text{k}\Omega$，求输入阻抗 Z_{in}。

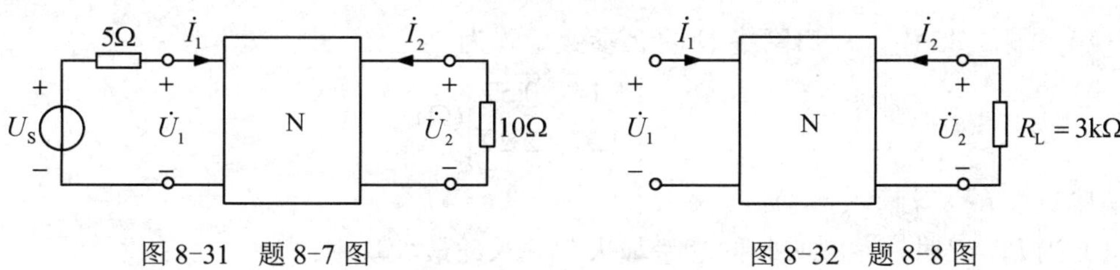

图 8-31　题 8-7 图　　　　图 8-32　题 8-8 图

8-9　电路如图 8-33 所示，N 为一线性电阻网络，已知当 $U_{\text{S}}=8\text{V}$，$R=3\Omega$ 时，

$I=0.5\text{A}$；$U_S=18\text{V}$，$R=4\Omega$时，$I=1\text{A}$。求当$U_S=25\text{V}$、$R=6\Omega$时$\dot{I}$的值。

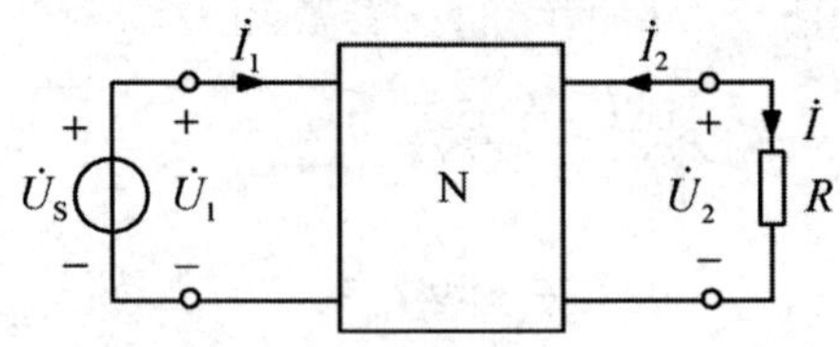

图 8-33　题 8-9 图

8-10　图 8-33 中，N 为一线性电阻网络，$U_S=15\text{V}$，已知当$R=\infty$时，$U_2=7.5\text{V}$；$R=0$时，$I_1=3\text{A}$，$I_2=-1\text{A}$。求

（1）双口网络的 Z 参数；

（2）当$R=2.5\Omega$时，I、I_1分别为多少？

8-11　电路如图 8-34 所示，已知双口网络 N 的 Z 参数矩阵为

$$\boldsymbol{Z}=\begin{bmatrix}5 & 2\\ 11 & 6\end{bmatrix}(\Omega)$$

$\dot{U}_S=5\angle 0°\text{V}$，$R_S=1\Omega$，$Z_L=3+\text{j}4(\Omega)$，求$\dot{I}_2$。

8-12　图 8-34 中，已知双口网络 N 的 Y 参数矩阵为

$$\boldsymbol{Y}=\begin{bmatrix}1 & -2\\ 3 & 2\end{bmatrix}(\text{S})$$

$\dot{U}_S=4\angle -30°\text{V}$，$R_S=1\Omega$，$Z_L=0.2\angle 30°\Omega$，求$\dot{U}_2$。

8-13　图 8-35 所示无源双口网络的传输参数为$A_{11}=2.5$，$A_{12}=6\Omega$，$A_{21}=0.5\text{S}$，$A_{22}=1.6$，端接负载$R_L=7.6\Omega$，若 $U_S=9\text{V}$，求

（1）负载吸收的功率；

（2）当$R_L=?$时，负载吸收的功率最大，并求此最大功率。

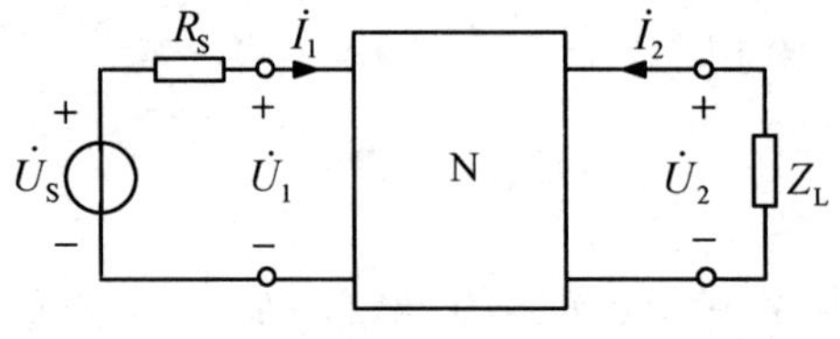

图 8-34　题 8-11 图

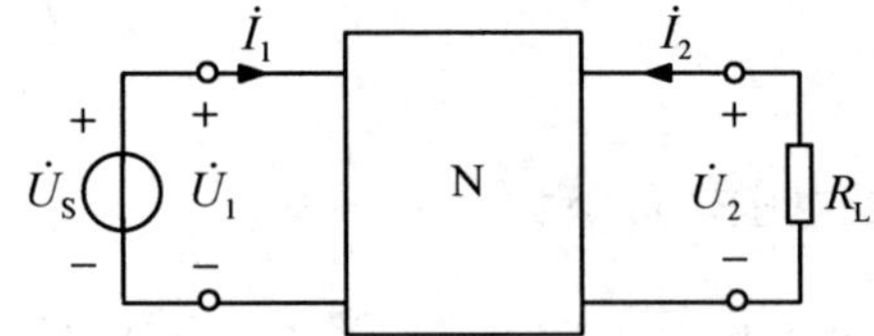

图 8-35　题 8-13 图

8-14　图 8-35 中，双口网络 N 的 Z 参数矩阵为

$$\boldsymbol{Z}=\begin{bmatrix}1.14 & 0.57\\ 0.57 & 2.29\end{bmatrix}(\Omega)$$

端接负载R_L，若 $U_S=4\text{V}$，求

（1）当$R_L=?$时，负载吸收的功率最大，并求此最大功率；

（2）此时电源的功率。

8-15　某共射极电路的晶体管参数为：$h_{11}=2640\Omega$，$h_{12}=2.6\times10^{-4}$，$h_{21}=72$，$h_{22}=16\mu S$，$R_L=100k\Omega$，试问该放大电路的电压放大倍数是多少？

8-16　某晶体管具有如下参数：$h_{11}=2k\Omega$，$h_{12}=10^{-4}$，$h_{21}=120$，$h_{22}=20\mu S$，将其用在共射极放大器中，提供 1.5kΩ 的输入电阻。

（1）确定负载电阻 R_L；

（2）如果该放大器由内阻为 600Ω 的 4mV 电压源驱动，试计算 H_i、H_u、Z_{eq}；

（3）试求负载两端的电压。

第 9 章　电路分析的计算机仿真

电路分析是电路设计的核心和基础，既可以采用手工分析，也可以采用计算机进行辅助分析（Computer Aided Analysis，CAA）。随着电子技术和计算机技术的进步，电子电路工程师经历了从手工分析、计算机辅助分析、计算机辅助设计（Computer Aided Design，CAD）到电子设计自动化技术（Electronic Design Automation，EDA）的飞速发展阶段，目前各种 EDA 工具已成为电子电路工程师进行电路分析和设计的重要手段。

本章首先讨论了电子电路计算机辅助设计 CAD 的发展概况，接着对模拟电路分析程序 SPICE 进行了简单介绍，最后给出了应用 Multisim 软件对模拟电路进行分析的实例。

9.1　电子电路仿真发展概况

电路设计往往是设计者根据设计指标，提出电路框图，进行电路的结构设计和元器件参数的初步确定，然后利用实验或电路模拟程序对该电路进行验证，再由人根据模拟结果来评估其优劣，并决定是否要修改，其步骤如图 9-1 所示。一般地，这个过程要反复多次，直到最终得到完全符合要求的电路。

图 9-1　电路设计步骤

在计算机应用于电路分析之前，电子电路的设计实质上是一个以实验为主，定性分析、定量分析为辅的设计过程，存在着分析精度不高、设计周期长、人力物力成本高、复杂电路分析困难等不足。在 20 世纪六七十年代，人们试着利用计算机设计电子电路硬件，初期的 CAD 技术自动化程度不高，使用电路分析程序对电子电路进行模拟仿真，不仅要求电路分析等方面的知识，还要对计算机编程以及如何将电路转换成程序可识别的计算机编程语言模型要有深入的研究，除了个别特殊类型的电路之外，利用 CAD 进行电路设计是一项复杂而艰巨的任务，只是少数人能够进行的“贵族化”项目。

随着技术的进步，近几十年来，新软件层出不穷，传统软件不断优化、组合，“旧时王谢堂前燕，飞入寻常百姓家”，一些优秀的电路分析软件脱颖而出，SPICE（Simulation Program with Integrated Circuit Emphasis）、VHDL、Protel、MAX+plusⅡ、MATLAB 等源源不断走向实用，这些软件中既有用于模拟电路分析的，也有用于数字电路分析的；既有侧重于某一方面或专用电路仿真的，也有通用电路仿真的，还有不少是综合了多种技术的混合仿真。与过去功能单一的计算机辅助分析软件不同，新的软件无论是在种类方面，还是在实用化、平民化方面都有了长足的发展。目前，EDA 技术不仅包括电子电路设计与仿真，还涵盖了系统设计与仿真、印制电路板（Print Circuit Board，PCB）设计与验证、集成电路（Integrated Circuit，IC）版图设计、验证和测试、嵌入式系统设计、系统芯片设计（System on Chip，SoC）、可编程逻辑芯片设计（Programmable Logic Device，PLD）、可编程系统芯片设计（System on Programmable Chip，SoPC）、专用集成电路（Application Specific IC，ASIC）设计等，EDA 技术已渗透到了电子电路的设计、仿真、验证、制造等整个过程的各个环节，在电子系统分析和设计中扮演着越来越重要的角色。

目前，进入我国并具有较大影响的 EDA 软件有：用于模拟电路或混合电路仿真的 EWB、PSPICE、ORCAD、Multisim、Protues，用于数字电路仿真的 MAX+plusⅡ、QUARTUSⅡ、VHDL、Verilog HDL，用于印制电路板布线设计的 Protel，用于电力电子系统设计的 Saber，用于集成电路设计的 Cadence、Synopsys、Mentor Graphics，等等。功能较强的 EDA 软件多以商业软件的形式出现，其中比较著名的软件供应商有 Cadence、Synopsys、Mentor Graphics、Orcad、Altium、Altera。鉴于篇幅，此处不再对这些公司及其软件多做介绍，感兴趣的读者可自行登录各公司网站查阅。

9.2 电子电路仿真核心程序 SPICE 介绍

迄今为止，在难以计数的通用电路模拟程序中，SPICE 是国际上公认的最精确、适用电路最普遍、流行最广泛的通用电路模拟程序。SPICE 是 Simulation Program with Integrated Circuit Emphasis 的简称。该程序最初由美国加利福尼亚大学伯克利分校电工和计算科学系开发，主程序采用改进节点法进行电路分析，第一、二版用 FORTRAN 语言编程实现，第三版 SPICE3A.7 后改用 C 语言编程实现。虽然该程序最初的设计目的主要是用于解决集成电路设计中出现的问题，但现在它的用途已远远超出了这个范围，很多商业电子电路 EDA 软件都采用 SPICE 做为其内核，许多电子元器件制造商都提供元器件的 SPICE 模型。1988 年美国还专门将 SPICE 确定为美国国家工业标准。

由于 SPICE 仿真程序采用完全开放的政策，用户可以按自己的需要进行修改，加之实用性好，迅速得到推广，已经被移植到多个操作系统平台上。SPICE 自问世以来，经历了 SPICE2、SPICE3 等多个版本的更新，人们普遍认为 Spice2G5 是最为成功和有效的，以后的版本仅仅是在电路输入、图形化、数据结构和提高执行效率等方面有局部的改动。许多商用模拟电路仿真工具都是在原始的 SPICE2 基础上做了一些实用化的改进后推出的，其中 ORCAD 公司的 PSPICE、NI（National Instruments）公司的 Multisim 在国内流行较广，尤其是 Multisim 软件，由于其界面形象友好、操作简单方便、分析功能强大和易学易用等优点，非常适合电路和电子课程的辅助教学，许多大学都将其作为电子电路类课程的辅助教学工具使用。

在对实际电路进行分析时，通常的做法是先对实际电路器件进行建模，然后依据模型进行数学分析，最后根据分析结果进行物理解释。建模是一项复杂的工程，建模时需要抓住器件主要的物理特性，对于复杂的电子器件，往往根据实际需要采用多个理想元件组合实现，对实际器件模拟的精确度在很大程度上取决于所建模型。虽然 SPICE 能够直接处理的元器件模型仅有 20 多种，但是通过定义“子电路”，可以极大地扩充分析电路的范围，这些子电路既可以在使用时临时扩充，也可以从众多的电子元器件生产厂商网站获取。SPICE 模型一般由两部分组成：模型方程式(Model Equations)和模型参数(Model Parameters)。SPICE 中提供了大量现成的模型，除电阻、电容、电感、互感、独立电压源、独立电流源、受控源、传输线以及有源半导体器件外，还有众多电子元器件生产厂商提供的模型，这些模型为 SPICE 的应用和推广奠定了坚实的基础。

得到由理想元件组成的电路模型后，就可以基于此模型进行电路分析，电路分析基础课程中所进行的分析都是基于理想元件模型的。在进行计算机分析之前，还需要将电路元件模型转变成能够由计算机程序识别的计算机编程模型，这在 SPICE 中是如何实现的呢？作为使用最广泛的模拟电路计算机模型描述语言，SPICE 创造性地采用了网络表（Netlist）来描述电路，SPICE 的网络表格式已成为通常模拟电路和晶体管级电路描述的标准。

下面是由电路图形成网络表的一个具体例子。电路如图 9-2 所示，电路中受控电压源 E1 与其左端的电阻符号表示压控电压源 VCVS，即 E1 为压控电压源，其值为 $7*U_{R1}$，此处 U_{R1} 为电阻 R1 两端电压。

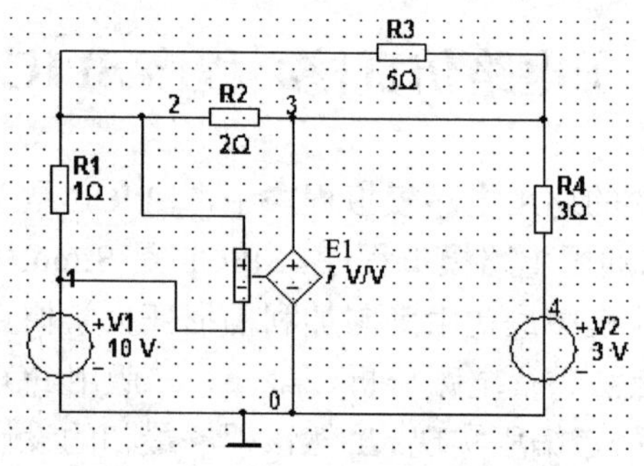

图 9-2　电路仿真例题

首先在电路图上选好参考节点（GND)，标出电路所有节点 1、2、3、4，根据电路图编写如下的 SPICE 电路描述文件(%后为语句注释部分)：

DC circuit with a VCVS　%标题卡，它是必须的！

V1　1　0　DC 10　%元件卡，此处表示直流电压源 V1 连接于节点 1、0，电压值为 10V

V2　4　0　DC 3　%元件卡，此处表示直流电压源 V3 连接于节点 4、0，电压值为 3V

R1　2　1　1　%元件卡，此处表示电阻 R1 连接于节点 2、1，电阻值为 1Ω

R2　2　3　2　%元件卡，此处表示电阻 R2 连接于节点 2、3，电阻值为 2Ω

R3　2　3　5　%元件卡，此处表示电阻 R3 连接于节点 2、4，电阻值为 5Ω

R4　3　4　3　%元件卡，此处表示电阻 R4 连接于节点 3、4，电阻值为 3Ω

E1　3　0　2　1　7　%元件卡，此处表示压控电压源 E1 连接于节点 3、0，控制支路连接于节点 2、1，压控电压源 E1 输出电压为控制支路电压的 7 倍

.OP　%控制卡，要求 SPICE 作工作点分析

.END　%结束卡，必须放在最后

在 SPICE 发展初期，上述电路描述文件一般通过手工编写，然后送入 SPICE 运行。目前，多数仿真软件只需在其电路图编辑软件中绘制电路图即可，仿真软件自动形成网络表，再送给后台 SPICE 程序计算，ORCAD、Multisim 均采用直接绘制电路图的方法，不过在 ORCAD、Multisim 中仍能看到其形成的网络表，图 9-3 即是 Multisim 对图 9-2 所示电路形成的网络表 Netlist Report。

Netlist Report (From Document: Circuit9-2)

	Net	Page	Component	Pin
1	0	Circuit9-2	GND	1
2	0	Circuit9-2	V2	2
3	0	Circuit9-2	V1	2
4	0	Circuit9-2	E1	3
5	1	Circuit9-2	E1	1
6	1	Circuit9-2	R1	2
7	1	Circuit9-2	V1	1
8	2	Circuit9-2	R2	1
9	2	Circuit9-2	R3	1
10	2	Circuit9-2	R1	1
11	2	Circuit9-2	E1	2
12	3	Circuit9-2	E1	4
13	3	Circuit9-2	R2	2
14	3	Circuit9-2	R4	1
15	3	Circuit9-2	R3	2
16	4	Circuit9-2	R4	2
17	4	Circuit9-2	V2	1

图 9-3　电路网络表

根据网络表，SPICE 内部分析程序可以自动形成节点法中的导纳矩阵，求解导纳矩阵，得到电路中各节点电压，根据控制卡提出的分析要求，进行相应分析，输出固定格式的电路分析结果。

对于电路仿真者来讲，一般无需知道 SPICE 程序如何运作，可以把 SPICE 程序看作一个“黑箱”或“计算器”，只需提供给 SPICE 程序一个网络表（Netlist）文件即可，SPICE 程序会给出一定格式的结果文件，仿真者可以从得到的结果文件中提取所需要的分析结果。现在 SPICE 模型已经广泛应用于电子电路的分析和设计中，可对电路进行直流分析、瞬态分析、交流分析、噪声特性分析、温度特性分析等。

9.3　基于 Multisim 的电路仿真实例

9.3.1　Multisim 简介

Multisim 是加拿大 IIT（Interactive Image Technoligics）公司推出的以 Windows 为基础的电路仿真工具，2007 年被美国国家仪器 NI（National Instruments）有限公司收购，目前的最新版本是 Multisim 14。通过 Multisim 提炼的 SPICE 与 NI 的虚拟仪器技术的完美结合，为电子工程师们搭建了一种在电路原理图、电路仿真、仿真结果分析之间能够方便交互的有效平台，极大地方便了工程师们的设计工作。由于它界面形象友好、操作简单方便、分析功能强大和易学易用等优点，不仅深受广大电子设计人员的喜爱，而且也非常适合电子电路课程的辅助教学，在世界上许多大学得到了推广应用。

对于教学应用，可到 http://www.ni.com 下载相关软件，下载安装后，启动 Multisim 软件，可以出现以下画面（本书以 Multisim10 为例进行说明）。

1. 工作区简介

（1）在开始/程序菜单中启动 Multisim10 以后，出现以下界面，如图 9–4 所示。

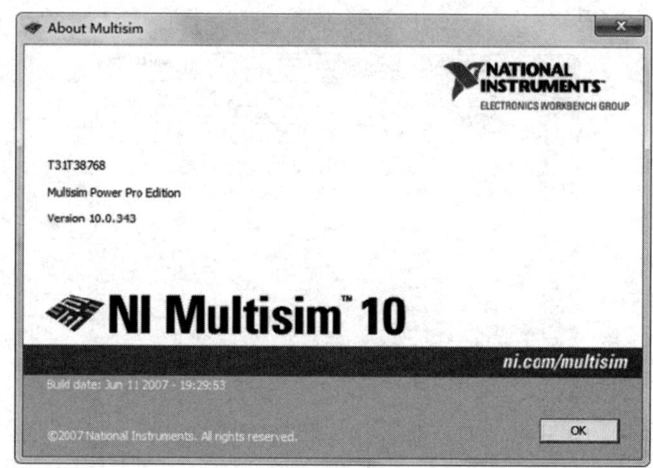

图 9–4 启动界面

（2）Multisim 10 的工作区界面如图 9–5 所示。

主要由菜单栏、工具栏、仿真栏、工程栏、元件栏、仪表栏、电路图编辑窗口等部分组成。

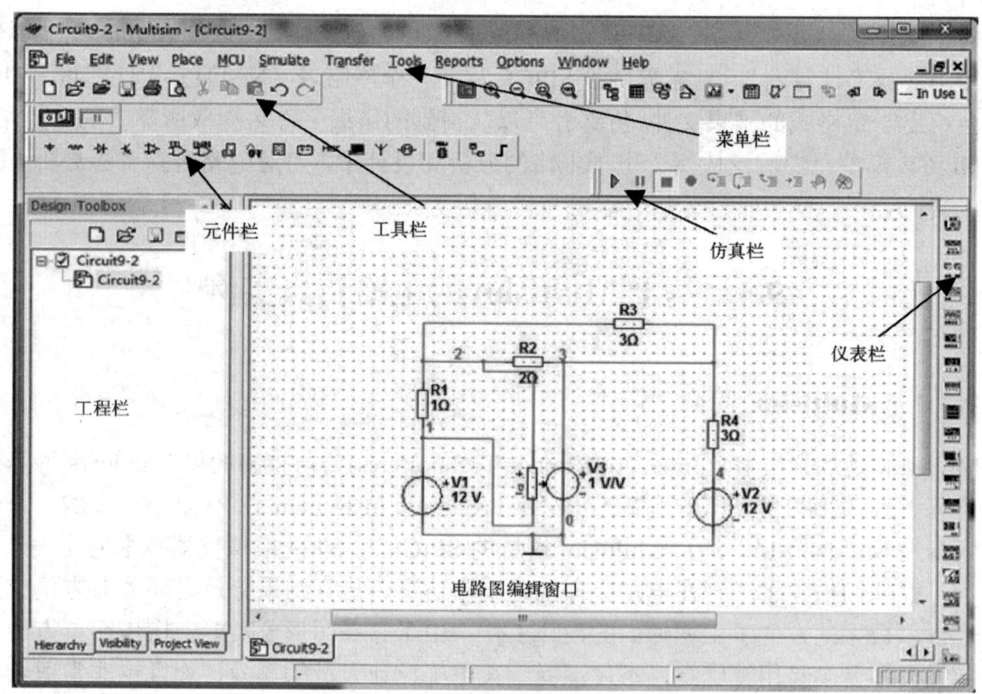

图 9–5 工作界面

2．Multisim 界面菜单工具栏介绍

菜单栏位于界面的上方（如图 9-6），采用菜单、工具栏和热键相结合的方式，由文件（File）、编辑（Edit）、视图（View）、放置（Place）、单片机（MCU）、仿真（Simulate）、文件传输（Transfer）、工具（Tools）、报表（Reports）、选项（Options）、窗口（Windows）、帮助（Help）组成，共 12 项。菜单栏具有一般 Windows 应用软件的界面风格，如 File，Edit，View，Options，Help；此外，还有一些 EDA 软件专用的选项，如 Place，Simulation，Transfer 以及 Tools 等；通过菜单可以对 Multisim 的所有功能进行操作。

Circuit1 - Multisim - [Circuit1]
File Edit View Place MCU Simulate Transfer Tools Reports Options Window Help

图 9-6　菜单栏

（1）File：File 菜单中包含了对文件和项目的基本操作以及打印等命令。

New　　建立新文件
Open　　打开文件
Close　　关闭当前文件
Save　　保存
Save As　　另存为
New Project　　建立新项目
Open Project　　打开项目
Save Project　　保存当前项目
Close Project　　关闭项目
Version Control　　版本管理
Print Circuit　　打印电路
Print Report　　打印报表
Print Instrument　　打印仪表
Recent Files　　最近编辑过的文件
Recent Project　　最近编辑过的项目
Exit　　退出 Multisim

若要建立新的原理图文件，在菜单栏上选择 File/New/Schematic Capture 即可，如图 9-7(a)，在工程栏中会出现系统自动命名的文件 Circuit1，如图 9-7(b)，若欲改变此文件名，可用 File/Save As…。

（2）Edit：Edit 命令提供了类似于图形编辑软件的基本编辑功能，用于对电路图进行编辑，主要命令有：

Undo　　撤消编辑
Cut　　剪切
Copy　　复制
Paste　　粘贴
Delete　　删除

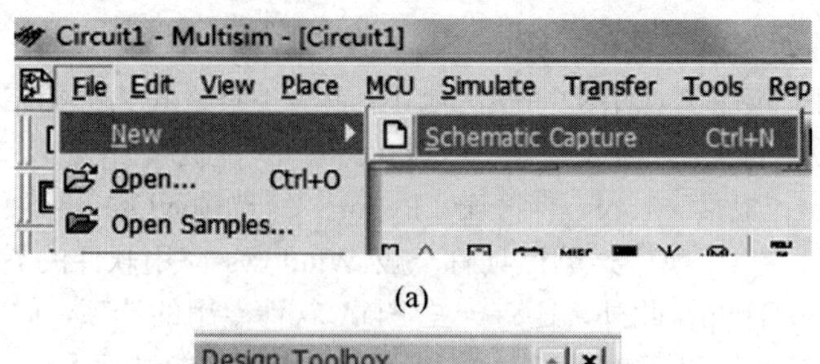

(a)

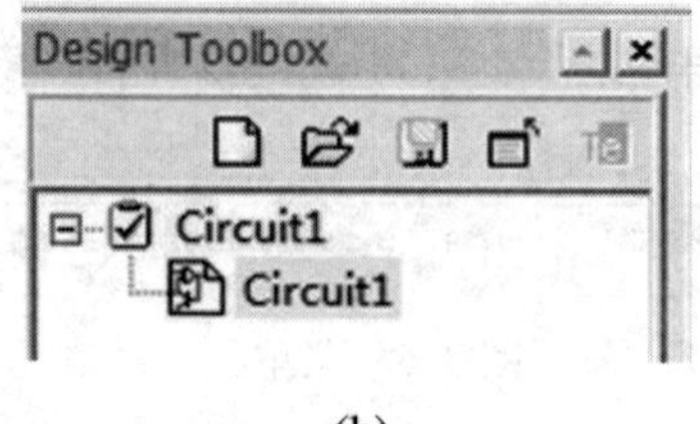

(b)

图 9-7　建立新文件界面

Select All　全选

Flip Horizontal　将所选的元件左右翻转

Flip Vertical　将所选的元件上下翻转

90 ClockWise　将所选的元件顺时针 90° 旋转

90 ClockWiseCW　将所选的元件逆时针 90° 旋转

Component Properties　元器件属性

（3）View：通过 View 菜单可以决定使用软件时的视图，对一些工具栏和窗口进行控制，主要命令有：

Toolbars　显示工具栏

Component Bars　显示元器件栏

Status Bars　显示状态栏

Show Simulation Error Log/Audit Trail　显示仿真错误记录信息窗口

Show XSpice Command Line Interface　显示 Xspice 命令窗口

Show Grapher　显示波形窗口

Show Simulate Switch　显示仿真开关

Show Grid　显示栅格

Show Page Bounds　显示页边界

Show Title Block and Border　显示标题栏和图框

Zoom In　放大显示

Zoom Out　缩小显示

Find　查找

（4）Place：通过 Place 命令输入电路图，主要命令有：

Place Component　放置元器件

Place Junction　放置连接点

Place Bus	放置总线
Place Input/Output	放置输入/输出接口
Place Hierarchical Block	放置层次模块
Place Text	放置文字
Place Text Description Box	打开电路图描述窗口，编辑电路图描述文字
Replace Component	重新选择元器件替代当前选中的元器件
Place as Subcircuit	放置子电路
Replace by Subcircuit	重新选择子电路替代当前选中的子电路

（5）MCU：单片机调试。

No MCU Component Found	没发现单片机
Debug View Format	调试显示格式
MCU Windows…	单片机窗口
Show Line Numbers	显示行数
Pause	暂停
Step into	单步执行进入函数
Step over	单步执行不进入函数
Step out	单步执行跳出函数
Run to cursor	运行到光标处
Toggle breakpoint	反转断点标志
Remove all breakpoints	清除所有断点

（6）Simulate：通过 Simulate 菜单执行仿真分析命令。主要命令有：

Run	执行仿真
Pause	暂停仿真
Default Instrument Settings	设置仪表的预置值
Digital Simulation Settings	设定数字仿真参数
Instruments	选用仪表（也可通过工具栏选择）
Analyses	选用各项分析功能
Postprocess	启用后处理
VHDL Simulation	进行 VHDL 仿真
Auto Fault Option	自动设置故障选项
Global Component Tolerances	设置所有器件的误差

（7）Transfer 菜单：Transfer 菜单提供的命令可以完成 Multisim 对其他 EDA 软件需要的文件格式的输出。主要命令有：

Transfer to Ultiboard	将所设计的电路图转换为
Ultiboard	Multisim 中的电路板设计软件的文件格式
Transfer to other PCB Layout	将所设计的电路图转换为其他电路板设计软件所支持的文件格式
Backannotate From Ultiboard	将在 Ultiboard 中所作的修改标记到正在编辑的电

路中

Export Simulation Results to MathCAD　将仿真结果输出到 MathCAD

Export Simulation Results to Excel　将仿真结果输出到 Excel

Export Netlist　输出电路网表文件

（8）Tools：Tools 菜单主要针对元器件的编辑与管理。主要命令有：

Create Components　新建元器件

Edit Components　编辑元器件

Copy Components　复制元器件

Delete Component　删除元器件

Database Management　启动元器件数据库管理器，进行数据库的编辑管理工作

Update Component　更新元器件

（9）Reports：报告表。

Bill of Materials　材料明细单

Component Detail Report　元件明细报告表

Netlist Report　网络表

Cross Reference Report　交叉参考表

Schematic statistics　原理图统计表

Spare Gates Report　空闲门报告表

（10）Options：通过 Option 菜单可以对软件的运行环境进行定制和设置。

Global Preference　设置软件整体操作环境

Sheet Properties…　设置页面环境参数

Customize User Interface…　定制用户界面

（11）Window：窗口。

New Window　新建窗口

Close　关闭窗口

Close All　关闭所有窗口

Cascade　层叠分布

Tile Horizontal　标题水平分布

Tile Vertical　标题垂直分布

Curcuit 1　项目名

Windows…　窗口

（12）Help：Help 菜单提供了对 Multisim 的在线帮助和辅助说明。

Multisim Help　Multisim 的在线帮助

Multisim Reference　Multisim 的参考文献

Release Note　Multisim 的发行申明

About Multisim　Multisim 的版本说明

3. 放置元器件

（1）通常，在绘制原理图之前，首先需要对菜单栏 Options/Global Preferences 进行设

置，主要是对 Preferences 下 Parts/Symbol standard 项进行选择，如图 9-8 所示，ANSI 对应美国国标，譬如电阻，DIN 与我国标准相近，譬如电阻。

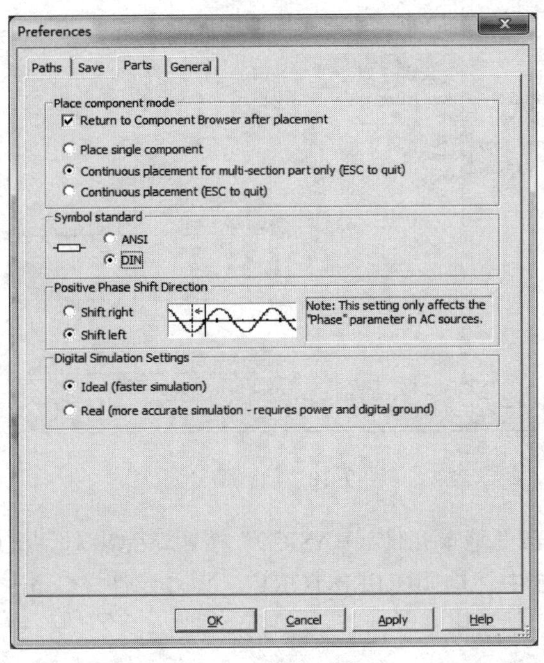

图 9-8　元件图符选择

（2）考虑如何排布电路图编辑窗口中各种元器件、信号源、仪器仪表的位置。

（3）放置元器件，Multisim 常用元件库如图 9-9 所示，点按元器件栏相应按钮即会弹出对应元器件菜单。

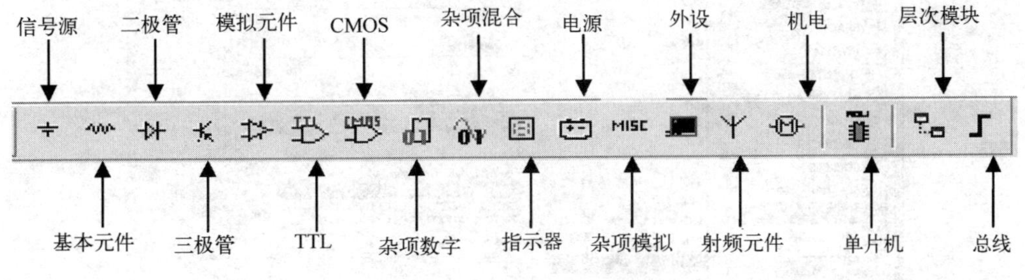

图 9-9　放置元器件栏

（4）单击“信号源”按钮，弹出界面如图 9-10 所示。页面左上端为使用的数据库 Database，一般选择 Master Database，左边自上而下第 2 个为组 Group，此处选择元件大类，单击其选择框右边的倒三角可选择不同的大类，左边自上而下第 3 个为小组 Family，下面框中是元件小类，例如 POWER_SOURCES 代表电源类，CONTROLLED_VOLTAGE 代表受控电压源、CONTROLLED_CURRENT 代表受控电流源。中间为元件 Component，其中有交流电源 AC_POWER、直流电源 DC_POWER、数字地 DGND、地 GROUND 等。注意，电路中必须放置一个地，即 DGND 或 GROUND。

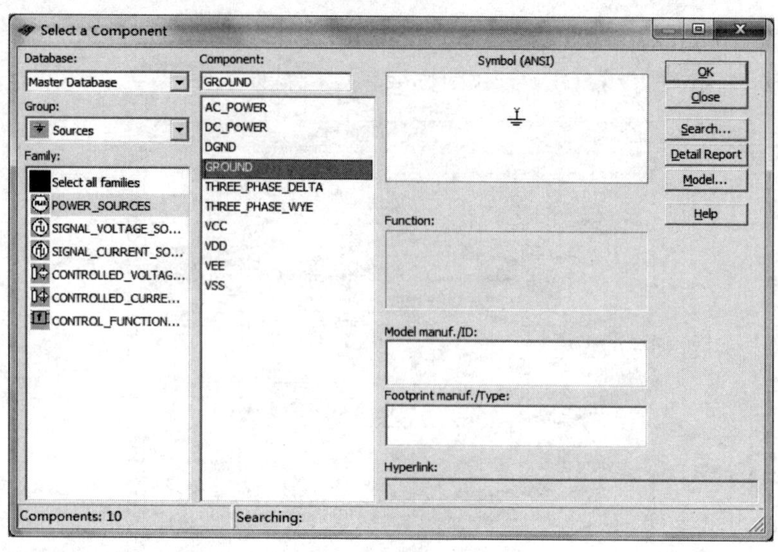

图 9-10　放置信号源

（5）放置电阻。单击“基本元件（BASIC）”按钮，弹出对话框中“系列”栏如图 9-11 所示。在 Family 栏下选中“电阻(RESISTOR)”，其“元件（Component）”栏中有从 1.0Ω 到 22MΩ 全系列电阻可供调用。

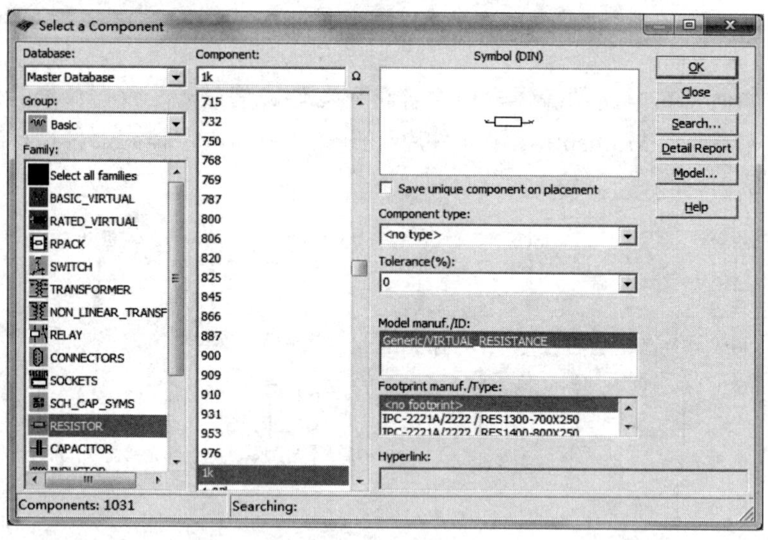

图 9-11　放置电阻

（6）放置电容、电感可参照放置电阻步骤。

4. 主要工具栏介绍

Multisim10 提供了多种工具栏，并以层次化的模式加以管理，用户可以通过 View 菜单中的选项或 View/Toolbars 中的选项方便地将工具栏打开或关闭。

比较有代表性的工具栏有工程栏（View/Design Toolbox）、元件栏（View/Toolbars/Components）、仪表栏（View/Toolbars/Instruments），仿真栏（View/Toolbars/Simulation），

如图 9-12 所示。

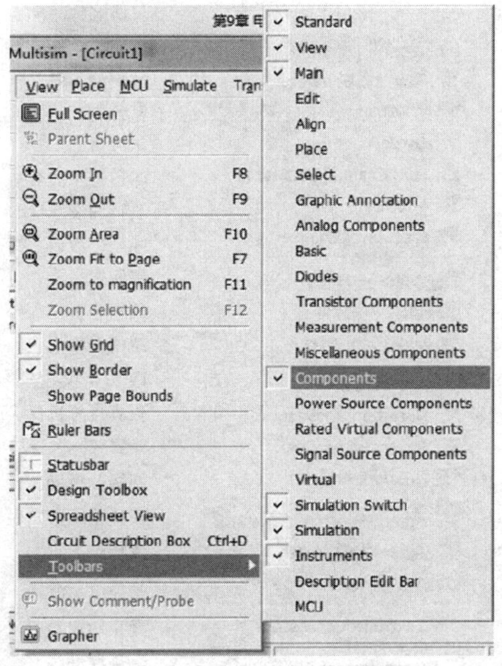

图 9-12　工具栏开关

（1）工程栏（View/Design Toolbox）主要完成对 Multisim 项目文件的管理，图 9-13 工程栏下端三个按键实现对项目及文件层次显示、电路图编辑窗口元器件参数的显示等进行控制。

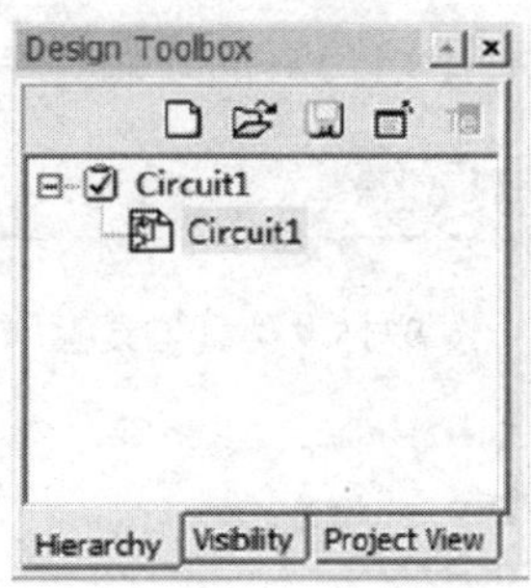

图 9-13　工程栏

（2）元件栏（Components）共有 14 个按钮，每一个按钮都对应一类元器件，可以开关下层的工具栏，其分类方式和 Multisim 元器件数据库中的分类相对应，通过按钮上图标就可大致清楚该类元器件的类型。具体参见图 9-9 所示元件栏。

（3）Instruments 工具栏集中了 Multisim 为用户提供的所有虚拟仪器仪表，用户可以通过按钮选择自己需要的仪器对电路进行观测。在选用仪器后，各种虚拟仪表都以面板的方式显示在电路图中，此是 NI 的特色之一。

图 9-14 是虚拟仪器的名称及表示方法的汇总表：

图 9-14　仪器仪表栏

（4）Simulation 工具栏可以控制电路仿真的开始、结束和暂停（图 9-15）。

图 9-15　仿真工具栏

9.3.2　Multisim 仿真实例

1．仿真实例 1　直流电压测量

（1）打开 Multisim 10 设计环境。选择：文件 File/新建 New/原理图 Schematic Capture。即弹出一个新的电路图编辑窗口，工程栏同时出现一个新的名称。单击“保存”，将该文件命名，保存到指定文件夹下。

这里需要说明的是：

① 文件的名字要能体现电路的功能，最好让自己以后看到该文件名就能立即想起该文件实现了什么功能。

② 在电路图的编辑和仿真过程中，要养成随时保存文件的习惯，以免由于没有及时

保存而导致文件的丢失或损坏。

③ 文件的保存位置，最好用一个专门的文件夹来保存所有基于 Multisim 10 的例子，这样便于管理。

（2）在绘制电路图之前，需要先熟悉一下元件栏和仪器仪表栏的内容，看看 Multisim 10 都提供了哪些电路元件和仪器。直接把鼠标放到元件栏和仪器栏相应的位置，系统会自动弹出元件或仪表的类型。

（3）首先放置电源。单击元件栏的放置信号源选项，出现如图 9-16 所示的对话框。

① 在“数据库（Database）”选项中选择“主数据库（Master Database）”。

② 在“组（Group）”选项中选择“Sources”。

③ 在“系列（Family）”选项中选择“POWER_SOURCES”。

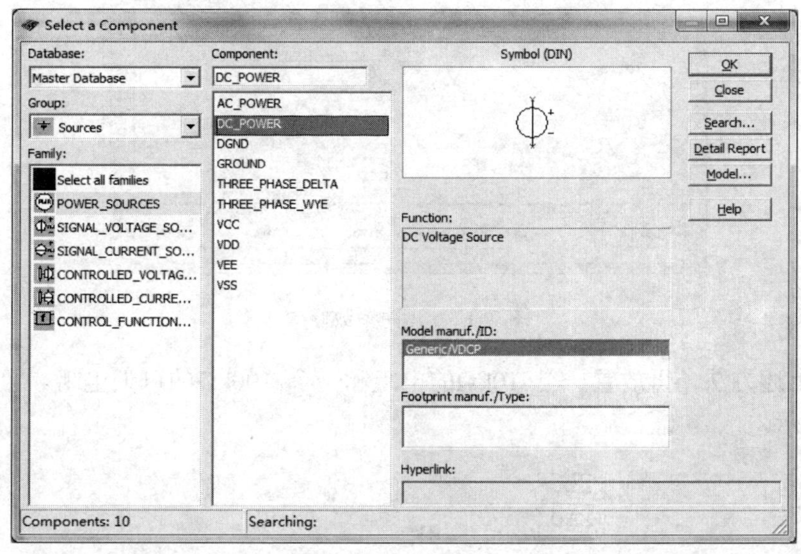

图 9-16　放置元件栏

④ 在“元件（Component）”选项中选择“DC_POWER”。

⑤ 在右边的“符号”“功能”等对话框里，会根据所选项目，列出相应的说明。

（4）选择好电源符号后，单击“确定”按钮，移动鼠标到电路编辑窗口，选择放置位置后，单击鼠标左键即可将电源符号放置于电路编辑窗口中，放置完成后，还会弹出元件选择对话框，可以继续放置，单击关闭按钮可以取消放置。

（5）可以看到，放置的电源符号显示的是 12V。实际需要的可能不是 12V，那怎么来修改呢？双击该电源符号，出现如图 9-17 所示的属性对话框，在该对话框里，可以更改该元件的属性，将电压改为 3V 既可。

（6）接下来放置电阻。单击“基本元件”，弹出如图 9-11 所示对话框。

① 在“数据库”选项中选择“主数据库”。

② 在“组”选项中选择“Basic”。

③ 在“系列”选项中选择“RESISTOR”。

④ 在“元件”选项中选择“20k”。

⑤ 在右边的“符号”“功能”等对话框中，会根据所选项目，列出相应的说明。

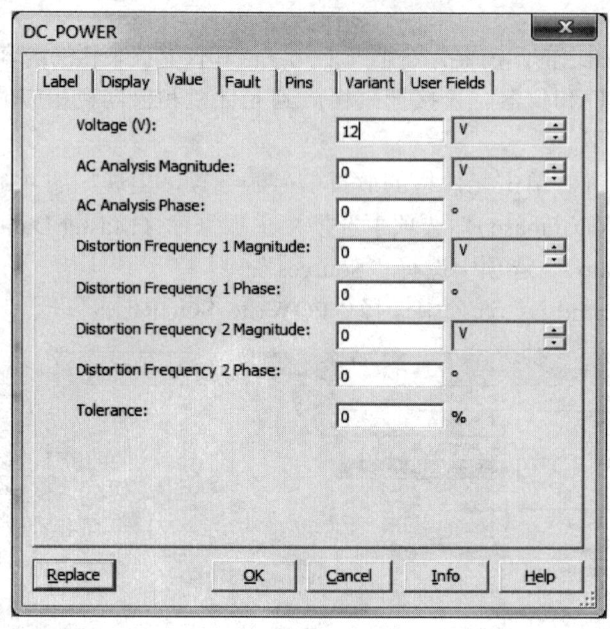

图 9-17　元件参数修改

（7）按上述方法，再放置一个 10kΩ的电阻和一个 100kΩ的可调电阻。放置完毕后，如图 9-18 所示。

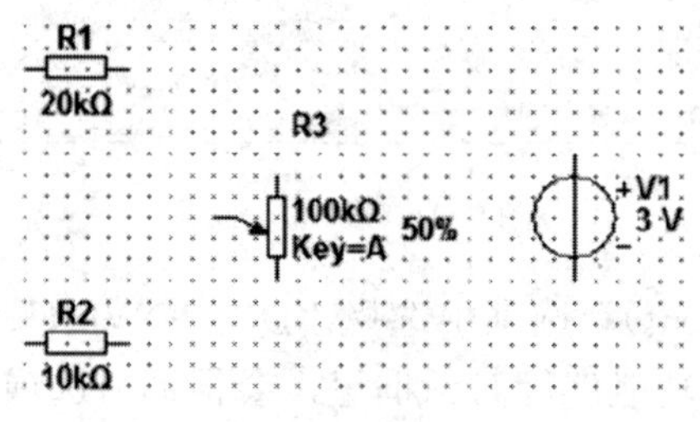

图 9-18　元件放置图

（8）可以看到，放置后的元件都按照默认的摆放情况被放置在编辑窗口中。例如电阻是默认横着摆放的，但实际在绘制电路过程中，各种元件的摆放情况是不一样的，比如想把电阻 R1 变成竖直摆放，那么该怎样操作呢？可以通过这样的步骤来操作：将鼠标放在电阻 R1 上，然后右键单击，这时会弹出一个对话框，在对话框中可以选择让元件顺时针或者逆时针旋转 90°。如果元件摆放的位置不合适，想移动一下元件的摆放位置，则将鼠标放在元件上，按住鼠标左键，即可拖动元件到合适位置。

（9）放置电压表。在仪器栏选择“万用表（Multimeter）”，将鼠标移动到电路编辑窗口内，这时可以看到，鼠标上跟随着一个万用表的简易图形符号。单击鼠标左键，将电压表放置在合适位置。电压表的属性同样可以双击鼠标左键进行查看和修改。

所有元件放置好后，如图 9-19 所示。

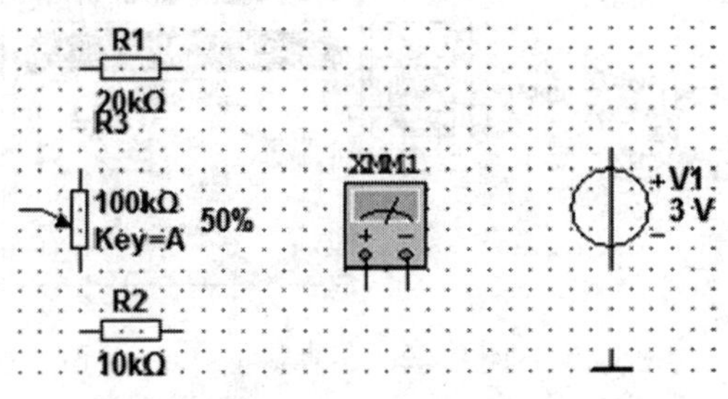

图 9-19　元件放置图

（10）连线：将鼠标移动到电源的正极，当鼠标指针变成 ✦ 时，表示导线已经和正极连接起来了，单击鼠标将该连接点固定，然后移动鼠标到电阻 R1 的右端，出现小红点后，表示正确连接到 R1 了，单击鼠标左键固定，这样，一根导线就连接好了。如图 9-20 所示。如果想要删除这根导线，将鼠标移动到该导线的任意位置，单击鼠标右键，选择“删除”即可将该导线删除。或者选中导线，直接按“delete”键删除。

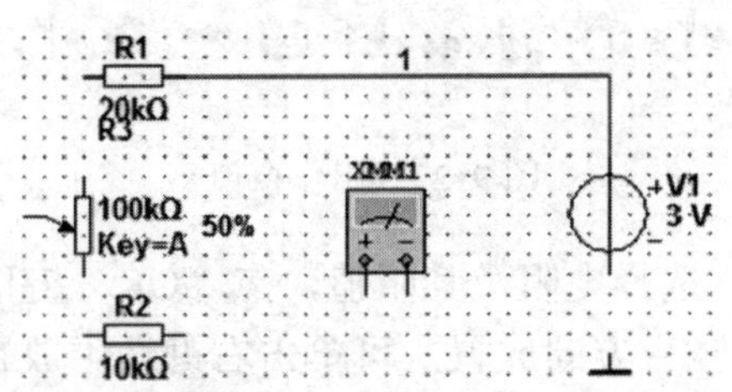

图 9-20　元件连线

（11）将各连线连接好，如图 9-21 所示。注意：在电路图的绘制中，地线是必需的。

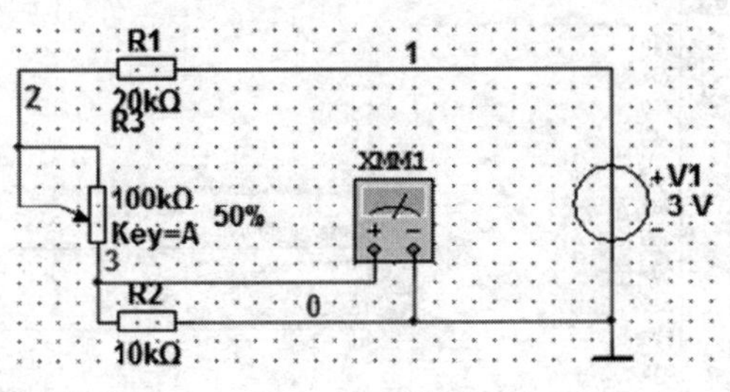

图 9-21　完整电路图

（12）电路连接完毕，检查无误后，就可以进行仿真了。单击仿真栏中的绿色开始按钮 ▶。电路进入仿真状态。左键双击图中的万用表符号，即可弹出如图 9-22 所示的对话框，在这里显示了电阻 R2 上的电压。对于显示的电压值是否正确，可以根据电路图验算一下：R2 上的电压值应等于 375mV，代入值后，经验证电压表显示的电压正确。R3 的阻值是如何得来的呢？从图中可以看出，R3 是一个 100kΩ的可调电阻，其调节百分比为 50%，则在这个电路中，R3 的阻值为 50kΩ。

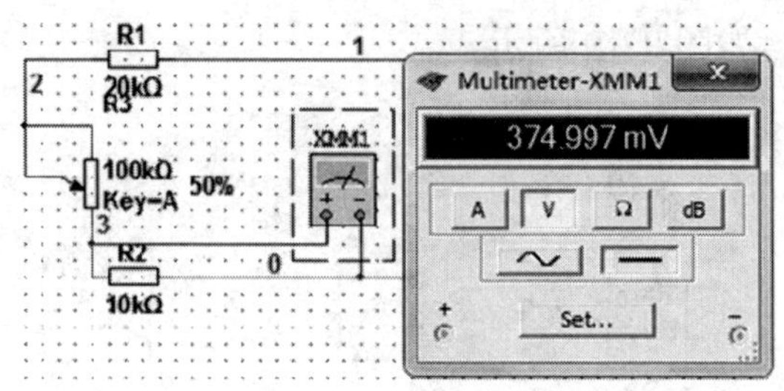

图 9-22　仿真显示

（13）关闭仿真，改变 R2 的阻值，按照第（12）步的步骤再次观察 R2 上的电压值，会发现随着 R2 阻值的变化，其上的电压值也随之变化。注意：在改变 R2 阻值时，最好关闭仿真。请记住，一定要及时保存文件。

以上就是利用 Multisim 10 来进行电路仿真的基本步骤。

2. 仿真实例 2　RC 高通滤波器频响特性

（1）新建原理图文件，并保存。在工作窗口中单击工具栏第二个按钮放置电阻（图 9-23）。

图 9-23　工作窗口

弹出图 9-24 所示界面，选择电阻及其阻值，点“OK”键即可。初始放置的电阻一般是水平方向的，若希望其按竖直方向放置，可单击右键选中放置后的电阻，从弹出菜单中选中顺时针或逆时针旋转 90°，如图 9-25 所示。

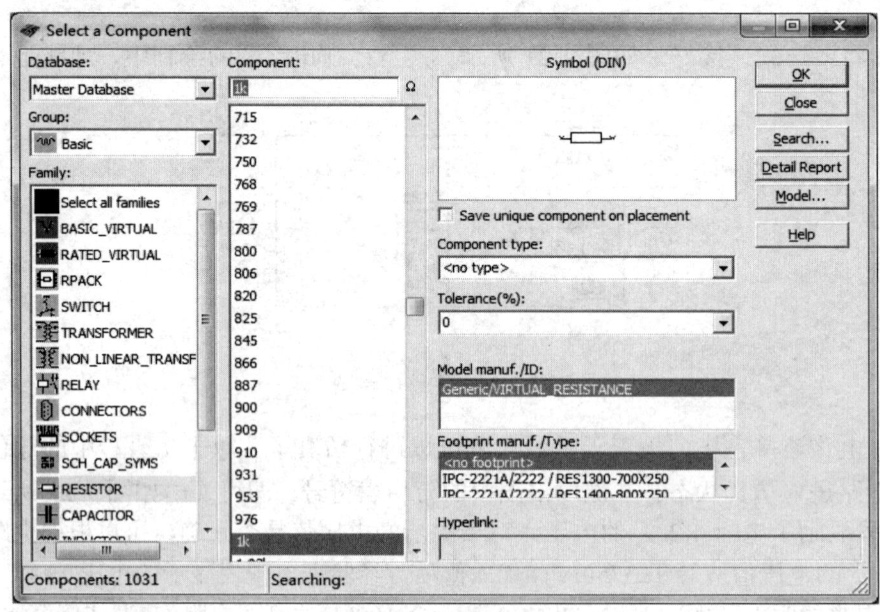

图 9-24　放置电阻界面

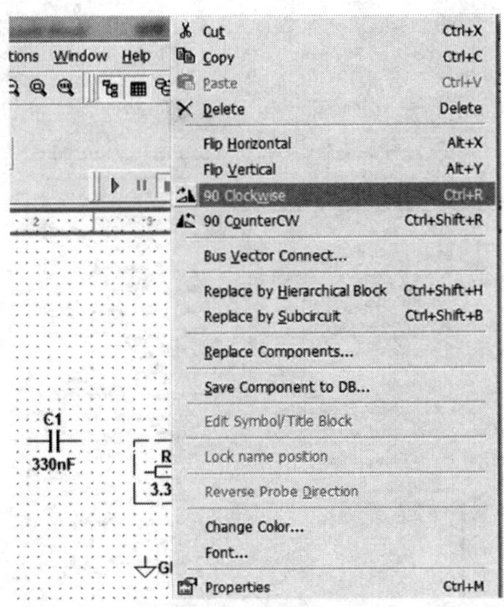

图 9-25　旋转电阻界面

放置其他元件可依此类推，放置元件后的电路如图 9-26(a)所示。

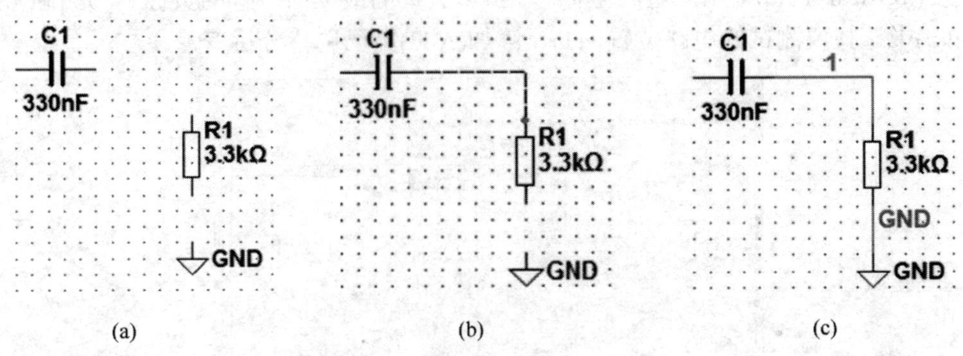

图 9-26　RC 高通滤波器电路图

（2）放置连线。将鼠标移至元件连线末端，会出现一个小圆点，单击可拖出连线，移至另一元件端单击即可，参见图 9-26(b)。绘制完整的电路图如图 9-26(c)所示。

（3）从仪表栏添加信号发生器（Function Generator），并连接电路如图 9-27 所示。

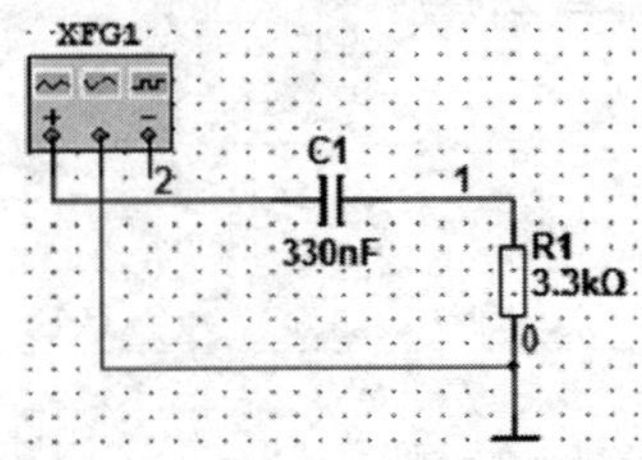

图 9-27　加入信号发生器后的 RC 高通滤波器

（4）开始仿真：单击菜单 Simulation/Analyses/AC Analysis…，如图 9-28 所示。

弹出图 9-29(a)所示界面，按图设置好参数，其中交流分析的频率范围为 1kHz~10MHz，扫描类型 Decade（十进制），每 10 倍频程计算点数（Numbers of points per decade）10 个，

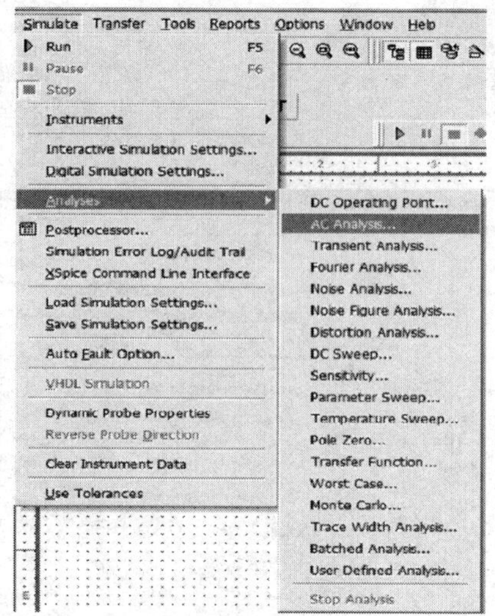

图 9-28　交流分析操作

垂直刻度(Vertical scale)采用十进制坐标。单击本页页面最上面一行的页标签 Output 切换至图 9-29(b)中选择要测试的电路位置 v(1)，添加(Add)至已选待分析变量。

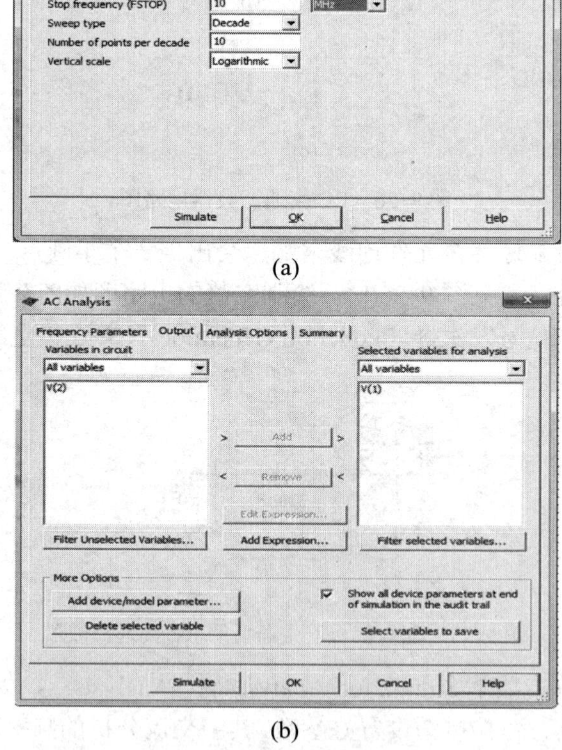

图 9-29　交流分析设置

最后单击“仿真”按钮，系统频率响应就如图 9-30 所示。也可以通过 Bode 图图示仪查看系统频率特性。

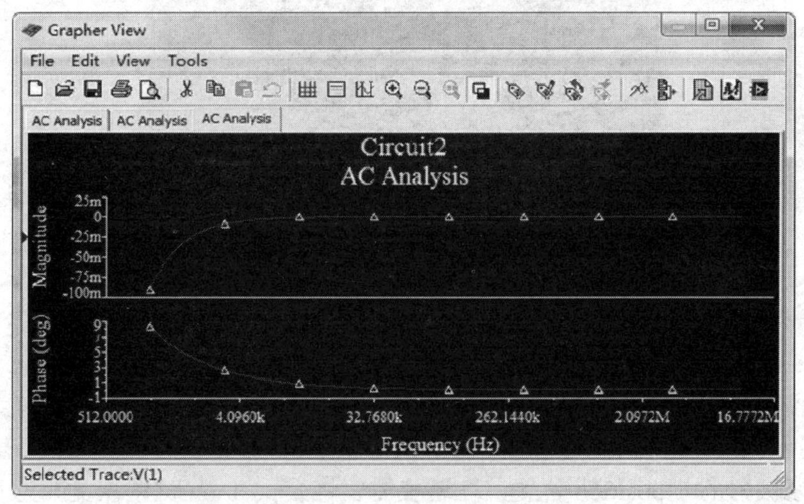

图 9-30　交流分析频响图

在步骤（3）用到了一个新的虚拟仪器：函数信号发生器。函数信号发生器是一个可以产生各种信号的仪器。它的信号是根据函数值来变化的，它可以产生幅值、频率、占空比都可调的波形，可以是正弦波、三角波、方波等。这里利用函数发生器来产生电路的扫频输入信号。通常仿真前应设置好函数信号发生器的幅值、频率、占空比、偏移量以及波形。

3. 仿真实例 3　电容隔直流通交流特性的演示和验证

电容具有隔直流、通交流的特性，下面的例子可以用来演示和验证这个特性。

（1）创建如图 9-31 所示电路，在这个电路中，我们用直流电源加到电阻的两端，通过示波器观察电路中的电压变化。

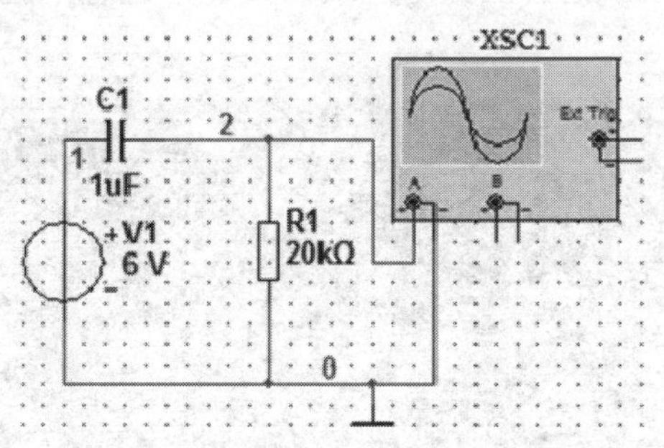

图 9-31　电容特性测试电路

（2）在这个电路中是没有电流通过的，所以用示波器只能看到电压为 0。打开仿真，测量出来的电压（红线）为-2.665fV，测量波形跟示波器的 0 点标尺几乎重合了，如图 9-32 所示，从而验证了电容的隔直流特性。若要便于观察，可将示波器通道 A 的 Y posotion 设置为 1，以便将测量值与示波器 0 点分开。

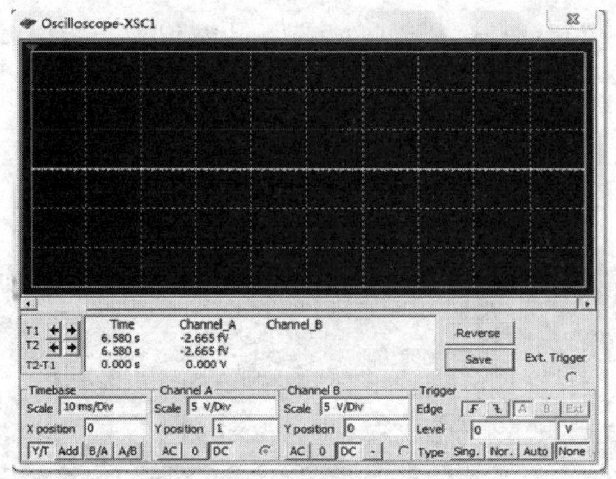

图 9-32　示波器参数设置

（3）电容的通交流特性的演示，创建如图 9-33 所示的电路图，在本电路图中，将电源由直流电源换为交流电源，电源电压和频率分别为 6V、50Hz。同时，注意若在上面的实验中改变了示波器的 Y position 位置，在这里需要将 Y position 位置恢复改为 0。

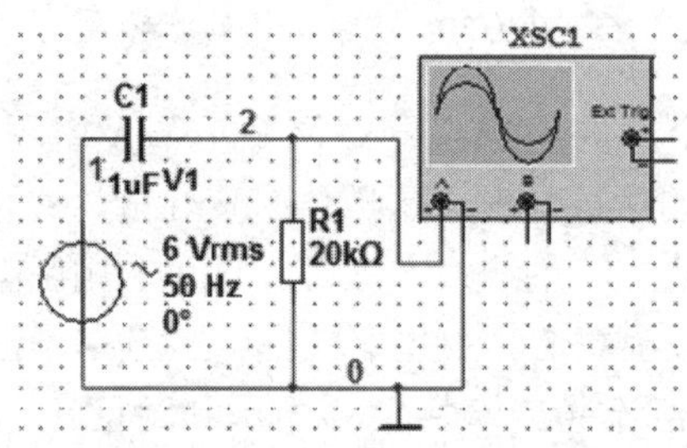

图 9-33　示波器参数设置

（4）打开仿真，双击示波器，观察电路中的电压变化。如图 9-34 所示，从图中可以看出，电路中有了频率为 50Hz 的电压变化。从而验证了电容的通交流的特性。

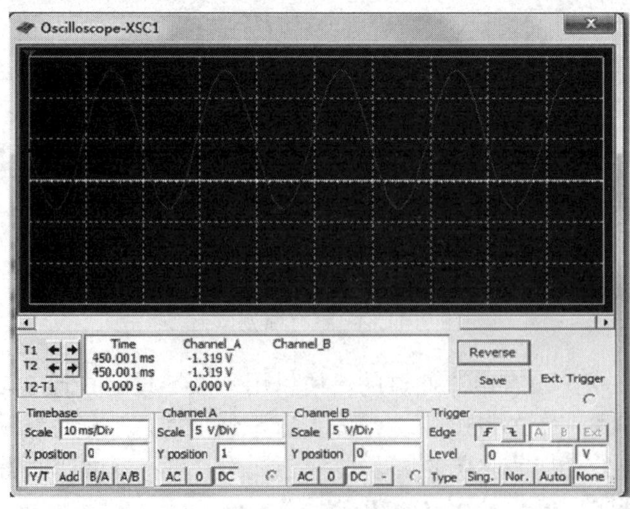

图 9-34　电容通交流波形

4. 仿真实例 4　二极管单向导电特性的分析与验证

（1）建立如图 9-35 所示电路图，示波器的两个通道一路用来检测信号发生器波形，另一路用来监视信号经过二极管后的波形变化情况。

（2）设置信号发生器为 100Hz、10V 正弦波，如图 9-36 所示。

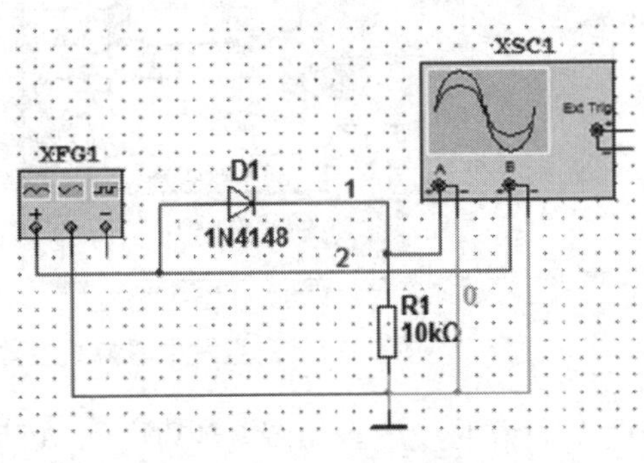

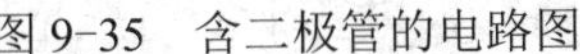

图 9-35　含二极管的电路图

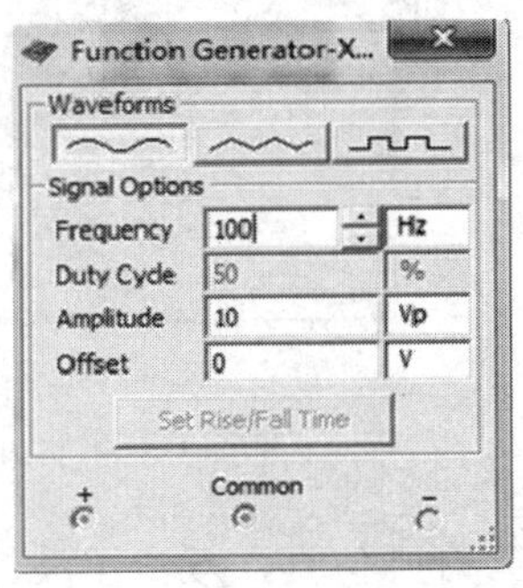

图 9-36　信号发生器参数设置

（3）打开仿真，双击示波器查看示波器两个通道的波形。如图 9-37 所示，可以看到，在信号经过二极管前，是完整的正弦波，经过二极管后，正弦波的负半周消失了。这样就证明了二极管的单向导电性。此处为便于观察，已设置示波器通道 A 的 Y position 为 1（向上偏移 1 格），以便将双路测量值区分开。可以试着把信号发生器的波形改为三角波、矩形波，然后再观察输出效果。可以得出同样的结论：二极管正向偏置时，电流通过；反向偏置时，电流截止。

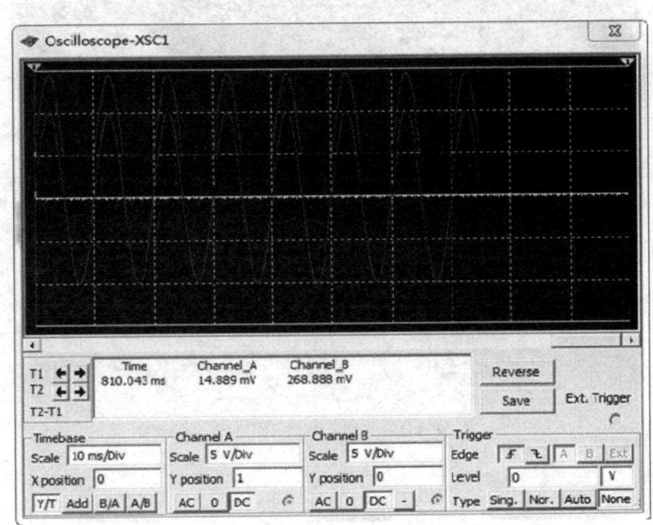

图 9-37　二极管电路信号波

5. 仿真实例 5　周期方波信号通过一阶电路特性的分析

（1）建立如图 9-38 所示电路图，示波器的两个通道一路用来检测信号发生器波形，另一路用来监视信号经过电容后的波形变化情况。

（2）设置信号发生器为 20Hz、10V、占空比 50%的方波，如图 9-39。

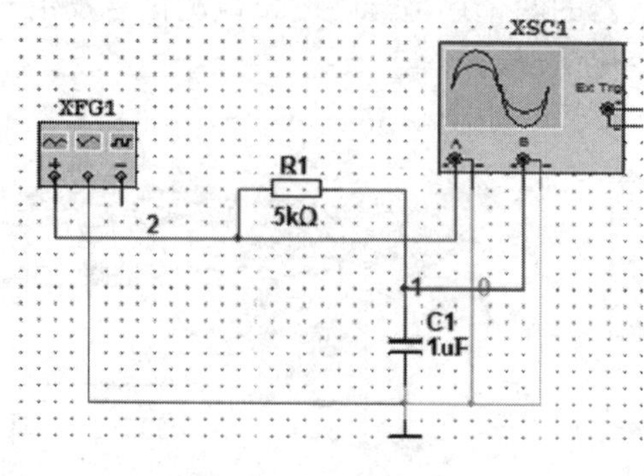

图 9-38　一阶电路图

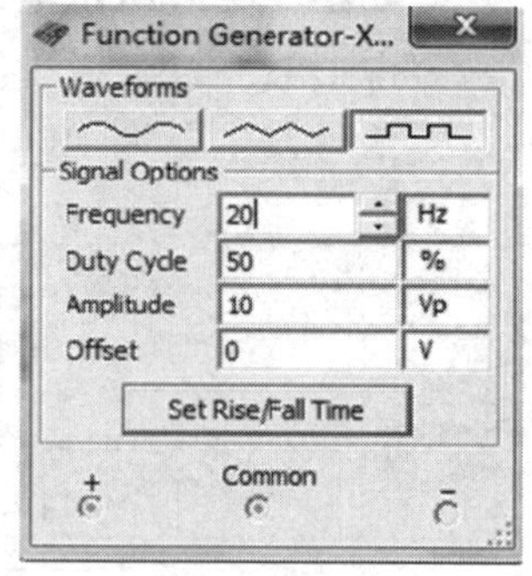

图 9-39　信号发生器参数设置

（3）打开仿真，双击示波器查看示波器两个通道的波形。如图 9-40 所示，可以看到，在信号经过一阶电路前是完整的方波，经过一阶电路后，电容上的电压呈周期指数上升和下降过程，对应于电容的充放电过程。若改变方波频率，使其周期足够长，相当于观察到了一阶电路的零输入和零状态响应。此实验可以改变方波频率观察波形，也可以改变电容、电阻参数、方波占空比参数以观察波形，并对应进行理论分析，以深入理解一阶电路的特性。

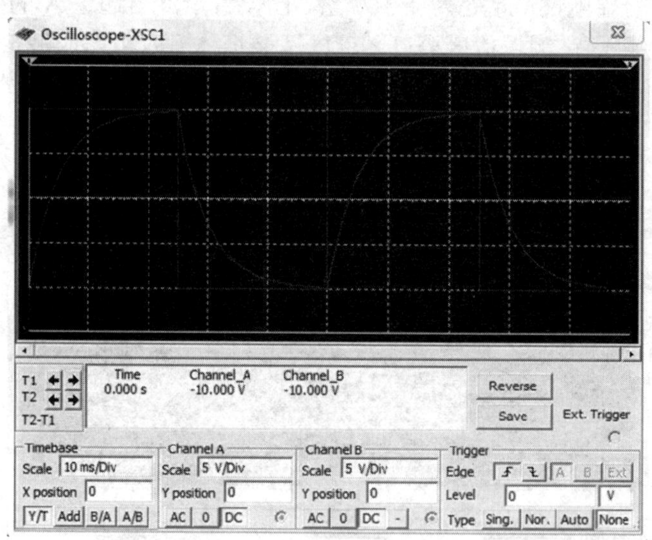

图 9-40　一阶电路信号波形

思考与讨论 9

9-1　模拟电路仿真软件的核心是什么？请上网查阅相关资料，找出几种目前流行的电路仿真软件，并比较其各自的特点。

9-2　手工计算分析、电路仿真与实物实验各有什么特点？有什么联系？

习 题 9

9-1　试搭建电路，验证理想独立电压源端口电压不随外部负载而改变。

9-2　试搭建电路，测试二极管 1N4148 的伏安特性。

9-3　试搭建电路，验证基尔霍夫电压定律和基尔霍夫电流定律。

9-4　搭建图 9-41 所示电路，求 R2 支路电压，并验证叠加定理。

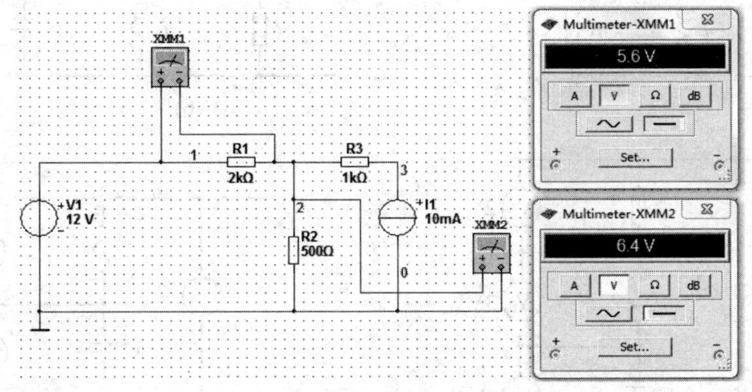

图 9-41　题 9-4 图

9-5　图 9-42 所示电路中，$R_1 = 1\text{k}\Omega$，$R_2 = 2\text{k}\Omega$，$R_3 = 1\text{k}\Omega$，$R_4 = 2\text{k}\Omega$，$U_S = 10\text{V}$，$I_S = 2\text{mA}$，试求电路中的电流 I，并搭建电路验证叠加定理。

9-6　如图 9-43 所示，R_L 可变，求：

（1）$R_L = 0.5\Omega$ 时，求 R_L 的功率；

（2）$R_L = 2\Omega$ 时，求 R_L 的功率；

（3）R_L 为何值时，R_L 可获得最大功率？最大功率是多少？试用 Multisim 搭建电路验证最大功率传输定理。

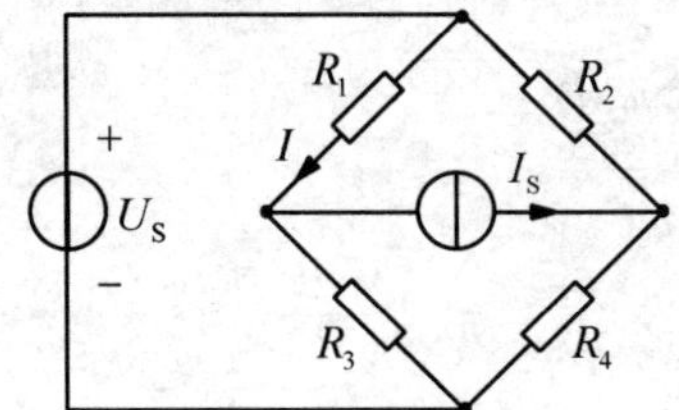

图 9-42　题 9-5 图

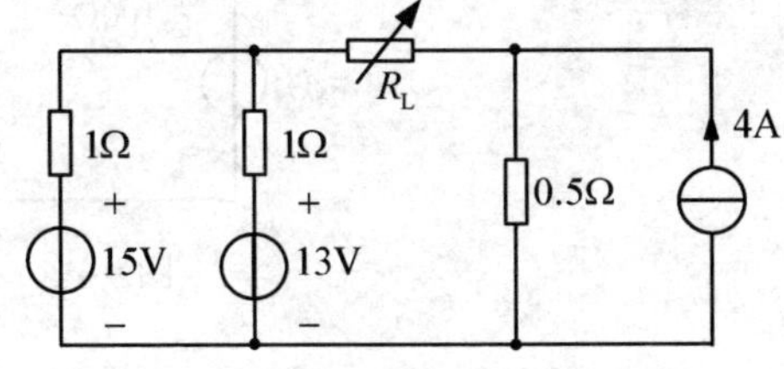

图 9-43　题 9-6 图

9-7　RC 串联电路如图 9-44 所示，$R = 50\text{k}\Omega$，$C = 1\mu\text{F}$，外施电压 $u_S = 50\cos(20t)(\text{V})$，在 $t = 0$ 时接入电路，已知 $u_C(0_-) = 10\text{V}$，计算 $t > 0$ 时的 $i(t)$，并绘出波形图。

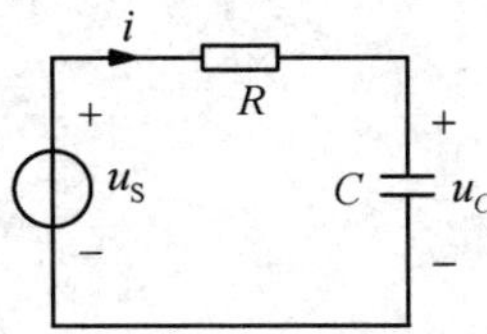

图 9-44　题 9-7 图

9-8　试求图 9-45(a)、(b)所示电路交流电表 A_1 表的读数以及图 9-45(c)、(d)所示电路交流电表 V_1 表的读数（各电流表内阻为零，电压表内阻为无穷大）。并设法用 Multisim 搭建电路测量交流电压和电流。

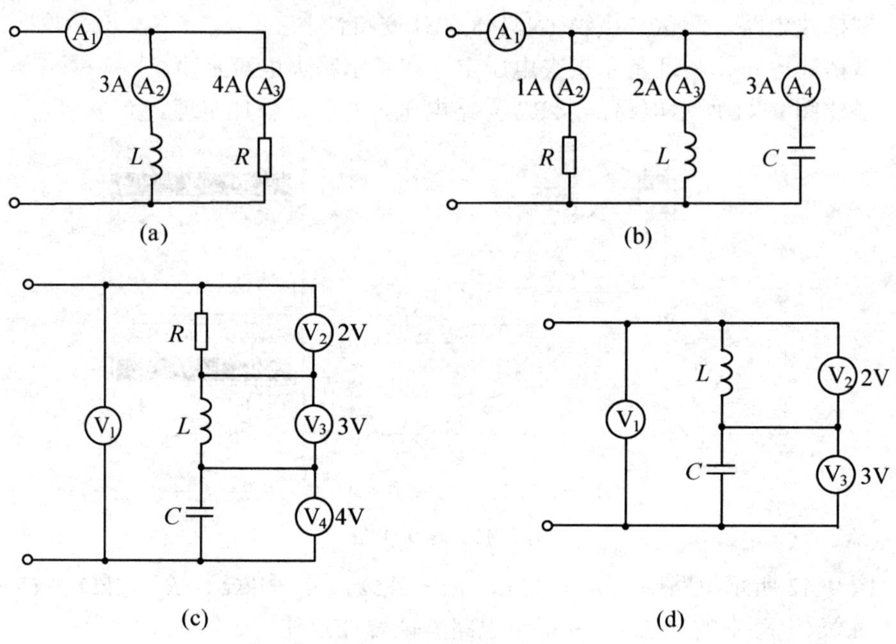

图 9-45　题 9-8 图

9-9　*RLC* 串联电路如图 9-46 所示，若以电阻两端电压为输出，试分析其频率特性并用 Multisim 观察之。

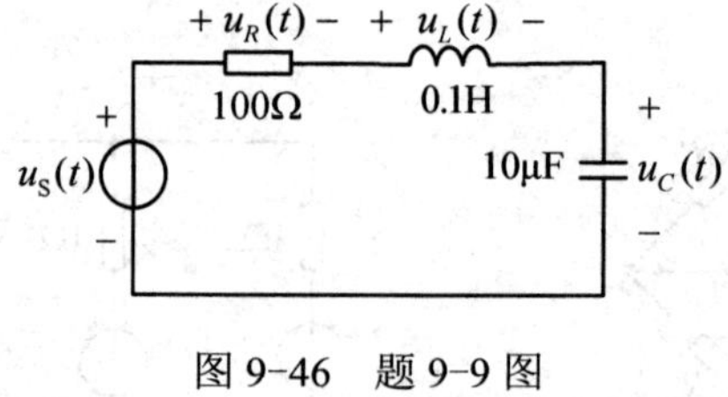

图 9-46　题 9-9 图

附录　法定单位

我国的法定计量单位简称法定单位，它是以国际单位制(SI)为基础构成的。国际单位制的基本单位是：米（长度）、千克（质量）、秒（时间）、安培（电流）、开尔文（热力学温度）、摩尔（物质的量）和坎德拉（光强度）。其他物理量的单位均由这些基本单位来表示，称为国际制导出单位。表F1-1列出了本书中常用单位，以备查阅。

表 F1-1　常用国际单位制单位

物理量	单位名称	单位符号	物理量	单位名称	单位符号
长度	米	m	磁通量	韦[伯]	Wb
质量	千克	kg	电阻	欧[姆]	Ω
时间	秒	s	电导	西[门子]	S
电流	安[培]	A	电感	亨[利]	H
电压	伏[特]	V	电容	法[拉]	F
功率	瓦[特]	W	相位角	弧[度]	rad
能量	焦[耳]	J	角频率	弧度/秒	rad/s
电荷量	库[仑]	C	频率	赫[兹]	Hz
注：在不致引起混淆的情况下，可用各单位的简称，即省去[ ]内的字					

在实际应用中，上述单位有时难免过大或过小，造成使用不便。我们可以在这些单位的前面加上表F1-2所示的词头，用以表示这些单位乘上以10为底的正次幂或负次幂后所得的辅助单位，例如

$$1\text{mA}（毫安）=1\times10^{-3}\text{A}（安）$$

表F1-2列出了部分国际制词头。

表 F1-2　部分国际制词头

因　数	词　头	符　号	因　数	词　头	符　号
10^9	吉(giga)	G	10^{-6}	微(micro)	μ
10^6	兆(mega)	M	10^{-9}	纳(nano)	n
10^3	千(kilo)	k	10^{-12}	皮(pico)	p
10^{-3}	毫(milli)	m			

需要说明的是，书中R_L（L正体）表示负载的电阻，Z_L（L正体）表示负载的阻抗，Z_L（*L*斜体）表示电感元件的阻抗。

部分习题答案

习 题 1

1-1 （1）-10A，10A；（2）$(1-\text{e}^{-t})\text{C}$，$0.632\text{C}$

1-2 （1）对 A 非关联，对 B 关联；（2）A 实际吸收功率，B 实际发出功率。

1-3 -50W，10W，24W，16W

1-4 （1）$220[1+\cos(200\pi t)](\text{W})$；（2）$220\sin(200\pi t)(\text{W})$

1-5 0~1s：$10t\text{W}$ 5J；1~2s：$(10t-20)\text{W}$ −5J

1-6 −12W，48W

1-7 −18W，54W

1-8 1A，3A，3A

1-9 −3V，9V，9V

1-10 1A，$-\dfrac{2}{3}\text{A}$，$\dfrac{8}{3}\text{A}$，$\dfrac{10}{3}\text{A}$

1-11 2A，−36V，15Ω

1-12 （1）$15t(\text{V})$ $(0\leqslant t\leqslant 2)$；（2）$45t^2(\text{mW})$ $(0\leqslant t\leqslant 2)$；（3）120mJ

1-13 （1）−20W，20W；（2），（3）略。

1-14 (a) 8W，−16W，8W；(b) 32W，−48W，16W

1-15 (a) 20V；(b) −12V

1-16 6A，2A，2Ω，8Ω

1-17 8V，$-\dfrac{20}{3}\text{V}$，10V

1-18 (a) 2A；(b) −1A

1-19 (a) 4A，32V；(b) 10V

1-20 (a) −1A，14V；(b) 1A

1-21 3Ω

1-22 $R_{\text{ab}}=10\Omega$，$R_{\text{bc}}=30\Omega$

1-23 $U_{\text{oc}}=1\text{V}$，$I_{\text{sc}}=1\text{A}$

1-24 $I=-5\text{A}$，$U=26\text{V}$

1-25 $R=0$

习 题 2

2-1 (a) $u=\left(\dfrac{u_{\text{S}}}{R_1}-i_{\text{S}}\right)\dfrac{R_1R_2}{R_1+R_2}+i\dfrac{R_1R_2}{R_1+R_2}$；(b) $U=(R_1+R_2)i-R_1i_{\text{S}}-U_{\text{S}}$

2-2 $U_1=5.5I_1+18$

2-3 (a) $u = 16i + 28$；(b) $u = 3.2i + 3.6$

2-4 (a) $R = \frac{10}{3}\Omega$；(b) $R = \frac{5}{14}\Omega$

2-5 (a) 8Ω；(b) 6Ω

2-6 (a) $\frac{R_1R_3 + (1-\beta)R_1R_2}{R_1 + R_2 + R_3}$；(b) 0.4$R$

2-7 (a) $\frac{R_1R_2}{R_1 + (1+\beta)R_2}$；(b) $\frac{R_1R_3}{R_1 + (1-\mu)R_3}$

2-8 (a) $R = 5\Omega$；(b) $R = 10\Omega$；(c) $R = 10\Omega$

2-9 (a) 20Ω；(b) 2Ω；(c) 2Ω；(d) 10Ω

2-10 2mA，1mA

2-11 −2%

2-12 $R_{ab} = \frac{12}{7}\Omega$ $U_{ab} = \frac{120}{7}$V $U_{ad} = \frac{60}{7}$V $U_{ac} = \frac{60}{7}$V

2-13 $i = 0.4$A

2-15 $i = 0.5$A

2-16 （1）$I = 1$A；（2）$I = 0.5$A

2-17 $U_{ab} = 3$V

2-18 (a) $u = 15 - 5i$ 或 $i = 3 - \frac{1}{5}u$；(b) $u = 24 - 8i$ 或 $i = 3 - \frac{1}{8}u$

2-19 (a) $u = 12 - 10i$；(b) $u = 3 - 5i$

2-20 (a) 1A；(b) 0.4A

2-21 (a) 5V；(b) 12V

2-22 (a) 1A；(b) 3A

习 题 3

3-2 1A 2A 3A

3-4 (a) 0.5A；(b) 3V

3-6 网孔电流为 $i_1 = -\frac{6}{7}$A、$i_2 = \frac{9}{70}$A、$i_3 = \frac{6}{70}$A

3-7 3A，8A，6A

3-9 276.25 V

3-10 $U = -30$V

3-11 $U = 30$V

3-13 1A

3-14 −6V，2A

3-15 3.2A

3-18 16.7 V

3-20 $I_1 = 9$A，$I_2 = -3$A

3-21 5W

3-22　32V

3-23　56 W　3 W　75 W　−2 W

3-25　8.4 mA

3-26　$u_o = \dfrac{R_2}{R_1}(u_2 - u_1)$

3-27　$\dfrac{-R_2 R_4}{R_1 R_2 + R_2 R_3 + R_3 R_1}$

习　题　4

4-1　$I = 5\text{A}$， $U_S = -9\text{V}$

4-2　$U = 2\text{V}$

4-3　$u = 2\text{V}$

4-4　$u = 8.5\text{V}$

4-5　$I_x = 5\text{A}$

4-6　$I = 2\text{A}$， $U_a = -8\text{V}$

4-7　（1）$U_S = 12\text{V}$；（2）$I = 2\text{A}$

4-9　$I_1 = 1\text{A}$， $I_2 = 0.5\text{A}$

4-10　$u = -2\text{V}$， $u = -7\text{V}$

4-11　$\dfrac{u_0}{u_S} = 0.364$

4-12　$i_1 = 3\text{A}$

4-13　$R = 2\Omega$， $U_1 = 6\text{V}$， $U = 1\text{V}$

4-14　$R = 6\Omega$

4-15　$R = 36\Omega$

4-16　$u = 3i + 10$

4-17　$u = 2i + 8$

4-18　(a) $U_{oc} = 7\text{V}$， $R_0 = \dfrac{15}{8}\Omega$；(b) $U_{oc} = 6\text{V}$， $R_0 = 16\Omega$；

(c) $U_{oc} = 26\text{V}$， $R_0 = 3.5\Omega$

4-19　(a) $u_{oc} = 4\text{V}$， $R_0 = 1\Omega$；(b) $u_{oc} = -3\text{V}$， $R_0 = 1.5\Omega$

4-20　(a) $U_{oc} = 0\text{V}$， $R_0 = 7\Omega$；(b) $U_{oc} = \dfrac{500}{3}\text{V}$， $R_0 = 10\Omega$

4-21　(a) $i_{sc} = -1\text{A}$， $R_0 = 6\Omega$；(b) $i_{sc} = 1.5\text{A}$， $R_0 = 6\Omega$

(c) $i_{sc} = 4.364\text{A}$， $R_0 = 6.471\Omega$

4-22　15V，7.5Ω

4-23　(a) −3V，0Ω; (b) 7.5A，0S

4-24　$u = 8.7\text{V}$

4-25　$U_{oc} = 180\text{V}$， $R_0 = 10\Omega$

4-26　$U=3\text{V}$；$U=4.5\text{V}$

4-27　$I=\dfrac{7}{4}\text{A}$

4-28　0.5A

4-29　1mA

4-30　$P=20\text{W}$

4-31　$R_L=1\Omega$，$P=49\text{W}$

4-32　$R_L=1\Omega$，$P_{max}=9\text{W}$

4-33　不能，20V

4-34　$R_L=12\Omega$，$P_{max}=4.69\text{W}$

4-36　90V

4-37　1.5A

4-38　50V

4-39　8V

4-40　1A

4-41　(a) $\dfrac{18}{11}\text{A}$；(b)1A

4-42　0.94V；0.47mA

4-43　4V，−2A，3A；1V，1A，1.5A

4-44　0.2A

4-45　0A

4-46　(a) −4V；(b) 0V

习　题　5

5-1　$e^{-t}\text{A}$，2J

5-2　$-2\sin(2t)\,\text{A}$，2J

5-3　$u_C(t)=\begin{cases}1.25t^2(\text{V}) & 0\leqslant t<2\text{s}\\ 15-5t(\text{V}) & t\geqslant 2\text{s}\end{cases}$，$w(1)=1.5625\text{J}$，$w(2)=25\text{J}$，$w(4)=25\text{J}$

5-4　（1）$i_C=\begin{cases}4\times10^{-3}\text{A} & 0\leqslant t<2\text{ms}\\ -4\times10^{-3}\text{A} & 2\text{ms}\leqslant t<4\text{ms}\end{cases}$

（2）$q(t)=\begin{cases}4\times10^{-3}t(\text{C}) & 0\leqslant t<2\text{ms}\\ -4\times10^{-3}t+16\times10^{-6}(\text{C}) & 2\text{ms}\leqslant t<4\text{ms}\end{cases}$

（3）$p(t)=\begin{cases}8t(\text{W}) & 0\leqslant t<2\text{ms}\\ 8t-32\times10^{-3}(\text{W}) & 2\text{ms}\leqslant t<4\text{ms}\end{cases}$

5-5　$10e^{-2t}(\text{V})$，12.5J

5-6　$20\cos(5t)(\text{V})$

5-7　$u(t)=\begin{cases}200\text{V} & 0\leqslant t<60\mu\text{s}\\ -3000\text{V} & 60\mu\text{s}\leqslant t<64\mu\text{s}\end{cases}$

5-8 $i_L(t)=\begin{cases}2.5t(\text{A}) & 0\leqslant t<1\text{s}\\ 2.5\text{A} & 1\text{s}\leqslant t<3\text{s}\\ 2.5t-5(\text{A}) & 3\text{s}\leqslant t<4\text{s}\\ 5\text{A} & t\geqslant 4\text{s}\end{cases}$

5-9 2Ω，0.5F

5-10 （1）串联；（2）1kΩ，1H

5-11 （1）9H；（2）16μF；（3）150pF

5-13 (a) $i_L''+i_L'+2i_L=\frac{1}{5}u_S'$，$u_C''+u_C'+2u_C=2u_S$；(b) $i_L''+4i_L'+4i_L=0$，$u_C''+4u_C'+4u_C=0$；(c) $i_L''+3i_L'+2i_L=\frac{1}{3}u_S'+u_S$，$u_C''+3u_C'+2u_C=2u_S$

5-15 完全响应 $2-2e^{-\frac{t}{2}}$(V)，暂态响应 $-2e^{-\frac{t}{2}}$(V)，稳态响应2V，零状态响应 $2-2e^{-\frac{t}{2}}$(V)

5-16 $u_{Czi}(t)=20e^{-2t}(\text{V})\quad t\geqslant 0$

5-17 $i_{Lzs}(t)=3-3e^{-2t}(\text{A})\quad t\geqslant 0$

5-18 2A，−80V，0，0，0.025s

5-19 （1）8V，0.04A，0，0.04A；（2）0，0，0

5-20 （1）4/3A，0，−2/3A，2/3A；（2）1A，1A，4V

5-21 （1）16V，0，−4A，4A；（2）8V，2A，8V

5-22 $i_L(t)=4e^{-5t}(\text{A})\quad t\geqslant 0$，$u(t)=-8e^{-5t}(\text{V})\quad t>0$

5-23 $u_C(t)=13.5e^{-6.67\times10^{4}t}(\text{V})\quad t\geqslant 0$

5-24 $u_C(t)=20+20e^{-\frac{5t}{18}}(\text{V})\quad t\geqslant 0$，$u_{zi}(t)=40e^{-\frac{5t}{18}}(\text{V})\quad t\geqslant 0$

5-25 $u_R(t)=e^{-t}\varepsilon(t)+e^{-(t-1)}\varepsilon(t-1)-2e^{-(t-2)}\varepsilon(t-2)$

5-26 （1）$g(t)=0.5(1-e^{-2t})\varepsilon(t)(\text{A})$

（2）$i_L(t)=2[1-e^{-2(t-1)}]\varepsilon(t-1)-2[1-e^{-2(t-3)}]\varepsilon(t-3)$

$$=\begin{cases}0 & t<1\text{s}\\ 2[1-e^{-2(t-1)}](\text{A}) & 1\text{s}\leqslant t<3\text{s}\\ 1.96e^{-2(t-3)}(\text{A}) & t\geqslant 3\text{s}\end{cases}$$

5-27 $u_C(t)=[1-e^{-\frac{1}{2}t}]\varepsilon(t)-3[1-e^{-\frac{1}{2}(t-10)}]\varepsilon(t-10)+2[1-e^{-\frac{1}{2}(t-12)}]\varepsilon(t-12)$

$$=\begin{cases}0 & t<0\\ 1-e^{-\frac{1}{2}t}(\text{V}) & 0\leqslant t<10\text{s}\\ -2+2.99e^{-\frac{1}{2}(t-10)}(\text{V}) & 10\text{s}\leqslant t<12\text{s}\\ -0.9e^{-\frac{1}{2}(t-12)}(\text{V}) & t\geqslant 12\text{s}\end{cases}$$

5-28 $g(t)=-(1-e^{-t})\varepsilon(t)\text{V}$

5-29 $i_L(t)=1+2e^{-2t}(A) \quad t\geqslant 0$，$i_{Lzi}(t)=3e^{-2t}(A) \quad t\geqslant 0$，$i_{Lzs}(t)=1-e^{-2t}(A) \quad t\geqslant 0$

$u(t)=3-6e^{-2t}(V) \quad t>0$，$u_{zi}(t)=-9e^{-2t}(V) \quad t>0$，$u_{zs}(t)=3+3e^{-2t}(V) \quad t>0$

5-30 $u_C(t)=10(1-e^{-t})(V) \quad t\geqslant 0$

5-31 $i_L(t)=2(1-e^{-2t})(A) \quad t\geqslant 0$

5-32 $i_1(t)=1+0.6e^{-t}(A) \quad t>0$

5-33 $i_L(t)=1+e^{-5t}(A) \quad t\geqslant 0$，$u_L(t)=-20e^{-5t}(V) \quad t>0$

5-34 $i_L(t)=1+2e^{-4t}(A) \quad t\geqslant 0$，$u(t)=-12+8e^{-4t}(V) \quad t>0$

5-35 $i_C(t)=-0.45e^{-10t}(mA) \quad t>0$，$u_L(t)=-45e^{-10^4 t}(V) \quad t>0$

5-36 $i(t)=2-2e^{-2t}+2e^{-\frac{1}{2}t}(A) \quad t>0$，$u(t)=-4e^{-2t}+4e^{-\frac{1}{2}t}(V) \quad t>0$

5-37 $i_{Lzi}(t)=2e^{-5t}(A) \quad t\geqslant 0$，$i_{Lzs}(t)=1-e^{-5t}(A) \quad t\geqslant 0$，$i_L(t)=1+e^{-5t}(A) \quad t\geqslant 0$

5-38 $i_{Lzi}(t)=3e^{-4t}(A) \quad t\geqslant 0$，$i_{Lzs}(t)=1-e^{-4t}(A) \quad t\geqslant 0$，$i_L(t)=1+2e^{-4t}(A) \quad t\geqslant 0$

5-39 $u_C(t)=\begin{cases} 8+16e^{-\frac{1}{4}t}(V) & 0\leqslant t<10s \\ 24-14.69e^{-\frac{t-10}{12}}(V) & t\geqslant 10s \end{cases}$

5-40 $u_C(t)=\begin{cases} 4e^{-\frac{1}{2}t}(V) & 0\leqslant t<2s \\ 4-2.53e^{-(t-2)}(V) & t\geqslant 2s \end{cases}$

5-41 （1）$u_1(t)=\dfrac{10}{3}+\dfrac{20}{3}e^{-500t}(V) \quad t>0$，$u_2(t)=\dfrac{10}{3}-\dfrac{10}{3}e^{-500t}(V) \quad t>0$

（2）0.1mJ

5-42 $i_L(t)=\dfrac{2}{3}(1-e^{-3t})\varepsilon(t)(A)$，$u_R(t)=(2+2e^{-3t})\varepsilon(t)(V)$

5-43 $i_1(t)=\left(2-\dfrac{8}{3}e^{-100t}\right)\varepsilon(t)(A)$，$i_L(t)=4(1-e^{-100t})\varepsilon(t)(A)$

5-44 （1）2.25；（2）272.1 μs

5-45 （1）0；（2）$20t$(V)；（3）（$10-20t$）(V)；（4）0。

5-47 $i(t)=2(1-4t)e^{-2t}(A) \quad t\geqslant 0$

5-48 $g_{u_C}(t)=2(e^{-2t}-e^{-3t})\varepsilon(t)(V)$，$g_{i_L}(t)=(1-3e^{-2t}+2e^{-3t})\varepsilon(t)(A)$

5-49 $u_C(t)=356e^{-25t}\sin(139t+176°)(V) \quad t\geqslant 0$

5-50 （2）$\alpha=5\times10^4/s$，$\omega_0=35.36\times10^4 rad/s$；

（3）$i_L(t)=10.7\times10^6 e^{-\alpha t}\sin(35\times10^4 t)(A) \quad t\geqslant 0$；

（4）$t_{max}=4.08μs$，$i_{max}=8.64\times10^6 A$

5-51 $y(t)=[-e^{-t}+4\cos(2t)]\varepsilon(t)$

5-52 $u_0(t)=\dfrac{5}{8}-\dfrac{1}{8}e^{-t}(V)$，$t>0$

5-57 $u_C(t)=-\dfrac{1}{\sqrt{2}}e^{-2t}+\cos(2t-45°)(V) \quad t\geqslant 0$

5-58　$i_L(t) = -2.26\mathrm{e}^{-\frac{4}{3}t} + 2\sqrt{2}\cos(t - 36.9°)(\mathrm{A})$　　$t \geqslant 0$

5-59　（1）$u_C(t) = 1 - 2\mathrm{e}^{-t}(\mathrm{V})$　　$t \geqslant 0$；（2）$u_C(t) = -\mathrm{e}^{-t}\mathrm{V}$　　$t \geqslant 0$

习　题　6

6-1　（2）$15, \frac{15\sqrt{2}}{2}, 5000, \frac{2500}{\pi}, \frac{\pi}{2500}$；（3）$-30°, 60°, 0°, 120°$

6-2　（2）$1.2\times10^{-2}\cos(2000\pi t - 0.3\pi)\ (\mathrm{A})$

6-3　$\frac{\pi}{3}$

6-4　$1.5\times10^{-2}\cos(2\pi\times10^{3}t) - 5\times10^{-4}\mathrm{e}^{-500t}\ (\mathrm{A})$

6-5　（1）$10\cos(\omega t - 53.1°), 10\cos(\omega t + 143.1°), 10\cos(\omega t - 90°), 1\cos(\omega t + 90°)$；
（2）$5\angle -53.1°$，$6\angle 15°$

6-6　（1）$\frac{4}{25}, \frac{97}{25}$；(2) 100，30°

6-7　5A，1V，$\sqrt{5}$V，$\sqrt{2}$A

6-8　（1）$u(t) = 12\sqrt{2}\cos(1000t + 30°)(\mathrm{V})$；（2）$u(t) = 30\sqrt{2}\cos(1000t + 120°)(\mathrm{V})$；
（3）$u(t) = 3\sqrt{2}\cos(1000t - 60°)(\mathrm{V})$

6-9　（1）$381\sqrt{2}\cos(\omega t)(\mathrm{V})$；（2）$220\sqrt{2}\cos(\omega t + 90°)(\mathrm{V})$

6-10　$31.4\sqrt{2}\cos(314t + 90°)(\mathrm{V})$，$316\sqrt{2}\cos(314t - 90°)(\mathrm{V})$，$304\sqrt{2}\cos(314t - 70.8°)(\mathrm{V})$

6-11　$0.112\sqrt{2}\cos(1000t + 33.4°)(\mathrm{A})$

6-12　$16.7\angle 53.1°\mathrm{V}$，$0.833\angle 36.9°\mathrm{A}$

6-13　（1）7A；（2）5A

6-14　$19.026\angle -87°$ V

6-15　$83.4\angle 53.1°$ V, $0.834\angle 36.9°$ A

6-16　$2\Omega, 10\Omega, 5.774\Omega$

6-17　$-\frac{950}{9}\angle 0°\mathrm{V}$

6-19　$0.267\angle 8.94°$ A，$0.303\angle -2.29°$ A，$0.066\angle -53.91°$ A
$0.070\angle -65.3°$A，$0.014\angle -134.4°$A，$0.294\angle -4.31°$A

6-20　$20\angle -36.9°$A，$10\angle 45°$A，$23.5\angle -12.1°$A

6-21　（1）200pF；（2）20mA，10V

6-23
$$\begin{cases}(5 - \mathrm{j}2)\dot{I}_1 + \mathrm{j}2\dot{I}_2 = 25\\ \mathrm{j}2\dot{I}_1 + \mathrm{j}2\dot{I}_2 = -\frac{2}{5}\dot{U}_1\\ \dot{U}_1 = 5\dot{I}_1\end{cases}$$

6-24　$42.4\angle 8.13°\Omega$

6-25　20−j20(V)，8−j4(Ω)

6-26 $1\angle 135°$A

6-27 $30\angle -90°$V

6-28 $0.143\cos(\omega t+85.4°)+0.6\cos(3\omega t+30°)+0.39\cos(5\omega t-60°)$(A)

6-29 $240+1.57\sqrt{2}\cos(628t-81°)$(V)

6-30 $1+0.5\cos(3\omega t-45°)$(A)； $10\cos(3\omega t+45°)$(V)

6-31 (a) $\dfrac{\omega RC}{\sqrt{1+(\omega RC)^2}}\angle \arctan\dfrac{1}{\omega RC}$；

(b) $\dfrac{R_2}{\sqrt{(R_1+R_2)^2+(\omega R_1R_2C)^2}}\angle -\arctan\dfrac{\omega R_1R_2C}{R_1+R_2}$；

(c) $\dfrac{R}{\sqrt{R^2+(\omega L)^2}}\angle -\arctan\dfrac{\omega L}{R}$；

(d) $\dfrac{\omega R_2L}{\sqrt{(R_1R_2)^2+[\omega(R_1+R_2)L]^2}}\angle 90°-\arctan\dfrac{\omega(R_1+R_2)L}{R_1R_2}$

6-32 (a) $\dfrac{2}{\sqrt{(2-\omega^2)^2+9\omega^2}}\angle -\arctan\dfrac{3\omega}{2-\omega^2}$； (b) $\sqrt{\dfrac{1+\omega^2}{1+4\omega^2}}\angle -\arctan\dfrac{\omega}{1+2\omega^2}$

6-33 （1）45°，7.07V；（2）2.76kHz，5V

6-34 $\dfrac{-A}{1-\omega^2C^2R^2+\mathrm{j}\omega CR(3+A)}$

6-36 (a) 10^3 rad/s； (b) $\dfrac{2}{\sqrt{LC}}$

6-37 $100\,\Omega$, $\dfrac{2}{3}H$, $\dfrac{1}{6}\mu$F，20

6-38 $10\,\Omega$, 63.6mH, 1.59μF

6-39 5Ω, 0.1H, $u_R=14.14\cos(1000t)$(V)

$u_L=282.8\cos(1000t+90°)$ (V)，$u_C=282.8\cos(1000t-90°)$ (V)

6-40 60kΩ，30V

6-41 10Ω，31.2

6-42 4.8A

6-43 50Ω, 2mH, $i_R=1.414\cos(5000t+30°)$(A)

$i_L=7.07\cos(5000t-60°)$ (A), $i_C=7.07\cos(5000t+120°)$ (A)

6-44 $C=0.722\mu\mathrm{F}$, $Z_{\mathrm{in}}=34.6\Omega$

6-45 1.11mH，0.625mH

6-46 9.6Ω，15Ω

6-47 1200W，1600var，−2000var

6-48 7.5Ω，$\dfrac{15\sqrt{3}}{2}\Omega$，$\dfrac{15\sqrt{3}}{2}\Omega$

6-49 （1）250W，433var，500V・A，0.5；（2）25W，25var，35.4V・A，0.707；

（3）3W，4var，5V·A，0.6；（4）5W，−5var，7.07V·A，0.707

6−50　1.33W

6−51　18.8Ω，200W

6−52　5Ω，15Ω，15Ω

6−53　200Ω，283V，400W，0，1

6−54　（1）71μF；（2）125μF

6−55　$7.5-\mathrm{j}2.5(\Omega)$，8.3W

6−56　1.125W

6−57　0.7W

6−61　54.2V，22.9A，1188.1W

6−62　3.58A，256.3W

6−63　$\dot{I}_{\mathrm{a}}=22\angle-6.9°\mathrm{A}$，11584W

6−64　$\dot{I}_{\mathrm{ab}}=10\angle-30°\mathrm{A}$　$\dot{I}_{\mathrm{a}}=10\sqrt{3}\angle-60°\mathrm{A}$，3300W

6−65　420V

6−66　（1）220V，0.44A；（2）190V，0.38A；（3）380V，0.76A

习　题　7

7−2　$u_{\mathrm{S}}(t)=\begin{cases}2+20t(\mathrm{V}) & 0\leqslant t<1\mathrm{s}\\ 38-20t(\mathrm{V}) & 1\mathrm{s}\leqslant t<2\mathrm{s}\end{cases}$，$u_2(t)=\begin{cases}3\mathrm{V} & 0\leqslant t<1\mathrm{s}\\ -3\mathrm{V} & 1\mathrm{s}\leqslant t<2\mathrm{s}\end{cases}$

7−3　$\dfrac{1}{6}\times10^3\,\mathrm{rad/s}$，150

7−4　0.2μF

7−5　$14.14\angle8.13°\mathrm{V}$

7−6　(a) 1.5H；(b) 6H；(c) 4H

7−7　(a) $\mathrm{j}\omega L_1+\dfrac{(\omega M)^2}{R_{\mathrm{L}}+\mathrm{j}\omega L_2}$；(b) $\mathrm{j}\omega M+\dfrac{[R_1+\mathrm{j}\omega(L_1-M)][R_2+\mathrm{j}\omega(L_2-M)]}{R_1+R_2+\mathrm{j}\omega(L_1+L_2-2M)}$

7−8　（1）0.5μF，$100\sqrt{2}\cos(1000t+90°)(\mathrm{V})$；（2）$\sqrt{2}\cos(1000t+90°)(\mathrm{mA})$

7−9　$1.2\angle-143.1°\mathrm{A}$

7−10　（1）$3.54\angle8.1°\mathrm{A}$，17.5W；（2）27.1W；（3）38.5W

7−11　$f_1=\dfrac{1}{2\pi\sqrt{L_2C}}$时$\dot{I}_1=0$

7−12　$3.83\angle4.43°\mathrm{V}$

7−13　$Z_{\mathrm{L}}=50-\mathrm{j}50(\Omega)$，$P_{\max}=25\mathrm{W}$

7−14　8Ω

7−15　$16\angle0°\mathrm{A}$

7−16　（1）99mW；（2）12mW

7−17　0.45

7-18　$20\angle 0°\text{V}$

7-19　$48.5\angle 14.04°\text{V}$

7-20　$4+\text{j}4(\text{k}\Omega)$，1.25W

7-21　（1）$\dot{U}_{\text{oc}}=50\sqrt{2}\angle 45°\text{V}$，$Z_{\text{eq}}=500\sqrt{2}\angle 45°\Omega$；（2）$0.1\angle 0°\text{A}$

7-22　$62.5\times 10^6\,\text{rad/s}$，$13.02\times 10^5\,\text{rad/s}$，3.5

7-23　$10^{-3}\,\text{F}$，$2\angle 0°\text{V}$

习　题　8

8-1　(a) $\boldsymbol{Z}=\begin{bmatrix} Z & 0 \\ 0 & 0 \end{bmatrix}$；(b) $\boldsymbol{Z}=\begin{bmatrix} Z & -Z \\ -Z & Z \end{bmatrix}$；(c) $\mathbf{Z}=\begin{bmatrix} \text{j}\left(\omega L-\dfrac{1}{\omega C}\right) & -\text{j}\dfrac{1}{\omega C} \\ -\text{j}\dfrac{1}{\omega C} & -\text{j}\dfrac{1}{\omega C} \end{bmatrix}$；

(d) $\boldsymbol{Z}=\begin{bmatrix} \text{j}\omega L_1 & \text{j}\omega M \\ \text{j}\omega M & \text{j}\omega L_2 \end{bmatrix}$；(e) $\boldsymbol{Z}=\begin{bmatrix} 1.5 & 0.5 \\ 0.5 & 1.5 \end{bmatrix}(\Omega)$；(f) $\boldsymbol{Z}=\begin{bmatrix} 2-\text{j}4 & -\text{j}1 \\ -\text{j}4 & -\text{j}1 \end{bmatrix}(\text{k}\Omega)$

8-2　(a) $\boldsymbol{Y}=\begin{bmatrix} \dfrac{1}{Z} & -\dfrac{1}{Z} \\ -\dfrac{1}{Z} & \dfrac{1}{Z} \end{bmatrix}$；(b) $\mathbf{Y}=\begin{bmatrix} \dfrac{1}{Z_1} & -\dfrac{1}{Z_1} \\ -\dfrac{1}{Z_1} & \dfrac{1}{Z_1}+\dfrac{1}{Z_2} \end{bmatrix}$；(c) $\boldsymbol{Y}=\begin{bmatrix} 2-\text{j} & -2 \\ -2 & 2+\text{j} \end{bmatrix}(\text{S})$

(d) $\boldsymbol{Y}=\begin{bmatrix} \dfrac{1}{Z_1}+\dfrac{1}{Z_2} & -\dfrac{n}{Z_2} \\ -\dfrac{n}{Z_2} & \dfrac{n^2}{Z_2} \end{bmatrix}$；(e) $\boldsymbol{Y}=\begin{bmatrix} 0.5-\text{j}0.5 & -1.5 \\ -0.5 & 1.5+\text{j} \end{bmatrix}(\text{S})$

8-3　$\boldsymbol{Y}=\begin{bmatrix} 0 & 0 \\ g & 0 \end{bmatrix}$，$\boldsymbol{A}=\begin{bmatrix} 0 & -1/g \\ 0 & 0 \end{bmatrix}$，$\boldsymbol{H}$ 和 $\boldsymbol{Z}$ 不存在。

8-4　(a) $\boldsymbol{A}=\begin{bmatrix} -0.25 & \text{j}7.5 \\ \text{j}0.15 & 0.5 \end{bmatrix}$，$\boldsymbol{H}=\begin{bmatrix} \text{j}15 & 2 \\ -2 & \text{j}0.3 \end{bmatrix}$；

(b) $\boldsymbol{A}=\begin{bmatrix} 1 & \text{j} \\ \text{j}0.5 & 0.5 \end{bmatrix}$，$\boldsymbol{H}=\begin{bmatrix} \text{j}2 & 2 \\ -2 & \text{j} \end{bmatrix}$。

8-5　$\mathbf{Y}=\begin{bmatrix} y_{11}+\dfrac{1}{Z} & y_{12}-\dfrac{1}{Z} \\ y_{21}-\dfrac{1}{Z} & y_{22}+\dfrac{1}{Z} \end{bmatrix}$

8-6 $\boldsymbol{A}=\begin{bmatrix} n+\dfrac{nZ_1}{Z_2} & nZ_1 \\ \dfrac{1}{nZ_2} & \dfrac{1}{n} \end{bmatrix}$

8-7 -2.5

8-8 $Z_{in}=2\text{k}\Omega$

8-9 $I=1.136\text{A}$

8-10 （1）$\boldsymbol{Z}=\begin{bmatrix} 6 & 3 \\ 3 & 9 \end{bmatrix}\Omega$；（2）$I=0.75\text{A}$，$I_1=2.875\text{A}$

8-11 $\dot{I}_2=1.375\angle 143.1°\text{A}$

8-12 $\dot{U}_2=0.62\angle 165°\text{V}$

8-13 （1）$P_L=0.985\text{W}$；（2）$P_{Lmax}=1.35\text{W}$

8-14 （1）2Ω，0.5W；（2）15W

习 题 9

9-4 6.4V

9-5 6mA

9-6 32W，32W，$R_L=1\Omega$时，$P_{max}=36\text{W}$

9-7 $0.3\times10^{-3}\text{e}^{-20t}+\dfrac{\sqrt{2}}{2}\times10^{-3}\cos(20t+45°)$

9-8 5A，1V，$\sqrt{5}$V，$\sqrt{2}$A

9-9 $H(\text{j}\omega)=\dfrac{\dot{U}_R}{\dot{U}_S}=\dfrac{R}{R+\dfrac{1}{\text{j}\omega C}+\text{j}\omega L}=\dfrac{100}{100+\dfrac{1}{\text{j}\omega\times10^{-5}}+\text{j}\omega\times10^{-1}}$

参 考 文 献

[1] 周守昌. 电路原理. 北京：高等教育出版社，1999.

[2] 邱关源. 电路. 4 版. 北京：高等教育出版社，2002.

[3] 李瀚荪. 电路分析基础. 4 版. 北京：高等教育出版社，2009.

[4] 秦曾煌. 电工学. 5 版. 北京：高等教育出版社，2002.

[5] 黄冠斌，等. 电路基础. 2 版. 武汉：华中工学院出版社，2000.

[6] 林争辉. 电路理论（第一卷）.北京：高等教育出版社，1988.

[7] 狄苏尔 C A，葛守仁. 电路基本理论. 林争辉主译. 北京：高等教育出版社，1979.

[8] 吴锡龙. 电路分析导论. 北京：高等教育出版社，1987.

[9] James W Nilssn, Susan A Riedel. 电路. 周玉坤，冼立勤，等译. 北京：电子工业出版社，2013.

[10] William H Hary Jr，Jack E Kemmerly，Steren M Durbin，等. 工程电路分析. 周玲玲，蒋乐天，等译. 北京：电子工业出版社，2007.

[11] 俎云霄，李巍海，等.电路分析基础. 2 版. 北京：电子工业出版社，2014.

[12] Matthew N O Sadiku, Sarhan M Musa, Charles K Alexander. 应用电路分析. 苏育挺，王健，张承乾，等译. 北京：机械工业出版社，2014.